学电脑从入门到精通

黑客攻防从入门到精通

恒盛杰资讯 编著

图书在版编目（CIP）数据

黑客攻防从入门到精通 / 恒盛杰资讯编著 . —北京：机械工业出版社，2013.3（2025.3 重印）
（学电脑从入门到精通）
ISBN 978-7-111-41765-1

Ⅰ. 黑… Ⅱ. 恒… Ⅲ. 计算机网络 – 安全技术 Ⅳ. TP393.08

中国版本图书馆 CIP 数据核字（2013）第 047279 号

本书全面且详细地介绍了黑客攻防的基础知识，主要包括黑客攻防前的准备工作、扫描与嗅探攻防、Windows 系统漏洞攻防、密码攻防、病毒攻防、木马攻防等内容。虽然书中介绍了黑客入侵攻击目标计算机的一些相关操作，但是这不是本书的重点，本书的重点在于介绍如何采取有效的防范措施来防御黑客入侵攻击自己的计算机。

本书按照由易到难、循序渐进的顺序安排知识点。本书图文并茂，讲解深浅适宜，叙述条理清楚，通过阅读本书，读者不仅能了解黑客入侵攻击的原理和使用工具，而且还能掌握防御入侵攻击的相关操作。本书配有多媒体教学光盘，光盘中提供了相关的视频教学演示。

本书适用于计算机初学者，也适用于计算机维护人员、IT 从业人员以及对黑客攻防与网络安全维护感兴趣的计算机中级用户，同时也可作为各种计算机培训班的辅导用书。

机械工业出版社（北京市西城区百万庄大街 22 号　邮政编码　100037）
责任编辑：陈佳媛
河北鹏盛贤印刷有限公司印刷
2025 年 3 月第 1 版第 39 次印刷
185mm × 260mm • 22 印张
标准书号：ISBN 978-7-111-41765-1
　　　　　ISBN 978-7-89433-831-0（光盘）
定　　价：49.00 元（附光盘）

客服电话：（010）88361066　68326294

前言

在 Internet 中，黑客通常都是一类拥有高超计算机技术的人，他们甚至不需要亲自接触用户的计算机，就可以偷窥其中的账户、密码等信息，甚至破坏其操作系统。随着越来越多的金融贸易要通过 Internet 来实现，防御黑客入侵已成为至关重要的工作。作者特为此编写了本书。

主要内容

本书包括 17 章，第 1 章介绍了黑客的基础知识，包括 IP 地址、端口、系统进程以及 DOS 命令等内容；第 2 章介绍了黑客攻防前的准备工作，包括安装 VMware 和虚拟操作系统，认识黑客常用的入侵工具、入侵方法以及防护策略等内容；第 3 章介绍了扫描与嗅探攻防的知识，包括搜索目标计算机的 IP 地址、扫描其端口以及嗅探网络中的数据包等内容；第 4 章介绍了 Windows 系统漏洞攻防的相关知识，包括认识、检测和修复 Windows 系统漏洞等内容；第 5 章介绍了密码攻防的相关知识，包括解除系统中的密码、破解文件密码以及防范密码被轻易破解等内容；第 6 ~ 7 章介绍了病毒、木马攻防相关知识，包括认识病毒木马、制作病毒木马以及防范病毒木马等内容；第 8 ~ 10 章介绍了后门技术、局域网和远程控制攻防的相关知识，包括认识后门、制作后门、清除日志信息、防御局域网中的攻击类型以及常见的远程入侵方式等内容；第 11 ~ 13 章介绍了 QQ、E-Mail 与 IE 浏览器和网站攻防的相关知识，包括盗取 QQ 密码和远程攻击 QQ、保护 QQ 密码和聊天记录、攻击 IE 浏览器和电子邮箱、DoS 攻击、DDoS 攻击等内容；第 14 ~ 16 章介绍了防范流氓与间谍软件、计算机安全防护以及系统与数据的备份与恢复的相关知识，包括清除流氓软件与间谍软件、系统 \ 注册表 \ 组策略的安全设置以及系统的备份与还原等内容；第 17 章介绍了网络支付工具安全的相关知识，包括防御黑客入侵支付宝账户、网上银行以及财付通等内容。

本书特色

简单易懂——本书为了能适用于初次接触黑客攻防技术的用户，将黑客入侵攻击以及防御黑客入侵的操作以图文结合的形式进行介绍，使读者可以轻松地掌握有关黑客入侵目标计算机和防御黑客入侵计算机的基础知识。

内容丰富——本书中添加了“提示”板块，既包括为读者答疑解惑的纯文字内容，又包括帮助读者提高动手能力的图文解析内容，帮助读者答疑解惑。

读者对象

本书内容详细，讲解具体，充分融入了作者的实际使用经验和操作心得，可以作为个人学习和了解黑客攻防的参考书籍。

希望本书能对广大读者朋友有所帮助。由于作者水平有限，在编写本书的过程中难免会存在疏漏之处，恳请广大读者批评指正，可登录 www.epubhome.com 网站提出宝贵意见。

作者

2013 年 2 月

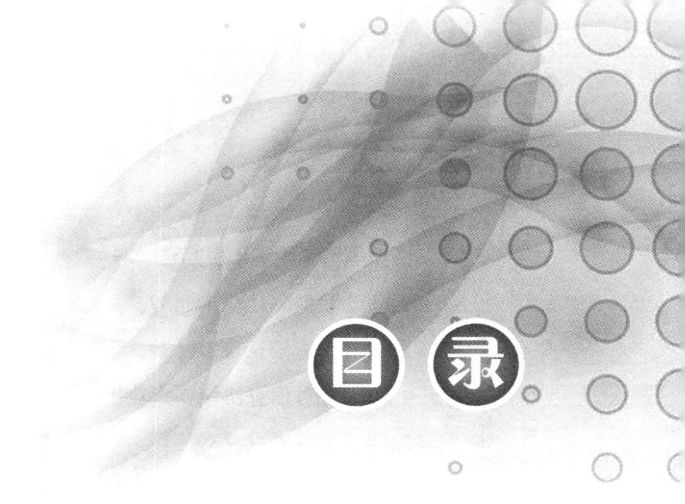

目录

第7章 木马攻防 / 114

第8章 后门技术攻防 / 142

第9章 局域网攻防 / 161

第10章 远程控制攻防 / 176

第11章 QQ攻防 / 209

第12章 E-Mail与IE浏览器攻防 / 223

第13章 网站攻防 / 241

第 1 章 从零开始认识黑客

如今，Internet 在人们的生活、工作和学习中起着十分重要的作用。但是，随之而来的却是 Internet 的安全问题越来越突出。在 Internet 中，有一类人，他们掌握高超的计算机技术，他们既可能会维护 Internet 的安全，也可能会破坏 Internet 的安全，这类人就是黑客。

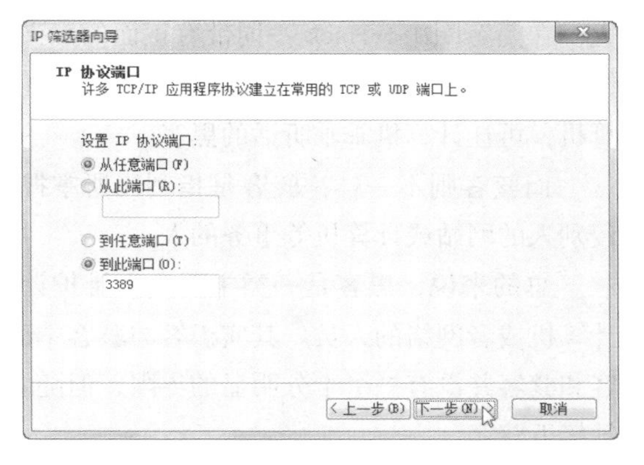

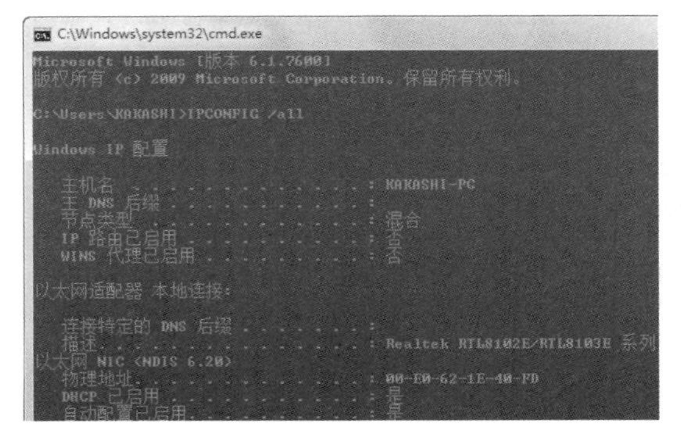

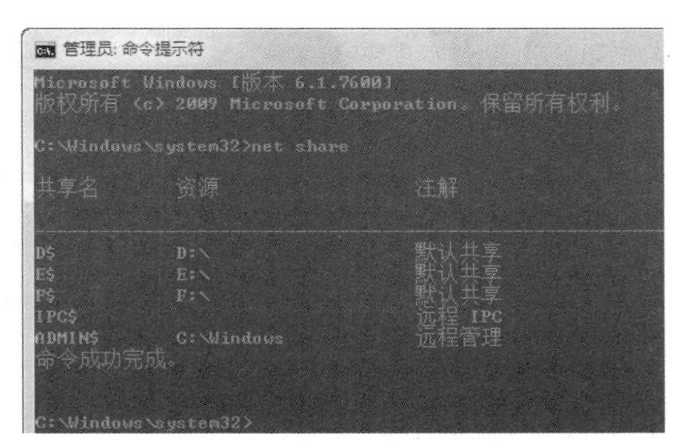

知识要点

- 认识黑客
- 黑客的定位目标——IP 地址
- 黑客的专用通道——端口
- 黑客藏匿的首选地——系统进程
- 认识黑客常用的 DOS 命令

1.1 认识黑客

黑客是一类掌握超高计算机技术的人群。凭借着掌握的知识，他们既可以从事保护计算机和网络安全的工作，也可能会选择入侵他人的计算机或者破坏网络，对于黑客而言，他们所做的事情总是带有一定的目的，也许是为了炫耀，也许是为了报复。

1.1.1 区别黑客与骇客

黑客的原意是指那些精通操作系统和网络技术，并利用其专业编制新程序的人。黑客所做的不是恶意破坏，他们是一群纵横于网络上的技术人员，热衷于科技探索、计算机科学研究。在黑客圈中，Hack 一词带有正面的意义，例如 system hacker 是指熟悉操作系统的设计与维护的黑客；password hacker 是指擅长找出使用者密码的黑客；computer hacker 则是指通晓计算机，可让计算机乖乖听话的黑客。

而骇客则不一样，骇客是指利用所掌握的计算机技术，从事恶意破解商业软件、恶意入侵别人的网站或计算机等事务的人。

总的来说，黑客是一类主要负责维护计算机和网络的安全的人员，而骇客则是入侵他人计算机或者网络的人员。其实黑客与骇客本质上都是相同的，即闯入计算机系统 / 软件者。黑客和骇客并没有一个十分明显的界限，但随着两者含义越来越模糊，因此造成了黑客一词越来越接近骇客。

提示：认识红客

红客是英文单词 Honker 的中文音译，它代表着一种精神，即热爱祖国、坚持正义和开拓进取的精神。只要具备这种精神并热衷于计算机技术的人，都可以成为 Honker。Honker 是 Hacker 中的一部分人，这部分人以维护国家利益为己任，不利用掌握的计算机和网络技术攻击别人的计算机或服务器。他们维护正义，为国争光。

1.1.2 黑客的特征

作为计算机高手，需要掌握大量的计算机专业知识和技术，如果只是掌握了基础的 DOS 命令和一两款远程控制工具是算不上黑客的。黑客掌握的知识通常包括：一定的英文水平、理解常用的黑客术语和网络安全术语、熟练使用常用 DOS 命令和黑客工具，以及掌握主流的编程语言以及脚本语言。

1. 一定的英文水平

黑客经常需要参考国外的相关资料和教程，而国外的资料和教程大多数为英文版本，因此就需要具有一定的英文水平，以确保能够看懂国外的一些参考资料。

2. 理解常用的黑客术语和网络安全术语

在常见的黑客论坛中，经常会看到肉鸡、挂马和后门等词语，这些词语可以统称为黑客术语，如果不理解这些词语，则在与其他黑客交流技术或经验时就会有障碍。除了掌握相关的黑客术语之外，作为黑客，还需要掌握 TCP / IP 协议、ARP 协议等网络安全术语。

3. 熟练使用常用DOS命令和黑客工具

常用 DOS 命令是指在 DOS 环境下使用的一些命令，主要包括 Ping、netstat 以及 net 命令等。利用这些命令可以实现对应不同的功能，如，利用使用 Ping 命令可以获取目标计算机的 IP 地址以及主机名。而黑客工具则是指用来远程入侵或者查看是否存在漏洞的工具，例如使用 X-Scan 可以查看目标计算机是否存在漏洞，利用 EXE 捆绑器可以制作带木马的其他应用程序。

4. 掌握主流的编程语言以及脚本语言

从 Internet 中获取的黑客工具通常是其他黑客利用指定类别的编程语言（C++、Java 等）制作的，黑客高手不仅仅使用别人制作的工具，还通过掌握主流的 C++、Java 等编程语言来编制属于自己的工具，同时还使用 JavaScript、VBScript 等脚本语言自己编写脚本，实现脚本入侵。

提示：认识黑客攻击的目的

黑客攻击目标计算机或服务器的目的主要有 3 个：盗取账户密码、恶作剧以及炫耀高超的计算机技术。特别提醒读者注意的是，盗取账户密码属于违法行为，本书介绍黑客攻防知识旨在让大家通过了解黑客攻击手段来提高防御能力，读者一定不要利用掌握的知识做违法的事情。

1.2 黑客的定位目标——IP 地址

IP 是 Internet Protocol 的简称，中文简称为“网协”，它是为计算机网络相互连接进行通信而设计的协议。无论任何操作系统，只要遵守 IP 协议就可以与 Internet 互联互通。而 IP 地址则是为了识别 Internet 或局域网中的电脑所产生的 32bit（bit 的中文名称是位，音译为比特）地址。下面就介绍什么是 IP 地址以及 IP 地址的分类。

1.2.1 认识 IP 地址

IP 地址其实就与现实生活中的住址一样，如果要将信件寄送给指定的好友，就必须知道该好友的住址，这样才能确保邮递员能够准确地将信件送到好友手中。在 Internet 中，计算机之间的通信就类似于现实生活中用户之间的通信，若想将信息发送给指定的计算机，就必须知道目标计算机的 IP 地址。

IP 地址默认是利用二进制来表示的，目前的 IP 地址的长度为 32bit，例如采用二进制形式的 IP 地址是 11000000101010000000000100100101，这么长的 IP 地址处理起来会非常麻烦。因此为了方便使用，IP 地址经常被记为十进制形式的数字，分为 4 段，每段包括 8 位，并且在中间使用句点符号“.”隔开，这样上面的 IP 地址可以写成 192.168.1.32。这种记法叫做“点分十进制表示法”，与一长串的 1 和 0 相比，利用点分十进制表示法表示的 IP 地址更容易被记住。

1.2.2 IP 地址的分类

在 Internet 中，每个 IP 地址都包括两个标识码（ID），它们分别是网络标识码和主机标识码。网络 ID 能够告诉用户计算机所处的特定网络，而主机 ID 则用来区分该网络中的多台计算机。

根据 IP 地址中网络 ID 与主机 ID 表示的不同数据段，可以将 IP 地址划分为 A、B、C、D 和 E 类。这 5 类 IP 地址的定义方式如表 1-1 所示。

表 1-1 IP 地址的分类及定义

地址类别	定义
A 类	第 1 段为网络地址，第 2 ～ 4 段为主机地址。网络 ID 的第 1 位必须是 0，因此该类 IP 地址中网络 ID 的长度为 8 位，主机 ID 的长度为 24 位，该类 IP 地址范围为 1.0.0.1 ～ 126.255.255.254，其子网掩码为 255.0.0.0
B 类	第 1 ～ 2 段为网络地址，第 3 ～ 4 段为主机地址。网络地址的前 2 位必须是 10，因此该类 IP 地址中网络 ID 的长度为 16 位，主机 ID 的长度为 16 位，该类 IP 地址范围为 128.1.0.1 ～ 191.254.255.254，其子网掩码为 255.255.0.0
C 类	第 1 ～ 3 段为网络地址，第 4 段为主机地址。网络地址的前 3 位必须是 110，因此该类 IP 地址中网络 ID 的长度为 24 位，主机 ID 的长度为 8 位，该类 IP 地址范围为 192.0.1.1 ～ 223.255.254.254，其子网掩码为 255.255.255.0
D 类	该类 IP 地址的第一个字节以 1110 开始，它是一个专门保留的地址，并不指向特定的网络。目前这类地址被用在多点广播（Multicast）中，其地址范围 224.0.0.1 ～ 239.255.255.254
E 类	该类 IP 地址以 11110 开始，为将来使用保留

除了以上介绍的 5 种 IP 地址以外，还有全 0 和全 1 的 IP 地址，其中全 0 的 IP 地址（0.0.0.0）是指当前网络，全 1 的 IP 地址（255.255.255.255）是广播地址（现在 CISCO 上可以使用全 0 地址）。

提示：认识 IPv4 地址与 IPv6 地址

IPv 是 Internet Protocol version 的简称，中文译为“网际协议版本”，目前 Internet 中常用的网际协议版本有 IPv4 和 IPv6 两个。随着 Internet 中电脑数量越来越多，IPv4 采用 32bit 地址长度，只能容纳大约 43 亿台电脑，而 IPv6 采用了 128bit 地址长度，几乎可以不受限制地提供 IP 地址。按保守方法估算，IPv6 可以在全球每平方米的面积上，除了能够提供现有的地址数量之外，还可以增加大约 1000 个地址。

1.2.3 查看计算机的 IP 地址

当计算机接入 Internet 以后，Internet 就会给该计算机分配一个 IP 地址，若要查看该 IP 地址，则可以借助百度搜索引擎来实现。

STEP01：输入“IP 地址查询”关键字

01 打开百度首页，输入“IP 地址查询”。

02 单击“百度一下”按钮。

STEP02：查看当前计算机的 IP 地址

跳转至新的页面，在页面中可看见当前计算机在 Internet 中的 IP 地址。

提示：查看路由器分配的 IP 地址

若计算机直接连接 Modem 并实现拨号上网时，则利用百度查询到的 IP 地址是当前计算机在 Internet 中的 IP 地址，若计算机是连接路由器而实现上网时，则该计算机将会拥有两种 IP 地址，即外网 IP 地址和内网 IP 地址，其中外网 IP 地址是指利用百度搜索引擎查询到的 IP 地址，而内网 IP 地址是指利用 ipconfig 命令查询到的 IP 地址，该地址是路由器为之分配的 IP 地址。使用 ipconfig 命令查看 IP 地址的使用方法可参见 1.5.2 节。

1.3 黑客的专用通道——端口

在计算机中，端口是计算机与外部通信交流的出口。由于计算机自身所携带的物理端口（键盘、鼠标、显示器等输入 / 输出接口）已经无法满足网络通信的需求，因此 TCP / IP 协议就引入了一种称为 Socket 的应用程序接口，该技术可以让当前计算机通过软件的方式与任何一台具有 Socket 接口的计算机进行通信，以满足网络通信的需求。而 Socket 接口就是通常所称的“端口”。

1.3.1 端口的分类

在计算机中，不同的端口有着不同的功能，例如 80 号端口是用于浏览网页服务的，21 号端口是用于 FTP 服务的，等等。计算机中可开启的端口数值范围为 1 ～ 65535。按照端口号的分布，可以将计算机中的端口分为公认端口、注册端口以及动态和 / 或私有端口。

1. 公认端口

公认端口也称为“常用端口”，这类端口包括 0 ～ 1023 号端口，它们紧密地绑定一些特定的服务，通常这些端口的通信明确地表明了某种服务的协议，用户无法重新定义这些端口对应的作用对象。例如，80 号端口分配给 HTTP 通信使用，用户将无法对 80 号端口进行重新定义。

2. 注册端口

注册端口包括 1024 ～ 49151 号端口，它们松散地绑定于一些服务。也就是说有许多服务绑定于这些端口，这些端口同样用于许多其他的目的。这些端口与公认端口不同，它们多数没有明确的作用对象，不同的程序可以根据实际需要自己定义。这些端口会定义一些远程控制软件和木马程序，因此对这些端口的防护和病毒查杀是非常有必要的。

3. 动态和 / 或私有端口

动态和 / 或私有端口包括 49152 ～ 65535 号端口，这些端口通常不会被分配常用服务，但是一些常用的木马和病毒就非常喜欢使用这些端口，其主要原因是这些端口常常不引起人们注意，并且很容易屏蔽。

提示：按照协议类型划分端口

划分端口不仅可以根据端口号进行，也可以根据协议类型进行划分。根据协议类型可以将端口划分为 TCP 端口和 UDP 端口两种类型，其中 TCP 端口采用了 TCP 通信协议，利用该端口连接远程计算机并发送消息后，还需要确认信息是否到达；TCP 端口主要包括 21（FTP 服务）、23（Telnet 服务）、25（SMTP 服务）和 110（POP3 服务）号端口；而 UDP 端口采用了 UDP 通信协议，利用该端口连接远程计算机并发送消息后，无需确认信息是否到达，主要包括 80 号端口（HTTP 服务）、53 号端口（DNS 服务）和 161 号端口（SNMP 服务）。

1.3.2 关闭端口

在 Windows 7 系统中，有很多不安全的端口处于开启状态，例如 5357 号端口默认处于开启状态，该端口对应的服务是在 Windows 7 中，5357 号端口对应着 Function Discovery Resource Publication 服务，它的含义是发布该计算机以及连接到该计算机的资源，以便能够在网络上发现这些资源。该端口的开启可能会造成计算机内部信息的泄漏，因此需要关闭该端口。关闭该端口的方法就是禁用 Function Discovery Resource Publication 服务。

STEP01：单击"控制面板"命令

01 单击"开始"按钮。

02 在弹出的菜单中单击"控制面板"命令。

STEP02：单击"管理工具"链接

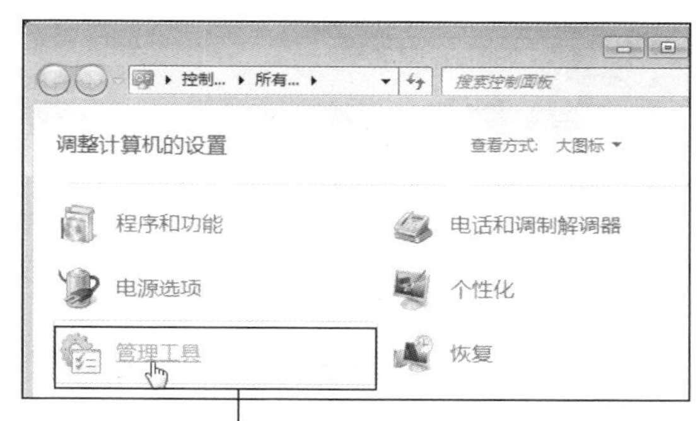

打开"控制面板"窗口，单击"管理工具"链接。

STEP03：双击"服务"选项

打开"管理工具"窗口，双击"服务"选项。

STEP04：双击 FDRP 服务

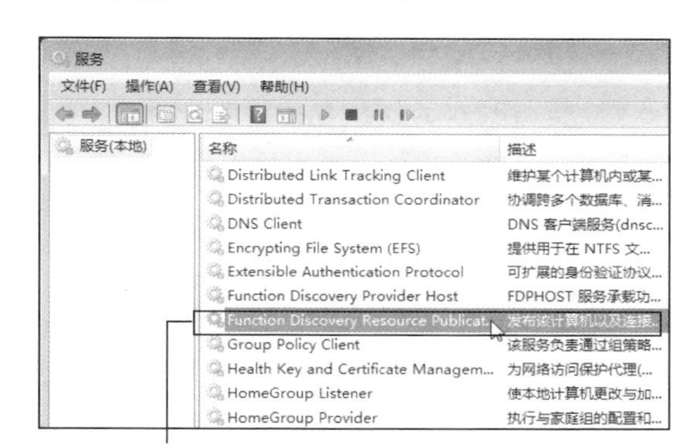

在"服务"窗口中双击"Function Discovery Resource Publication"选项。

STEP05：设置启动类型为禁用

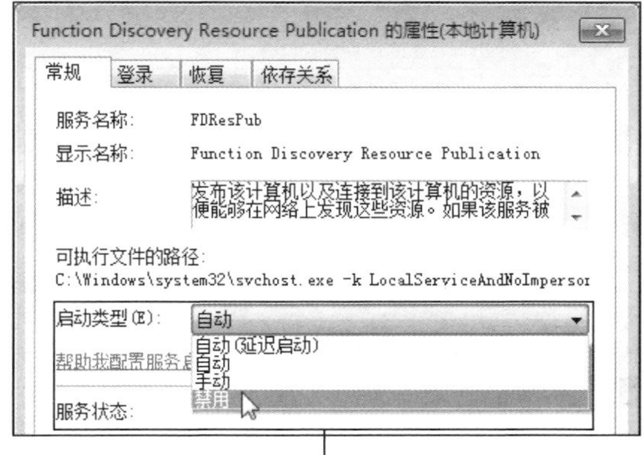

单击"启动"类型右侧下三角按钮，在展开的列表中单击"禁用"选项。

STEP06：停止运行该服务

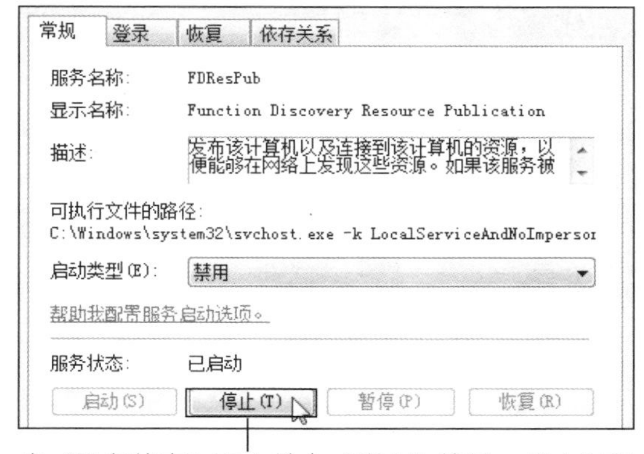

在"服务状态"下方单击"停止"按钮，停止运行该服务。

STEP07：正在停止运行指定服务

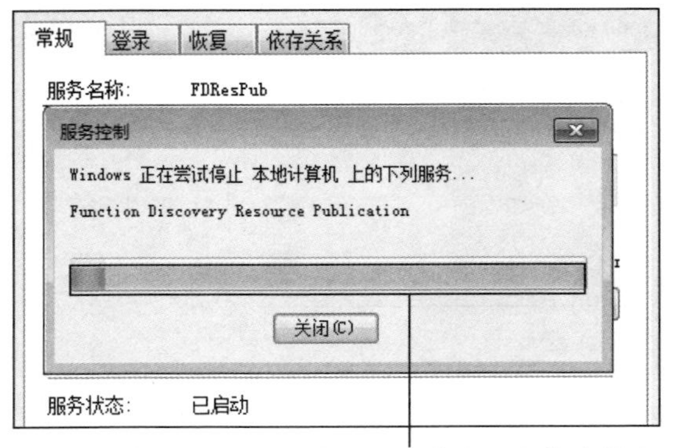

在“服务控制”对话框中可看见停止运行指定服务的进度。

STEP08：保存退出

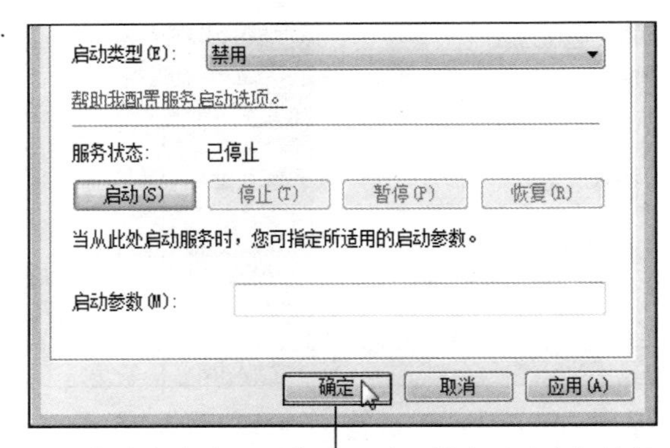

当服务状态变为“已停止”时，单击“确定”按钮保存退出。

提示：开启端口

开启端口的操作与关闭端口的操作是互逆的，简单地说就是启用指定端口所对应的服务，其操作方法与关闭操作十分类似。

1.3.3 限制使用指定的端口

对于个人计算机而言，用户可以随意选择限制使用的端口，因为个人计算机可以不用对外提供任何服务。在 Windows 7 系统中，3389 号端口是一个十分危险的端口，但是该端口默认处于开启状态，因此用户可以通过使用 IP 策略阻止访问该端口。

STEP01：双击“本地安全策略”图标

按照 1.3.2 节介绍的方法打开“管理工具”窗口，双击“本地安全策略”选项。

STEP02：创建 IP 安全策略

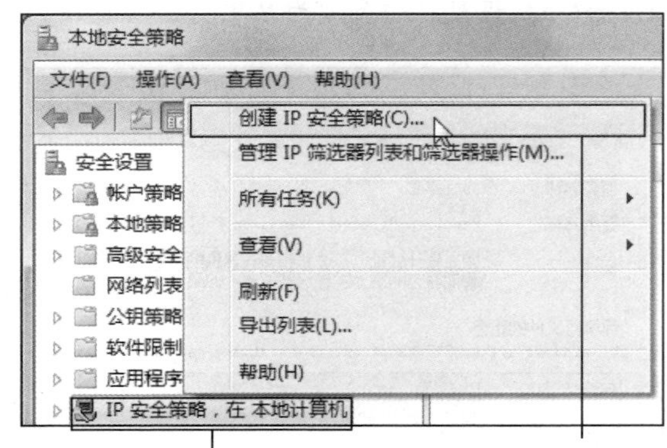

01 右击“IP 安全策略”选项。

02 单击“创建 IP 安全策略”命令。

STEP03：单击“下一步”按钮

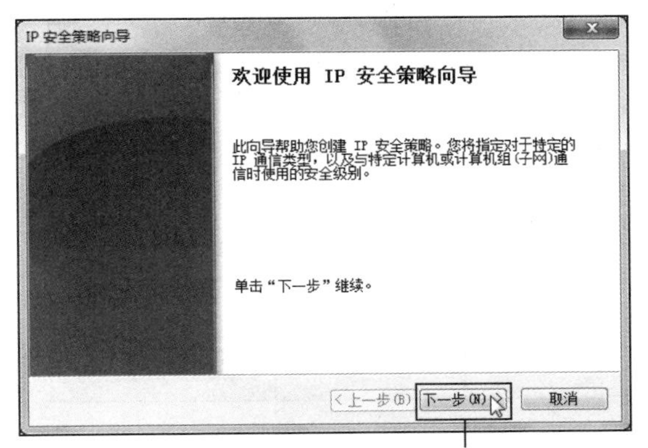

弹出“IP安全策略向导”对话框，单击“下一步”按钮。

STEP04：输入名称和描述信息

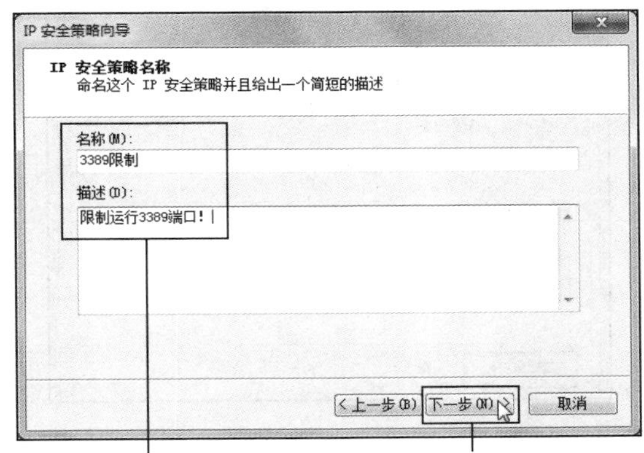

01 输入IP安全策略的名称和描述信息。

02 单击“下一步”按钮。

STEP05：选择不激活默认响应规则

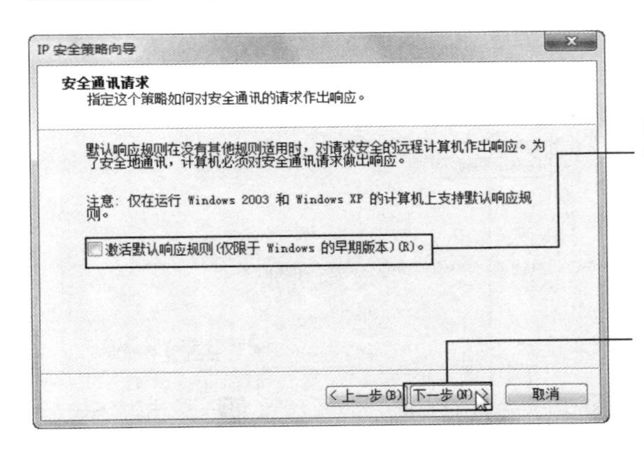

01 取消勾选“激活默认响应规则（仅限于Windows的早期版本）”复选框。

02 设置后单击“下一步”按钮。

STEP06：单击“完成”按钮

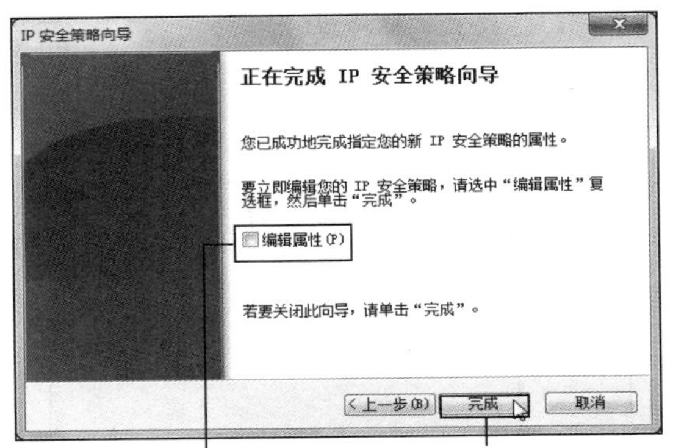

01 切换至新的界面，取消勾选“编辑属性”复选框。

02 单击“完成”按钮，完成IP安全策略的创建。

STEP07：选择管理筛选器列表和操作

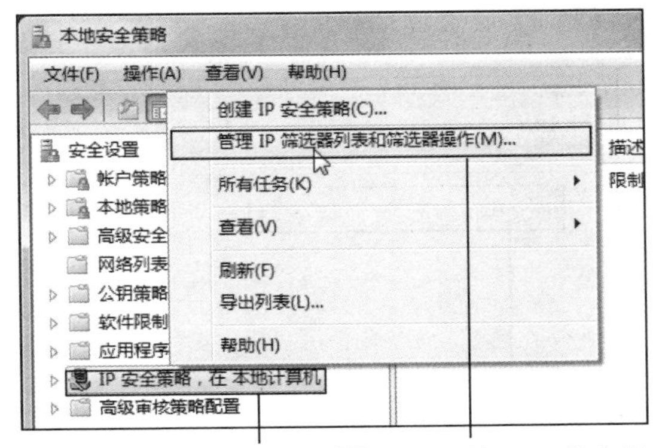

01 右击“IP安全策略”选项。

02 单击“管理IP筛选器列表命令和筛选器操作”。

STEP08：单击“添加”按钮

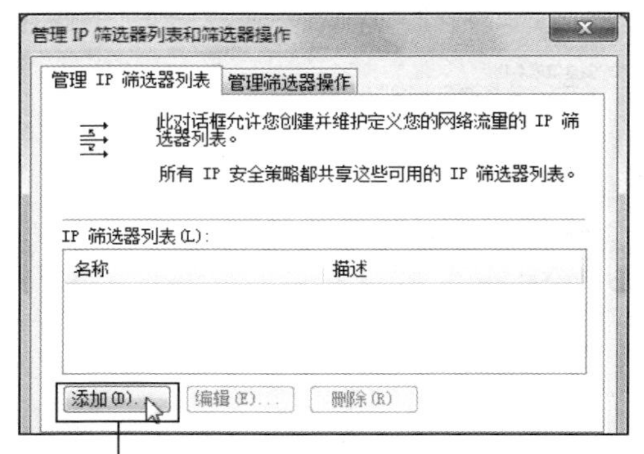

弹出对话框，在“管理IP筛选器列表”选项卡下单击“添加”按钮。

STEP09：添加指定名称的筛选器

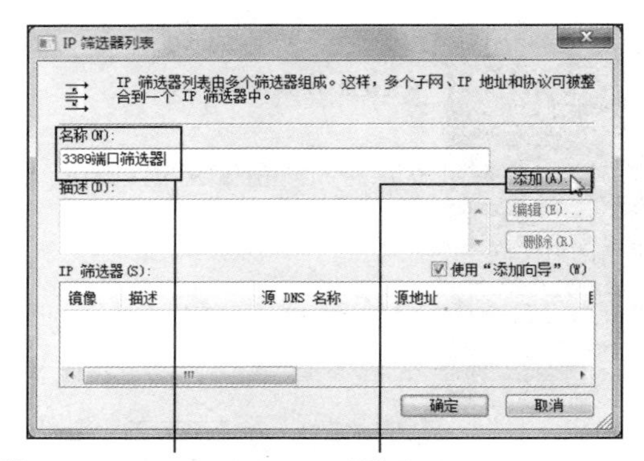

01 弹出对话框，输入筛选器名称。

02 单击“添加”按钮。

STEP10：单击“下一步”按钮

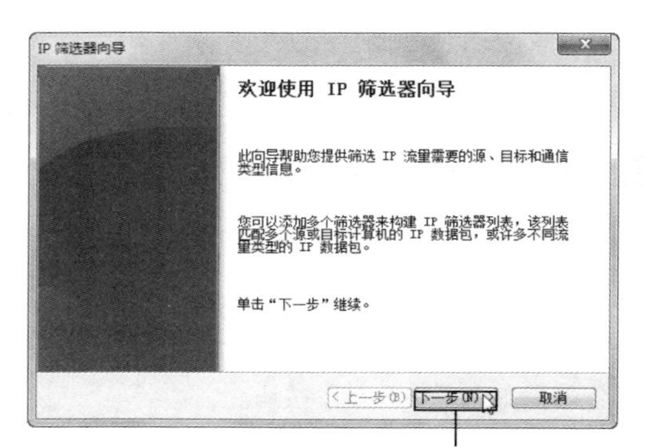

弹出“IP筛选器向导”对话框，单击“下一步”按钮。

STEP11：输入描述信息

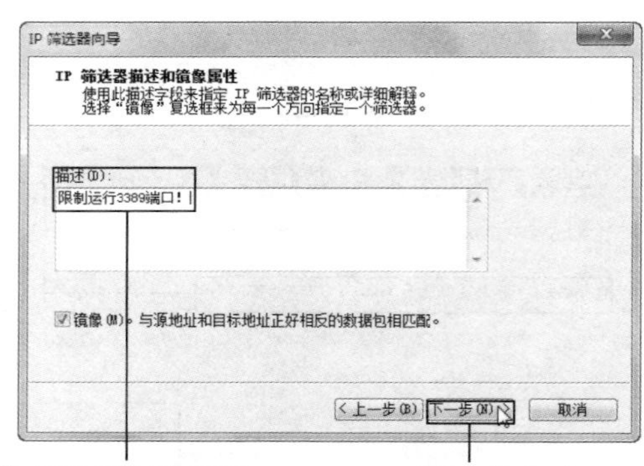

01 切换至新的界面，输入描述信息。

02 单击“下一步”按钮。

STEP12：设置源地址

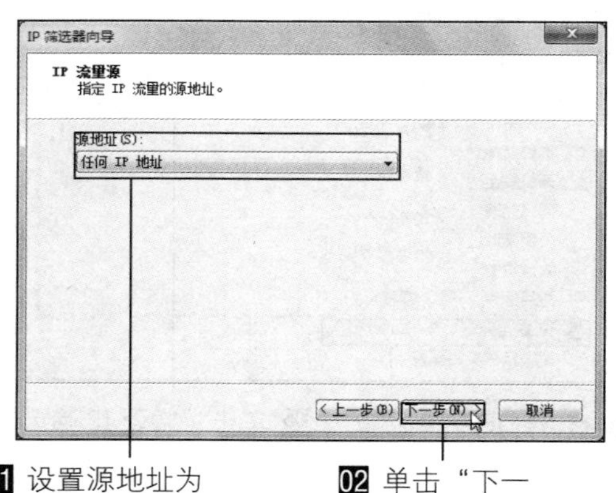

01 设置源地址为“任何IP地址”。

02 单击“下一步”按钮。

STEP13：设置目标地址

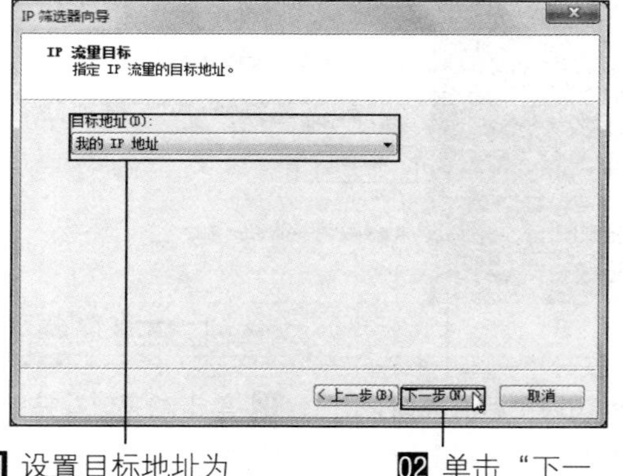

01 设置目标地址为“我的IP地址”。

02 单击“下一步”按钮。

STEP14：选择协议类型

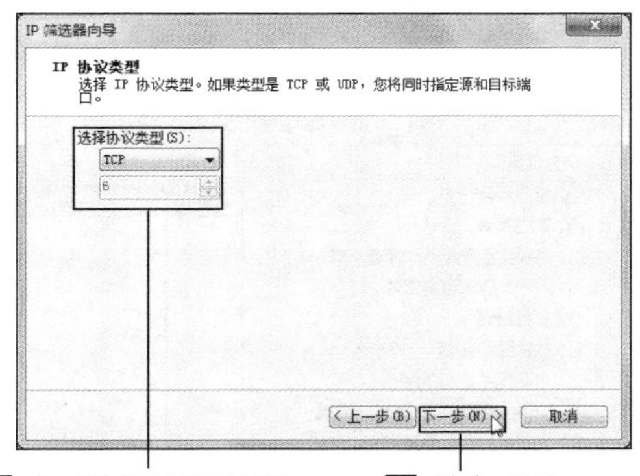

01 在“选择协议类型”下拉列表中选择 TCP。

02 单击“下一步”按钮。

STEP15：设置 IP 协议端口

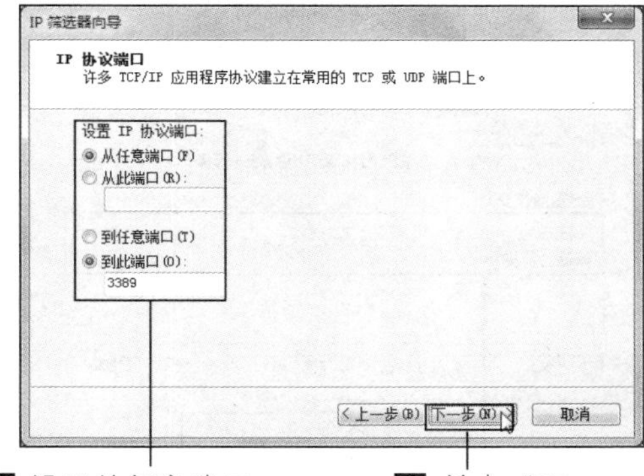

01 设置从任意端口到 3389 号端口。

02 单击“下一步”按钮。

STEP16：完成 IP 筛选器的创建

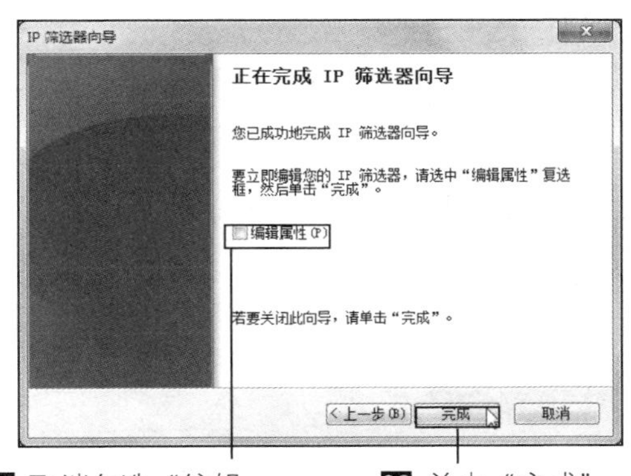

01 取消勾选“编辑属性”复选框。

02 单击“完成”按钮。

STEP17：单击“确定”按钮

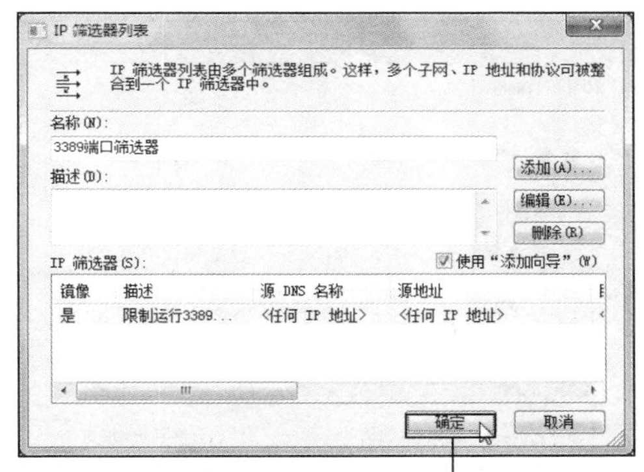

返回“IP 筛选器列表”对话框，可见创建的 IP 筛选器，单击“确定”按钮。

STEP18：添加管理筛选器操作

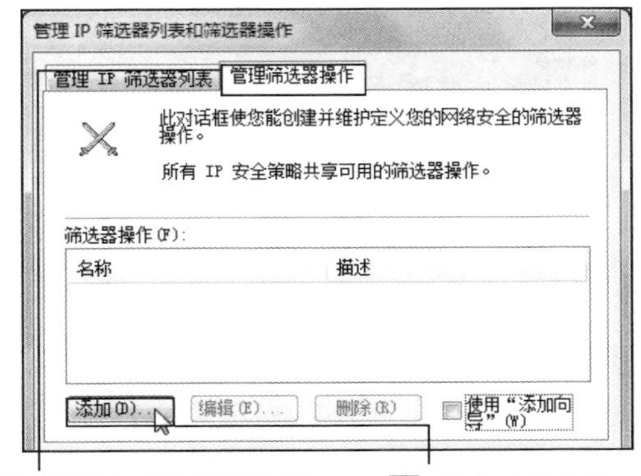

01 切换至“管理筛选器操作”选项卡。

02 单击“添加”按钮。

STEP19：设置筛选器操作为阻止

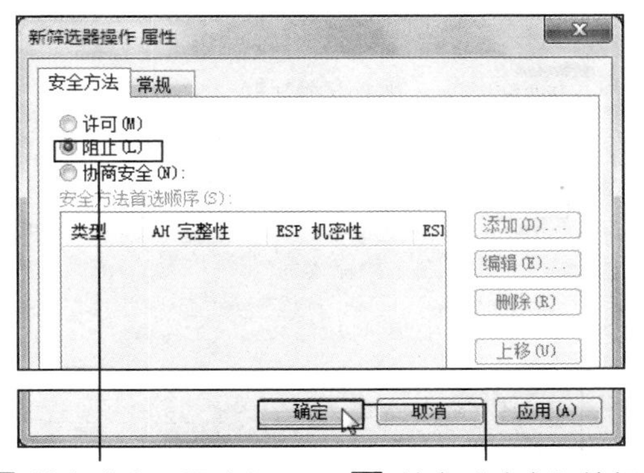

01 单击选中“阻止”单选按钮。

02 单击“确定”按钮。

STEP20：单击“关闭”按钮

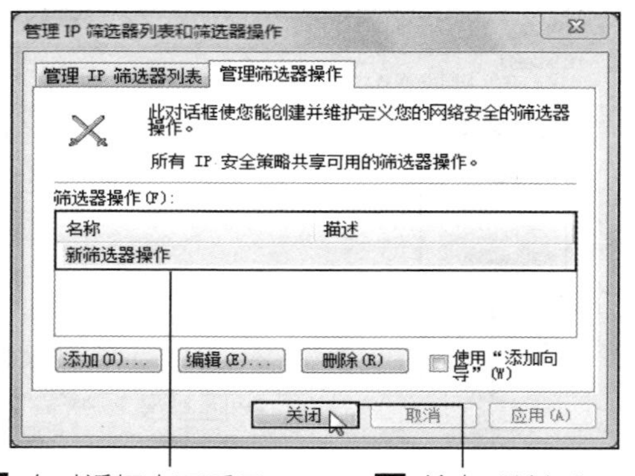

01 在对话框中可看见添加的筛选器操作。

02 单击“关闭”按钮。

STEP21：双击添加的 IP 安全策略

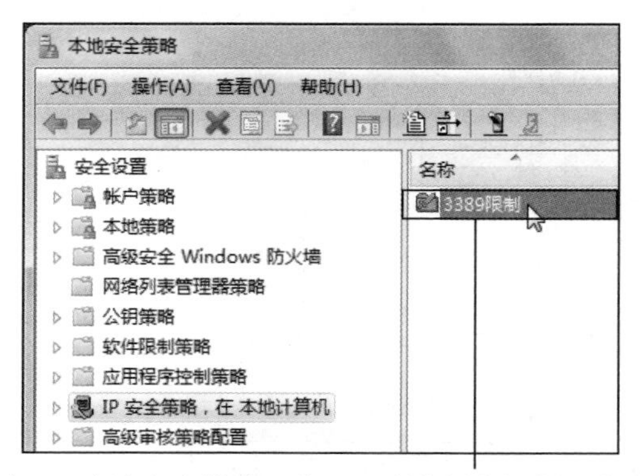

返回“本地安全策略”窗口，在右侧窗格中双击创建的 IP 安全策略。

STEP22：添加 IP 安全规则

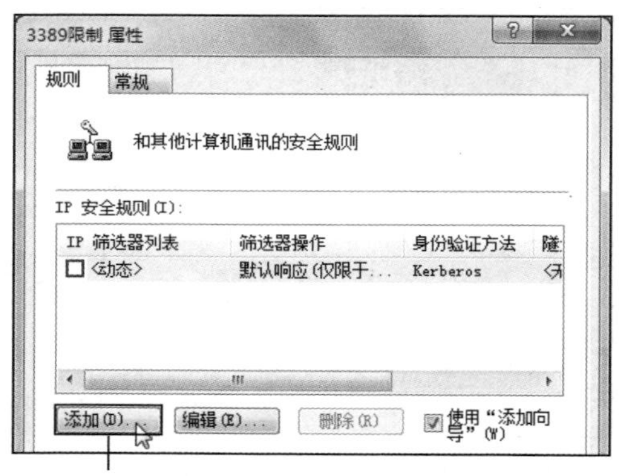

弹出“3389 限制属性”对话框，在“规则”选项卡下单击“添加”按钮。

STEP23：单击“下一步”按钮

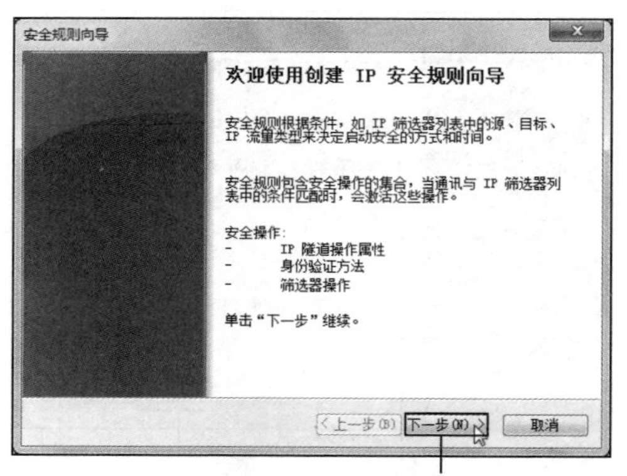

弹出“安全规则向导”对话框，单击“下一步”按钮。

STEP24：设置此规则不指定隧道

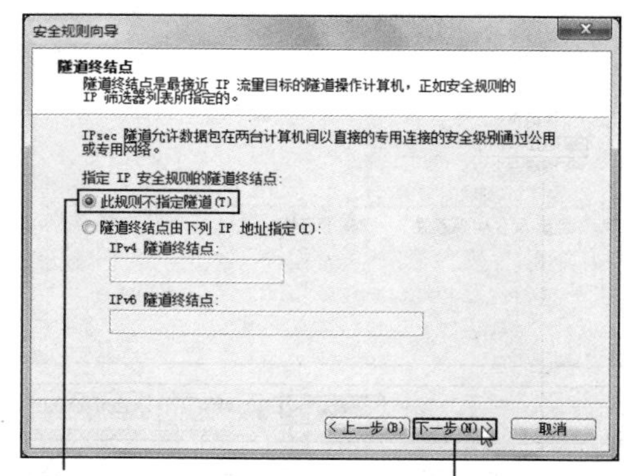

01 设置“此规则不指定隧道”单选项。

02 单击“下一步”按钮。

STEP25：选择网络类型

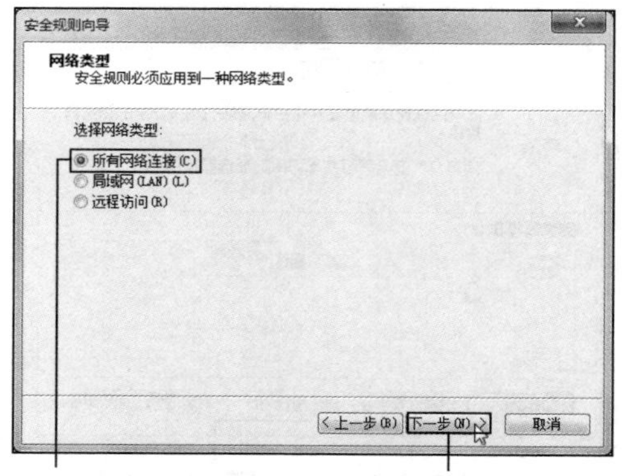

01 设置网络类型为“所有网络连接”。

02 单击“下一步”按钮。

STEP26：选择 IP 筛选器

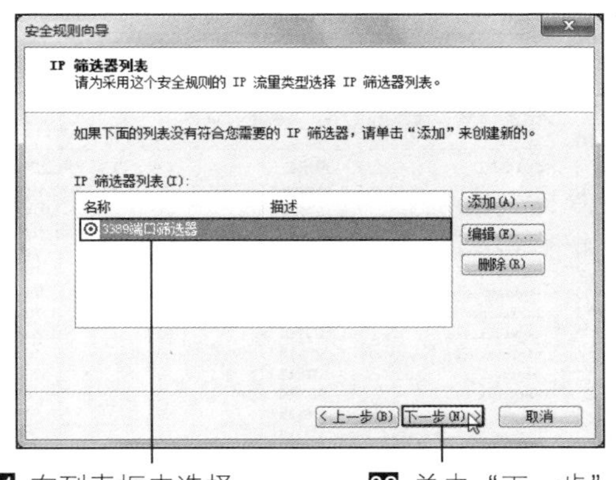

01 在列表框中选择 IP 筛选器。

02 单击“下一步”按钮。

STEP27：选择 IP 筛选器操作

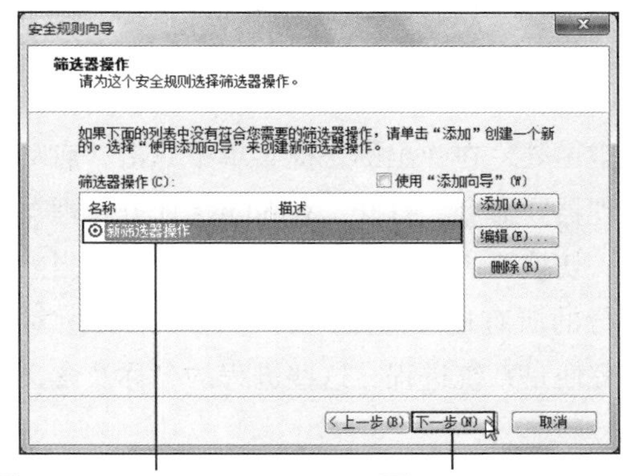

01 在列表框中选择 IP 筛选器操作。

02 单击“下一步”按钮。

STEP28：单击“完成”按钮

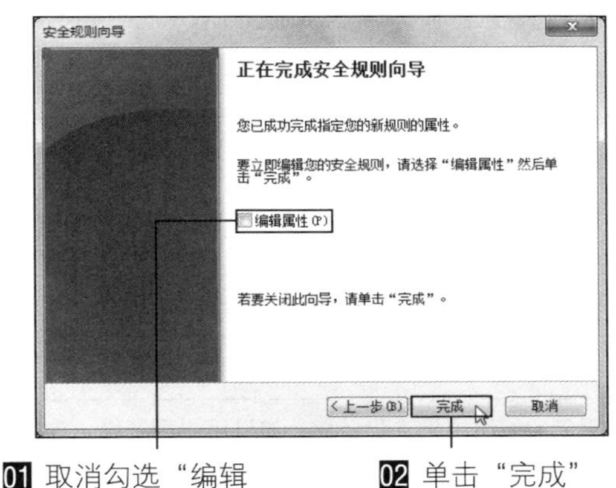

01 取消勾选“编辑属性”复选框。

02 单击“完成”按钮。

STEP29：分配设置的 IP 安全策略

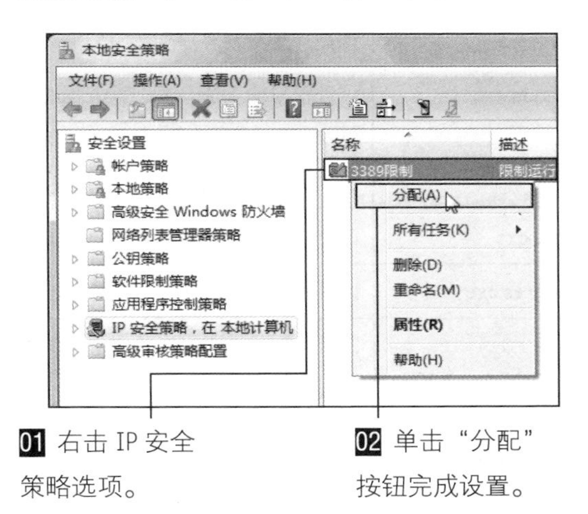

01 右击 IP 安全策略选项。

02 单击“分配”按钮完成设置。

1.4 黑客藏匿的首选地——系统进程

在 Windows 系统中，进程是程序在系统中的一次执行活动。它主要包括系统进程和程序进程两种。凡是用于完成操作系统各种功能的进程都统称为系统进程，而通过启动应用程序所产生的进程则统称为程序进程。由于系统进程是随着操作系统的启动而启动的，因此黑客经常会进行一定的设置，使得系统中的木马或病毒对应的进程与系统进程的名称十分相似，从而达到欺骗用户的目的。

1.4.1 认识系统进程

系统进程的主要作用是确保操作系统能够正常运行，在 Windows 7 系统中，右击任务栏任意空白处，在弹出的快捷菜单中单击“启动任务管理器”命令，打开“Windows 任务管理器”窗口，切换至“进程”选项卡，便可看见当前正在运行的所有进程。用户名为 SYSTEM 所对应的进程便是系统进程，这些进程的名称及含义如表 1-2 所示。

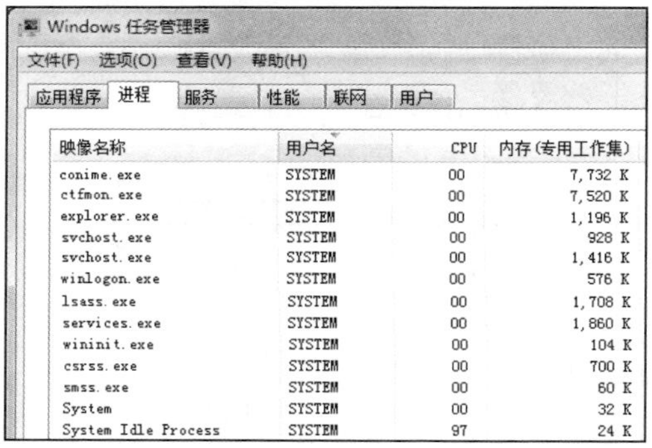

Windows 任务管理器

文件(F) 选项(O) 查看(V) 帮助(H)

应用程序 进程 服务 性能 联网 用户

映像名称	用户名	CPU	内存(专用工作集)
conime.exe	SYSTEM	00	7,732 K
ctfmon.exe	SYSTEM	00	7,520 K
explorer.exe	SYSTEM	00	1,196 K
svchost.exe	SYSTEM	00	928 K
svchost.exe	SYSTEM	00	1,416 K
winlogon.exe	SYSTEM	00	576 K
lsass.exe	SYSTEM	00	1,708 K
services.exe	SYSTEM	00	1,860 K
wininit.exe	SYSTEM	00	104 K
csrss.exe	SYSTEM	00	700 K
smss.exe	SYSTEM	00	60 K
System	SYSTEM	00	32 K
System Idle Process	SYSTEM	97	24 K

表 1-2　系统进程的名称和基本含义

名　称	基本含义
conime.exe	该进程与输入法编辑器相关，能够确保正常调整和编辑系统中的输入法
csrss.exe	该进程是微软客户端 / 服务端运行时子系统。该进程管理 Windows 图形相关任务
ctfmon.exe	该进程与输入法有关，该进程的正常运行能够确保语言栏能正常显示在任务栏中
explorer.exe	该进程是 Windows 资源管理器，可以说是 Windows 图形界面外壳程序，该进程的正常运行能够确保在桌面上显示桌面图标和任务栏
lsass.exe	该进程用于 Windows 操作系统的安全机制、本地安全和登录策略
services.exe	该进程用于启动和停止系统中的服务，如果用户手动终止该进程，系统也会重新启动该进程
smss.exe	该进程用于调用对话管理子系统，负责用户与操作系统的对话
svchost.exe	该进程是从动态链接库（DLL）中运行的服务的通用主机进程名称，如果用户手动终止该进程，系统也会重新启动该进程
system	该进程是 Windows 页面内存管理进程，它能够确保系统的正常启动
system idle process	该进程的功能是在 CPU 空闲时发出一个命令，使 CPU 挂起（暂时停止工作），从而有效降低 CPU 内核的温度
winlogon.exe	该程序是 Windows NT 用户登录程序，主要用于管理用户登录和退出

1.4.2 关闭和新建系统进程

在 Windows 7 系统中，用户可以手动关闭和新建部分系统进程，如 explorer.exe 进程就可以手动关闭和新建。进程被关闭后，桌面上将只显示桌面墙纸，重新创建该进程后将会再次在桌面上显示桌面图标和任务栏。

STEP01：单击“启动任务管理器”命令

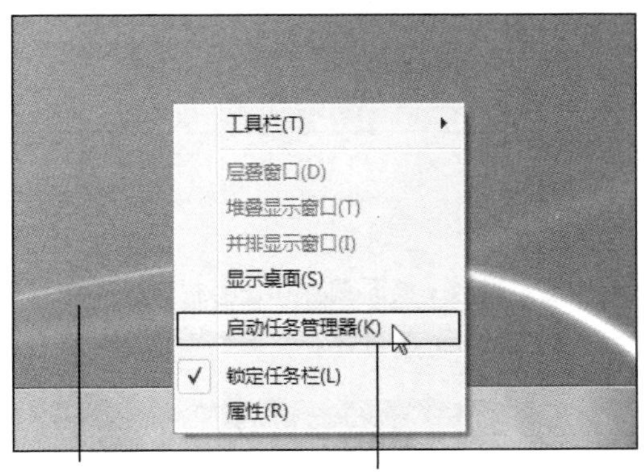

01 右击任务栏中空白处。

02 单击“启动任务管理器”命令。

STEP02：结束 explorer.exe 进程

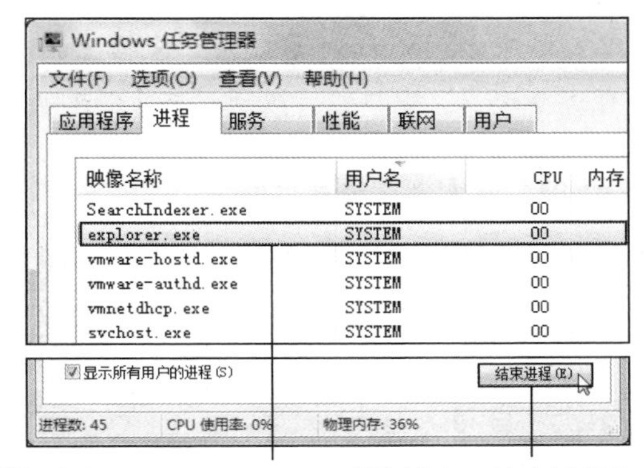

01 选中 explorer. exe 进程。

02 单击“结束进程”按钮。

STEP03：确认结束该进程

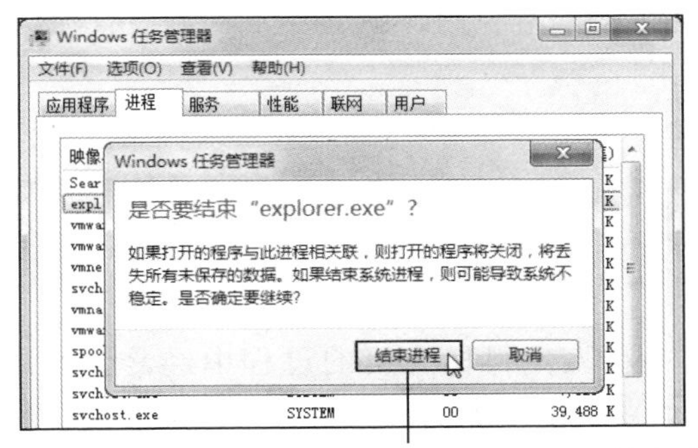

弹出对话框，单击“结束进程”按钮，确认结束该进程。

STEP04：查看桌面显示信息

此时可看见桌面上只显示了桌面背景，桌面图标和任务栏都消失了。

STEP05：单击“新建任务”命令

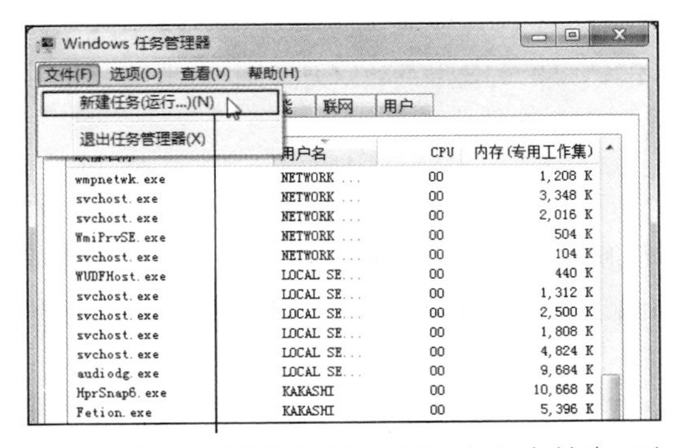

在“Windows任务管理器”窗口中依次单击“文件”>“新建任务(运行)”命令。

STEP06：新建 explorer.exe 进程

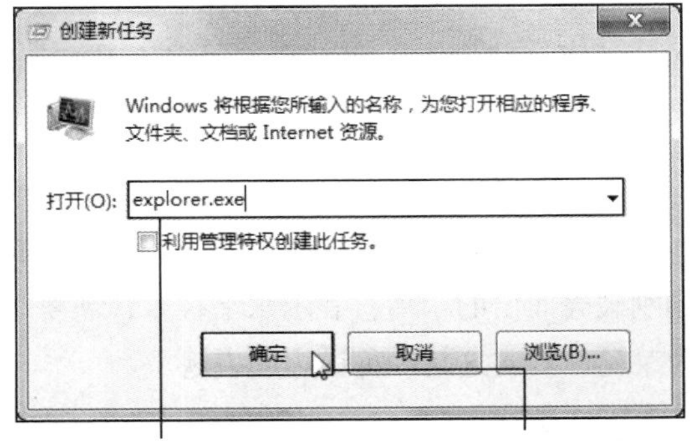

01 在文本框中输入 explorer.exe 命令。

02 单击“确定”按钮。

提示：在结束 explorer.exe 进程后打开“Windows 任务管理器”窗口

结束 explorer.exe 进程后，桌面上将不会显示任务栏，此时若要再次打开“Windows 任务管理器”窗口，可以通过按【Ctrl+Alt+Del】组合键实现。

STEP07：查看创建进程后的桌面

桌面上重新显示了桌面图标和任务栏，即系统已成功运行 explorer.exe 进程。

提示：重新加载 explorer.exe 的妙用

重新加载 explorer.exe 进程可用于安全卸载接入电脑的 U 盘，若无法安全地卸载 U 盘，则可在重新加载 explorer.exe 进程后再次安全删除它。

1.5 认识黑客常用术语和 DOS 命令

黑客之间常使用一些黑客术语进行交流，并在入侵目标主机的过程中经常会使用 DOS 命令（即 DOS 操作系统的命令，是一种面向磁盘的操作命令）进行探测和获取目标主机的信息。

1.5.1 常用术语

在 Internet 中，某些与计算机技术有关的论坛都会显示诸如菜鸟、肉鸡、后门之类的词语，其实这些词语的含义在这里并不是它的原本含义，而是由原本含义所引申出来的其他含义，而这些词语就是黑客们经常使用的术语。

1. 菜鸟

“菜鸟”是一种形象的比喻，用来把许多刚刚接触网络安全（黑客）技术的初学者比喻成刚刚破壳而出的小鸟，表示水平很差，需要学好知识，才能振翅高飞。有些高手喜欢把自己称为菜鸟，其实这是一种谦虚的表现。

2. 肉鸡

“肉鸡”是指那些被黑客入侵，并成功控制的电脑，这些已经被控制的电脑对于入侵者来说，可像使用自己的电脑一样任意使用，因此被形象地比喻为肉鸡。

3. 后门

后门原意是指位于房间背后、不常使用且可以自由出入的门，而在计算机领域中则是指绕过软件的安全性控制，而从比较隐秘的通道获取对程序或系统访问权的通道。一旦系统中存在后门，则系统就处于十分危险的状态了。

4. 弱口令

弱口令是指安全性比较弱的密码，当设置的密码与用户名完全相同，或为仅由数字、字母和符号中的任意一种所组成的密码时，都可以称其为弱口令。弱口令最明显的缺点就是很容易被黑客破解。

5. 扫描

扫描通常指的是向目标计算机提交一些特定的请求，然后根据收到的回复信息来判断目标计算机是否存在安全问题。扫描是一种最常用、最基本的信息刺探方法。

6. 嗅探

嗅探是指利用网络嗅探工具窃听局域网中流经的数据包，然后通过分析数据包便可获取这些数据包中的数据。

1.5.2 DOS 基本命令

在 Windows 7 系统中，DOS 基本命令主要包括 DIR、Ping、NBTSTAT、NETSTAT 和 IPCONFIG 等，这些命令都有十分强大的功能。下面就分别介绍一下这些 DOS 命令的具体用法。

1. DIR命令

DIR 命令用于显示磁盘目录所包含的内容，其命令格式可以写成：DIR[文件名][选项]。该命令有很多选项，例如，/ A 表示显示所有的文件（包括隐藏文件）；/ S 表示显示指定目录和所有子目录下的文件；/ B 表示只显示文件名。

STEP01：单击“运行”命令

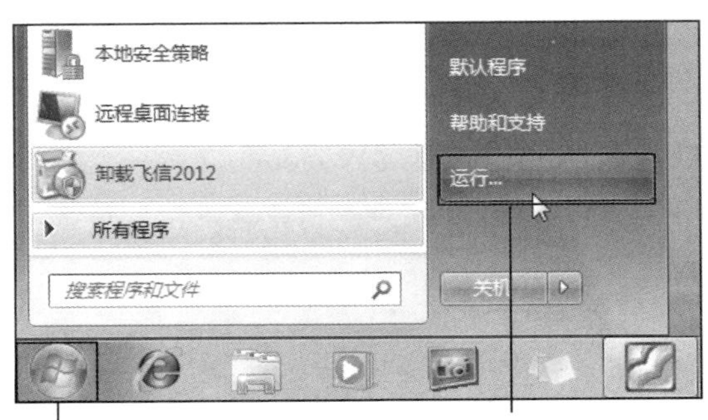

01 单击“开始”按钮。

02 在弹出的“开始”菜单中单击“运行”命令。

STEP02：输入 cmd 命令

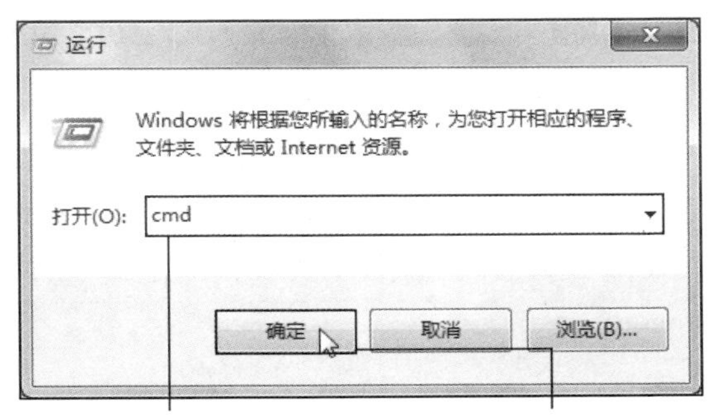

01 在文本框中输入 cmd 命令。

02 单击“确定”按钮。

提示：设置在“开始”菜单中显示“运行”命令

默认情况下“开始”菜单中不会显示“运行”命令，需要手动设置。右击任务栏空白处，在弹出的快捷菜单中单击“属性”命令，弹出对话框。切换至“‘开始’菜单”选项卡，单击“自定义”按钮，在弹出的对话框中勾选“运行命令”复选框，单击“确定”按钮保存并退出。

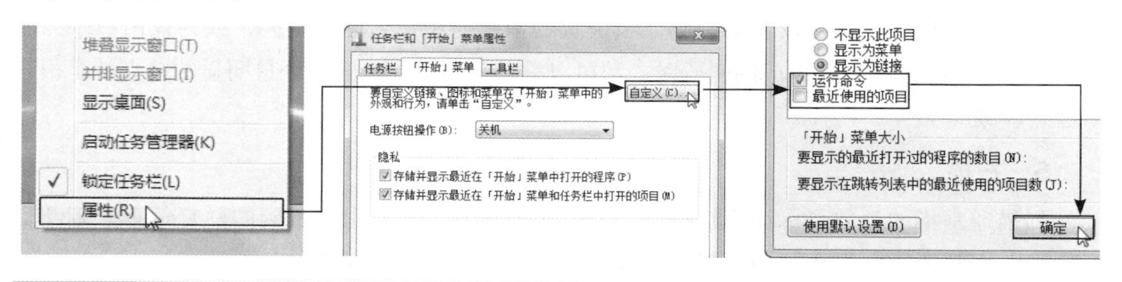

STEP03：查看指定位置的未隐藏文件

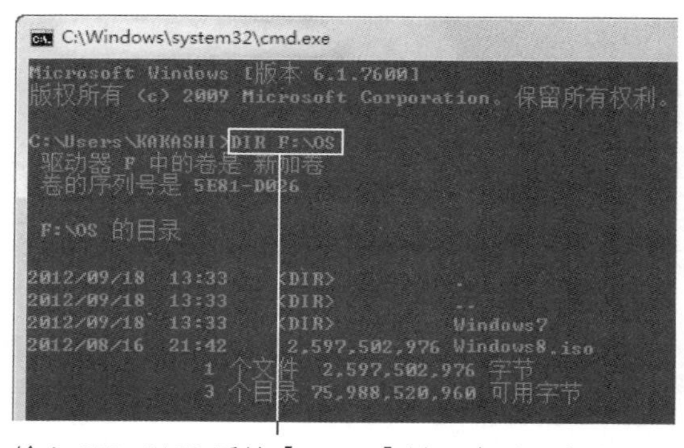

输入 DIR F:\OS 后按【Enter】键，查看 F 盘分区中 OS 文件夹中的未隐藏文件。

STEP04：查看指定位置的所有文件

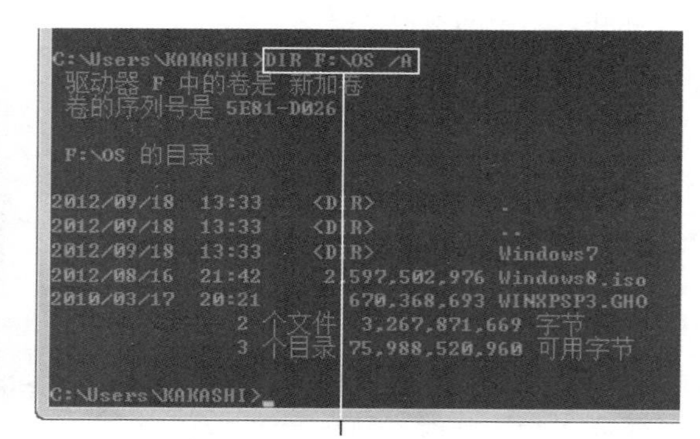

输入 DIR F:\OS /A 后按【Enter】键，查看 F 盘分区中 OS 文件夹中的所有文件。

提示：在显示结果中区别文件和文件夹

利用 DIR F：\OS 命令查看 F 盘分区中 OS 文件夹中未隐藏的文件时，用户需要注意区分文件和文件夹，例如 STEP03 中显示结果为 Windows 7，就表示 Windows 7 是一个文件夹的名称，而 Windows 8.iso 则表示 Windows8.iso 是一个镜像文件。简单地说，显示结果中没有后缀名的是文件夹，而有后缀名的则对应着文件。

STEP05：查看指定位置中的文件名称

```
F:\OS 的目录

2012/09/18  13:33    <DIR>          .
2012/09/18  13:33    <DIR>          ..
2012/09/18  13:33    <DIR>          Windows7
2012/08/16  21:42     2,597,502,976 Windows8.iso
2010/03/17  20:21       670,368,693 WINXPSP3.GHO
               2 个文件  3,267,871,669 字节
               3 个目录 75,988,520,960 可用字节

C:\Users\KAKASHI>DIR F:\OS /B
Windows7
Windows8.iso

C:\Users\KAKASHI>_
```

输入 DIR F:\OS / B 后按【Enter】键，查看 F 盘分区中 OS 文件夹中未隐藏文件和文件夹的名称。

STEP06：查看指定位置中的详细文件

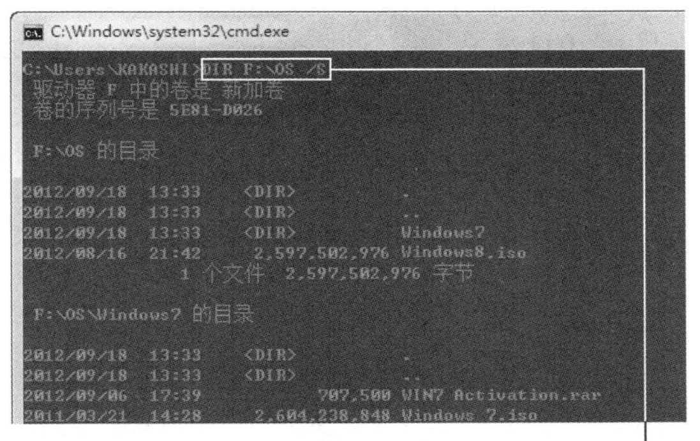

输入 DIR F:\OS / S 后按【Enter】键，查看 F 盘分区中 OS 文件夹中未隐藏的详细文件。

2. Ping命令

Ping 命令是一个使用频率极高的 DOS 命令，主要用于确定本地计算机是否能与另一台计算机交换（发送与接收）数据包，并根据返回的信息来检测两台计算机之间的网络是否连通。其常用的参数有 -a、-n count、-t，它们的含义如下。

–a：将输入 IP 地址解析为计算机 NetBIOS 名。

–n count：发送 count 指定的 ECHO（应答协议）数据包数。通过这个命令可以自己定义发送的个数 -count，对衡量网络速度很有帮助。如果未设定 count 值，则默认值为 4。

–t：一直 Ping 指定的远程计算机，直到从键盘按下【Ctrl+C】中断。

当网络出现故障时，可以用这个命令检测故障并确定故障位置。Ping 命令成功只是说明当前主机与目的主机之间存在一条连通的路径；如果不成功，则需要考虑网线是否连通、网卡设置是否正确、IP 地址是否可用等。需要注意的是：成功地与另一台主机进行一次或两次数据包交换并不表示 TCP / IP 配置就是正确的，本地主机与远程主机必须执行大量的数据包交换，才能确信 TCP / IP 的正确性。

STEP01：查看本机网卡是否正常运行

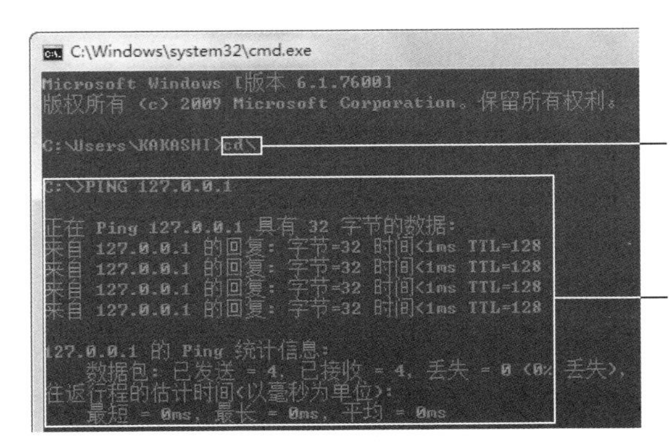

01 按照 1.5.2 节第 1 点介绍的方法打开命令提示符窗口，输入 cd\ 后按【Enter】键，切换至 C 盘根目录。

02 输入 Ping 127.0.0.1 后按【Enter】键，如果显示“来自 127.0.0.1 的回复……”，说明本机网卡能够正常使用，若显示“请求超时”则网卡存在问题。

提示：认识 CD 命令

CD 命令具有切换至指定位置的功能，如果想要切换至 C 盘根目录，只需输入 CD\ 后按【Enter】键即可；若要切换至 C 盘分区中的 Program Files 文件夹下，则在切换至 C 盘根目录后再输入 cd program files 后按【Enter】键即可。

STEP02：查看计算机是否接入路由器

```
C:\Windows\system32\cmd.exe

C:\>PING 192.168.1.1

正在 Ping 192.168.1.1 具有 32 字节的数据:
来自 192.168.1.1 的回复: 字节=32 时间=1ms TTL=64
来自 192.168.1.1 的回复: 字节=32 时间<1ms TTL=64
来自 192.168.1.1 的回复: 字节=32 时间<1ms TTL=64
来自 192.168.1.1 的回复: 字节=32 时间<1ms TTL=64

192.168.1.1 的 Ping 统计信息:
    数据包: 已发送 = 4, 已接收 = 4, 丢失 = 0 (0% 丢失),
往返行程的估计时间(以毫秒为单位):
    最短 = 0ms, 最长 = 1ms, 平均 = 0ms

C:\>_
```

输入 Ping 192.168.1.1 后按【Enter】键，若显示"来自 192.168.1.1 的回复……"，说明已成功接入路由器，若显示"请求超时"则说明未接入路由器。

STEP03：查看计算机是否接入 Internet

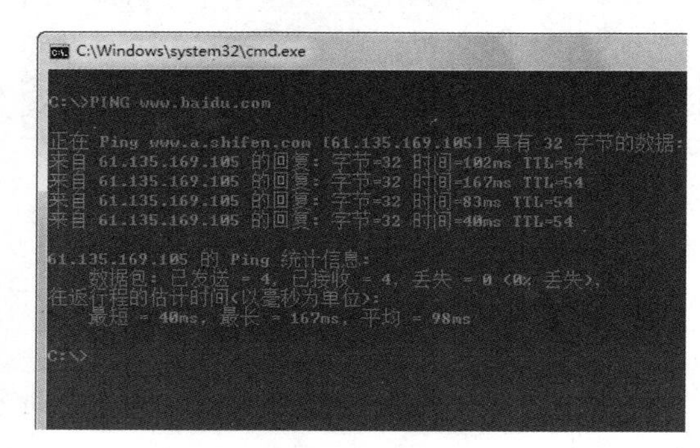

输入 Ping www.baidu.com 后按【Enter】键，若显示"来自 61.135.169.105 的回复……"，说明已成功接入 Internet，若显示"请求超时"则说明未接入 Internet。

3. nbtstat命令

nbtstat 命令用于查看基于 TCP / IP 的 NetBIOS 协议统计资料、本地计算机和远程计算机的 NetBIOS 名称表和 NetBIOS 名称缓存。该命令的格式为 nbtstat[-a RemoteName] [-a IPAddress] [-c] [-n] [-r] [-R] [-RR] [-s] [-S] [interval]，该命令所包含的参数含义如下：

-a RemoteName：显示远程计算机的 NetBIOS 名称表，其中 RemoteName 是远程计算机的 NetBIOS 计算机名称。NetBIOS 名称表是与运行在该计算机上的应用程序相对应的 NetBIOS 名称列表。

-a IPAddress：显示远程计算机的 NetBIOS 名称表，其名称由远程计算机的 IP 地址指定（以小数点分隔）。

-c：显示 NetBIOS 名称缓存内容、NetBIOS 名称表及其解析的各个地址。

-n：显示本地计算机的 NetBIOS 名称表。Registered 的状态表明该名称是通过广播还是 WINS 服务器注册的。

-r：显示 NetBIOS 名称解析统计资料。在配置为使用 WINS 且运行 Windows 7 或 Windows Server 2008 操作系统的计算机上，该参数将返回已通过广播和 WINS 解析和注册的名称号码。

-R：清除 NetBIOS 名称缓存的内容，并从 Lmhosts 文件中重新加载带有 #PRE 标记的项目。

-RR：释放并刷新通过 WINS 服务器注册的本地计算机的 NetBIOS 名称。

-s：显示 NetBIOS 客户端和服务器会话，并试图将目标 IP 地址转化为名称。

-S：显示 NetBIOS 客户端和服务器会话，只通过 IP 地址列出远程计算机。

Interval：重新显示选择的统计资料，可以在每个显示内容之间中断 Interval 中指定的秒数。按【Ctrl+C】组合键停止重新显示统计信息。如果省略该参数，NBTSTAT 将只显示一次当前的配置信息。

该命令可以刷新 NetBIOS 名称缓存和使用 Windows Internet Naming Server（WINS）注册的名称。下面介绍使用 nbtstat 命令查看目标计算机和当前计算机的 NetBIOS 名称。

STEP01：查看目标计算机 NetBIOS 名称

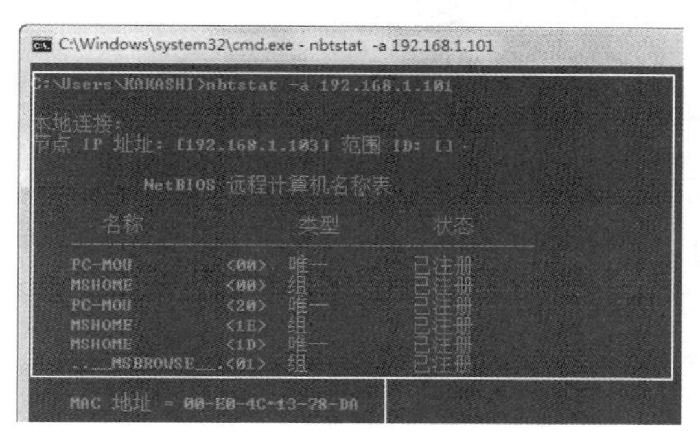

输入 nbtstat　-a 192.168.1.100 后按【Enter】键，可查看 IP 地址为 192.168.1.105 的计算机的 NetBIOS 名称。

STEP02：查看当前计算机 NetBIOS 名称

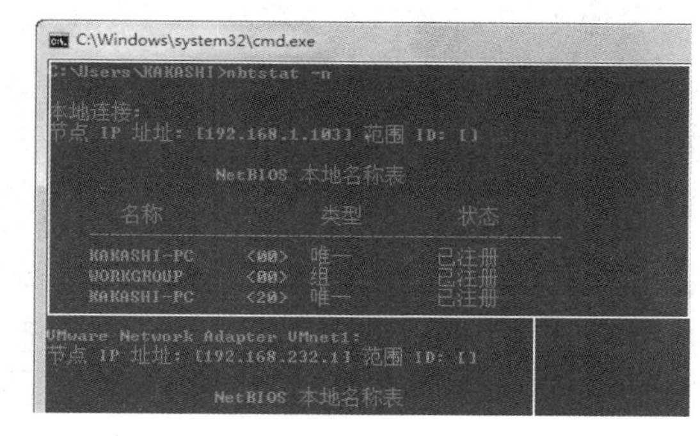

输入 nbtstat -n 后按【Enter】键，可查看当前机 NetBIOS 名称，若安装 VMware，可查看虚拟机 NetBIOS 名称。

4. netstat命令

netstat 是一个用于监控 TCP / IP 网络的命令，利用该命令可以查看路由表、实际的网络连接以及每一个网络接口设备的状态信息。一般情况下，用户使用该命令来检验本机各端口的连接情况。

netstat 命令的格式为 netstat[-a][-b][-e][-n][-o][-p proto][-r][-s][-v][interval]，该命令所包含的参数含义如下。

-a：显示本地计算机所有的连接和端口。

-b：显示包含创建每个连接或监听端口的可执行组件。

-e：显示以太网（Ethernet）统计的数据，该参数可以与 -s 结合使用。以太网是由 Xeros 公司开发的一种基带局域网技术，使用同轴电缆作为网络媒体，采用载波多路访问和碰撞检测（CSMA / CD）机制，数据传输速率达到 10Mbps。目前常见的局域网都采用了以太网技术。

-n：以网络 IP 代替名称，显示网络连接情形。

-o：显示与每个连接相关的所属进程 ID。

-p proto：显示 pro 指定的协议的连接，proto 可以是 TCP 或 UDP。

-r：显示路由选择表。

-s：在机器的默认情况下显示每个协议的配置统计，包括 TCP、UDP、IP、ICMP 等。

-v：与 -b 一起使用时将显示包含为所有可执行组建创建连接或监听端口的组件。

interval：每隔 interval 秒重复显示所选协议的配置情况，直至按【Ctrl+C】组合键中断显示为止。

STEP01：查看当前计算机的端口信息

```
C:\Windows\system32\cmd.exe
Microsoft Windows [版本 6.1.7600]
版权所有 (c) 2009 Microsoft Corporation。保留所有权利。

C:\Users\KAKASHI>netstat -a

活动连接

  协议  本地地址              外部地址              状态
  TCP    0.0.0.0:135           KAKASHI-PC:0          LISTENING
  TCP    0.0.0.0:443           KAKASHI-PC:0          LISTENING
  TCP    0.0.0.0:445           KAKASHI-PC:0          LISTENING
  TCP    0.0.0.0:902           KAKASHI-PC:0          LISTENING
  TCP    0.0.0.0:912           KAKASHI-PC:0          LISTENING
  TCP    192.168.1.104:49317   125.39.120.65:http    TIME_WAIT
  TCP    192.168.1.104:49318   125.39.120.65:http    TIME_WAIT
  TCP    192.168.1.104:49319   125.39.120.65:http    TIME_WAIT
  TCP    192.168.59.1:139      KAKASHI-PC:0          LISTENING
  TCP    192.168.232.1:139     KAKASHI-PC:0          LISTENING
  TCP    0.0.0.0:49157         KAKASHI-PC:0          LISTENING
```

输入 netstat -a 后按【Enter】键，便可查看当前计算机的端口信息，还可以查看各端口的不同状态。

STEP02：查看以太网统计的数据

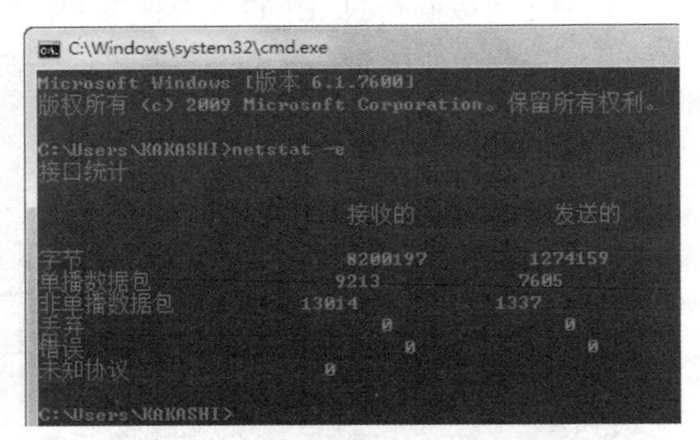

输入 netstat -e 后按【Enter】键，便可查看以太网统计的当前电脑接收和发送的数据。

提示：认识端口状态的不同含义

利用 netstat –a 命令不仅可以查看当前计算机开放的端口，而且还可以查看这些端口当前的状态，主要包括 LISTENING、TIME_WAIT、ESTABLISHED、CLOSE_WAIT，其中 LISTENING 表示这些端口处于开放状态；TIME_WAIT 表示当前端口处于等待连接状态；ESTABLISHED 表示当前端口已与外部网络建立连接；CLOSE_WAIT 表示当前端口已与外部网络断开连接。

5. IPCONFIG命令

IPCONFIG 命令可用于查看当前计算机的 TCP / IP 配置的设置值，这些信息一般用来检验用户手动配置的 TCP / IP 设置是否正确。当用户的计算机通过路由器接入 Internet 时，则路由器将会自动为当前计算机设置 TCP / IP 配置，此时利用 IPCONFIG 便可查看自己的计算机是否成功租用到一个 IP 地址。如果成功租用，同时还可以查看到当前计算机的 IP 地址、子网掩码以及默认网关等信息。

IPCONFIG 命令最常用的方式主要有两种，即 IPCONFIG 和 IPCONFIG / all。当 IPCONFIG 命令后面不带参数时，可用于查看当前计算机的 TCP / IP 简单信息；如果使用 IPCONFIG / all 命令，则可以用于查看当前计算机的完整 TCP / IP 配置信息以及对应的 MAC 地址。

STEP01：查看 TCP / IP 简单配置信息

```
C:\Windows\system32\cmd.exe
Microsoft Windows [版本 6.1.7600]
版权所有 (c) 2009 Microsoft Corporation。保留所有权利。

C:\Users\KAKASHI>IPCONFIG

Windows IP 配置

以太网适配器 本地连接:

   连接特定的 DNS 后缀 . . . . . . . :
   本地链接 IPv6 地址. . . . . . . . : fe80::783c:3b88:43e1:b88e%11
   IPv4 地址 . . . . . . . . . . . . : 192.168.1.104
   子网掩码  . . . . . . . . . . . . : 255.255.255.0
   默认网关. . . . . . . . . . . . . : 192.168.1.1

以太网适配器 VMware Network Adapter VMnet1:
```

输入 IPCONFIG 后按【Enter】键，便可查看当前计算机的 IPv4、IPv6 地址、子网掩码以及默认网关等信息。

STEP02：查看 TCP / IP 完整配置信息

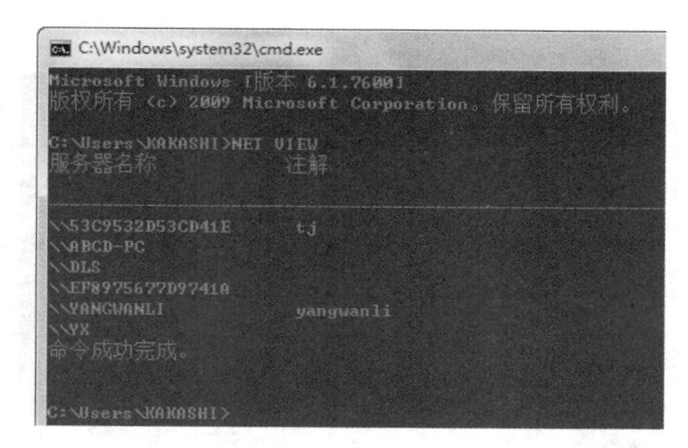

输入 IPCONFIG /all 后按【Enter】键，便可查看当前计算机的 IP 地址、子网掩码、DNS 后缀和 DHCP 等信息。

提示：子网掩码与默认网关

子网掩码又叫网络掩码、地址掩码，它只有一个作用，就是将某个 IP 地址划分成网络地址和主机地址两部分。子网掩码不能单独存在，它必须结合 IP 地址一起使用。

默认网关是 IP 路由表中的默认 IP 地址，如果当前计算机发出数据包后，路由器无法找到接收该数据包的 IP 地址，则会将该数据包发给默认网关，由默认网关来处理数据包。

1.5.3 NET 命令

NET 命令是一种基于网络的命令，该命令的功能很强大，可以管理网络环境、服务、用户和登录等本地以及远程信息。常见的 NET 命令主要有 NET VIEW、NET USER、NET USE、NET TIME、NET SHARE 和 NET SEND。

1. NET VIEW命令

NET VIEW 命令用于显示域列表、计算机列表或指定计算机的共享资源列表。其命令格式为：NET VIEW [\\ComputerName] [/ domain[：DomainName]]，所包含的参数含义如下。

[\\ComputerName]：指定要查看其共享资源的计算机。

[/ domain[：DomainName]]：指定要查看其可用计算机的域。

当输入不带参数的 NET VIEW 命令时，则可以用于查看当前域中的所有计算机名称。

STEP01：查看当前域中的所有计算机

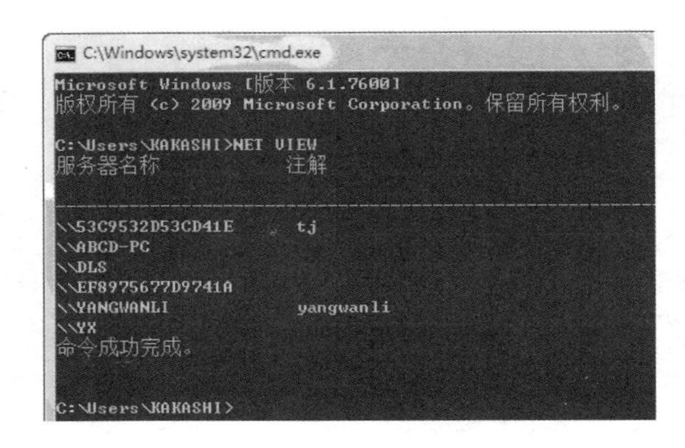

输入 NET VIEW 后按【Enter】键，即可看见当前域中所有计算机的名称。

提示：服务器名称与注释

利用 NET VIEW 命令查看计算机时，服务器名称和注释就是计算机名和描述信息，它们都显示在“系统”窗口中。右击“计算机”图标，在弹出的快捷菜单中单击“属性”命令，即可打开“系统”窗口。

STEP02：查看指定计算机的共享资源

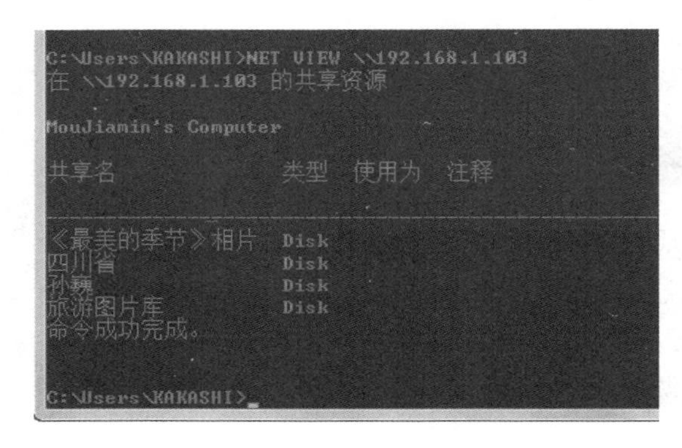

输入 NET VIEW \\192.168.1.103 后按【Enter】键，即可查看 IP 地址为 192.168.1.103 的计算机中的共享资源。

提示：使用计算机名替代 IP 地址

在输入 NET VIEW [\\ComputerName] 命令时，[\\ComputerName] 既可以用 IP 地址替换，又可以使用计算机名替换。

2. NET USE命令

NET USE 命令可用于建立与断开计算机与共享资源的连接。其命令格式为：NET USE [devicename|*] [\\computername\sharename[\volume] [password|*]] [/USER：[domainname\]username] [[/DELETE] | [/PERSISTENT：{YES | NO}]]，所包含的参数含义如下。

[devicename | *]：连接或断开当前计算机与指定名称的设备。设备名称通常有两种：即磁盘驱动器（D：至 Z：）和打印机（LPT1：至 LPT3：）。

\\computername：共享资源的计算机名称。如果该名称中包含空字符，就要将双反斜线（\\）和计算机名一起用引号（" "）括起来。计算机名的最大长度为 15 个字符。

\sharename：指共享资源的计算机所在工作组或域的名字。

\volume：指定共享资源的计算机中该共享资源所在的驱动器盘符。

password：指访问共享资源所需要的密码。

*：进行密码提示。当在密码提示符下输入密码时，密码不会显示。

/USER：使用其他用户账户连接共享资源。

[domainname\]：指定共享资源的计算机所在域的名称。如果缺省，默认设置为当前计算机所在域。

username：指定登录的用户名。

/DELETE：取消一个网络连接，并且从永久连接列表中删除该连接。

/PERSISTENT：控制对永久网络连接的使用。其默认值是最近使用的设置。YES 表示建立连接时保存该设置，并在下次登录时默认恢复该连接；NO 表示不保存已建立或者后面将要建立的连接，现有的连接将在下次登录时自动恢复。

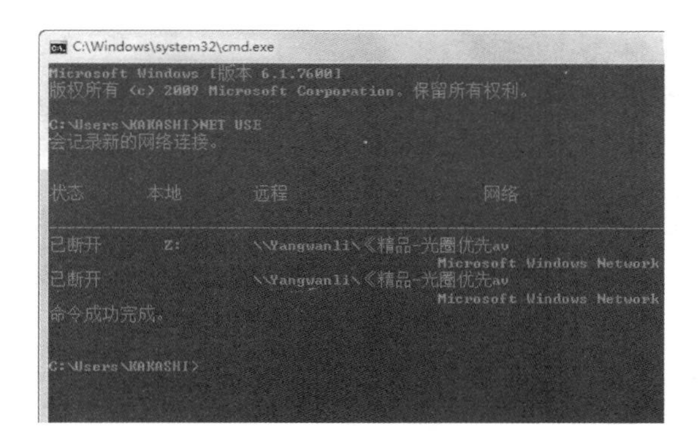

输入 NET USE 后按【Enter】键，即可查看当前计算机是否建立了共享资源连接以及该连接的当前状态。

提示：无法完全显示共享资源的名称

利用 NET USE 查看共享资源时，如果共享资源的名称过长，则将无法在命令提示符窗口中完全显示。

3. NET USER命令

NET USER 命令用于创建和修改计算机上的用户账户，该命令也可以写成 NET USER，其命令格式为 NET USER [username [password | *] [options]] [/DOMAIN] username {password | *} /ADD [options] [/DOMAIN] username [/DELETE] [/DOMAIN]，各参数的含义如下。

username：指明需要添加、删除、更改或者查看的用户账户名称。

password：用于设置或改变用户账户的密码。该密码的最大长度为 14 个字符。

/ADD：在本地计算机中添加账户。

/DELETE：在本地计算机中删除账户。

/DOMAIN：指明在计算机主域的主域控制器中执行操作。

输入不带参数的 NET USER 命令时，则可查看到本地计算机中所有用户账户的详细信息。

STEP01：单击“所有程序”命令

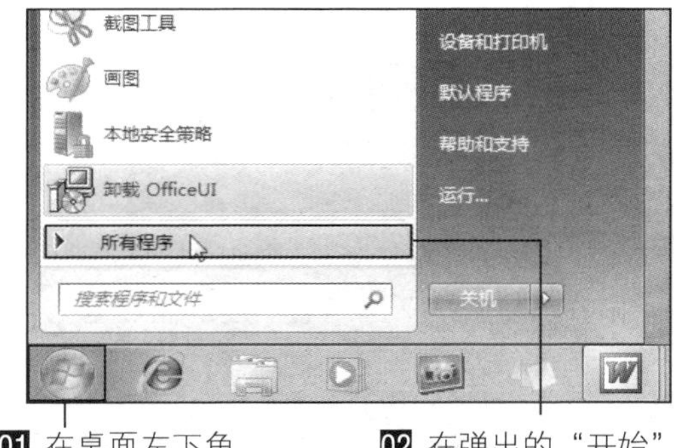

01 在桌面左下角单击“开始”按钮。

02 在弹出的“开始”菜单中单击“所有程序”命令。

STEP02：以管理员身份运行指定程序

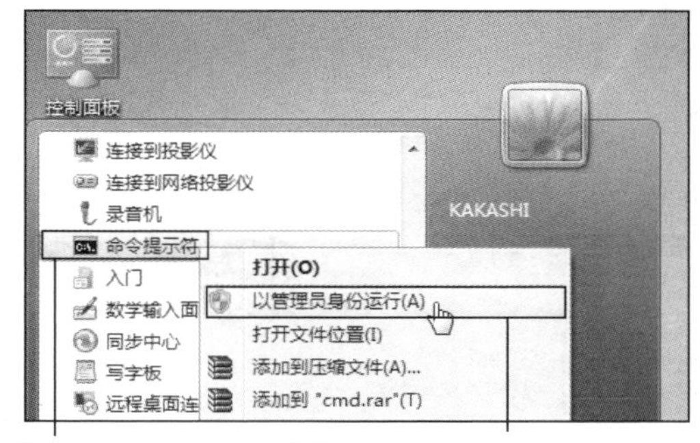

01 右击“命令提示符”选项。

02 在弹出的快捷菜单中单击“以管理员身份运行”命令。

提示："命令提示符"命令位于"附件"文件夹中

命令提示符是 Windows 7 操作系统自带的一款工具，在"开始"菜单中单击"所有程序"命令后，还需在左侧单击"附件"命令才能看见"命令提示符"命令。

STEP03：查看计算机中所有用户账户

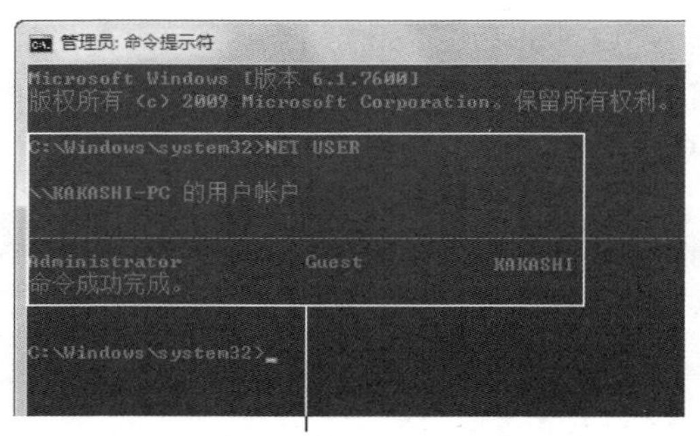

在光标闪烁的地方输入 NET USER 后按【Enter】键，查看本地计算机中的所有用户账户。

STEP04：添加用户账户

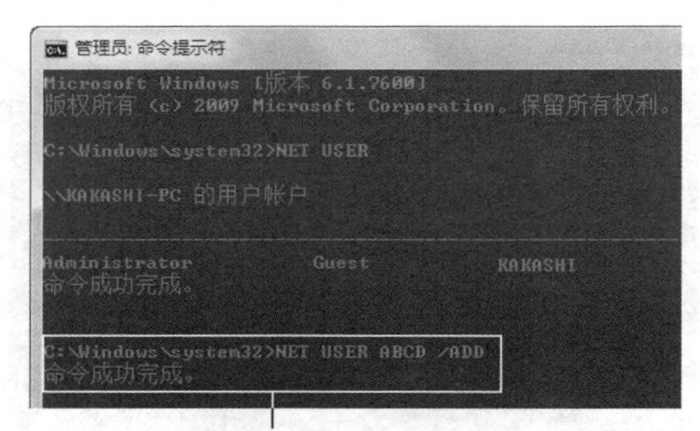

若要添加名称 ABCD 的空密码账户，则输入 NET USER ABCD / ADD 后按【Enter】键。

STEP05：单击"用户账户"选项

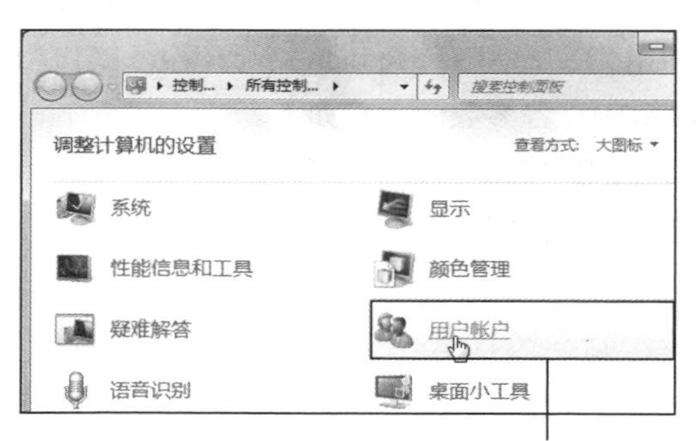

打开"控制面板"窗口，在"大图标"查看方式下单击"用户账户"链接。

STEP06：管理其他用户账户

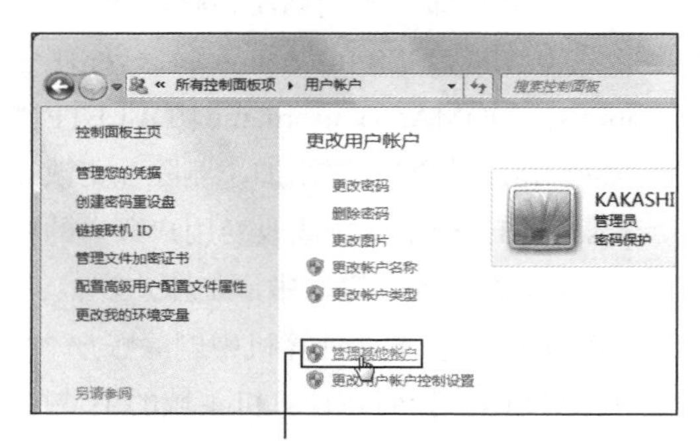

在"用户账户"窗口中单击"管理其他账户"链接。

STEP07：查看添加的账户

在新的界面中可看见利用 NET USER 命令添加的账户。

STEP08：删除指定的用户账户

若要删除指定用户账户，在命令提示符窗口中输入 NET USER ABCD / DELETE 后按【Enter】键即可。

4. NET TIME命令

NET TIME 命令可以让当前计算机的时钟与另一台计算机或域的时间同步。其命令格式为：NET TIME [\\ComputerName | /domain[：DomainName] | /rtsdomain[：DomainName]] [/set]，各参数的含义如下。

```
C:\Windows\system32\cmd.exe
Microsoft Windows [版本 6.1.7600]
版权所有 (c) 2009 Microsoft Corporation。保留所有权利。

C:\Users\KAKASHI>NET TIME \\192.168.1.103
\\192.168.1.103 的当前时间是 2012/9/21 14:24:24

命令成功完成。

C:\Users\KAKASHI>
```

\\ComputerName：指定要检查或要与之同步的服务器的名称。

/domain[：DomainName]：指定要同步时钟的域的名称。

/rtsdomain[：DomainName]：指定要与之同步时钟的"可信时间服务器"所在域的名称。

/set：使计算机的时钟与指定的计算机或域的时间同步。

如果使用 NET TIME 命令时不输入 /set，则只能显示目标计算机或域的时间，无法进行同步操作。

5. NET SHARE命令

NET SHARE 命令用于管理共享资源，包括创建、删除或显示共享资源。其命令格式为：NET SHARE [ShareName] net share [ShareName=Drive：Path [{/users：number|/unlimited}] [/ remark："text"]，各参数的含义如下。

ShareName：指定共享资源的网络名称。输入不带参数 ShareName 的 NET SHARE 命令仅显示有关该共享的信息。

Drive：Path：指定要共享目录的绝对路径。

/users：number：设置可以同时访问共享资源的最多用户数。

/unlimited：指定可以同时访问共享资源的、数量不受限制的用户。

/remark："text"：添加关于资源的描述注释。给注释文本加上引号。

STEP01： 查看本地计算机的共享资源

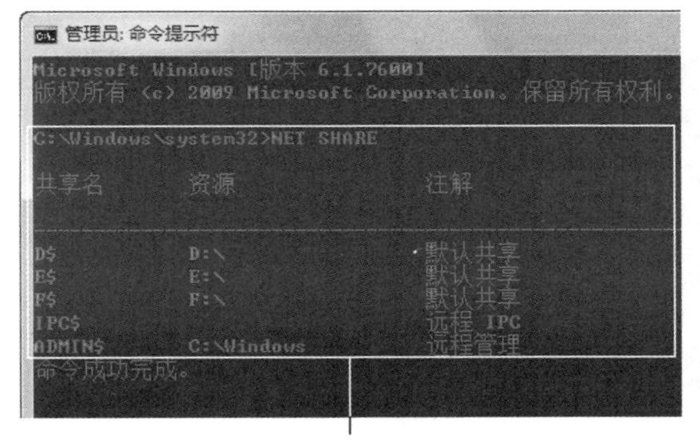

以管理员身份打开"命令提示符"窗口，输入 NET SHARE 后按【Enter】键，可查看本地计算机的共享资源。

STEP02： 设置共享指定驱动盘符

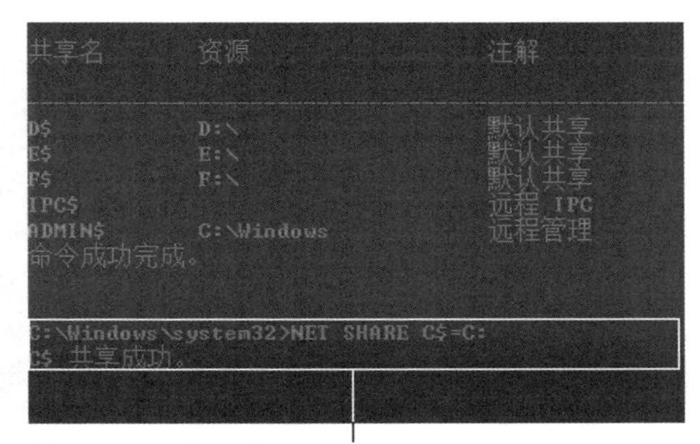

若要设置共享 C 盘，则输入 NET SHARE C$=C: 后按【Enter】键，即可成功设置共享 C 盘。

STEP03：取消共享 C 盘

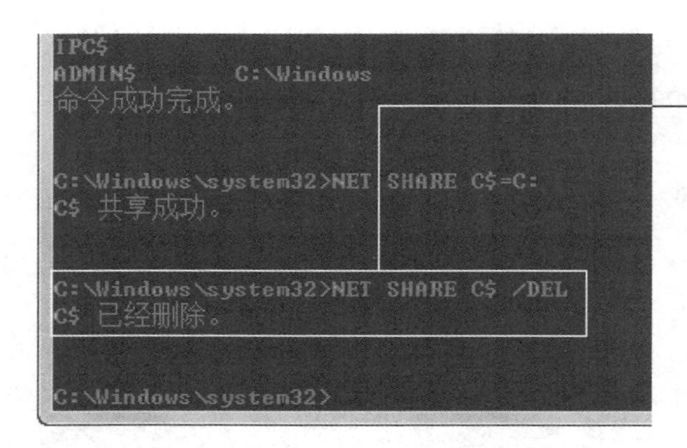

若要取消共享 C 盘，则输入 NET SHARE C$ / DEL 后按【Enter】键即可。

提示：启用 Server 服务共享所有分区

若要快速启动所有分区的 IPC$ 共享，则可启用系统中的 Server 服务。IPC$ 共享将在第 10 章进行详细介绍。

第2章 黑客攻防前的准备工作

人们做任何事情都要做好充足的准备，黑客也不例外，黑客在入侵 Internet 中其他电脑之前，需要做一系列的准备工作，包括在电脑中安装虚拟机、准备常用的工具软件以及掌握常用的攻击方法。

知识要点

- 在 VMware 中新建虚拟机
- 在 VMware 中安装操作系统
- 网络嗅探工具
- 远程控制工具
- 认识黑客常用的入侵方法

2.1 在计算机中搭建虚拟环境

无论是攻击还是训练，黑客都不会拿实体计算机来尝试，而是在实体计算机中搭建虚拟环境，即安装虚拟机。在虚拟机中黑客可以直观地进行各种攻击测试，并且完成大部分的入侵学习，包括制作病毒、木马和实现远程控制等。

2.1.1 认识虚拟机

虚拟机指通过软件模拟的、具有完整硬件系统功能的、运行在一个完全隔离环境中的计算机系统，在实体机上能够完成的工作都能在虚拟机中实现。正因如此，虚拟机被越来越多的人所使用。

在计算机中新建虚拟机时，需要将实体机的部分硬盘和内存容量作为虚拟机的硬盘与内存容量。每个虚拟机都拥有独立的CMOS、硬盘和操作系统，用户可以像使用实体机一样对虚拟机进行分区和格式化硬盘、安装操作系统和应用软件等。

提示：Java虚拟机

Java虚拟机是一个想象中的机器，它一般在实际的计算机上通过软件模拟来实现。Java虚拟机有自己想象中的硬件，如处理器、堆栈、寄存器等，还具有相应的指令系统。Java虚拟机主要用来运行利用Java编辑的程序，由于Java语言具有跨平台的特点，因此Java虚拟机也可以在多平台中直接运行使用Java语言编辑的程序，而无需修改。Java虚拟机与Java的关系就类似于Flash播放器与Flash的关系。

可能有用户会认为虚拟机只是模拟计算机，最多也只是能够完成和实体机一样的操作，因此它没有太大的实际意义。其实不然，虚拟机最大的优势就是虚拟，即使虚拟机中的系统崩溃或者无法运行都不会影响实体机的运行。并且它还可以用来测试最新版本的应用软件或者操作系统，即使安装带有病毒木马的应用软件都无大碍，因为虚拟机和实体机是完全隔离的，虚拟机不会泄漏实体机中的数据。

2.1.2 在VMware中新建虚拟机

VMware是一款比较著名且功能强大的虚拟机软件，它使得用户可以在同一台物理机上同时运行两个或者多个Windows、Linux系统。与“多启动”系统相比，VMware采用了完全不同的概念，物理机的多操作系统在同一个时刻只能运行其中某一个系统，切换系统需要重启电脑，而VMware则不一样，它在同一时刻可以运行多个操作系统，从而避免了重启系统的麻烦。

VMware的安装程序可以在一些常见的资源提供网站中下载，如http://www.skycn.

com/soft/5535.html。下载 VMware 安装程序后便可进行解压和安装操作，安装成功后会在桌面上显示对应的快捷图标。下面就介绍在 VMware 中新建虚拟机的操作步骤。

STEP01：启动 VMware Workstation

双击桌面上的 VMware Workstation 快捷图标，启动该程序。

STEP02：选择新建虚拟机

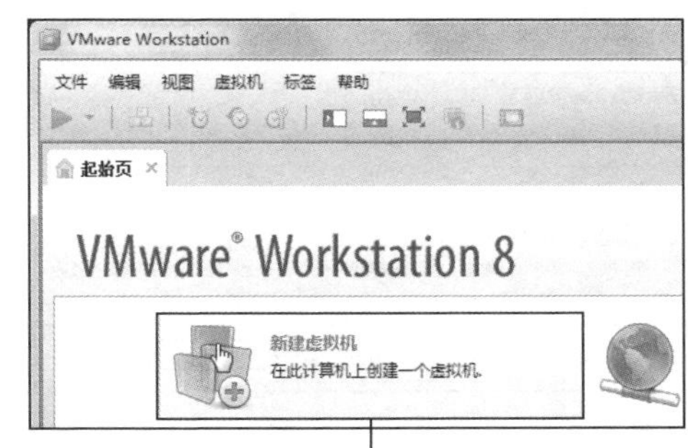

打开 VMware Workstation 主界面，单击“新建虚拟机”按钮。

STEP03：选择配置类型

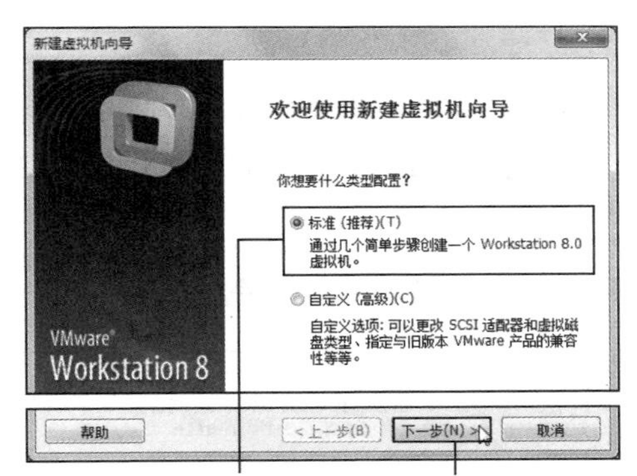

01 单击选中“标准”单选按钮。

02 单击“下一步”按钮。

STEP04：选择以后再安装操作系统

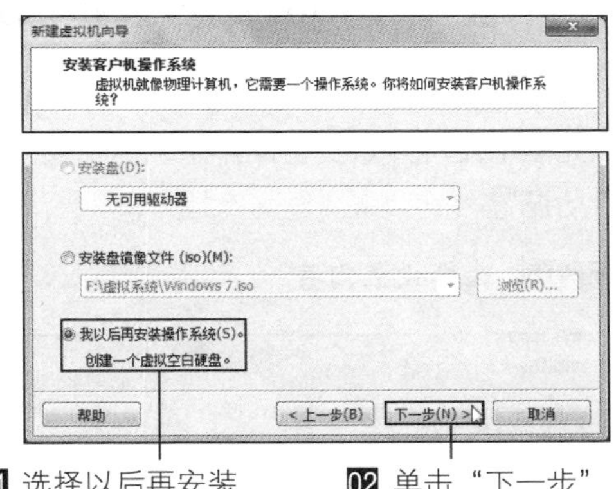

01 选择以后再安装操作系统。

02 单击“下一步”按钮。

STEP05：选择客户机操作系统

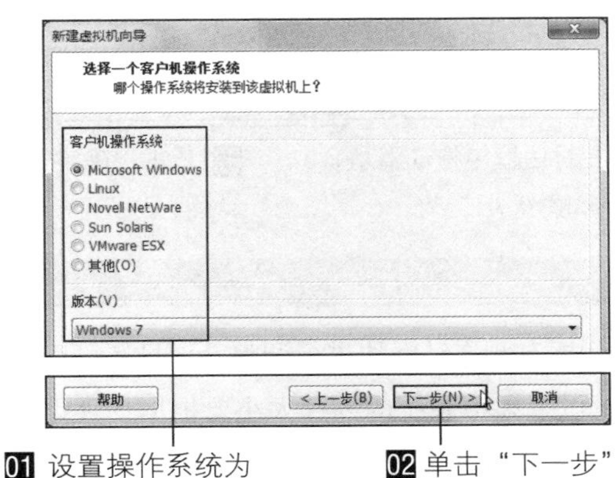

01 设置操作系统为 Microsoft Windows，设置版本为 Windows 7。

02 单击“下一步”按钮。

STEP06：设置虚拟机名称及安装位置

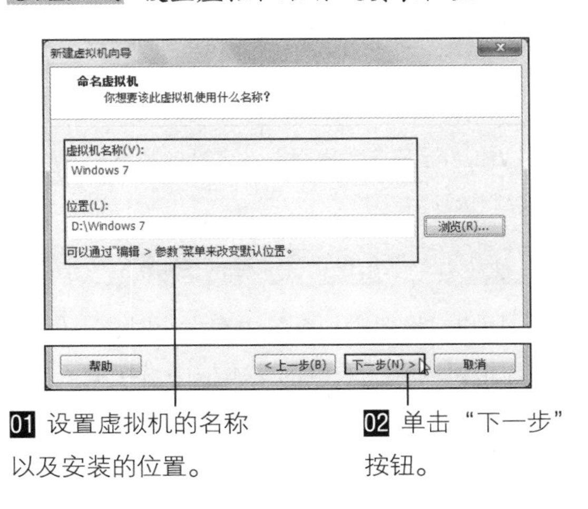

01 设置虚拟机的名称以及安装的位置。

02 单击“下一步”按钮。

STEP07：指定虚拟机磁盘容量

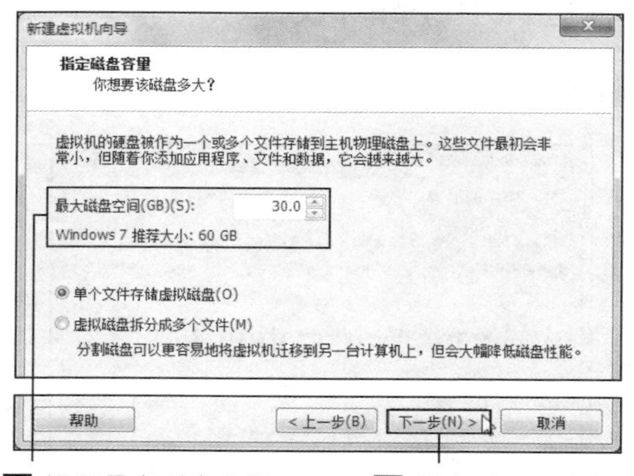

01 设置最大磁盘空间，例如设为 30GB。

02 单击“下一步”按钮。

STEP08：单击“完成”按钮

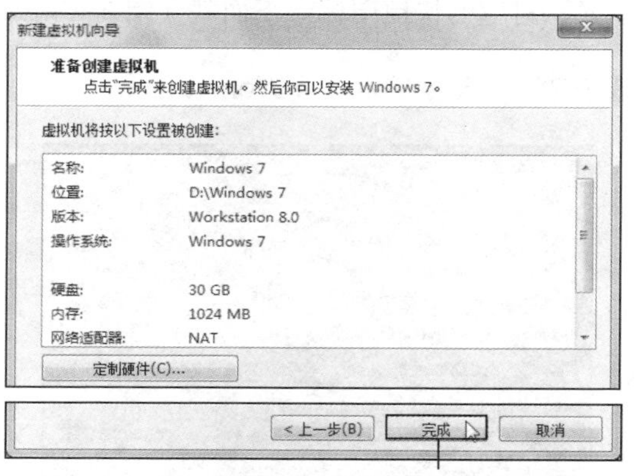

核对前面所做的设置，确认无误后单击“完成”按钮即可。

2.1.3 在 VMware 中安装操作系统

新建虚拟机之后，用户还需准备 Windows 7 的镜像文件，然后将其添加到 VMware 中的虚拟光驱中便可开始安装操作系统。在安装之前，如果不满意程序默认的内存容量设置，则可以手动设置。

STEP01：选择设置内存

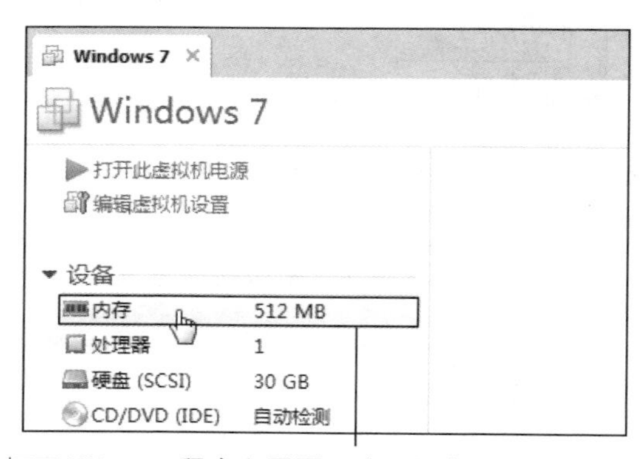

打开 VMware 程序主界面，在“设备”组下方单击“内存”选项。

STEP02：设置虚拟系统内存大小

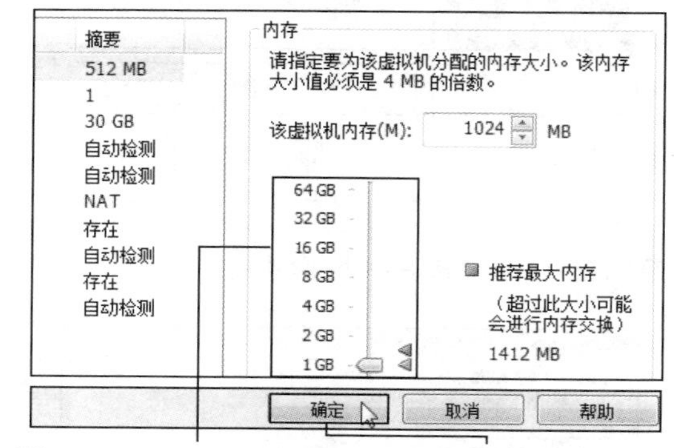

01 在对话框中拖动滑块，调整内存大小。

02 单击“确定”按钮。

提示：调整内存大小

用户在设置虚拟系统内存大小时，不仅可以在对话框右侧拖动滑块进行调整，而且还可以在“该虚拟机内存”右侧的文本框中直接输入内存大小。设置虚拟系统的内存大小要根据物理计算机的内存来决定，如果物理计算机的内存大小为 1GB，则可以设置虚拟系统内存大小为 512MB；如果物理计算机的内存大小为 2GB，则可以设置虚拟系统内存大小为 512MB 或者 1GB。

STEP03：选择设置 CD / DVD

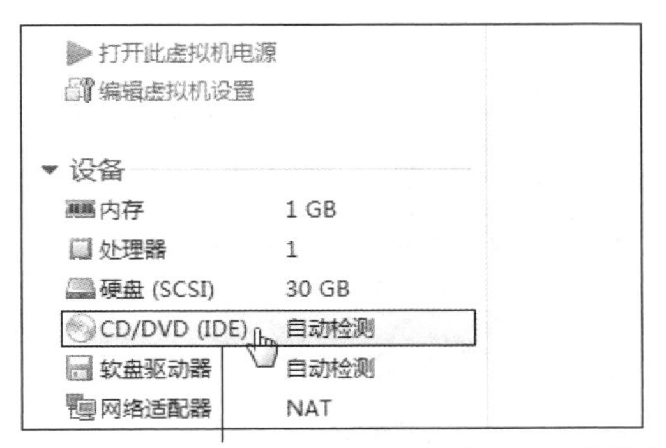

返回 VMware 程序主界面，在“设备”组下方单击“CD / DVD (IDE)”选项。

STEP04：选择添加 ISO 镜像文件

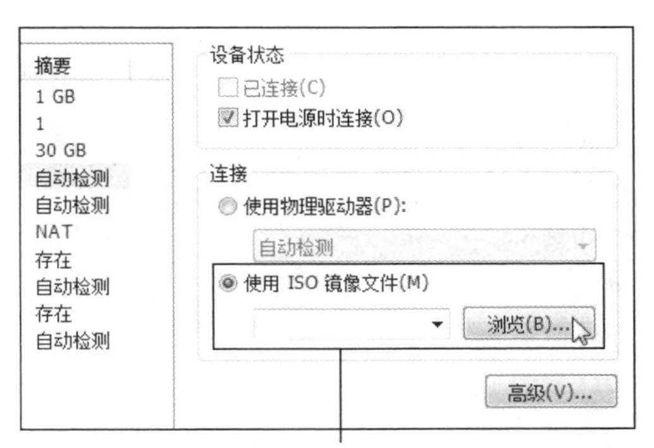

在对话框中选择“使用 ISO 镜像文件”，然后单击“浏览”按钮。

STEP05：选择 ISO 镜像文件

01 在对话框中选择 Windows 7 镜像文件。

02 单击“打开”按钮。

STEP06：确认所选的镜像文件

确认所选择的镜像文件无误后单击“确定”按钮。

STEP07：开启虚拟机电源

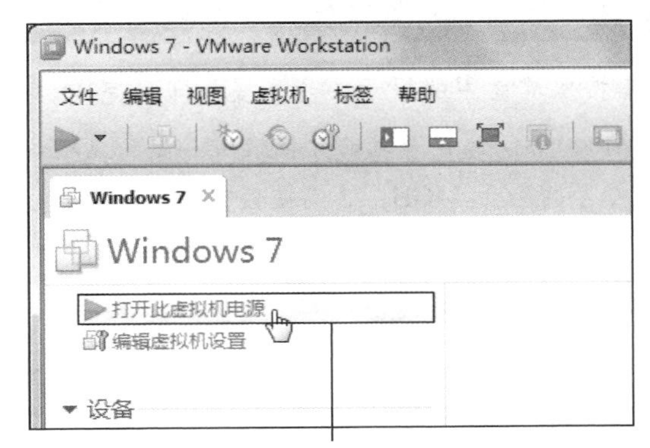

返回 VMware 程序主界面，在左上角单击“打开虚拟机电源”选项。

STEP08：正在启动虚拟系统

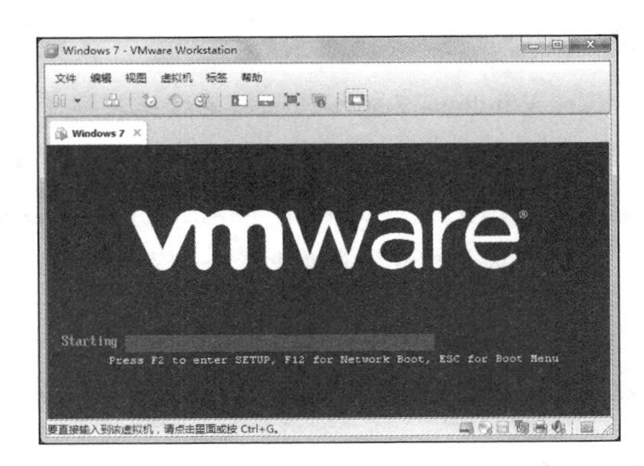

此时在界面中可见 VMware 正在启动，请耐心等待。

STEP09：设置安装语言

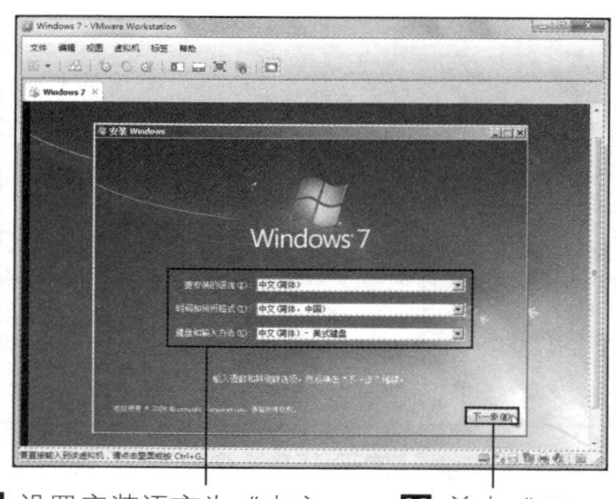

01 设置安装语言为“中文（简体）”。

02 单击“下一步”按钮。

STEP10：现在开始安装

切换至新的界面，单击“现在安装”按钮，开始安装Windows 7。

STEP11：接受许可条款

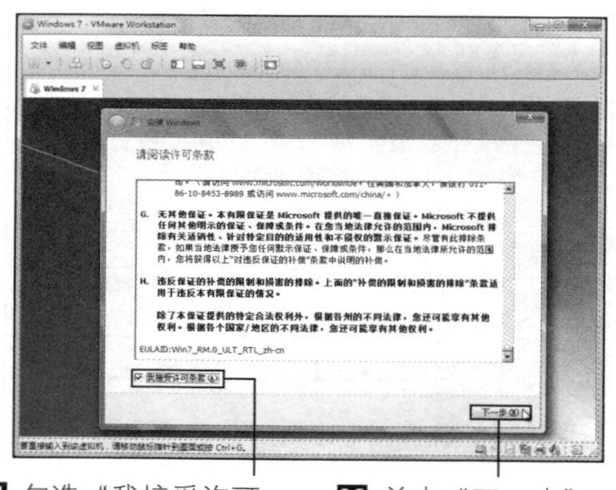

01 勾选“我接受许可条款”复选框。

02 单击“下一步”按钮。

STEP12：安装成功

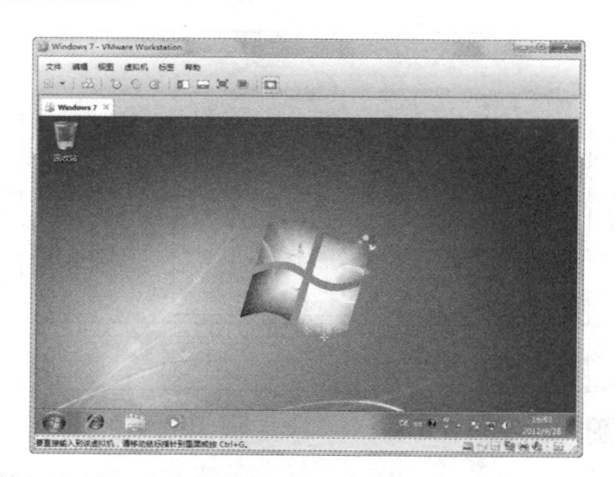

按照向导一步步操作，当界面中显示Windows 7桌面时，即操作系统安装成功。

提示：系统分区的容量设置

Windows 7操作系统的安装比较简单，只需按照界面中的提示一步步操作即可完成。在安装的过程中，需要注意应当合理地为安装Windows 7操作系统的分区设置容量。据笔者所知，安装Windows 7操作系统的分区容量大小不得低于14GB，否则便会提示无法正常安装。因此建议用户在设置分区容量时保证安装系统的分区容量在14 ~ 20GB范围内。

2.1.4 安装VMwareTools

VMware Tools是VMware虚拟机中自带的一种工具，它能够增强虚拟显卡和硬盘性能，以及同步虚拟机与主机时钟的驱动程序。只有在VMware虚拟机中安装好了VMware Tools，才能实现主机与虚拟机之间的文件共享，同时可支持自由拖拽的功能，鼠标也可在虚拟机与主机之间自由移动（不需要按【Ctrl+Alt】组合键），且虚拟机屏幕也可实现全屏化。

STEP01：选择安装 VMware Tools

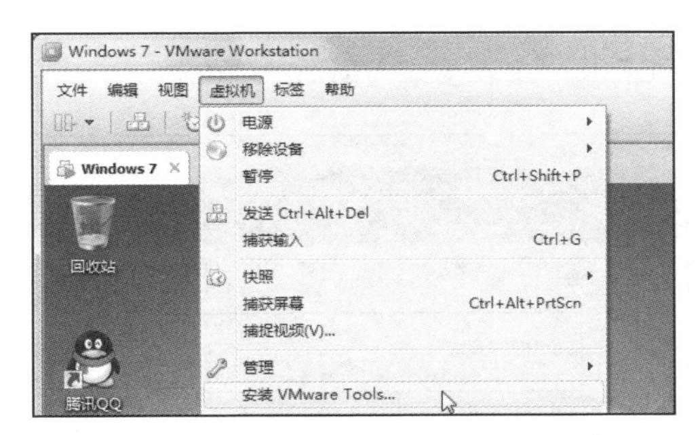

在VMware主程序界面中单击“虚拟机”>“安装VMware Tools”命令。

STEP02：运行 setup 文件

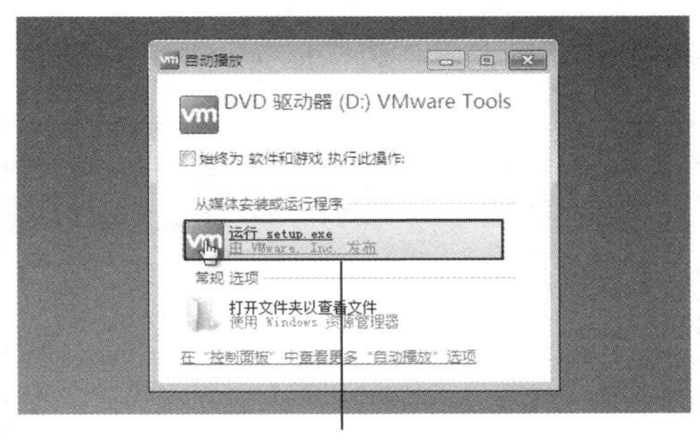

弹出“自动播放”对话框，单击“运行 setup.exe”选项。

STEP03：单击“是”按钮

弹出“用户账户控制”对话框，单击“是”按钮。

STEP04：正在准备安装

弹出对话框，提示用户正在准备安装VMware Tools。

STEP05：单击“下一步”按钮

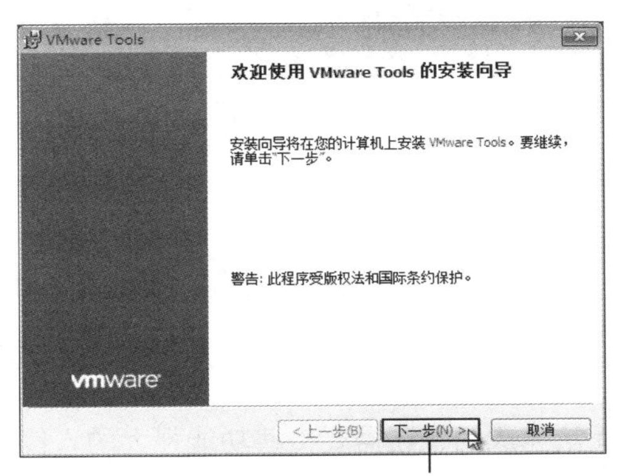

弹出安装对话框，在欢迎使用向导界面中单击“下一步”按钮。

STEP06：选择典型安装

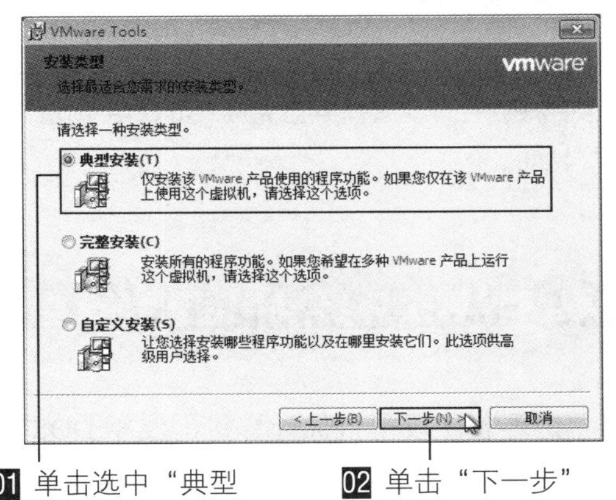

01 单击选中“典型安装”单选按钮。

02 单击“下一步”按钮。

提示：利用 Windows.iso 文件安装 VMware Tools

若使用“安装 VMware Tools”命令无法安装 VMware Tools，则可以通过加载 VMware 安装文件夹下的 Windows.iso 文件来安装 VMware Tools。

STEP07：单击“安装”按钮

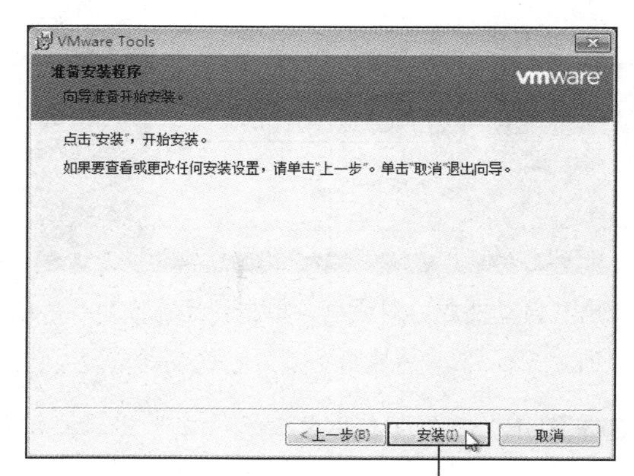

在界面中单击“安装”按钮，选择开始安装 VMware Tools。

STEP08：正在安装 VMware Tools

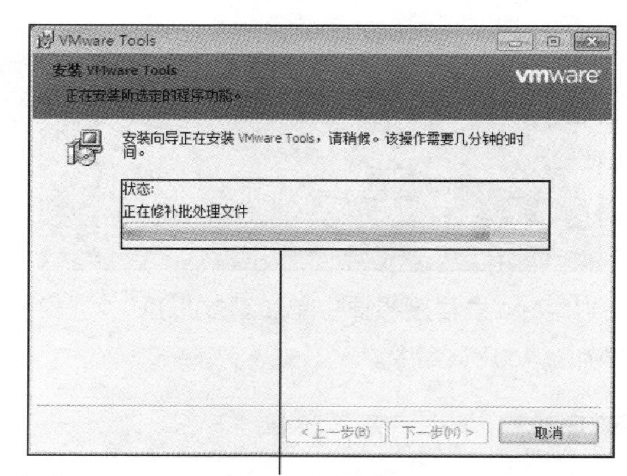

此时可看见安装 VMware Tools 的进度，请耐心等待。

STEP09：完成安装

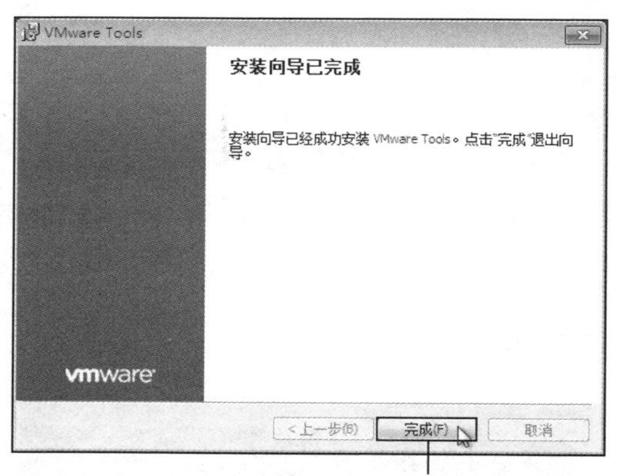

安装完成后在“安装向导已完成”界面中单击“完成”按钮。

STEP10：重新启动计算机

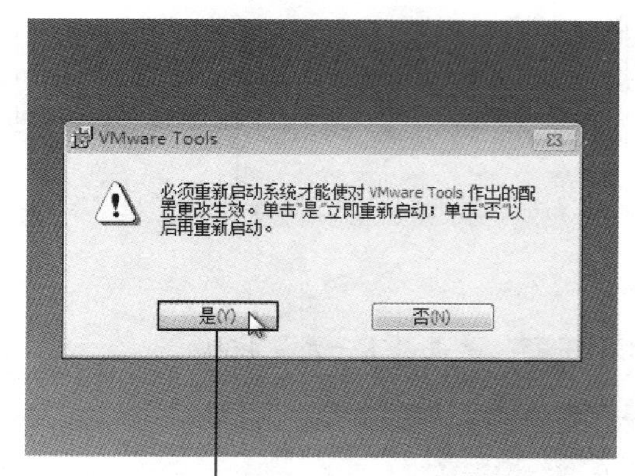

弹出对话框，单击“是”按钮重启计算机，方可正常使用 VMware Tools。

2.2 认识黑客常用的入侵工具

黑客若想攻击目标计算机，仅靠 DOS 命令是无法完成的，还需要一些功能强大的入侵工具，例如端口扫描工具、网络嗅探工具、木马制作工具以及远程控制工具等。本节将简单介绍黑客常用的入侵工具。

2.2.1　端口扫描工具

端口扫描工具拥有扫描端口的功能，所谓端口扫描是指黑客通过发送一组端口扫描信息，了解目标计算机所开放的端口，这些端口对于黑客来说就是入侵通道，黑客一旦了解了这些端口，就可以入侵目标计算机。

除了具有扫描计算机所开放端口的功能之外，端口扫描工具还具有自动检测远程或目标计算机安全性弱点的功能，使用端口扫描工具，用户可以不留痕迹地发现目标计算机中各种TCP 端口的分配以及提供的服务，从而让用户间接或直接地了解目标计算机所存在的安全问题。黑客常用的端口扫描工具有 SuperScan 和 X-Scan 两种。

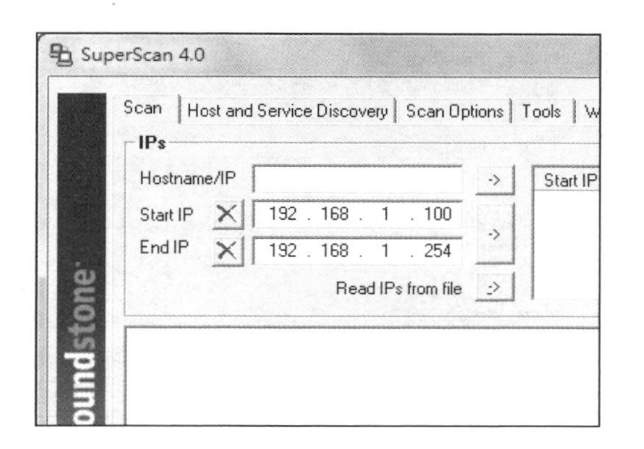

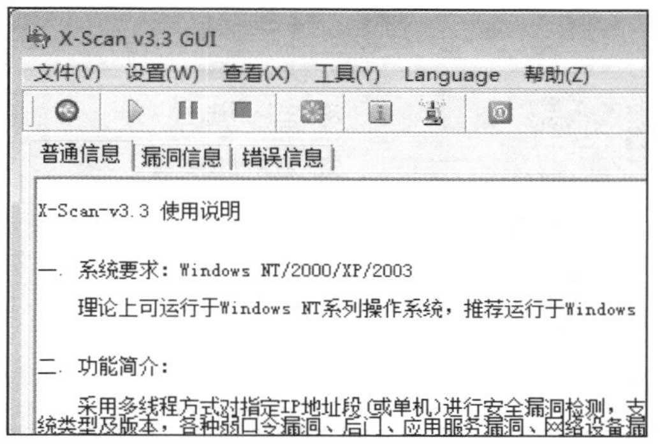

2.2.2　数据嗅探工具

嗅探工具是指能够嗅探局域网中数据包的工具。所谓嗅探就是窃听局域网中流经的所有数据包。通过窃听并分析这些数据包，从而偷窥局域网中他人的隐私信息。嗅探工具只能在局域网中才能使用，无法在 Internet 中直接嗅探目标计算机。黑客常用的数据嗅探工具有 Sniffer Pro 和艾菲尔网页侦探两种。

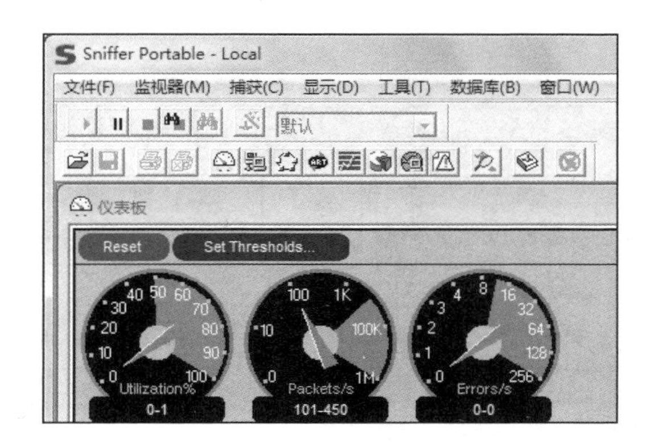

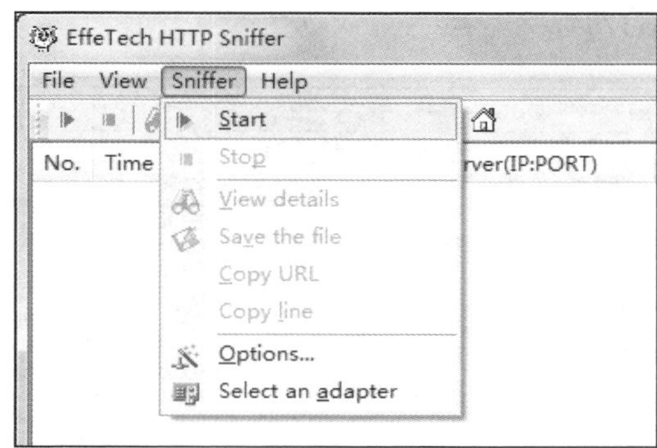

2.2.3 木马制作工具

顾名思义，木马制作工具是用于制作木马的工具。由于木马具有盗取目标计算机的个人隐私信息的功能，因此不少初级黑客喜欢使用木马制作工具直接制作木马。木马制作工具的工作原理基本相同，首先利用该工具配置木马服务端程序，一旦目标计算机运行了该木马服务端程序，黑客便可使用木马工具完全控制中了木马的目标计算机。

木马制作工具的操作十分简单，而且工作原理基本相同，因此受到不少初级黑客的青睐。黑客常使用的木马制作工具有“冰河”木马和捆绑木马两种。

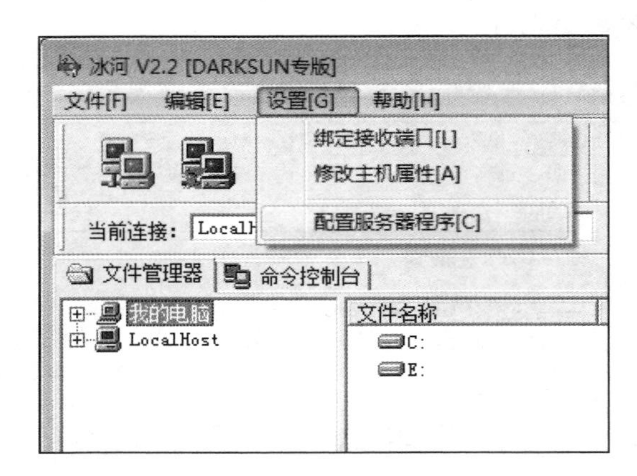

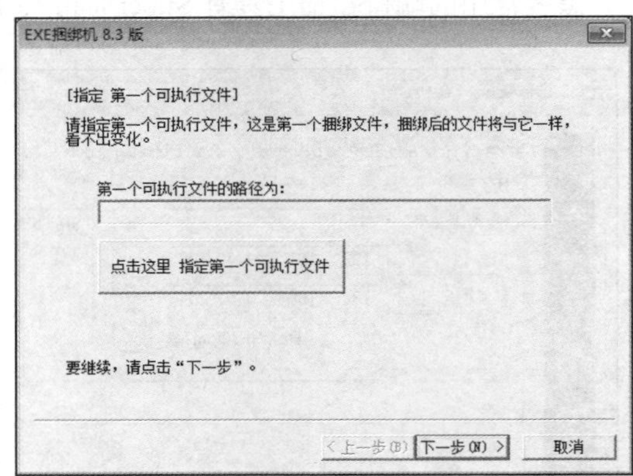

2.2.4 远程控制工具

远程控制工具是指具有远程控制功能的工具，这些工具能够远程控制目标计算机，虽然控制方法不一（有些远程控制工具是通过植入服务端程序实现远程控制，有些远程控制工具用于直接控制局域网中的所有计算机），但是一旦黑客使用远程控制工具控制了目标计算机，则黑客就像坐在目标计算机面前操作一样。黑客常用的远程控制工具有网络执法官和远程控制任我行两种。

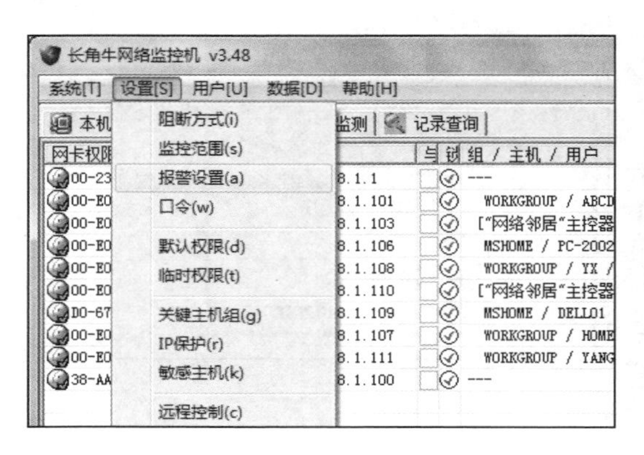

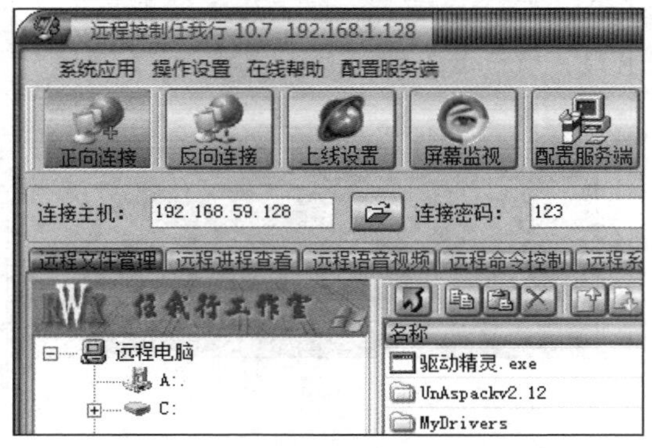

2.3 认识黑客常用的入侵方法

在 Interent 中，为了防止黑客入侵自己的计算机，就必须了解黑客入侵目标计算机的常用方法。黑客常用的入侵方法有数据驱动攻击、系统文件非法利用、伪造信息攻击以及远端操纵等，下面就简单介绍这些入侵方法。

2.3.1 数据驱动攻击

数据驱动攻击是指黑客向目标计算机发送或复制的表面上看来无害的特殊程序被执行时所发起的攻击。该攻击可以让黑客在目标计算机上修改与网络安全有关的文件，从而使黑客在下一次更容易入侵该目标计算机。数据驱动攻击主要包括缓冲区溢出攻击、格式化字符串攻击、输入验证攻击、同步漏洞攻击、信任漏洞攻击等。

2.3.2 伪造信息攻击

伪造信息攻击是指黑客通过发送伪造的路由信息，构造源计算机和目标计算机之间的虚假路径，从而使流向目标计算机的数据包均经过黑客所操作的计算机，从而获取这些数据包中的银行账户密码等个人敏感信息。

2.3.3 针对信息协议弱点攻击

在局域网中，IP 地址的源路径选项允许 IP 数据包自己选择一条通往目标计算机的路径。当黑客试图连接位于防火墙后面的一台不可达到的计算机 A 时，他只需要在送出的请求报文中设置 IP 地址源路径选项，使得报文的某一个目的地址指向防火墙，但是最终地址却指向计算机 A。当报文到达防火墙时被允许通过，因为它指向的是防火墙而不是计算机 A。防火墙的 IP 层处理该报文的源路径被改变，并发送到内部网上，报文就这样到达了不可到达的计算机 A，从而实现了针对信息协议弱点攻击。

2.3.4 远端操纵

远端操纵是指黑客在目标计算机中启动一个可执行程序，该程序将会显示一个伪造的登录界面，当用户在该界面中输入账户、密码等登录信息后，程序将用户输入的账户、密码传送到黑客的计算机中。同时程序关闭登录界面，提示“系统出现故障”信息，要求用户重新登录。这种攻击类似于在 Internet 中经常遇到的钓鱼网站。

2.3.5 利用系统管理员失误攻击

在局域网中，人是局域网安全最重要的因素之一，当系统管理员出现 WWW 服务器系统的配置差错、普通用户使用户权限扩大等失误时，这些失误便可为黑客提供可乘之机。黑客利用这些失误，再加上掌握的 finger、netstat 等命令，从而实现入侵攻击。

2.3.6 重新发送攻击

重新发送攻击是指黑客收集特定的 IP 数据包篡改其数据，然后再将这些 IP 数据包一一重新发送，从而欺骗接收数据的目标计算机，实现该攻击。

2.3.7 ICMP 报文攻击

在局域网中，重定向消息可以改变路由器的路由列表，路由器可以根据这些消息建议计算机采取另一条更好的路径传播数据。而 ICMP 报文攻击是指黑客可以有效地利用重定向消息，把连接转向一个不可靠的计算机或路径，或者使所有报文通过一个不可靠的计算机来转发，从而实现攻击。

2.3.8 针对源路径选择的弱点攻击

针对源路径选择的弱点攻击是指黑客通过操作一台位于局域网外部的计算机，向局域网中传送一个具有内部计算机地址的源路径报文。由于路由器会相信这个报文，因此会发送回答报文至位于局域网外部的计算机，因为这是 IP 的源路径选项要求。对付这种攻击的防御方法是适当地配置路由器，让路由器抛弃那些由局域网外部传送进来却声称是内部计算机传来的报文。

2.3.9 以太网广播法

以太网广播法攻击模式是指将计算机网卡接口设置为乱模式（promiscuous），从而实现截取局域网中的所有数据包，分析数据包中保存的账户和密码，从而窃取信息的目的。

2.3.10 跳跃式攻击

在 Internet 中，许多网站的服务器或巨型计算机使用 UNIX 操作系统。黑客会设法先登录其中一台装有 UNIX 的计算机，通过该操作系统的漏洞来取得系统特权，然后再以此为据点访问并入侵其余计算机，这被称为跳跃（Island-hopping）。

黑客在攻击最终目的计算机之前往往会这样跳几次。例如一位在美国的黑客在进入美国联邦调查局的网络之前，可能会先登录到亚洲的一台计算机，再从那里登录到加拿大的一台计算机，然后再跳到欧洲，最后从法国的一台计算机向美国联邦调查局网络发起攻击。这样一来，被攻击的计算机即使发现了黑客是从何处向自己发起了攻击的，管理人员也很难顺藤摸瓜找到黑客。更何况黑客一旦取得某台计算机的系统特权，可以在退出时删掉系统日志，把“藤”割断。

2.3.11 窃取 TCP 协议连接

在几乎所有由 UNIX 实现的协议族中，存在着一个广为人知的漏洞，这个漏洞使得窃取 TCP 连接成为可能。当 TCP 连接正在建立时，服务器用一个含有初始序列号的应答报文来确认用户请求。这个序列号无特殊要求，只要是唯一的就可以了。客户端收到回答后，再对其确认一次，连接便建立了。TCP 协议规范要求每秒更换序列号 25 万次，但大多数的 UNIX 系统实际更换频率远小于此数量，而且下一次更换的数字往往是可以预知的，而黑客正是有这种可预知服务器初始序列号的能力，使得入侵攻击可以完成。唯一可以防止这种攻击的方法是使初始序列号的产生更具有随机性，最安全的解决方法是用加密算法产生初始序列号，由此产生的额外的 CPU 运算负载对现在的硬件速度来说是可以忽略的。

2.3.12 夺取系统控制权

在 UNIX 系统中，太多的文件只能由超级用户创建，而很少可以由某一类用户所创建，这使得系统管理员必须在 root 权限下进行操作，其实这种做法并不是很安全的。由于黑客攻击的首要对象就是 root，其中最常受到攻击的目标是超级用户的密码。严格来说，UNIX 下的用户密码是没有加密的，它只是作为 DES 算法加密一个常用字符串的密钥。现在出现了许多用来解密的软件工具，它们利用 CPU 的高速度穷尽式搜索密码。攻击一旦成功，黑客就会成为 UNIX 系统中的管理员。因此，应将系统中的用户权限进行划分，如设定邮件系统管理员管理，那么邮件系统邮件管理员可以在不具有超级用户特权的情况下很好地管理邮件系统，这会使系统安全很多。

2.4 掌握个人计算机安全的防护策略

了解了黑客常用的入侵方法之后，针对这些方法策划分别与之对应的防护策略是不太现实的，因此用户只能掌握个人计算机安全的常见防护策略，以确保计算机处在一个相对安全的环境中。常见的个人计算机防护策略有：安装并及时升级杀毒软件、启用防火墙、防范网络木马和病毒、切勿随意共享文件夹以及定期备份重要数据。

2.4.1 安装并及时升级杀毒软件

病毒的出现为 Internet 中的计算机造成了巨大的损失，这些病毒轻则导致系统无法正常运行，重则导致系统瘫痪、数据被格式化。为了防止这些病毒带来的危害，用户需要在计算机中安装杀毒软件，并开启实时监控功能。另外，由于病毒制作技术和手段的提高，导致新型病毒不断出现，因此用户还需要及时升级杀毒软件，使得杀毒软件能够防范 Internet 中新出现的病毒。

2.4.2 启用防火墙

防火墙是指一种将计算机内部网络和外部网络分开的方法。实际上这是一种隔离技术。防火墙是在内部、外部两个网络通信时执行的一种访问控制尺度，它能允许用户许可的计算机的访问和特定的数据进入内部网络，在最大限度上阻止外部网络中的黑客访问和攻击自己的网络。

2.4.3 防止木马和病毒

为了防范 Internet 中的木马和病毒入侵计算机，首先切勿下载来路不明的软件以及程序，选择信誉较好的下载网站来下载程序，然后将成功下载的软件以及程序集中放在除系统分区外的其他分区，而且在打开之前需要使用杀毒软件扫描下载的程序。

另外，不要打开来历不明的电子邮件及其附件，以免遭受邮件病毒或捆绑木马的入侵。即使下载邮件附带的附件，也需要使用杀毒软件进行扫描。

2.4.4 警惕“网络钓鱼”

在 Internet 中，一些黑客利用“网络钓鱼”手法进行诈骗，例如建立假冒网站或者发送含有欺诈信息的电子邮件，从而盗取网上银行、网上支付工具、信用卡的账户和密码，进而窃取账户中的资金。为了防范网络钓鱼，用户在计算机中一定要确定自己所输入隐私信息的网址是真正的网址，而不是钓鱼网站，切勿随意输入。

2.4.5 切勿随意共享文件夹

在局域网中，当用户在共享文件的同时就会有软件漏洞，而这些漏洞又会被黑客所探知。因此用户在设置共享文件夹时，一定要设置访问密码。一旦不需要共享时应立即取消共享。除此之外，用户在设置共享文件夹时，一定要将共享的文件夹设为只读，并且切勿将整个磁盘分区设定为共享。

2.4.6 定期备份重要数据

数据备份的重要性毋庸置疑，无论计算机的防范措施制作得多么严密，也无法完全防止出乎意料的情况发生。如果遭到黑客致命的攻击，虽然操作系统和应用软件可以重装，而重要的数据却无法重装，只有依靠日常的备份工作。因此即使采取了非常严密的防范措施，也不要忘了随时备份自己的重要数据，做到有备无患。

第3章 扫描与嗅探攻防

黑客若要发起入侵攻击，他需要做好充足的准备工作，首先通过嗅探和扫描等操作来搜索信息，从而确定目标计算机，以便于准确发动攻击。嗅探和扫描操作可以利用专业的软件工具来实现，例如 X-Scan、SnifferPro 等。对于用户而言，不仅需要了解黑客扫描和嗅探的原理和操作，而且还需要了解防范扫描和嗅探的操作方法。

网站基本情况

网站名称1：	Tencent
网站名称2：	腾讯
域名1：	www.tencent.com
域名2：	www.tencent.net
客户服务电话：	755-83****66
客户服务E-mail：	service@tencent.com
网站办公地址：	深圳市福田区振兴路赛格科技工业园二栋东410室

网站所有者情况

网站注册标号：	027 ********* 002
注册号：	440*******489
名称：	深圳市腾讯计算机系统有限公司
住所：	深圳市福田区赛格科技园2栋410室

SuperScan Report - 09/24/12 15:23:00

IP	192.168.1.100
Hostname	[Unknown]
Netbios Name	ABCD-PC
Workgroup/Domain	WORKGROUP
UDP Ports (1)	
137	NETBIOS Name Service
UDP Port	
137 NETBIOS Name Service	MAC Address: 00:E0:62:1E:3F:06 NIC Vendor : Host Engineering Netbios Name Table (6 names) ABCD-PC 00 UNIQUE Workstation ser WORKGROUP 00 GROUP Workstation ser ABCD-PC 20 UNIQUE Server services WORKGROUP 1E GROUP Group name WORKGROUP 1D UNIQUE Master browser

Protocol	WWW-HTTP	
Station Function	Workstation	Workstation
Network Name	[110.75.39.9]	[192.168.1.109]
Network Address	[110.75.39.9]	[192.168.1.109]
DLC Name	0023CD6A8782	HostEn1E40FD
DLC Address	0023CD6A8782	00E0621E40FD
Subnet	[110.0.0.0]	[192.168.1.0]
Port	80	49311
Frames transmitted	5	5
Data bytes transm...	1,438	1,072
Zero windows	0	0
Average Ack Time	226ms	<1ms
Window Size Range	8192 - 16320	8192 - 64800

Summary Objects

知识要点

- 搜集目标计算机的重要信息
- 使用 X-Scan 扫描计算机端口
- 防范端口扫描与嗅探
- 使用 SuperScan 扫描计算机端口
- 使用 Sniffer Pro 捕获网络数据

3.1 查看计算机的重要信息

搜索目标主机信息是黑客入侵前必须做的准备工作，而该准备工作则需要花费大量的时间。搜索目标主机信息包括获取目标主机的 IP 地址、查看目标主机的地理位置等信息，除此之外，黑客还可以通过了解网站的备案信息来进行入侵网站的准备工作。

3.1.1 获取计算机的 IP 地址

获取目标计算机的 IP 地址包括 3 种，第一种是获取局域网中其他计算机的 IP 地址，第二种是获取 Internet 中其他计算机的 IP 地址，第三种则是获取指定网站的 IP 地址。其中获取局域网中目标计算机的 IP 地址则可以利用“Ping+ 计算机名”命令来获取，Ping 命令的使用方法可参照 1.5.2 节。下面就来介绍一下如何获取 Internet 中其他计算机的 IP 地址和指定网站的 IP 地址。

1. 获取Internet中其他计算机的IP地址

若要获取 Internet 中其他计算机的 IP 地址，首先需要与目标计算机建立通信，然后再利用 NETSTAT -N 命令查看目标计算机的 IP 地址。这里以腾讯 QQ 为例，介绍获取 Internet 中其他计算机 IP 地址的操作方法。

STEP01：输入 QQ 账号和密码

01 启动 QQ 程序，输入账号和密码。

02 单击“登录”按钮。

STEP02：选择通信的好友

打开 QQ 主界面，选择要聊天的好友，双击其头像图标。

STEP03：与对方通信交流

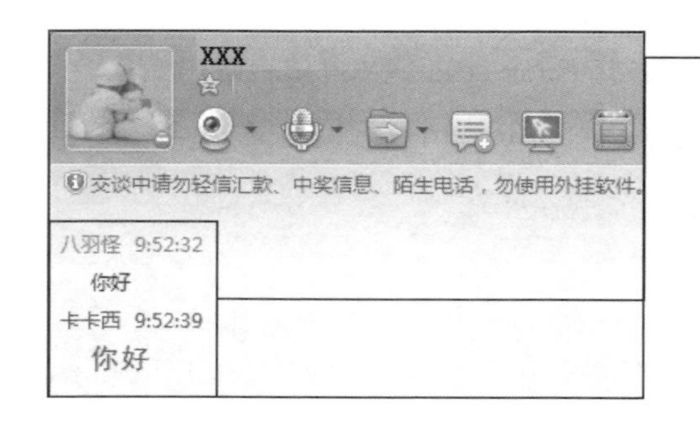

在聊天窗口中与对方进行通信交流，等到对方回复消息即可。

提示：对方必须在电脑上登录 QQ

在使用 QQ 与对方通话时，最好选择使用电脑登录的 QQ，尽量不要选择使用手机或平板电脑登录的 QQ，以便于入侵攻击。

STEP04：输入 cmd 命令

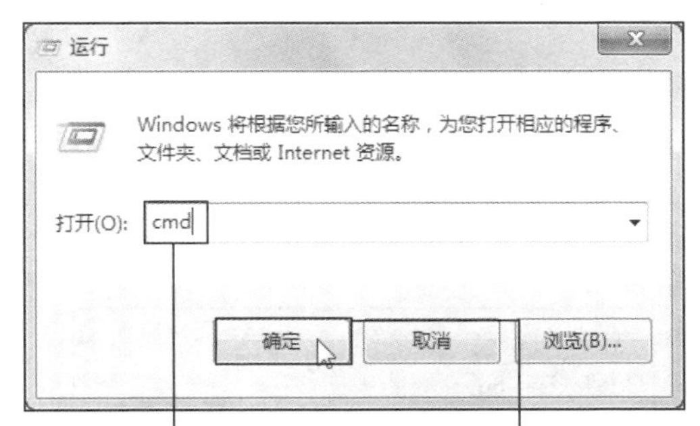

01 按【WIN+R】组合键打开“运行”对话框，输入 cmd 命令。

02 单击“确定”按钮。

STEP05：查看对方的 IP 地址

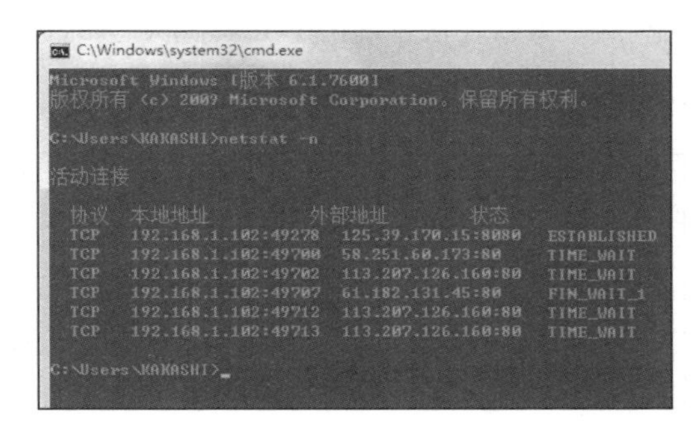

输入netstat -n后按【Enter】键，可查看ESTABLISHED状态对应的外部IP地址，该地址为目标主机的IP地址。

提示：利用端口查看目标主机的 IP 地址

当计算机中拥有多个处于 ESTABLISHED 状态的连接时，则需要学会利用端口查看目标主机的 IP 地址。由于 QQ 通信通常是采用 80 或者 8080 号端口进行通信，当“外部地址”一栏中显示 80 或者 8080 字样时，则该地址就是要查找的目标 IP 地址。

2. 获取指定网站的IP地址

获取指定网站 IP 地址的方法比较简单，只需使用“Ping+ 网站网址”命令即可实现，但是在使用该命令之前，必须确保计算机已成功连接 Internet。这里以 EPUBHOME 网站（www.epubhome.com）为例，介绍获取该网站 IP 地址的操作方法。

STEP01：输入 cmd 命令

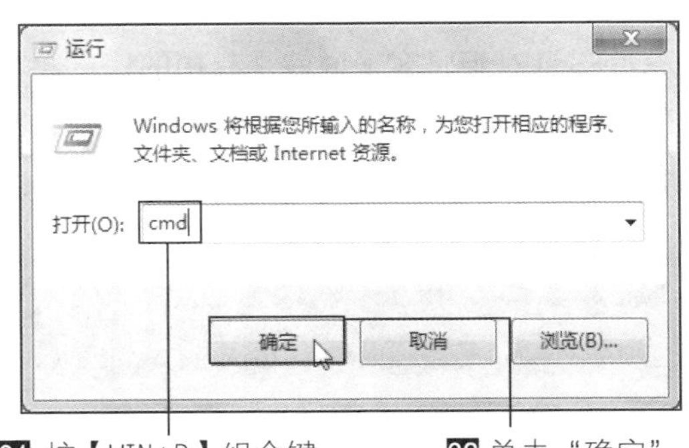

01 按【WIN+R】组合键打开“运行”对话框，输入 cmd 命令。

02 单击“确定”按钮。

STEP02：查看指定网站的 IP 地址

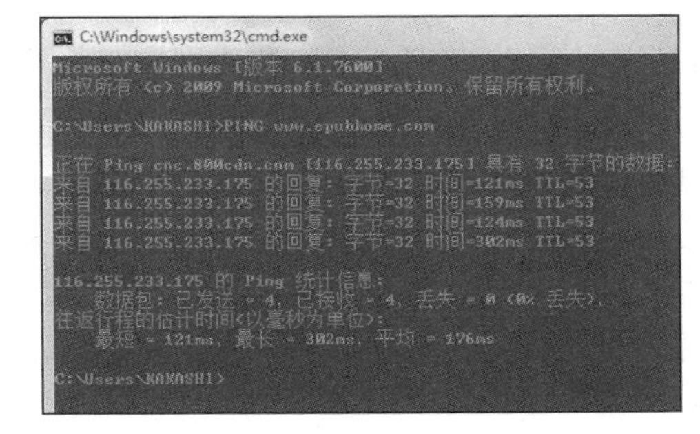

输入 PING www.epubhome.com 后按【Enter】键，则可看见该网站的 IP 地址：116.255.233.175。

3.1.2 根据 IP 地址查看地理位置

Internet 中所有计算机的 IP 地址都是全球统一分配的，因此可以通过其中某些计算机的外网 IP 地址来查看其对应的地理位置。Internet 中有不少网站服务器收集了 IP 地址数据库，利用这些网站可以轻松查询指定 IP 地址对应的地理位置。

STEP01：输入外网 IP 地址

01 在 IE 浏览器地址栏中输入 www.ip.cn 后按【Enter】键。

02 输入 IP 地址后单击“查询”按钮。

STEP02：查看其物理地址

可在页面中看见该 IP 地址对应的物理地址。需要注意，该网站每日只提供 100 次查询机会。

提示：了解其他查看地址位置的网站

Internet 中提供了大量通过输入 IP 地址查看其地址位置的网站，除了本节中介绍的 http://www.ip.cn/ 网站之外，还有 http://ip.chinaz.com/ 和 http://www.ip138.com/ 两个网站。

3.1.3 了解网站备案信息

在 Internet 中，任何一个网站在正式发布之前都需要向有关机构申请域名，申请到的域名信息将会保存在域名管理机构的数据库服务器中。并且域名信息常常是公开的，任何人都可以对其进行查询，这些信息统称为网站的备案信息。这些信息对于黑客来说就是有用的信息，利用这些信息可以了解该网站的相关情况，以确定入侵攻击的方式和入侵点。

STEP01：打开腾讯首页

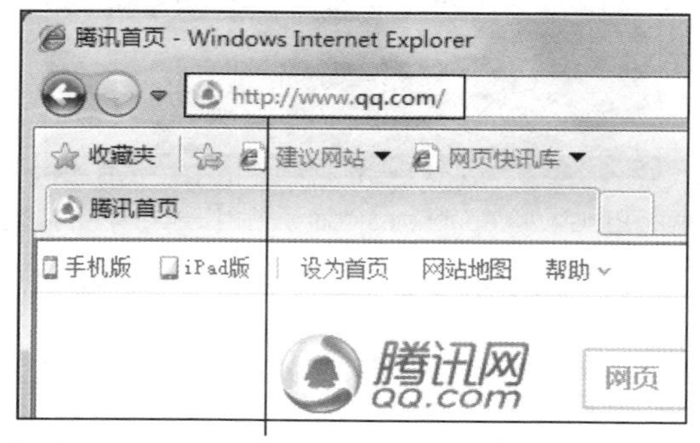

启动 IE 浏览器，在地址栏中输入 http://www.qq.com/ 后按【Enter】键，打开腾讯首页。

STEP02：选择经营性网站备案信息

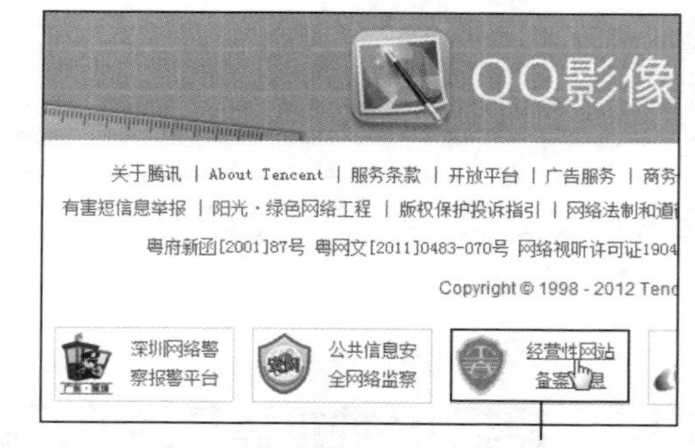

拖动右侧的滑块至最底部，然后在页面底部单击“经营性网站备案信息”链接。

STEP03：查看网站备案信息

网站基本情况	
网站名称1：	Tencent
网站名称2：	腾讯
域名1：	www.tencent.com
域名2：	www.tencent.net
客户服务电话：	755-83****66
客户服务E-mail：	service@tencent.com
网站办公地址：	深圳市福田区振兴路赛格科技工业园二栋东410室

网站所有者情况	
网站注册标号：	027********* 002
注册号：	440*******489
名称：	深圳市腾讯计算机系统有限公司
住所：	深圳市福田区赛格科技园2栋410室

跳转至新的页面，此时可看见腾讯网站的基本情况和网站所有者情况。

提示：网站所有者情况

在腾讯网所有者情况中，除网站注册标号、注册号、名称和住所外，还包括注册资本、企业类型、经营范围和法定代表人姓名。

3.2 扫描计算机的端口

由于端口是当前计算机与外界的通道，因此黑客一旦锁定目标计算机，便会扫描该计算机中已开放的端口，从而得到更多有用的信息。扫描目标主机的端口通常采用一些特定的软件，例如 SuperScan 和 X-Scan，它们都是比较有名的端口扫描软件。

3.2.1 认识端口扫描的原理

在扫描端口之前，用户有必要了解端口扫描的原理。简单地说，端口扫描的原理就是利用数据包来分析目标计算机的响应，从而得到目标计算机的端口开放信息和系统内存在的弱点信息。

端口扫描是指在本地计算机中向目标计算机所有的端口发送同一信息，然后根据返回的响应状态来判断目标计算机中哪些端口已打开、哪些端口可以被使用。

目前最常见的是利用扫描软件来扫描端口，这些软件通常又被称为“端口扫描器”。端口扫描器向目标计算机的 TCP / IP 服务端口发送探测数据包，同时记下目标计算机的响应情况，从而收集到大量关于目标计算机的各种有用信息，包括是否有端口处于监听功能、是否允许匿名登录、是否有可写的 FTP 目录以及是否能用 Telnet 等。

3.2.2 使用 SuperScan 扫描计算机端口

SuperScan 是由 Foundstone 开发的一款免费的端口扫描软件，该软件的功能十分强大，与许多同类软件相比，该软件既是一款入侵软件，又是一款网络安全软件。利用该软件可以随意地扫描指定端口，并且附带有简单的端口信息说明。

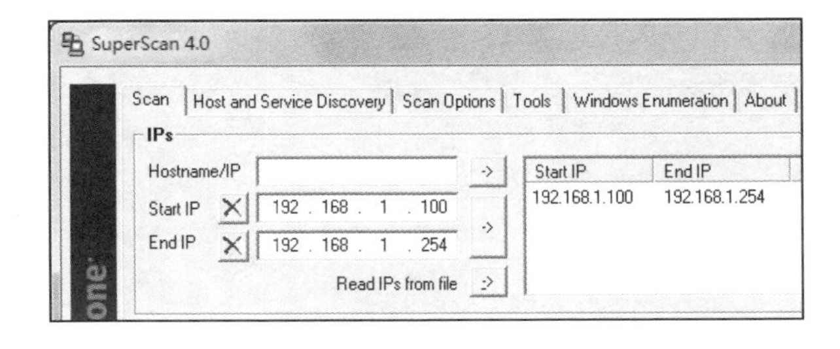

使用 SuperScan 扫描计算机端口可以分为两种情况，第一种是扫描指定 IP 地址范围内计算机的端口，第二种是扫描目标计算机的端口信息。

1. 扫描指定IP地址范围内的计算机端口

当用户扫描端口没有特定目的，只为了解目标计算机的一些情况时，可以选择扫描指定 IP 地址范围内计算机的端口。选择该方式扫描端口会对计算机造成一定的影响，从而引起对方的警觉。

STEP01：以管理员身份运行 SuperScan

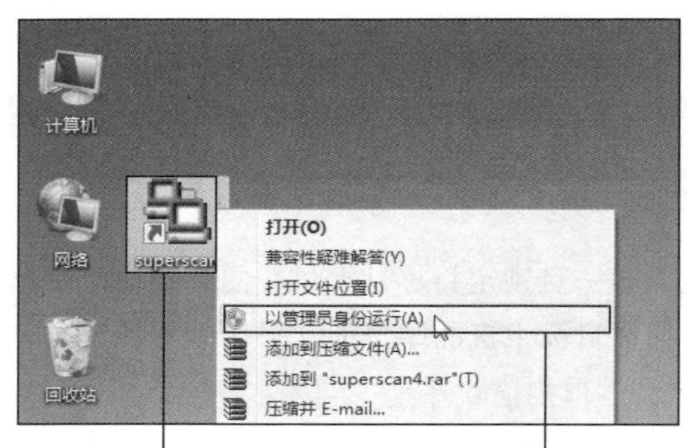

01 在桌面上右击 SuperScan 快捷图标。

02 在弹出的快捷菜单中单击“以管理员身份运行”命令。

STEP02：添加 IP 地址范围

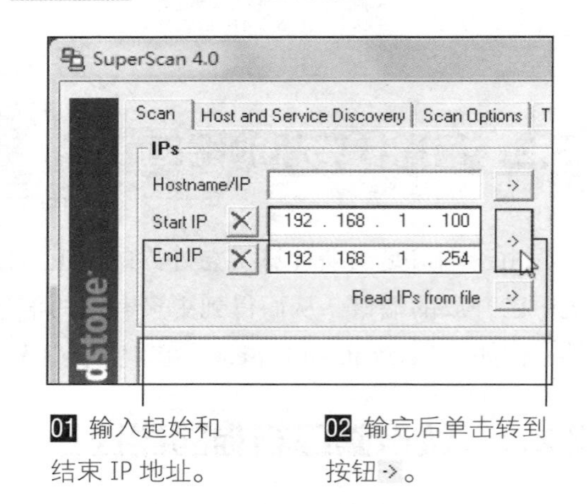

01 输入起始和结束 IP 地址。

02 输完后单击转到按钮 ->。

STEP03：开始扫描

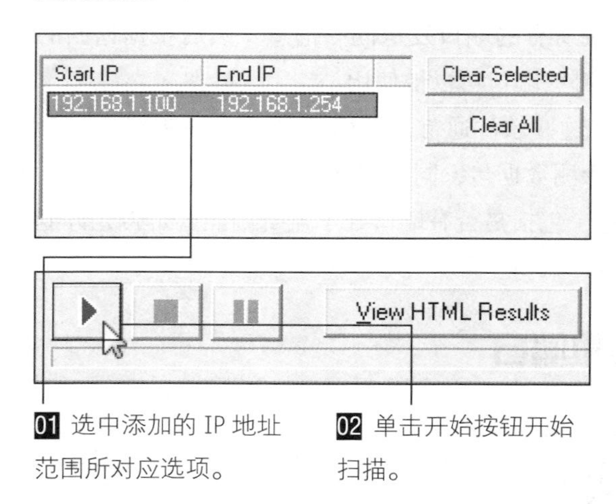

01 选中添加的 IP 地址范围所对应选项。

02 单击开始按钮开始扫描。

STEP04：查看扫描的结果

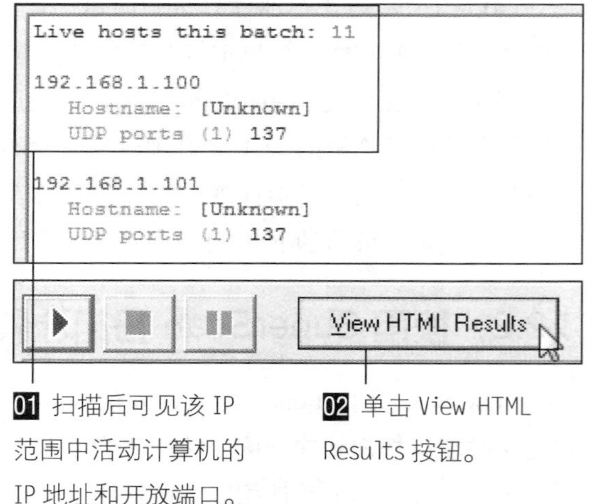

01 扫描后可见该 IP 范围中活动计算机的 IP 地址和开放端口。

02 单击 View HTML Results 按钮。

STEP05：查看计算机端口信息

SuperScan Report - 09/24/12 15:23:00

IP	192.168.1.100
Hostname	[Unknown]
Netbios Name	ABCD-PC
Workgroup/Domain	WORKGROUP
UDP Ports (1)	
137	NETBIOS Name Service
UDP Port	
137 NETBIOS Name Service	MAC Address: 00:E0:62:1E:3F:06 NIC Vendor : Host Engineering Netbios Name Table (6 names) ABCD-PC 00 UNIQUE Workstation ser WORKGROUP 00 GROUP Workstation ser ABCD-PC 20 UNIQUE Server service WORKGROUP 1E GROUP Group name WORKGROUP 1D UNIQUE Master browser

可在网页中看见 SuperScan 的扫描结果，包括扫描出的计算机 IP 地址、主机名等信息以及该计算机中开放的端口。

提示：关闭防火墙

若要确保 SuperScan 正常运行，用户需要在使用该软件之前关闭防火墙。

2. 扫描目标计算机端口

黑客一般喜欢通过使用扫描目标计算机端口的方式来了解目标计算机中开放的端口，通过这种扫描方式可以获取更多的端口信息，以便于选择入侵的方式。SuperScan 提供了扫描目标计算机的功能，需要注意：扫描目标计算机端口前需调整主机和服务器扫描设置。

STEP01：添加地址屏蔽请求

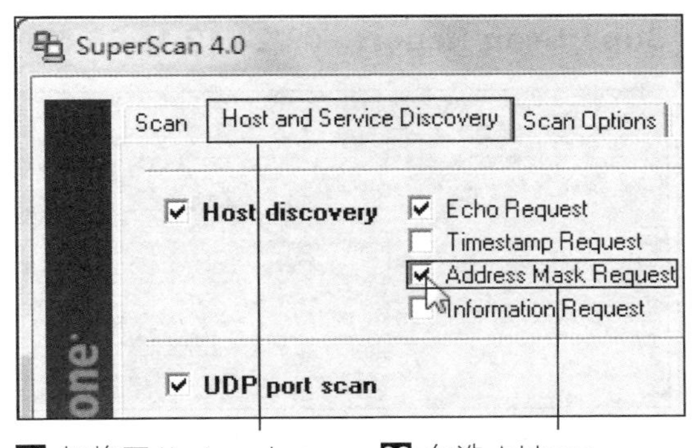

01 切换至 Host and Service Discovery 选项卡。

02 勾选 Address Mask Request 复选框。

STEP02：TCP / UDP 端口扫描设置

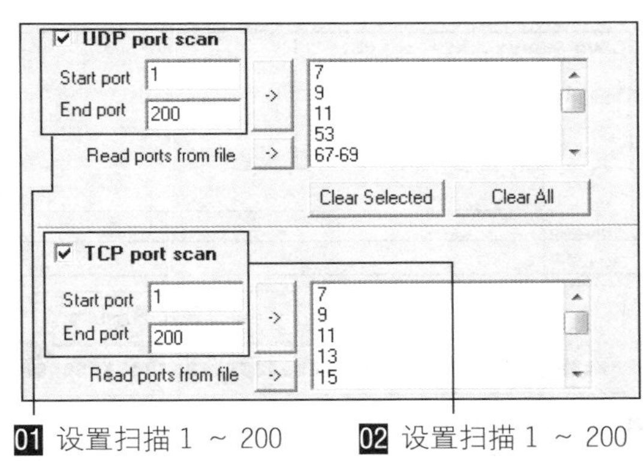

01 设置扫描 1 ~ 200 号 UDP 端口。

02 设置扫描 1 ~ 200 号 TCP 端口。

提示：查找目标计算机的 4 种方式

在 Host and Service Discovery 选项卡中，SuperScan 提供了 4 种查找目标计算机（Host Discovery）的方式，分别是 Echo Request（重复请求）、Timestamp Request（时间戳请求）、Address Mask Request（地址屏蔽请求）和 Information Request（消息请求）。需要注意的是：选择的方式越多，则扫描所花费的时间也就越多。

STEP03：添加目标计算机

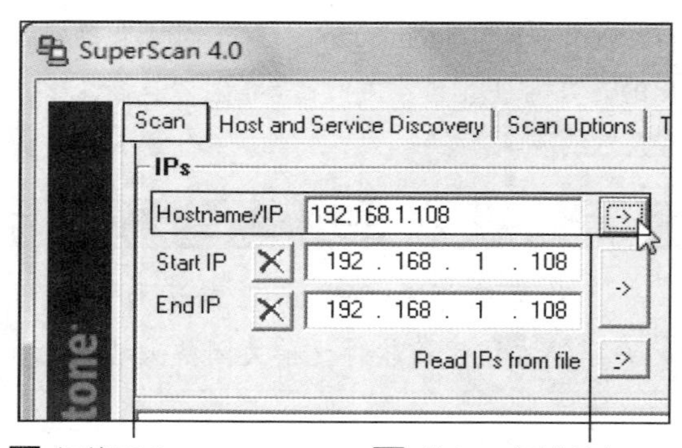

01 切换至 Scan 选项卡。

02 输入目标计算机 IP 地址后单击转到按钮。

STEP04：开始扫描

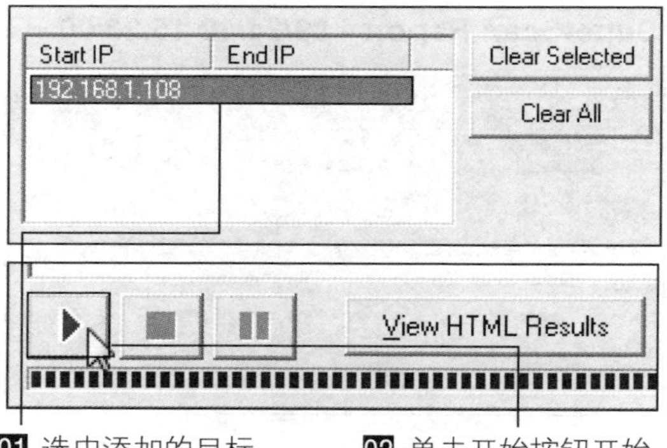

01 选中添加的目标计算机 IP 地址。

02 单击开始按钮开始扫描。

提示：定位目标计算机 IP 地址的两种方法

在 SuperScan 中定位计算机 IP 地址有两种方法：第一种是在 Hostname/IP 右侧输入 IP 地址后单击转到按钮，第二种是输入相同起始和结束 IP 地址后单击转到按钮。

STEP05：查看简单的扫描结果

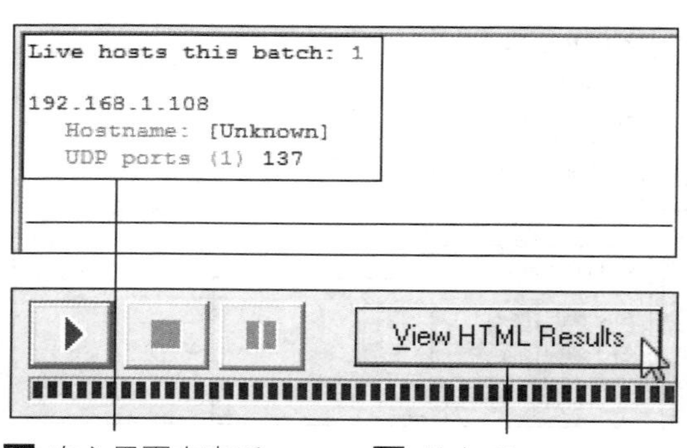

01 在主界面中查看简单扫描结果。

02 单击 View HTML Results 按钮。

STEP06：查看详细的扫描结果

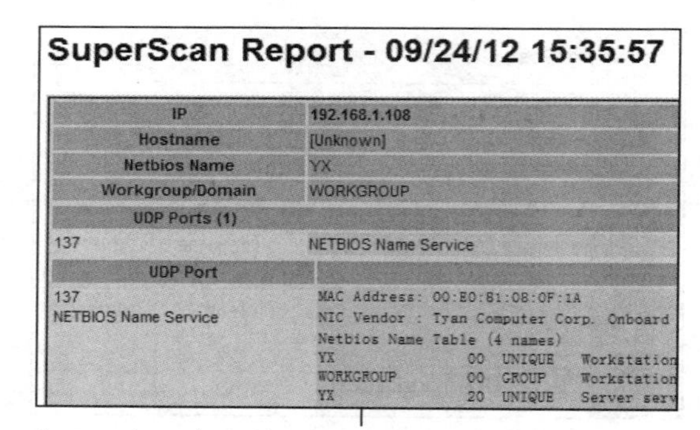

在网页中可查看详细扫描结果，包括 IP 地址、主机名及开放的端口等信息。

提示：SuperScan 的其他常用功能

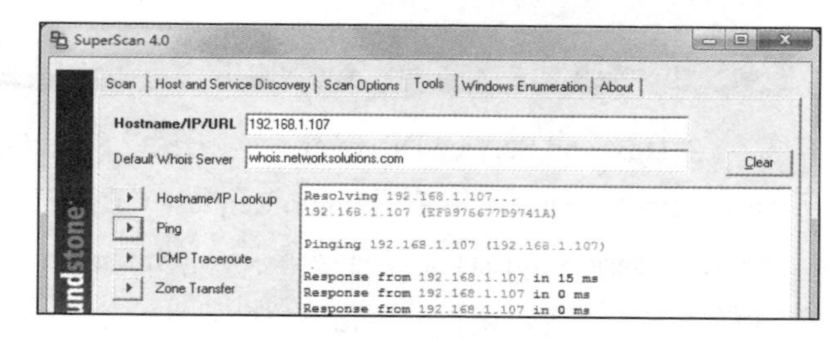

SuperScan 除了提供基本的端口扫描功能之外，还提供了主机名 /IP 地址互换、Ping 命令等功能，利用这些功能可快速获取目标主机的相关信息和查看本地计算机是否与目标计算机相连。在 SuperScan 主界面中切换至 Tools 选项卡，输入目标计算机的 IP 地址，单击 Hostname/IP Lookup 按钮可查看该 IP 地址的主机名，单击 Ping 按钮可查看本地计算机是否与目标计算机连接。

3.2.3 使用 X-Scan 扫描计算机端口

X-Scan 是一款国内非常著名的综合扫描器之一，该软件完全免费并且无需安装。X-Scan 采用多线程方式对指定 IP 地址段（或者单机）进行安全漏洞扫描，并且把扫描到的漏洞和安全焦点网站相连接，风险评估每个漏洞并提供扫描漏洞和扫描溢出程序，便于管理人员修复漏洞。当使用 X-Scan 扫描指定 IP 地址段（或者单机）时，还可以扫描出它们各自开放的端口，这同样是一种潜在的漏洞。

从霏凡软件网、华军软件网等网站中下载 X-Scan 后，便可将其解压到本地计算机中，双击 xscan_gui.exe 文件后便可启动 X-Scan，打开如下图所示的 X-Scan 主界面。

利用 X-Scan 扫描端口需要分两个阶段进行操作，第一个阶段是设置扫描参数，包括设置指定阶段的 IP 地址、扫描需要加载的插件等；完成扫描参数的配置后便可进入第二个阶段，即开始扫描，扫描后便可从扫描结果中查看指定 IP 地址段（或者单击）所开放的端口以及存在的漏洞等。下面就介绍具体的操作步骤。

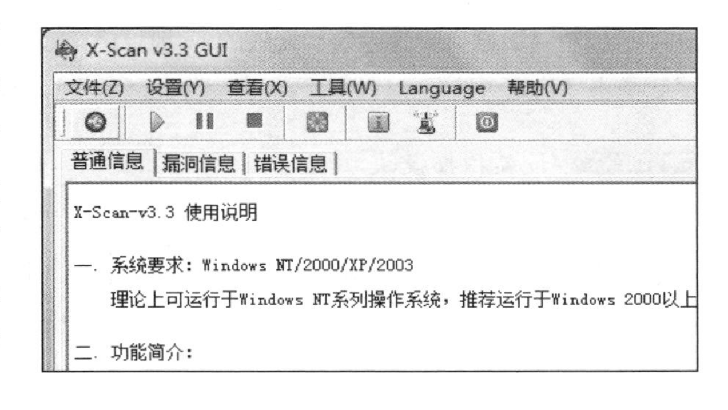

STEP01：单击“扫描设置”命令

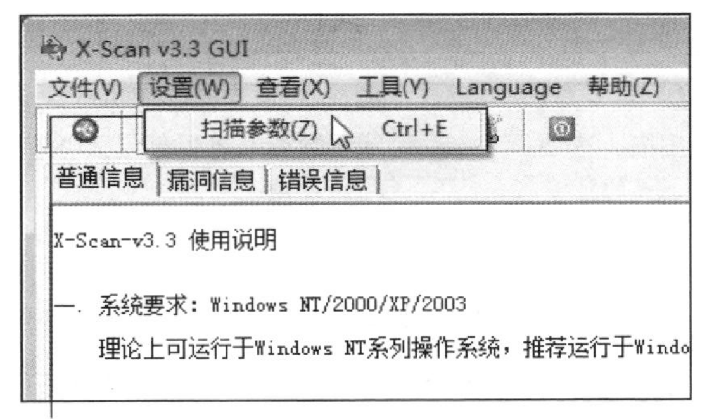

打开 X-Scan 主界面，在菜单栏中依次单击“设置”>“扫描设置”命令。

STEP02：单击“示例”按钮

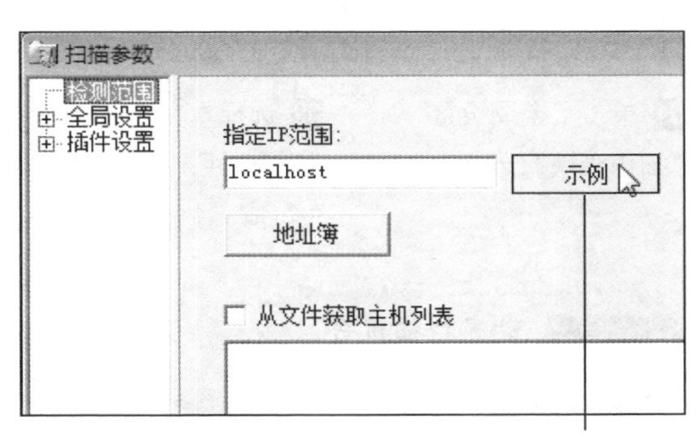

弹出“扫描参数”对话框，在右侧单击“示例”按钮。

STEP03：查看 IP 地址格式示例

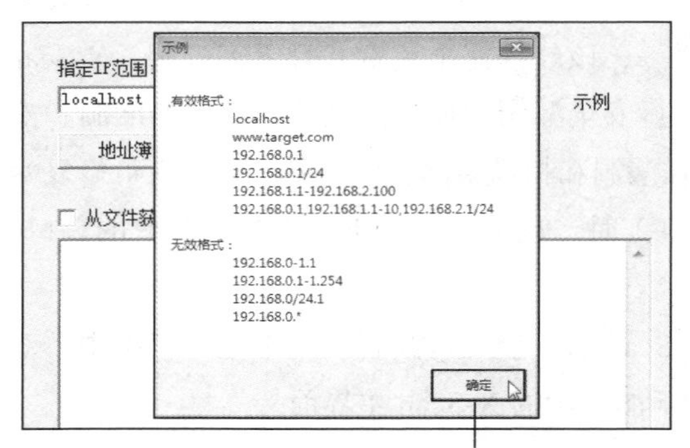

在“示例”对话框中查看有效和无效的 IP 地址格式，单击“确定”按钮。

STEP04：输入 IP 地址范围

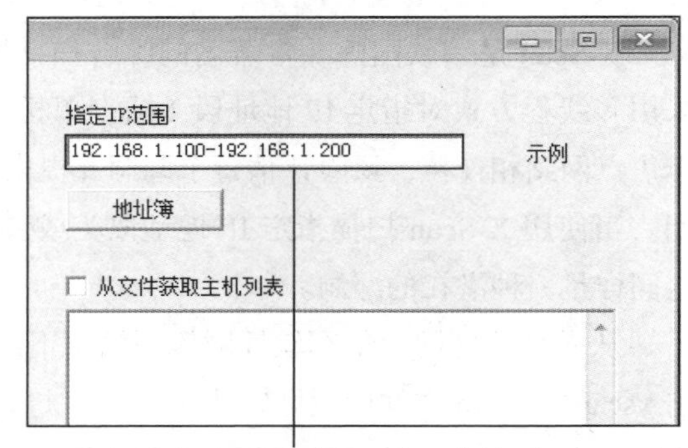

返回“扫描参数”对话框，输入待检测主机所对应的指定 IP 地址范围。

STEP05：设置扫描模块

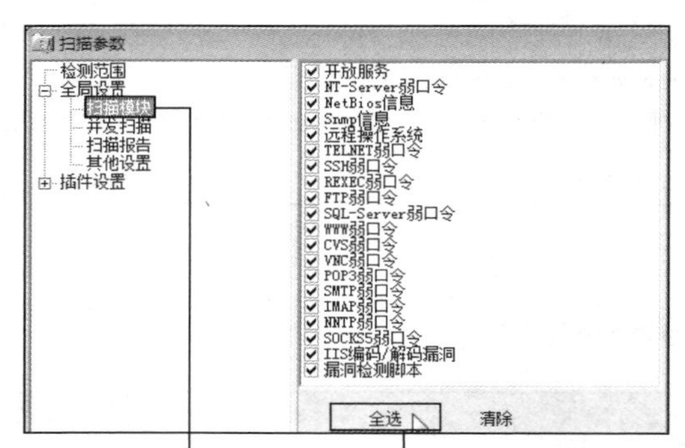

01 单击“全局设置”>“扫描模块”选项。

02 选择本次扫描要加载的插件，然后单击“全选”按钮。

STEP06：设置并发扫描

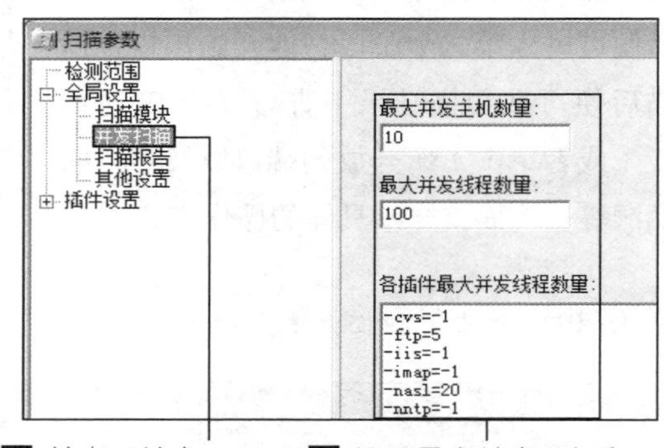

01 单击“并发扫描”选项。

02 设置最大并发主机和线程数量及各插件最大并发线程数量。

STEP07：设置扫描报告

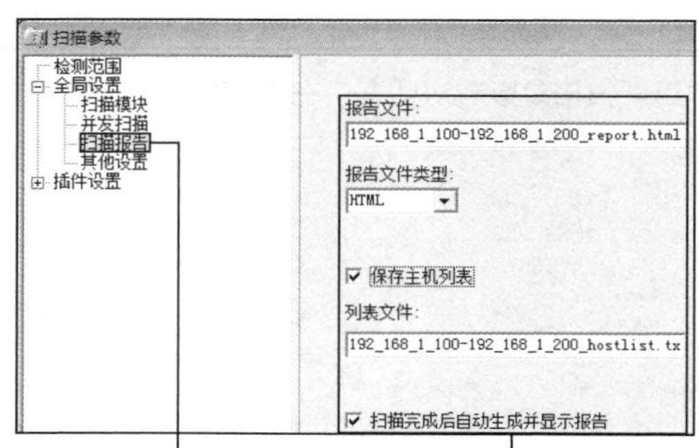

01 单击“扫描报告”选项。

02 设置扫描后的报告文件名称和类型。

STEP08：启用跳过没有响应的主机

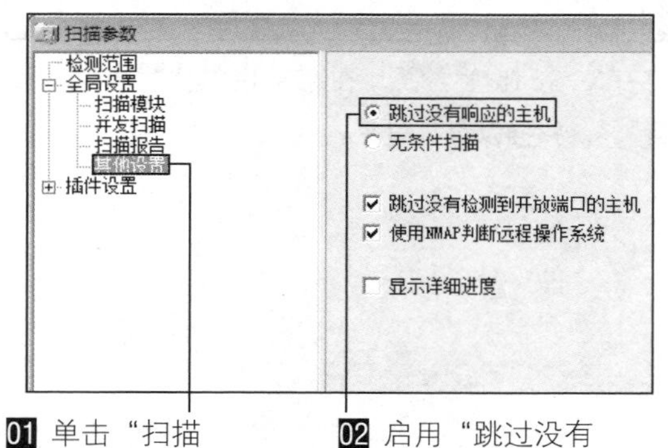

01 单击“扫描报告”选项。

02 启用“跳过没有响应的主机”功能。

STEP09：端口相关设置

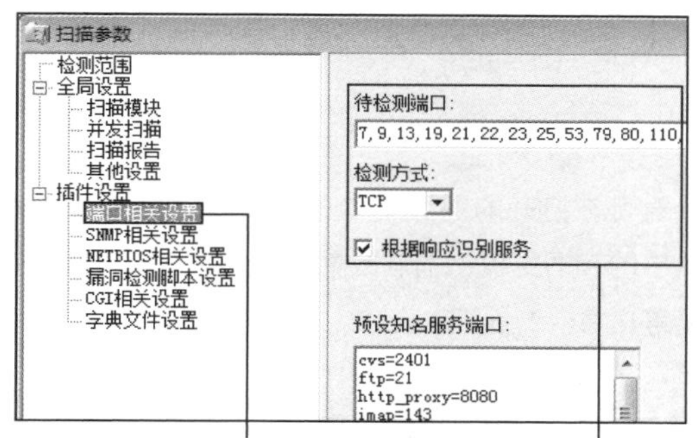

01 依次单击“插件设置”>“端口相关设置”选项。

02 设置待扫描的目标计算机端口及对应的扫描方式。

STEP10：单击“开始扫描”命令

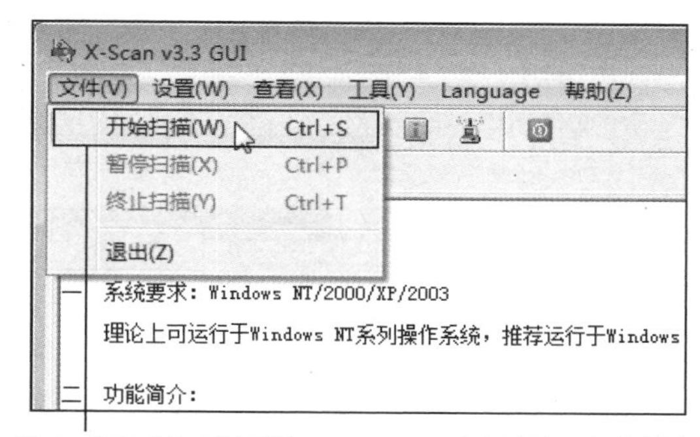

单击“确定”按钮返回X-Scan主界面，在菜单栏中依次单击“文件”>“开始扫描”命令。

STEP11：正在加载数据

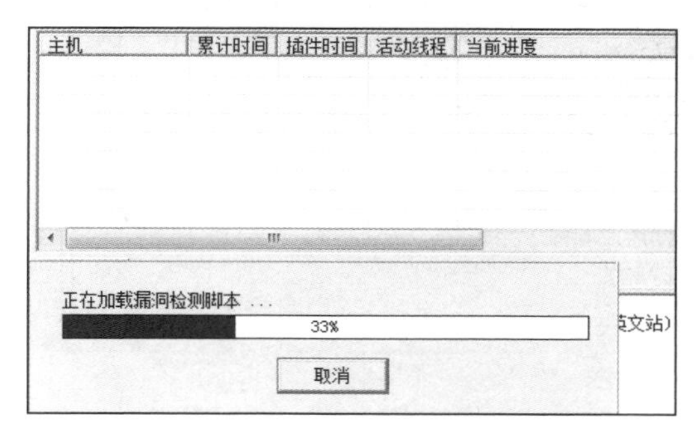

弹出扫描提示窗口，提示用户X-Scan正在加载漏洞检测脚本，耐心等待其加载完毕。

STEP12：查看扫描信息

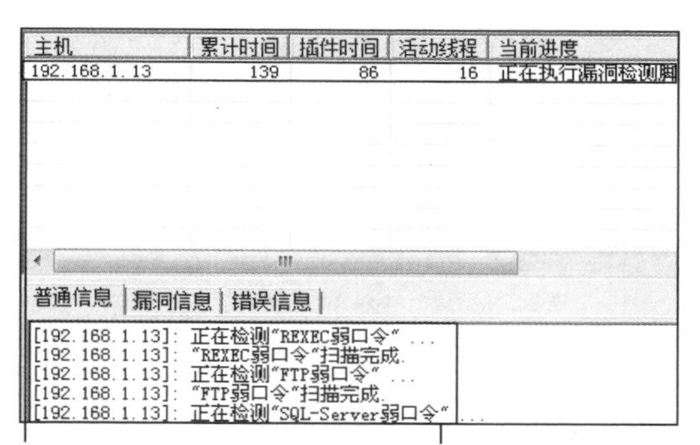

01 在顶部可看见主机、累计时间等扫描信息。

02 在底部可看见扫描出的漏洞、错误信息等。

STEP13：单击“检测报告”命令

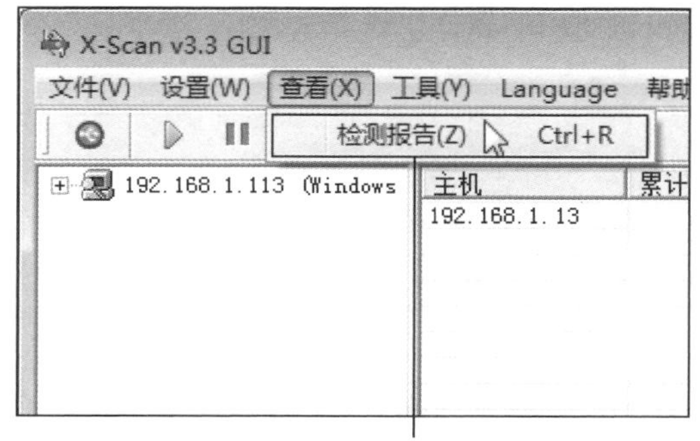

在菜单栏中依次单击“查看”>“检测报告”命令。

STEP14：选择扫描报告

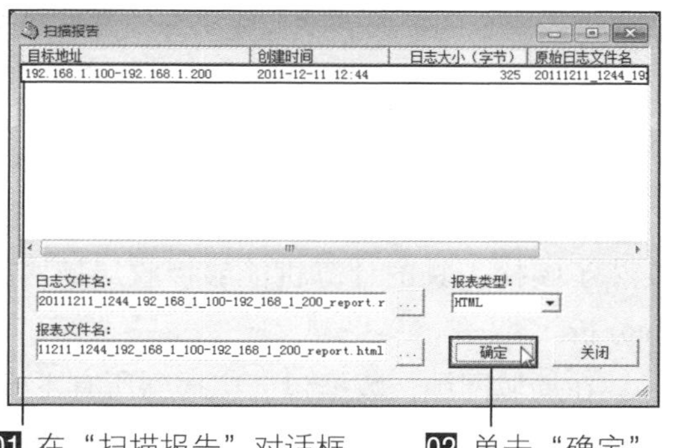

01 在“扫描报告”对话框中选择扫描报告。

02 单击“确定”按钮。

STEP15：查看扫描结果

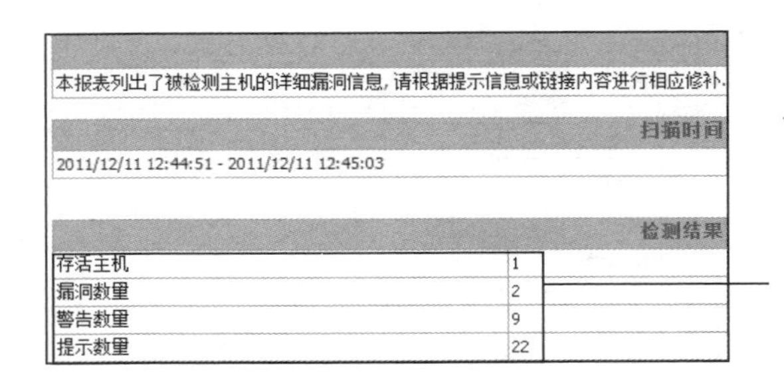
本报表列出了被检测主机的详细漏洞信息，请根据提示信息或链接内容进行相应修补。

扫描时间

2011/12/11 12:44:51 - 2011/12/11 12:45:03

检测结果

存活主机	1
漏洞数量	2
警告数量	9
提示数量	22

此时可在打开的网页中看见所扫描的指定IP地址段中的存活主机、漏洞数量、警告数量以及提示数量等信息。

提示：利用X-Scan查询指定IP地址对应的主机名

X-Scan不仅具有扫描指定计算机端口的功能，而且还提供了查询指定IP地址对应主机名的功能。❶在X-Scan主界面菜单栏中单击“工具”>“物理地址查询”命令，弹出“工具”对话框，❷输入IP地址，❸单击“查询物理地址”后可看见该IP地址对应的主机名。

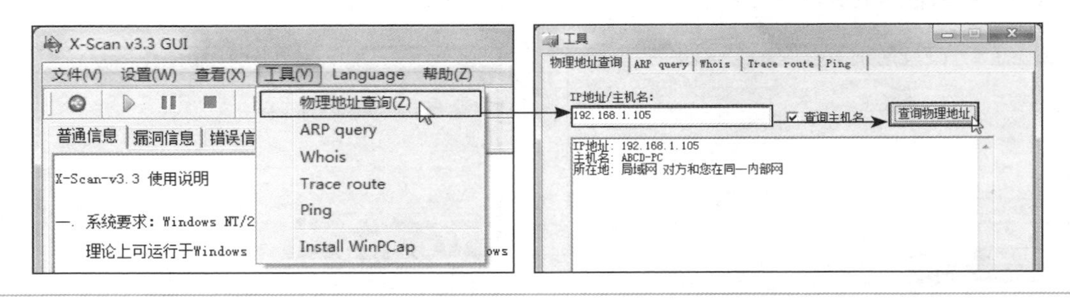

3.3 嗅探网络中的数据包

嗅探是指窃听网络中流经的数据包，这里的网络一般是指用集线器或路由器组建的局域网。通过嗅探并解析数据包，便可知晓数据包中的信息，一旦含有账户密码等隐私信息就可能造成个人资金的损失。本节就来介绍黑客嗅探数据包所使用的软件以及相关操作。

3.3.1 认识嗅探的原理

嗅探数据包无法通过输入命令来实现，需要使用专业的嗅探工具。嗅探的原理是指让安装了嗅探工具的计算机能够接收局域网中所有计算机发出的数据包，并对这些数据包进行分析。

在局域网中，数据包会广播到所有主机的网络接口，在没有使用嗅探工具之前，计算机的网卡只会接收发给自己的数据包，但是在安装了嗅探工具之后，计算机则能接收所有流经本地计算机的数据包，从而实现监听。

嗅探工具不仅适合黑客使用，而且也适合网络管理员和网络程序员使用。对于黑客来说，使用嗅探工具可以监听到网络中所有的数据包，通过分析这些数据包来达到盗取他人隐私信息的目的；而对于网络管理员和网络程序员来说，利用嗅探工具则是用于找出网络堵塞的原因或者调试程序。

3.3.2 使用 Sniffer Pro 捕获并分析网络数据

Sniffer Pro 是一款功能十分强大的嗅探工具，它曾享有“看不见的网管专家”之美誉。该软件可以用来监控局域网，以确保局域网的正常持续运转，同时也可以捕获网络中的数据包并对数据包进行分析。

STEP01：选择定义过滤器

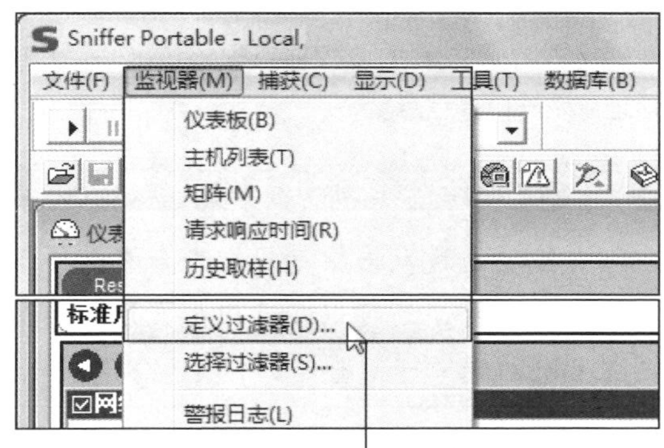

启动 Sniffer Pro，在主界面中单击“监视器”>“定义过滤器”命令。

STEP02：定义地址

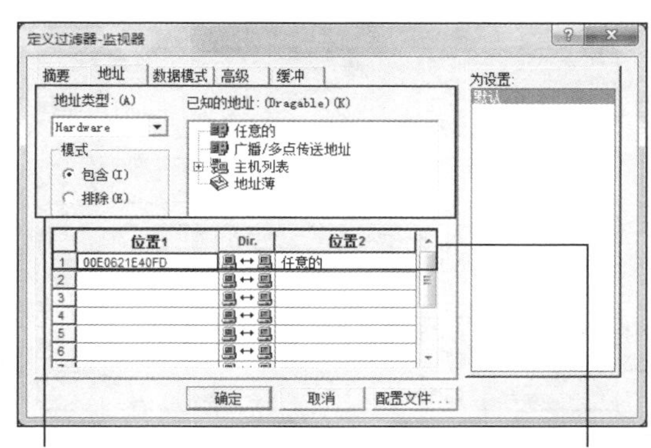

01 设置地址类型为 Hardware，模式为“包含”。

02 设置位置 1 为 00E0621E40FD，位置 2 为“任意的”。

STEP03：定义可用到的协议

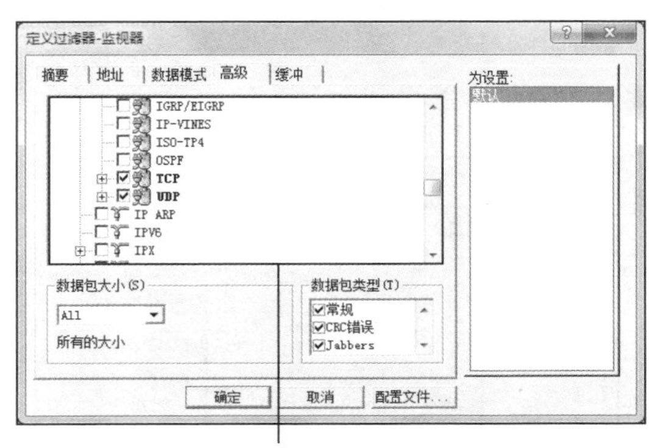

在“高级”选项卡下选择可用到的协议，例如选择 TCP 和 UDP 协议。

STEP04：定义缓冲属性

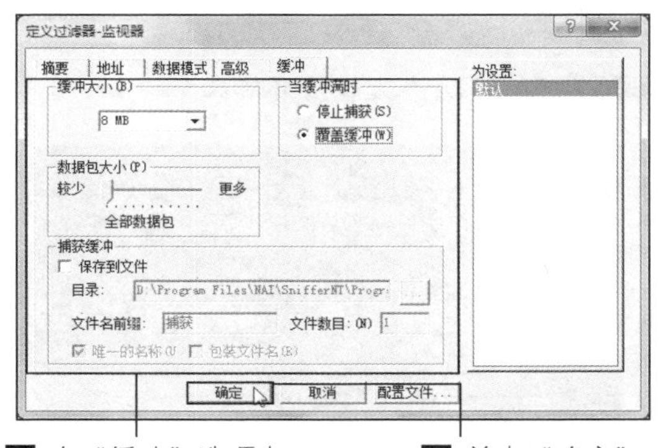

01 在“缓冲”选项卡下定义缓冲属性。

02 单击“确定”按钮。

STEP05：开始捕获数据

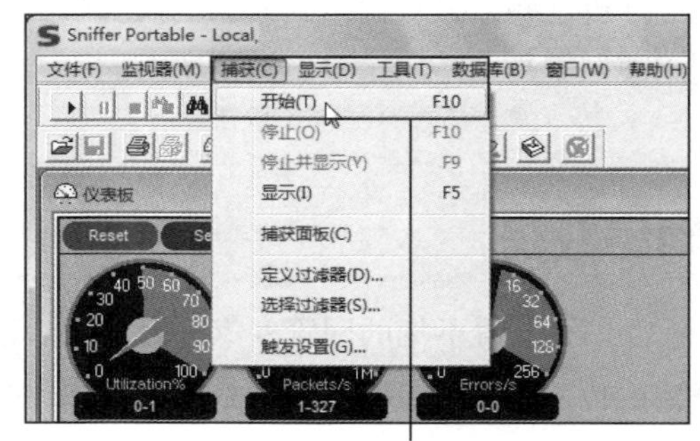

在Sniffer Pro主界面中单击“捕获”>“开始”命令。

STEP06：查看捕获的数据

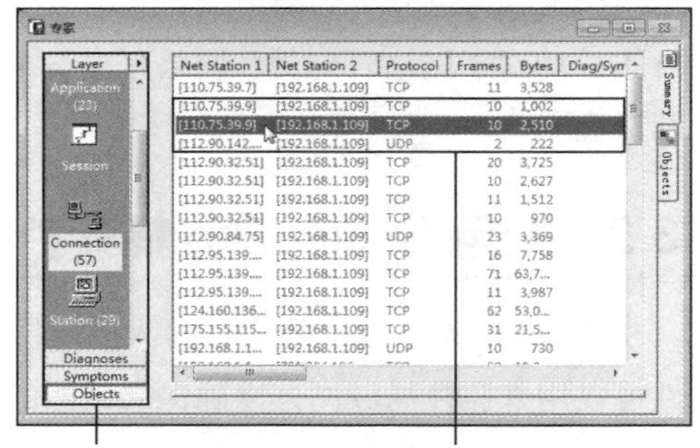

01 单击“Object”>“Connection”选项。

02 双击要查看的报文。

STEP07：查看数据内容

Protocol	WWW-HTTP	
Station Function	Workstation	Workstation
Network Name	[110.75.39.9]	[192.168.1.109]
Network Address	[110.75.39.9]	[192.168.1.109]
DLC Name	0023CD6A8782	HostEn1E40FD
DLC Address	0023CD6A8782	00E0621E40FD
Subnet	[110.0.0.0]	[192.168.1.0]
Port	80	49311
Frames transmitted	5	5
Data bytes transm...	1,438	1,072
Zero windows	0	0
Average Ack Time	226ms	<1ms
Window Size Range	8192 - 16320	8192 - 64800

此时可在界面中看见该数据包的协议、站点、IP地址以及端口等信息。

提示：切换至 Object 选项卡查看信息

除了通过双击指定报文来查看其详细信息之外，还可以在选中报文后切换至Object选项卡后查看。

3.3.3 使用“艾菲网页侦探”嗅探浏览过的网页

“艾菲网页侦探”是一个HTTP协议的网络嗅探器、协议分析器和HTTP文件重建工具。它可以捕捉局域网内含有HTTP协议的IP数据包并对其进行分析，找出符合过滤器的那些HTTP通信内容。用户可以通过该工具查看网络中其他用户都在浏览哪些网页，这些网页的内容是什么。

STEP01：启动“艾菲网页侦探”

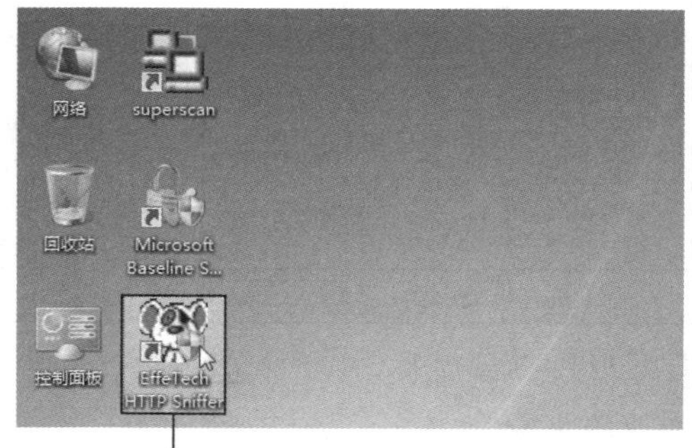

双击桌面上的EffeTech HTTP Sniffer快捷图标，启动“艾菲网页侦探”。

STEP02：单击 Options 命令

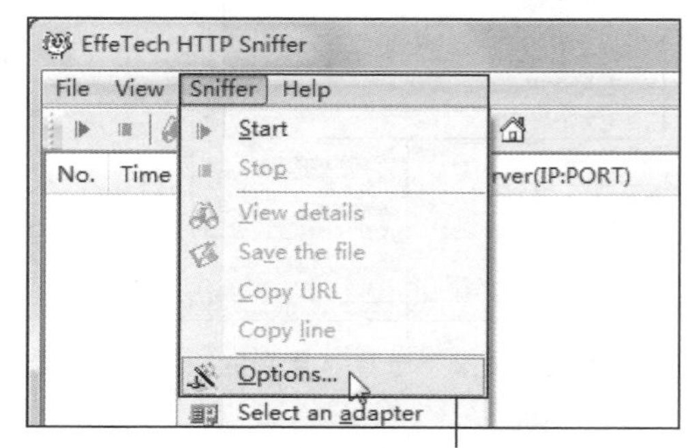

打开“艾菲网页侦探”主界面，在菜单栏中单击Sniffer>Options命令。

STEP03：设置嗅探内容

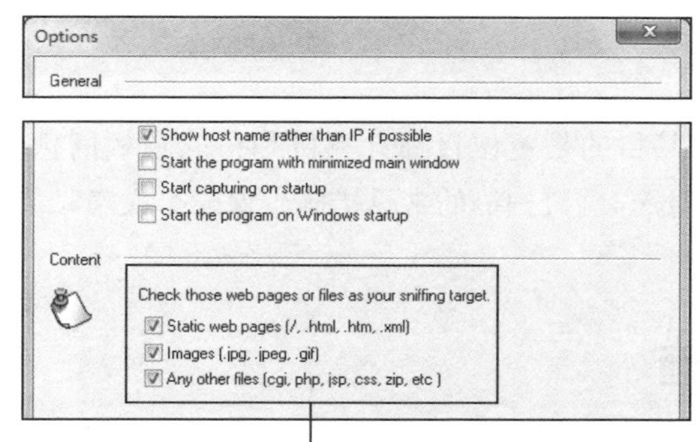

弹出 Options 主界面，在 Content 选项组中设置嗅探的内容。

STEP04：设置嗅探范围

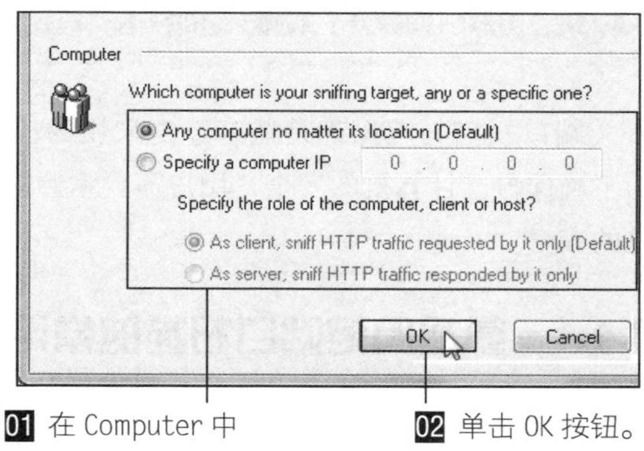

01 在 Computer 中设置嗅探的范围。

02 单击 OK 按钮。

STEP05：开始嗅探

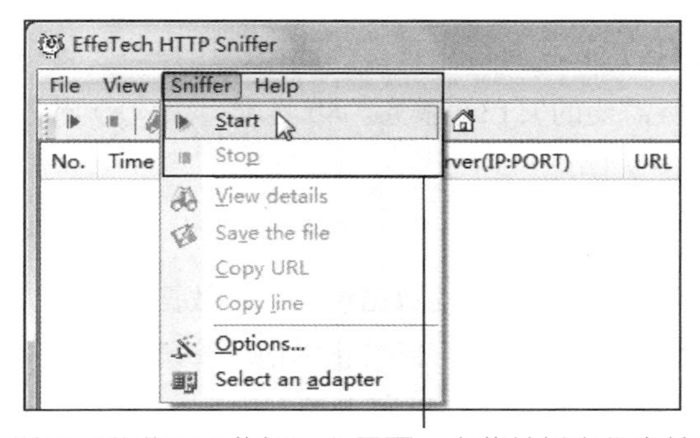

返回“艾菲网页侦探”主界面，在菜单栏中依次单击“Sniffer”>“Start”命令。

STEP06：查看指定的信息

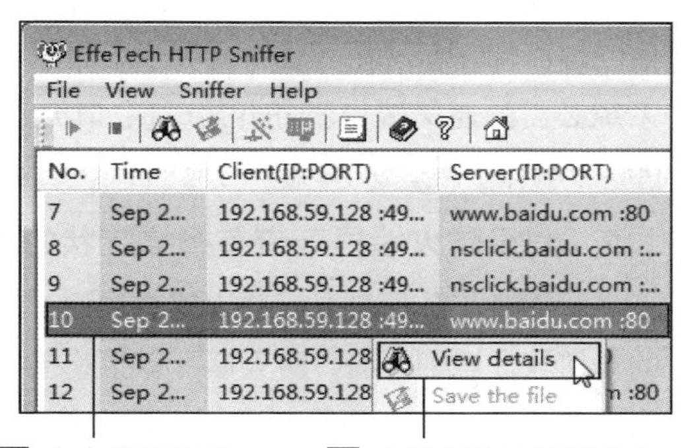

01 右击信息选项。

02 在弹出的快捷菜单中单击 View details 命令。

STEP07：查看基本信息

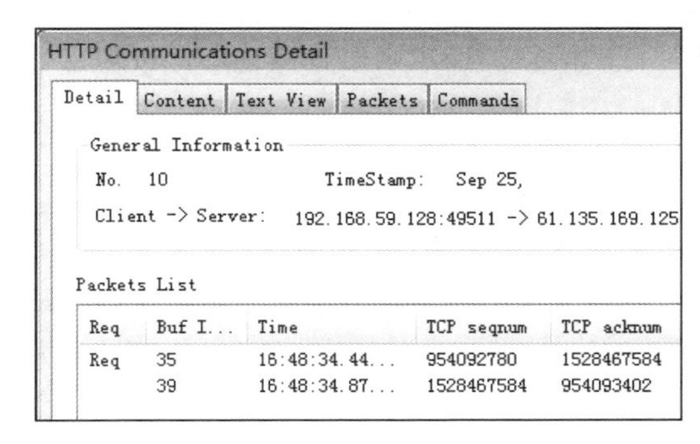

弹出对话框，在 Detail 选项卡下可看见基本信息和数据包列表。

STEP08：查看网页内容

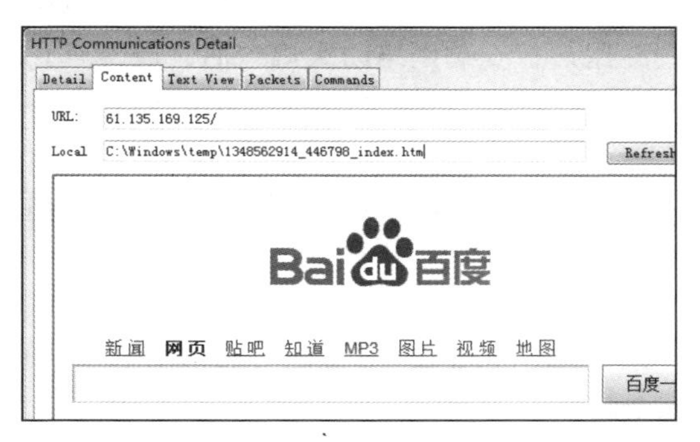

切换至 Content 选项卡，可在界面中看见所选计算机浏览过的网页。

3.4 防范端口扫描与嗅探

端口扫描与嗅探都是黑客经常采用的招数，其目的是定位目标计算机和窃取隐私信息。为了确保自己计算机的安全，用户需要掌握防范嗅探与端口扫描的常见措施，保障个人隐私信息的安全。

3.4.1 掌握防范端口扫描的常用措施

防范端口扫描的常见措施主要有两种：第一种是关闭闲置和有潜在危险的端口，第二种则是利用防火墙屏蔽带有扫描症状的端口。

1. 关闭闲置和有潜在危险的端口

对于黑客而言，计算机的所有端口都有可能成为攻击的目标，也就是说计算机所有对外通信的端口都存在潜在的威胁，为了不影响系统的运行和某些应用软件的使用，用户需要将一些系统必需的通信端口服务开启，例如访问网页所需要的 HTTP 服务（80 号端口）、QQ 服务（4000 号端口）等，关闭端口对应的服务也就意味着关闭端口。

2. 利用防火墙屏蔽带有扫描症状的端口

防火墙的工作原理是：防火墙首先检查每个到达本地计算机的数据包，在该数据包被系统中的任何软件识别之前，防火墙可以拒绝接收该数据包，同时也可以禁止本地计算机接收外网传入的任何数据包。当第一个请求建立连接的数据包被本地计算机回应后，一个“TCP / IP 端口”被打开；此时对方就可以开始扫描本地计算机的端口信息，在扫描的过程中，对方计算机不断和本地计算机建立连接，并逐渐打开各个服务对应的“TCP / IP 端口”以及闲置的端口。此时防火墙经过自带的拦截规则进行判断，就可以知道对方是否正在进行端口扫描，一旦确认对方正在扫描本地计算机的端口，则将直接拦截对方发送过来的所有扫描需要的数据包。

用户在安装网络防火墙之后，应检查它们所拦截的端口扫描规则是否被选中，否则它会放行端口扫描，只是在日志中留下信息而已。

3.4.2 利用瑞星防火墙防范扫描

瑞星防火墙是一款功能强大的防火墙，该软件具有强大的网络攻击拦截能力和恶意网站拦截功能。除此之外，通过开启瑞星防火墙的网络数据保护功能，可以防范当前计算机被他人恶意扫描。

STEP01：选择网络防护

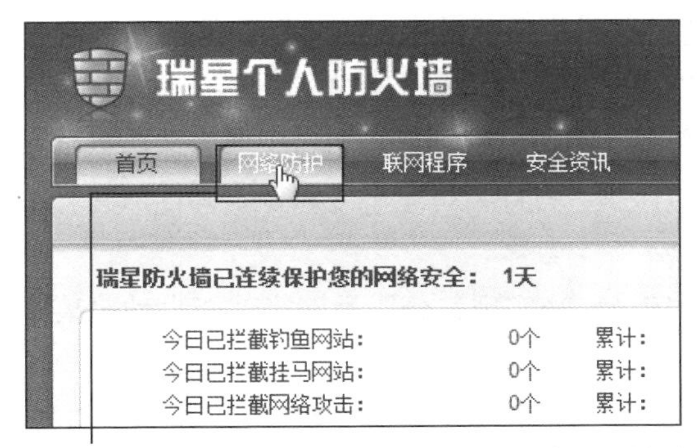

启动瑞星个人防火墙，在其主界面中单击“网络防护”按钮。

STEP02：开启网络数据保护功能

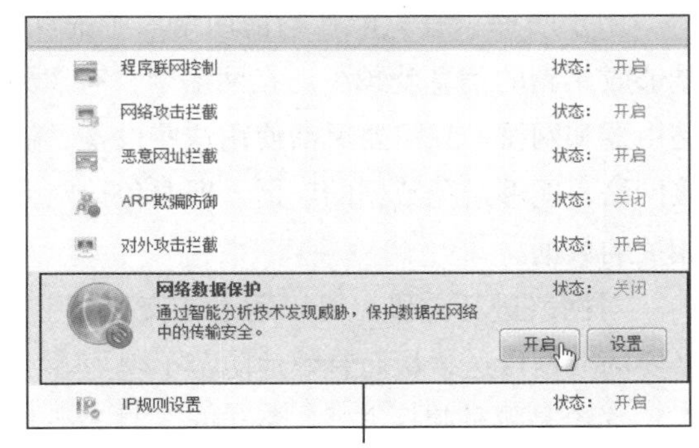

单击网络数据保护选项，然后单击“开启”按钮，开启该功能。

STEP03：单击“设置”选项

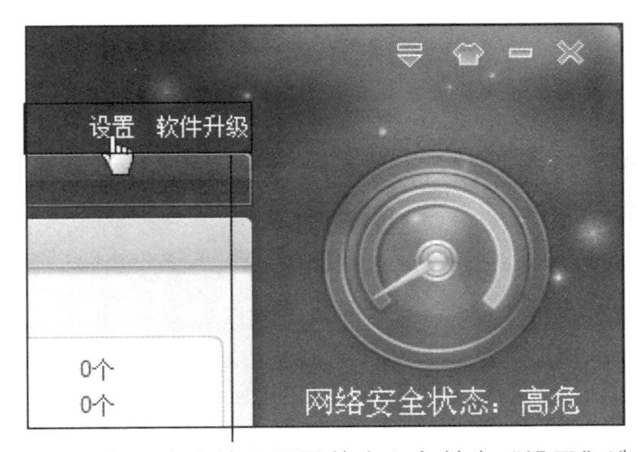

在瑞星个人防火墙主界面的右上角单击“设置”选项。

STEP04：启用端口隐身功能

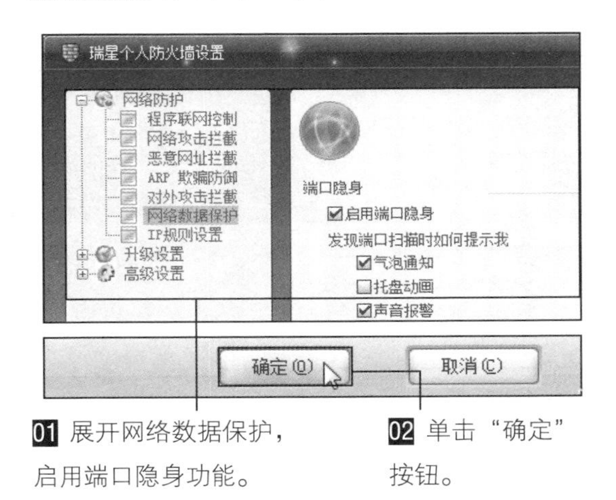

01 展开网络数据保护，启用端口隐身功能。

02 单击“确定”按钮。

3.4.3 了解防范嗅探的常用措施

实际上，在局域网中很难发现嗅探，因为嗅探根本就不会留下任何痕迹，因此用户就有必要了解防范嗅探的常用措施。防范嗅探的常用措施主要有两种：第一种是对传输的数据进行加密；第二种是采用安全的拓扑结构。

1. 加密传输的数据

对传输的数据进行加密是指在传输数据前对数据进行加密，待到对方接收数据后再进行解密。这样一来，即使该数据被他人嗅探，由于不知道解密密码也无法得到可以利用的信息。传统的 TCP / IP 协议并没有采用加密的方法来对数据进行传输，即都是以明文的方式进行传输。因此若想彻底解决传输的数据被嗅探的问题，则需要通过安装补丁来增强 TCP / IP 协议。

2. 采用安全的拓扑结构

由于嗅探工具只能在当前网络段中捕获数据，因此若将网络段分得越细，那么嗅探工具能够收集到的信息就越少。在网络中，有 3 种网络连接设备是嗅探工具无法跨越的：交换机、路由器和网桥。只需要灵活使用这些设备，就能够有效地防范嗅探。在网络中使用交换机来连接网络，能够避免数据的广播，即避免让网络中的任意一台计算机或服务器接收到任何与之不相关的数据。

对网络进行分段，可以通过在交换机上设置 VLAN 来实现，分段后网络就能自动隔离不必要的数据传送，从而有效地防范了嗅探。

无论是哪种嗅探方式，Sniffer 工具一般是在入侵者成功侵入目标计算机后才会使用该工具来收集有用的数据和信息，因此防范系统被入侵才是解决问题的根本之所在。网络管理员一定要定期对自己负责管理的网络进行安全测试，以便及时地发现和防止安全隐患，做到早发现早解决。

第 4 章 Windows 系统漏洞攻防

Windows 操作系统是迄今为止使用频率最高的一款操作系统，虽然其安全性随着版本的更新而不断提高，但是由于人为编写的缘故使得该操作系统始终存在漏洞和缺陷，因此被黑客抓住了弱点进行入侵攻击。虽然 Windows 操作系统存在缺陷和漏洞，但是 Microsoft 公司通过发布漏洞补丁来提高系统的安全性，让 Windows 操作系统不再被攻破。因此用户不仅需了解 Windows 操作系统的漏洞和缺陷，还需了解如何弥补这些漏洞和缺陷。

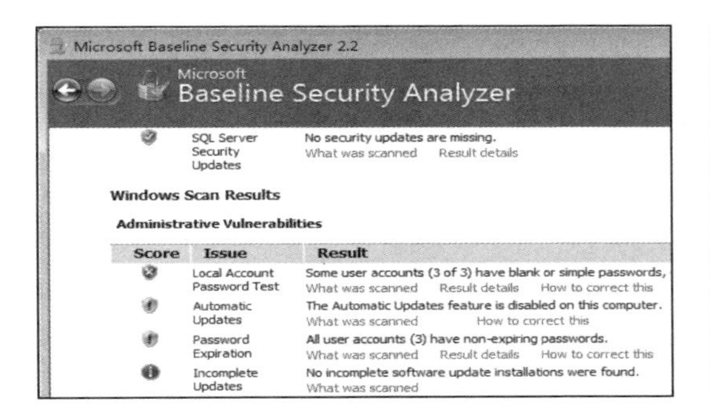

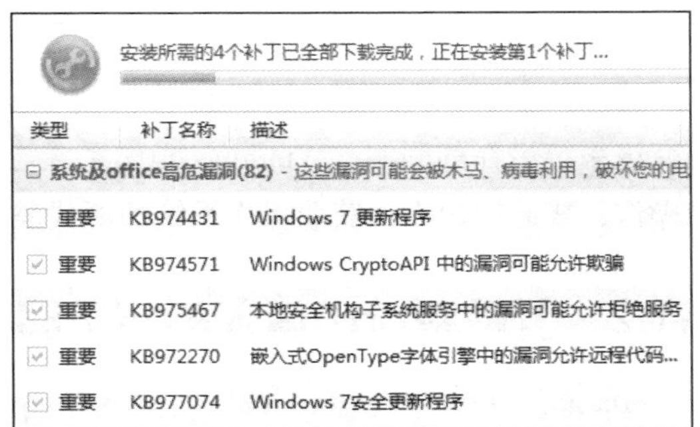

知识要点

- 认识 Windows 系统漏洞
- 认识 Windows XP 中存在的漏洞
- 认识 Windows 7 中存在的漏洞
- 检测 Windows 系统中存在的漏洞
- 学会手动修复 Windows 系统漏洞

4.1 认识 Windows 系统漏洞

Windows 系统漏洞又称 Windows 安全缺陷，它是威胁 Windows 系统安全的根本原因，一旦 Windows 操作系统存在漏洞，则黑客会抓住这些漏洞来发起入侵攻击，从而达到控制目标计算机的目的。因此用户有必要了解 Windows 系统产生漏洞的原因和存在的隐患。

4.1.1 认识系统产生漏洞的原因

Windows 操作系统虽然拥有华丽的界面与强大的功能，但是仍然避免不了会出现蓝屏、死机等现象，追根溯源，是由于 Windows 操作系统是人为编写的，始终会或多或少存在漏洞。Windows 操作系统产生漏洞的原因主要有两个：即人为因素与硬件因素。

1. 人为因素

人为因素是指 Windows 操作系统的编制人员由于技术缺陷或者某种特定的目的而导致操作系统产生漏洞。还有一种情况就是，在编写操作系统的过程中，编程人员为了便于后期的调试，经常会在程序代码的隐蔽处留下后门。

2. 硬件因素

硬件因素是指由于硬件的问题而导致 Windows 操作系统无法弥补硬件的漏洞，硬件的问题通常包括硬件自身的设计缺陷以及不兼容性。当硬件存在设计缺陷时，往往会通过软件表现出来，例如由于硬件驱动程序与 Windows 操作系统的不兼容而出现的蓝屏、死机等现象，或者由于组装机中各硬件的不兼容而导致的蓝屏和死机等现象。

由于 Windows 操作系统广泛应用于个人计算机中，因此将会导致有着大量的入侵者开始研究该系统潜在的漏洞。Windows 操作系统与 Linux 等开放源码的操作系统不一样，它属于暗箱操作，普通用户无法获取操作系统的源代码，因此安全问题均由 Microsoft 公司负责解决。

4.1.2 了解系统中存在的安全隐患

Windows 操作系统是由 Microsoft 公司的程序员编写出来的，因此在编写时必然会受到当时客观条件与技术的限制。同时该操作系统含有大量的程序代码，因此不可避免地存在一些安全隐患，Windows 系统中常见的安全隐患主要包括核心代码中的潜在 BUG、扩展名欺骗、设备文件名问题、庞大而复杂的注册表、系统权限分配繁冗以及设计失误。

1. 核心代码中的潜在BUG

对于 Windows 操作系统这种含有大量程序代码的软件而言，它潜在的 BUG 往往与程序的大小成正比。无论是 Windows XP、Windows 7，还是 Windows 8，它们的核心代码都没有太大的变化，从而导致 Windows 新版本操作系统在继承了 Windows 老版本操作系统中核心代码的同时，也将其内在潜藏的 BUG 继承了下来。

2. 扩展名欺骗

Windows 操作系统不完全是按照扩展名来处理文件的，而是根据文件头部的信息对文件性质作出初步判断的。例如重命名一个文件 photo.jpg .exe，用 ASC Ⅱ值的 255 来代替其中的空格，那么在 Windows 系统中只能看见 photo.jpg 这样的文件名。恶意攻击者可能会将该文件连接一个可执行文件，但是其他的人会将该文件当成是一张普通的照片文件。

3. 设备文件名问题

在 Windows 系统中，用户可以通过字符链接来访问磁盘分区。如，可以使用“\.F:”这样的方式来试图访问 F 盘，这是因为在编写某些程序时，由于在控制对任意驱动器进行访问所采取的手段模块设计考虑不足所造成的问题。

4. 庞大而复杂的注册表

注册表对 Windows 来说是非常重要的，注册表实际上是一个很庞大的数据库，包含了应用程序和计算机系统的配置、系统和应用程序的初始化信息、应用程序和文档文件的关联关系、硬件设备的说明、状态和属性以及各种状态信息和数据等。由于注册表过于庞大和复杂，因此很容易出现漏洞而被人所利用。

5. 系统权限分配繁冗

Windows 操作系统中几乎每个对象都可以设置权限，如注册表项目、硬件设备等，这么庞大的访问控制列表实在难以一一审核，所以其中有很多对象都有可能被黑客用来作为后门使用。

6. 设计失误

Windows 操作系统在设计方面存在着很多失误，例如账号锁定和 IIS 的安全设计之间就存在冲突，一旦启用账号锁定策略，即可对 IUSER_ 和 IWAN_ 进行穷举，这两个账号锁定后，任何人都无法访问 IIS，这样一来用很小的代价就能实现 DoS。类似的问题还有不少。

4.2 了解 Windows 系统中存在的漏洞

目前常用的 Windows 操作系统包括 Windows XP 和 Windows 7，它们均存在不少的漏洞，这也是 Microsoft 公司不定期发布漏洞补丁文件的原因。对于用户而言，完全有必要了解这两款操作系统中存在的一些基本漏洞。

4.2.1 认识 Windows XP 中存在的漏洞

在 Windows XP 系统中，常见的漏洞主要有 UPNP 服务漏洞、帮助与支持中心漏洞、压缩文件夹漏洞、服务拒绝漏洞、RDP 漏洞以及热键漏洞。

1. UPNP服务漏洞

漏洞描述：UPNP（Universal Plug and Play）体系面向无线设备、PC机和智能设备，提供普遍的对等网络链接，在家用信息设备、办公网络设备之间提供TCP/IP连接和Web访问功能，该服务可用于检测和集成UPNP硬件。Windows XP系统中默认启动的UPNP服务存在着严重的漏洞。该协议可以使攻击者非法获取任何Windows XP的系统级访问，从而进行攻击，还可以通过控制其他多台安装有Windows XP的计算机发起分布式的攻击。

防御策略：首先禁用UPNP服务，然后下载并安装对应的补丁程序。

2. 帮助与支持中心漏洞

漏洞描述：Windows XP中的帮助和支持中心提供了集成工具，用户可通过该工具获取针对各种主题的帮助和支持。该功能存在的漏洞可以让攻击者跳过特殊的网页（在打开网页时调用错误的函数，并将存在的文件或文件夹的名字作为参数传递）来使上传的文件或文件夹操作失败，随后该网页可在网站上公布，以攻击访问该网站的用户或被作为邮件传播来攻击。该漏洞除了使攻击者可以删除文件之外，不会赋予其他的权限。攻击者既无法获取系统管理员的权限，也无法读取或修改文件。

防御策略：安装Windows XP的Service Pack 3。

3. 压缩文件夹漏洞

漏洞描述：Windows系统中的“压缩文件夹”功能允许将Zip格式的文件作为普通文件夹处理。该功能存在两个漏洞：一是在解压缩Zip文件时会有未经检查的缓冲存在于程序中以存放被解压的文件，因此很可能导致浏览器崩溃或攻击者的代码被运行；二是解压缩功能在非用户指定的目录中放置文件，可使攻击者在用户系统的已知位置中存放文件。

防御策略：拒绝接收不信任的邮件附件，不下载不信任的文件。

4. 服务拒绝漏洞

漏洞描述：PPTP（Point to Point Tunneling Protocol）是Windows系统中作为远程访问服务实现的虚拟专用网技术。由于在控制用于建立、维护和拆开PPTP连接的代码段中存在未经检查的缓存，导致在Windows系统中实现该功能存在漏洞。通过向一台存在该漏洞的服务器发送不正确的PPTP控制数据，攻击者可损坏核心内存并导致系统失效，中断所有系统中正在运行的进程。该漏洞可攻击任何一台提供PPTP服务的服务器，对于PPTP客户端的工作站，攻击者只需激活PPTP会话即可进行攻击。对任何遭到攻击的系统可以通过重启来恢复正常操作。

防御策略：关闭PPTP服务。

5. RDP漏洞

漏洞描述：RDP（Remote Desktop Protocol）是Windows操作系统为客户端提供的远程终端会话功能。该功能将终端会话的相关硬件信息传送至远程客户端。该功能存在两个漏洞，一个是与某些 RDP 版本的会话加密实现有关的漏洞，另一个是与 Windows XP 中的 RDP 实现对某些不正确的数据包处理方法有关的漏洞。

（1）与某些 RDP 版本的会话加密实现有关的漏洞。

Windows 系统中的所有 RDP 实现均允许用户对 RDP 会话中的数据进行加密，然而在 Windows XP 系统中，纯文本会话数据的校验在发送之前并未经过加密，窃听并记录 RDP 会话的攻击者可以对该校验密码分析、攻击，并覆盖该会话传输。

（2）与 Windows XP 中的 RDP 实现对某些不正确的数据包处理方法有关的漏洞。

当 Windows 系统接收这些不正确的数据包时，远程桌面服务将会失效，并且当攻击者向一个已受影响的系统发送这类数据包时，并不需要经过系统的验证。

防御策略：在 Windows 系统中关闭远程桌面服务，或者在防火墙中屏蔽 3389 端口即可避免该攻击。

6. 热键漏洞

漏洞描述：热键功能是 Windows 系统提供的服务，当用户离开计算机后，该计算机处于未保护状态，此时 Windows 系统会自动实施“自注销”。虽然无法进入桌面，但由于热键服务还未停止，因此仍然可以使用热键启动应用程序。

防御策略：该漏洞被利用的前提是热键功能一直处于可用状态，因此首先需要检查可能会带来危害程序和服务的热键，然后再启动屏幕保护程序并设置密码，并且要养成离开计算机时锁定计算机的习惯。

提示：Microsoft 公司将停止对 Windows XP 的支持

Microsoft 公司将于 2014 年 4 月 8 日停止对 Windows XP 系统所有版本的支持与服务，包括补丁、升级和漏洞修复等。但在 2014 年 4 月 8 日之后，用户依然可以正常使用 Windows XP 操作系统。目前 Microsoft 公司已中止对 Windows XP 操作系统的主要技术支持，包括 Internet Explorer 及 MSN 等服务。

4.2.2 认识 Windows 7 中存在的漏洞

相比于 Windows XP 系统来说，Windows 7 系统中存在的漏洞就比较少了，常见的漏洞主要有两个：快捷方式漏洞和 SMB 协议漏洞。

1. 快捷方式漏洞

漏洞描述：快捷方式漏洞是 Windows Shell 框架中存在的一个危急安全漏洞，当用户运行扩展名为 lnk 的快捷方式时，该漏洞可通过一个特制的快捷方式自动激活恶意程序。该漏洞可能会通过可移动硬盘进行传播。

防御策略：禁用可移动硬盘的自动播放功能，并且需手动检查可移动硬盘的根文件夹。

2. SMB协议漏洞

漏洞描述：SMB（Server Message Block）协议是一种 IBM 协议，它用于在计算机间共享文件、打印机、串口等。当用户执行 SMB2.0 协议时系统将会受到网络攻击从而导致系统崩溃或重启。因此只要故意发送一个错误的网络协议请求，Windows 7 系统就会出现页面错误，从而导致蓝屏或死机。

防御策略：关闭 SMB 服务。

4.3 检测 Windows 系统中存在的漏洞

虽然 4.2.1 节列举了部分 Windows 7 中存在的漏洞，但是想要完全掌握 Windows 7 中存在的漏洞则需要使用专业的漏洞扫描软件。目前常用的漏洞扫描软件有 Microsoft 公司推出的 MBSA（MicrosoftBaselineSecurityAnalyzer）、奇虎公司推出的 360 安全卫士等软件。

4.3.1 使用 MBSA 检测系统安全性

MBSA 是 Microsoft Baseline Security Analyzer 的简称，中文译为 Microsoft 基准安全分析器，该软件可以扫描当前操作系统中存在的漏洞及不安全配置。下面介绍使用 MBSA 检测系统安全性的操作方法。

STEP01：启动 MBSA 应用程序

在桌面上双击 Microsoft Baseline Security Analyze2.2 快捷图标。

STEP02：选择扫描单台计算机

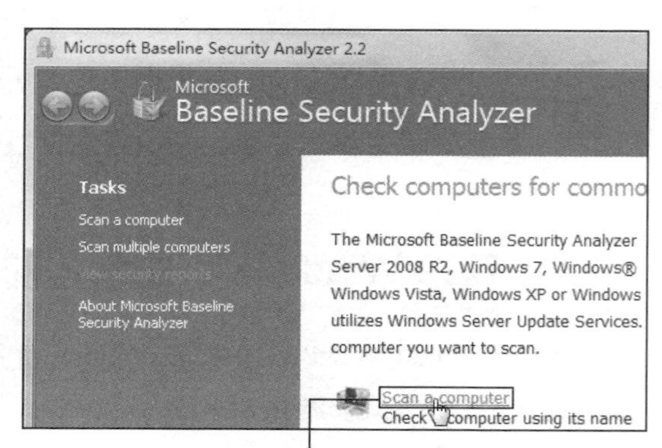

在程序主界面中单击 Scan a computer 链接。

STEP03：设定要扫描的计算机

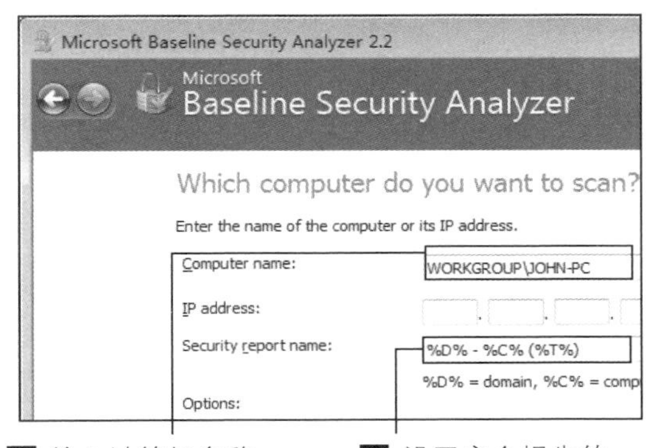

01 输入计算机名称。

02 设置安全报告的名称格式。

STEP04：设置检测项目

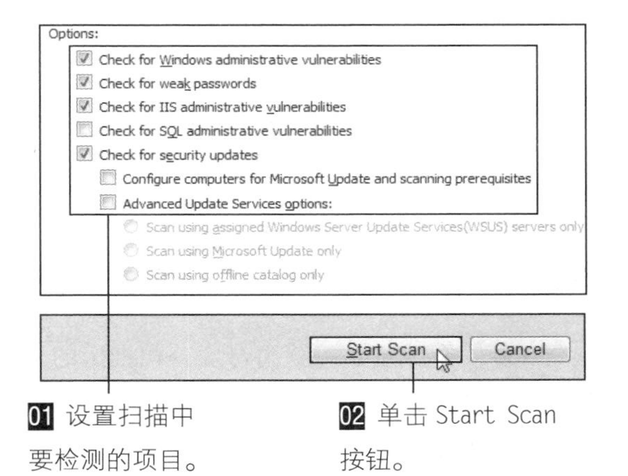

01 设置扫描中要检测的项目。

02 单击Start Scan按钮。

STEP05：正在扫描系统

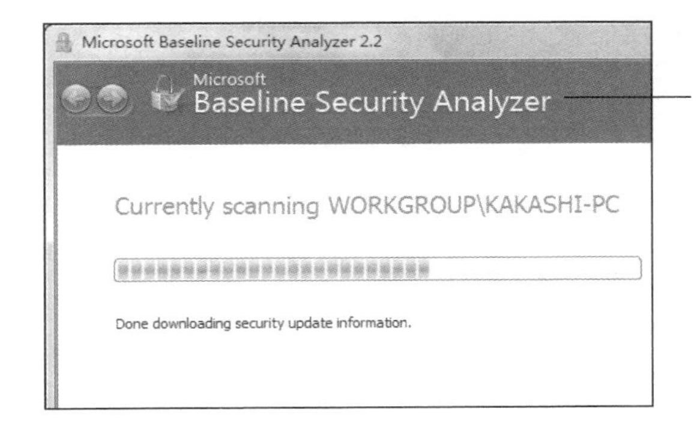

MBSA开始升级安全检测信息，升级完成后便扫描指定的计算机，该过程需要花费较长的时间，请耐心等待。

提示：下载MSBA安装程序包

用户可从官网下载MSBA安装程序，网址为http://www.microsoft.com/en-us/download/details.aspx?id=7558。

STEP06：查看扫描结果

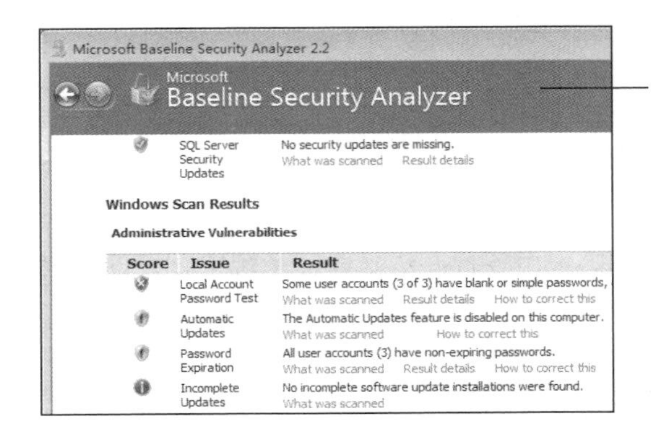

扫描完毕后切换至新的界面，此时可看见扫描结果的详细信息。

提示：MBSA扫描结果的保存位置

MBSA的扫描结果会保存在X:\Users\username\SecurityScans文件夹中，其中X表示Windows 7所在的分区，username是指执行MBSA的用户名。

提示：学会理解显示的扫描结果

在MBSA扫描后所显示的结果中，软件会自动用、、、4种不同的图标来简单区分被扫描的计算机中哪些方面存在漏洞，哪些方面需要改进。

绿色的√符号表示该项目已经通过检测。

红色的×符号表示该项目没有通过检测，即存在安全隐患，用户可以单击How to correct this链接查看解决办法。

橙色的！符号表示该项目虽然通过了检测，但是可以继续优化。

蓝色的i符号表示该项目虽然没有通过检测，但是问题不是很严重，只要进行简单的修改即可。

4.3.2 使用360安全卫士检测系统中的漏洞

360安全卫士是一款由奇虎公司推出的上网安全类软件，该软件功能十分强大，受到不少用户的青睐，用户可以利用该软件来查看当前系统是否存在漏洞。

360安全卫士的安装程序包可以从www.360.cn网站下载，下载后将其安装到计算机中即可。打开其主界面，切换至“漏洞修复”选项卡便可看见当前系统中存在的漏洞。

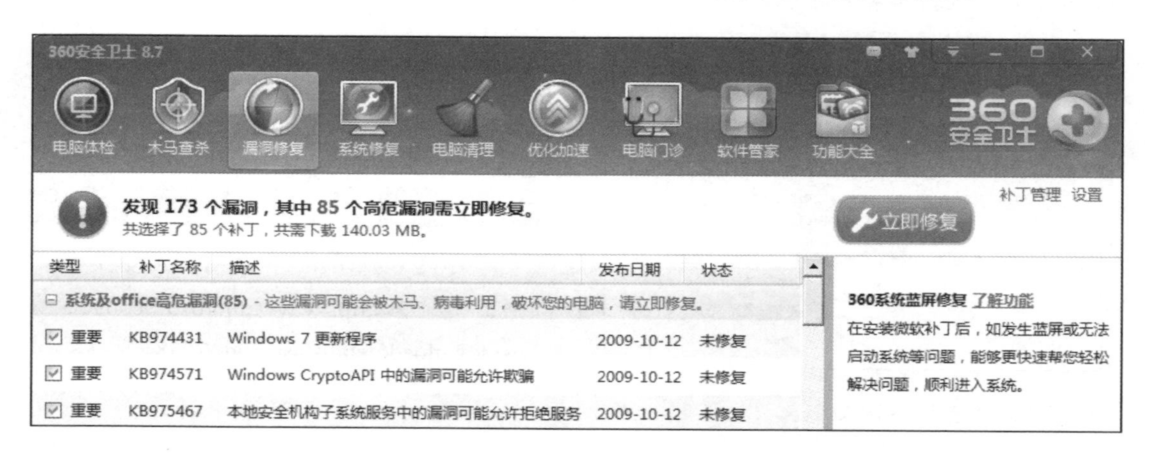

4.4 学会手动修复Windows系统漏洞

当Windows 7系统中存在漏洞时，则用户需要采用各种办法来修复系统中存在的漏洞，既可以使用Windows Update来修复系统漏洞，也可以使用360安全卫士来修复系统漏洞。

4.4.1 使用Windows Update修复系统漏洞

Windows Update是Microsoft公司提供的一款自动更新工具，该工具提供了漏洞补丁的安装、驱动程序和软件的升级等功能。利用Windows Update可以更新当前的系统，扩展系统的功能，让系统支持更多的软、硬件，解决各种兼容性问题，打造更安全、更稳定的系统。

STEP01：单击“控制面板”命令

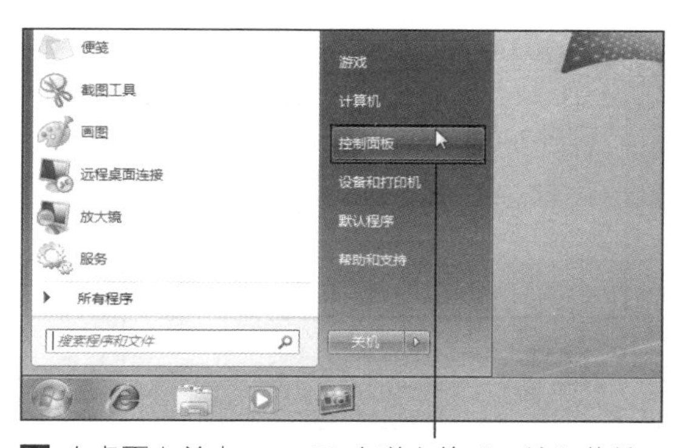

01 在桌面上单击“开始”按钮。

02 在弹出的“开始”菜单中单击“控制面板”命令。

STEP02：单击 Windows Update 链接

在“控制面板”窗口中单击 Windows Update 链接。

STEP03：单击“检查更新”按钮

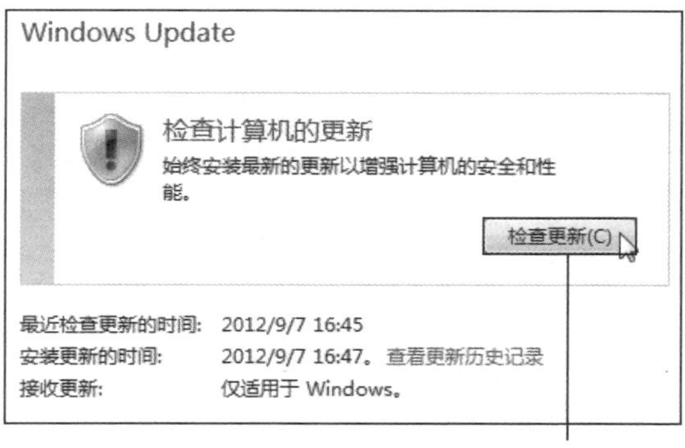

在 Windows Update 界面中单击“检查更新”按钮。

STEP04：选择重要更新补丁

接着选择要安装的补丁，例如选择重要更新的补丁。

STEP05：选择要安装的补丁

01 在“选择希望安装的更新”界面中勾选其左侧的复选框选择要安装的系统补丁。

02 选中要安装的系统补丁之后单击“确定”按钮。

STEP06：开始安装更新

返回上一级界面，单击“安装更新”按钮，开始安装更新。

STEP07：正在下载更新

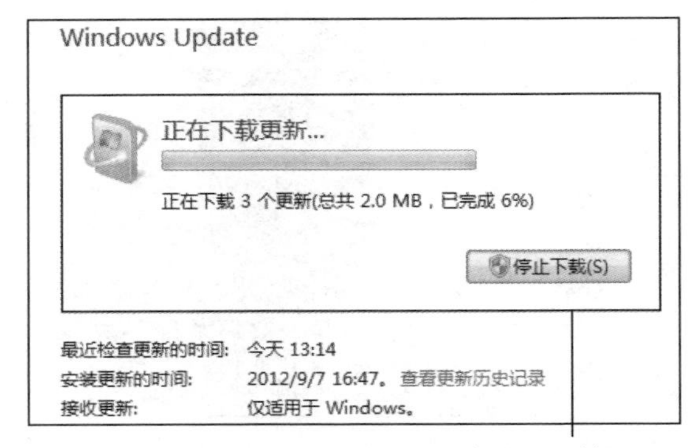

界面提示用户“正在下载更新”，请耐心等待。

STEP08：立即重新启动

完成系统漏洞补丁的安装后，单击“立即重新启动”按钮。

STEP09：配置 Windows Update

在关机过程中，计算机会自动安装漏洞补丁，请勿突然断电或强制关闭。

提示：更改 Windows Update 设置

Windows Update 提供了更新设置，用户可以设置 Windows Update 如何安装系统漏洞补丁，其具体操作为：按照 4.4.1 节 STEP01 ~ STEP02 介绍的方法打开 Windows Update 窗口，单击“更改设置”链接，切换至新的界面，在“重要更新”选项组中设置更新方式，然后单击“确定”按钮保存退出。

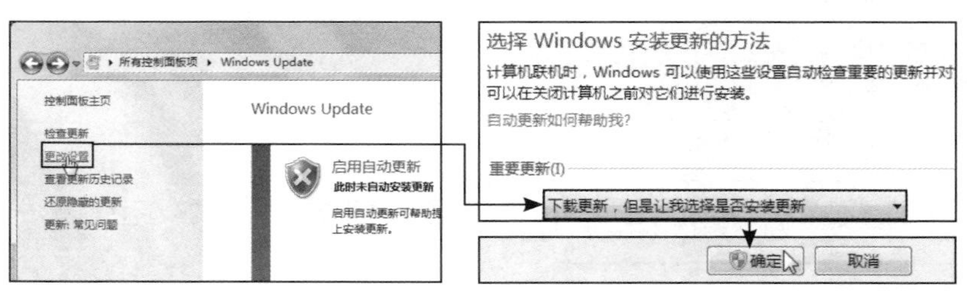

4.4.2 使用360安全卫士修复系统漏洞

360安全卫士不仅具有检测系统漏洞的功能，它还提供了修复系统漏洞的功能，并且它的修复操作非常人性化，只需选择要修复的漏洞，软件就会自动在后台进行修复操作，修复完成后重启计算机即可。

STEP01：选择要安装的漏洞补丁

按照4.2.3节介绍的方法切换至漏洞修复界面，选择要安装的漏洞补丁。

STEP02：单击“立即修复”按钮

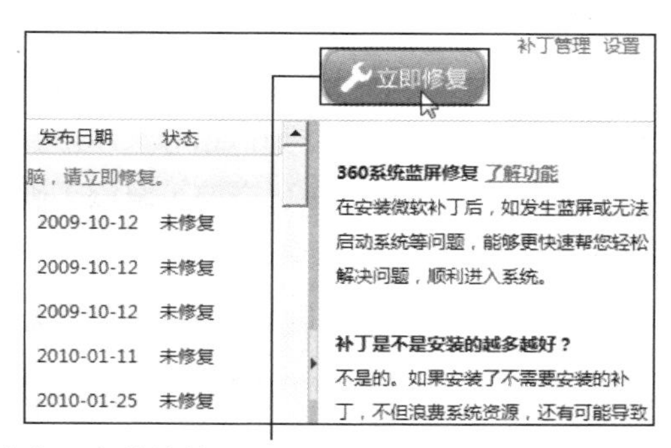

选中要安装的补丁后在右上角单击“立即修复”按钮。

STEP03：正在下载漏洞补丁

此时360安全卫士开始下载选中的漏洞补丁，请耐心等待。

STEP04：正在安装漏洞补丁

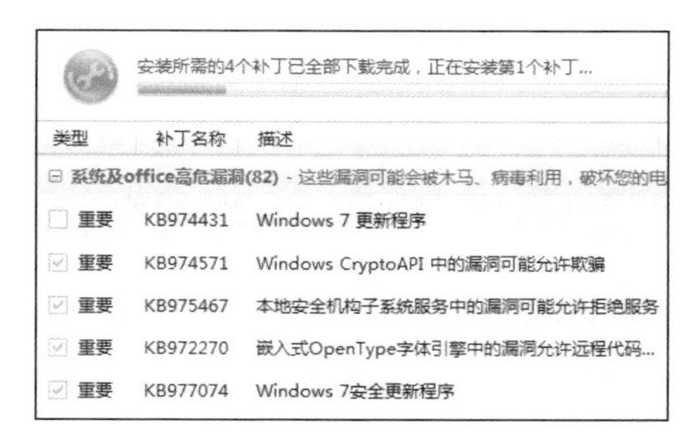

待所选的漏洞补丁下载完毕后便开始依次安装这些补丁。

STEP05：重新启动计算机

所选的漏洞补丁安装完毕后单击“立即重启”按钮重新启动计算机即可。

提示：建议安装所有高危漏洞补丁

360安装卫士会自动扫描出系统的高危漏洞和普通漏洞，建议用户安装所有的高危漏洞补丁，以确保系统的相对安全。

第5章 密码攻防

密码对于任何用户来说都不陌生，它是一种用于保护重要信息和文件的工具，只有输入正确的密码才可查看文件和信息的具体内容。一些黑客为了获取这些信息，将会采用各种方式来破解密码，因此用户不仅需要了解黑客破解密码的常用方法，而且还要掌握防范密码被破解的常用措施。

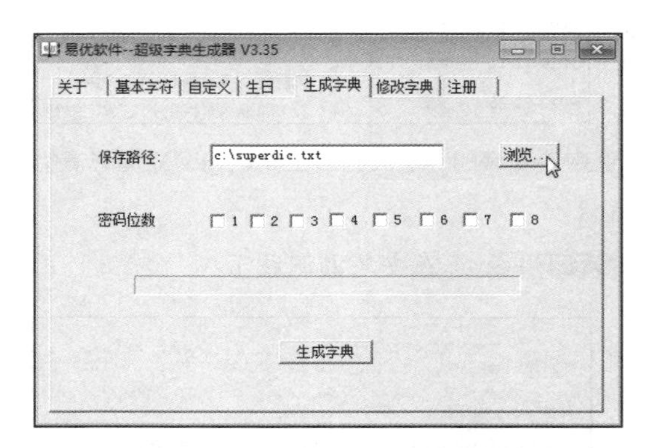

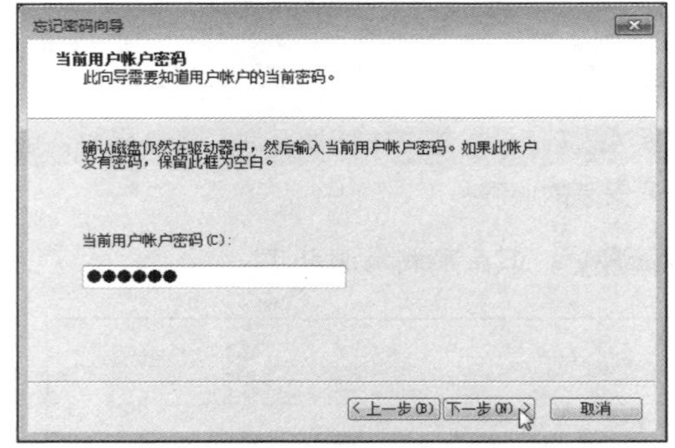

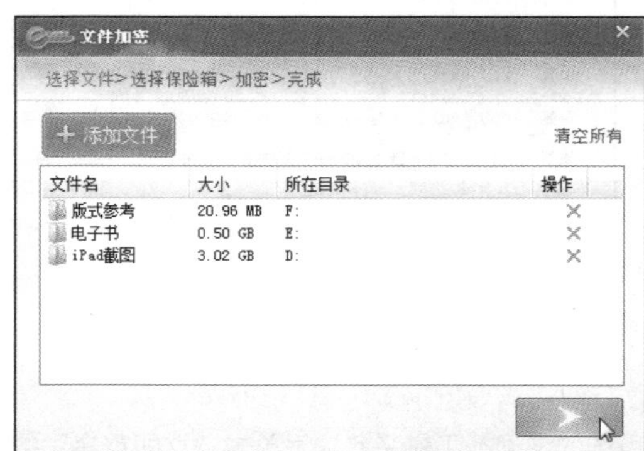

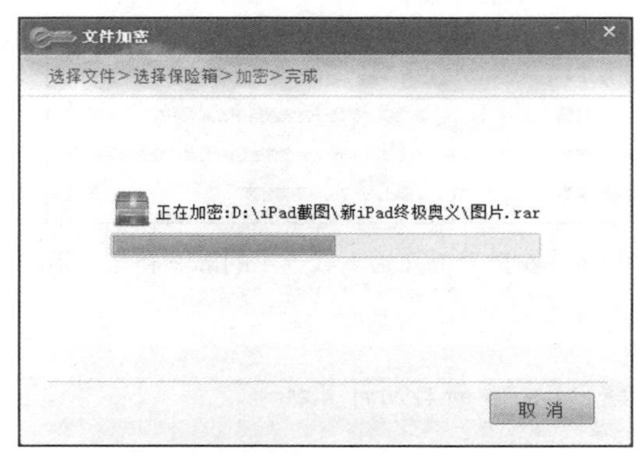

知识要点

- 加密与解密基础
- 破解系统登录密码
- 破解屏幕保护程序密码
- 破解 Office 文档密码
- 破解压缩文件的打开密码
- 防范密码被轻易破解

5.1 加密与解密基础

在密码学中，加密与解密是互逆的操作，它们的操作对象都是密码。对于解密而言，除了在知道密码的情况下进行解密操作之外，还可以在不知道密码的情况下进行解密操作，即破解密码。

5.1.1 认识加密与解密

加密是指以某种特殊的算法改变原有的信息数据，使得其他用户即使获取了已加密的信息数据，但因不知解密的方法，仍然无法了解信息的内容。其基本过程就是对原来为明文的文件或数据按某种算法进行处理，使其成为不可读的一段代码，通常称为“密文”，使其只能在输入相应的密钥之后才能显示出本来内容，通过这样的途径来达到保护数据不被人非法窃取、阅读的目的。

解密操作是加密操作的逆操作，即利用密钥将不可读的“密文”转换为“明文”，以便于直接阅读。

5.1.2 破解密码的常用方法

破解密码是指在不知道密码的情况下采用各种方法来进行破解密码的操作。破解密码常见的操作有暴力穷举、击键记录、屏幕记录、Internet 钓鱼、嗅探以及密码心理学 6 种。

1. 暴力穷举

暴力穷举是密码破解技术中最基本的招数，也就是通过将键盘上的字母、数字和符号进行不同的组合来尝试破译密码。如果黑客在破解之前知晓了账号，例如网上银行账号、支付宝账号等，一旦登录密码设置得过于简单（例如为简单的数字或字母组合），黑客利用暴力破解工具在短时间内就可以将密码破解出来。

2. 击键记录

当用户设置的密码较为复杂时，使用暴力穷举就十分浪费时间了，这时候黑客就会通过给目标计算机安装具有击键记录的木马或病毒程序，来记录和监听用户的击键操作，然后通过各种方式记录用户的击键内容并发送给攻击者，攻击者最后只需分析用户击键信息即可破解出密码。

3. 屏幕记录

除了通过键盘输入密码外，用户还经常会采用通过鼠标和屏幕键盘录入密码的方法。面对这种情况，黑客仍然可以通过向目标计算机植入木马程序来截取目标计算机的屏幕记录鼠标点击的位置，通过记录鼠标位置对比截屏的图片，从而破解用户密码。

4. Internet钓鱼

“Internet 钓鱼”是指黑客利用欺骗性的电子邮件或伪造的网站来诱骗用户输入账户密码信息，从而获取这些信息。受骗者往往会上当受骗而泄露自己的敏感信息（如用户名、密码、账号、PIN 码或信用卡详细信息）。Internet 钓鱼主要通过发送电子邮件引诱用户登录假冒的网上银行、网上证券网站，骗取用户账号、密码，实施盗窃行为。

5. 嗅探

在局域网中，黑客若想迅速获取大量的账号，最为有效的手段就是利用嗅探工具嗅探局域网中的数据包。利用嗅探工具可以监视网络的状态、数据流动情况以及网络上传输的信息。当信息以明文的形式在网络上传输时，便可以使用网络监听的方式窃取网上传送的数据包。

6. 密码心理学

很多著名的黑客破解密码并非采用十分尖端的技术，而是借助于密码心理学，从用户的心理入手，从细微入手分析用户的信息和心理（如，用户爱将自己的密码设置为出生年月日、手机号码等），从而更快地破解出密码。其实，获得信息还有很多途径，密码心理学如果掌握得好，可以非常快速地破解获得用户信息。

5.2 解除系统中的密码

在 Windows 7 操作系统中，用户可以设置 BIOS 密码以及系统登录密码，这些密码都有各自的用途。但是对于黑客而言，完全可以采用不同的方式绕过这些密码。下面就来介绍一下黑客是如何解除这些密码的。

5.2.1 解除 BIOS 密码

BIOS 密码主要用于保护 BIOS，以防止他人非法篡改 BIOS 中的相关设置。一旦密码输入错误就无法进入 BIOS。解除 BIOS 密码有两种方法：第一种是 CMOS 放电法，第二种是跳线短接法。这两种方法都是通过对计算机硬件进行操作来实现的。

1. CMOS放电法

CMOS 放电法是指通过取下计算机主板上的 CMOS 电池，等待几秒钟后再将其重新安装到主板中的方法。采用该方法的原理是，BIOS 主要由 CMOS 电池供电，取下 CMOS 电池可以切断 BIOS 的电力供应，这样一来，BIOS 中自行设置的参数就会自动被清除。

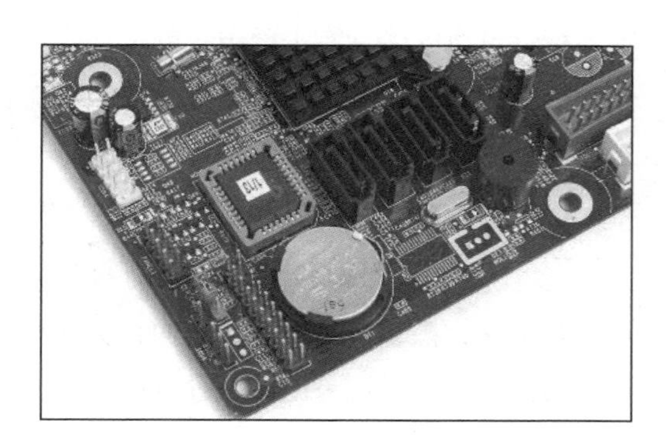

2. 跳线短接法

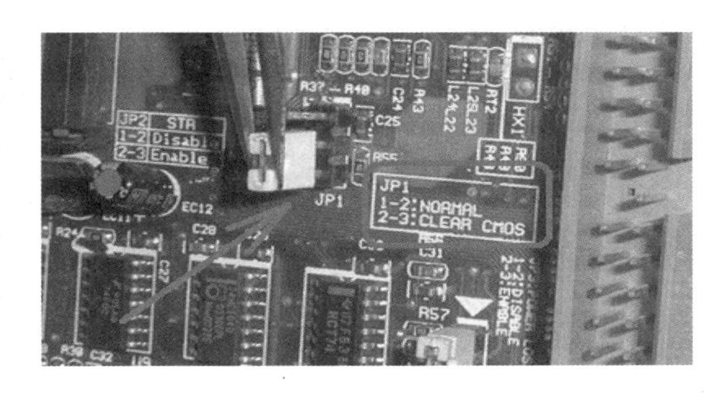

目前大部分的主板都配有放电跳线，以便于用户进行放电操作。跳线一般分为三针，位于主板 CMOS 电池附近。跳线附近显示有放电使用说明，严格按照该使用说明来进行操作即可实现 CMOS 放电。该操作的目的与取下 CMOS 电池的目的完全一样，都是达到给 CMOS 放电的目的。

5.2.2 解除系统登录密码

Windows 操作系统提供了设置登录密码的功能，系统启动后会首先进入登录界面，只有输入正确的密码后方可登录操作系统。但是对于黑客来说，可以有很多方法来避开登录密码而进入系统，也就是解除当前设置的系统登录密码。常见的方式有利用 Windows 7 PE 和密码重设盘。

1. 利用Windows 7 PE

Windows 7 PE 是一款可安装在硬盘、U 盘的软件，它可以为用户提供独立于本地操作系统的临时的 Windows 7 操作系统，含有 GHOST、硬盘分区、密码破解以及数据恢复等功能。Windows 7 PE 之所以有这么多功能，是因为它运行在内存中。下面介绍利用 Windows 7 PE 破解系统登录密码的操作方法。

STEP01：选择进入 BIOS

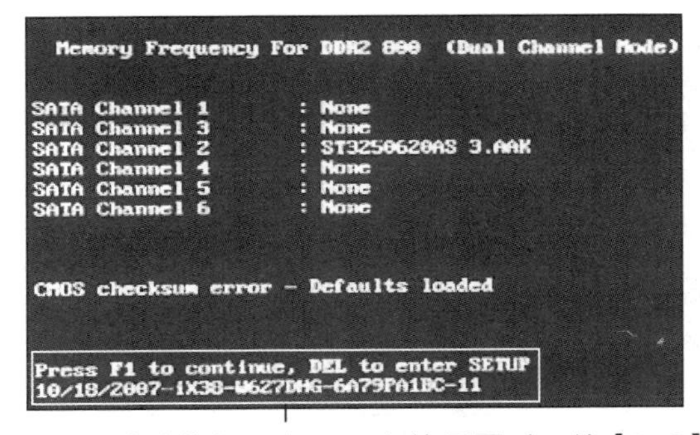

重新启动计算机，当显示自检界面时，按【Del】键，选择进入 BIOS。

STEP02：选择 Advanced BIOS Features

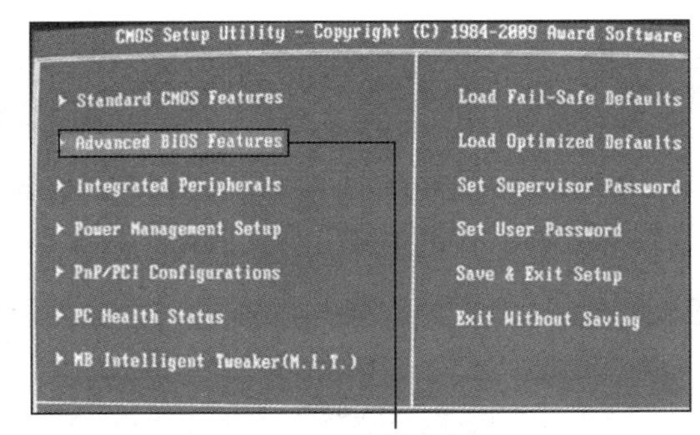

打开 BIOS 界面，利用方向键选择 Advanced BIOS Features，按【Enter】键。

提示：其他进入 BIOS 的方法

目前市场上常见的 BIOS 并非只有一种，有些计算机在开机自检界面中会显示进入 BIOS 所需要按的热键，而有些则不显示进入方法。对于不显示进入方法的计算机，可在主板说明书中查看进入 BIOS 的方法。进入 BIOS 的方法都是通过按键盘上的某一个功能键实现的，常用的按键有【F2】、【Del】、【Esc】键等。

STEP03：选择 Hard Disk Boot Priority

```
CMOS Setup Utility - Copyright (C) 1984-2009
Advanced BIOS Features
▸ Hard Disk Boot Priority      [Press Enter]
  First Boot Device            [Hard Disk]
  Second Boot Device           [USB-HDD]
  Third Boot Device            [CDROM]
  Password Check               [Setup]
  HDD S.M.A.R.T. Capability    [Disabled]
  Limit CPUID Max. to 3        [Disabled]
  No-Execute Memory Protect    [Enabled]
  CPU Enhanced Halt (C1E)      [Enabled]
  CPU Thermal Monitor 2(TM2)   [Enabled]
```

选择 Hard Disk Boot Priority 选项，然后按【Enter】键。

STEP04：选择 USB-HDD 选项

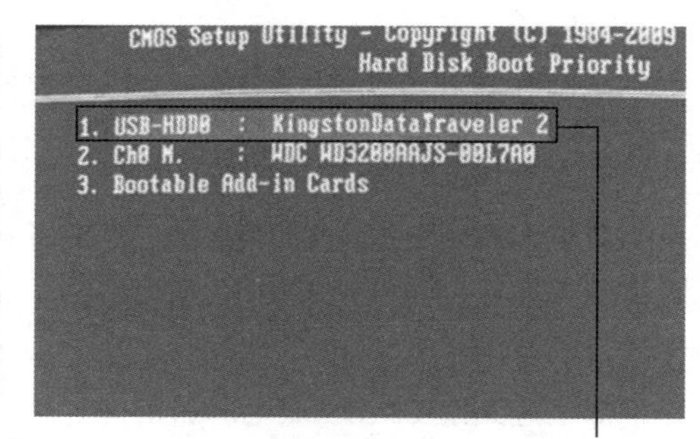

选择 USB-HDD 选项，然后按【+】键，将其移至最顶端。

STEP05：设置从硬盘启动

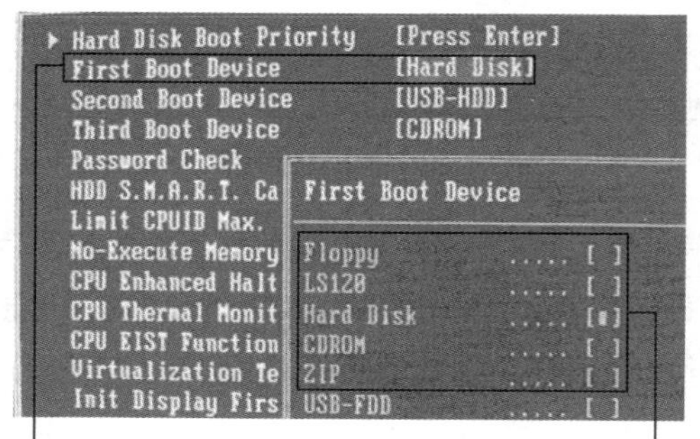

01 选择 First Boot Device 后按【Enter】键。

02 选择 Hard Disk 选项，然后按【Enter】键。

STEP06：选择 PE 工具箱

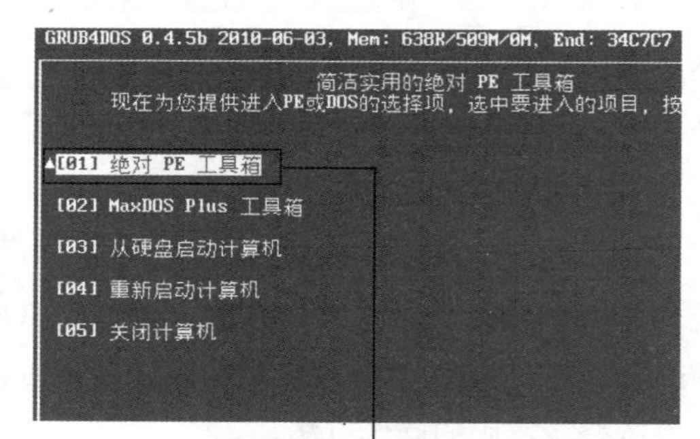

保存 BIOS 设置后重新启动计算机，计算机自动从 U 盘启动，在界面中选择“绝对 PE 工具箱”，按【Enter】键。

提示：保存对 BIOS 设置所做的更改

当在 BIOS 中完成从 U 盘启动的设置后，可按【F10】键，然后在弹出的对话框中输入 Y 后按【Enter】键，计算机将保存对 BIOS 所做的设置并自动重新启动。

STEP07：双击“计算机”图标

打开 Windows 7 PE 系统桌面，双击“计算机”图标。

STEP08：更改 Narrator 文件名

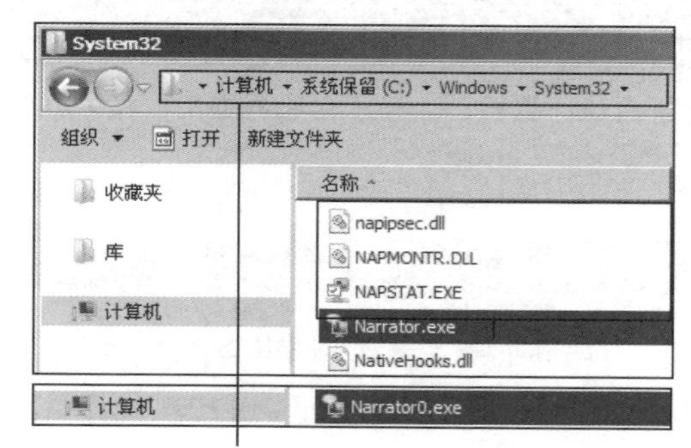

01 打开 System 32 文件夹窗口。

02 将 Narrator 文件名改为 Narrator0。

提示：更改文件名的常用方法

更改文件名的常用方法主要有两种：第一种是右击待更改的文件选项，在弹出的快捷菜单中单击“重命名”命令后输入新的文件名，然后按【Enter】键；第二种是选中待更改的文件选项，按【F2】键后输入新的文件名，然后按【Enter】键。

STEP09：更改cmd文件名

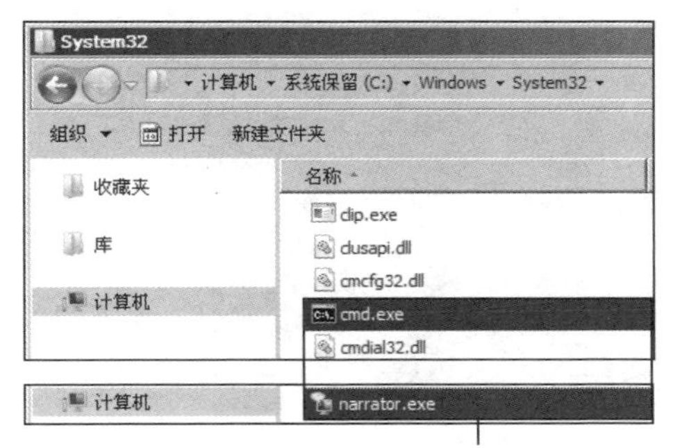

使用相同的方法将cmd文件的名称更改为narrator。

STEP10：单击轻松访问图标

拔下U盘后重启计算机，在系统登录界面中单击左下角的轻松访问图标。

STEP11：选择讲述人

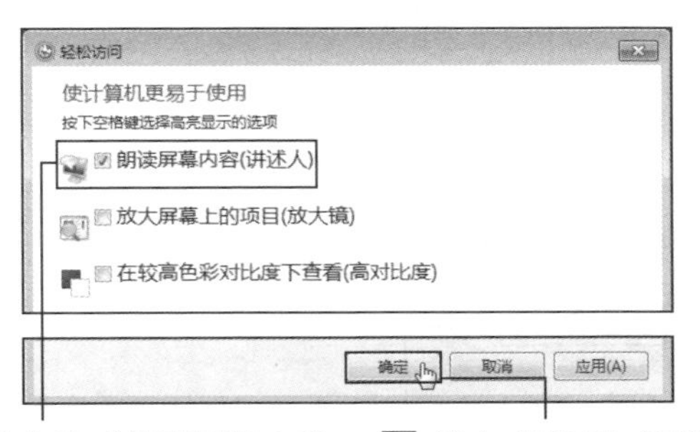

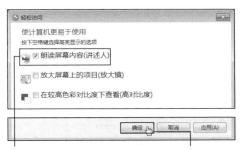

01 勾选“朗读屏幕内容（讲述人）”复选框。　02 单击“确定”按钮。

STEP12：利用DOS命令添加账户

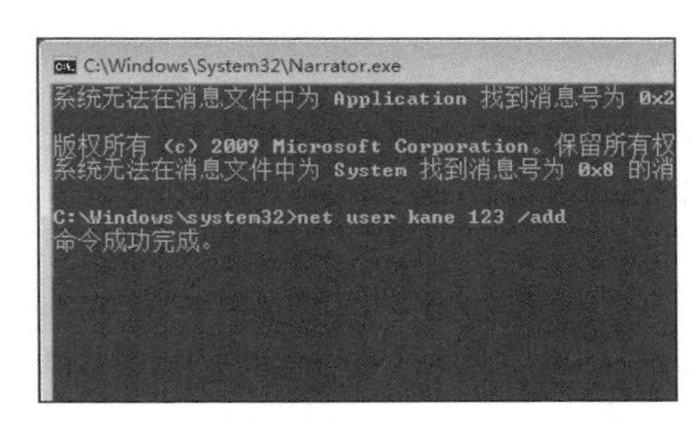

输入net user kane 123 /add后按【Enter】键，添加密码为123的账户。

STEP13：为新账户赋予管理员权限

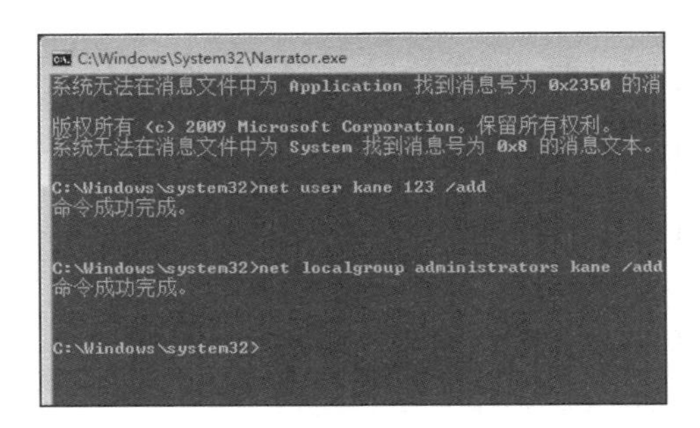

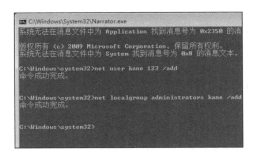

输入net localgroup administrators kane /add后按【Enter】键。

STEP14：选择新创建的账户

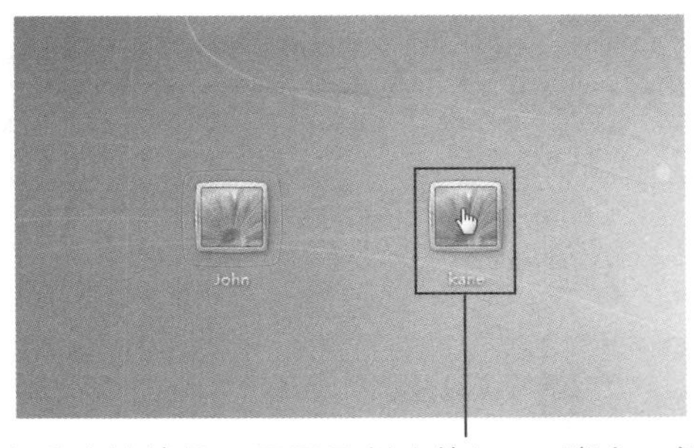

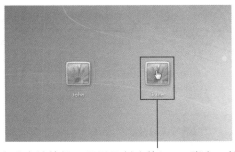

再次重启计算机，可看见创建的kane账户，单击该账户对应的图片。

提示：net localgroup administrators kane /add 的含义

net localgroup administrators kane /add 是指将名称为 kane 的账户添加到 Administrators 组中，让其成为管理员账户，这样一来，就可以直接进入操作系统，并清除其他账户的登录密码。

STEP15：输入登录密码

01 输入该账户的登录密码 123。

02 单击登录按钮。

STEP16：成功进入系统

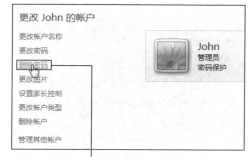

成功进入系统桌面，至此可以说就成功绕过登录密码进入操作系统了。

STEP17：选择用户账户

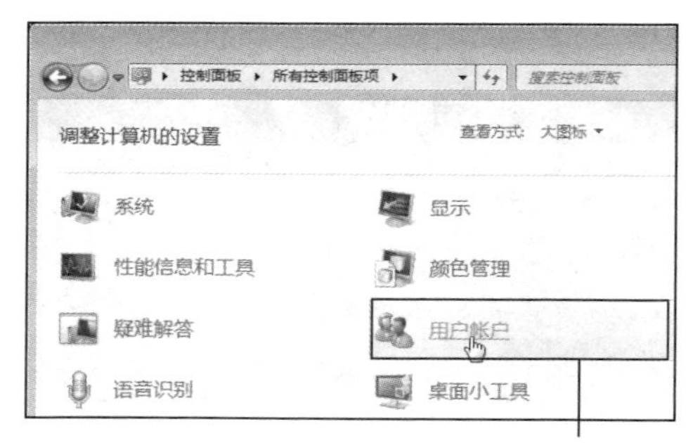

若要清除指定账户的密码，则在“控制面板”窗口中单击“用户账户”链接。

STEP18：管理其他账户

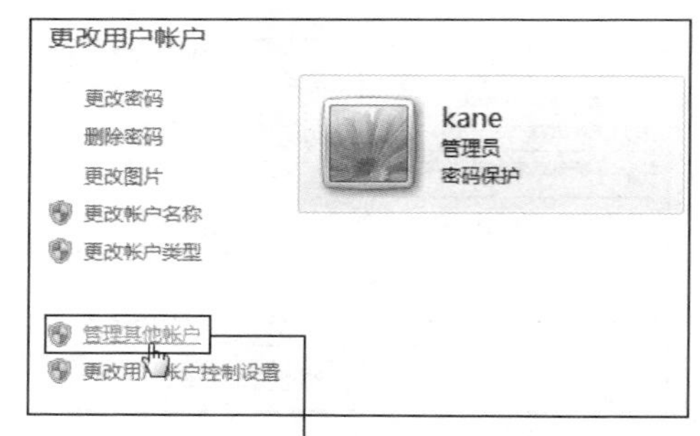

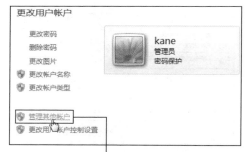

在“更改用户账户”界面中单击“管理其他账户”链接。

STEP19：选择要清除密码的账户

在“选择希望更改的账户”界面中选择要清除密码的账户。

STEP20：删除登录密码

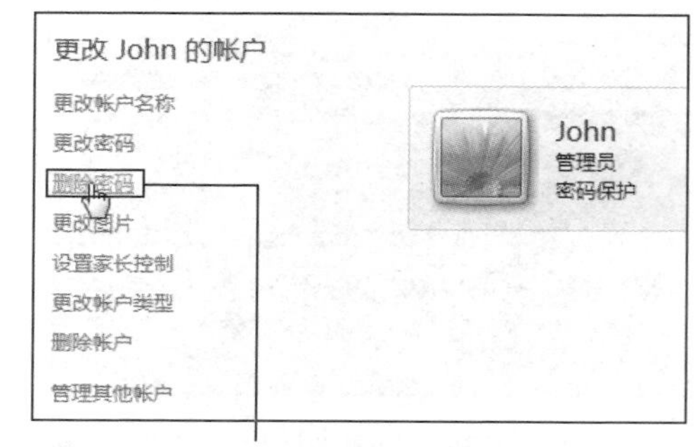

在界面中单击“删除密码”链接即可删除该账户的登录密码。

2. 利用密码重置盘

密码重置盘是一种能够不限次数更改登录密码的工具，利用它可以随意更改指定用户账户的登录密码。无论是对于黑客还是自己，密码重置盘都有着很重要的作用。利用密码重置盘破解系统登录密码包括创建密码重置盘和修改密码两个阶段，下面介绍具体操作。

STEP01：选择用户账户

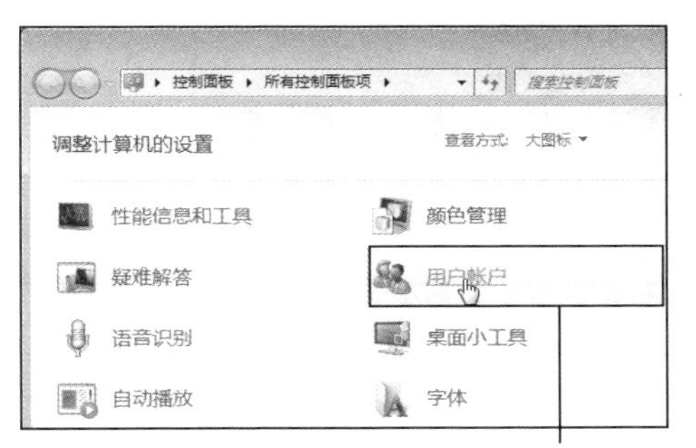

打开“控制面板”窗口，在“大图标”查看方式下单击“用户账户”链接。

STEP02：选择创建密码重设盘

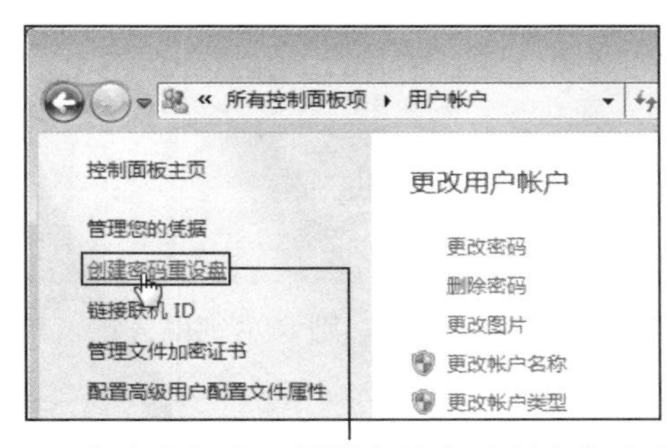

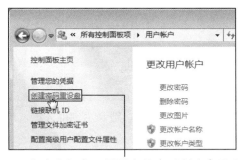

在“用户账户”窗口界面中单击“创建密码重设盘”链接。

STEP03：单击“下一步”按钮

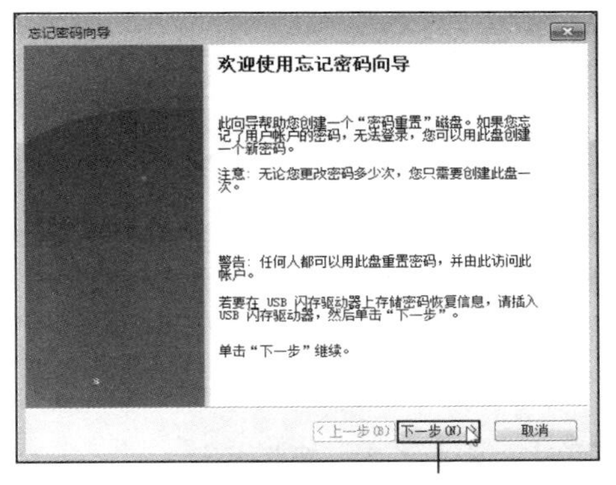

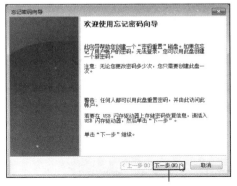

弹出“忘记密码向导”对话框，单击“下一步”按钮。

STEP04：选择创建密钥盘的驱动器

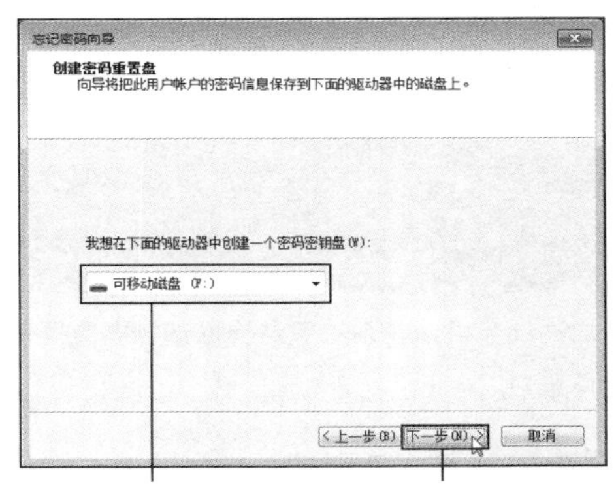

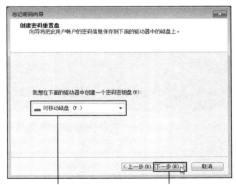

01 选择将密钥盘安装在U盘中。

02 单击“下一步”按钮。

STEP05：输入当前用户账户的密码

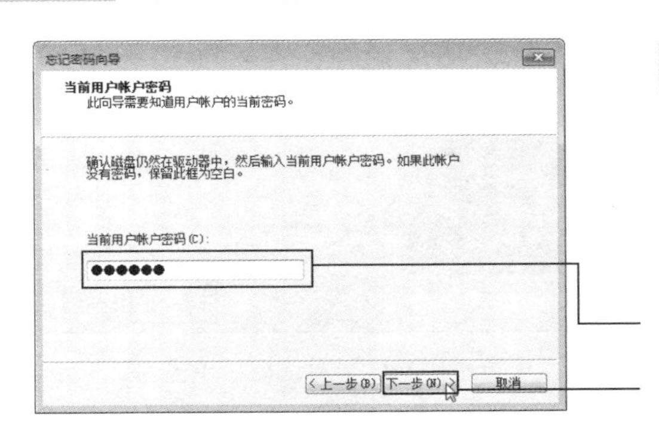

01 输入当前账户的登录密码。

02 单击“下一步”按钮。

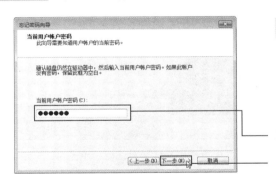

提示：密码重置盘适用于所有用户账户

在 Windows 7 系统中创建密码重置盘后，该工具可以适用于当前系统中的所有管理员账户和标准账户。

STEP06：正在创建密码重置盘

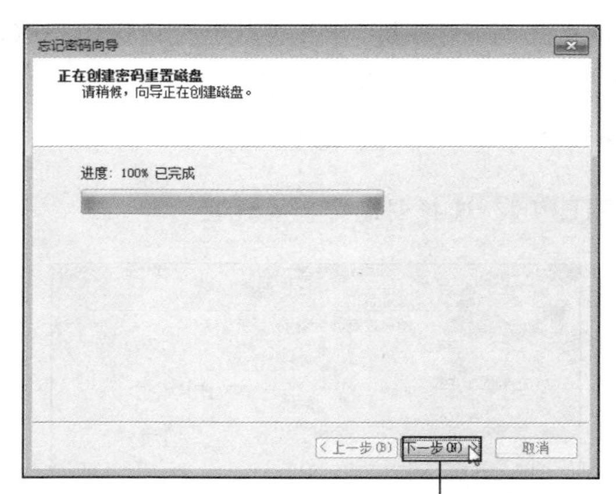

当进度条走到100%时，则表示创建完成，单击“下一步”按钮。

STEP07：完成创建

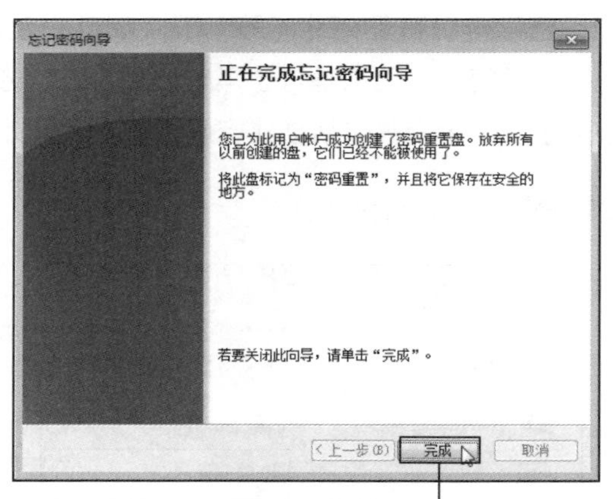

单击“完成”按钮，完成密码重置盘的创建。

STEP08：选择要重置密码的账户

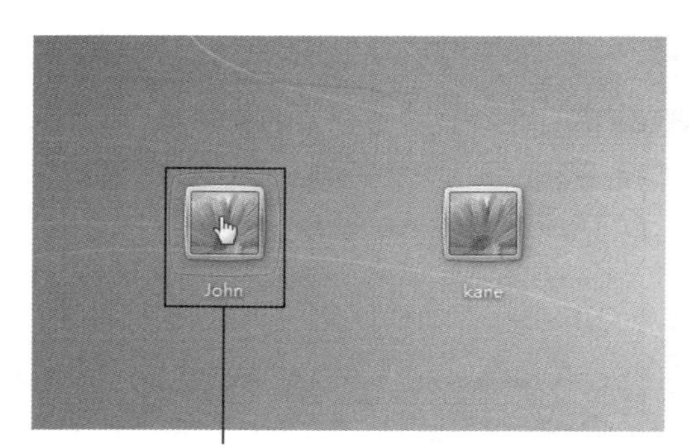

重新启动计算机，在系统登录界面选择要重置密码的用户账户。

STEP09：提示用户名或密码错误

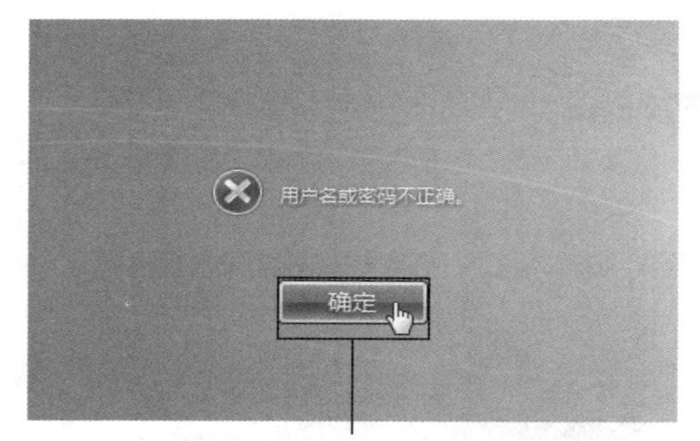

如果输入错误的密码，则会提示用户名或密码不正确，单击“确定”按钮。

STEP10：选择重设密码

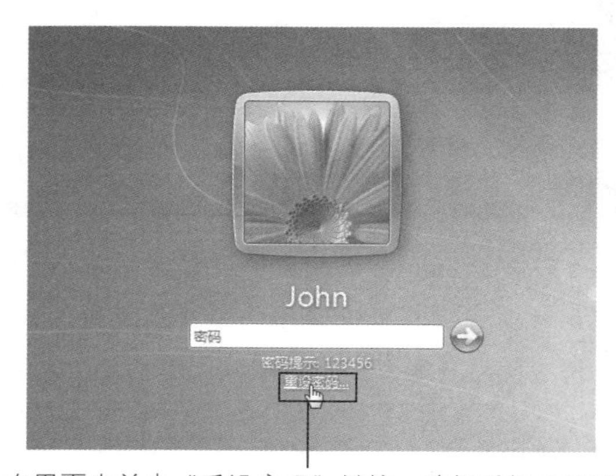

在界面中单击“重设密码”链接，选择重新设置登录密码。

STEP11：单击“下一步”按钮

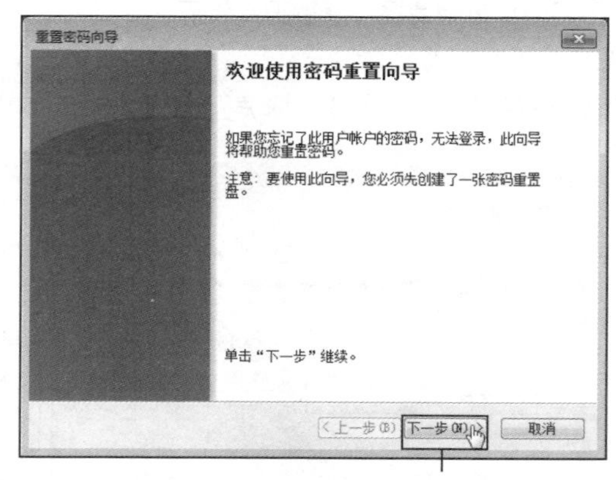

弹出“重置密码向导”对话框，单击“下一步”按钮。

STEP12：选择密钥盘所在位置

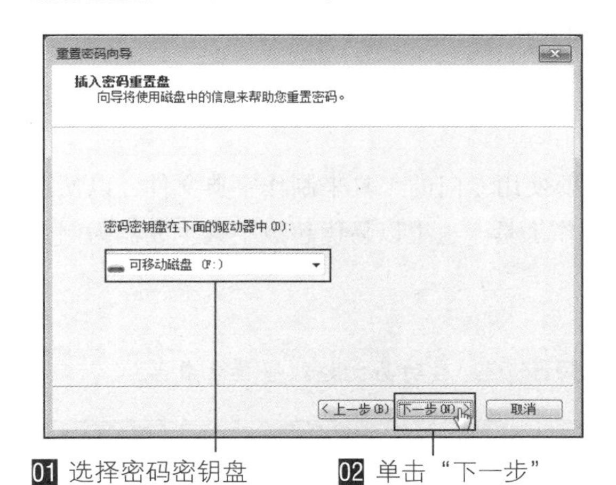

01 选择密码密钥盘所在的位置。

02 单击“下一步”按钮。

STEP13：设置新密码

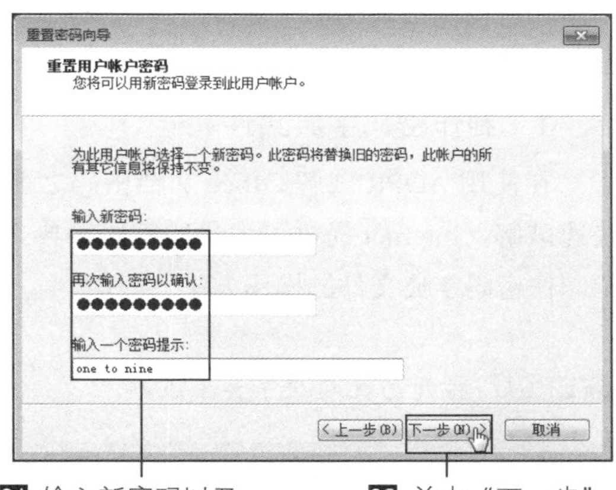

01 输入新密码以及密码提示。

02 单击“下一步”按钮。

STEP14：完成密码重置

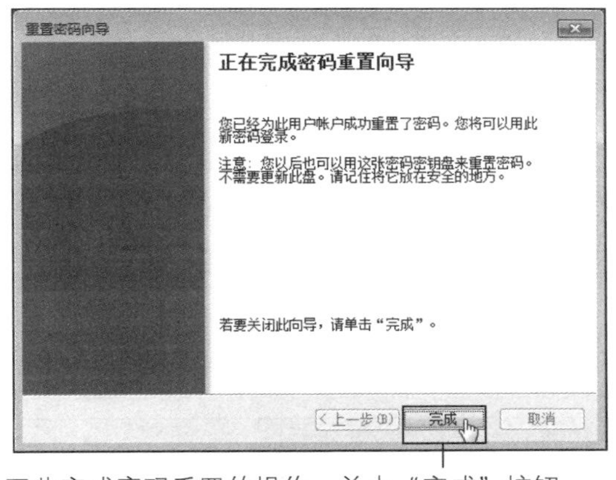

至此完成密码重置的操作，单击“完成”按钮。

STEP15：输入新密码

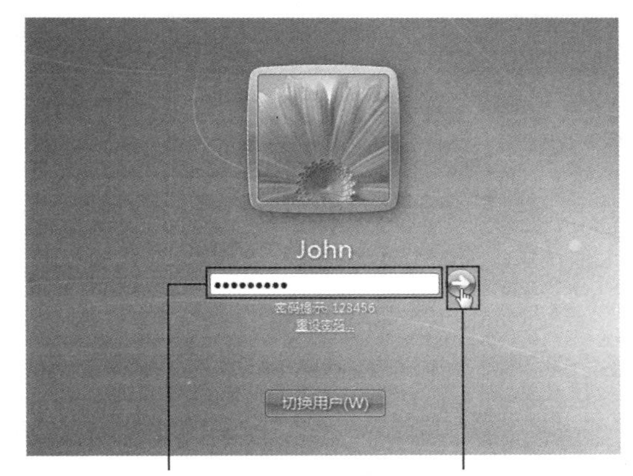

01 输入新密码。

02 单击“登录”按钮即可进入系统桌面。

5.3 破解常见的文件密码

在 Windows 7 系统中，Office 文档、压缩文件等都是常见的文件，这些文档可能会含有重要的信息，即使用户为这些文件设置了密码，黑客还是有办法破解这些文件的打开密码。下面就来介绍一下黑客破解这些文件密码的操作方法。

5.3.1 破解 Office 文档密码

破解 Office 文档密码的常用工具是 Advanced Office Password Recovery（简称为 AOPR），

该软件是一款多功能Office文档密码破解工具，它能够破解Word、Excel、PowerPoint等文件的密码。该软件提供了“暴力”和“字典”两种破解方式，如果时间足够再加上策略得当，完全可以破解指定文档的密码。

1. 制作密码字典文件

在使用AOPR破解Office文档密码之前，需要使用专门的工具来制作字典文件，以便于快速破解。Internet提供了大量的密码字典文件制作工具，这里以易优超级字典生成器为例介绍制作密码字典文件的操作方法。

STEP01：打开易优超级字典生成器

从Internet中下载易优超级字典生成器后解压到本地计算机，双击文件夹。

STEP02：启动易优超级字典生成器

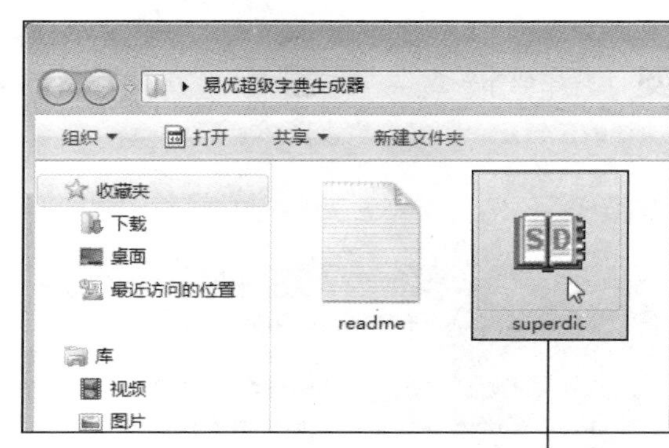

打开文件夹窗口，双击superdic.exe快捷图标，启动该程序。

STEP03：设置基本字符

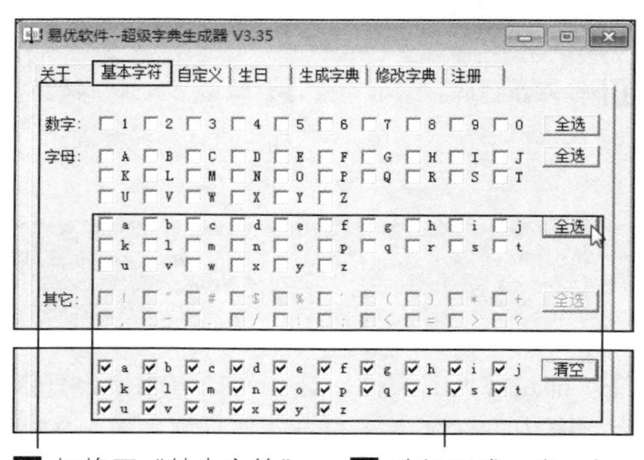

01 切换至“基本字符”选项卡。

02 选择组成元素，如选择小写字母。

STEP04：单击“浏览”按钮

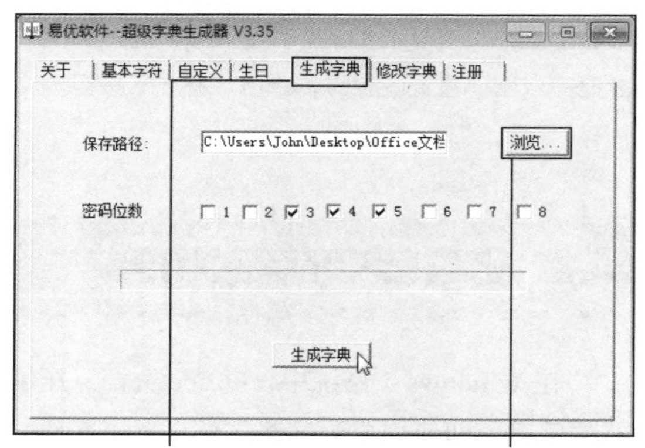

01 切换至“生成字典”选项卡。

02 单击“浏览”按钮。

STEP05：设置字典文件名和保存位置

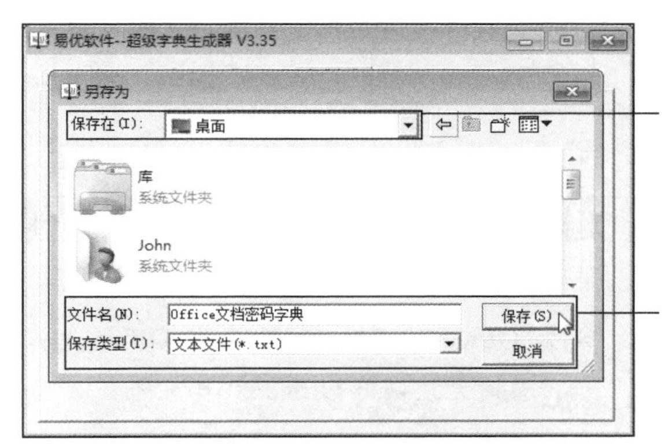

01 在“保存在”下拉列表中选择生成字典的保存位置。

02 输入生成字典的文件名，然后单击“保存”按钮。

STEP06：立即生成字典

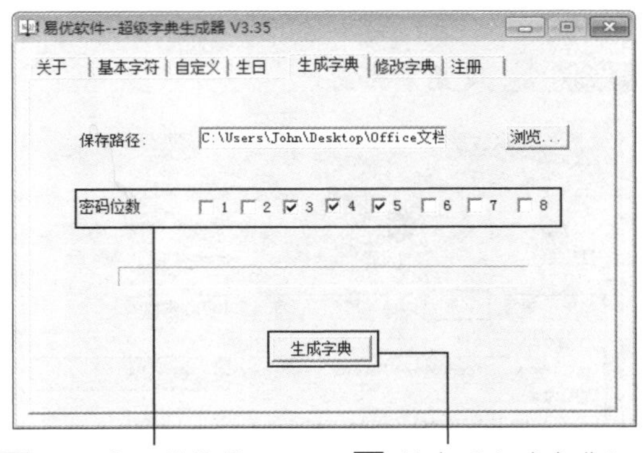

01 设置密码的位数。

02 单击“生成字典”按钮。

STEP07：确定生成字典

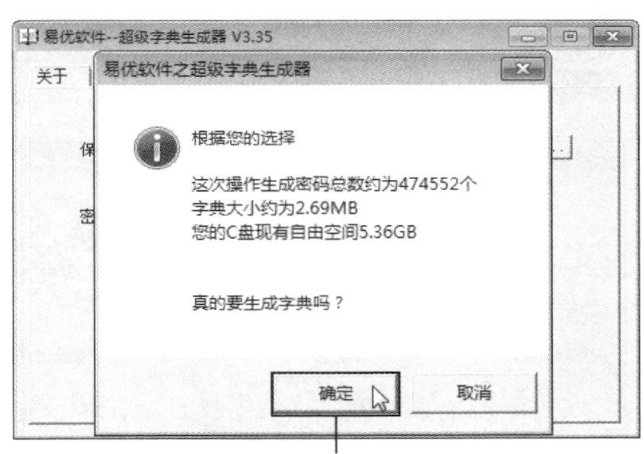

弹出对话框，单击“确定”按钮，确定生成字典。

STEP08：字典制作完成

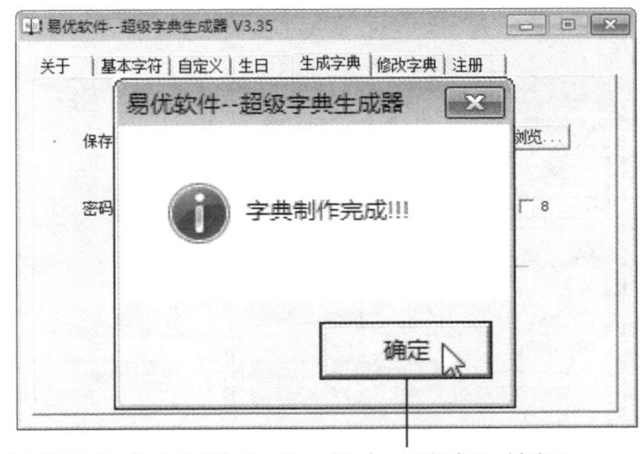

提示用户字典制作完成，单击“确定”按钮。

STEP09：查看制作的字典

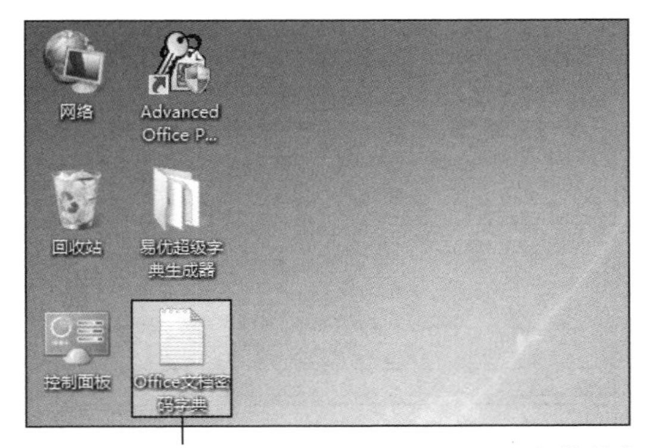

打开STEP05中设置的保存位置，可看见制作的字典文件。

2. 破解Office文档密码

完成密码字典文件的制作后，用户便可以利用 AOPR 软件来破解指定 Office 文档的密码。下面介绍具体的操作。

STEP01：启动 AOPR 软件

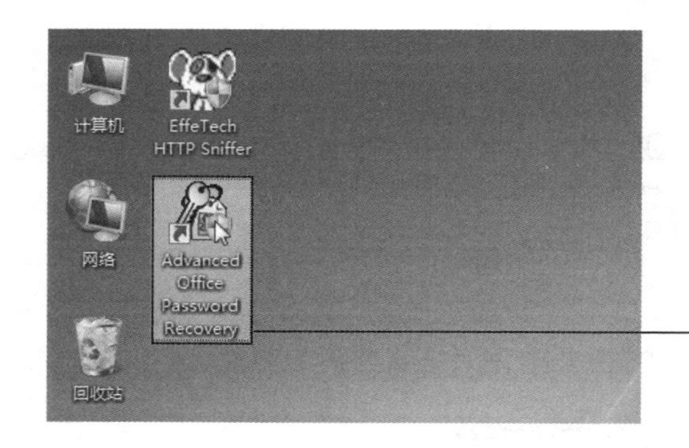

提示：AOPR 破解 Office 文档的局限性

目前 Internet 中的 AOPR 工具只能破解 Office 2010 以下版本的 Office 文档，暂时无法破解 Office 2010 文档。

安装AOPR后双击桌面上的Advanced Office Password Recovery 快捷图标。

STEP02：设置暴力破解属性

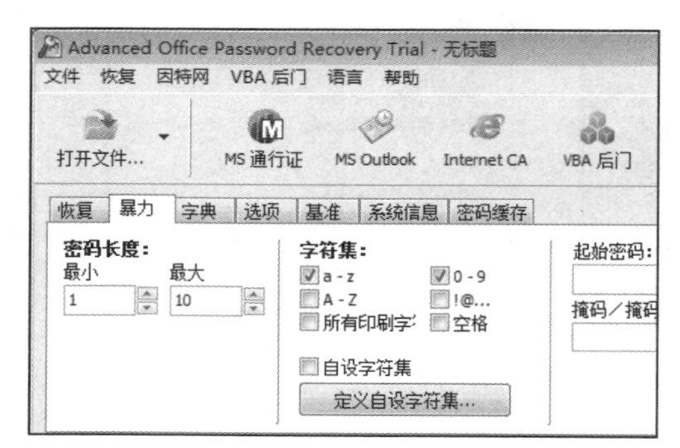

若要暴力破解则切换至“暴力”选项卡，设置密码长度和字符集。

STEP03：设置字典属性

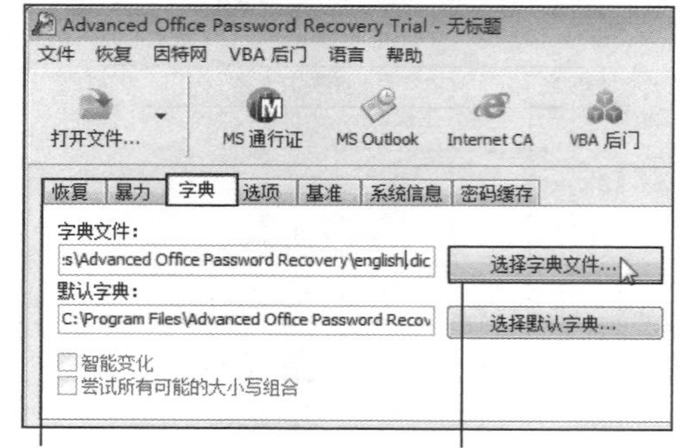

01 切换至“字典”选项卡。

02 单击“选择字典文件”按钮。

STEP04：选择制作的字典文件

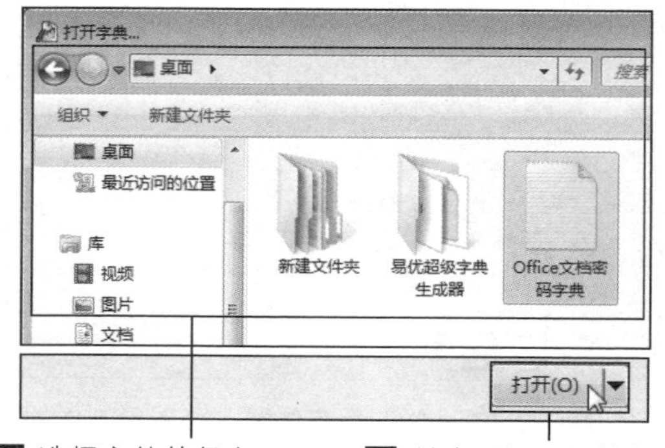

01 选择文件的保存位置后选中文件。

02 单击“打开”按钮。

STEP05：单击“打开文件”按钮

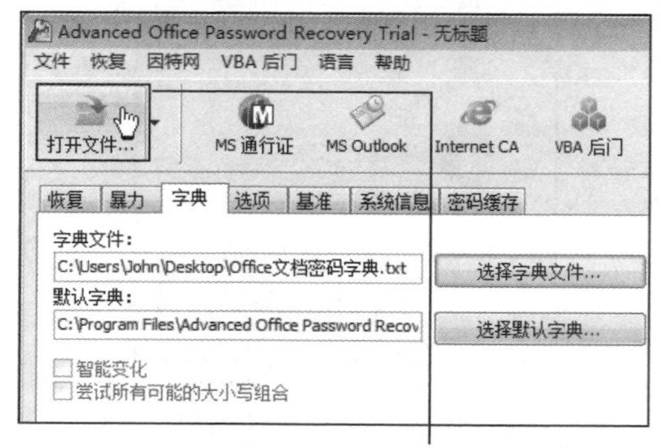

返回 AOPR 程序主界面，在工具栏中单击“打开文件”按钮。

STEP06：选择待破解的 Office 文档

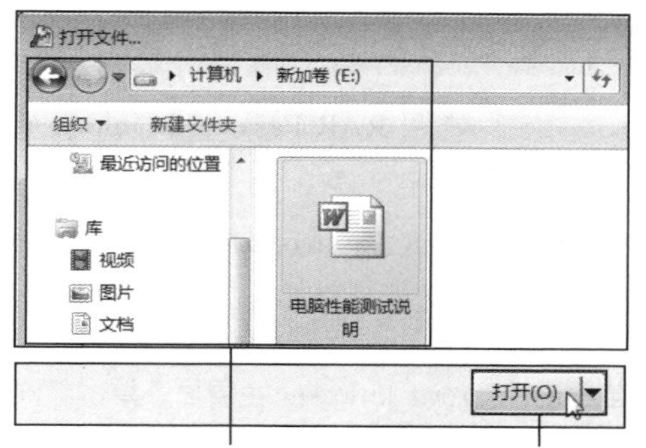

01 选择 Office 文档的保存位置后选中文档。

02 单击“打开”按钮。

STEP07：查看破解的密码

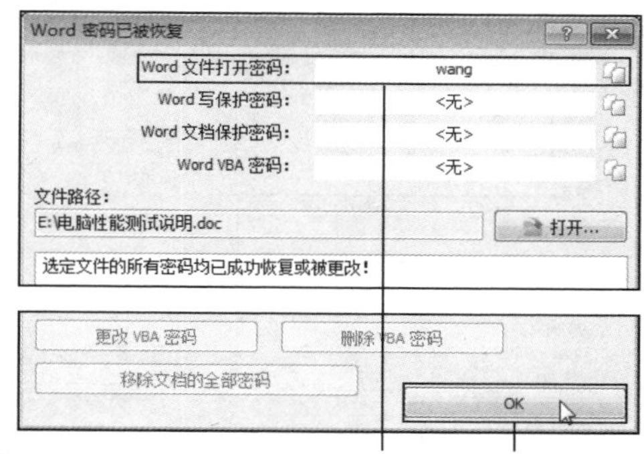

01 可看见 Office 文档的打开密码已破解。

02 单击 OK 按钮。

5.3.2 破解压缩文件的打开密码

破解压缩文件的打开密码需要使用 RAR Password Unlocker，它是一款简单、易用、功能强大的 WinRAR 压缩文件密码破解工具，该软件能够破译所有版本的 WinRAR 压缩文件。使用 RAR Password Unlocker 破解 WinRAR 压缩文件密码之前，用户需要制作对应的字典文件，以便于快速破解。

STEP01：启动 RAR Password Unlocker

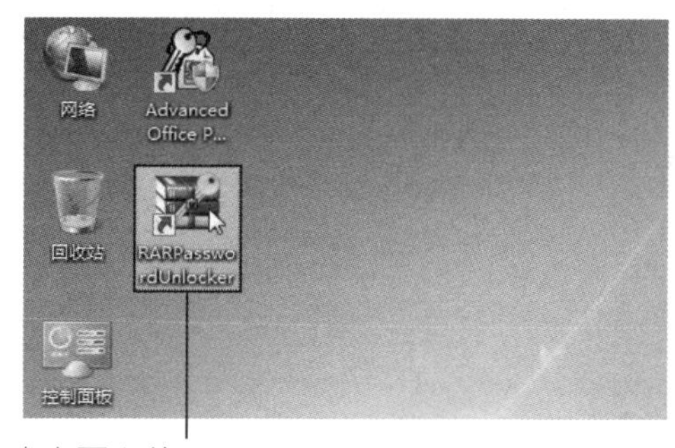

双击桌面上的 RAR Password Unlocker 快捷图标，启动该程序。

STEP02：选择字典破解

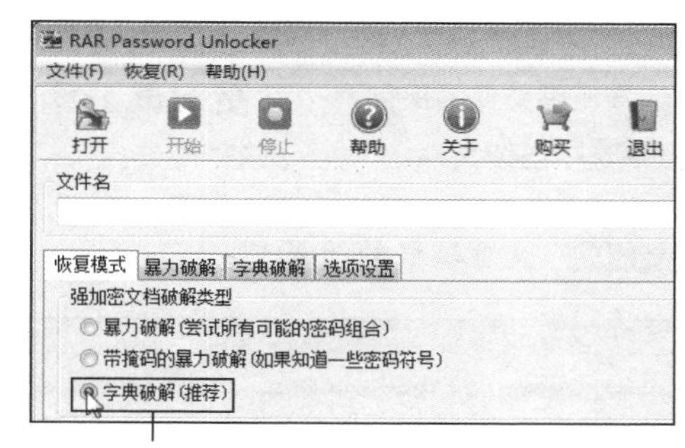

打开 RAR Password Unlocker 主界面，选择使用字典破解。

STEP03：设置选择字典文件

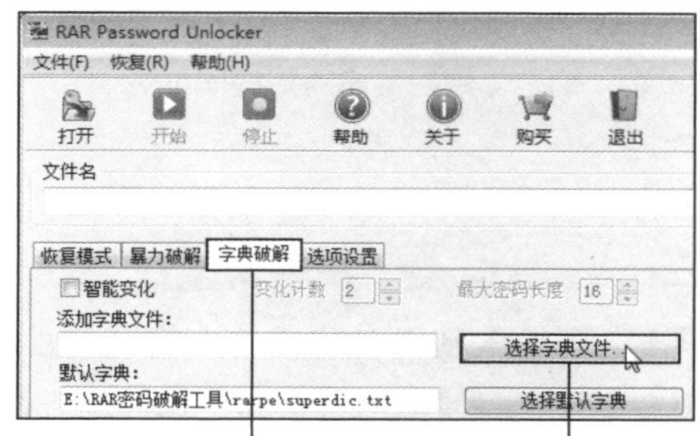

01 切换至“字典破解”选项卡。

02 单击“选择字典文件”按钮。

STEP04：选择字典文件

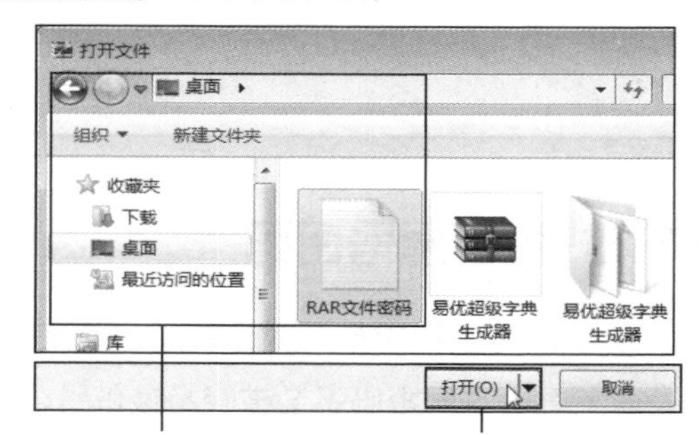

01 选择文件的保存位置后选中字典文件。

02 单击“打开”按钮。

STEP05：单击“打开”按钮

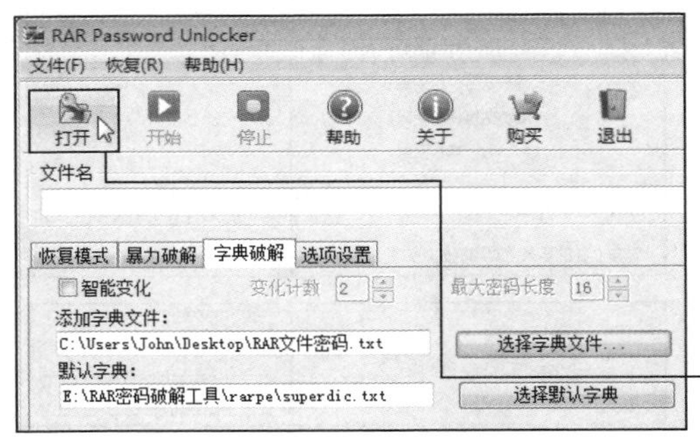

返回 RAR Password Unlocker 主界面，单击“打开”按钮。

提示：破解压缩文件密码的其他工具

除了使用 RAR Password Unlock 破解压缩文件密码外，用户还可以选择 Advanced RAR Password Recovery 软件来破解压缩文件的密码。

STEP06：选择待破解的压缩文件

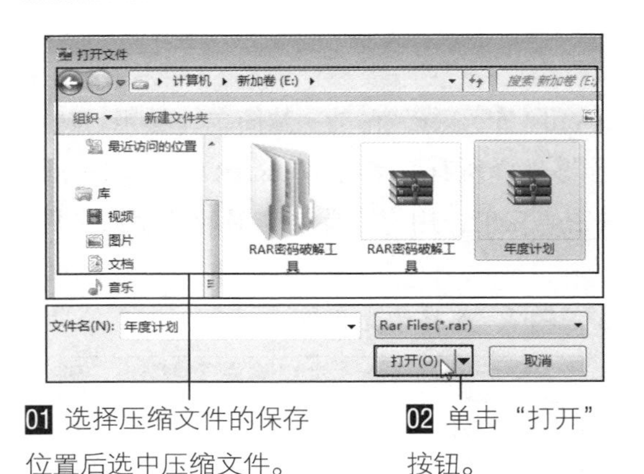

01 选择压缩文件的保存位置后选中压缩文件。

02 单击“打开”按钮。

STEP07：开始破解密码

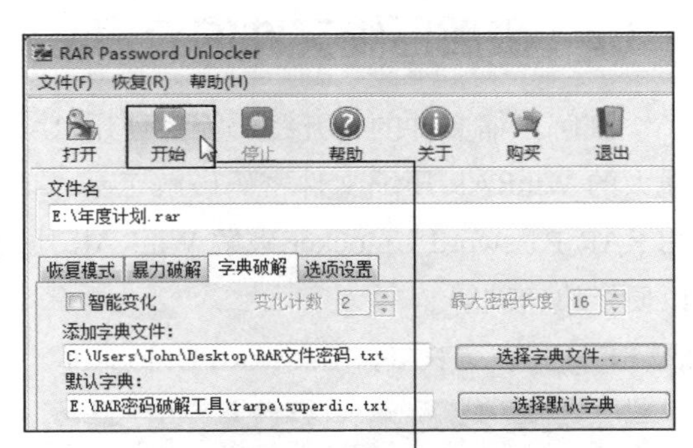

返回 RAR Password Unlocker 主界面，单击“开始”按钮，开始破解。

STEP08：查看破解的结果

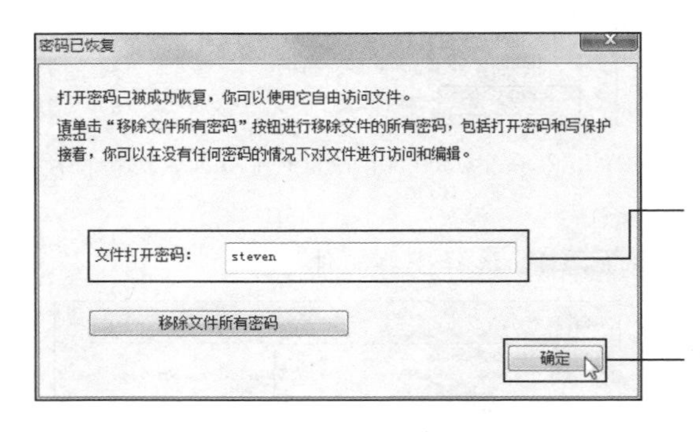

01 弹出对话框，在“文件打开密码”右侧可看见破解的密码。

02 单击“确定”按钮关闭对话框即可。

5.3.3 查看星号密码

星号密码是指用星号显示输入或者设置的密码，达到输入密码时防止他人偷窥的目的。从表面上看，星号密码不会被轻易破解，但是对于黑客来说，只需使用特定的工具，就能查看星号密文背后隐藏的密码信息。

STEP01：选择用户账户和家庭安全

01 打开“控制面板”窗口，设置查看方式为“类别”。

02 单击“用户账户和家庭安全”选项。

STEP02：选择用户账户

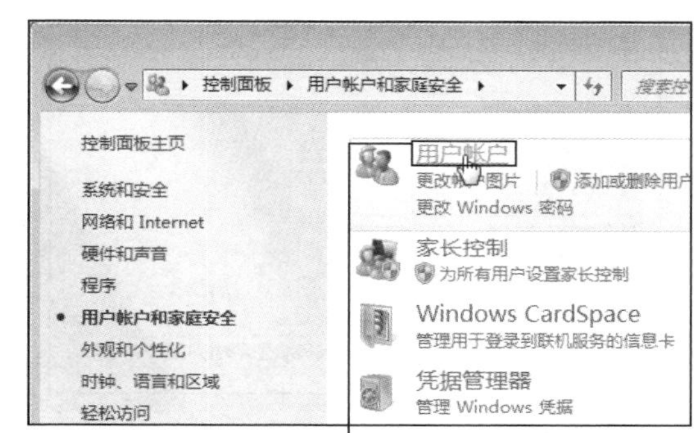

在“用户账户和家庭安全”窗口中单击“用户账户”链接。

STEP03：选择更改密码

切换至“更改用户账户”界面，单击“更改密码”链接。

STEP04：输入当前密码和新密码

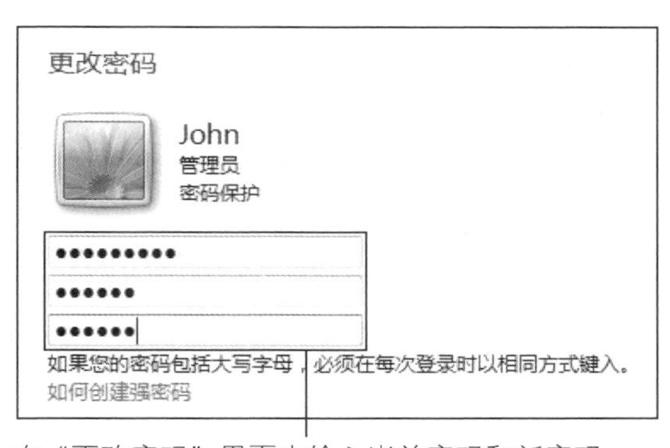

在“更改密码”界面中输入当前密码和新密码。

STEP05：启动星号密码查看器

安装星号密码查看器后在桌面上双击“Vista星号密码查看器”快捷图标。

STEP06：单击头像图标

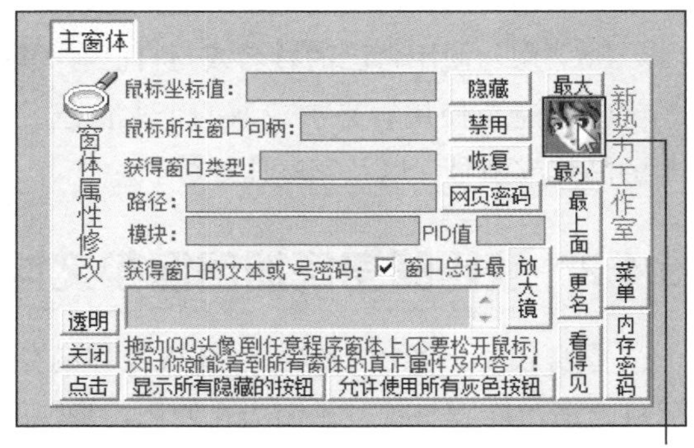

打开主界面窗口，单击右侧的头像图片，然后按住鼠标左键不放。

STEP07：拖至星号密码所在位置

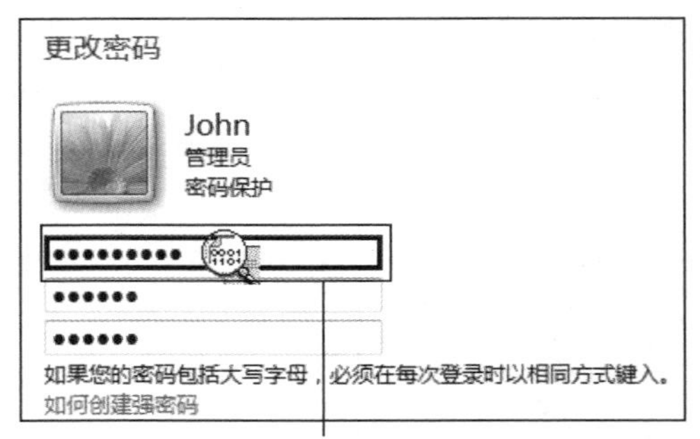

将鼠标指针拖至显示星号密码的地方，例如拖至输入的用户账户密码处。

STEP08：查看密码

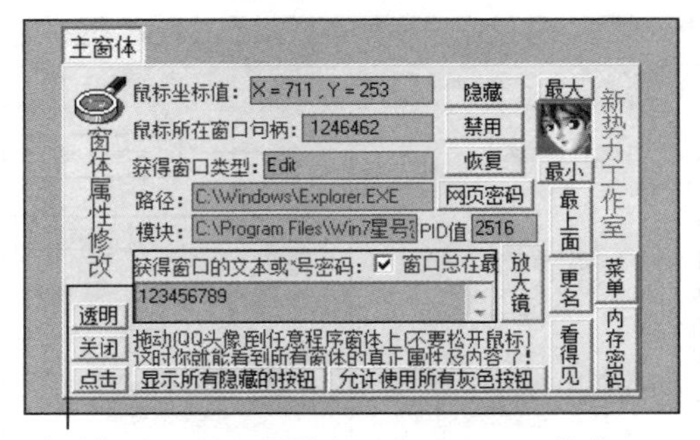

释放手指后可在主界面窗口中看见显示的密码。

5.4 防范密码被轻易破解

无论是什么类型的密码，用户在设置时都要非常小心，防止自己所设置的密码被他人轻易破解。为了保护重要的文件和资料，用户可以采用不同的加密工具进行加密，既可以选择 Windows 7 系统自带的 BitLocker，也可以选择在 Internet 中非常出名的加密工具——隐身侠。

5.4.1 设置安全系数较高的密码

一个安全系数较高的密码可以让黑客破解的难度增大，也就是说提高了密码的安全性。而安全系数较高的密码可以说是复杂的密码，因此在设置复杂密码时一定要注意以下 7 点：

（1）使用大 / 小写字母、数字和符号的组合。

（2）密码位数不能低于 6 位，并且密码中包含的字符越多，就越难被猜中。

（3）不同的账户要设置不同的密码，切勿为所有账户设置相同的密码。

（4）养成定期更改密码的习惯。建议在每个月的第一天或者在每个支付日更改密码。

（5）切勿将密码写在记事本上，也切勿把密码透露给其他人。

（6）切勿使用自己的姓名或与自己有关联的数字作为密码，如出生日期或者昵称等

（7）避免使用容易被获取的个人信息，如车牌号码、电话号码、社会安全号码、私人汽车的品牌或型号，以及家庭住址等。

5.4.2 使用隐身侠加密保护文件

隐身侠是一款用于保护计算机及移动存储设备中的重要文件、私密信息的加密软件。该软件之所以叫隐身侠，是因为在使用隐身侠的时候用户只有双击“计算机”图标才能看到隐身侠保险箱，在未使用该软件时是查看不到隐身侠保险箱的。而存在保险箱内的重要资料将始终保持在高强度加密系统之内，除了自己，谁都看不到，也打不开。

1. 创建保险箱

隐身侠提供了创建保险箱的功能。所谓保险箱就是从某一磁盘分区中划分出来的可用分区，在创建过程中，用户需要指定保险箱创建的位置、容量以及名称等信息。

STEP01：启动隐身侠

下载并安装隐身侠后，双击桌面上的“隐身侠登录”快捷图标。

STEP02：输入账号和密码

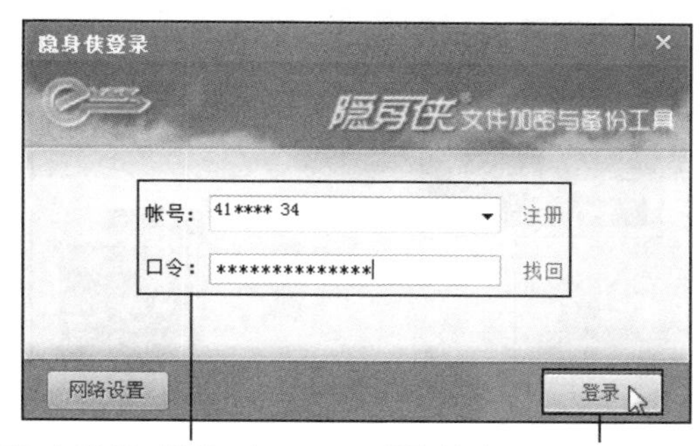

01 在登录对话框中输入账号和密码。

02 单击“登录”按钮。

STEP03：选择创建保险箱

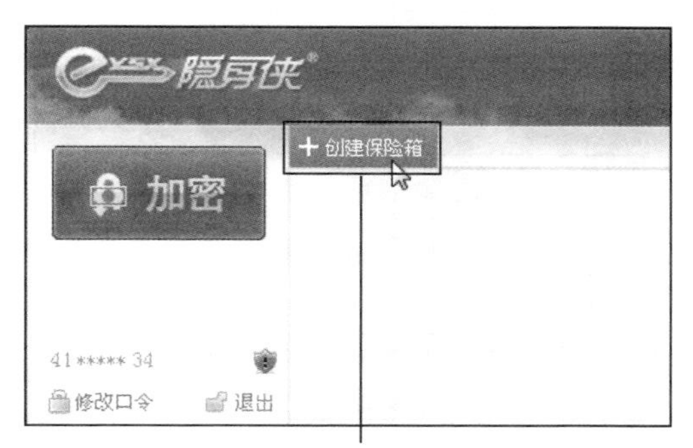

打开隐身侠程序主界面，在左上角单击“创建保险箱”按钮。

STEP04：创建保险箱

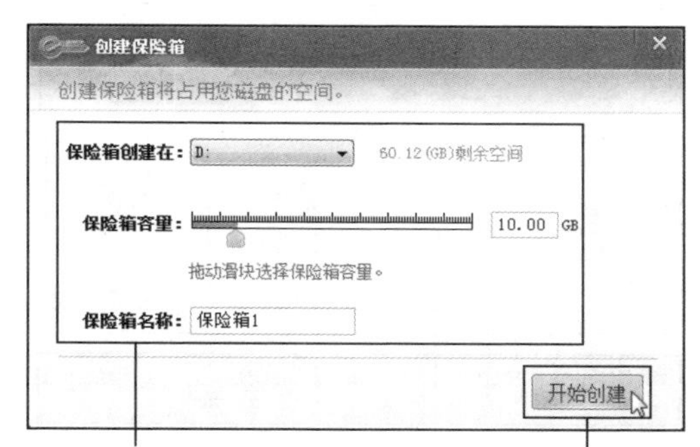

01 设置保险箱创建位置、容量和名称。

02 单击“开始创建”按钮。

STEP05：正在创建保险箱

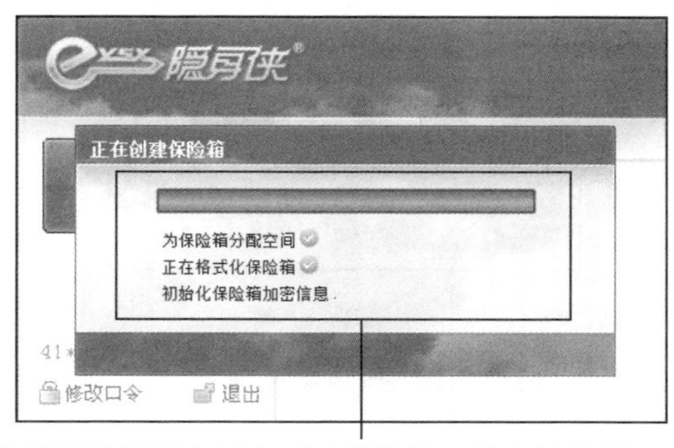

此时可看见程序正在创建保险箱，耐心等待即可。

STEP06：查看创建的保险箱

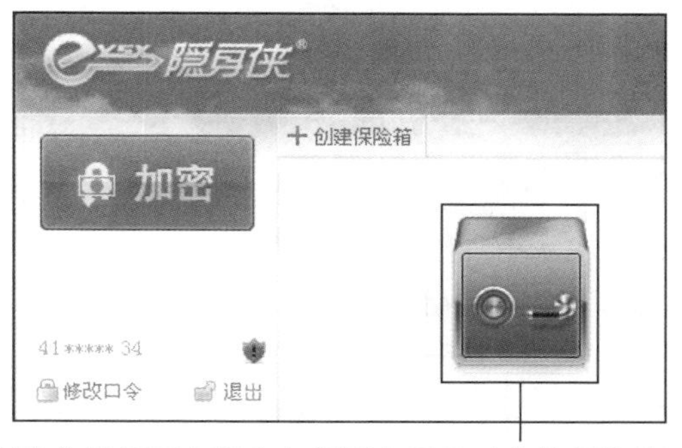

创建完毕便可在程序主界面中看见对应的保险箱图标。

2. 将文件添加到保险箱中

完成保险箱的创建后，用户便可以将系统中的重要文件添加到保险箱中，以确保这些文件的安全。

STEP01：单击“加密”按钮

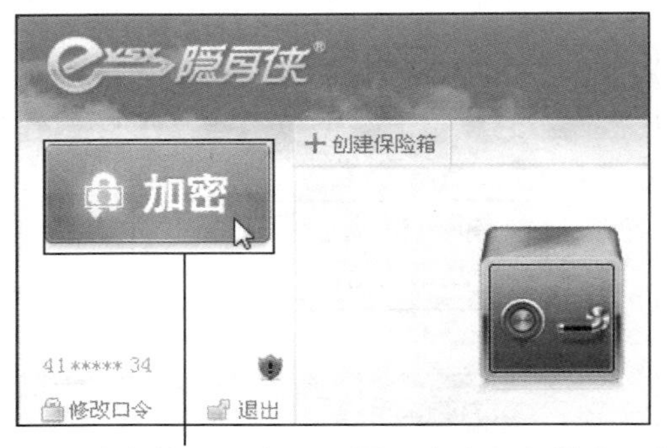

打开“隐身侠”程序主界面，在左上角单击“加密”按钮。

STEP02：单击“添加文件”按钮

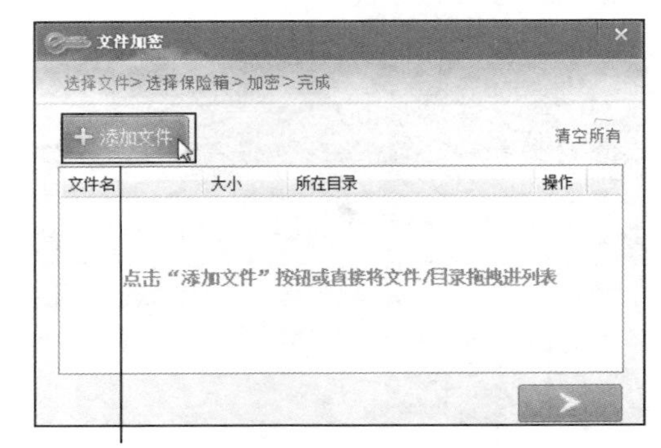

弹出“文件加密”对话框，单击“添加文件”按钮。

STEP03：选择要加密的文件

01 在“打开”对话框中选择要加密的文件。 02 单击“选择”按钮。

STEP04：添加其他文件

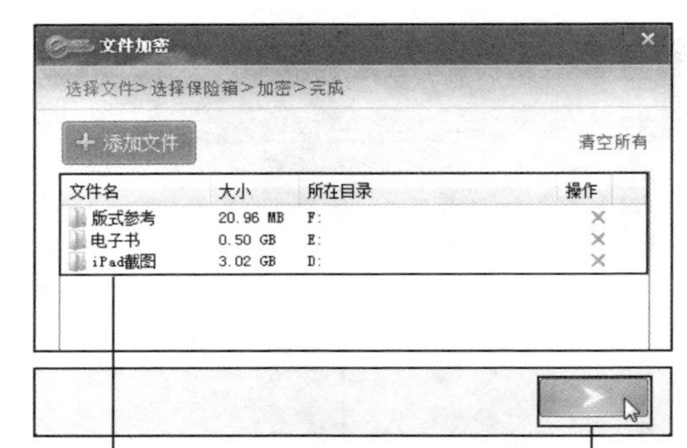

01 使用相同的方法添加其他重要文件。 02 单击下一步按钮。

STEP05：选择保险箱

01 在界面中选择保存文件的保险箱。 02 单击下一步按钮。

STEP06：正在加密文件

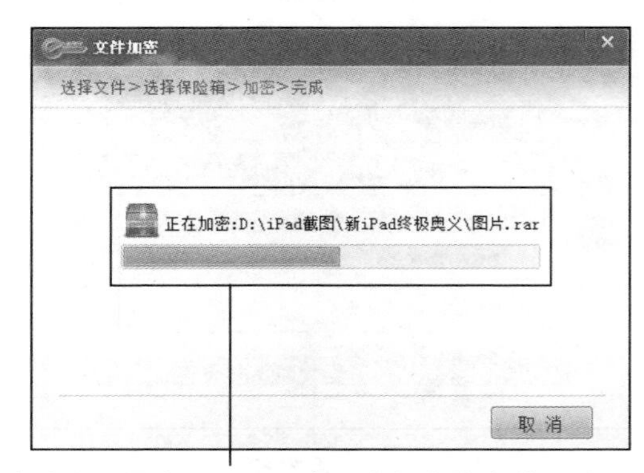

此时在界面中可看见程序正在加密指定的文件。

STEP07：加密完成

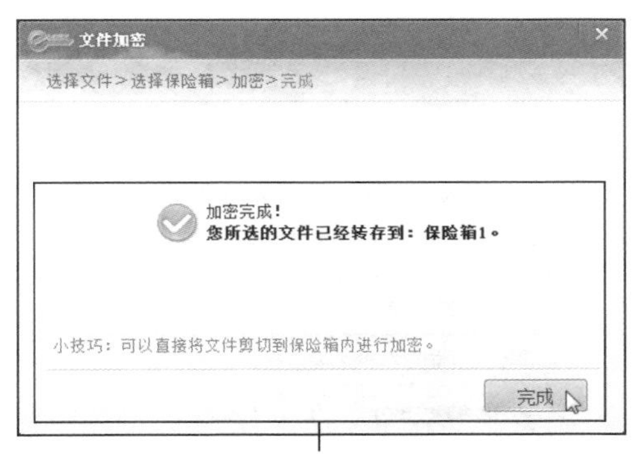

当界面显示“加密完成”时，单击“完成”按钮。

STEP08：查看创建的保险箱

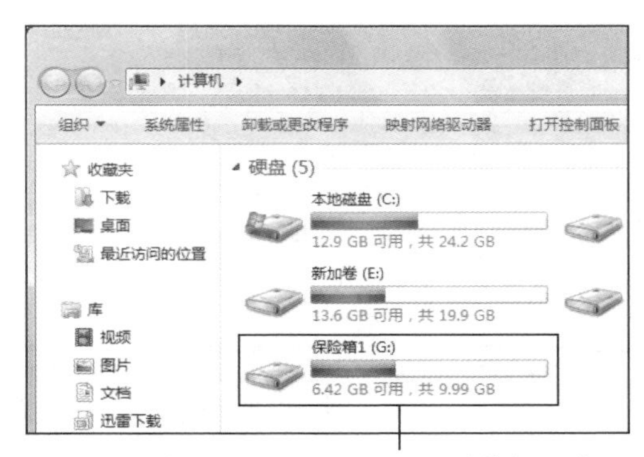

确保“隐身侠”正在运行，打开“计算机”窗口可看见添加文件后的保险箱。

提示：切勿轻易删除保险箱

使用隐身侠创建保险箱并向其中添加文件后，切勿轻易删除保险箱，一旦删除了保险箱，则保险箱内的文件也会一同被删除。因此若确定要删除保险箱，则首先要将保险箱中的文件移动到其他磁盘分区中，然后才能在“隐身侠”主界面中删除该保险箱。

5.4.3 使用 Bitlocker 强化系统安全

Microsoft 公司在 Windows 7 中为用户提供了 BitLocker 加密技术。该技术能够同时支持 FAT 和 NTFS 两种文件格式，可以用来加密保护指定的磁盘分区，当加密的磁盘分区中没有重要数据时，便可解除 BitLocker 加密。

1. 加密系统分区

使用 BitLocker 加密系统分区时，首先需要选择待加密的分区，然后设置密码和恢复密钥的保存位置。

STEP01：选择 BitLocker 驱动器加密

打开“控制面板”窗口，单击“BitLocker 驱动器加密”链接。

STEP02：启用指定分区的 BitLocker

在窗口界面中选择要加密的分区，单击其右侧的“启用 BitLocker”链接。

STEP03：设置密码

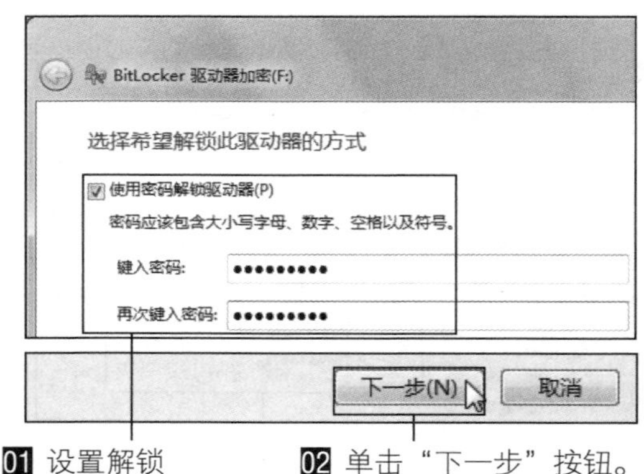

01 设置解锁驱动器的密码。 02 单击“下一步”按钮。

STEP04：选择恢复密钥的保存位置

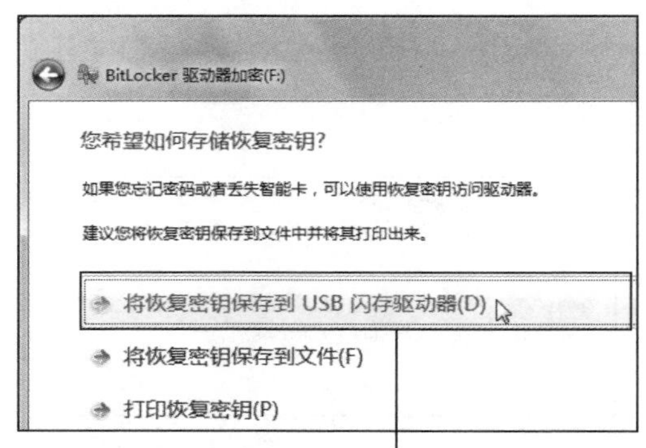

在对话框中设置恢复密钥的保存位置，如将其保存到 USB 闪存驱动器。

STEP05：选择 USB 设备

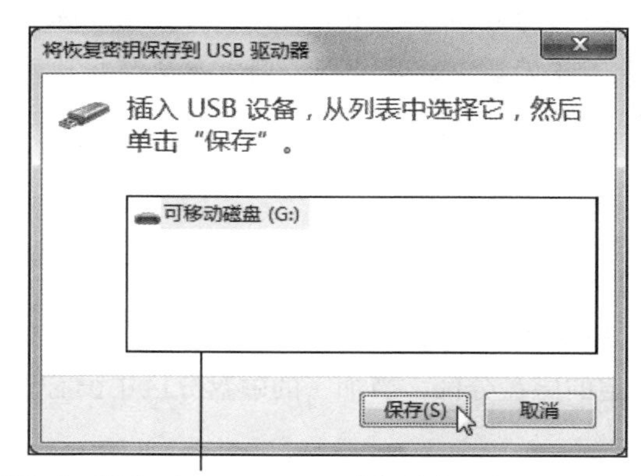

01 在对话框中选择 USB 设备。 02 单击“保存”按钮。

STEP06：单击“下一步”按钮

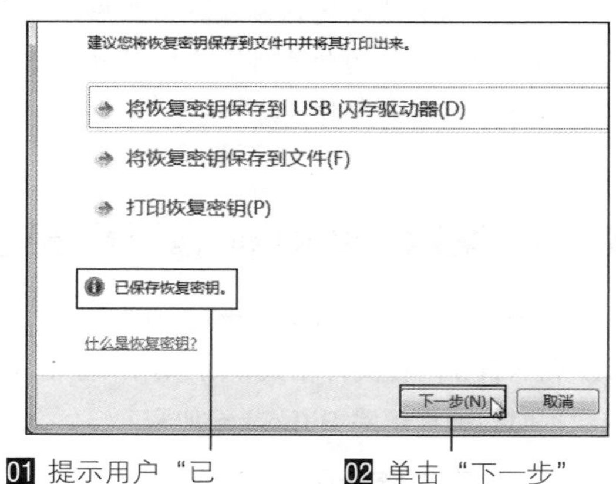

01 提示用户“已保存恢复密钥”。 02 单击“下一步”按钮。

STEP07：正在加密磁盘分区

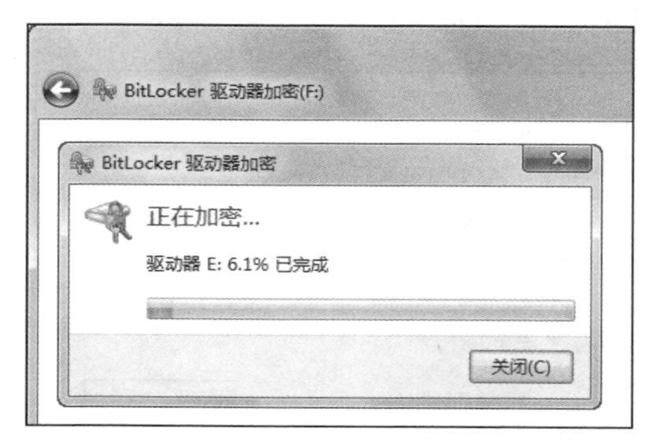

此时可看见 BitLocker 正在加密所选的磁盘分区。

STEP08：加密完成

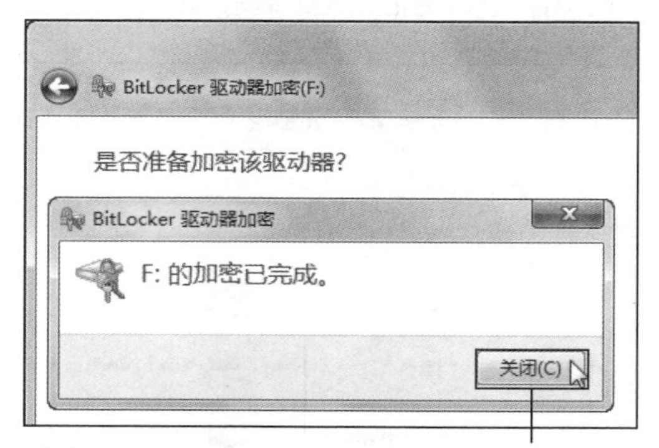

加密完成后显示“加密已完成”的提示信息，单击“关闭”按钮。

STEP09：查看加密后的磁盘分区

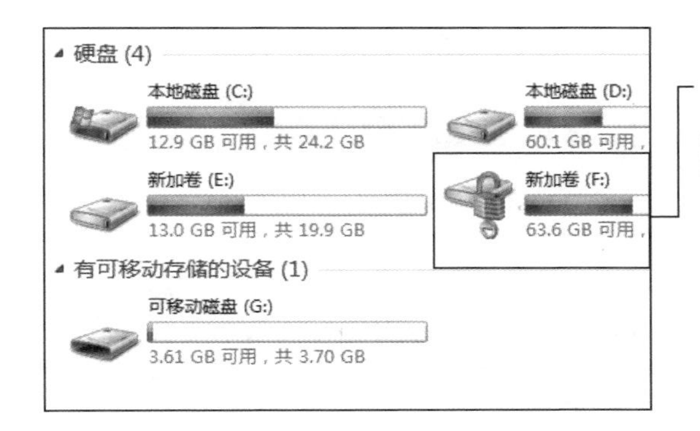

在“计算机”窗口可看见F盘加密成功。

提示：BitLocker 加密的缺陷

BitLocker 加密的缺陷是，一旦打开加密盘后，再次进入就不需输入密码了。若要再次锁定该分区，可利用 manage-bde–lock X：命令实现，X 为加密磁盘盘符。

2. 解除BitLocker加密

当加密的磁盘分区中没有重要文件时，则可以解除 BitLocker 加密，只需关闭指定分区的 BitLocker 加密功能即可实现。

STEP01：选择关闭 BitLocker

按照上一点中 STEP01 ～ STEP02 介绍的方法打开 BitLocker 界面，选择要解除的分区，单击“关闭 BitLocker”链接。

STEP02：选择解密磁盘分区

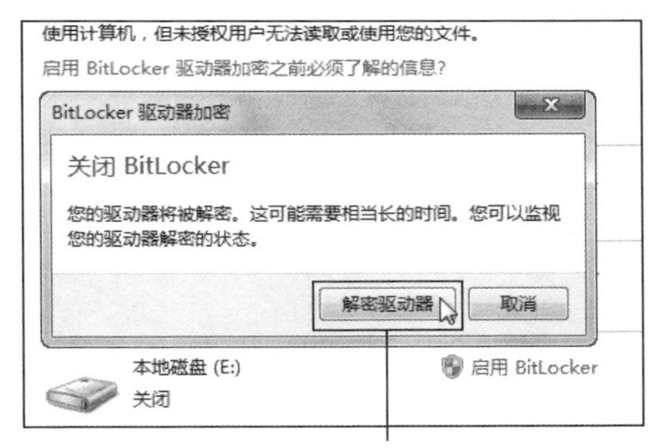

弹出对话框，单击“解密驱动器”按钮，选择解除 BitLocker 加密。

提示：管理 BitLocker

当某一磁盘分区已完成 BitLocker 加密后，打开 BitLocker 界面，选择要解除的分区，单击“管理 BitLocker”链接，弹出对话框，便可在界面中执行更改\删除加密密码、再次保存或打印恢复密钥以及自动解锁驱动器等操作。

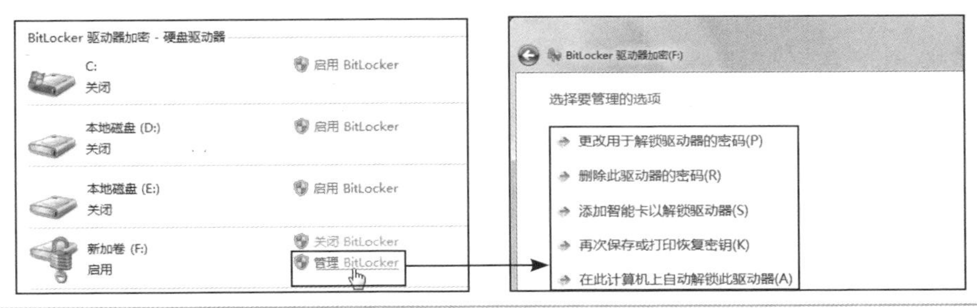

STEP03：正在解密

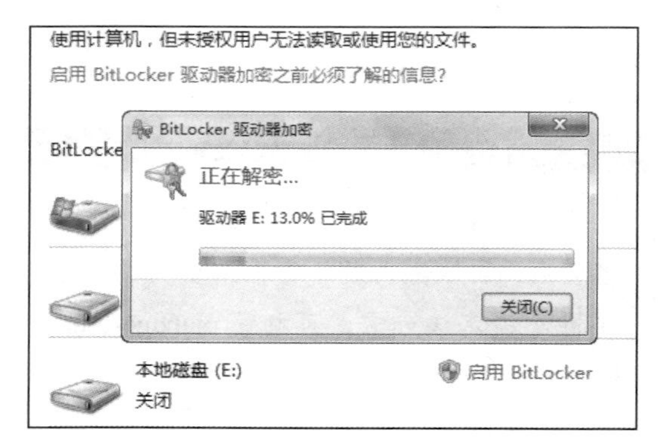

此时可看见解除 Bitlocker 加密的进度，耐心等待即可。

STEP04：解密完成

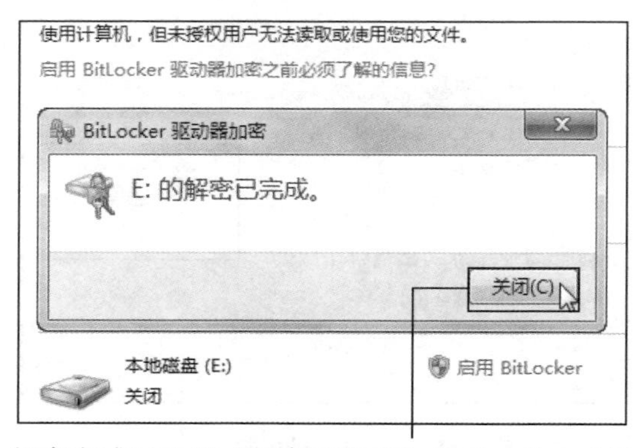

解密完成后出现“解密已完成”提示，单击“关闭”按钮即可。

第 6 章 病毒攻防

在 Internet 中，计算机病毒是一种威胁计算机安全的程序，对于计算机病毒，用户不仅需要掌握其基础知识，而且还要认识常见的病毒以及简单病毒的制作方法。无论是病毒的基础知识还是制作简单病毒，用户都需要掌握防御病毒的有效措施和专业软件。

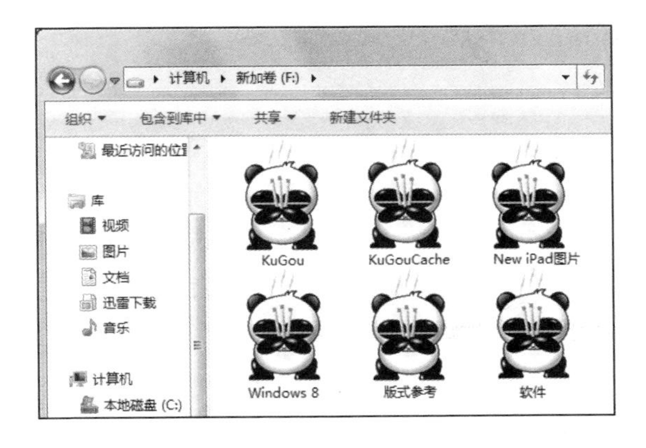

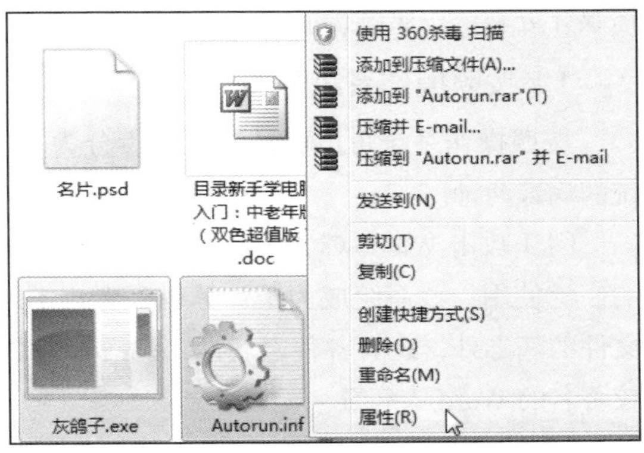

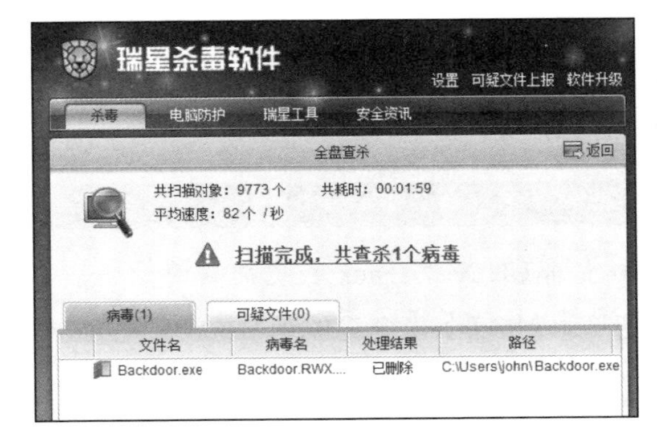

知识要点

- 认识病毒的分类
- 认识病毒常见的传播途径
- 制作 Restart 病毒
- 制作 U 盘病毒
- 掌握防范病毒的常用措施
- 使用杀毒软件查杀病毒

6.1 认识病毒

计算机病毒并不是由于突发或者偶然因素产生的，它是由人为编写所产生的程序。计算机病毒能够破坏计算机功能或数据、影响计算机使用，并且能够自我复制。用户若要全面认识病毒，则需要了解病毒的分类、特征、传播途径以及计算机中毒后的常见症状。

6.1.1 认识病毒的分类

Internet 中存在着数不胜数的计算机病毒，并且它们的分类也没有固定的标准，同一种病毒按照不同的分类标准可能属于不同的类型。常见的划分标准有：按照操作系统分类，按照传播媒介分类，按照链接形式分类或按照病毒的破坏情况分类。

1. 按照操作系统分类

按照操作系统可以将计算机病毒分为攻击 Windows 系统的病毒、攻击 UNIX 和 Linux 系统的病毒两种。

（1）攻击 Windows 系统的病毒：该类病毒也称为 Windows 病毒。由于 Windows 操作系统的广泛使用，该系统成为了计算机病毒攻击的主要对象。攻击 Windows 系统的病毒除了感染文件的病毒外，还有各种宏病毒，包括感染 Office 文件的病毒。其中 Concept 病毒就是一款比较著名的 Word 宏病毒。

（2）攻击 UNIX 和 Linux 系统的病毒：UNIX 和 Linux 曾经是免遭病毒侵袭的操作系统，但是随着计算机病毒技术的发展，病毒的目标也开始瞄准了 UNIX 和 Linux。Bliss 病毒是一款比较著名的攻击 Linux 系统的病毒，接着又出现了能够跨平台的 Win32.Winux 病毒，它能够同时感染 Windows 系统中的 PE 文件和 Linux 系统中的 ELF 文件。

提示：攻击其他操作系统的病毒

除了常见的攻击 Windows 系统的病毒和攻击 UNIX 和 Linux 系统的病毒之外，Internet 中还有攻击其他操作系统的病毒，例如攻击 Mac OS 操作系统的 MacMag 病毒，攻击智能手机操作系统的 VBS.Timofonica 病毒等。

2. 按照传播媒介分类

按照传播媒介可以将计算机病毒分为单机病毒和网络病毒两种。

（1）单机病毒：单机病毒的载体是磁盘，这类病毒会通过磁盘感染操作系统，然后再感染其他磁盘、可移动设备等，进而感染其他的计算机。早期的计算机病毒都属于此类。

（2）网络病毒：网络病毒的传播媒介是 Internet。在当今社会中，Internet 在世界上发展迅速，越来越多的计算机用户开始上网。随着 Internet 用户的增加，网络病毒的传播速度更快，范围更广，造成的危害更大。网络病毒往往会造成网络堵塞、修改网页，甚至与其他病毒结合修改或破坏文件。如 GPI 病毒是世界上第一个专门攻击计算机网络的病毒，而 CIH、Sircam、Code RedXode Red H Xode Blue、Nimda.a 等病毒在 Internet 中肆虐的程度越来越严重，已经成为病毒中危害程度最大的种类。

3. 按照链接形式分类

计算机病毒必须进入系统后才能进行感染和破坏操作，因此计算机病毒必须与操作系统内可能被执行的文件建立链接。这些被链接的文件既可能是系统文件，又可能是应用程序，还可能是应用程序所用到的数据文件（如 Word 文档）。根据计算机病毒对这些文件的链接形式不同，分为可执行文件感染病毒和操作系统型病毒两种。

（1）可执行文件感染病毒：这类病毒感染可执行程序，将病毒代码和可执行程序联系起来，当可执行程序被执行时，病毒会随之启动。

（2）操作系统型病毒：这类病毒程序用自己的逻辑部分取代一部分操作系统中的合法程序模块，从而寄生在系统分区中，启动计算机时，病毒程序被优先运行，然后再运行启动程序，这类病毒具有很强的破坏力，可以使系统无法启动，甚至瘫痪。

提示：源码型病毒

源码型病毒在高级语言（如 FORTRAN、C、Pascal 等语言）所编写的程序被编译之前插入源程序之中，经过编译后成为合法程序的一部分。这类病毒一般寄生在编译处理程序链接程序中。目前这种病毒并不多见。

4. 按照病毒的破坏情况分类

按照病毒的破坏情况，可以将计算机病毒分为良性病毒和恶性病毒两种。

（1）良性病毒：良性病毒是指那些只表现自己，而不破坏操作系统的病毒。这类病毒多出自一些恶作剧者之手，制造者编制该类病毒的目的不是为了破坏计算机系统，而是为了显示自己在编程方面的技巧和才华。虽然这类病毒的没有破坏性，但是它们会影响操作系统的正常运行，占用计算机资源。

（2）恶性病毒：相比于良性病毒，恶性病毒就显得比较可怕了。这类病毒具有破坏系统信息资源的功能，有些恶性病毒能够删除操作系统中存储的数据和文件；有些恶性病毒随意对磁盘进行写入操作，从表面上看不出病毒破坏的痕迹，但文件和数据的内容已被改变；还有一些恶性病毒格式化整个磁盘或特定扇区，使磁盘中的数据全部消失。

6.1.2 认识病毒的特征

虽然 Interent 中存在着数不胜数的病毒，并且分类也不统一，但是它们的特征可以大致概括为：破坏性、传染性、隐蔽性、潜伏性和不可预见性 5 种。

1. 破坏性

计算机遭受病毒入侵后，可能会导致正常的程序无法运行，病毒按照内置的指令对计算机内的文件进行删除、修改等操作，甚至还可能会格式化磁盘分区。

2. 传染性

计算机不但具有破坏性，更可怕的是它还具有传染性。传染性是计算机病毒的基本特征，一旦病毒被复制或者产生变种，其传播速度快得令人难以预防。

3. 隐蔽性

计算机病毒成功入侵系统后，目标计算机仍然可以正常运行，被感染的程序也能正常运行，用户不会感到明显的异常。这是因为病毒在入侵系统后会自动隐藏在系统中，直到满足提前设置的触发条件时，该病毒才会根据指令来破坏操作系统或文件。

4. 潜伏性

计算机病毒的潜伏性主要表现在两方面：第一方面是指用户若不使用专业的检测程序（通常是指杀毒软件）无法检测出系统中潜在的计算机病毒，因此计算机病毒可以在系统中静静地待上几天、几个月，甚至几年，一旦时机成熟，就会继续繁殖和传播；第二方面是指计算机病毒内部被预设了一种触发机制，不满足触发条件时，计算机病毒除了传染外将不会进行任何的破坏，一旦触发条件满足，它将会对操作系统造成极大的破坏。

5. 不可预见性

随着科学技术的发展，病毒的制作技术也在不断地提高，计算机病毒永远走在杀毒软件的前面。新操作系统和应用软件的出现，会为计算机病毒提供新的空间，这也使得对未来病毒的预测更加困难，因此用户需要不断提高对计算机病毒的认识，同时增强防范病毒的意识。

提示：夺取系统控制权

计算机病毒成功入侵目标计算机后，通常会夺取该操作系统的控制权，从而达到感染和破坏系统的目的。反病毒技术也正是抓住了计算机病毒的这一特点，而抢在病毒之前掌握系统控制权，从而阻止了计算机病毒夺取的操作。

6.1.3 认识病毒常见的传播途径

虽然计算机病毒具有传染性，但是它若想从当前操作系统中传播到其他地方，则需要通过一定的途径才能进行传播。常见的计算机病毒传播途径包括可移动存储设备、局域网和Internet。

1. 利用可移动存储设备传播

通过可移动存储设备传播是指计算机病毒通过连接到计算机上的U盘、移动硬盘和手机等移动存储设备进行传播。由于U盘具有携带方便的特点，因此它为计算机病毒的寄生提供了更为充裕的空间。由于目前U盘病毒逐渐增加，使得U盘逐渐成为病毒传播的主要途径之一。

2. 利用局域网传播

局域网由相互连接的一组计算机组成，这是数据共享和相互协作的需要。组成局域网的每一台计算机都能连接到局域网中的其他计算机，因此数据也能从一台计算机发送到局域网中的其他计算机中。当发送的数据已感染病毒，则接收该数据的计算机就可能会感染病毒，如果该数据继续传播，则它所携带的病毒将会感染局域网中的所有计算机。虽然局域网的出现为企业的发展做出了巨大的贡献，但是它也为病毒的快速传播铺平了道路。

3. 利用Interent传播

随着 Internet 的快速发展和普及，使得用户在下载电子邮件附件、浏览网页和下载网络资源时，都可能被计算机病毒感染，因此 Internet 成为了计算机病毒传播的最主要的传播方式。

6.1.4 认识计算机中毒后的常见症状

虽然隐藏在系统中的计算机病毒并不容易被用户发现，但是用户可以通过一些常见的症状来判断自己的计算机是否存在病毒。这些常见的症状主要包括：CPU 使用率始终保持在 95% 以上、IE 浏览器窗口连续打开、杀毒软件被屏蔽、系统中的文件图标变成统一图标及系统时间被更改。

1. CPU使用率始终保持在95%以上

当发现 CPU 使用率始终保持在 95% 以上时，用户就要考虑系统中是否存在计算机病毒了。这是因为某些计算机病毒会不断地占用 CPU 使用率和系统内存，直至计算机死机。如果计算机处于死机状态，而主机箱上的硬盘指示灯仍然长时间地闪动，则很有可能是潜伏在系统中的计算机病毒已被激活。

2. IE浏览器窗口连续打开

当某些病毒被激活后，一旦用户启动 IE 浏览器，程序就会自动打开无限多的窗口，既占用系统资源，又影响用户的正常工作。即使用户手动关闭了窗口，但是系统仍然会弹出更多的窗口。遇到此种情况时，则需要利用杀毒软件进行扫描并查杀。

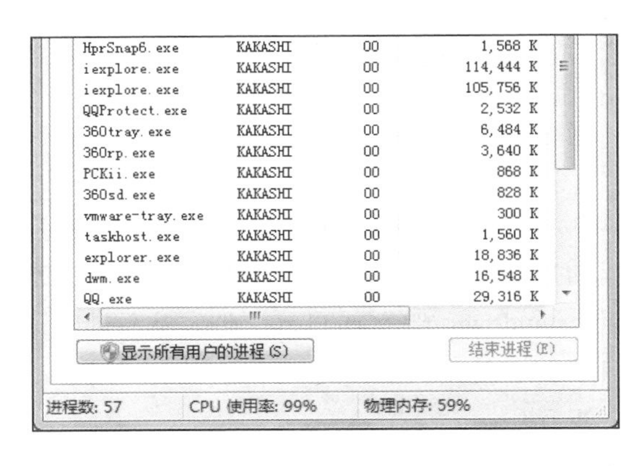

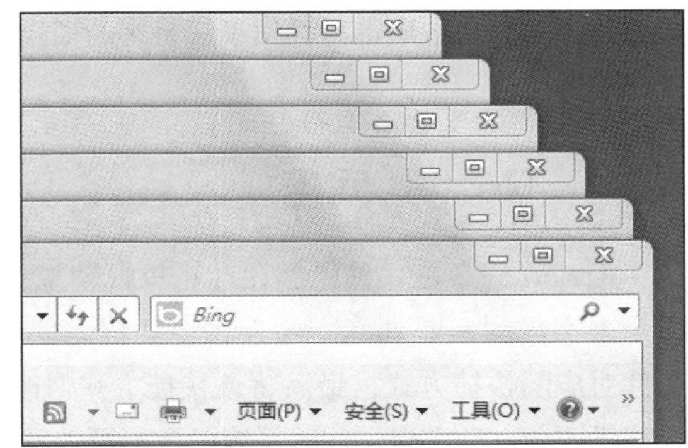

3. 杀毒软件被屏蔽

杀毒软件往往都具有针对性，也就是说，杀毒软件只能查杀自己病毒库中已经保存的病毒，无法查杀不在该库中的病毒。因此很多病毒通过层层伪装来躲避杀毒软件的检测和查杀，一旦它成功运行，杀毒软件将会被屏蔽，即杀毒软件无法正常扫描和查杀病毒。一旦出现这种情况，就只能重装系统或者使用在线查杀功能。

4. 系统中的文件图标变成统一图标

某些病毒会导致磁盘中所保存文件的图标都变成统一的图标，并且无法使用或打开。“熊猫烧香”就是这样一种病毒，当系统中的“熊猫烧香”病毒成功运行后，磁盘分区中的所有文件都会显示为熊猫烧香的图标。

5. 系统时间被更改

有些病毒会自动修改系统显示的时间，一旦该类病毒运行，则用户每次启动计算机后系统都会显示指定时间，即使将其修改为准确时间，但是重新启动计算机后系统又会显示指定时间。

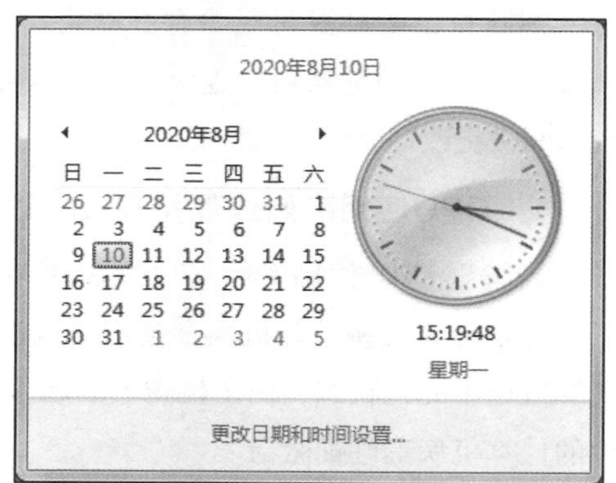

6.2 两种常见的简单病毒

制作病毒的黑客高手通常都掌握了至少一门编程语言，他们在制作病毒时会进行逻辑推理分析，要想防范病毒，必须了解黑客的惯用手段。下面介绍两种常见的病毒：Restart 病毒和 U 盘病毒。

6.2.1 Restart 病毒

Restart 病毒是一种能够让计算机自动重新启动的病毒，该类病毒主要是通过简单的 DOS 命令来实现的，即 shutdown /r 命令。首先创建含有 shutdown /r 命令的 bat 文件，然后创建该文件对应的快捷方式，最后将该快捷方式修改为用户经常使用的图标。一旦用户双击该图标，计算机便会自动重启，此时系统的数据可能就会全部丢失。

STEP01：启动记事本程序

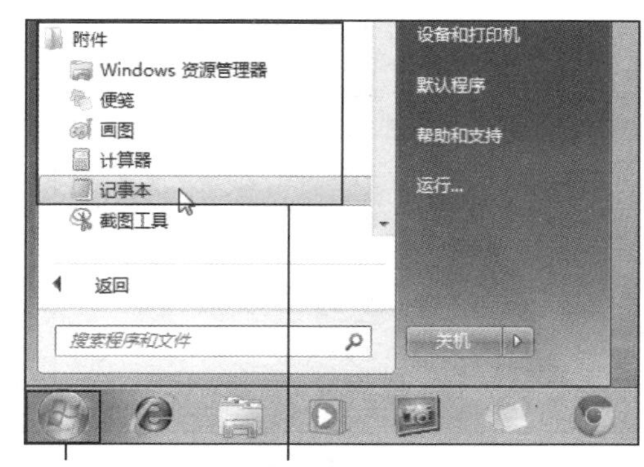

01 单击“开始”按钮。

02 在弹出的“开始”菜单中单击“所有程序”>“附件”>“记事本”命令。

STEP02：输入命令

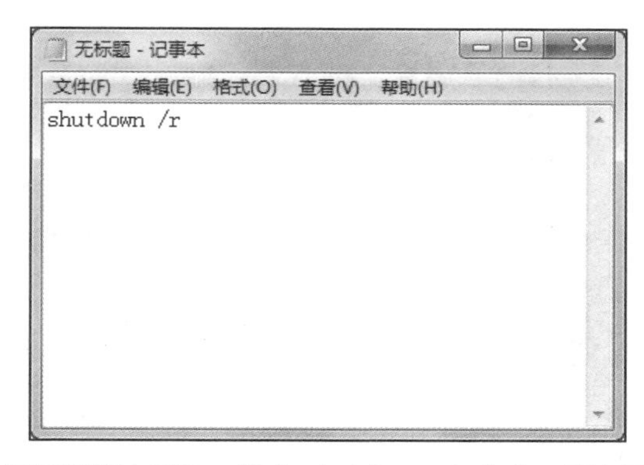

打开记事本窗口，输入 shutdown /r 命令，即自动重新启动本地计算机。

STEP03：保存输入的命令

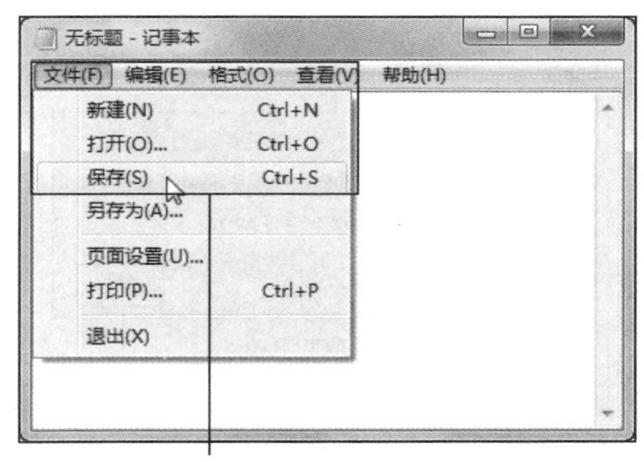

在窗口菜单栏中单击“文件”>“保存”命令，保存输入的命令。

STEP04：设置保存位置和文件名

01 设置记事本的保存位置。

02 输入文件名称后单击“保存”按钮。

STEP05：选择重命名记事本

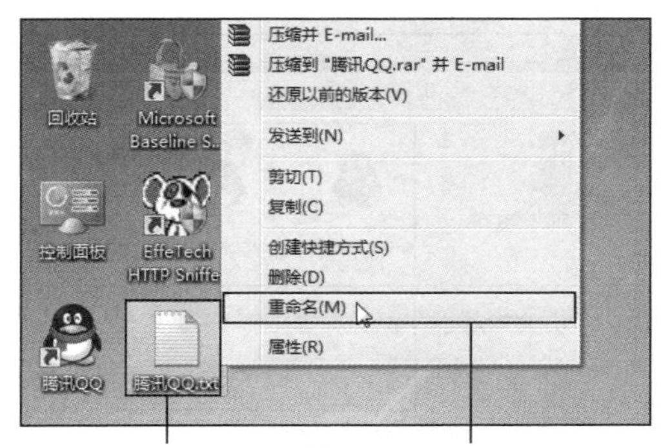

01 右击记事本图标。

02 在弹出的快捷菜单中单击“重命名”命令。

STEP06：修改记事本的扩展名

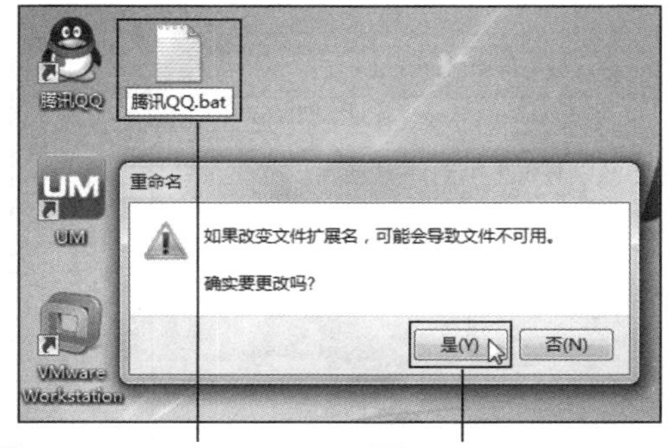

01 将扩展名改为 bat。

02 在弹出的对话框中单击“是”按钮。

STEP07：选择创建快捷方式

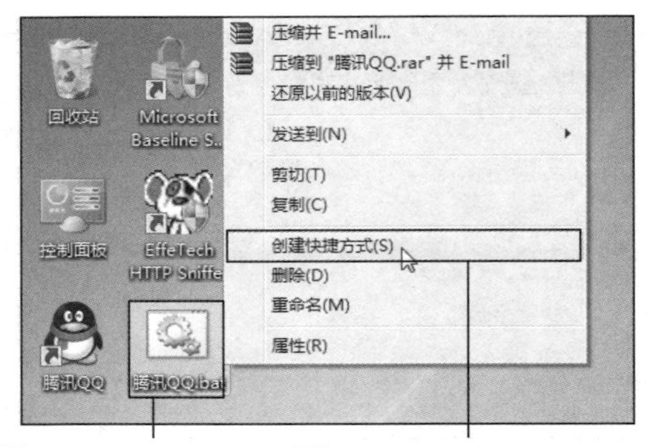

01 右击 bat 文件快捷图标。

02 在弹出的快捷菜单中单击“创建快捷方式”命令。

STEP08：单击“属性”命令

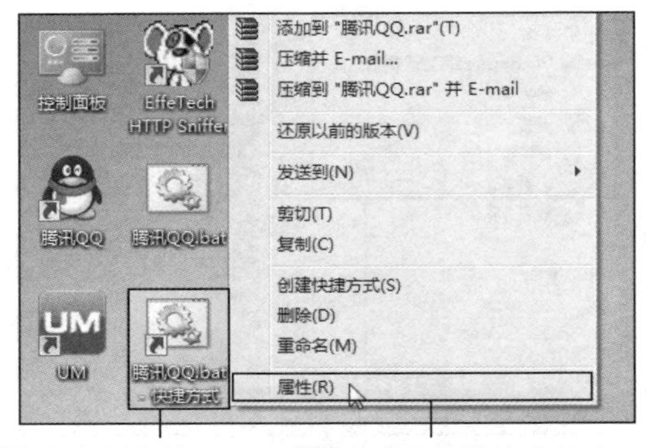

01 右击创建的快捷图标。

02 在弹出的快捷菜单中单击“属性”命令。

STEP09：选择更改图标

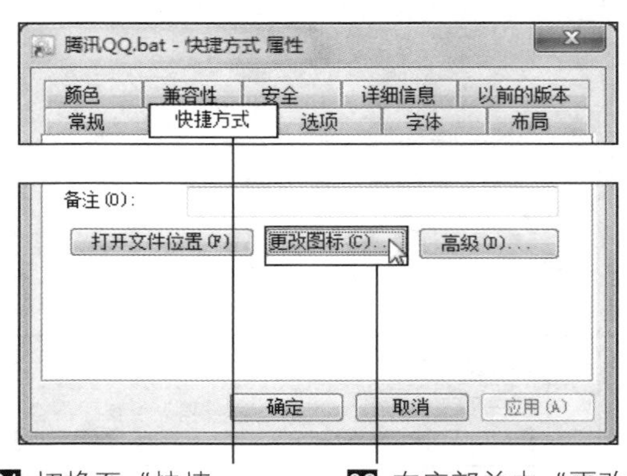

01 切换至“快捷方式”选项卡。

02 在底部单击“更改图标”按钮。

STEP10：单击“确定”按钮

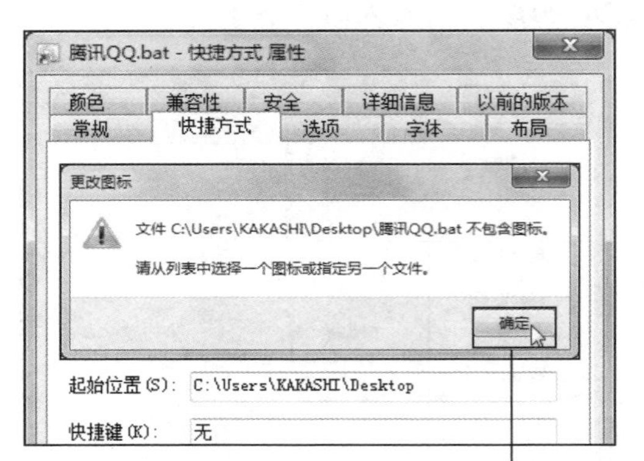

弹出对话框，提示用户该文件不包含图标，单击“确定”按钮。

STEP11：单击“浏览”按钮

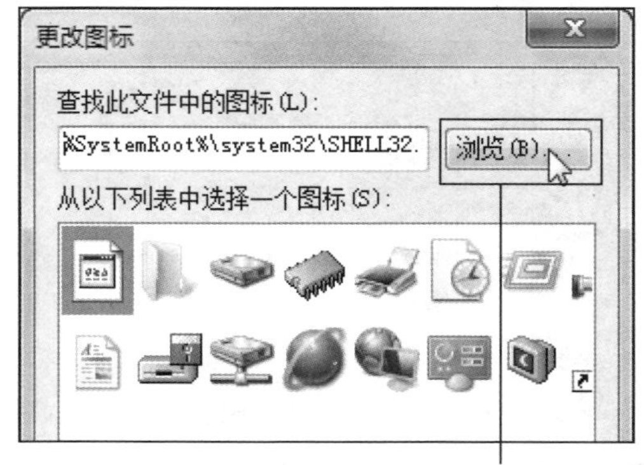

弹出“更改图标”对话框，若列表框中没有合适的程序图标，则单击“浏览”按钮。

STEP12：选择 ICO 图标

01 选择 ico 图标的保存位置。

02 选中合适的 ico 图标，然后单击“打开”按钮。

STEP13：查看选择的 ico 图标

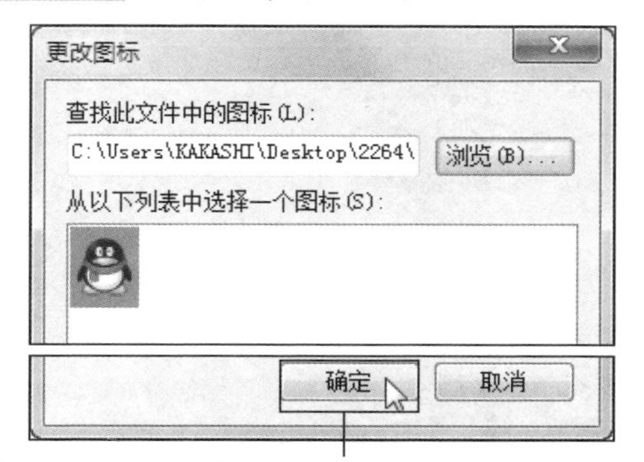

此时可看见所选的程序图标，确认无误后单击“确定”按钮。

STEP14：单击“确定”按钮

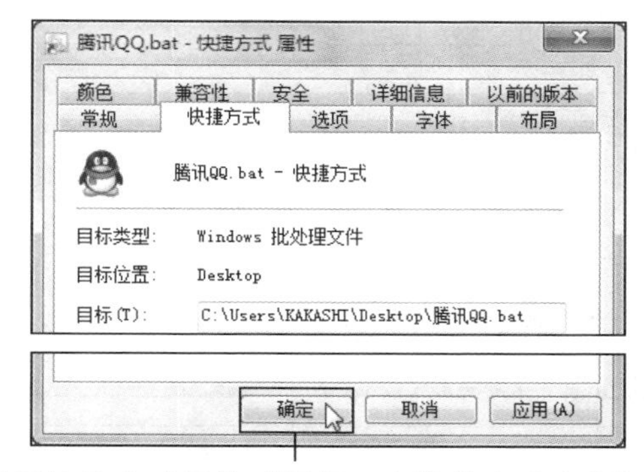

返回快捷方式属性对话框，直接单击“确定”按钮。

STEP15：查看修改图标后的快捷图标

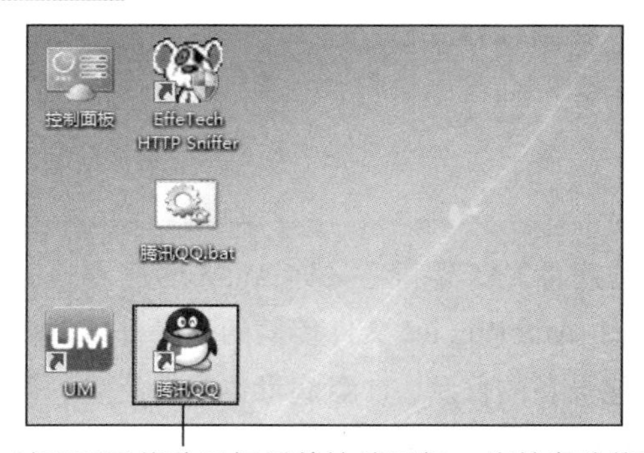

此时可看见修改图标后的快捷图标，将其名称修改为“腾讯 QQ”。

STEP16：单击“属性”命令

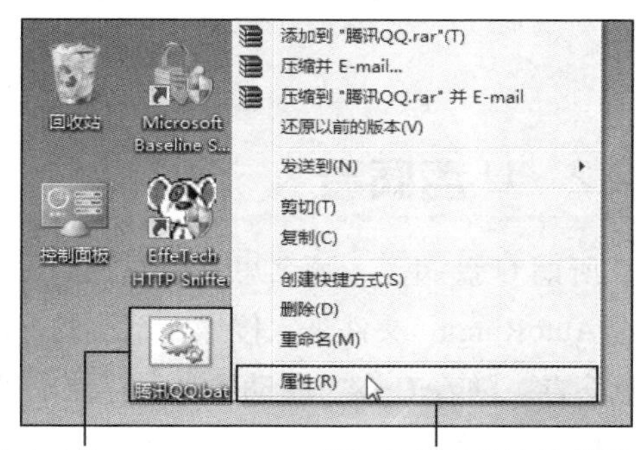

01 右击 bat 快捷图标。

02 在弹出的快捷菜单中单击“属性”命令。

提示：修改快捷图标名称需注意的问题

修改快捷图标名称时，若桌面上已经显示了一个 QQ 图标，则首先需要利用【Shift+Del】组合键将其彻底删除，然后再重命名快捷方式图标，否则将无法成功命名为“腾讯 QQ”。

STEP17：设置文件属性为隐藏

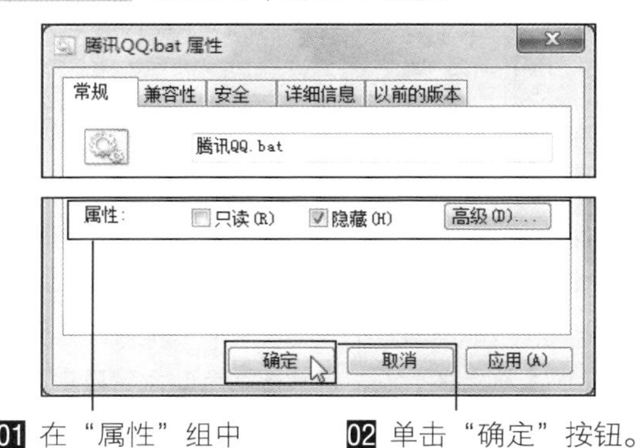

01 在“属性”组中勾选“隐藏”复选框。

02 单击“确定”按钮。

STEP18：单击“文件夹选项”命令

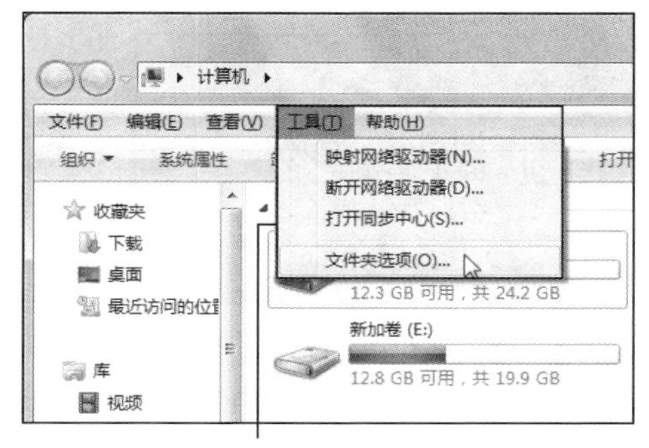

打开“计算机”窗口，在菜单栏中依次单击“工具”>“文件夹选项”命令。

STEP19：设置不显示隐藏文件夹

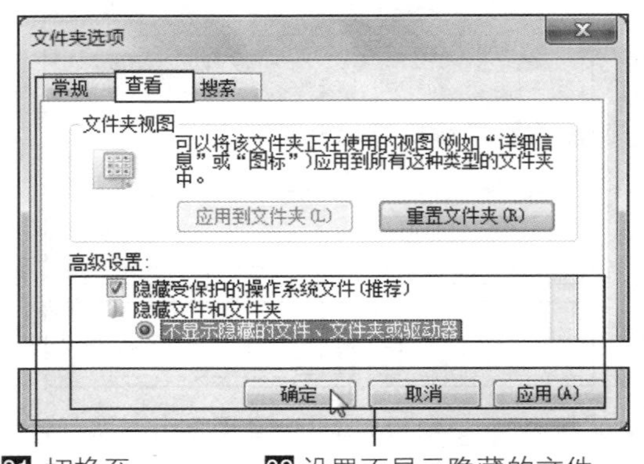

01 切换至“查看”选项卡。

02 设置不显示隐藏的文件、文件夹或驱动器，单击“确定”按钮。

STEP20：查看设置后的快捷图标

此时可看见桌面上未显示隐藏的 bat 文件，只有假冒的“腾讯 QQ”图标。用户一旦双击该图标，计算机便会自动重启。

6.2.2 U 盘病毒

所谓 U 盘病毒，顾名思义就是通过 U 盘传播的病毒。U 盘病毒又称 Autorun 病毒，它是通过 AutoRun.inf 文件来入侵操作系统的。能通过产生 AutoRun.inf 文件传播的病毒都可以称为 U 盘病毒。随着 U 盘、移动硬盘、存储卡等移动存储设备的普及，U 盘病毒也开始泛滥。病毒首先向 U 盘写入病毒程序，然后更改 Autorun.inf 文件。Autorun.inf 文件记录了用户选择何种程序来打开 U 盘，一旦 Autorun.inf 文件指向病毒程序，那么操作系统就会运行这个程序，从而引发病毒。

STEP01：查看快捷菜单

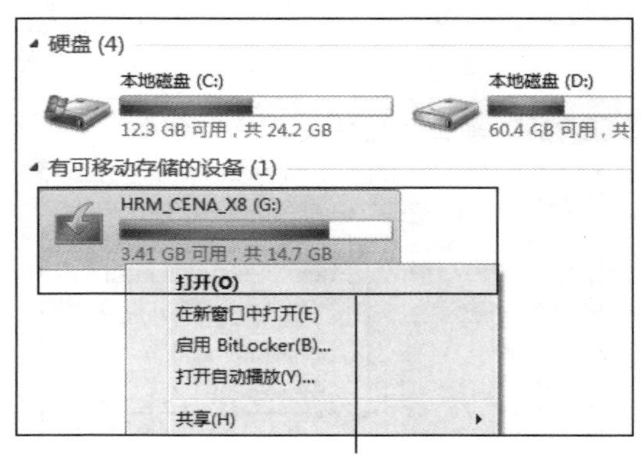

将 U 盘连接到计算机上，在“计算机”窗口中右击 U 盘对应的快捷图标，在弹出的快捷菜单中可看见第一个命令是“打开”命令。

STEP02：将木马或病毒复制到 U 盘中

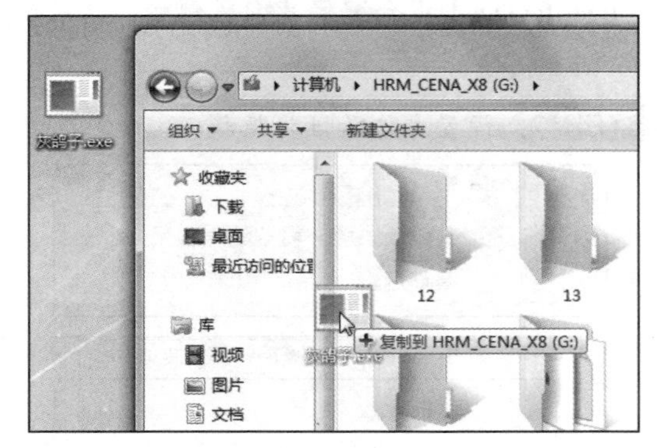

将制作好的病毒或者木马程序复制到桌面上，然后选中该木马程序不放，将其拖动至 U 盘窗口中，当显示“复制到……”时释放鼠标左键。

STEP03：新建 Autorun.inf 文件

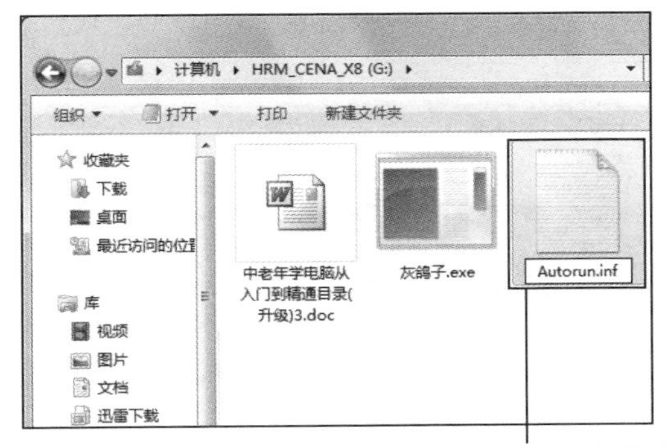

在 U 盘所对应的窗口中新建文本文档，然后将其重命名为 Autorun.inf。

STEP04：确认更改文件扩展名

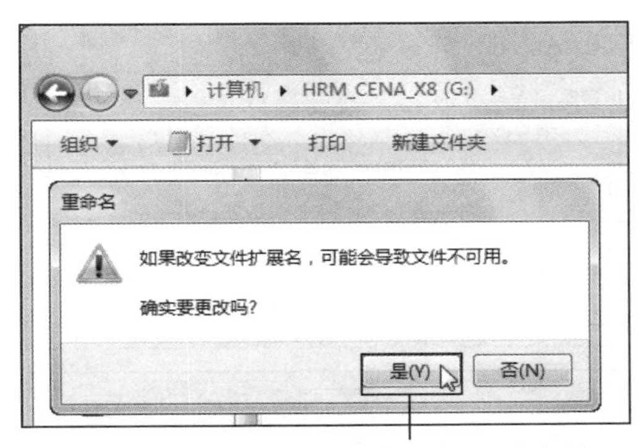

弹出对话框，提示更改扩展名可能导致文件不可用，单击“是”按钮确认更改。

STEP05：编写 Autorun.inf 文件代码

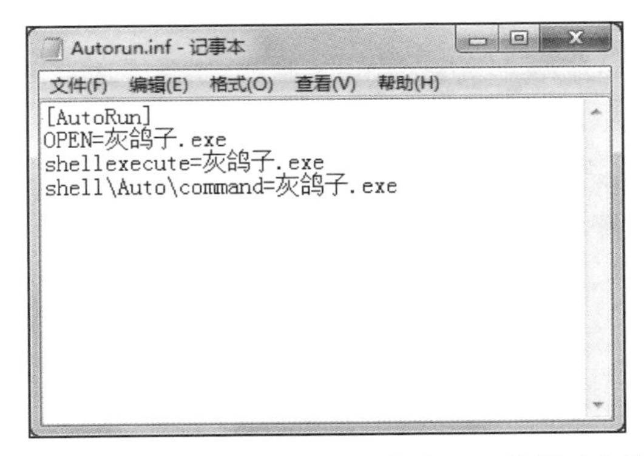

双击 Autorun.inf 文件打开编辑窗口，编辑对应的文件代码，使得双击 U 盘图标后自动运行指定的木马程序。

STEP06：单击“属性”命令

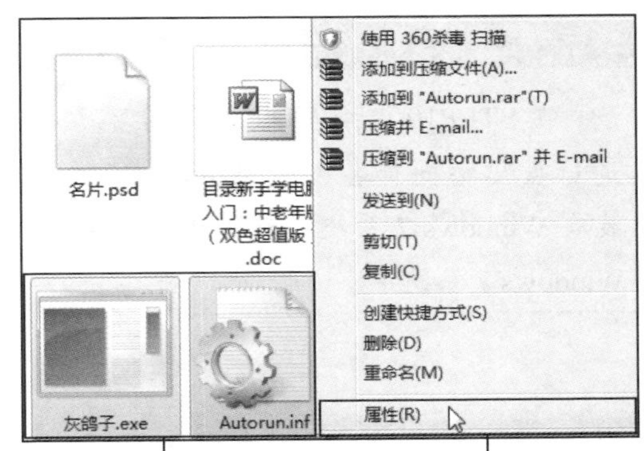

01 选中木马程序和 Autorun.inf 文件后右击任一文件。

02 在弹出的快捷菜单中单击“属性”命令。

STEP07：设置文件为隐藏属性

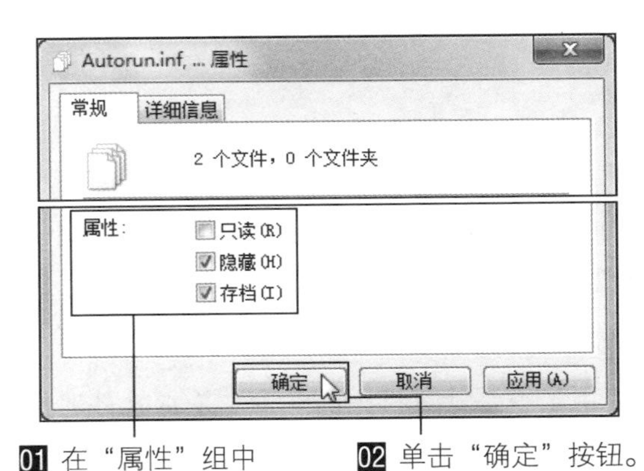

01 在“属性”组中勾选“隐藏”复选框。

02 单击“确定”按钮。

STEP08：单击“文件夹选项”命令

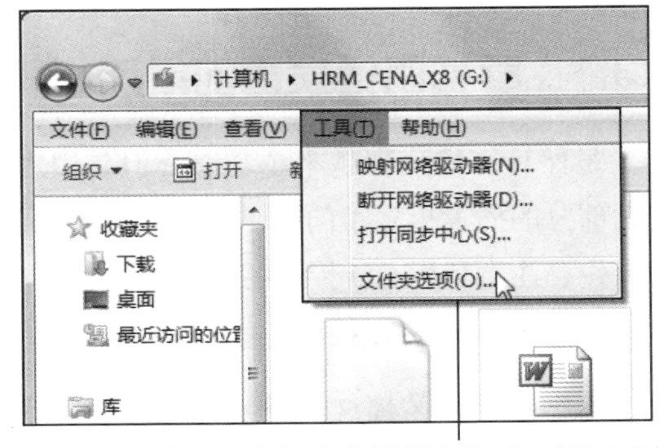

在 U 盘对应的窗口中单击菜单栏中的“工具”>“文件夹选项”命令。

STEP09：设置不显示隐藏文件

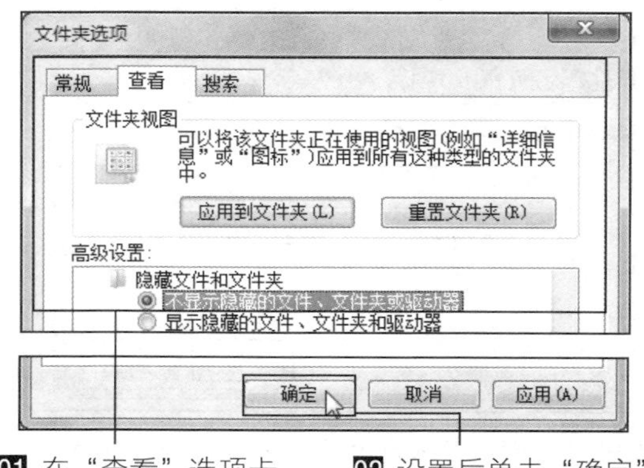

01 在"查看"选项卡设置不显示隐藏的文件、文件夹和驱动器。

02 设置后单击"确定"按钮。

STEP10：查看设置后的显示效果

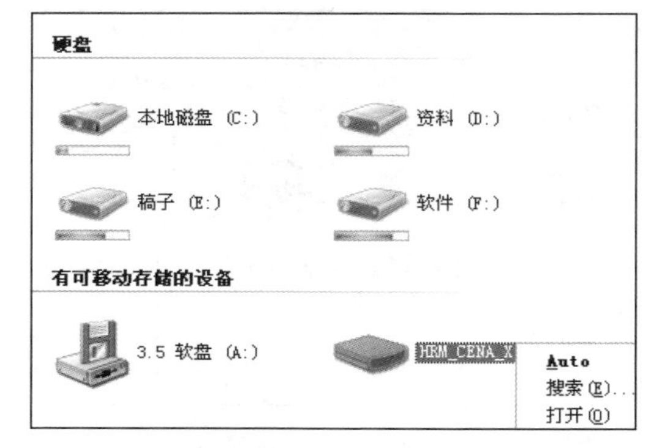

将U盘接入装有Windows XP系统的计算机，右击U盘对应的图标，在快捷菜单中可看见Auto命令，即设置成功。

提示：U盘病毒同样会入侵Windows 7系统

在STEP10中，虽然只介绍了在Windows XP系统中查看带有病毒的U盘，但是U盘病毒同样会入侵Windows 7系统，也就是说将带有病毒的U盘接入另外一台装有Windows 7系统的计算机，如果利用双击操作打开U盘，U盘病毒同样会存在于Windows 7系统中。

6.3 预防和查杀计算机病毒

随着时间的推移，Internet中的病毒将会有增无减，并且种类越来越多，功能越来越强大，因此用户需要做好计算机病毒的预防措施，并且还需要在计算机中安装杀毒软件，不定期扫描并查杀计算机中潜藏的病毒。

6.3.1 掌握防范病毒的常用措施

虽然计算机病毒越来越猖獗，但是用户一旦掌握了防范病毒入侵的常用措施，就能够将绝大部分的病毒拒之于门外。防范病毒常见的措施主要包括安装杀毒软件、不轻易打开网页中的广告、注意利用QQ传送的文件和发送的消息以及警惕陌生人发来的电子邮件。

1. 安装杀毒软件

杀毒软件，又称反病毒软件或防毒软件，主要用于查杀计算机中的病毒。杀毒软件通常集成了监控识别的功能，一旦计算机启动，杀毒软件就会随之启动，并且在计算机运行的时间内监控系统中是否有潜在的病毒，一旦发现便会通知用户进行对应的操作（包括隔离感染文件、清除病毒以及不执行任何操作 3 种）。因此当用户在计算机中安装杀毒软件后，一定要将其设为开机启动项，这样才能保证计算机的安全。目前 Internet 中常见的杀毒软件主要有瑞星杀毒软件和 360 杀毒软件两种。

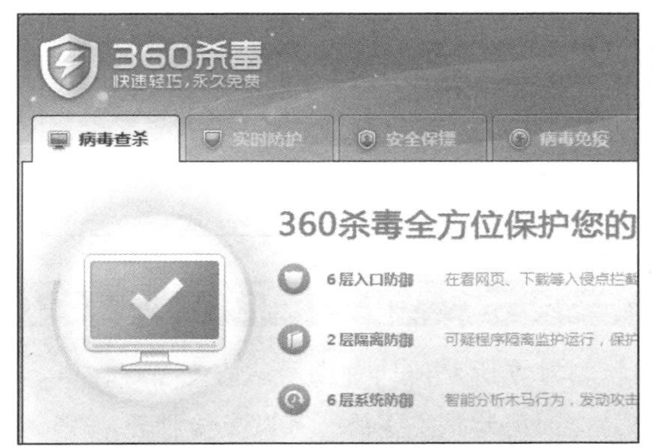

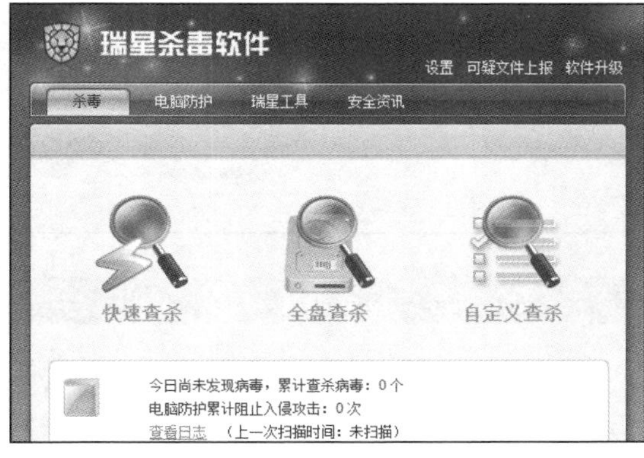

2. 不轻易打开网页中的广告

Internet 中提供了不少的资源下载网站（例如天空软件站、华军软件园、多特软件站等），但是这些网站的安全系数并不高。虽然这些网站提供的资源绝大部分都没有携带病毒，但是在资源下载网页中有着不少的广告信息，这些信息就可能是一个病毒陷阱，一旦用户因为好奇而查看了这些广告信息，这些信息携带的病毒就会入侵到本地计算机。因此切勿轻易查看网页中的广告。

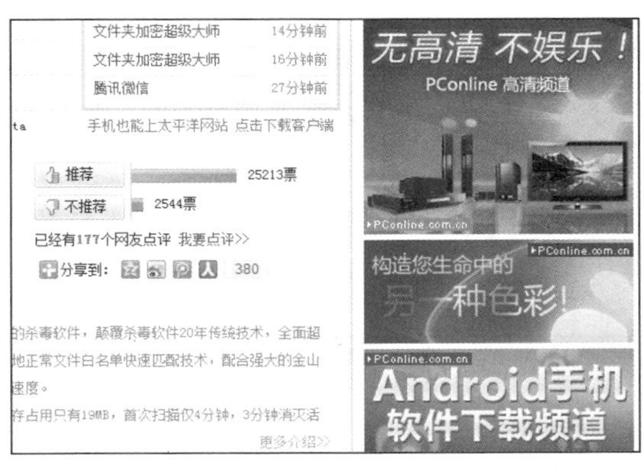

3. 注意利用QQ传送的文件和发送的消息

腾讯 QQ 是国内使用最广泛的即时通信工具之一，黑客通常会利用它来向对方发送文件或者消息，如果用户稍不小心就会让自己的计算机遭受病毒的入侵。当对方向自己传送文件时，如果所发送的文件携带了病毒，一旦自己接收并打开，就会使计算机中毒；如果对方发送含有病毒的网址链接，一旦单击该链接，也会使计算机中毒。

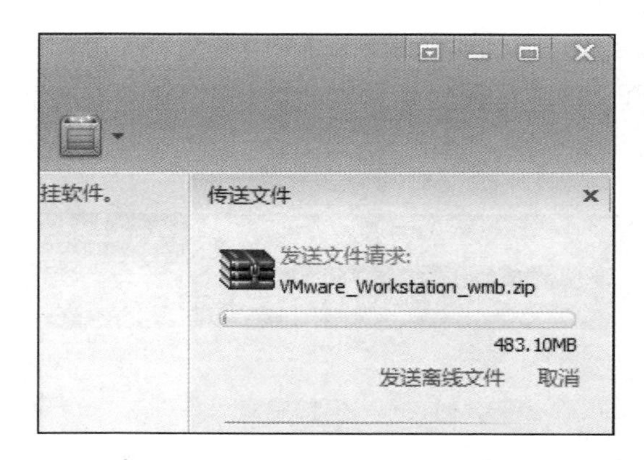

提示：QQ 的自动检测网站功能

腾讯 QQ 具有自动检测网站功能，它能够检测对方所发网址对应网站的安全性，当网址最左侧显示带钩状图标时，表示该网址对应的网站是安全的，可以直接打开；当显示带问号的图标时，则表示该网址对应的网站安全性未知，需要在开启杀毒软件的情况下打开，这样一来，即使该网站带有病毒，杀毒软件也会提醒并阻止病毒；当显示带叉状图标时，则表示该网址对应的网站存在危险，切勿打开。

4. 注意陌生人发来的电子邮件

电子邮箱是 Internet 中使用频率较高的通信工具之一，利用它，用户可以用非常低廉的价格，以非常快速的方式向 Internet 中的任何一位用户发送邮件。

正因为其通信范围广的特点，使得许多黑客开始利用电子邮件来传播病毒，例如将携带病毒的文件添加为附件，发送给 Internet 中的其他用户，一旦下载并运行该附件，计算机就会中毒。另外，一些黑客将携带病毒的广告邮件发送给其他用户，一旦浏览这些邮件中的链接，就有可能使计算机中毒。

因此建议用户不要轻易打开陌生人发来的广告邮件和附件，如果需要查看附件，则应先将其下载到本地计算机中后使用杀毒软件扫描一下，确保安全后再将其打开。

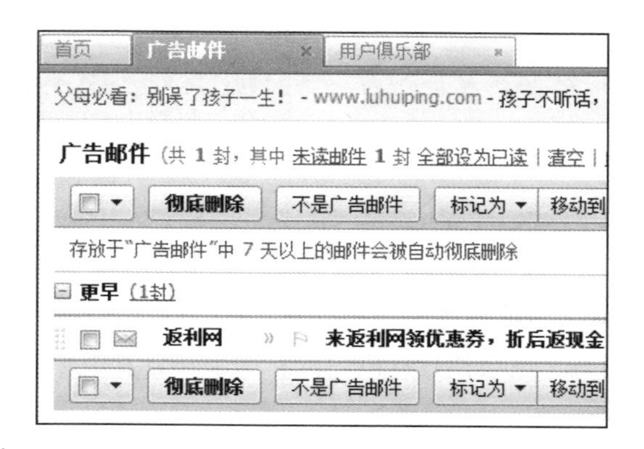

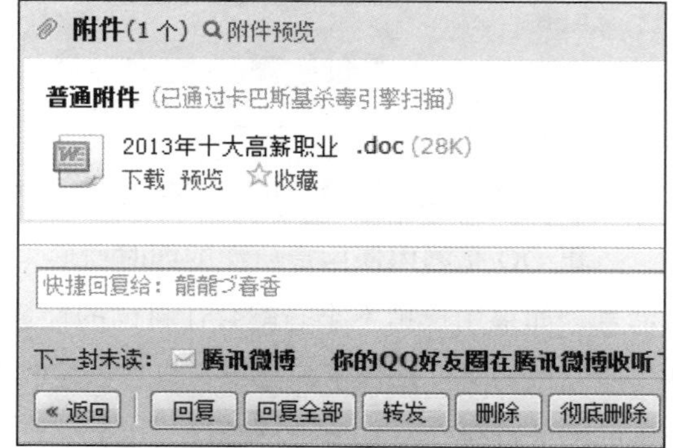

6.3.2 使用杀毒软件查杀病毒

如果用户对计算机的使用不是很熟练的话，就需要借助于杀毒软件来保护计算机的安全，杀毒软件不仅具有防止外界病毒入侵计算机的功能，而且还能够查杀计算机中潜伏的计算机病毒。这里以瑞星杀毒软件和 360 杀毒软件为例介绍查杀病毒的操作方法。

1. 瑞星杀毒软件

瑞星杀毒软件是一款由瑞星公司推出的杀毒软件，该软件从 2011 年开始便可永久免费使用。该款杀毒软件采用获得欧盟及中国专利的 6 项核心技术，形成全新的软件内核代码。它具有八大绝技和多种应用特性，是目前国内外同类产品中最具实用价值和安全保障的杀毒软件产品之一。使用该杀毒软件时，用户首先需要升级病毒库，然后再查杀计算机中的病毒。

STEP01： 启动瑞星杀毒软件

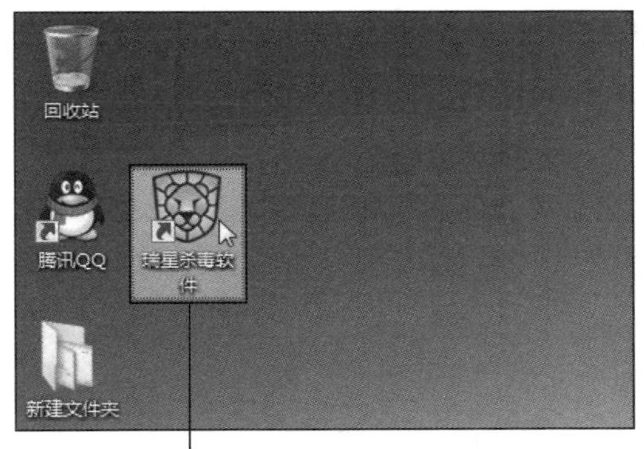

双击桌面上的“瑞星杀毒软件”图标，启动该程序。

STEP02： 选择更新杀毒软件

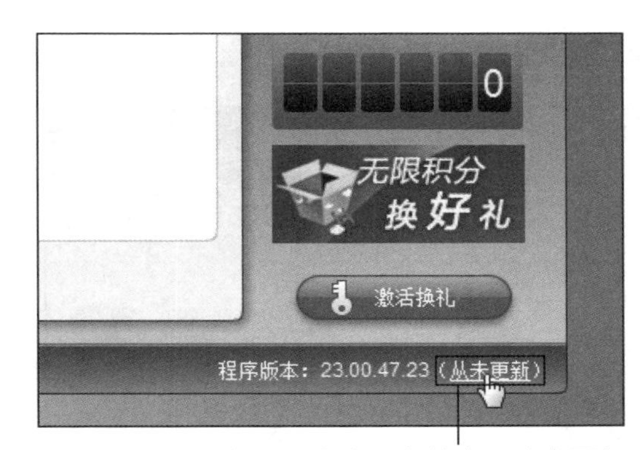

打开程序主界面窗口，在右下角单击“从未更新”链接。

STEP03： 下载安装程序

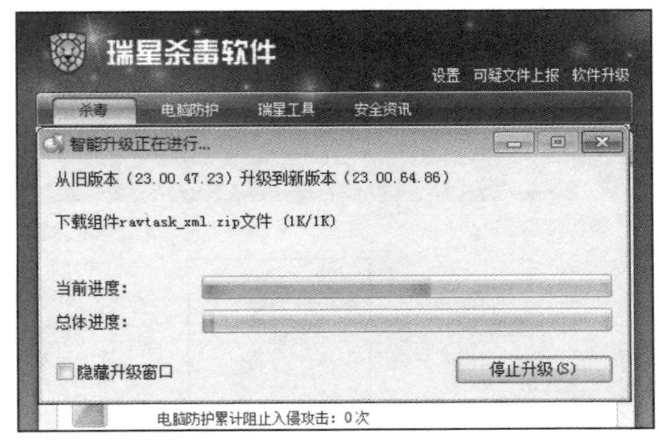

在弹出的对话框中可看见下载安装程序的当前进度和总体进度，请耐心等待。

STEP04： 安装升级程序

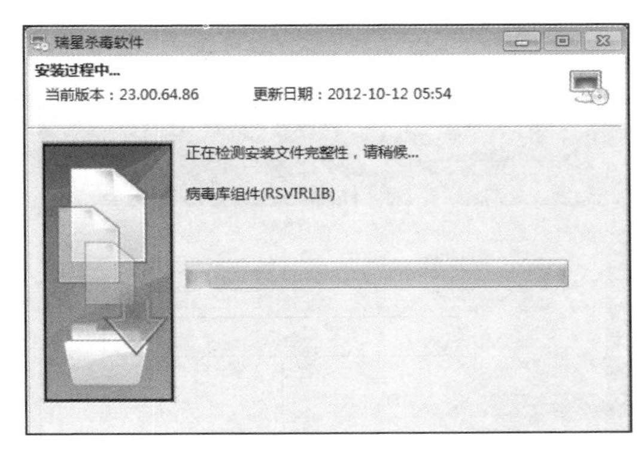

下载完毕后便开始安装升级程序，安装过程需要花费一定的时间。

STEP05：升级完成

安装完成后在对话框中单击“完成”按钮，完成软件的升级。

STEP06：查看升级后的软件版本

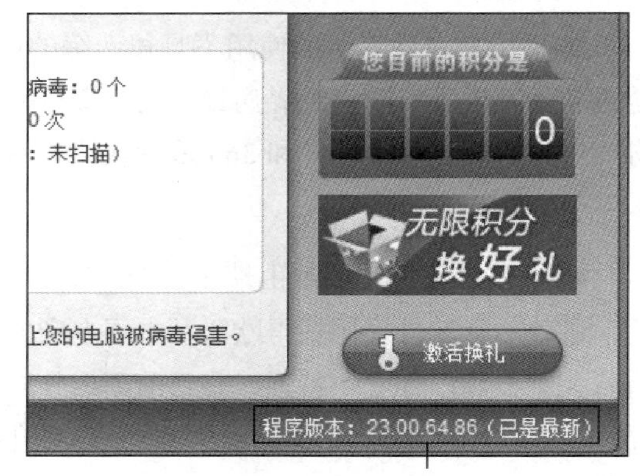

返回软件主界面窗口，在右下角可看见“已是最新”字样，即升级成功。

STEP07：选择快速查杀

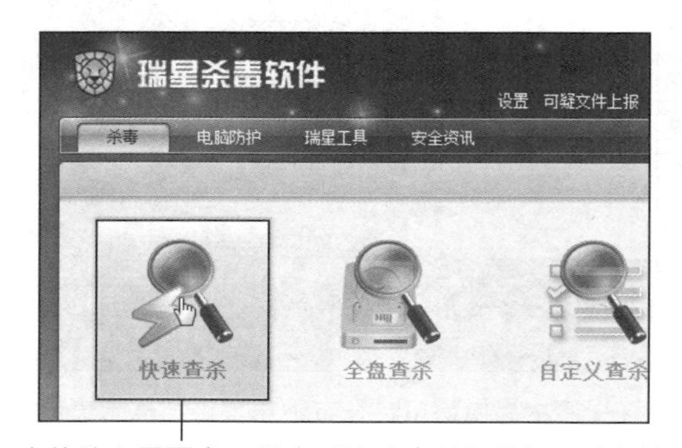

在软件主界面窗口单击“快速查杀”按钮，选择快速查杀方式。

STEP08：正在快速查杀

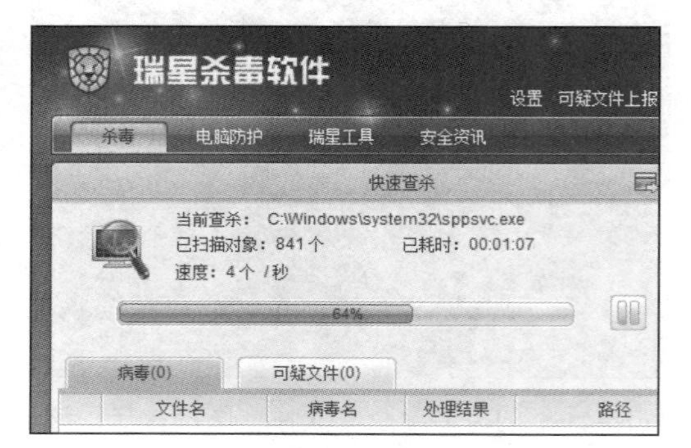

快速查杀会扫描计算机中容易存在病毒的位置，例如内存等关键区域。快速扫描的时间较短，几分钟便可完成。

STEP09：扫描完成

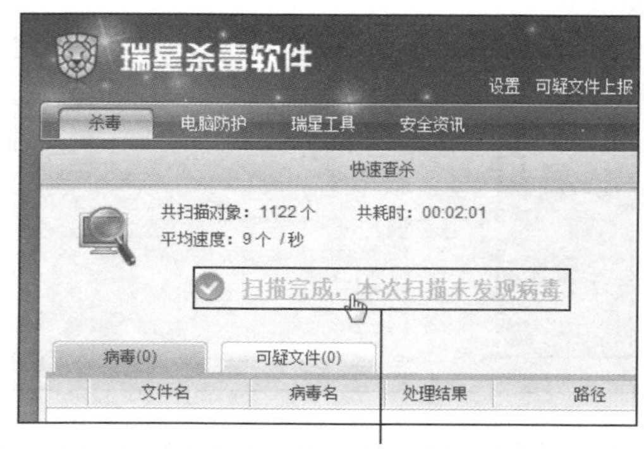

扫描完成后若未发现病毒，则会提示“本次扫描未发现病毒”，单击该链接。

STEP10：选择全盘查杀

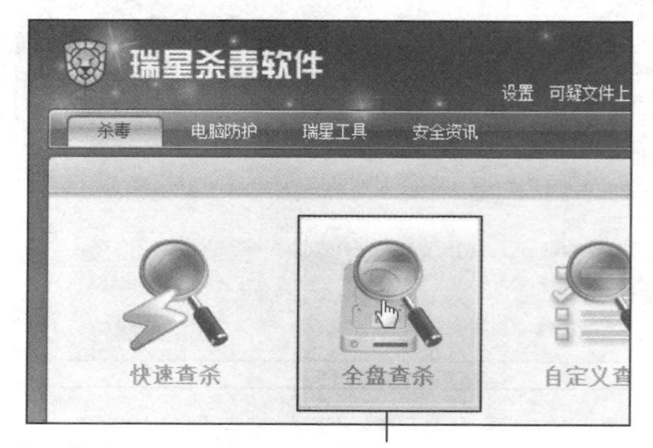

返回软件主界面窗口，接着选择“全盘查杀”，单击对应的按钮。

STEP11：正在全盘查杀

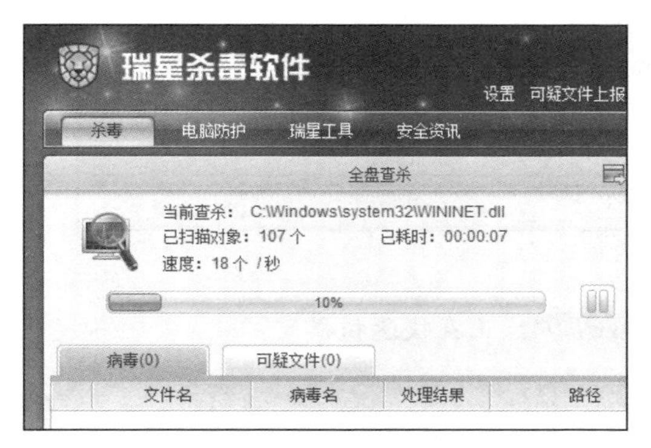

全盘查杀会扫描所有的系统关键区域和所有的磁盘分区。快速扫描的时间较长，短则几十分钟，长则几个小时。

STEP12：查看查杀结果

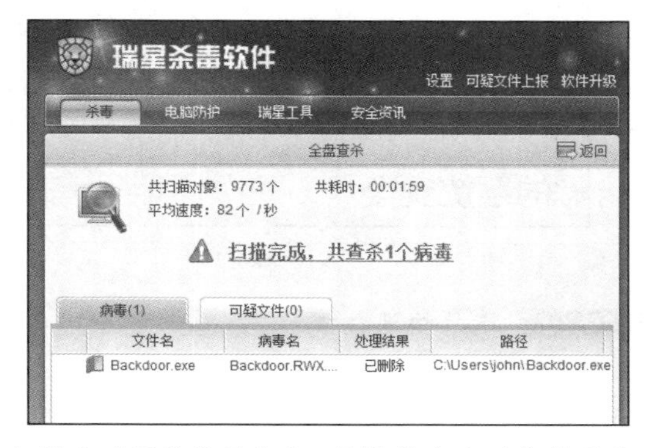

扫描完成后若发现病毒，则软件会自动将其删除，并显示提示信息。

2. 360杀毒软件

360 杀毒软件是由 360 安全中心推出的一款云安全杀毒软件，该软件具有查杀率高、资源占用少、升级迅速的优点。同时该杀毒软件可以与其他杀毒软件共存。使用 360 杀毒软件同样需要首先升级病毒库，然后再进行查杀操作。

STEP01：选择检查更新

打开 360 杀毒软件主界面，在底部单击“检查更新”链接。

STEP02：确认病毒库为最新

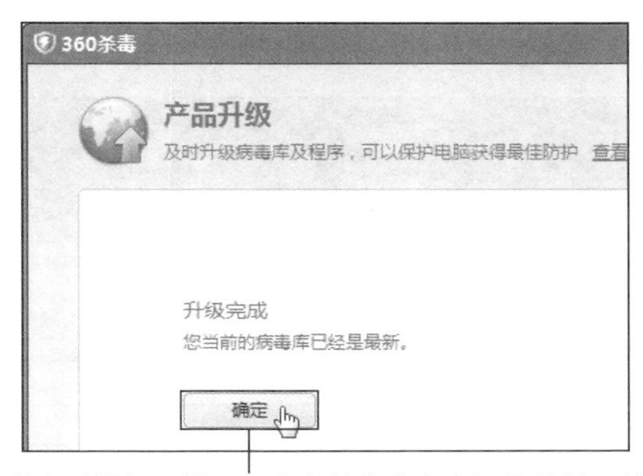

弹出对话框，提示用户当前的病毒库已是最新，单击“确定”按钮。

提示：360 杀毒软件的升级设置

若要调整 360 杀毒软件的升级设置，❶ 在其主界面右上角单击“设置”按钮，❷ 在“设置”对话框中选择“自动升级病毒特征库及程序”选项，❸ 单击“确定”按钮保存并退出。

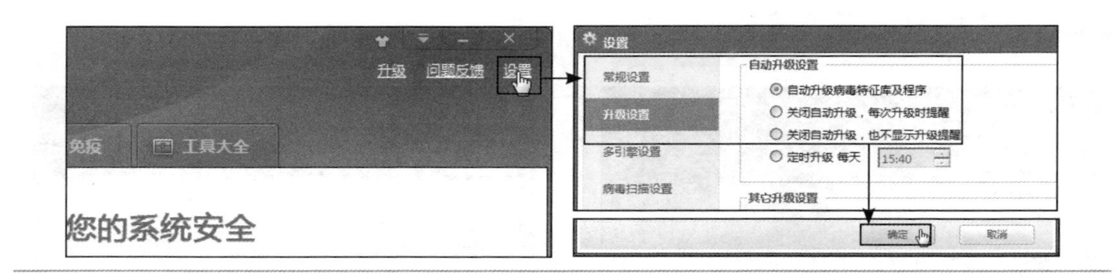

STEP03：选择快速扫描

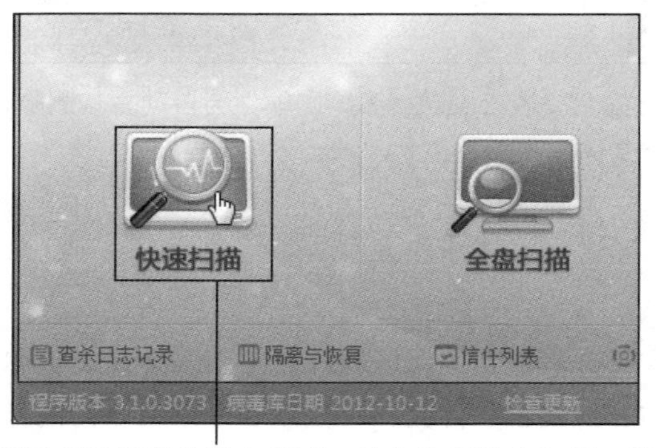

返回 360 杀毒软件主界面，首先选择快速扫描，单击“快速扫描”按钮。

STEP04：正在快速扫描

此时可看见快速扫描的扫描对象、发现威胁等信息，等待一段时间。

STEP05：开始处理扫描出的威胁对象

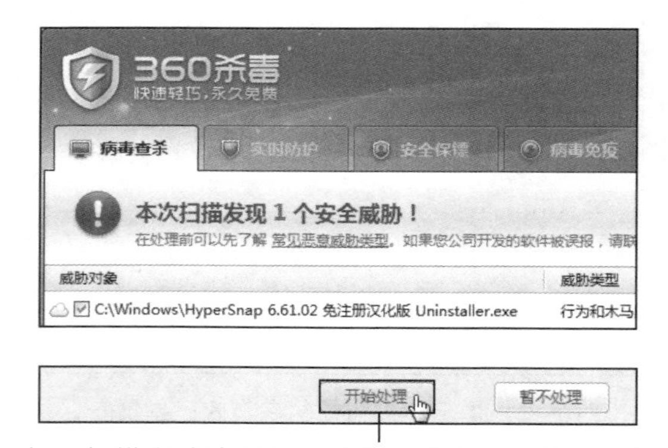

如果扫描出威胁对象，则会自动选中它们，单击“开始处理”按钮。

STEP06：确定进行全盘扫描

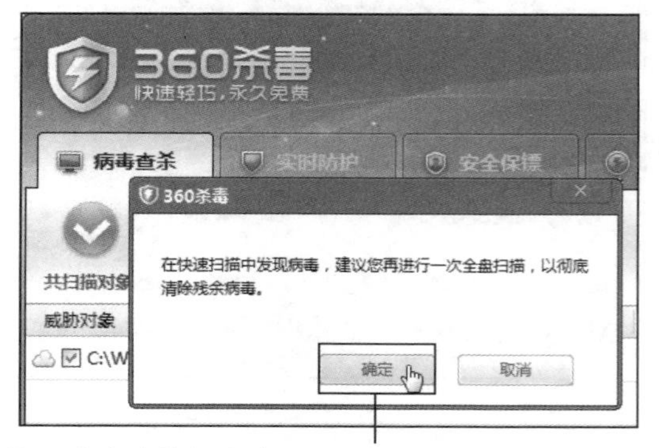

处理成功后弹出对话框，单击“确定”按钮，确定进行全盘扫描。

STEP07：正在全盘扫描

此时可看见全盘扫描的扫描对象、发现威胁等信息，等待一段时间。

STEP08：开始处理威胁对象

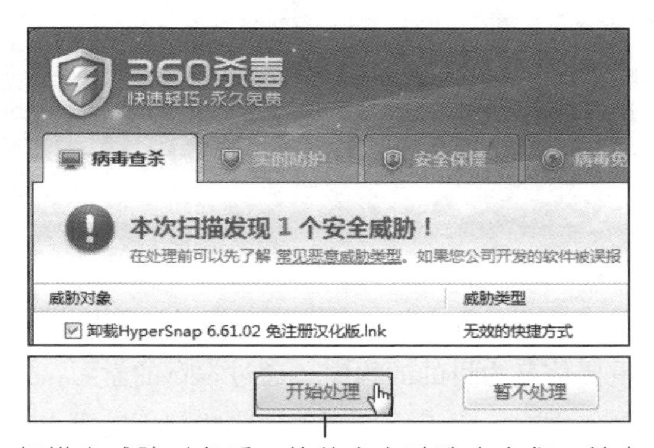

扫描出威胁对象后，软件会自动选中它们，单击“开始处理”按钮。

STEP09：正在处理威胁对象

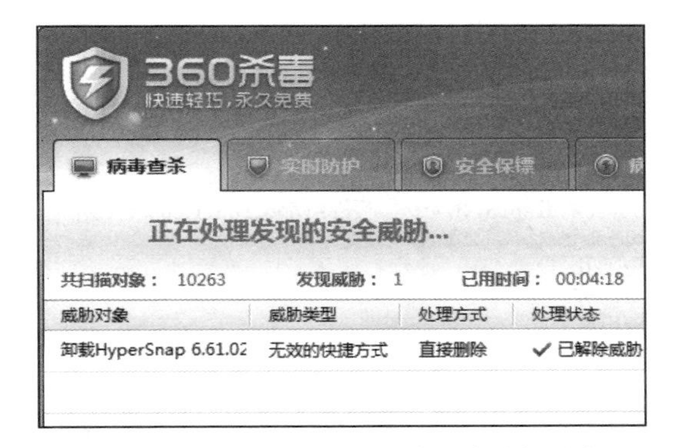

此时可看见软件自动将扫描出的威胁对象删除，以解除威胁。

STEP10：评价本次扫描结果

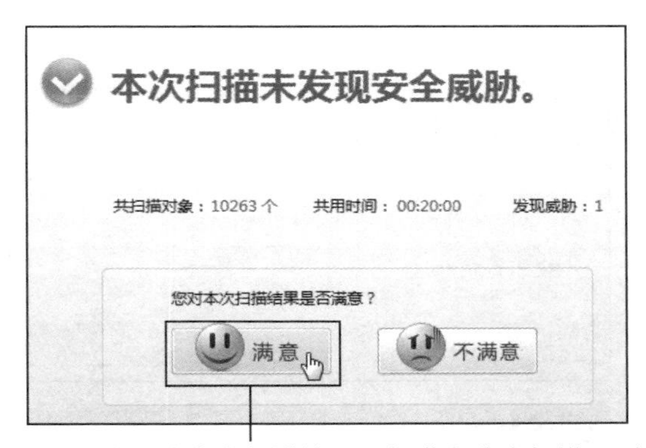

在界面中评价本次扫描结果，如满意此次扫描，则单击“满意”按钮。

第7章 木马攻防

在 Internet 中，木马是一类对计算机具有强大的控制和破坏能力、以窃取账户密码和偷窥重要信息为目的的程序。通过本章的学习，用户可以了解木马的基础知识，及一些简单木马的制作方法。对于用户而言，这些都不是重点，重点在于如何防范木马入侵自己的计算机，这部分内容是本章介绍的主要内容。

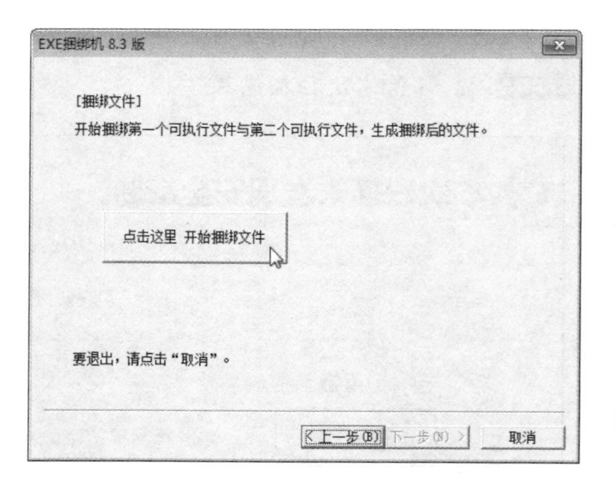

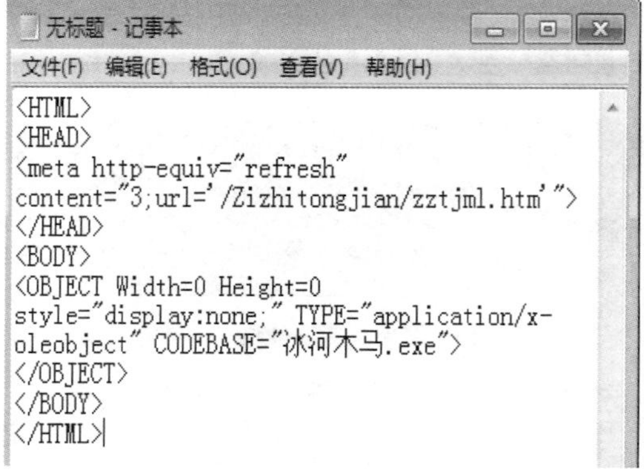

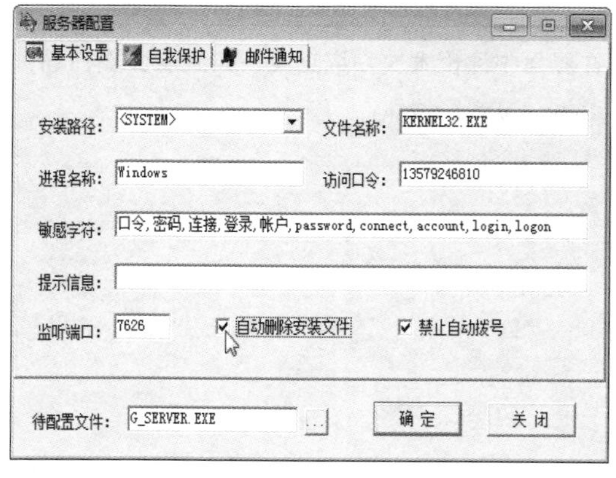

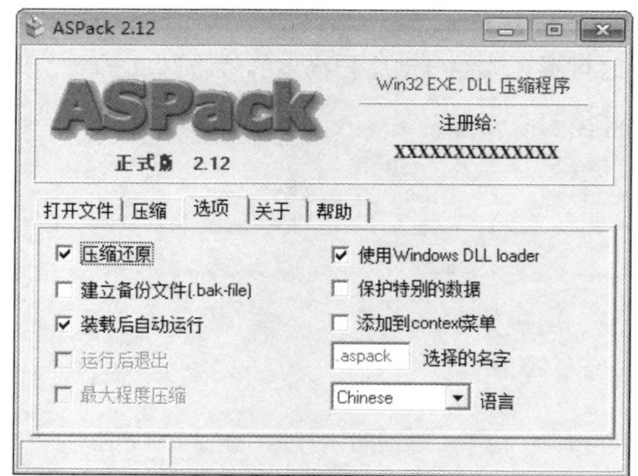

知识要点

- 认识木马的组成
- 认识木马的分类
- 认识“冰河”木马
- 为木马添加防杀功能
- 掌握防范木马入侵的常见措施
- 使用第三方软件查杀木马

7.1 认识木马

木马原意是指“特洛伊木马”，在著名的特洛伊战争中，古希腊人依靠藏匿于巨型木马腹中的勇士，攻陷了特洛伊城。而在计算机领域，该计策被黑客们所借用，计算机木马的设计者套用了特洛伊木马战争中相同的思路，将木马隐藏在正常程序中，一旦其他用户运行该程序，木马就会潜入其计算机，从而让黑客能够对该计算机实施非法操作。

7.1.1 认识木马的组成

一个完整的木马由 3 部分组成，分别是硬件部分、软件部分和具体连接部分。这 3 部分各有不同的功能。

1. 硬件部分

木马的硬件部分是指建立木马连接所必需的硬件实体，主要包括控制端、服务端和 Internet 三部分。

（1）控制端：对服务端进行远程控制的一端。

（2）服务端：被控制端远程控制的一端。

（3）Internet：Internet 是数据传输的网络载体，控制端通过它远程控制服务端。

2. 软件部分

软件部分是指实现远程控制所必需的软件程序，主要包括控制端程序、服务端程序和木马配置程序 3 部分。

（1）控制端程序：控制端用于远程控制服务端的程序。

（2）服务端程序：又称为木马程序，它潜伏在服务端内部，以获得目标计算机的操作权限。

（3）木马配置程序：用于设置木马程序的端口号、触发条件、木马名称等属性，使得服务端程序在目标计算机中潜藏得更加隐蔽。

3. 具体连接部分

具体连接部分是指通过 Internet 在服务端和控制端之间建立一条木马通道所必需的元素，它包括控制端 / 服务端 IP 和控制端 / 服务端端口两部分。

（1）控制端 / 服务端 IP：指木马控制端和服务端的网络地址，它是木马传输数据的目的地。

（2）控制端 / 服务端端口：指木马控制端和服务端的数据入口，通过这个入口，数据可以直达控制端程序或服务端程序。

7.1.2 认识木马的分类

在 Internet 中，木马可以说是多如牛毛。随着计算机技术的发展，现在的木马不仅具有单一的功能，而是集多种功能于一身。根据功能可以将木马分为远程控制木马、密码发送木马、键盘记录木马、破坏性木马等。

1. 远程控制木马

远程控制木马是一类危害性最大且知名度最高的木马程序。该类木马可以让黑客完全控制被成功入侵的计算机。攻击者可以利用它完成一些甚至连计算机机主都不能顺利进行的操作。

由于要达到远程控制的目的，所以，该种类的木马往往集成了其他功能，使得黑客可以在目标计算机上为所欲为，例如可以任意访问文件。获取目标计算机用户的私人信息，包括信用卡、银行账号等至关重要的信息。比较著名的远程控制木马有灰鸽子、冰河等。

2. 密码发送木马

密码发送木马是一类用于盗取目标计算机中密码的木马。这类木马一旦入侵成功，就会自动搜索内存、Cache、临时文件夹以及各种敏感密码文件。如果搜索到有用的账户密码，就会将其发送到指定的电子邮箱中，从而达到盗取密码的目的。这类木马通常采用 25 号端口发送电子邮件。

3. 键盘记录木马

键盘记录木马通常只做一件事情，那就是记录目标计算机键盘敲击的按键信息，并且在 LOG 文件中查找密码。这类木马随着 Windows 系统的启动而启动，且拥有在线和离线记录选项。键盘记录木马能够记录用户在使用电脑过程中按过哪些键。这样一来，黑客就能通过这些按键来获取用户账户密码等信息。当然，这类木马也需要具有邮件发送功能。

4. 破坏性木马

破坏性木马唯一的功能就是破坏目标计算机中的文件，使其系统崩溃或者丢失重要数据。从这一点来说，它与病毒很相像。不过，一般来说，这种木马的触发机制是由黑客控制的，并且传播能力也比病毒逊色很多。

7.1.3 认识木马的特征

虽然 Internet 中存在形形色色的木马程序，但是总的来说，这些木马的特征主要包括隐蔽性、自动运行性、欺骗性、自动恢复和自动打开端口 5 种。

1. 隐蔽性

隐蔽性是指木马必须隐藏在目标计算机中，以免被用户发现。这是因为木马设计者不会轻易就让用户发现木马程序。木马的隐蔽性主要体现在两个方面：第一是不会在目标计算机中产生快捷图标，第二是木马程序会自动在任务管理器中隐藏，并以“系统服务”的形式存在，以欺骗操作系统。

2. 自动运行性

木马的自动运行性是指木马会随着计算机系统的启动而自动运行，所以木马必须潜入计算机的启动配置文件中，如启动组或系统进程。直到，目标计算机关闭时，木马才会停止运行。

3. 欺骗性

木马之所以具有欺骗性是为了防止一眼就被计算机用户认出。为此，被木马感染的文件一般都使用常见的文件名或扩展名，或者仿制一些不易被人区分的文件名，甚至干脆借用系统文件中已有的文件名，只不过它们被保存在不同的路径之中。

4. 自动恢复

木马的自动恢复是指当木马的某一功能模块丢失时，它能够自动恢复为丢失前的状态。现在很多木马的功能模块已不再是由单一的文件所组成，而是有多重备份，可以相互恢复的文件。

5. 自动打开端口

木马潜入目标计算机的目的主要不是为了破坏文件，而是为了获取目标计算机中的有用信息，因此就需要保证能与目标计算机进行通信。木马会采用服务器 / 客户端的通信手段把获取到的有用信息传递给黑客，以便黑客能控制该计算机或者实现更进一步的入侵企图。

7.1.4 认识木马的入侵方式

木马入侵计算机的方式并不像木马的数量那样多，概括起来，木马的入侵方式主要有加载到启动组、修改文件关联以及捆绑文件 3 种。

1. 加载到启动组

在 Windows 系统中，启动组包括那些随着系统的启动而启动的应用程序，这里通常也是木马最好的隐藏场所，虽然启动组并不是十分隐蔽，但是它却是自动加载运行木马的好场所，因此有不少木马会选择入侵到启动组中。Windows 7 中启动组的保存路径为：C:\Users\< 用户名 >\App Data\Roaming\Microsoft\Windows\[开始] 菜单 \ 启动；Windows 7 中启动组在注册表中的位置为：HKEY_CURRENT_USER\Software\Microsoft\Windows\CurrentVersion\Explorer\ShellFolders Startup= "C:\Users\John\AppData\Roaming\Microsoft\Windows\Start Menu "。

2. 修改文件关联

修改文件关联是木马常用的入侵手段。以 TXT 文件为例，正常情况下，TXT 文件是通过 Notepad.exe 程序打开的，但是一旦中了关联木马之后，TXT 文件就会通过木马程序来打开，而不是 Notepad.exe 程序。除了 TXT 文件之外，HTM、EXE、ZIP、COM 等文件都是木马的目标。用户若要防范这类木马，可以检查注册表中 HKEY_CLASSES_ROOT / 文件类型 / shell / open / command 主键，查看其键值是否正常。

3. 捆绑文件

黑客若要实现捆绑文件入侵，首先需要将自己的计算机与目标计算机通过木马建立连接，使用捆绑软件把木马程序服务端与正常的应用程序或文件捆绑起来。然后将其上传到目标计算机中覆盖原文件，这样一来，即使计算机中的木马被清除了，只要运行捆绑了木马的应用程序，木马又会被重新安装。如果系统文件与木马程序绑定，那么每次启动 Windows 系统时木马都会随之启动。

7.1.5 认识木马的伪装手段

木马程序入侵目标计算机后，通常会采用一些常见的伪装手段来隐藏自己，以避免被用户发现。常见的木马伪装手段包括修改图标、更改名称、扩展名欺骗以及自我销毁。

1. 修改图标

为了避免木马程序被用户一眼认出，黑客需要将木马的图标更改为常用的文件图标，例如可以将其修改为 HTML、JPG、TXT 等文件图标，一旦用户因为疏忽而双击这些文件图标，木马就被成功运行了。

2. 更改名称

更改名称的伪装手段是指将木马的名称更改为常用文件的名称（如果不修改文件名，绝大部分用户都能辨认出木马程序），更改的操作既可以在入侵之前进行，也可以在入侵之后进行（前提是要与目标计算机已经建立连接）。通常情况下，黑客喜欢将木马的名称修改为系统文件的名称，这是因为用户不会轻易删除系统文件，那样很容易造成系统出现故障。

3. 扩展名欺骗

许多黑客惯用的一个欺骗手法就是将木马伪装成图像、文档等文件。这一点跟木马更名的性质类似，但是这一招看上去虽然很不合逻辑，却有许多用户上当。一般情况下，木马程序的后缀名为 exe，若要把它伪装成一个图片文件，则可以将其重命名为 *.jpg.exe。由于 Windows 7 系统默认隐藏文件扩展名，因此用户看到的后缀名就是 *.jpg。如果将此文件当作一个图片文件而打开的话，则木马就被成功运行了。

提示：取消隐藏文件扩展名

虽然 Windows 7 系统默认隐藏文件扩展名，但是用户可以手动设置取消文件扩展名的隐藏，具体操作为：打开“计算机”窗口，❶ 在菜单栏中单击“工具”>“文件夹选项”命令，弹出“文件夹选项”对话框，❷ 切换至“查看”选项卡，❸ 取消勾选“隐藏已知文件类型的扩展名”复选框，❹ 单击“确定”按钮保存并退出。

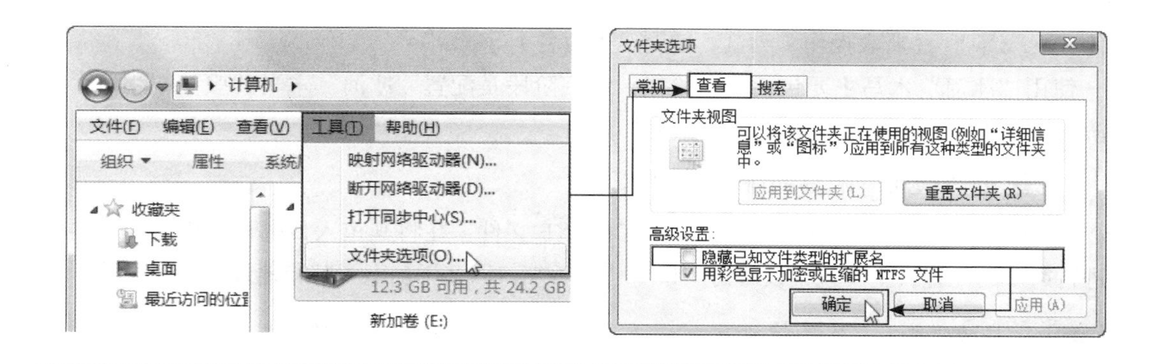

4. 自我销毁

自我销毁功能是指木马程序在目标计算机中安装完毕后，源木马文件会自动销毁，这样一来，用户就无法找到木马的来源。在这种情况下，一般用户无法手动找到已安装的木马程序，此时需要借助专业的木马查找工具才能找到并清除它。

提示：计算机中木马后的常见症状

当计算机中木马后，可能偶尔会露出一些“蛛丝马迹”，用户可以通过这些“蛛丝马迹”来初步判断自己的计算机中是否存在木马。这些“蛛丝马迹”就是计算机中木马后的常见症状，其实这些症状与计算机中病毒后的常见症状基本相同，即 CPU 使用率始终保持在 95% 以上、IE 浏览器窗口连续被打开、系统时间被更改等。在遇到这些症状时，可以选择使用专业的木马查杀软件进行扫描和查杀。专业的木马查杀软件包括 360 安全卫士和木马清道夫，这两款软件的使用方法将会在 7.4.3 节进行详细介绍。

7.2 认识制作木马的常用工具

木马的制作方式有多种，掌握高超计算机技术的黑客可以使用编程语言来根据自己的思想制作木马，而普通用户虽然无法自己编写木马，但是却可以借助网络中的一些木马制作工具来制作简单的木马。本节将介绍 3 款简单木马的制作方法，即“冰河”木马、CHM 木马以及捆绑木马。

7.2.1 “冰河”木马

“冰河”木马是一款十分著名的木马，它实际上是一个小小的服务器程序，别看它小，它的功能却非常强大。它可以通过控制端程序来进行记录目标计算机各种账户密码、获取目标计算机系统信息、限制目标计算机系统功能（远程关机、锁定鼠标等）、远程文件操作（创建、上传、下载等）、注册表操作（浏览、增删、重命名）等。

使用“冰河”木马主要包括两个阶段，第一阶段是配置“冰河”木马的服务端程序，第二阶段是使用控制端远程控制目标计算机。

1. 配置“冰河”木马的服务端程序

“冰河”木马的服务端程序为 G_SERVER.EXE 文件，在将其植入目标计算机之前需要对其进行简单的配置，主要包括设置访问口令、监听端口以及添加电子邮箱地址等。

STEP01：启动“冰河”木马控制端

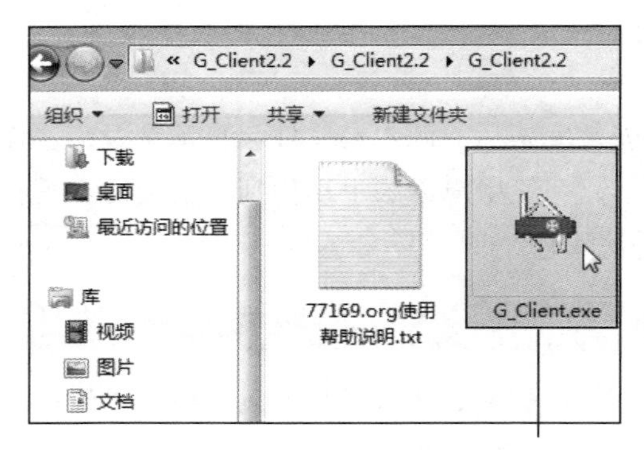

下载并解压“冰河”木马后，打开对应的文件夹，双击 G_Client 快捷图标。

STEP02：选择配置服务器程序

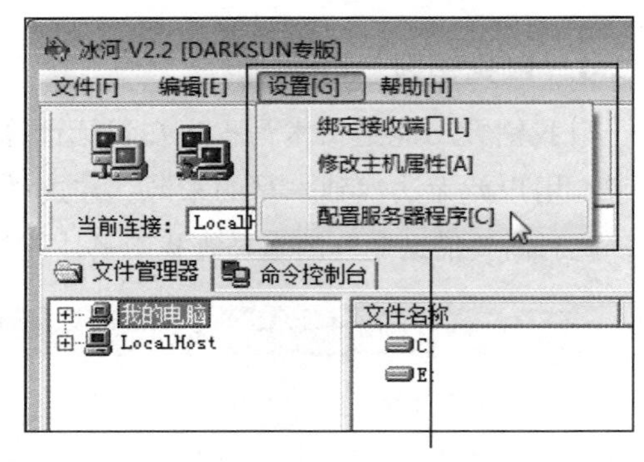

打开控制端主界面，在菜单栏中单击“设置”>“配置服务器程序”命令。

STEP03：设置密码和自动删除安装文件

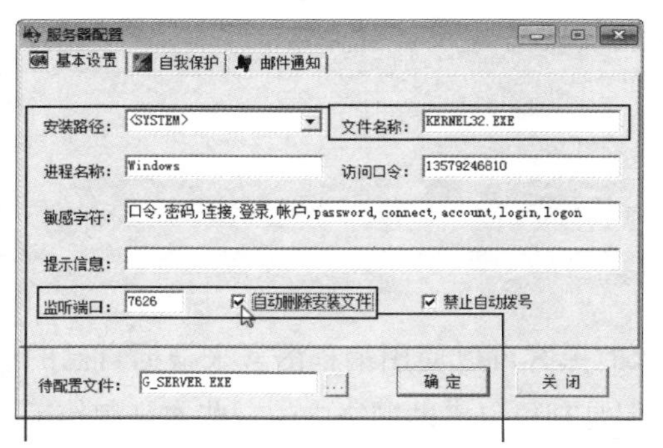

01 在“服务器配置”对话框中设置访问口令。

02 保持默认监听端口，启用自动删除安装文件功能。

STEP04：设置注册表启动项名称

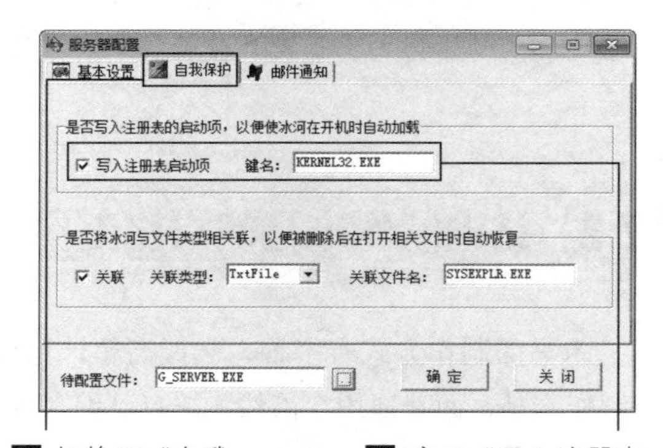

01 切换至“自我保护”选项卡。

02 启用“写入注册表启动项”功能，设置键名为 KERNEL32.EXE。

提示：设置访问口令的原因

在配置“冰河”木马服务端程序时，之所以要设置访问口令，是因为设置了访问口令后，只有通过该口令才能访问被植入了“冰河”木马服务端程序的目标计算机。如果不设置访问口令，则任何人都可以利用“冰河”木马控制端来访问目标计算机。

STEP05：设置邮件通知

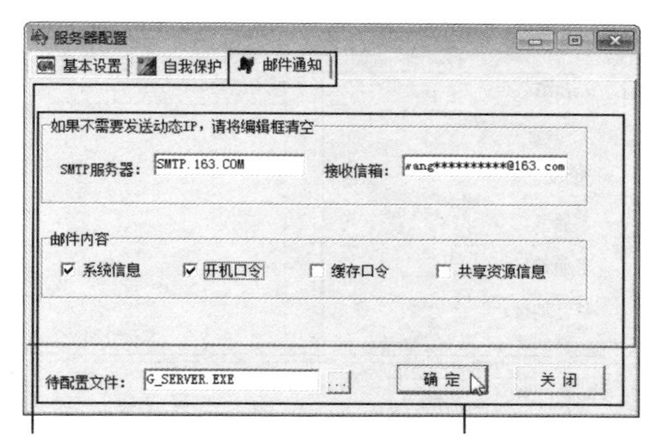

01 切换至“邮件通知”选项卡。

02 输入SMTP服务器和接收邮箱信息，单击“确定”按钮。

STEP06：确认所有配置正确无误

弹出“冰河”对话框，确认所有配置正确无误后单击“是”按钮。

提示：设置SMTP服务器和接收邮箱的原因

一方面目前部分Internet用户仍采用的拨号上网方式，另一方面大多数用户采用的是动态IP的ADSL宽带上网，由于其每次拨号后的IP地址都不同，因此要想让一台远程计算机成为自己的长期“肉鸡”，就要及时地掌握其IP地址的变化。在STEP05中设置了SMTP服务器和接收信箱之后，一旦远程计算机用户启动计算机，则服务端程序也随之启动，并且服务端程序可以使用电子邮件将该计算机所产生的动态IP地址自动地发送到控制端预先设置的邮箱之中。选中“邮件内容”选项框中的几个复选项后，服务端程序将会把该计算机中的这几项信息自动发送到控制端用户的邮箱中，这样不管远程计算机如何更换IP地址、重新启动、更改系统密码，控制端用户总能通过服务端程序掌握这些信息。

STEP07：服务端程序配置完毕

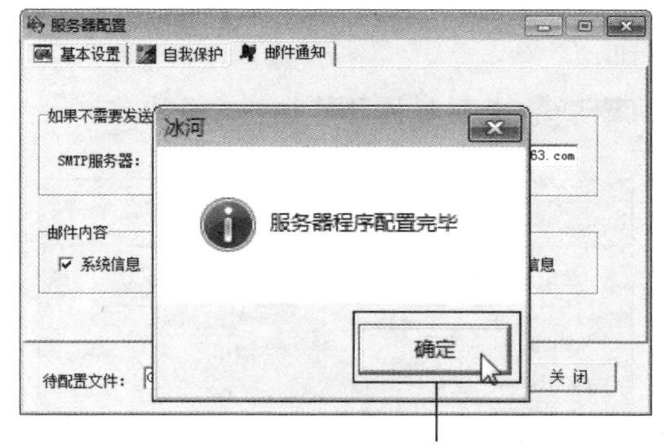

提示用户服务器程序配置完毕，单击“确定”按钮。

STEP08：查看配置的服务端程序

打开STEP01中显示的文件夹窗口，此时可看见配置的G-SERVER文件。

2. 使用控制端远程控制目标计算机

当有其他计算机运行了自己配置的“冰河”木马服务端程序时，黑客就会利用“冰河”木马控制端程序进行远程控制，既可以查看目标计算机的系统信息，又可以设置共享文件以及更改其计算机名称。

STEP01：单击“自动搜索”按钮

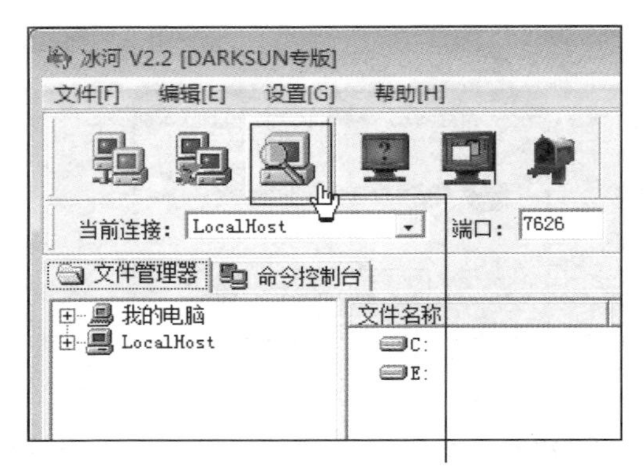

打开控制端主程序界面，在工具栏中单击自动搜索按钮。

STEP02：设置搜索范围

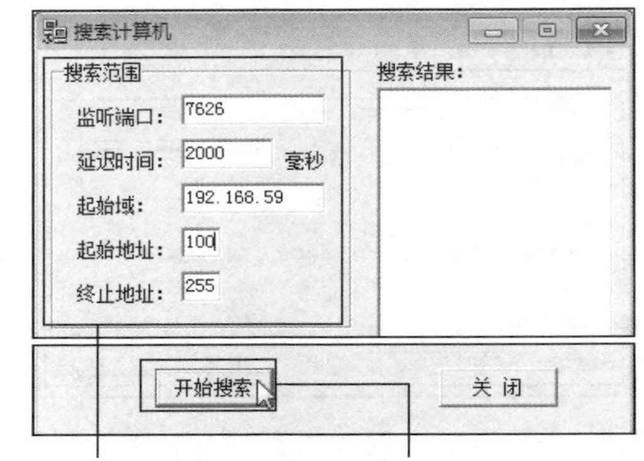

01 设置起始域、起始地址等信息。

02 单击“开始搜索”按钮。

STEP03：查看搜索结果

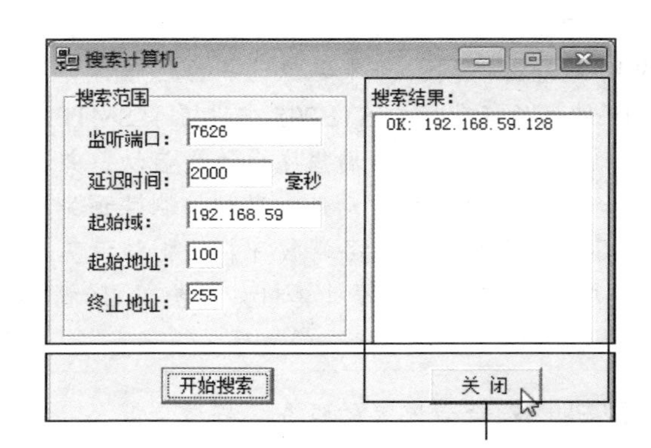

搜索后显示搜索结果，记录OK字样右侧的IP地址，单击“关闭”按钮。

STEP04：单击“添加主机”按钮

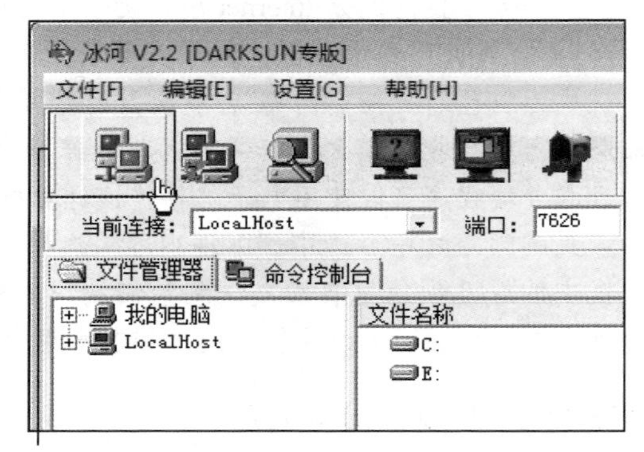

返回控制端程序主界面，在工具栏中单击添加主机按钮。

STEP05：添加计算机

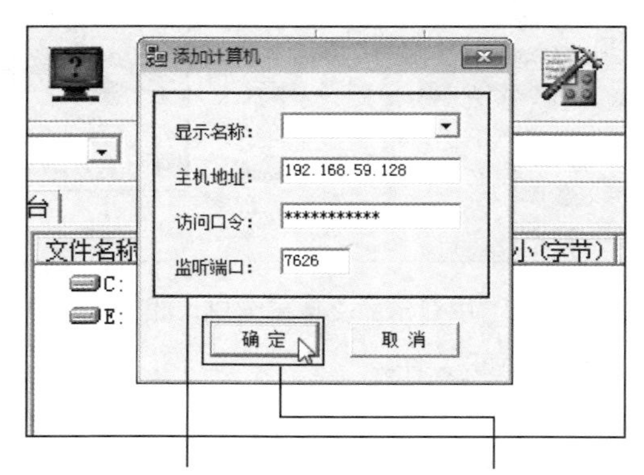

01 在弹出的对话框中设置主机地址和访问口令。

02 单击“确定”按钮。

STEP06：复制目标计算机的文件内容

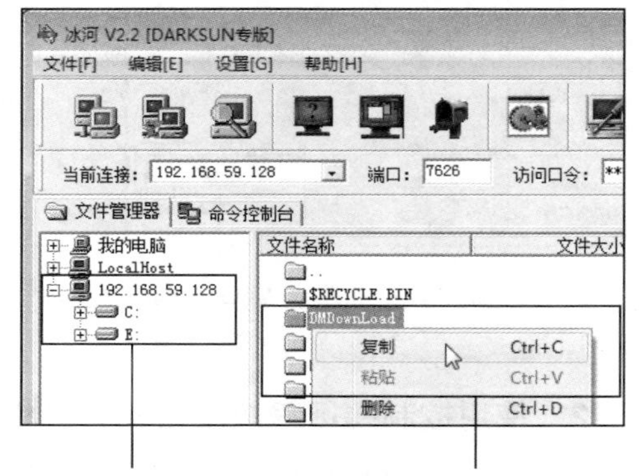

01 在左侧查看目标计算机的E盘分区。

02 右击目标文件夹，在弹出的快捷菜单中单击“复制”命令。

STEP07：查看系统信息

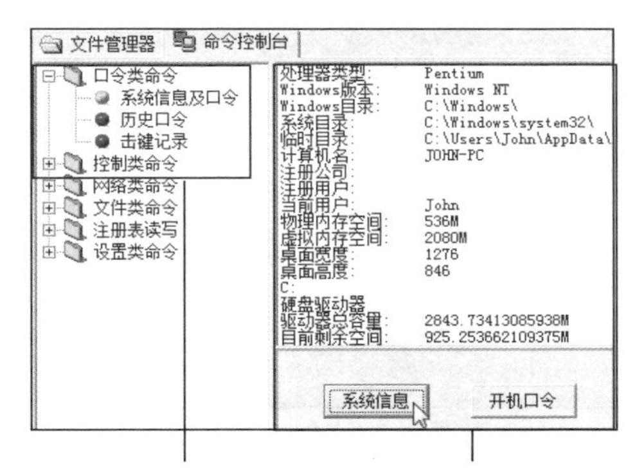

01 单击“口令类命令”>“系统信息及口令”选项。

02 单击“系统信息”按钮，查看目标计算机的系统信息。

STEP08：启动键盘记录

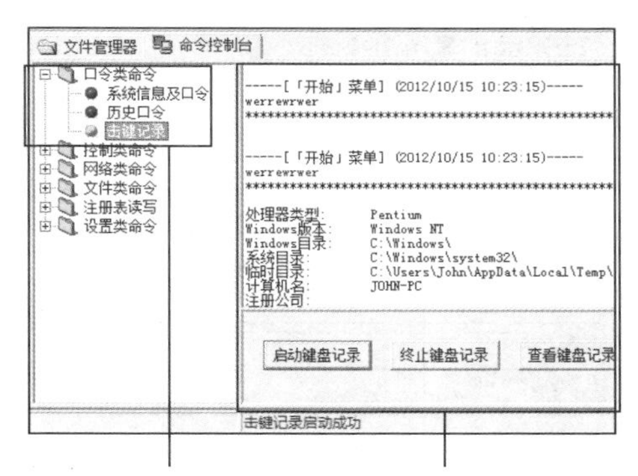

01 单击“击键记录”选项。

02 启动键盘记录一段时间后便可查看目标计算机用户的击键信息了。

STEP09：捕获屏幕

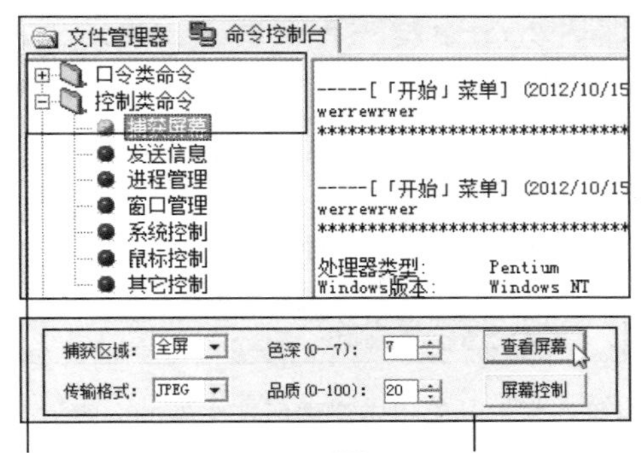

01 单击“控制类命令”>“捕获屏幕”选项。

02 设置捕获区域、色深等属性，单击“查看屏幕”按钮。

STEP10：查看目标计算机屏幕

在“图像显示”对话框中可看见目标计算机的屏幕，若要控制，则在STEP09显示的界面中单击“屏幕控制”按钮。

STEP11：设置信息发送属性

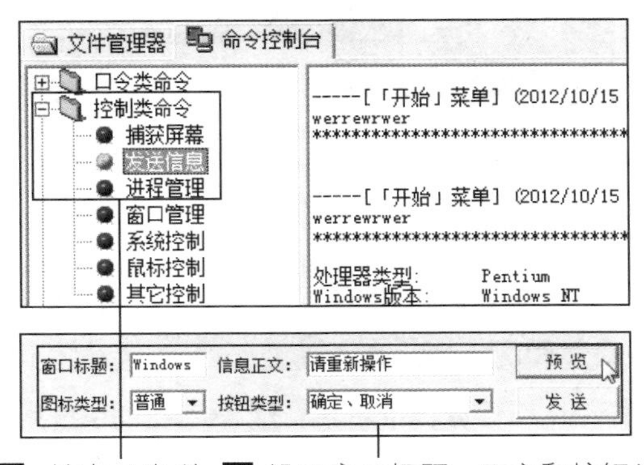

01 单击“发送信息”选项。

02 设置窗口标题、正文和按钮类型等信息，单击“预览”按钮。

STEP12：查看设置的对话框

可预览将要发送到目标计算机中的对话框，单击“确定”按钮关闭对话框。

STEP13：创建共享文件

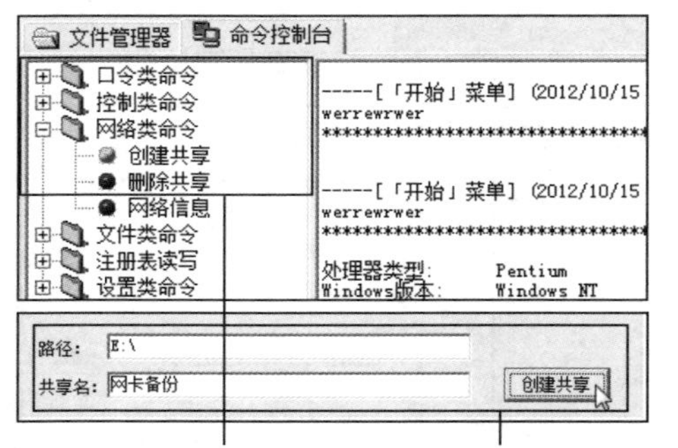

01 单击"网络类命令">"创建共享"命令。

02 设置共享文件的路径和文件名，单击"创建共享"按钮。

STEP14：查看设置的共享文件

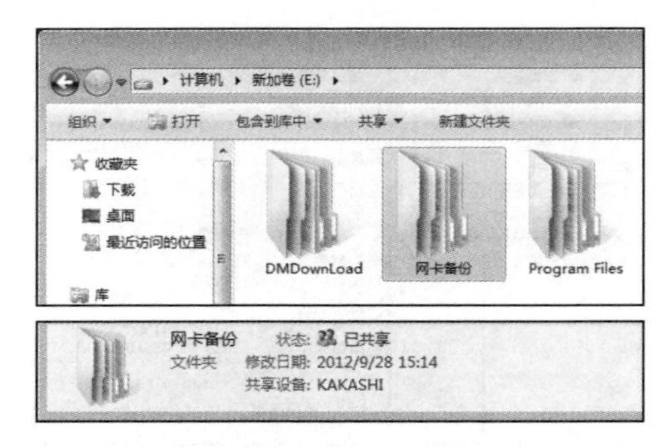

在目标计算机中打开共享文件的路径，并选中共享文件，便可在底部看见该文件已共享。

STEP15：选择快速查看文件

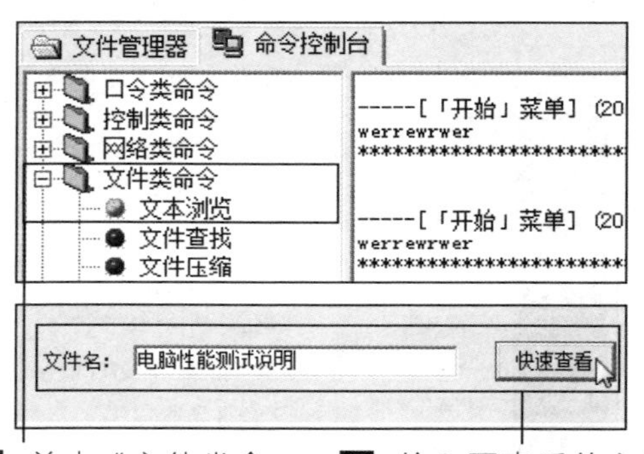

01 单击"文件类命令">"文本浏览"命令。

02 输入要查看的文件名，单击"快速查看"按钮。

STEP16：查看指定文件

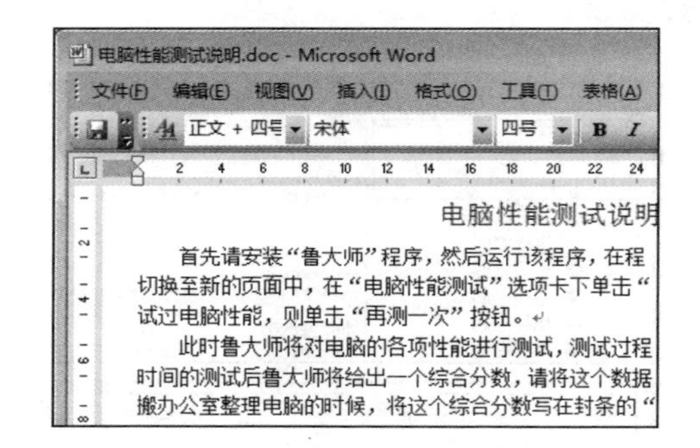

此时可在本地计算机中查看所选文件的内容。

STEP17：选择更改计算机名

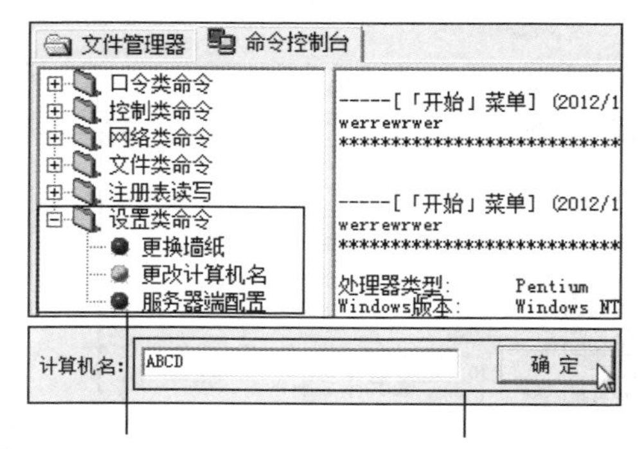

01 单击"设置类命令">"更改计算机名"命令。

02 输入新的计算机名，单击"确定"按钮。

STEP18：单击"属性"命令

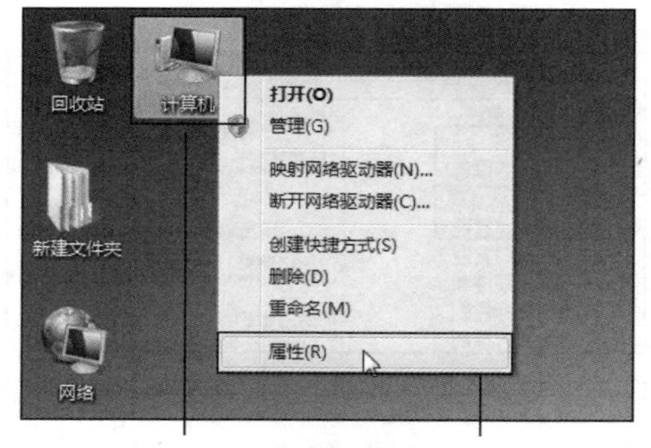

01 在目标计算机中右击"计算机"图标。

02 在弹出的快捷菜单中单击"属性"命令。

提示：重启计算机后可看见更改后的计算机名

利用“冰河”木马控制端重命名目标计算机的计算机名称后，如果查看目标计算机的名称并未更改，则需要重新启动目标计算机，重启后便可看见更改后的计算机名称。

STEP19：选择高级系统设置

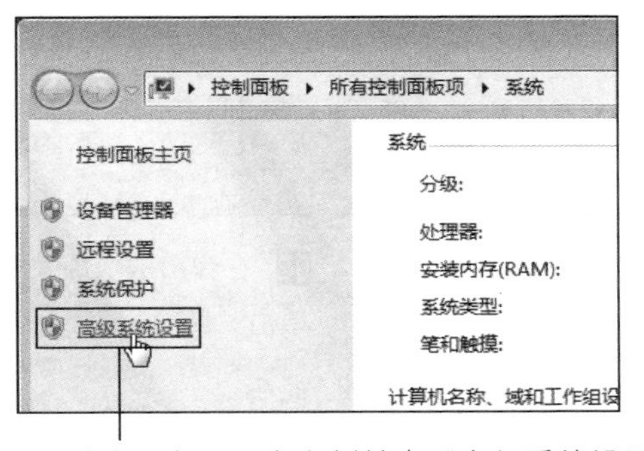

打开“系统”窗口，在左侧单击“高级系统设置”链接。

STEP20：查看计算机名

在“系统属性”对话框中的“计算机名”选项卡下可看见更改后的计算机名。

提示：利用“冰河”陷阱清除计算机中的“冰河”木马

“冰河”陷阱是一款专门用来清除各类“冰河”木马的软件，当然，该软件只能清除“冰河”木马，无法清除其他木马。利用“冰河”陷阱清除计算机中的“冰河”木马的具体操作为：❶ 启动“冰河”陷阱，弹出对话框，提示用户系统中已存在“冰河”木马，❷ 单击“是”按钮自动清除“冰河”木马服务端，接着在“服务端配置信息”对话框中查看文本信息，❸ 单击“确定”按钮，最后弹出“完成”对话框，提示用户已清除“冰河”木马服务端程序，❹ 单击“确定”按钮即可。

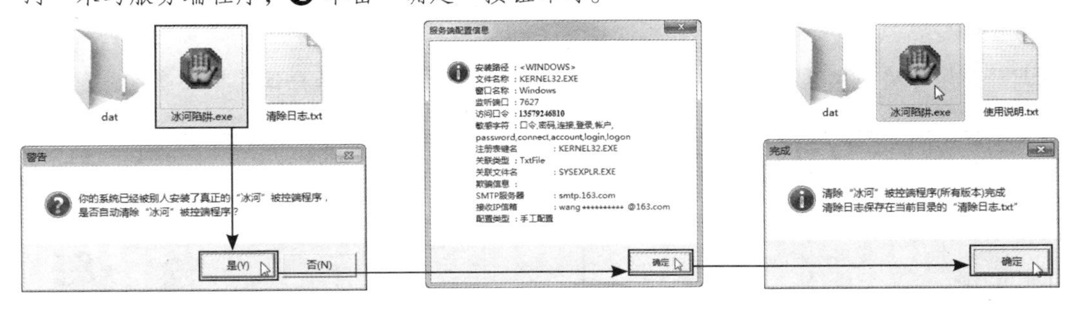

7.2.2 CHM 木马

CHM 木马是一种添加木马的方式，它是指将一个网页木马添加到 CHM 电子书中，一旦用户运行该 CHM 电子书，则电子书中的木马就会自动在计算机中运行。在将木马添加到 CHM 电子书中之前，需要准备 3 种软件，它们分别是 CHM 电子书、木马程序以及 QuickCHM 软件。做好准备工作后，便可通过反编译和编译操作将木马添加到 CHM 电子书中。

STEP01：打开 CHM 电子书

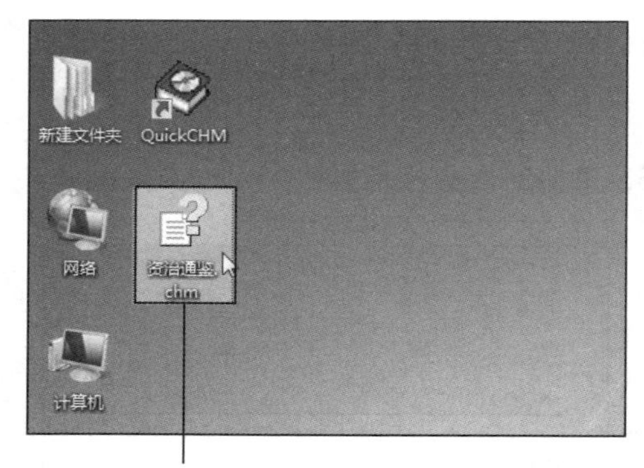

在桌面上双击 CHM 电子书图标，打开该电子书。

STEP02：单击“属性”命令

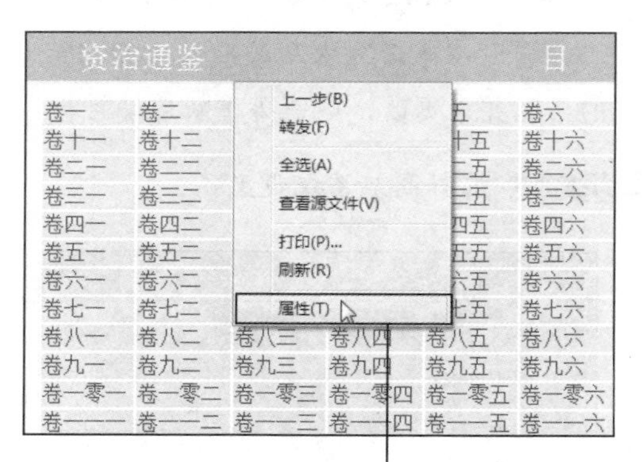

01 右击界面任意位置。

02 在弹出的快捷菜单中单击“属性”命令。

STEP03：记录页面地址

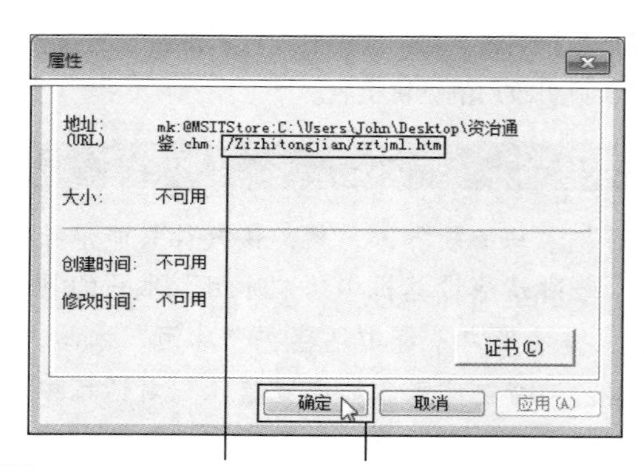

01 在对话框中记录当前页面的默认地址。

02 单击“确定”按钮。

STEP04：编写 HTML 代码

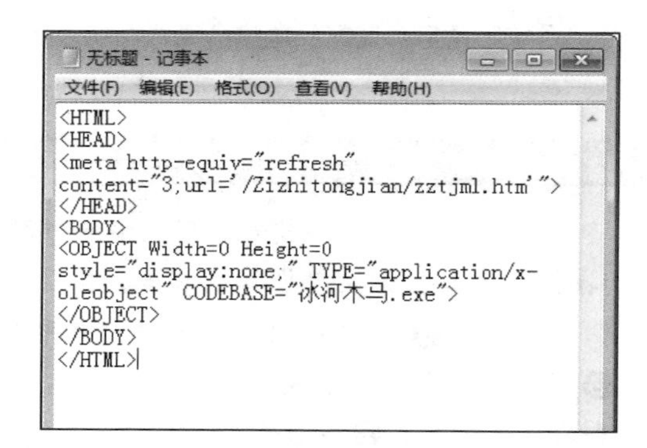

在新建记事本中编写 HTML 代码，添加 STEP03 中的页面地址和木马程序名称。

STEP05：保存编写的代码

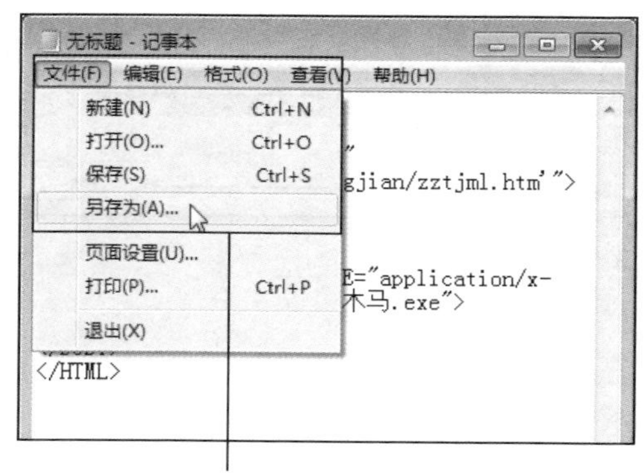

编写完毕后在菜单栏中依次单击“文件”>“另存为”命令。

STEP06：设置保存位置和文件名称

01 在地址栏中设置文件的保存位置。

02 设置保存类型和文件名（包括扩展名），单击“保存”按钮。

STEP07：查看制作的 HTML 文件

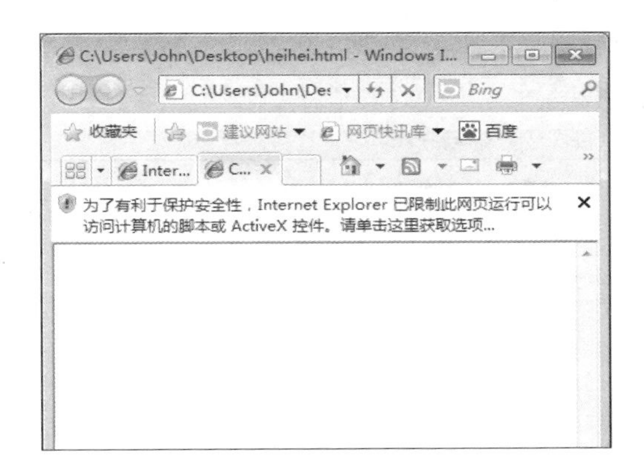

双击 STEP06 中保存的 HTML 文件，可发现其中的内容为空，这属于正常现象。

STEP08：启动 QuickCHM 程序

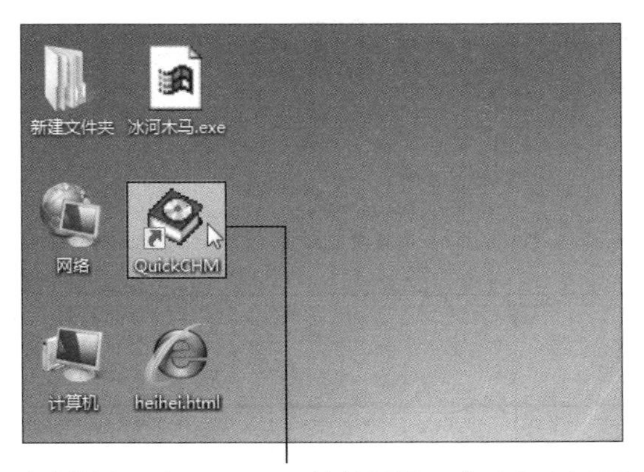

在桌面上双击 QuickCHM 快捷图标，启动 QuickCHM 程序。

STEP09：单击"反编译"命令

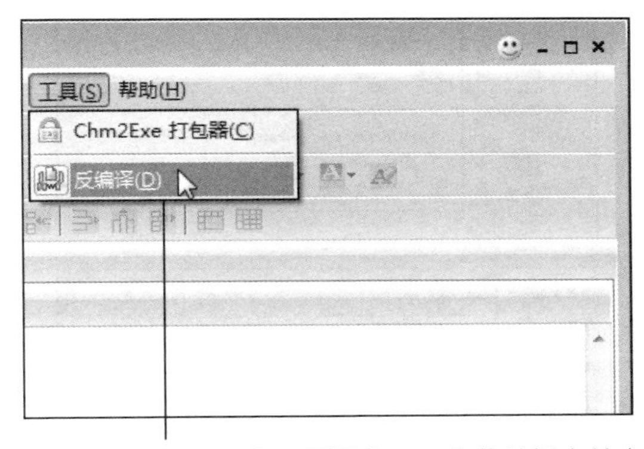

打开 QuickCHM 程序主界面窗口，在菜单栏中单击"工具" > "反编译"命令。

STEP10：单击"打开"按钮

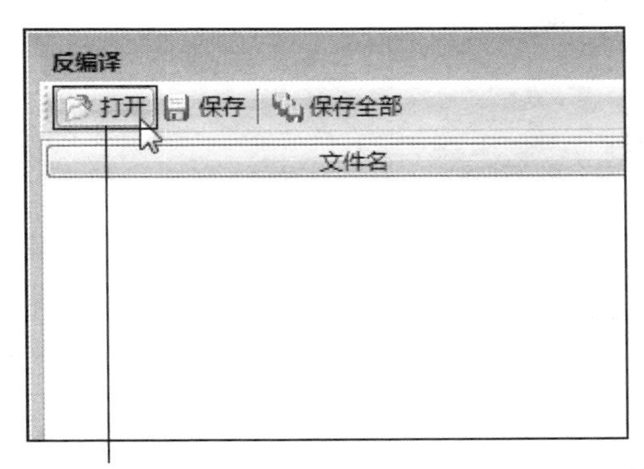

弹出"反编译"对话框，在顶部单击"打开"按钮。

STEP11：选择 CHM 电子书

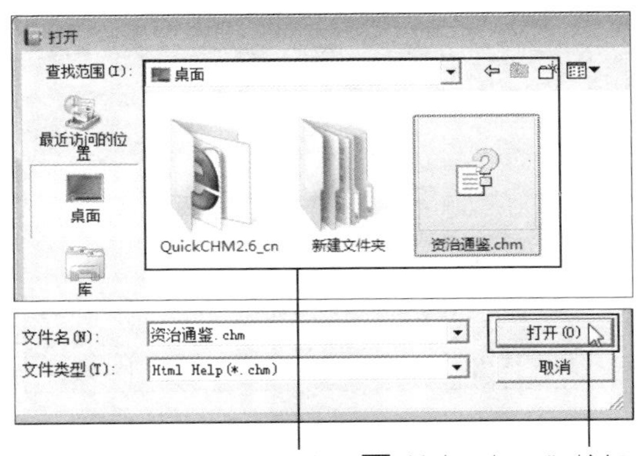

01 选择待反编译的电子书。02 单击"打开"按钮。

STEP12：保存反编译的文件

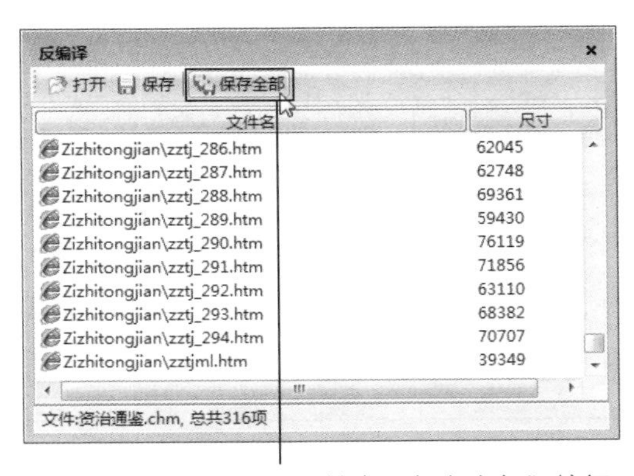

弹出"反编译"对话框，单击"保存全部"按钮。

STEP13：选择保存位置

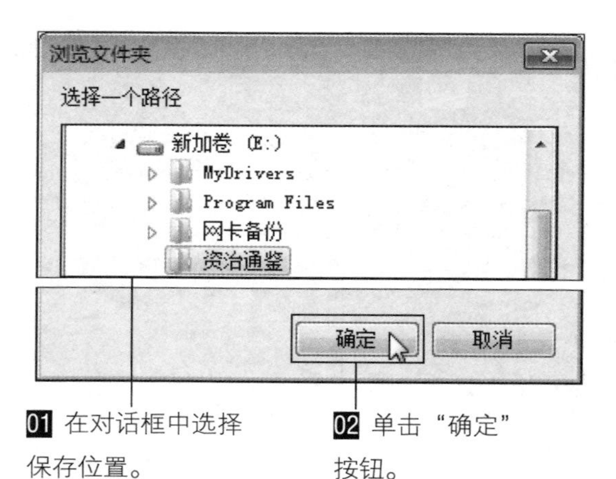

01 在对话框中选择保存位置。

02 单击“确定”按钮。

STEP14：查看所有反编译文件

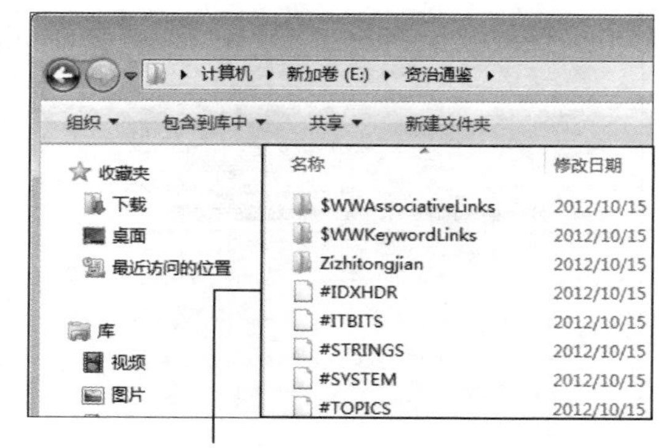

打开 STEP13 中所设置的保存位置窗口，可看见反编译后的所有文件。

STEP15：单击“打开”命令

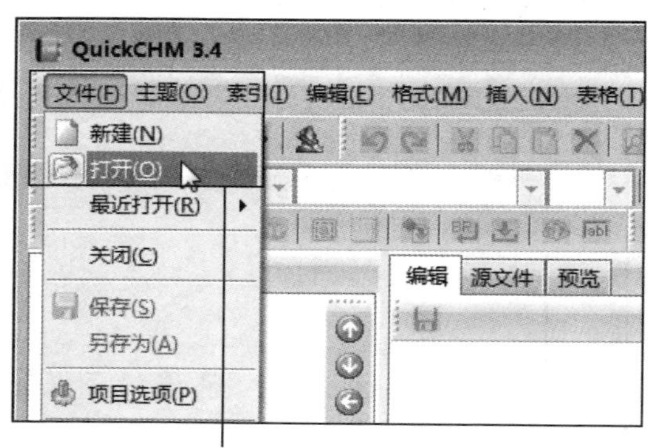

打开 QuickCHM 程序主界面，在菜单栏中依次单击“文件”>“打开”命令。

STEP16：选择打开 HHP 文件

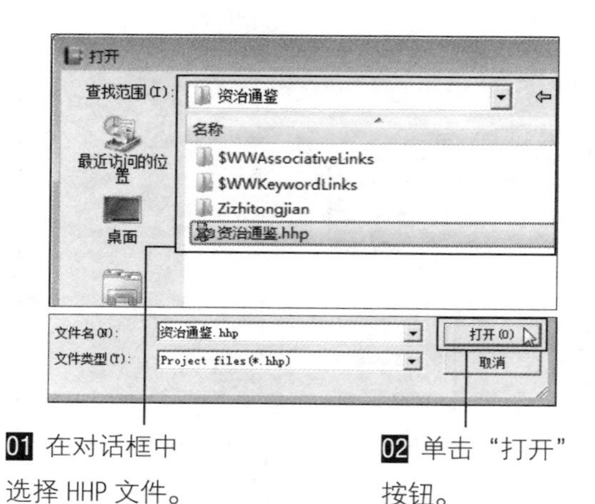

01 在对话框中选择 HHP 文件。

02 单击“打开”按钮。

STEP17：单击“添加文件夹”按钮

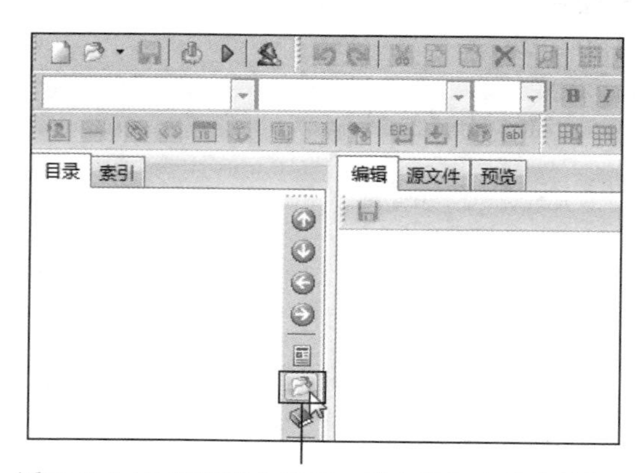

返回 QuickCHM 程序主界面，单击添加文件夹按钮。

STEP18：单击“浏览”按钮

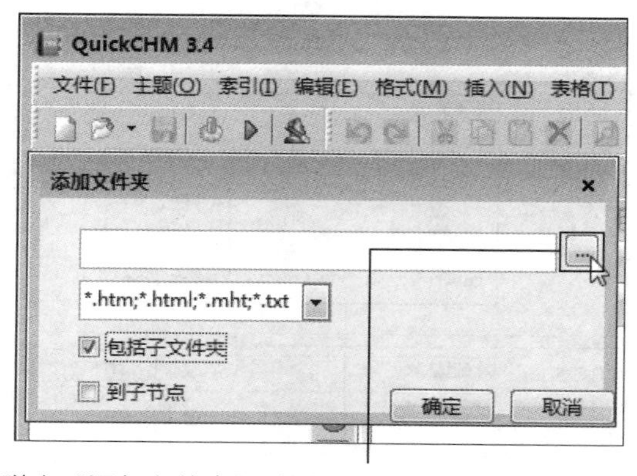

弹出“添加文件夹”对话框，单击浏览按钮。

提示：QuickCHM2.6 无需添加文件夹

由于本书使用的是 QuickCHM3.4，因此需要手动添加含有目录和电子书内容的文件夹。若用户使用的是 2.6 版本，则无需添加含有目录和电子书内容的文件夹。

STEP19：选择含有目录和内容的文件夹

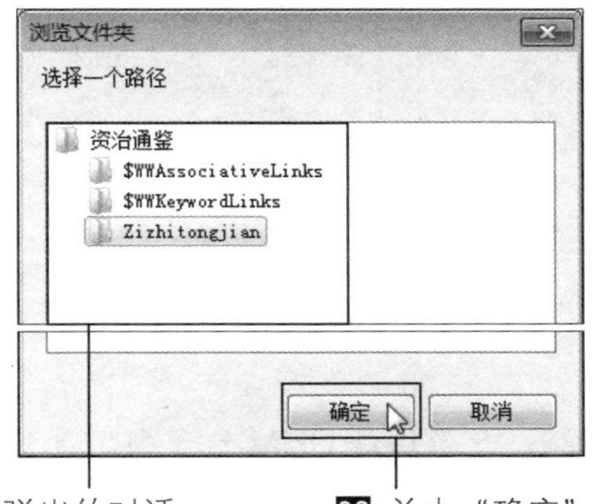

01 在弹出的对话框中选择文件夹。

02 单击“确定”按钮。

STEP20：确定所添加的文件夹

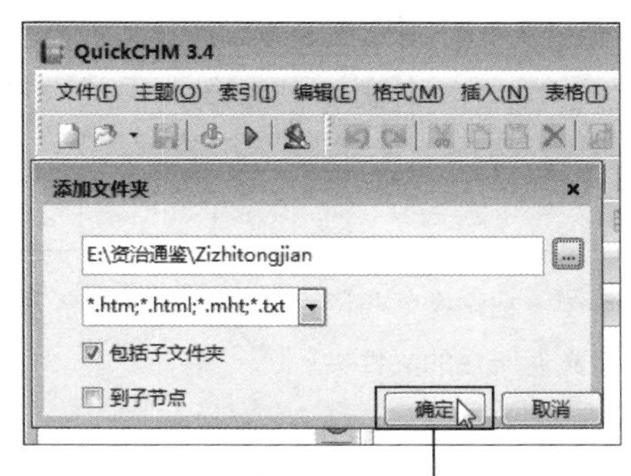

返回“添加文件夹”对话框，确认添加的文件夹无误后单击“确定”按钮。

STEP21：单击“保存”按钮

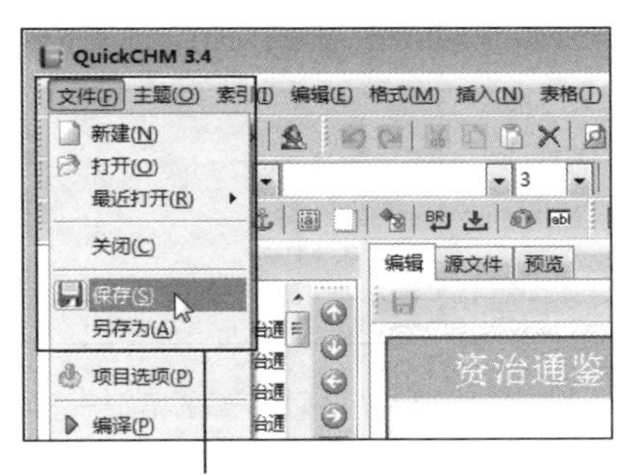

此时可看见 CHM 电子书的内容（包括目录和内容）。在菜单栏中单击“文件”>“保存”命令。

STEP22：用记事本打开 HHP 文件

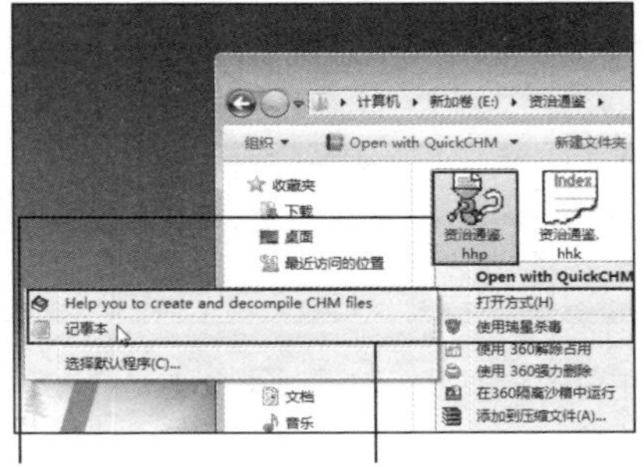

01 右击反编译出的 HHP 文件图标。

02 在弹出的快捷菜单中单击“打开方式”>“记事本”命令。

STEP23：修改文件代码

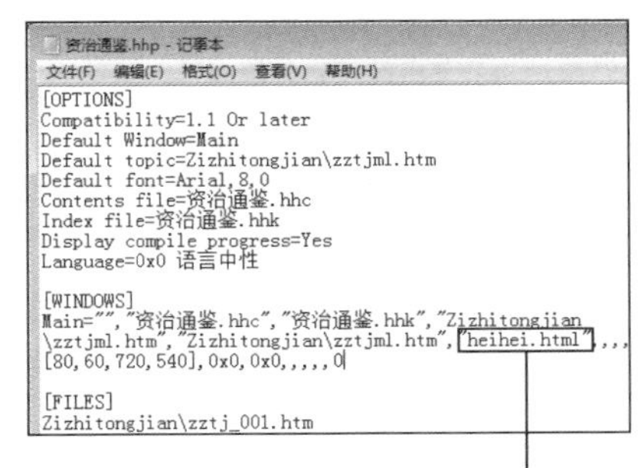

```
[OPTIONS]
Compatibility=1.1 Or later
Default Window=Main
Default topic=Zizhitongjian\zztjml.htm
Default font=Arial,8,0
Contents file=资治通鉴.hhc
Index file=资治通鉴.hhk
Display compile progress=Yes
Language=0x0 语言中性

[WINDOWS]
Main="","资治通鉴.hhc","资治通鉴.hhk","Zizhitongjian
\zztjml.htm","Zizhitongjian\zztjml.htm","heihei.html",,,
[80,60,720,540],0x0,0x0,,,,,0

[FILES]
Zizhitongjian\zztj_001.htm
```

打开 HHP 文件对应的代码，在 \zztjml.htm 右侧添加 heihei.html 文件代码。

STEP24：保存修改后的文件

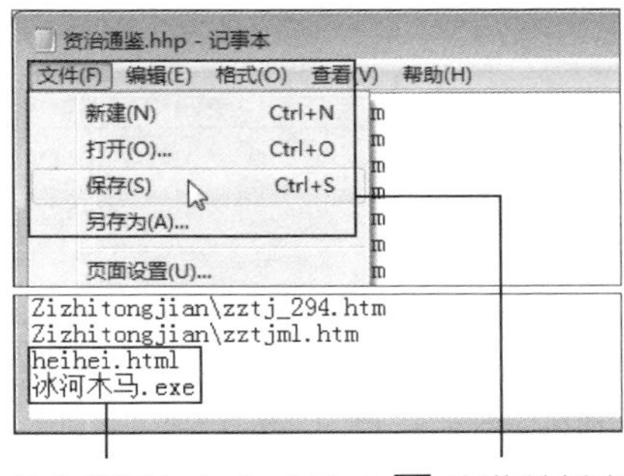

01 在最底部添加 heihei.html 和“冰河木马 .exe”代码。

02 在菜单栏中单击“文件”>“保存”命令。

STEP25：复制网页文件和木马程序

利用复制/粘贴操作将网页文本和木马程序添加到反编辑文件所在的文件夹。

STEP26：单击“打开”命令

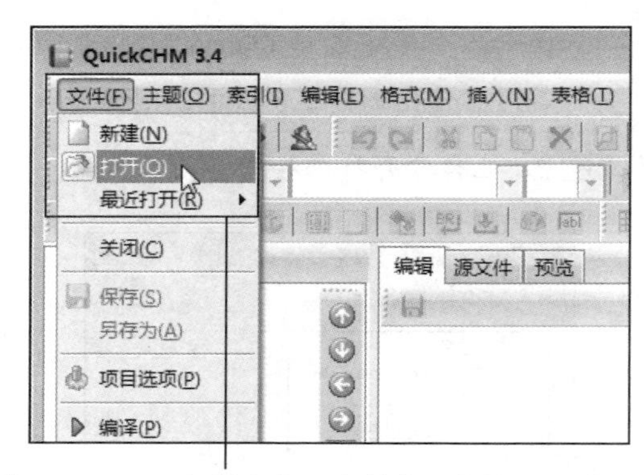

在 QuickCHM 主程序窗口中单击“文件”>“打开”命令。

STEP27：选择打开 HHP 文件

01 选中修改代码后的 HHP 文件。

02 单击“打开”按钮。

STEP28：开始编译 CHM 电子书

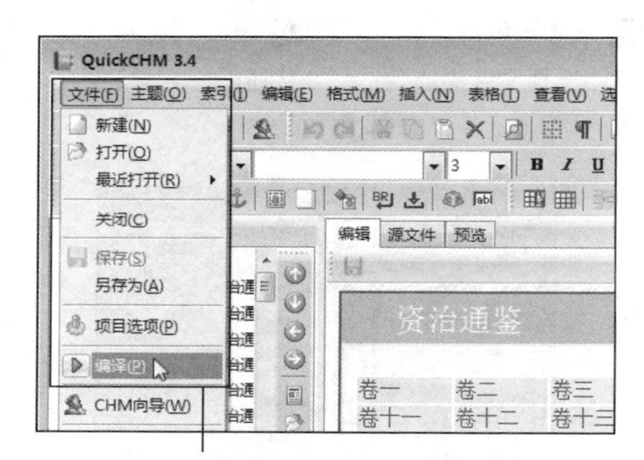

返回 QuickCHM 主程序窗口，在菜单栏中单击“文件”>“编译”命令。

STEP29：正在编辑电子书

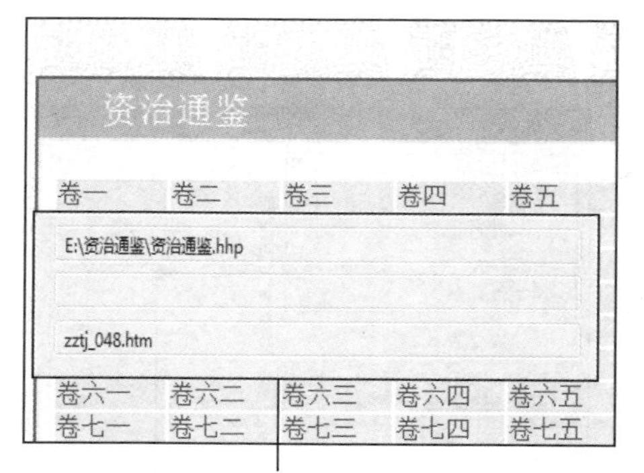

弹出对话框，此时正在将 HHP 文件中的内容编辑成 CHM 电子书，在编辑的同时，木马程序也被编辑到电子书中。

STEP30：完成编辑

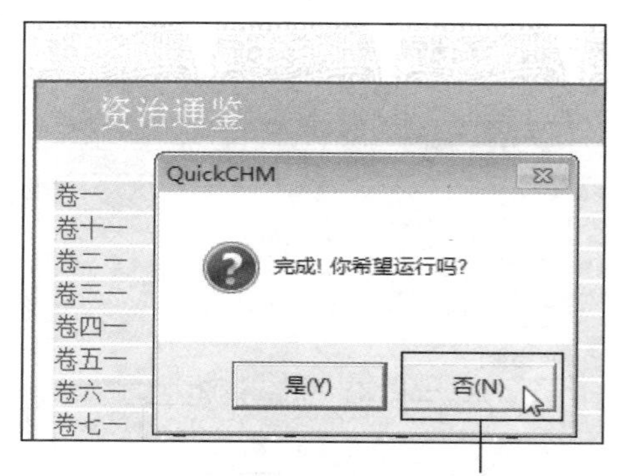

编辑完成后弹出对话框，提示用户编辑完成 ，单击“否”按钮，暂不运行。

STEP31：查看编辑后的CHM电子书

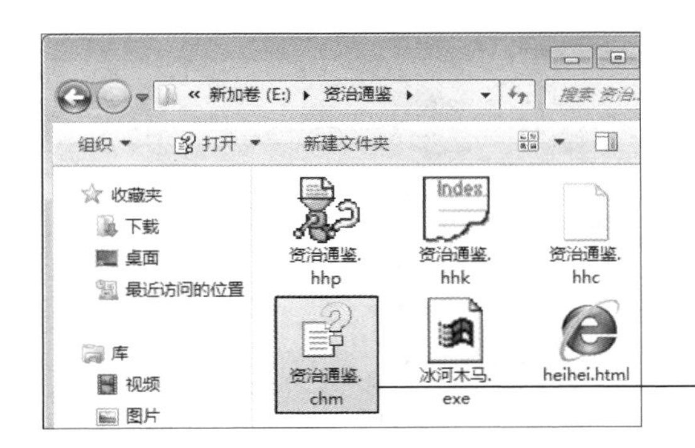

提示：清除CHM电子书中的木马

若要清除CHM电子书中的木马，可以使用360安全卫士或者木马清道夫来进行清理。

打开STEP13中所设置的保存位置，便可看见编辑后的CHM电子书，该电子书含有木马程序。

7.2.3 捆绑木马

捆绑木马是指利用木马捆绑器将木马程序捆绑到正常的软件安装程序或者文件中，一旦其他用户运行了该程序，则捆绑到该软件或文件中的木马程序会同时运行，从而让木马成功地入侵目标计算机。常见的木马捆绑器为ExeBinder。下面介绍利用ExeBinder制作捆绑木马的操作方法。

STEP01：启动ExeBinder程序

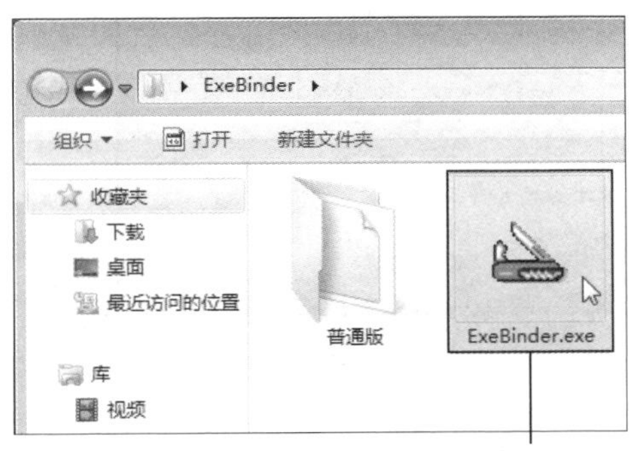

下载ExeBinder后将其解压到本地计算机中，双击ExeBinder快捷图标。

STEP02：选择指定第一个可执行文件

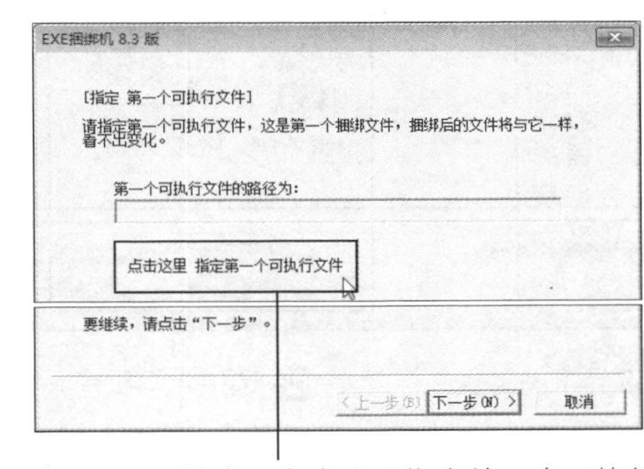

弹出对话框，单击“点击这里指定第一个可执行文件”按钮。

STEP03：选择第一个可执行文件

提示：第一个文件为正常程序或文件

用户在选择第一个可执行文件时需要注意：第一个文件必须选择正常的程序或文件。

01 在地址栏中选择第一个可执行文件的保存位置。

02 选中可执行文件，单击“打开”按钮。

STEP04：确认所选的可执行文件

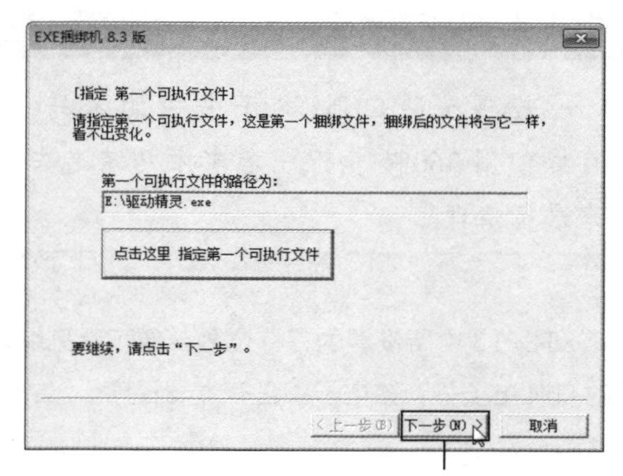

在对话框中确认所选的应用程序路径，无误后单击"下一步"按钮。

STEP05：选择指定第二个可执行文件

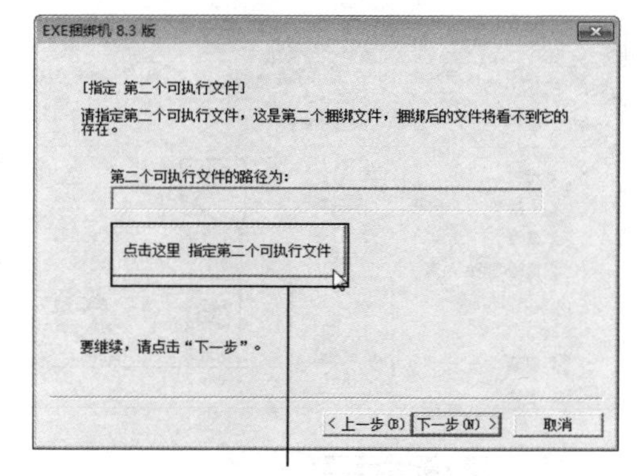

切换至新的界面，单击"点击这里指定第二个可执行文件"按钮。

STEP06：选择木马程序

01 选择木马的保存位置。

02 选中木马程序，然后单击"打开"按钮。

STEP07：确认所选的木马程序

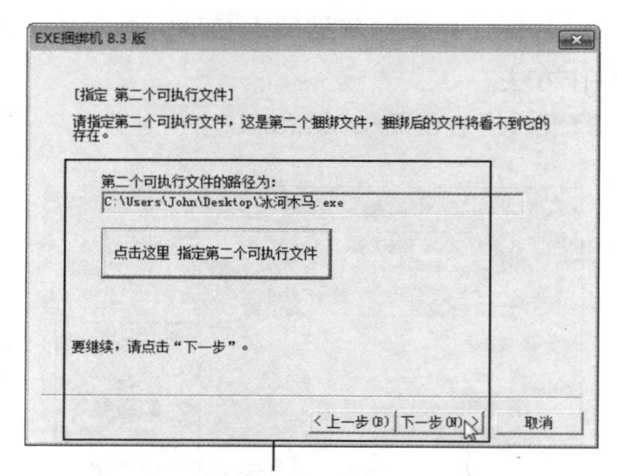

在对话框中确认所选木马程序的路径，无误后单击"下一步"按钮。

STEP08：选择指定保存路径

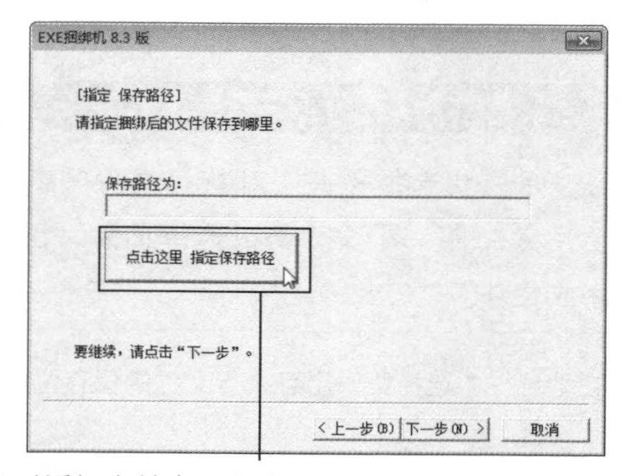

在对话框中单击"点击这里指定保存路径"按钮。

STEP09：设置文件保存位置和名称

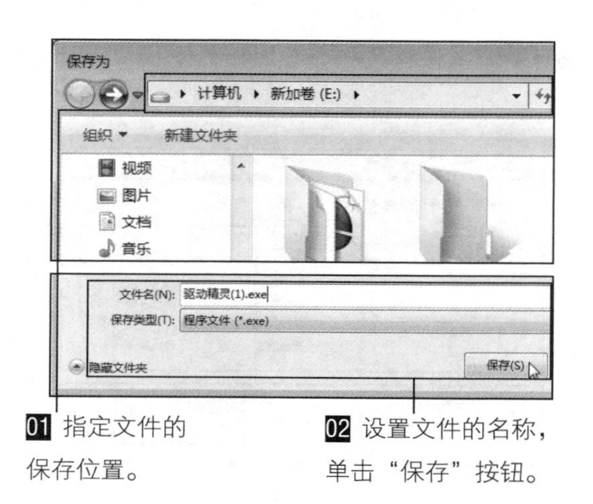

01 指定文件的保存位置。

02 设置文件的名称，单击"保存"按钮。

STEP10：确认所选的保存位置

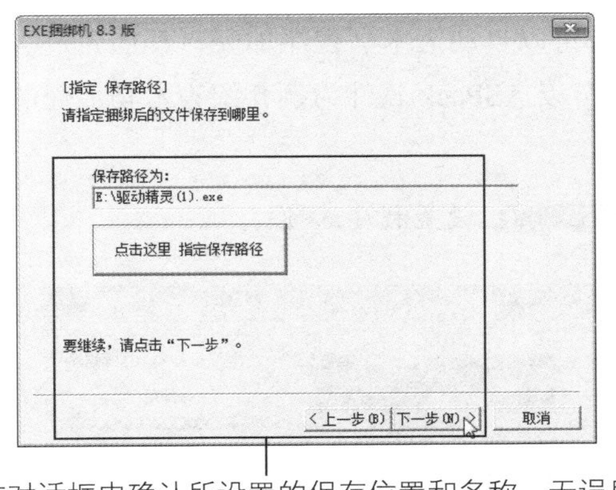

在对话框中确认所设置的保存位置和名称，无误后单击“下一步”按钮。

STEP11：选择版本类型

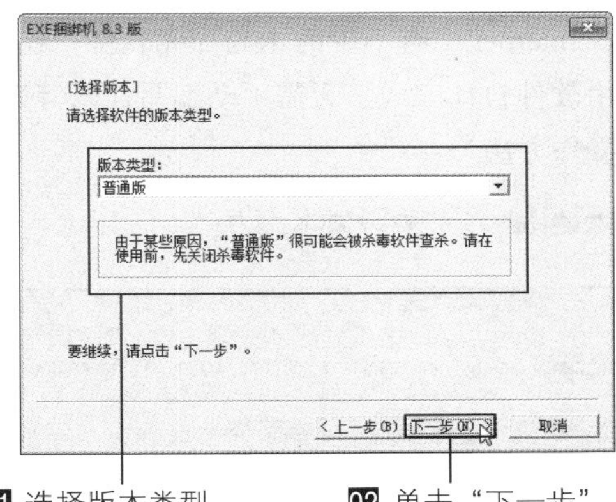

01 选择版本类型，例如选择普通版。

02 单击“下一步”按钮。

提示：ExeBinder 提供的版本类型

ExeBinder 提供了两种版本类型，即普通版和个人版，其中普通版为免费软件，利用该版本捆绑的软件很容易被杀毒软件查杀到所捆绑的木马；而个人版为付费软件，利用该版本捆绑的软件被杀毒软件查杀的几率将会降低。

STEP12：选择开始捆绑文件

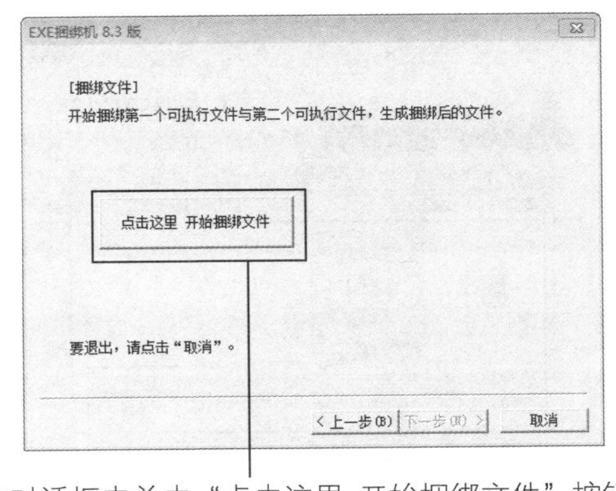

在对话框中单击“点击这里 开始捆绑文件”按钮。

STEP13：捆绑文件成功

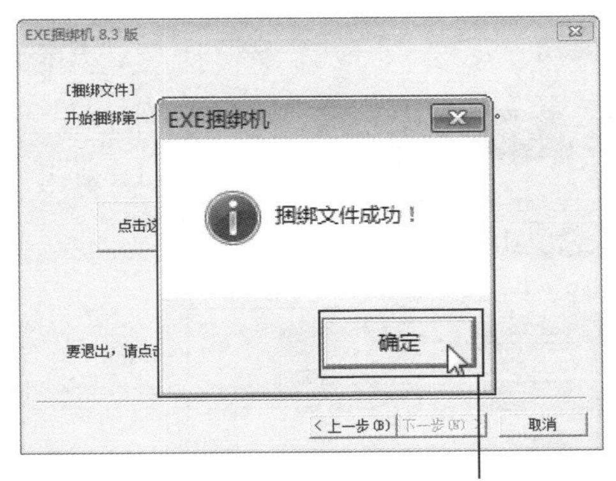

弹出对话框，提示用户捆绑文件成功，单击“确定”按钮。

7.3 木马的加壳与脱壳

木马的壳与自然界动植物的壳具有相同的作用——保护自己。对于木马来说，加壳就是为了保证自己不被木马查杀软件扫描出来并查杀，加壳后的木马可以使用专业的软件查看其是否加壳成功。而脱壳则恰好相反，就是脱下添加在木马外面的壳，脱壳后的木马很容易被木马查杀软件扫描出来并查杀。

7.3.1 为木马加壳

Internet 中有不少的木马加壳软件，这些软件都可以自动为木马程序加壳，其加壳过程全部由软件自动完成，无需手动编写代码等操作。本节以 ASPack 软件为例介绍为木马加壳的基本操作方法。

STEP01：启动 ASPack 程序

下载 ASPack 后将其解压到本地计算机，双击 ASPACK 快捷图标。

STEP02：设置程序选项

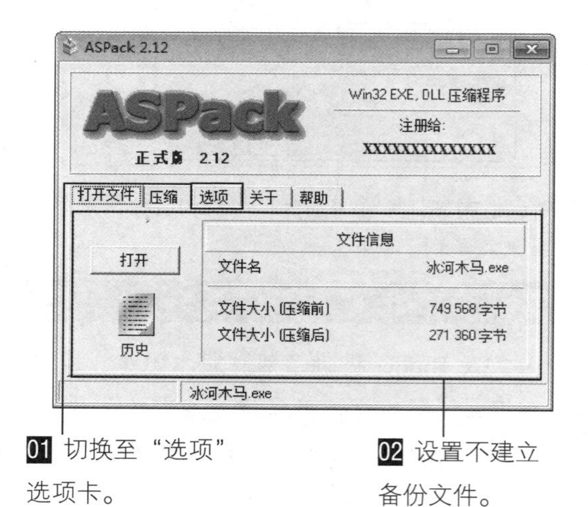

01 切换至“选项”选项卡。

02 设置不建立备份文件。

STEP03：单击“打开”按钮

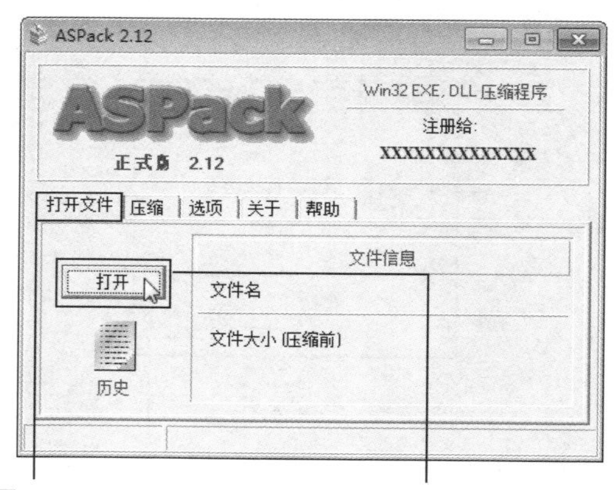

01 切换至“打开文件”选项卡。

02 单击“打开”按钮。

STEP04：选择木马程序

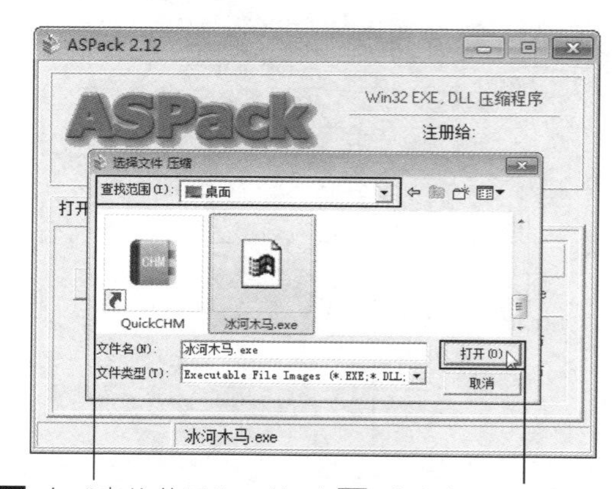

01 在“查找范围”下拉列表中选择木马的保存位置。

02 选中木马程序，然后单击“打开”按钮。

提示：加壳操作会覆盖原木马中已添加的壳

当待加壳的木马中已经含有保护壳时，如果再为其添加保护壳，则添加的保护壳会自动覆盖其已有的保护壳。例如准备加壳的木马已经通过 UPX 添加了保护壳，如果再使用 ASPack 为其添加保护壳，则该木马就只拥有 ASPack 添加的保护壳，通过 UPX 添加的壳将被覆盖。若要检验壳则可以使用 PEID 进行检测，检测方法将在 7.3.2 节介绍。

STEP05：正在压缩

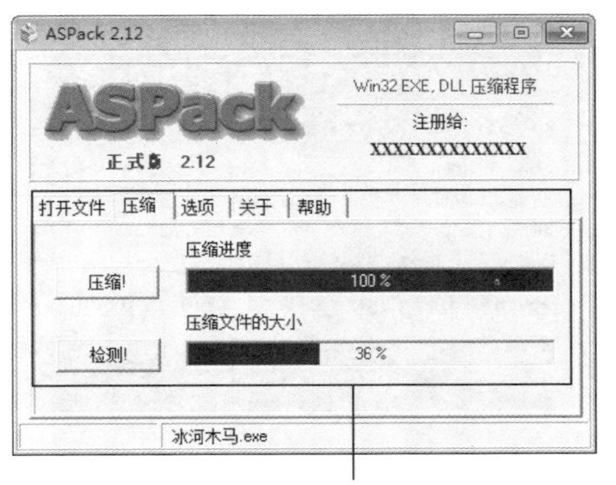

自动切换至“压缩”选项卡，可看见加壳压缩的进度。

STEP06：完成加壳

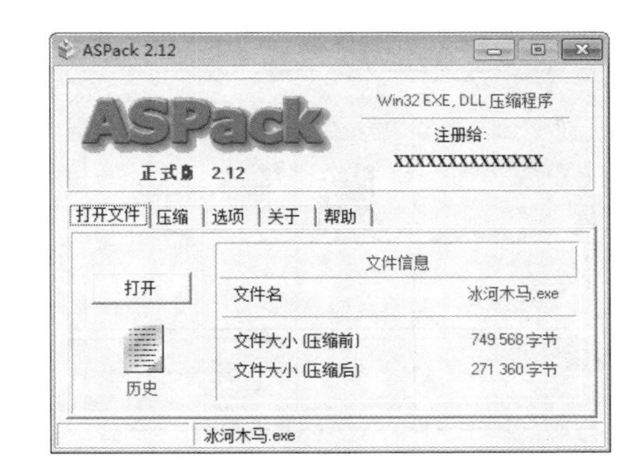

完成压缩后切换至“打开文件”选项卡，可看见压缩前后的木马程序的文件大小。

7.3.2 检测加壳的木马

为指定木马添加保护壳之后，用户可以使用专业的检测软件来检测指定木马是否加壳成功，PEiD 就是一款强大的侦壳工具软件。利用该软件不仅可以检测出指定木马是否加壳成功，而且还可以检测出加壳所用的软件。

STEP01：启动 PEiD 程序

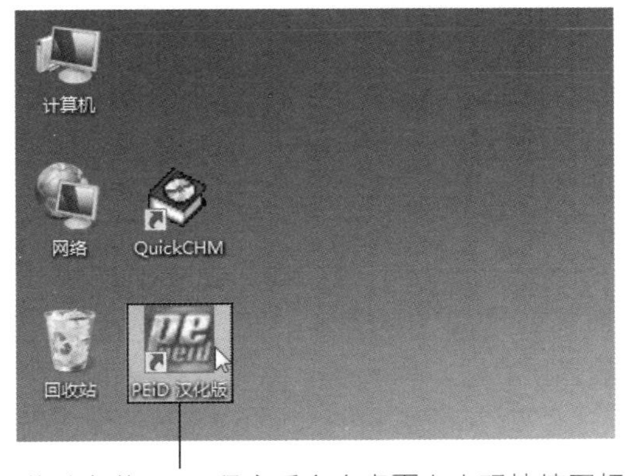

下载并安装 PEiD 程序后会在桌面上出现快捷图标，双击该快捷图标。

STEP02：单击“浏览”按钮

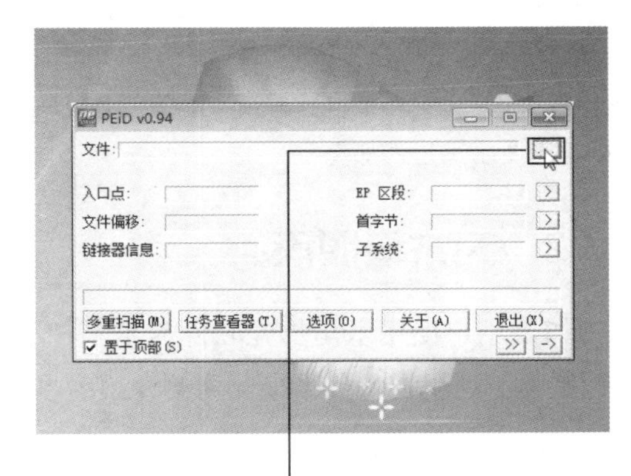

打开 PEiD 程序主界面窗口，在“文件”右侧单击浏览按钮。

提示：利用拖动操作将木马添加到 PEiD 程序中

在向 PEiD 程序添加木马程序时，除了通过单击“文件”右侧的浏览按钮来实现添加以外，还可以采用拖动操作进行添加。拖动操作十分简单，只需选中木马程序，然后将其拖动至 PEiD 程序主界面中即可。

STEP03：选择木马程序

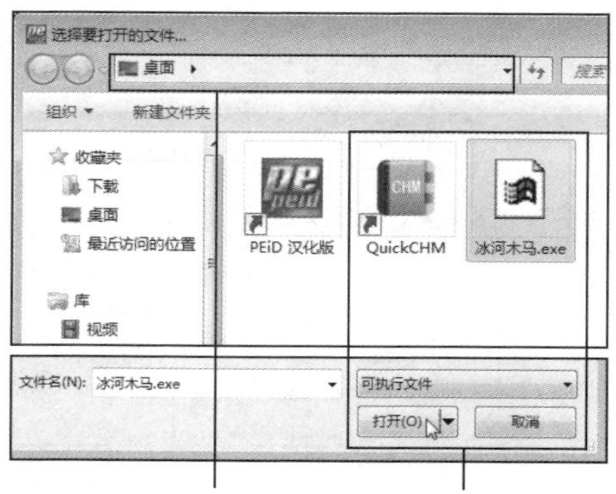

01 在地址栏中选择木马的保存位置。

02 选中木马，单击“打开”按钮。

STEP04：查看检测信息

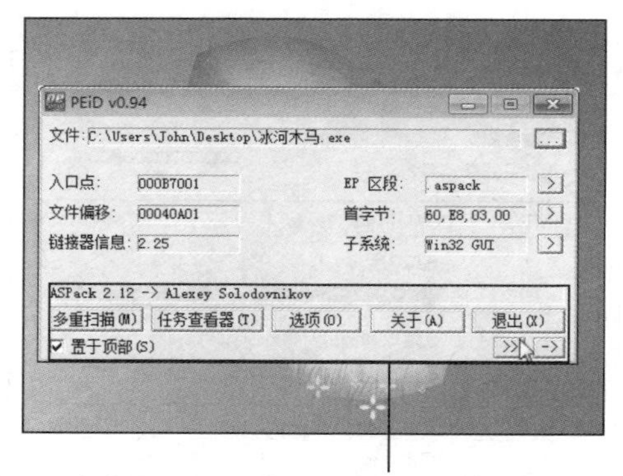

返回程序窗口，可看见该木马已由ASPack2.12加壳。单击扩展按钮。

STEP05：查看是否加壳

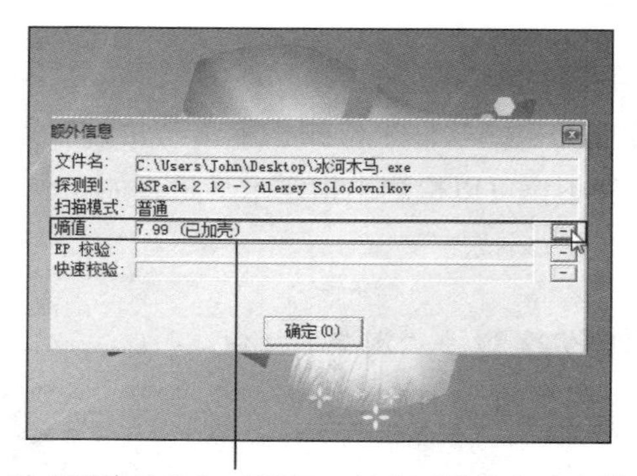

弹出“额外信息”对话框，单击“熵值”右侧的按钮即可查看木马是否加壳。

STEP06：单击“确定”按钮

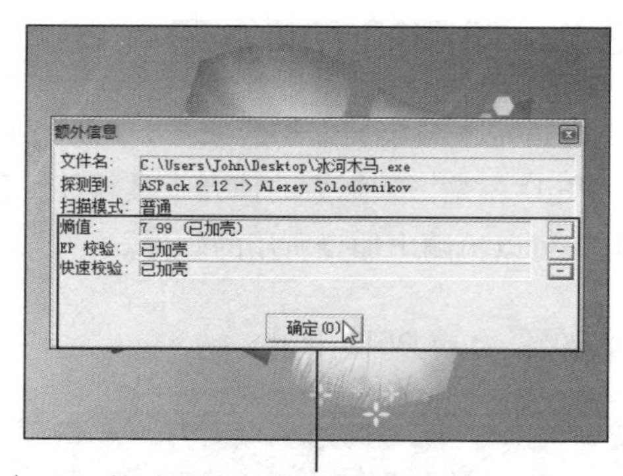

单击“EP校验”和“快速校验”右侧的按钮同样可查看木马是否已加壳。最后单击“确定”按钮关闭对话框即可。

7.3.2 为木马脱壳

如果用户使用木马加壳软件为木马加了壳，那么就可以使用对应的木马脱壳软件为木马进行脱壳。这里以UnASPack为例介绍为木马脱壳的操作方法。

STEP01：启动UnASPack程序

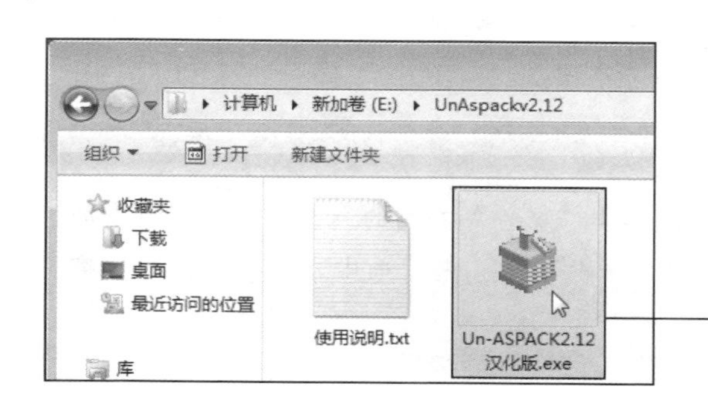

提示：注意UnASPack的版本

在选择UnASPack时需要注意：所下载的UnASPack必须与ASPack版本一致，否则无法成功为木马脱壳。

下载UnASPack后将其解压到本地计算机，双击UnASPACK快捷图标。

STEP02：单击“文件”按钮

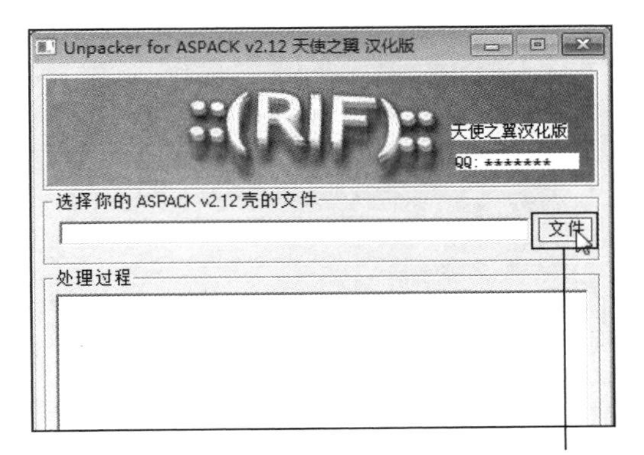

打开UnASPack程序主界面，在右侧单击“文件”按钮。

STEP03：选择已加壳的木马

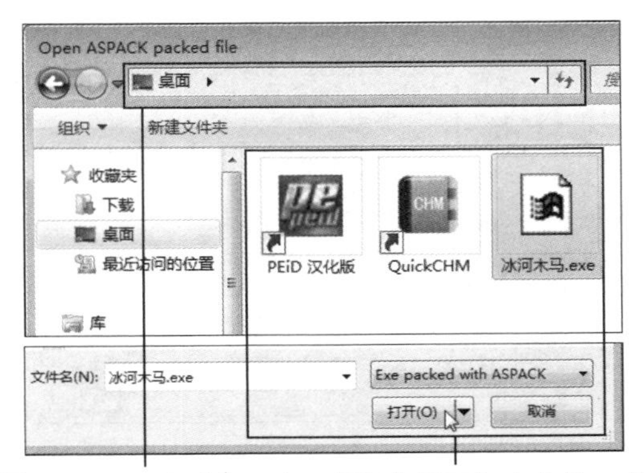

01 在地址栏中选择已加壳木马的保存位置。

02 选择已加壳木马，单击“打开”按钮。

STEP04：开始脱壳

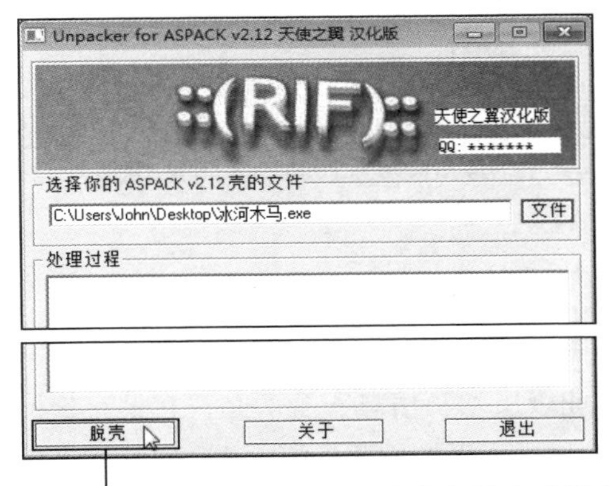

返回UnASPack程序主界面，在底部单击“脱壳”按钮。

STEP05：设置保存位置和文件名

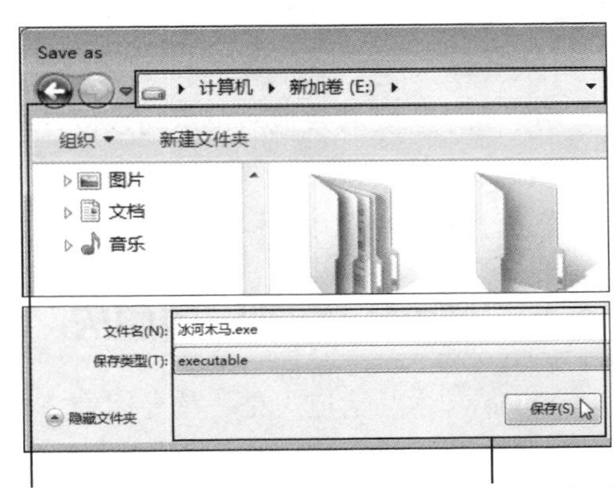

01 在地址栏中选择脱壳后木马的保存位置。

02 输入脱壳后的文件名称，单击“保存”按钮。

STEP06：脱壳完成

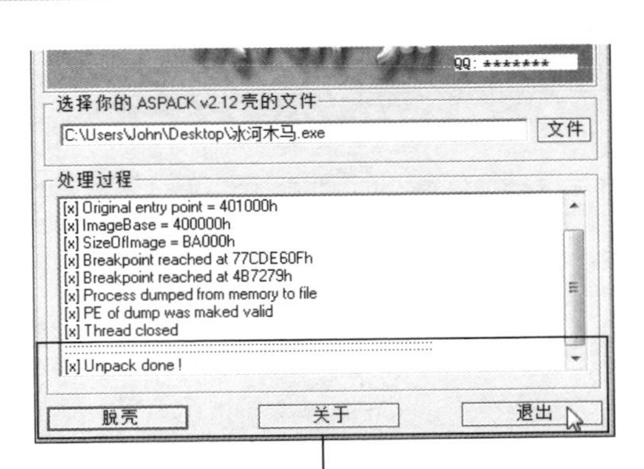

当界面中显示“Unpack done!”字样时，即脱壳完成。单击“退出”按钮。

STEP07：查看脱壳后的木马

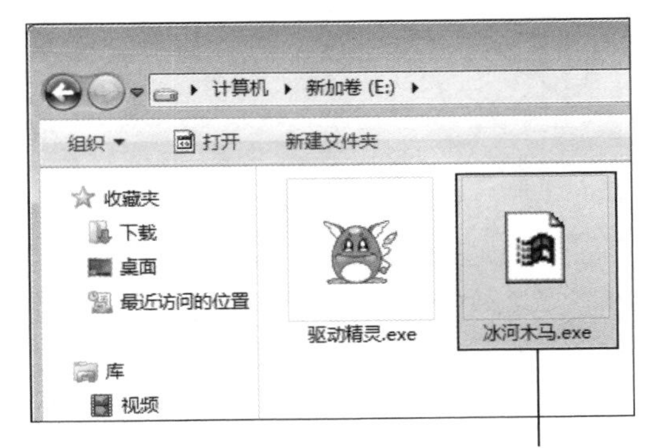

打开STEP05中设置的木马保存位置，此时可看见脱壳后的木马程序。

STEP08：查看木马是否脱壳成功

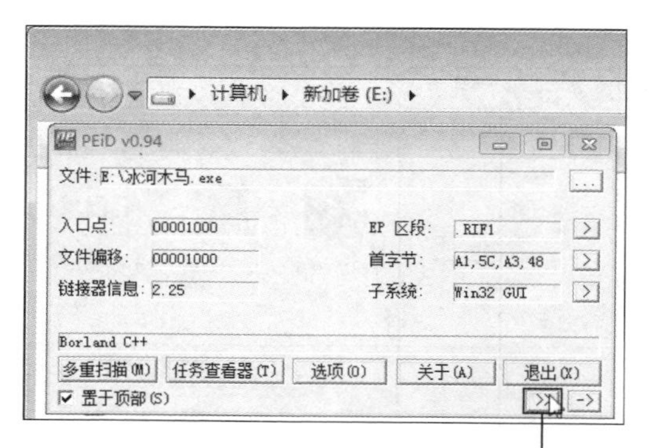

将其添加到PEiD程序主界面中，在底部单击扩展按钮。

STEP09：木马成功脱壳

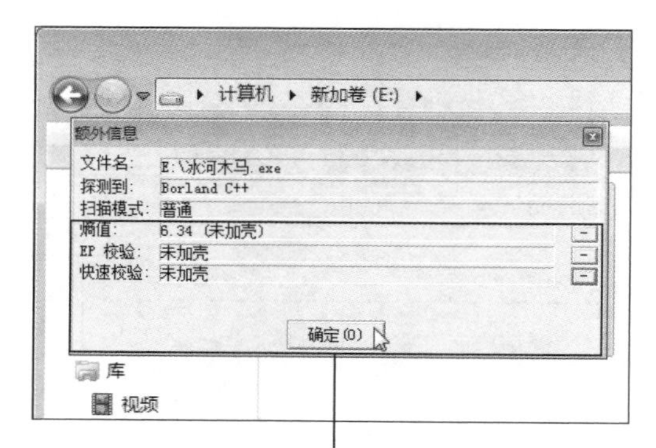

按照7.3.1节STEP05～06介绍的方法操作，可看见木马已成功脱壳。单击“确定”按钮关闭对话框即可。

7.4 使用第三方软件防范木马入侵计算机

用户如果想要有效地防范木马入侵计算机，则可以选择专业的反木马软件，例如Internet中比较流行的木马清道夫和360安全卫士，它们不仅具有防范木马入侵计算机的功能，而且还能够查杀计算机中潜伏的木马程序。

7.4.1 Windows木马清道夫

Windows木马清道夫是一款专门查杀木马的专业级反木马信息安全产品，它具有扫描进程、扫描硬盘等多种查杀方式，用户可以选择首先扫描进程再扫描硬盘的方法，以达到彻底清除计算机中潜伏木马的目的。

STEP01：启动Windows木马清道夫

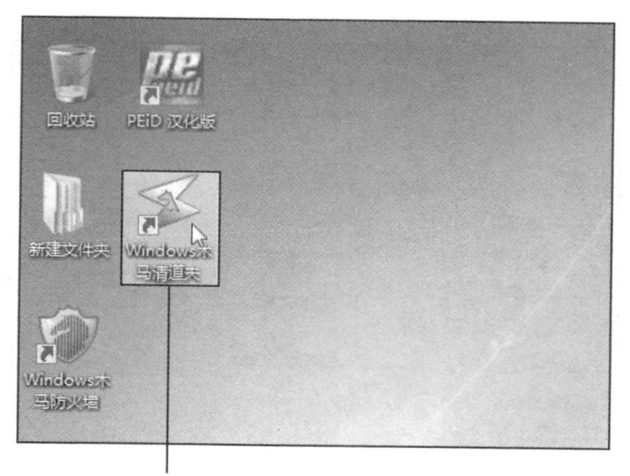

下载并安装Windows木马清道夫后在桌面上双击对应的快捷图标。

STEP02：更新木马病毒库

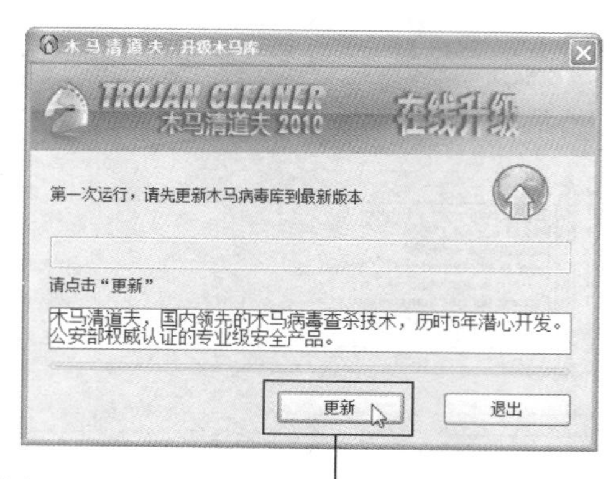

弹出“升级木马库”对话框，单击“更新”按钮。

STEP03：选择扫描进程

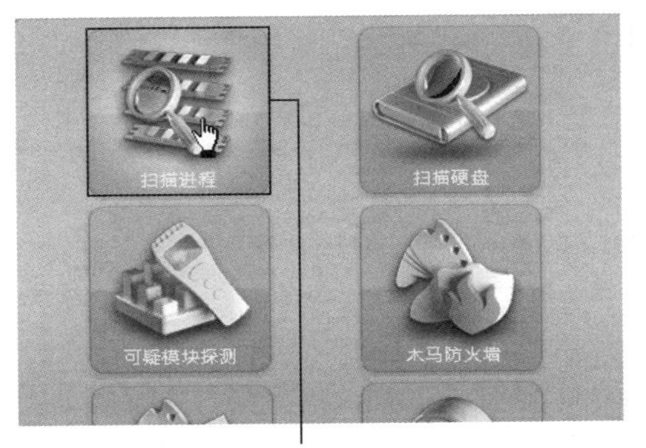

升级完毕后在Windows木马清道夫主程序界面中单击“扫描进程”按钮。

STEP04：初始化木马病毒库

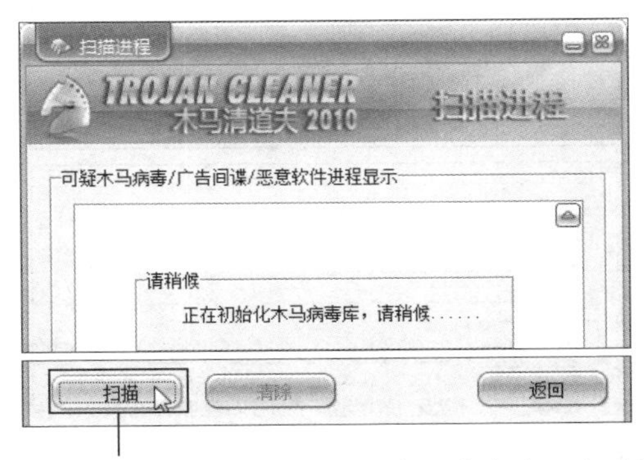

弹出对话框，提示正在初始化木马病毒库。完成初始化后单击“扫描”按钮。

STEP05：正在扫描进程

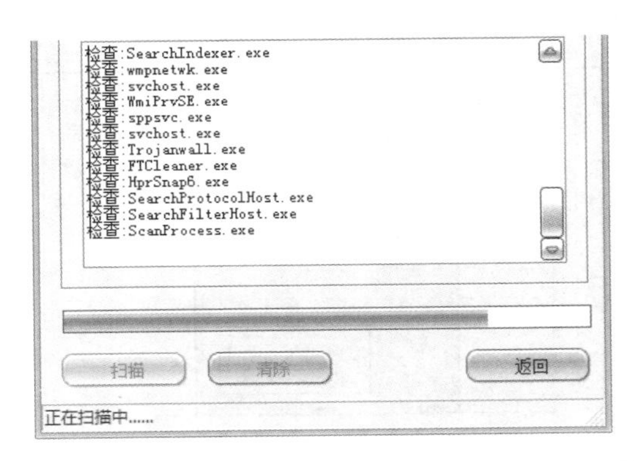

此时可看见木马清道夫扫描进程的进度及详细信息，等待一段时间。

STEP06：完成扫描

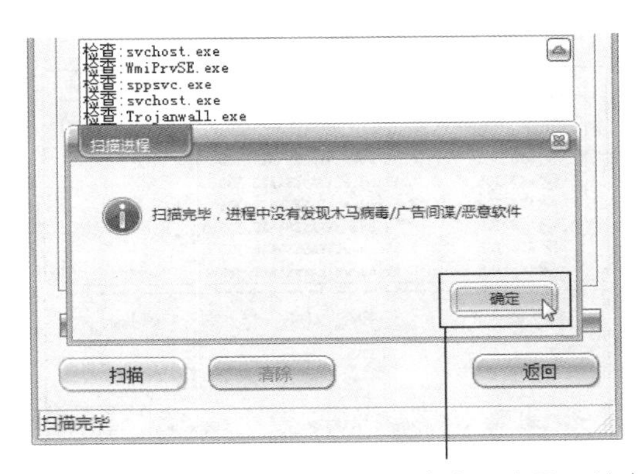

扫描完毕后弹出对话框，提示没有发现木马，单击“确定”按钮。

STEP07：单击“返回”按钮

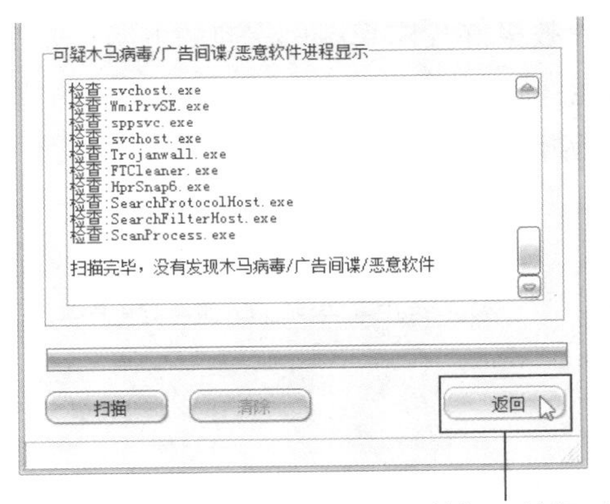

返回上一级对话框，单击“返回”按钮，关闭对话框。

STEP08：选择高速扫描硬盘

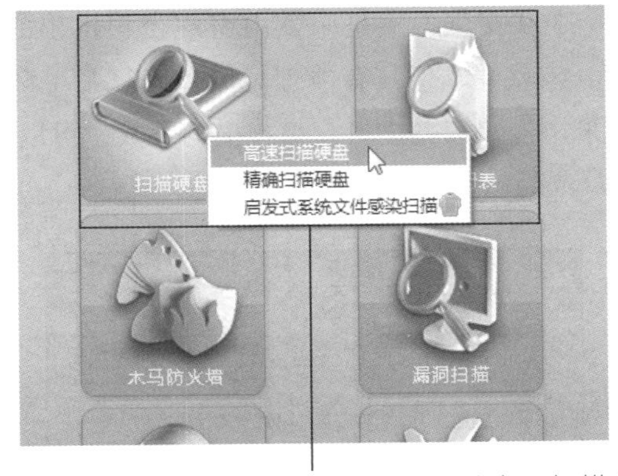

返回Windows木马清道夫主界面，单击“扫描硬盘”>“高速扫描硬盘”选项。

STEP09：单击“扫描”按钮

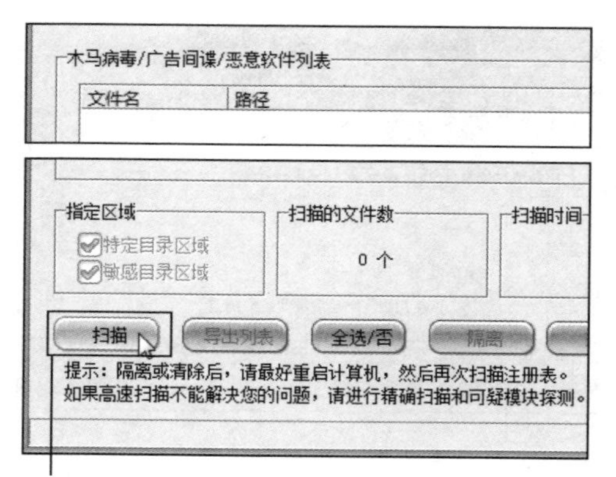

在对话框中保持所有的默认设置，单击左下角的“扫描”按钮。

STEP10：正在高速扫描硬盘

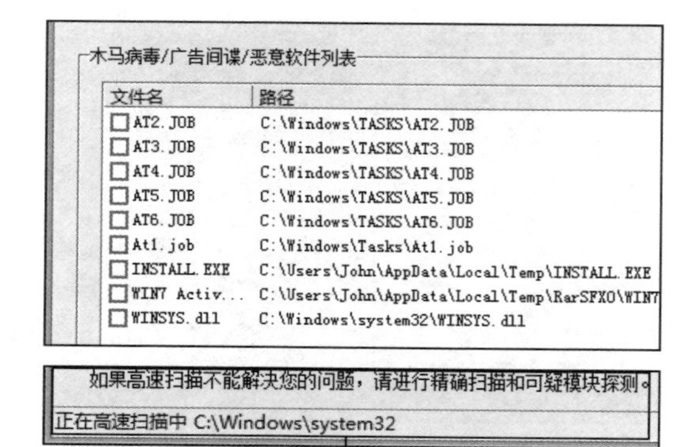

此时可看见Windows木马清道夫正在高速扫描硬盘中的所有文件。

STEP11：清除所有的木马程序

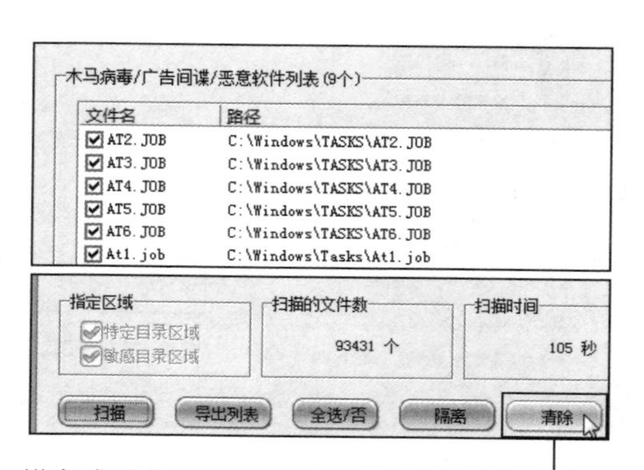

扫描完成后会在顶部显示所扫描出的木马程序，单击“清除”按钮。

STEP12：清除完毕

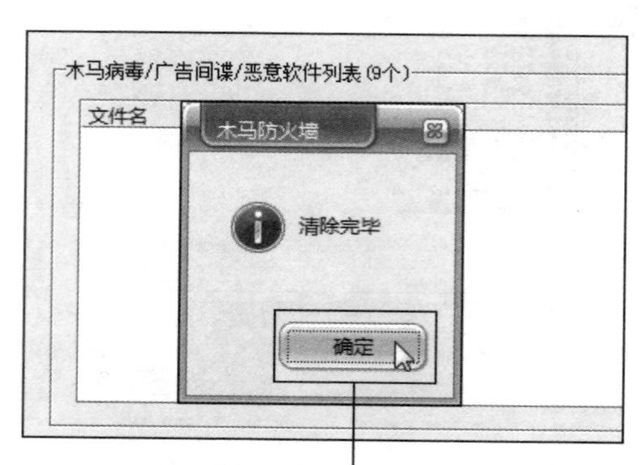

弹出对话框，提示用户清除完毕。单击“确定”按钮即可。

7.4.2 360安全卫士

360安全卫士是一款由奇虎公司推出的功能强、效果好且广受用户欢迎的上网类安全软件。该软件不仅具有清理垃圾和修复系统漏洞的功能，而且它还具有查杀计算机木马的功能，它采用先快速扫描再全盘扫描的方式，可以达到彻底清除计算机中潜伏木马的目的。

STEP01：检查更新木马库

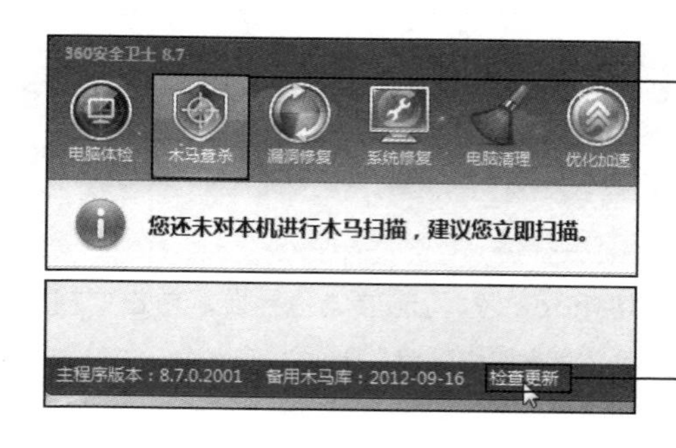

01 打开360安全卫士主界面，在顶部单击“木马查杀”按钮。

02 在底部单击“检查更新”选项，检查当前木马库。

STEP02：正在升级木马库

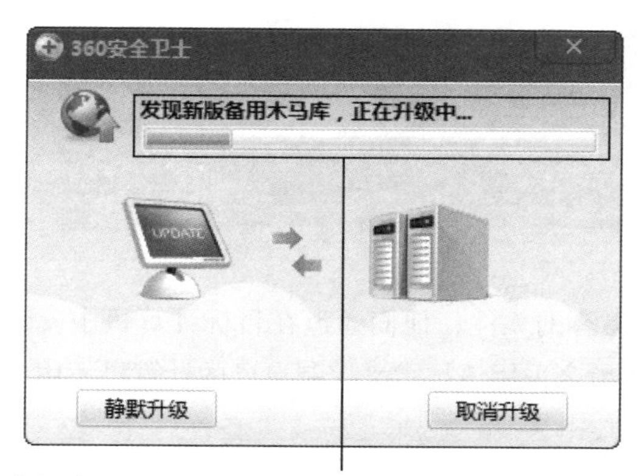

弹出对话框，可看见木马库升级的进度，等待一段时间。

STEP03：选择快速扫描

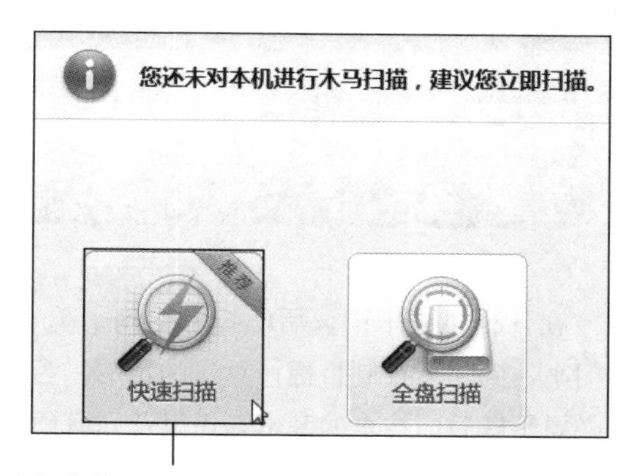

升级完毕后返回 360 安全卫士主界面，选择“快速扫描”。

STEP04：正在快速扫描

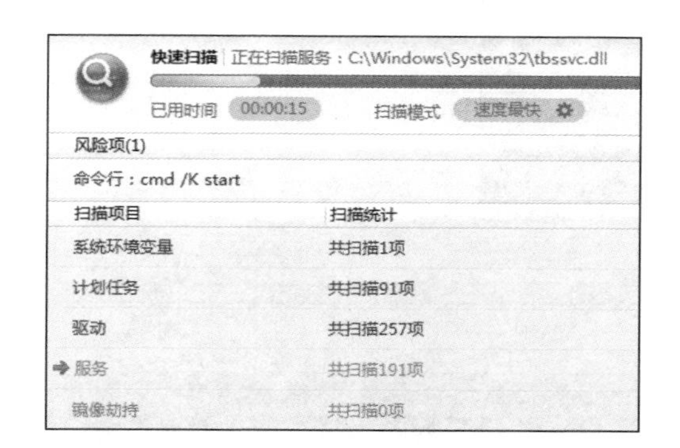

此时可看见快速扫描的进度和相关项目，等待一段时间。

STEP05：转成全盘扫描

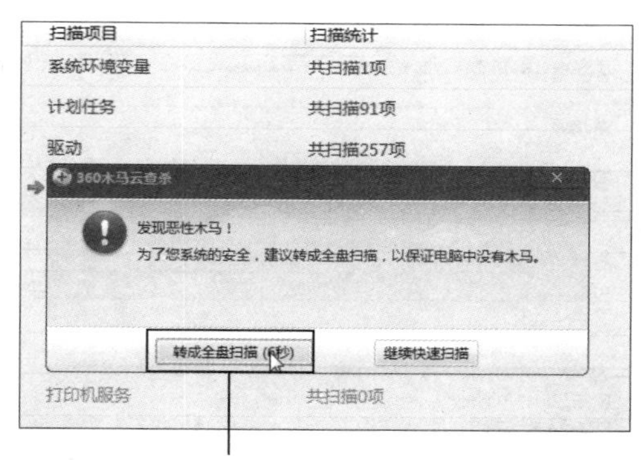

当发现恶性木马时会提示用户是否转成全盘扫描，单击“转成全盘扫描”按钮，确认转换扫描模式。

STEP06：正在全盘扫描

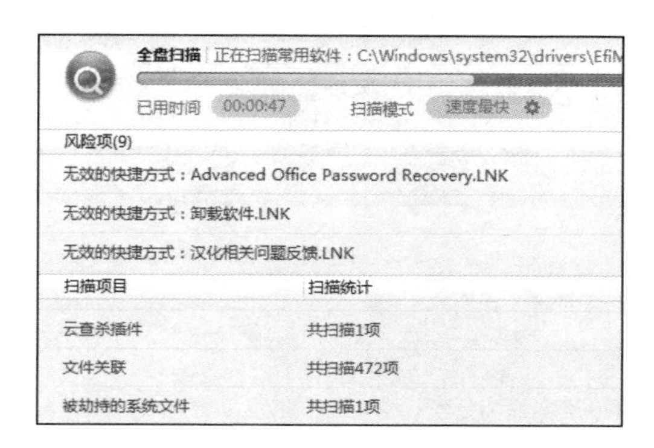

此时可看见全盘扫描的进度和相关项目，等待一段时间。

STEP07：立即处理扫描出的木马

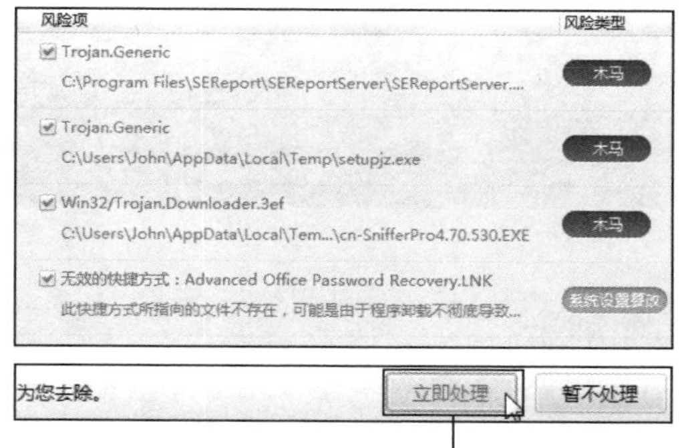

扫描完毕后程序默认选中所有的风险项，单击“立即处理”按钮，开始处理。处理完毕后重新启动计算机即可。

第8章 后门技术攻防

在计算机技术中，后门技术受到了越来越多黑客的关注，他们通过在目标计算机中安装后门来达到随意控制目标计算机的目的。为了防止黑客采用该技术来控制自己的计算机，用户有必要了解后门技术的基本知识以及如何预防后门攻击。

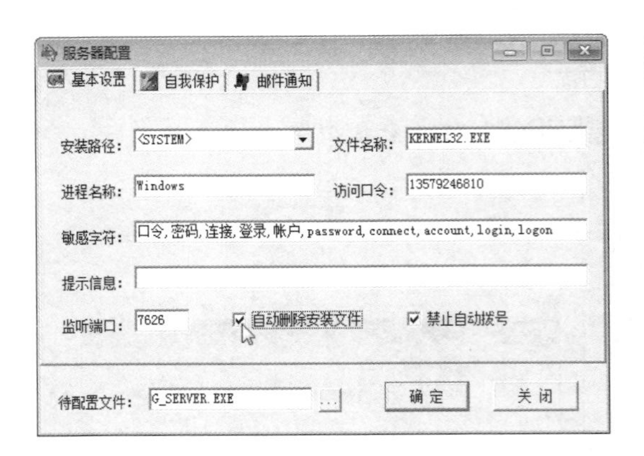

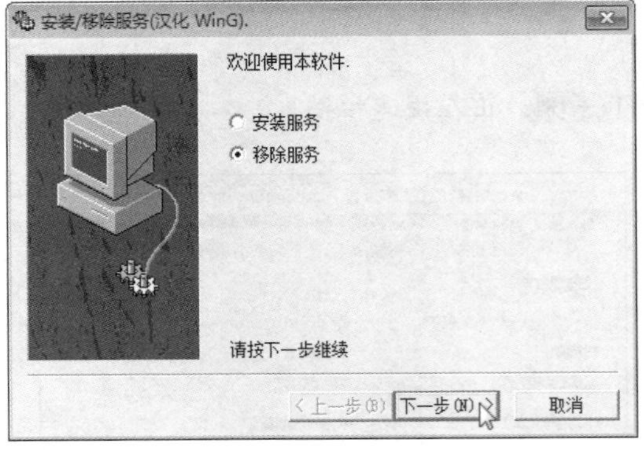

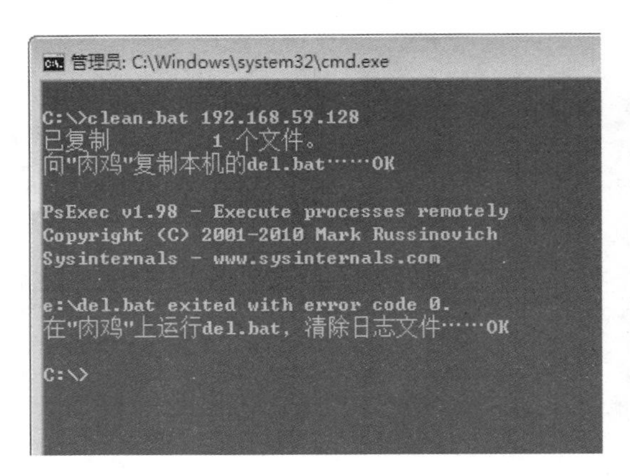

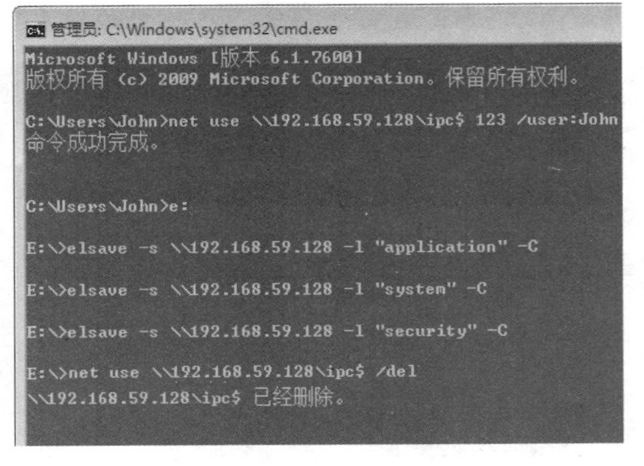

知识要点

- 认识后门的常见分类
- 认识账号后门技术
- 认识系统服务后门技术
- 清除日志信息
- 检测系统中的后门程序

8.1 认识常见的后门

后门一般是指绕过安全性控制而获取对程序或系统访问权的程序，后门原本是开发者预留的用来后期修改程序或系统中存在的缺陷，但是由于黑客对后门的恶意使用，使得后门成为了计算机安全的一大威胁，一旦计算机系统或程序中的后门被黑客发现，那么黑客就能轻易地通过后门达到入侵目标计算机的目的。常见的后门主要包括网页后门、线程插入后门、扩展后门以及 C/S 后门。

1. 网页后门

网页后门其实就是一段 ASP 或 PHP 代码。由于这些代码都运行在服务器端，黑客通过这些精心设计的代码在服务器端进行某些危险的操作，从而获得某些敏感的技术信息，或者通过渗透提前获得服务器的控制权，如现在非常流行的 ASP、CGI 脚本后门等。

2. 线程插入后门

线程插入后门的特点就在“插入”二字，这类后门在运行时并没有自己独立的进程，它需要插入其他进程中，随着进程的运行而运行。这类后门非常主流，其查杀比较困难，即使是安装了防火墙的计算机，也无法对这样的后门进行有效的防御。

3. 扩展后门

所谓扩展后门，就是扩展后门的功能，将许多实用的功能集中到了后门，让该类后门几乎万能化。该类后门通常集成了文件上传 / 下载、系统用户检测、HTTP 访问、终端安装、端口开放、启动 / 停止服务等功能，本身就是个小的工具包，功能强大。

4. C/S后门

这里的 C/S 是指 Client/Server，其中 Client 是指控制端，而 Server 是指服务端。该类后门包括控制端和服务端两部分，其中控制端用于控制服务端，当黑客将服务端植入目标计算机中以后，便可利用控制端控制服务端，即控制目标计算机。

8.2 认识账号后门技术

账号后门技术是指黑客为了长期控制目标计算机，通过后门在目标计算机中建立一个备用管理员账户的技术。该账户可以称为后门账户。若新建一个后门账户不但有密码过期的限制，而且很容易被计算机用户发现。因此黑客想出了另外一种办法创建后门账户，那就是克隆账户。

克隆账户是指把管理员的权限复制给目标计算机中已存在的普通账户，即把系统内原有的账户变成管理员账户。克隆账户的方法主要有两种：第一种是手动克隆账户，第二种是利用克隆工具克隆账户。

8.2.1 手动克隆账户

在 Windows 系统中，SAM 是用于管理系统用户账户的数据库，它保存了系统中所有账户的配置文件路径、账户权限和密码等。而 SID 则是用户账户的唯一身份编号，它用于确定当前账户是否属于管理员账户。

Windows 系统注册表中有两处保存了用户账户的 SID：SAM\Domains\Account\Users 分支下的子键名和该子键 F 子项的值。登录 Windows 系统时读取的信息是所对应子键 F 子项的值，而查询账户信息时读取的是 Users 分支下的子键名。因此当用 Administrator 子键的 F 子项覆盖其他账户的 F 子项之后，就造成了账户是管理员权限但查询还是原来状态的情况，从而达到克隆账户的目的。

STEP01：新建记事本

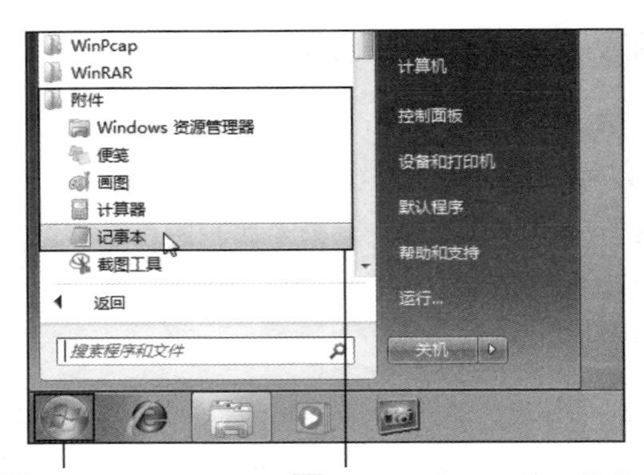

01 在桌面左下角单击“开始”按钮。

02 在弹出的“开始”菜单中单击“所有程序”>“附件”>“记事本”命令。

STEP02：输入提升 SYSTEM 权限的代码

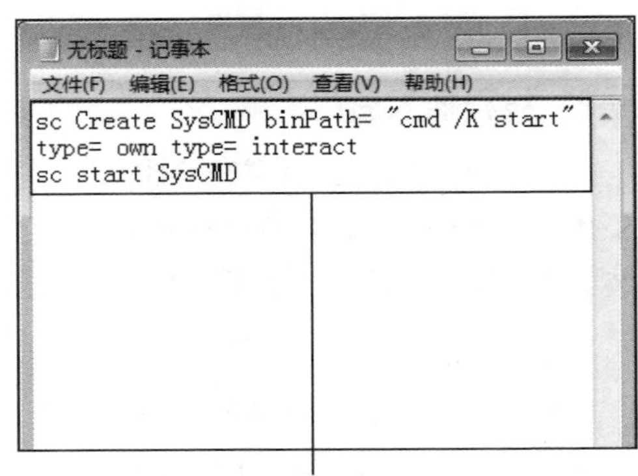

在“记事本”窗口的编辑区中输入如上图所示的代码，用以将当前用户权限提升至 SYSTEM 权限。

STEP03：保存编辑的代码

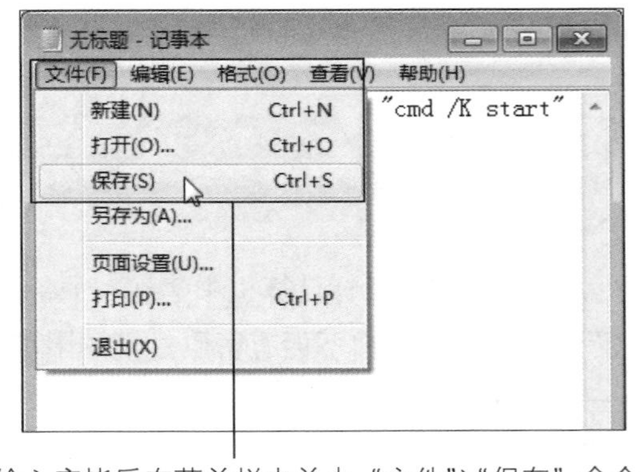

输入完毕后在菜单栏中单击“文件”>“保存”命令。

STEP04：设置保存位置和文件名

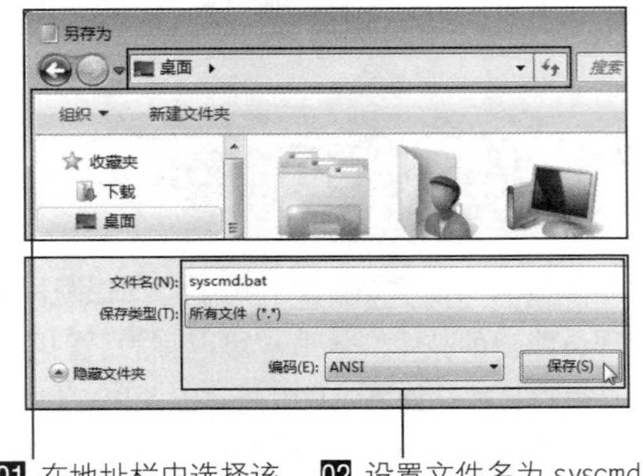

01 在地址栏中选择该文本文档的保存位置。

02 设置文件名为 syscmd.bat，单击“保存”按钮。

STEP05：运行批处理文件

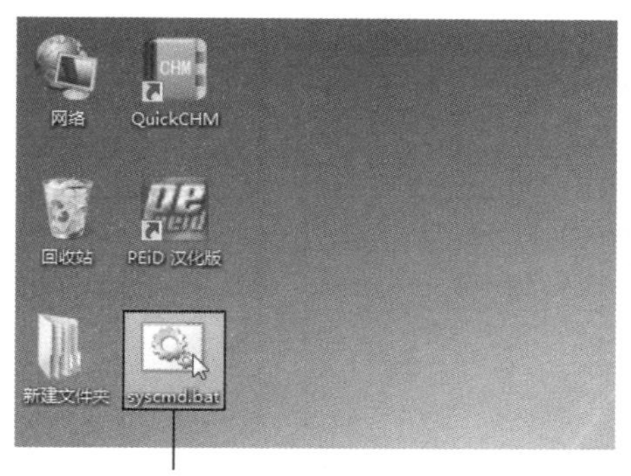

双击刚刚创建的syscmd.bat文件快捷图标，运行该批处理文件。

STEP06：选择查看消息

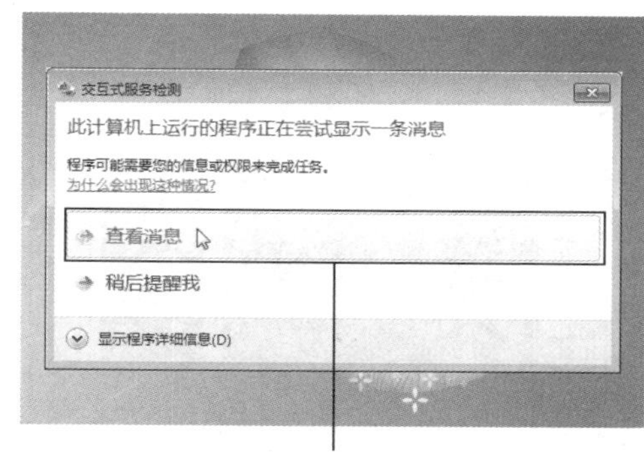

弹出“交互式服务检测”对话框，单击“查看消息”选项。

STEP07：输入 regedit 命令

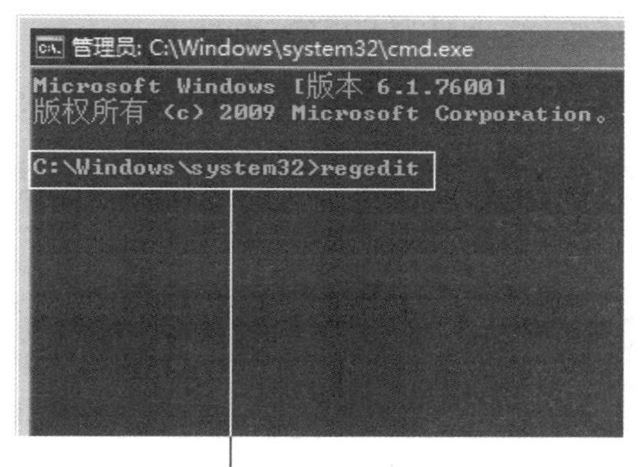

在打开的命令提示符窗口中输入regedit命令，以打开注册表编辑器。

STEP08：双击管理员账户下的F子键

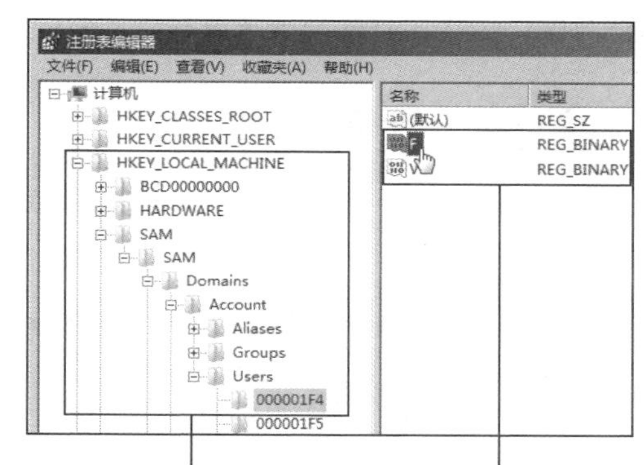

01 展开HKLM\SAM\SAM\Domains\Account\Users\000001F4分支。

02 在窗口右侧双击F子键项。

提示：更改SAM的权限

如果无法在HKLM\SAM\SAM\Domains\Account\Users下看见000001F4键值，可选中HKLM下的SAM选项，①在菜单栏中依次单击“编辑”>“权限”命令，弹出“SAM的权限”对话框，②在列表框中选中SYSTEM选项，③单击“确定”按钮即可更改SAM的权限为SYSTEM，可查看HKLM\SAM\SAM\Domains\Account\Users下的000001F4和000001F5键值。

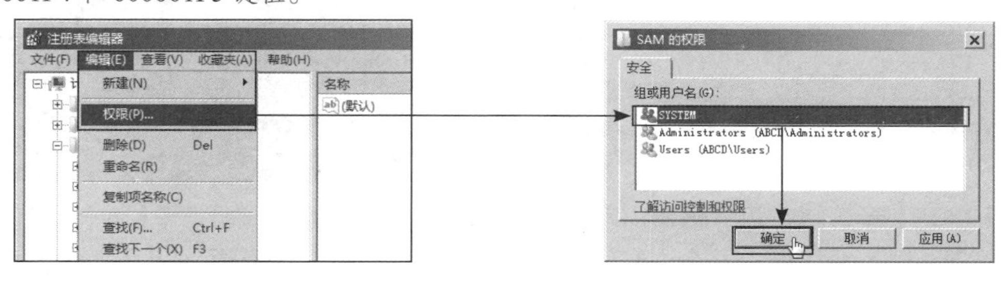

STEP09：复制 F 键值的数值数据

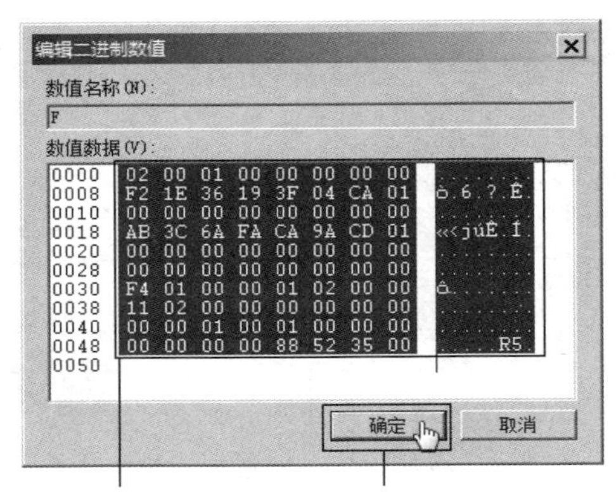

01 选中数值数据，按【Ctrl+C】组合键。

02 单击“确定”按钮。

STEP10：双击来宾账户下的 F 子键

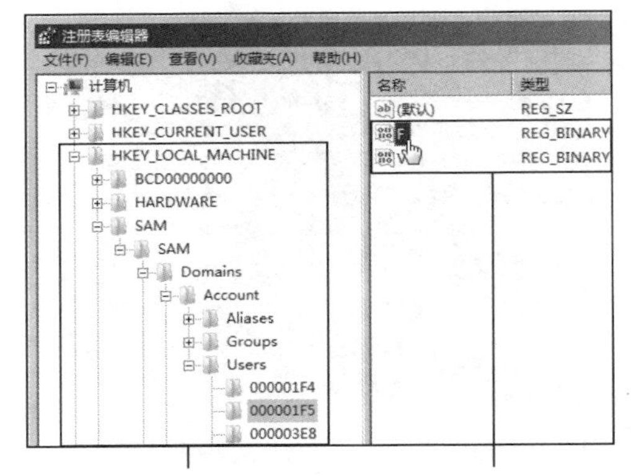

01 展开 HKLM\SAM\SAM\Domains\Account\Users\000001F5 分支。

02 在窗口右侧双击 F 子键项。

STEP11：粘贴 F 键值的数值数据

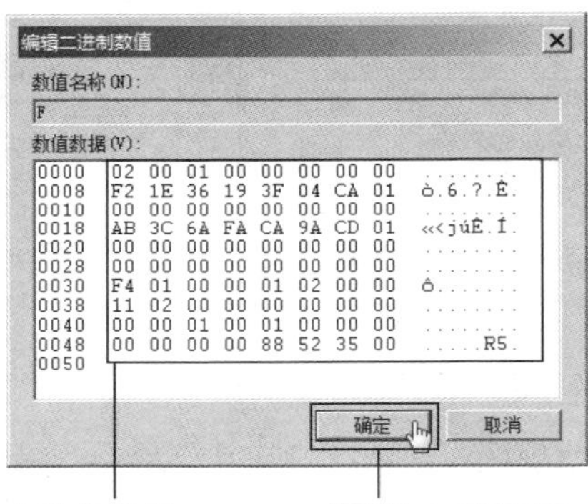

01 选中数值数据，按【Ctrl+V】组合键。

02 单击“确定”按钮。

STEP12：返回 Windows 桌面

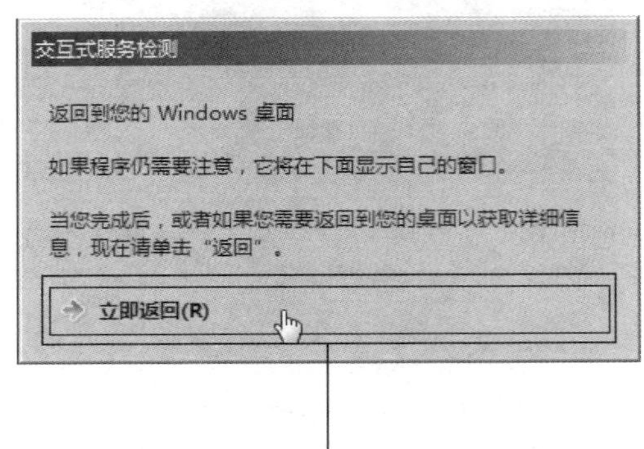

在“交互式服务检测”对话框中单击“立即返回”按钮。

STEP13：输入 cmd 命令

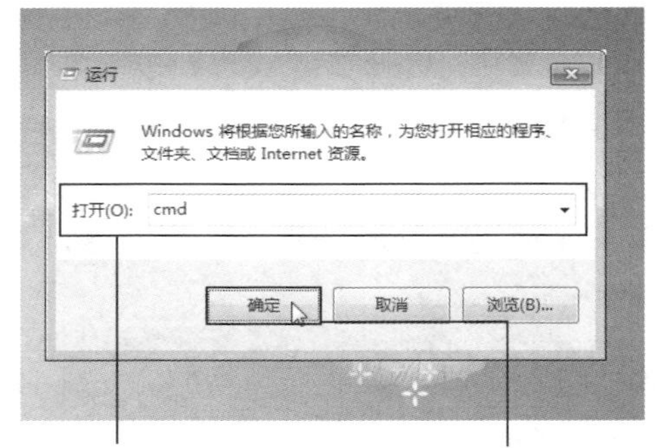

01 按【WIN+R】键，弹出“运行”对话框，输入 cmd 命令。

02 输入完毕后单击“确定”按钮。

STEP14：查看 Guest 账户信息

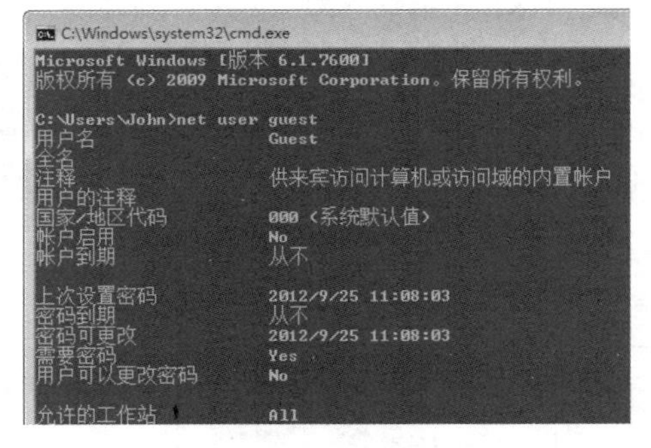

输入 net user guest 命令后按【Enter】键，可查看 Guest 账号属性，该账号已被禁用且密码不过期。

提示：利用命令启用 / 禁用 Guest 账户

当黑客成功地控制了一台目标计算机后，便可利用命令实现 Guest 账户的启用与禁用，当输入 net user guest/active:no 时，表示禁用 Guest 账户；当输入 net user guest/active:yes 时，则表示启用 Guest 账户。

8.2.2 使用软件克隆账号

Internet 中提供了大量克隆账号的专业小软件。其中以小榕推出的 CA.exe 最为出名，用户启动该软件后，只需使用简单的命令便可完成克隆操作。

CA.exe 是一个远程克隆账号工具，其命令格式为：ca.exe \\IP< 账号 >< 密码 >< 克隆账号 >< 密码 >，各参数的含义如下。

< 账号 >：被克隆的账号（拥有管理员权限）。

< 密码 >：被克隆账号的密码。

< 克隆账号 >：克隆的账号（该账号在克隆前必须存在）。

< 密码 >：克隆账号的密码。

STEP01：将 CA.exe 保存在根目录下方

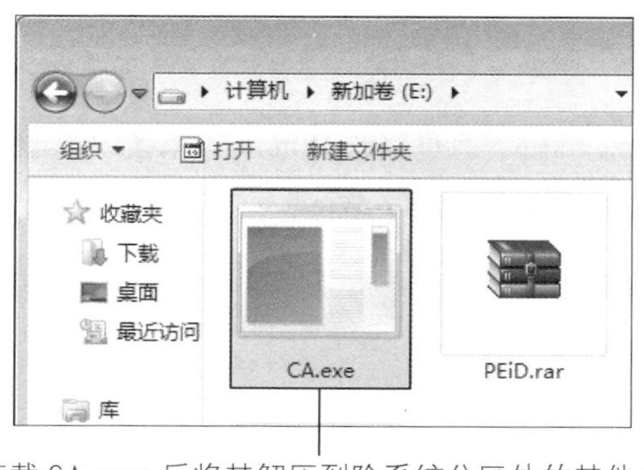

下载 CA.exe 后将其解压到除系统分区外的其他分区根目录下，例如解压到 E 盘。

STEP02：单击“运行”命令

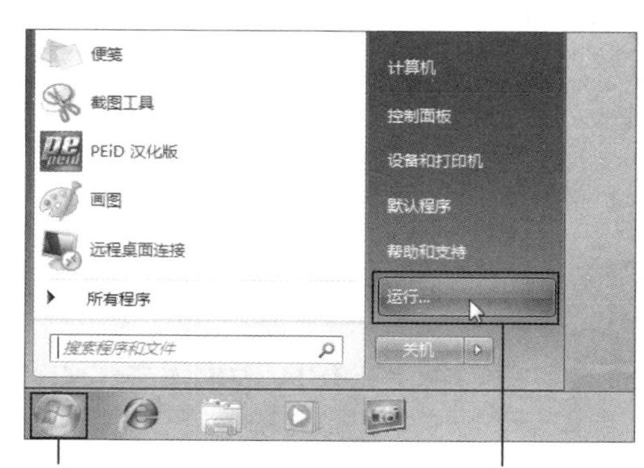

01 单击桌面左下角的“开始”按钮。

02 在弹出的“开始”菜单中单击“运行”命令。

STEP03：输入 cmd 命令

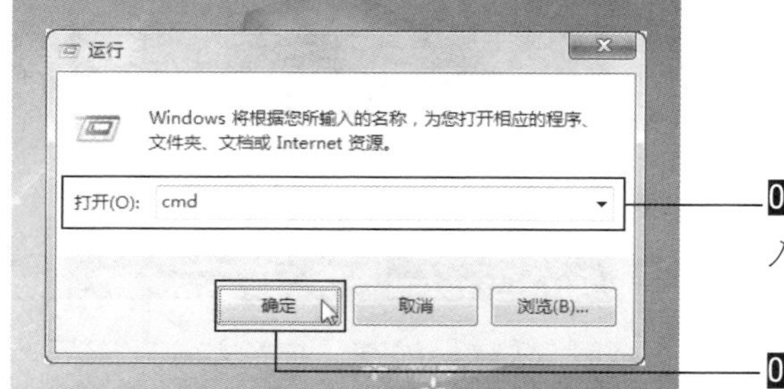

01 弹出“运行”对话框，在“打开”文本框中输入 cmd 命令。

02 输入完毕后单击“确定”按钮。

STEP04：查看 ca.exe 的语法功能

```
C:\Windows\system32\cmd.exe
Microsoft Windows [版本 6.1.7600]
版权所有 (c) 2009 Microsoft Corporation。保留所有权利。

C:\Users\John>e:

E:\>ca.exe
Shadow Administrator, by netXeyes 2002/04/28
Written by netXeyes 2002, dansnow@21cn.com

Usage: SA \\IP Account Password CloneAccount ClonePassword

Account:           Username (Own Administrator Privilege)
Password:          Password of User
CloneAccount:      CloneUser's Account Name (Must Already
ClonePassword:     Set Password of CloneUser

Examples:
========
      SA.exe \\192.168.0.16 Administrator Password IUSR_VIC
```

01 输入 e: 后按【Enter】键，切换至 E 盘根目录。 **02** 输入 ca.exe 后按【Enter】键，查看其语法功能。

STEP05：克隆账号

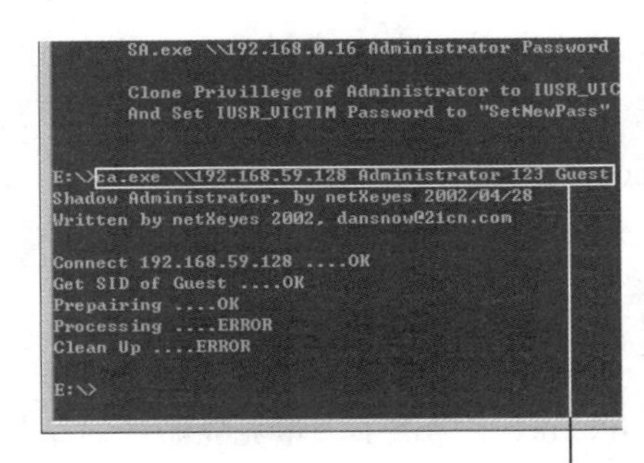

接着输入 ca.exe \\192.168.59.128 Administrator 123 Guest 后按【Enter】键，即可完成账号的复制。

提示：ca.exe \\192.168.59.128 Administrator 123 Guest 的含义

在 STEP05 中，ca.exe \\192.168.59.128 Administrator 123 Guest 命令的含义是指将目标计算机中密码为 123 的 Administrator 账户权限克隆给 Guest 账户，即使得 Guest 拥有与 Administrator 一样的管理员账户权限。

8.3 认识系统服务后门技术

系统服务后门技术是指在黑客成功入侵目标计算机后，通过修改 Windows 系统中的服务程序来制造后门，便于黑客能够在日后成功入侵目标计算机。修改 Windows 系统中的服务不会被杀毒软件所察觉。

8.3.1 使用 Instsrv 创建系统服务后门

Instsrv 是一款可以自由安装或卸载 Windows 系统服务的小工具，它具有自由指定服务名称和服务所执行程序的功能，而这些功能只需使用简单的命令即可完成。

STEP01：准备 PsExec 和 Instsrv 软件

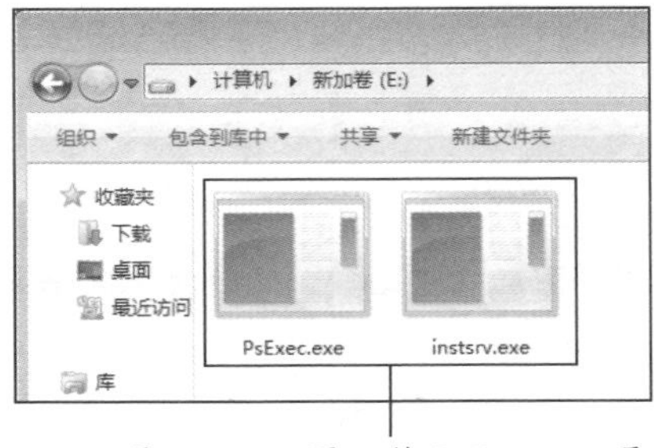

下载 PsExec 和 Instsrv 后，将 PsExec.exe 和 instsrv .exe 置于 E 盘根目录下。

STEP02：获取远程计算机的命令行

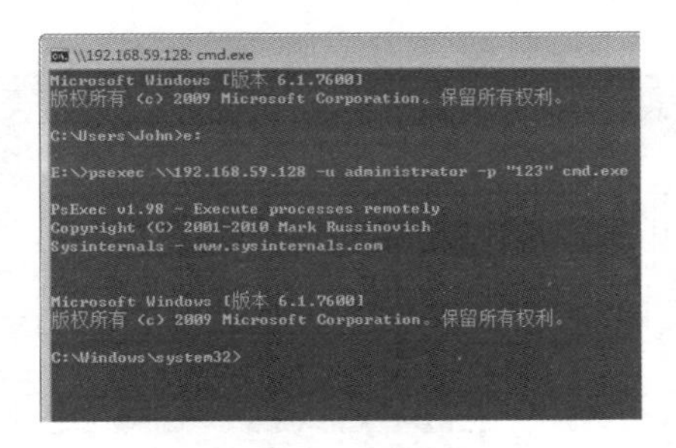

输入 e: 后按【Enter】键，接着输入获取远程计算机命令行的命令。

STEP03：复制 tlntsvr 文件

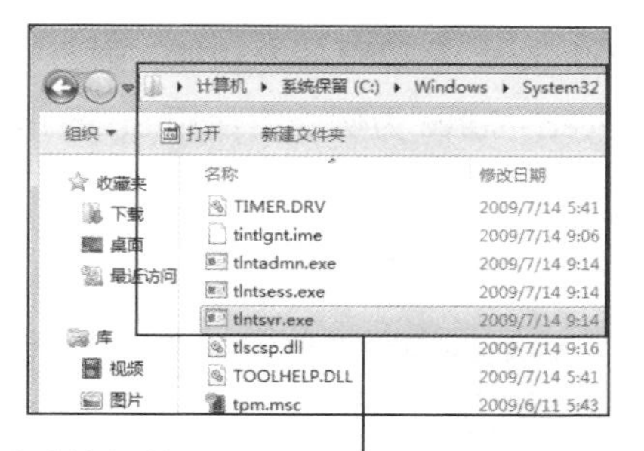

将本地计算机的tlntsvr复制到目标计算机中C:\Windows\System32路径下。

STEP04：添加 Syshell 服务

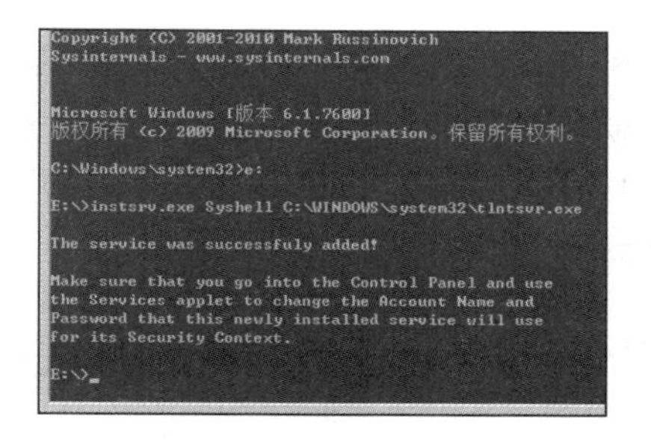

输入e:后按【Enter】键，接着输入添加Syshell服务的命令。

提示：将本地计算机中的文件复制到远程计算机

当黑客成功入侵一台计算机后，便可以远程操作这台目标计算机，当然也能够轻松地将文件复制到目标计算机中或者将目标计算机中的文件复制到本地计算机中，如第5章中介绍的“冰河”木马，它一旦与目标计算机建立连接，就可查看目标计算机中的文件，甚至可与目标计算机进行文件交互。

STEP05：输入 services.msc 命令

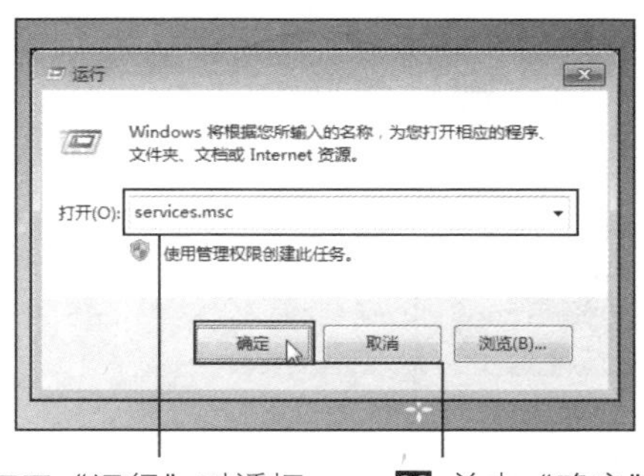

01 打开“运行”对话框，输入services.msc命令。

02 单击“确定”按钮。

STEP06：查看添加的服务

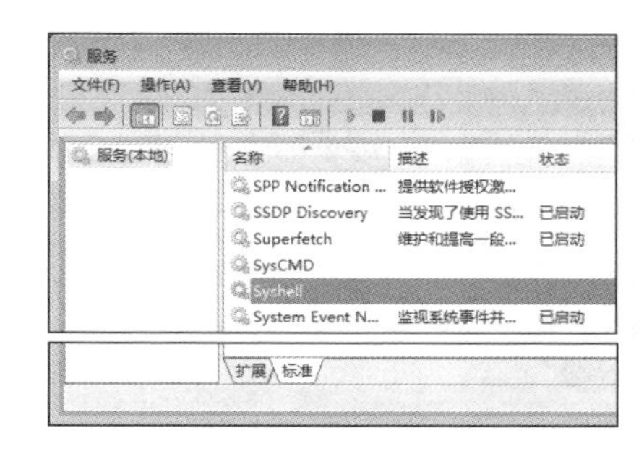

在窗口中可看见Syshell服务，黑客可通过该服务远程登录目标计算机。

提示：删除 Windows 系统中的服务

若要删除Windows系统中的服务，可以使用sc命令来实现，打开“命令提示符”窗口，输入sc delete+服务名称即可，例如输入sc delete Syshell后按【Enter】键，便可将Syshell服务从Windows系统中删除。

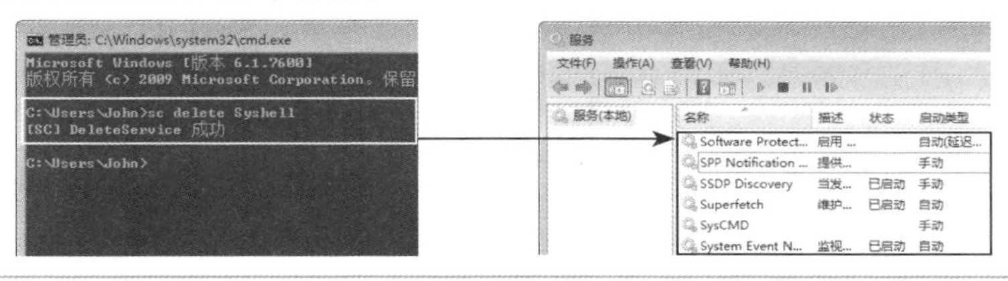

8.3.2 使用 Srvinstw 创建系统服务后门

Srvinstw 是一款图形化工具，它具有安装或移除 Windows 系统服务的功能，通过这些功能，黑客可以轻松实现系统服务后门的制作。这里以 PeerDistSvc 为例介绍使用 Srvinstw 创建系统服务后门的操作方法。

STEP01：启动 Srvinstw 程序

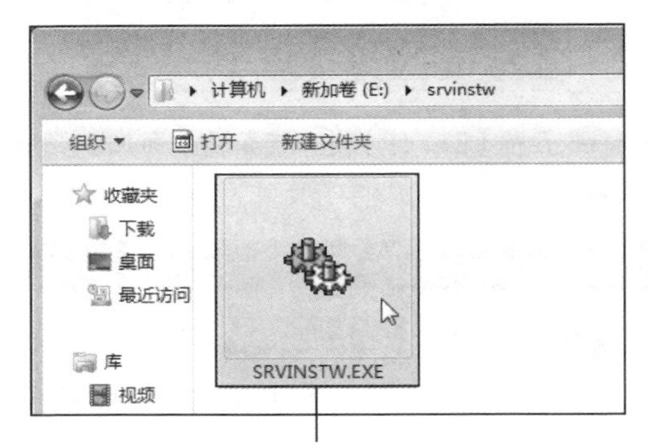

下载 Srvinstw 后将其解压到本地计算机中，双击 SRVINSTW.EXE 快捷图标。

STEP02：选择“移除服务”

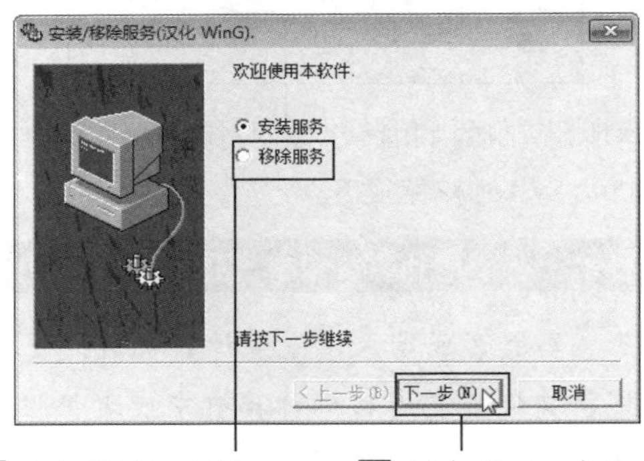

01 在弹出的对话框中选择“移除服务”。

02 单击“下一步”按钮。

STEP03：选择本地计算机

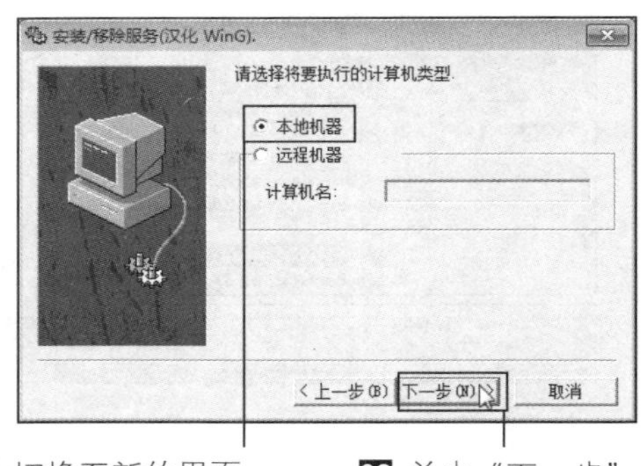

01 切换至新的界面，选择“本地机器”。

02 单击“下一步”按钮。

STEP04：选择要删除的服务

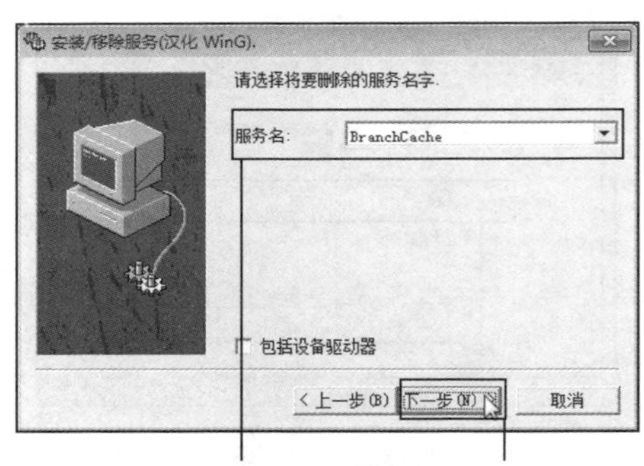

01 切换至新的界面，选择要删除的服务名。

02 单击“下一步”按钮。

STEP05：单击“完成”按钮

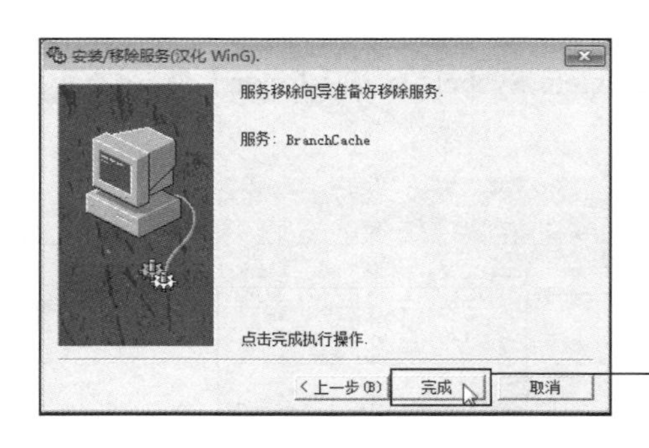

切换至新的界面，确认所选服务无误后单击“完成”按钮。

提示：选择远程计算机需满足指定条件

在 STEP03 中，如果黑客无法通过图形界面控制目标计算机，但已建立具有管理员权限的 IPC$ 连接，则可以选择“远程机器”。

STEP06：服务成功移除

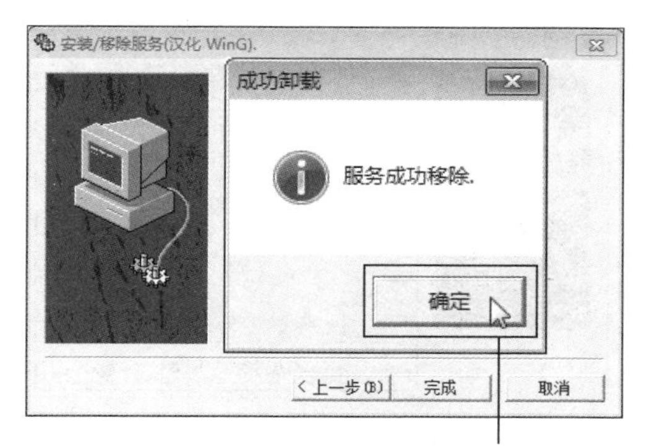

弹出对话框，提示用户“服务成功移除”，单击“确定”按钮。

STEP07：再次启动 Srvinstw 程序

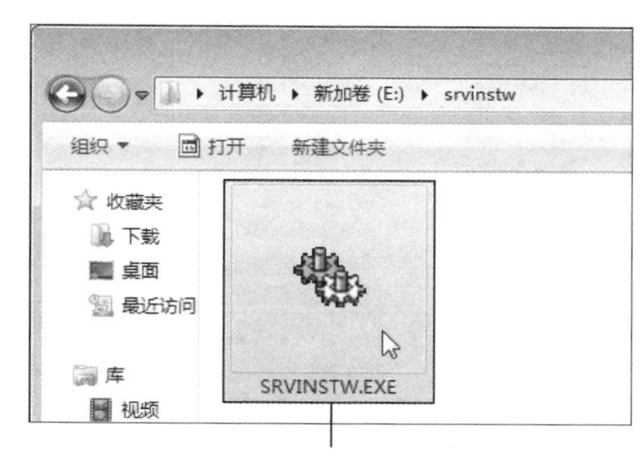

打开 SRVINSTW.EXE 快捷图标所在的文件夹窗口，双击该图标。

STEP08：选择安装服务

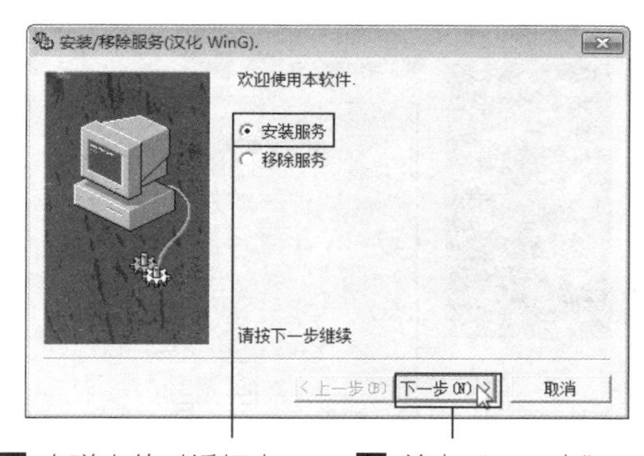

01 在弹出的对话框中选择安装服务。

02 单击“下一步”按钮。

STEP09：选择执行的计算机类型

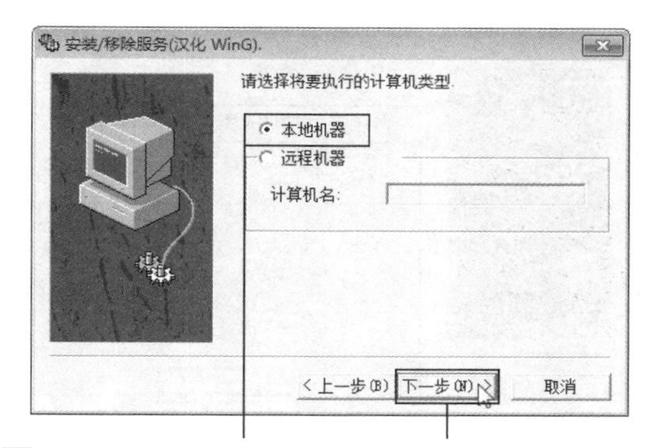

01 切换至新的界面，选择“本地机器”。

02 单击“下一步”按钮。

STEP10：输入服务名称

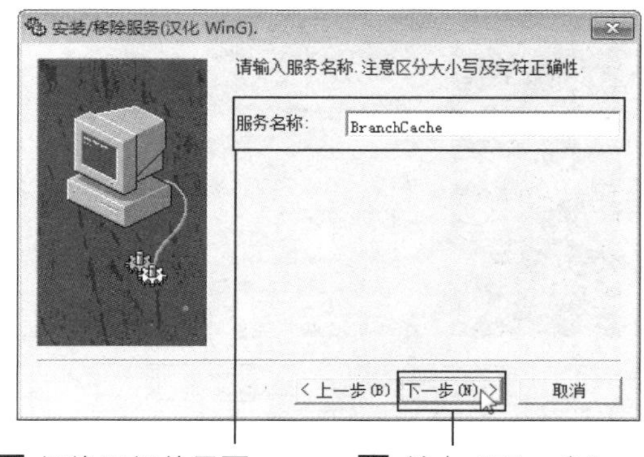

01 切换至新的界面，输入服务名称。

02 单击“下一步”按钮。

STEP11：单击“浏览”按钮

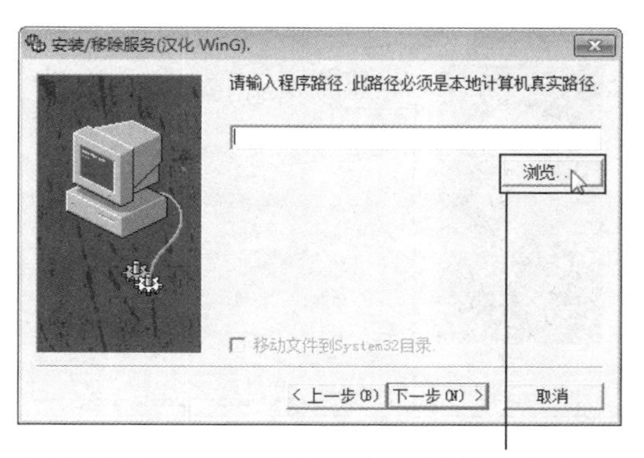

切换至新的界面，在界面中单击“浏览”按钮。

STEP12：选择 tlntsvr 文件

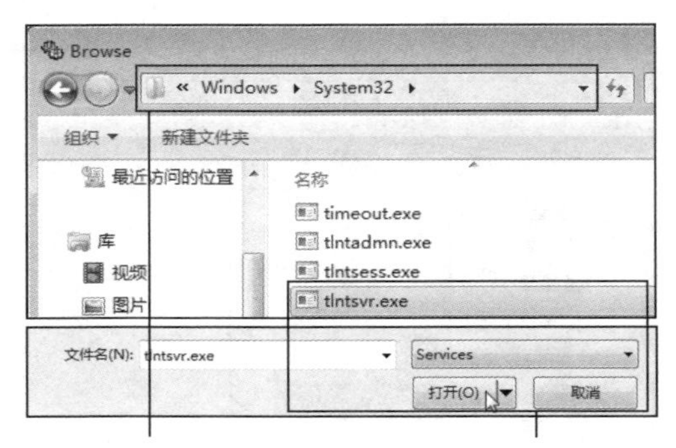

01 在地址栏中选择系统分区中的 System32 文件夹。

02 选中 tlntsvr 选项，单击“打开”按钮。

STEP13：确认所选择的程序

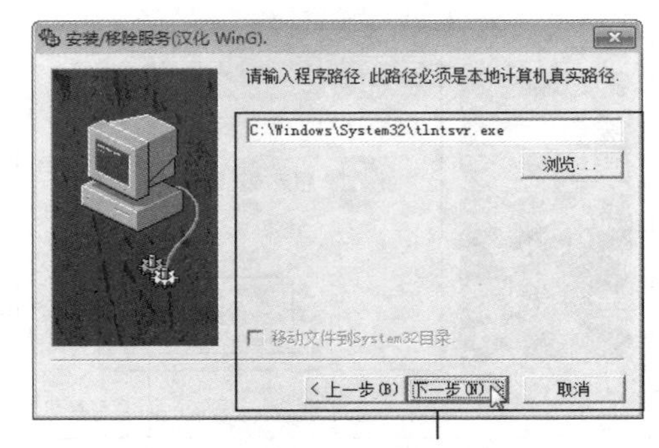

在对话框中确认所选择的程序路径无误后单击“下一步”按钮。

STEP14：选择安装的服务种类

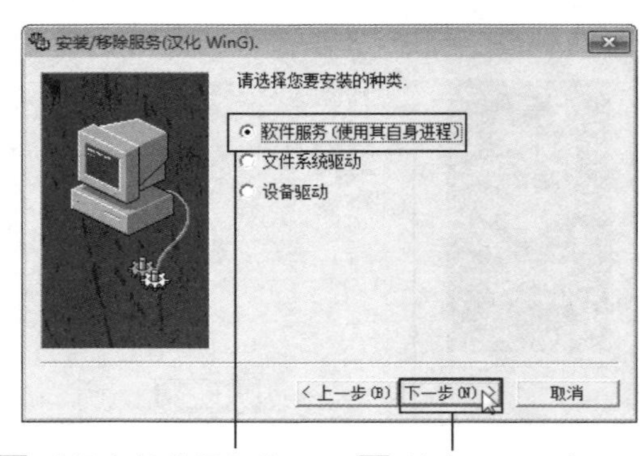

01 选择安装的服务种类为“软件服务”。

02 单击“下一步”按钮。

STEP15：设置服务的运行权限

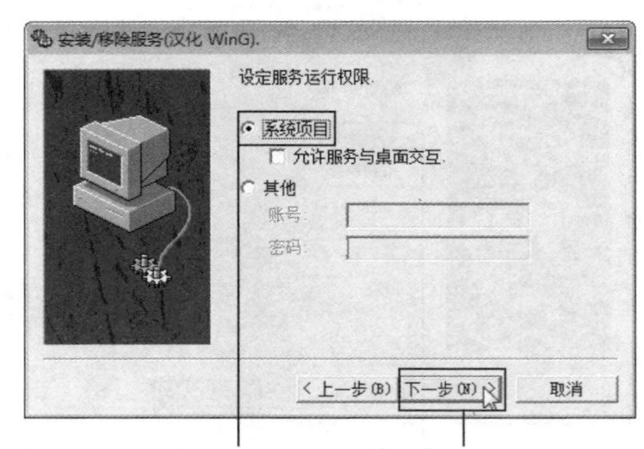

01 设定服务的运行权限为“系统项目”。

02 单击“下一步”按钮。

STEP16：选择服务的启动类型

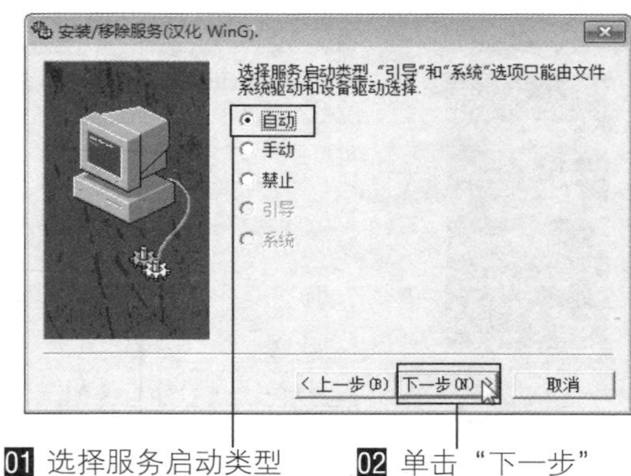

01 选择服务启动类型为“自动”。

02 单击“下一步”按钮。

STEP17：确认所添加的服务

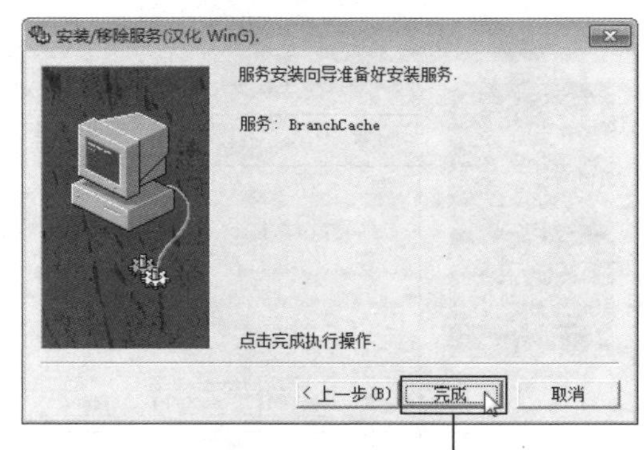

在对话框中确认所添加的服务名称无误后单击“完成”按钮。

STEP18：服务安装成功

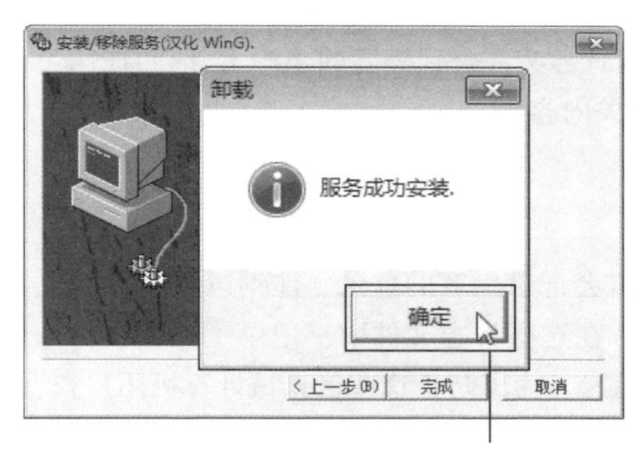

弹出对话框，提示用户服务安装成功，单击“确定”按钮。

STEP19：添加服务描述信息

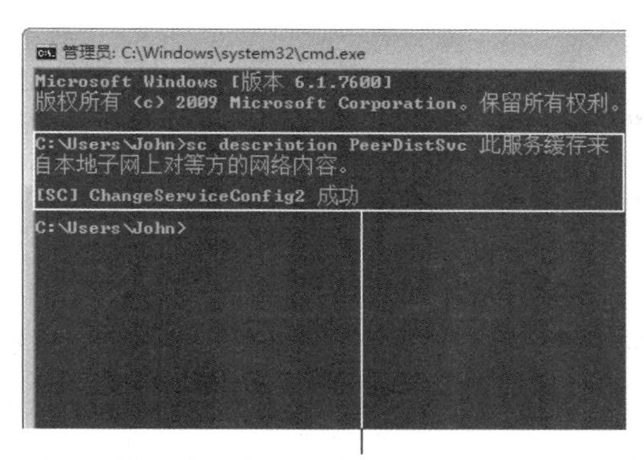

在“命令提示符”窗口中输入 sc description + 服务名称 + 服务描述信息后按【Enter】键，为该服务添加描述信息。

提示：注意区分 Windows 系统服务的服务名称和显示名称

在 Windows 系统中，系统服务通常有两个名称，即服务名称和显示名称。“服务”窗口中显示的名称为显示名称，而若要查看其服务名称，需要在“服务”窗口中双击对应的服务选项，在弹出对话框的“常规”选项卡下可看见该服务的服务名称，同时也可看见其显示名称。

STEP20：双击 BranchCache 服务选项

打开“服务”窗口，在界面中双击 BranchCache 服务选项。

STEP21：查看可执行文件路径和描述

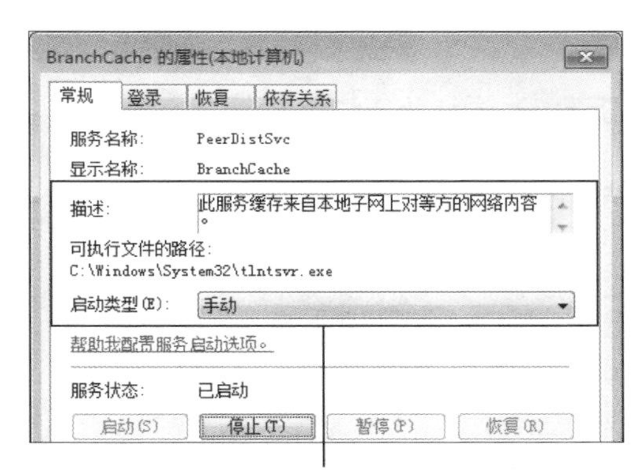

在弹出的对话框中可查看该服务的描述信息和可执行文件路径。只要该服务运行，黑客就能远程登录目标计算机。

8.4 清除日志信息

在 Windows 系统中，日志文件是一种比较特殊的文件，它每天记录着 Windows 系统的一举一动，以便于计算机用户快速记录和预测潜在的系统入侵。因此，它在安全方面起着十分重要的作用。

黑客为了防止用户发现计算机已被入侵（通过日志文件查到黑客的来源），他们往往会在断开与目标计算机连接之前，删除日志文件中的相关内容。

8.4.1 手动清除日志信息

在黑客入侵目标计算机的过程中，目标计算机会记录黑客的登录、注销以及文件的复制和粘贴等操作，并将这些记录保存到日志文件中。在这些日志文件中，记录了黑客在目标计算机中登录时所用的账号以及入侵者的 IP 地址等信息。为了防止这些信息被计算机用户查看，黑客会手动清除这些日志文件中的内容。

STEP01：单击“控制面板”命令

01 单击“开始”按钮。

02 在弹出的“开始”菜单中单击“控制面板”命令。

STEP02：选择管理工具

打开“控制面板”窗口，单击“管理工具”链接。

STEP03：选择计算机管理

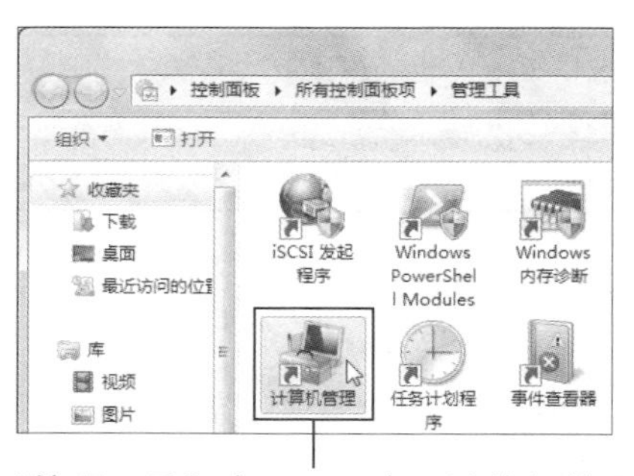

打开“管理工具”窗口，双击“计算机管理”选项。

STEP04：查看 Windows 日志

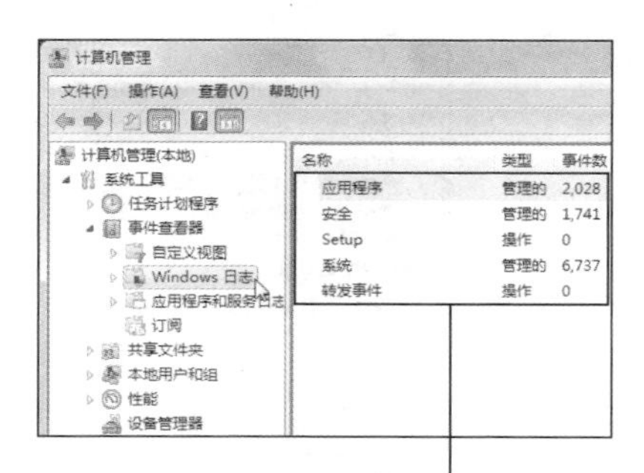

在窗口左侧依次单击“事件查看器”>“Windows 日志”选项，可在右侧看见日志类型。

提示：Windows 系统中的日志类型

在 Windows 系统中，常见的日志文件包括 Windows 日志及应用程序和服务日志两大类，其中 Windows 日志包括应用程序、安全和系统等日志信息，而应用程序和服务日志包括 Windows 系统中部分应用程序的日志信息，包括 Internet Explorer、Media Center 等。

STEP05：查看应用程序日志的属性

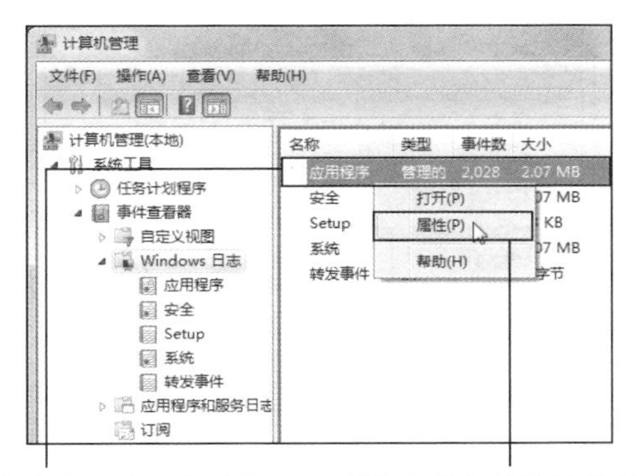

01 右击“应用程序”选项。

02 在弹出的快捷菜单中单击“属性”命令。

STEP06：选择清除日志

弹出对话框，在“常规”选项卡单击“清除日志”按钮。

STEP07：选择直接清除日志

弹出对话框，单击“清除”按钮，即可彻底清除日志信息。

STEP08：清除其他 Windows 日志

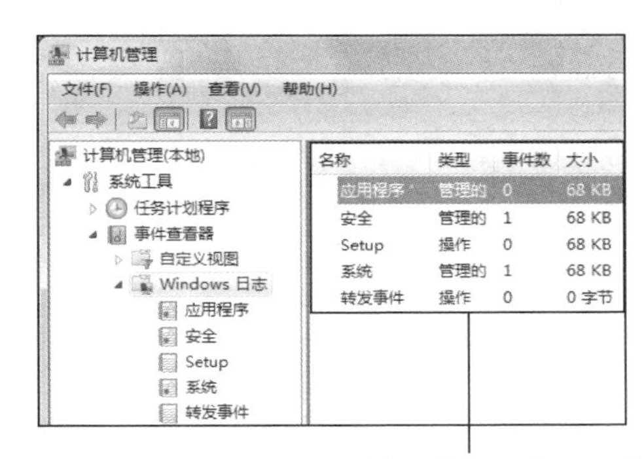

单击“确定”按钮返回“计算机管理”窗口，使用相同方法清除其他日志信息。

8.4.2 使用批处理文件清除日志信息

如果觉得在目标计算机中手动清除日志信息很麻烦，可以通过手动编写批处理命令来清除目标计算机中的日志信息。

STEP01：双击新建文本文档快捷图标

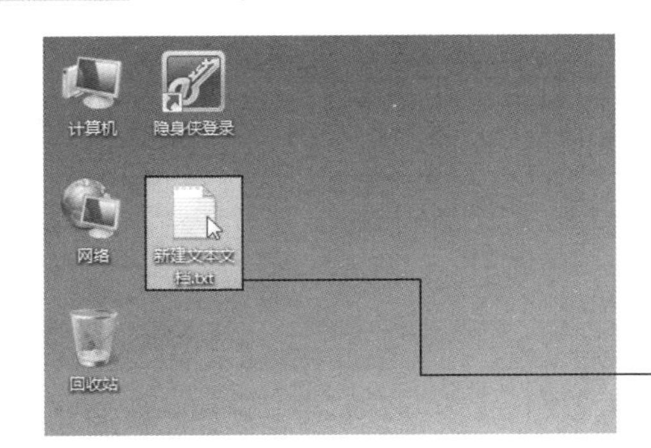

在桌面上新建一文本文档，然后双击对应的快捷图标。

提示：新建文本文档的目的

在 STEP01 中，新建文本文档的目的是为了创建 bat 批处理文件。在文本文档中保存编辑的命令，然后修改文件名和扩展名即可。

STEP02：编辑批处理命令

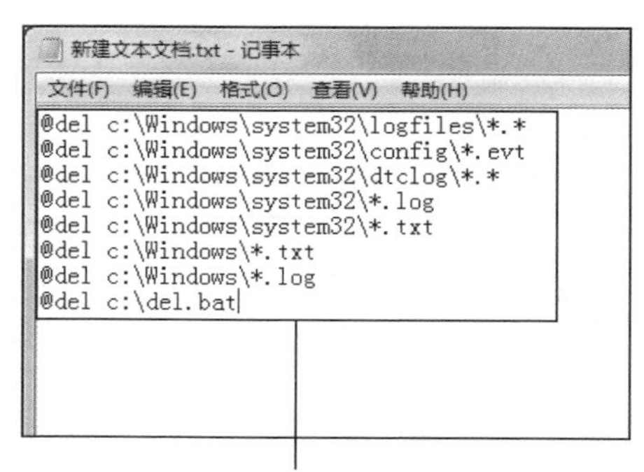

在新建“文本文档”窗口的编辑区中输入清除 Windows 系统日志的命令。

STEP03：保存编辑的批处理命令

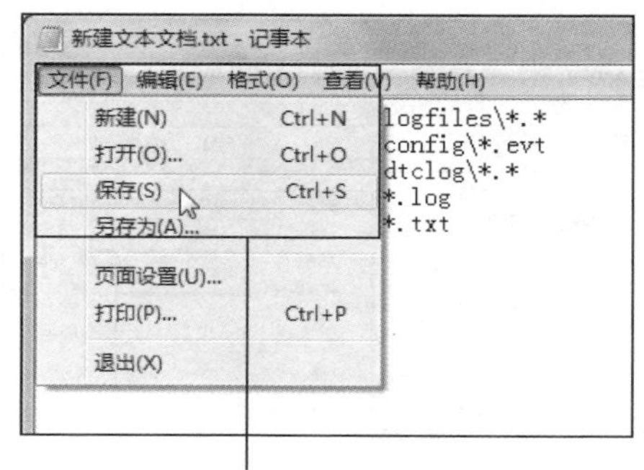

编辑完毕后在菜单栏中依次单击“文件”>“保存”命令，保存编辑的批处理命令。

STEP04：修改文件名和扩展名

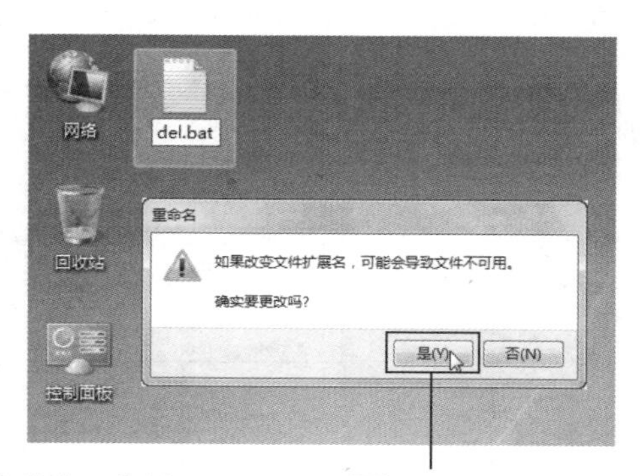

01 按【F2】键后输入文件名称。

02 单击“是”按钮，确认更改扩展名。

STEP05：继续新建文本文档

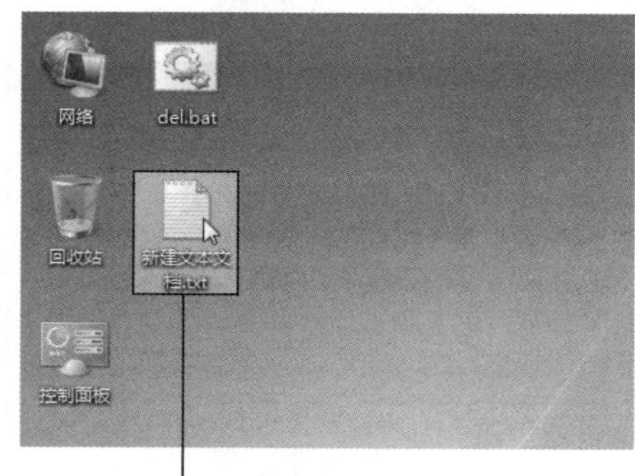

在桌面上继续新建一个文本文档，双击该文本文档的快捷图标。

STEP06：编辑执行 del.bat 的命令

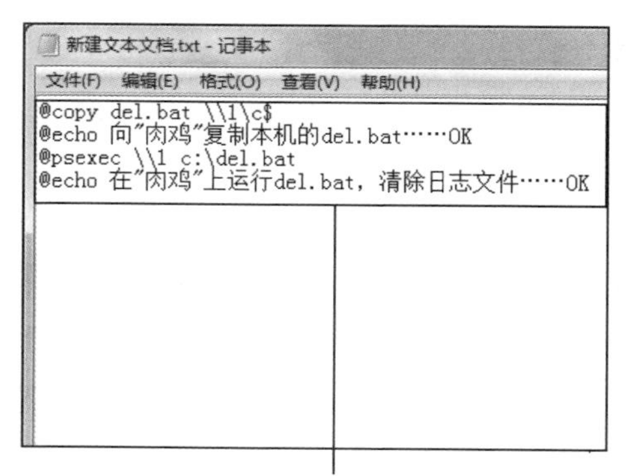

在“文本文档”窗口的编辑区中编辑执行 del.bat 文件的命令。

STEP07：保存编辑的命令

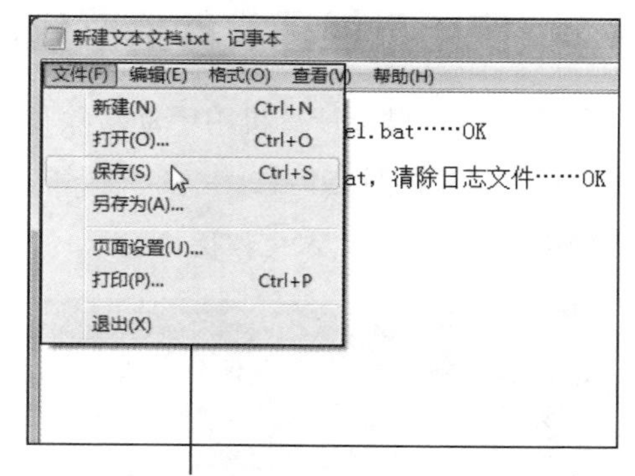

编辑完毕后在菜单栏中依次单击“文件”>“保存”命令，保存编辑的批处理命令。

提示：STEP06 编辑的命令的含义

在 STEP06 编辑的命令中，第 1 行的命令是指将 del.bat 文件复制到目标计算机名为 1

的 C 盘根目录下，第 3 行的命令是指在目标计算机中远程执行 del.bat 文件，第 2 行和第 4 行分别是对第 1 行和第 3 行命令的注释。

STEP08：查看复制的 bat 文件

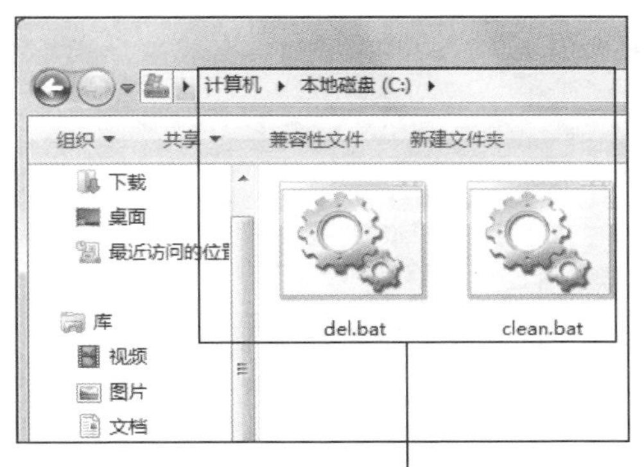

打开目标计算机中的 C 盘，便可在窗口中看见复制的 bat 文件。

STEP09：执行 clean.bat 命令

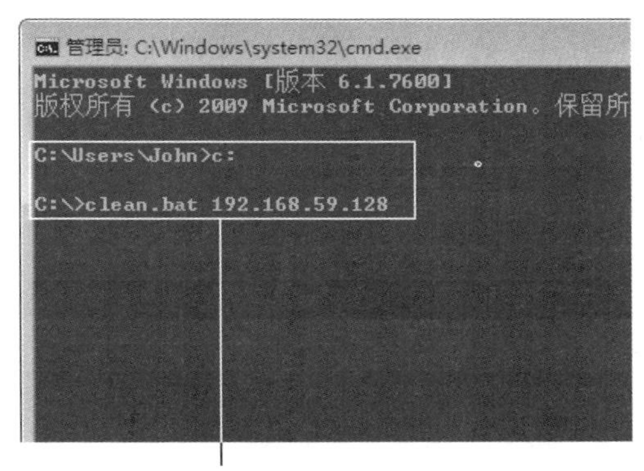

输入 c: 后按【Enter】键，切换至 C 盘，接着输入 clean.bat+ 目标计算机 IP 地址后按【Enter】键。

STEP10：确认开始清除日志文件

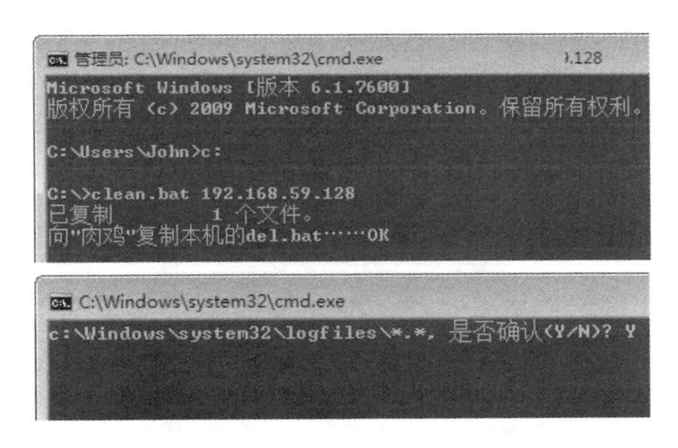

提示用户已复制 1 个文件，在弹出的命令提示符窗口中输入 Y，开始清除日志。

STEP11：成功清除日志文件

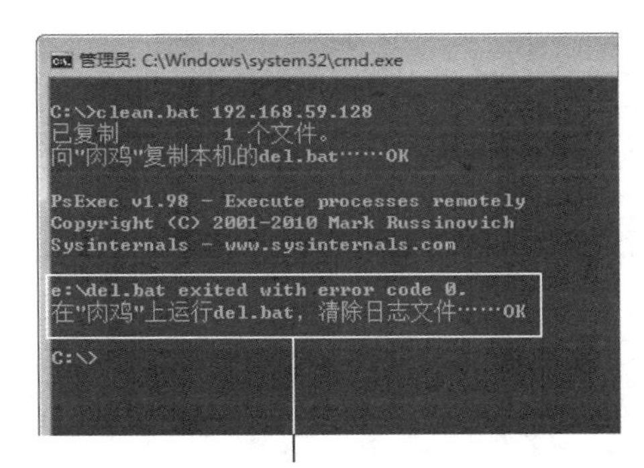

返回上一级命令提示符窗口，可看见“清除日志文件……OK”，即成功清除。

8.4.3 使用工具清除日志信息

黑客清除目标计算机中的日志信息不仅可以采用手动和批处理命令实现，而且还可以使用专业的日志清除工具。Interent 中常见的日志清除工具主要有 elsave 和 cleanIISLog 两种。

1. 使用elsave清除日志信息

elsave 具有清除本地计算机和远程计算机日志的功能，其命令格式为：elsave [-s\\server] [-l log] [-F file] [-C] [-q]，各参数的含义如下。

[-s\\server]：指定远程计算机。

[-l log]：指定日志类型，其中参数 application 为应用程序日志，参数 system 为系统日

志，参数 security 为安全日志。

[-F file]：指定保存日志文件的路径。

[-C]：清除日志操作，注意 C 要大写。

[-q]：把错误信息写入日志。

STEP01：将 elsave 置于 E 盘根目录

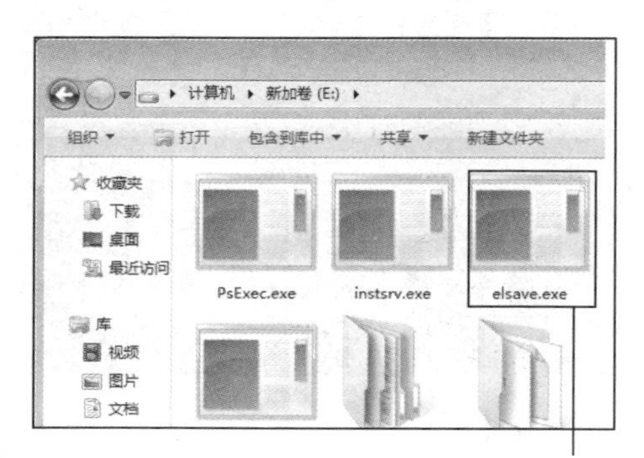

下载 elsave 文件后将其解压到 E 盘的根目录下。

STEP02：输入 cmd 命令

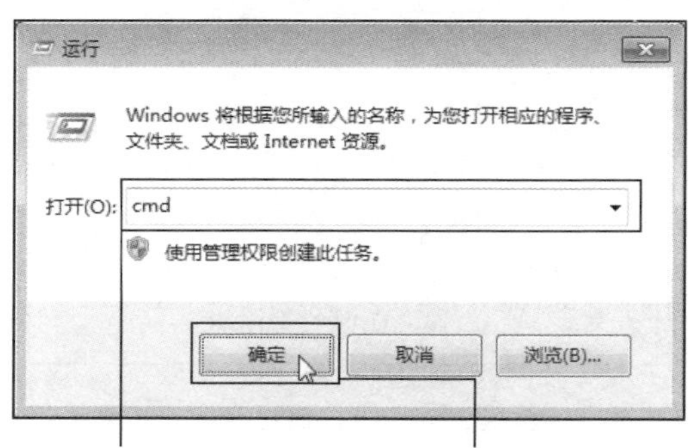

01 打开“运行”对话框，输入 cmd 命令。

02 单击“确定”按钮。

STEP03：建立 IPC$ 连接

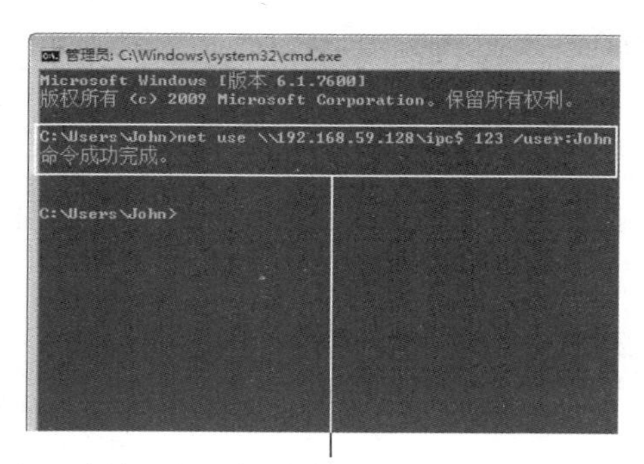

在窗口中输入与目标计算机建立 IPC$ 连接的命令，然后按【Enter】键。

STEP04：清除日志

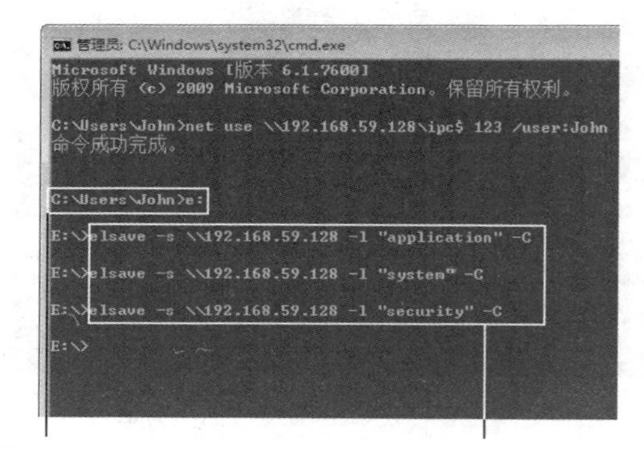

01 输入 e: 后按【Enter】键，切换至 E 盘根目录。

02 依次输入清除应用程序、系统和安全日志的命令。

STEP05：断开 IPC$ 连接

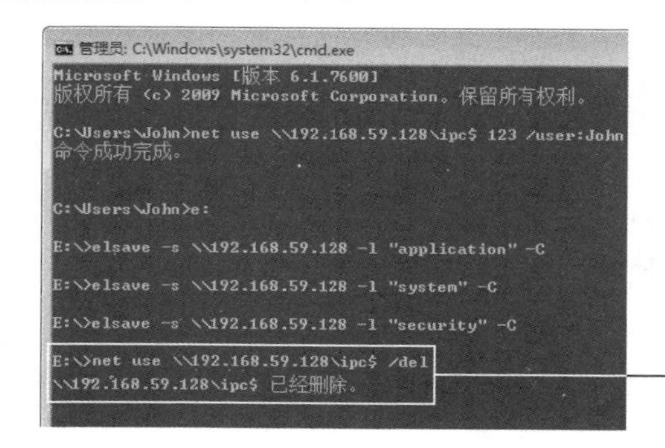

输入与目标计算机断开 IPC$ 连接的命令，然后按【Enter】键。

提示：认识 IPC$

IPC$ 是为了实现进程间通信而开放的命名管道，通过提供可信任的用户账户和密码来连接双方，以建立安全的通道并交换数据，从而实现对远程计算机的访问。

2. 使用cleanIISLog清除日志信息

CleanIISLog 是一款常见的日志清理工具，它可以不留痕迹地清除指定的 IP 连接记录。其命令格式为 cleaniislog [logfile] [.] [cleanIP] [.]，其中各参数的含义如下。

[logfile]：要清除的日志文件，Logfile 用于指定要处理的日志文件，如果指定为“.”，则处理所有的日志文件。

[.]：“.”代表所有清除的日志中那个 IP 地址记录。

[cleanIP]：要清除的 IP 记录，如果指定为“.”，则清除所有的 IP 记录，但是最好不要这样设置。

[.]：代表所有的 IP 记录。

STEP01：将 CleanIISLog 置于 E 盘根目录

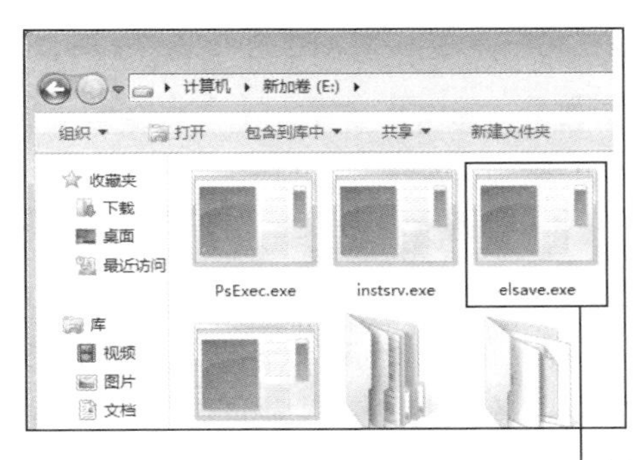

下载 CleanIISLog 文件后将其解压到 E 盘的根目录下。

STEP02：建立 IPC$ 链接

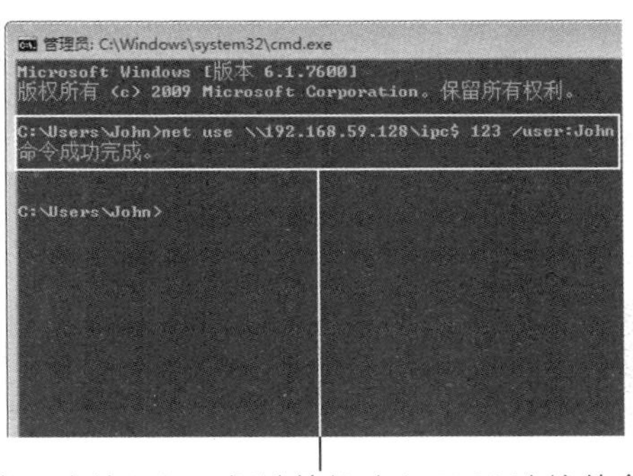

在窗口中输入与目标计算机建立 IPC$ 连接的命令，然后按【Enter】键。

STEP03：清除指定日志文件

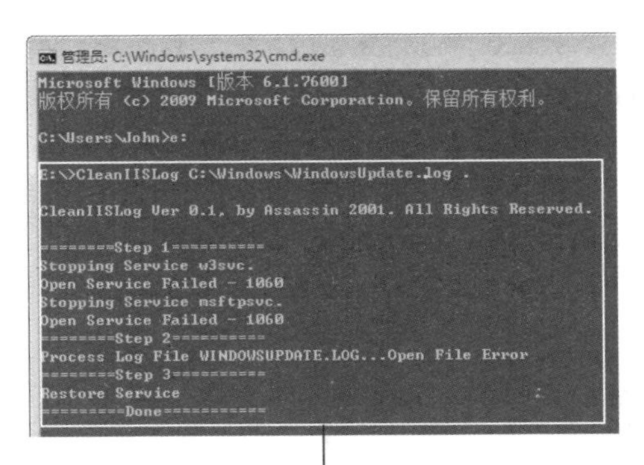

输入清除所有 IP 地址的 WindowsUp date.log 文件的命令，然后按【Enter】键。

STEP04：断开 IPC$ 链接

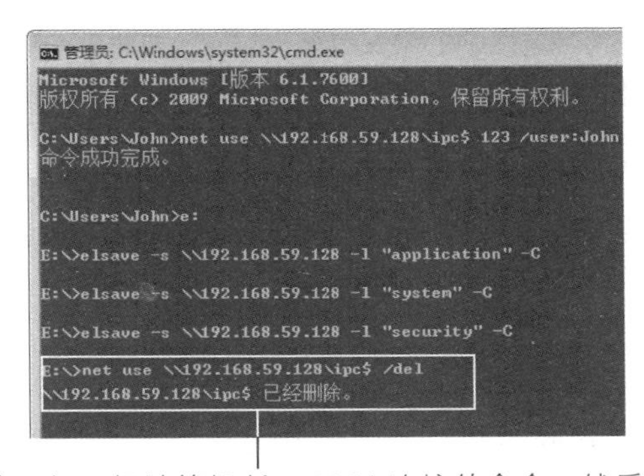

输入与目标计算机断开 IPC$ 连接的命令，然后按【Enter】键。

提示：CleanIISLog 使用的局限性

与 elsave 相比，CleanIISLog 在使用上有着局限性，即 CleanIISLog 只能在本地计算机中运行，并且运行该软件的账户必须具有管理员权限。

8.5 检测系统中的后门程序

后门程序是在黑客成功入侵目标计算机之后在其系统中创建的。因此用户若要检测系统中是否存在后门程序，则需要检测系统中的进程、系统的启动信息以及系统开放的端口等信息。

1. 查看系统进程

有些后门程序会以系统进程的形式在目标计算机中运行，它会随着计算机的启动而启动，如果用户在“任务管理器”窗口中查看到陌生的进程，则该进程可能就是后门程序，应结束该进程，然后使用杀毒软件全盘扫描计算机。

提示：未显示在任务管理器中的后门程序

在 Internet 中，有一类后门程序是不会在“任务管理器”窗口中显示出来的，即 DLL（动态链接库）注入的后门程序。它随着系统文件的调用而运行。对于此类后门程序，需要用杀毒软件或专杀工具进行查杀。

2. 查看系统启动信息

系统启动项也是后门程序经常光顾的地方，用户可以利用 msconfig 命令打开“系统配置”窗口，在“启动”选项卡查看是否存在可疑的启动项。如果有则打开其对应的路径，删除指定的程序文件。对于新手来说，可以使用 360 安全卫士提供的开机加速功能来查看是否有可疑的启动项。

提示：查看系统安装目录 Windows 和系统关键目录 system32 下的文件

在 Windows 7 中，系统安装目录 Windows 的路径为 C:\Windows（C 盘为系统所在的分区），系统关键目录 system32 的路径为 C:\WINDOWS\system32，用户需要在这两个文件夹中查看有没有可疑的可执行文件或 dll 文件（首先需要设置显示所有的文件和文件夹）。当然这种方法只适合于对后门知识有一定了解的用户，不建议新手使用此种方法。

3. 查看系统开放的端口

有些后门程序是通过修改 Windows 系统中的服务来实现的，因此用户需要查看本地计算机已开放的端口，当开放的端口中有类似于 7626 等端口时就要注意了。7626 是“冰河”木马的默认端口，如果系统中 7262 端口没有开放也不能保证系统中不存在后门程序，这是因为 7626 只是冰河木马上线的默认端口，并且该端口是可以更改的。

通过以上的操作可以检测出一些常见的后门程序，当然不能保证 100% 安全，因为后门程序每天都在增加，最好的方法还是要养成良好的使用电脑习惯，及时修补系统漏洞，及时更新安全工具的病毒木马库，定时进行全盘的病毒扫描等。

第9章 局域网攻防

在局域网中，黑客可能会采取一系列的攻击方式，使得局域网中的路由器或者某些计算机无法正常运行。为了防范常见的局域网攻击，用户不仅需要了解这些攻击的原理，而且还要了解防范这些攻击的有效措施。

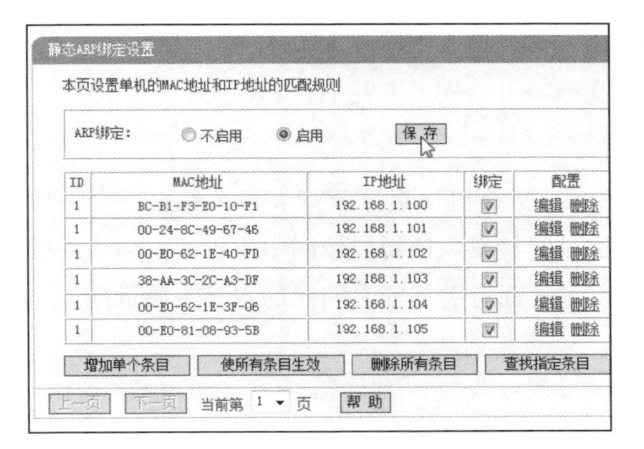

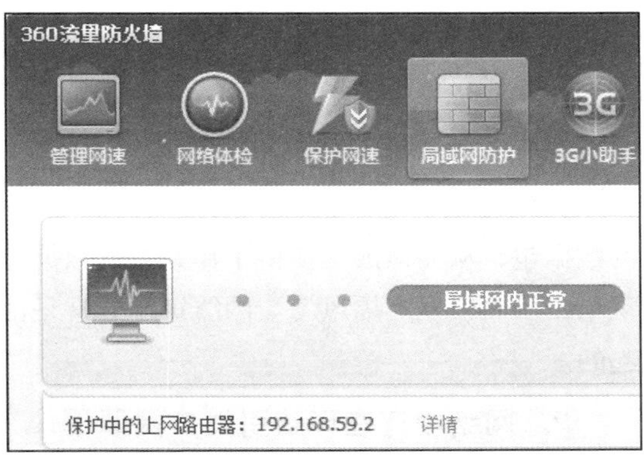

防火墙设置

本页对防火墙的各个过滤功能的开启与关闭进行设置。只有防火墙的总开关是开启的时候，后续的“IP地址过滤”、“域名过滤”、“MAC地址过滤”、“高级安全设置”才能够生效，反之，则失效。

开启防火墙（防火墙的总开关）

开启IP地址过滤

缺省过滤规则

凡是不符合已设IP地址过滤规则的数据包，允许通过本路由器

凡是不符合已设IP地址过滤规则的数据包，禁止通过本路由器

开启域名过滤

开启MAC地址过滤

缺省过滤规则

仅允许已设MAC地址列表中已启用的MAC地址访问Internet

禁止已设MAC地址列表中已启用的MAC地址访问Internet，允许其他MAC地址访问Internet

11b到11g的飞跃，实现54M无线

修改登录口令

本页修改系统管理员的用户名及口令。

原用户名：admin

原口令：

新用户名：HSJ

新口令：

确认新口令：

保 存　清 空

知识要点

- 局域网中常见的攻击类型
- 防御 ARP 欺骗攻击
- 提高无线局域网的安全系数
- 防御广播风暴
- 防御 IP 冲突攻击

9.1 局域网中常见的攻击类型

黑客不仅会攻击 Internet，他们也会对局域网进行攻击，只不过局域网的攻击类型与 Interent 的攻击类型不同。常见的局域网攻击类型有广播风暴、ARP 欺骗攻击以及 IP 冲突攻击。

9.1.1 广播风暴

在局域网中，广播风暴是指当大量的广播数据存在于局域网中且无法处理时，这些数据就会占用大量的网络带宽，从而导致正常的数据无法被处理，使得局域网的数据处理性能下降，严重的话还会造成局域网彻底瘫痪。

广播风暴产生的原因有多种，常见的主要有网线短路、网络中存在环路、傻瓜交换机、网卡损坏以及蠕虫病毒等。

1. 网线短路引发广播风暴

网线短路引发广播风暴是指当网线发生短路时，交换机将会接收到大量不符合分装原则的数据包，从而造成交换机工作繁忙，数据包无法及时转发，使得局域网中出现数据包丢失的现象，从而引发广播风暴。网线短路通常是由于网线表面有磨损或者网线的水晶头质量问题引起的。

2. 网络中存在环路引发广播风暴

当局域网中存在环路时，就会造成每一个数据包都在局域网中重复广播，从而引发广播风暴。要消除这种网络循环连接带来的广播风暴可以使用 STP 协议（生成树协议），以局域网中一台交换机为节点生成一棵转发树，让所有的数据包都只在这棵树的路径上传输，就不会产生广播风暴了（因为树没有环路）。但由于 STP 算法开销太大，因此交换机默认未启用该协议。

3. 傻瓜交换机引发广播风暴

傻瓜交换机是指那些不具备生成树协议功能、无法自动切断级联交换机之间冗余端口的交换机。如果在同一傻瓜交换机的不同端口或傻瓜交换机之间有冗余连接时，就会导致网络中存在环路，进而导致网络广播风暴。

4. 网卡损坏引发广播风暴

当局域网中某一台计算机的网卡损坏时，由于该计算机与交换机相连接，从而导致它们之间不断地发送广播数据包，从而引发广播风暴。还有一种可能是因为计算机网卡与交换机形成了回路，广播数据包无法及时发送出去而造成广播风暴。

5. 蠕虫病毒引发广播风暴

当局域网中某台计算机感染了 Funlove、震荡波、RPC 等蠕虫病毒时，它会导致当前计算机网卡的发送数据包和接收数据包快速增加，并通过网络传播，损耗大量的网络带宽，引发网路堵塞，从而导致广播风暴。

9.1.2 ARP 欺骗攻击

ARP 欺骗攻击是一种基于 ARP 协议的局域网攻击方式，该种攻击方式利用了 ARP 协议中“局域网中的网络流通是按照 MAC 地址传输”这一特点而产生的。若要了解 ARP 欺骗攻击，则首先需要了解 ARP 协议的工作原理。

1. ARP协议的工作原理

ARP 协议的工作原理是：当计算机 A 向计算机 B 发送数据时，计算机 A 会查询本地 ARP 缓存表，找到计算机 B 的 MAC 地址后再传输数据；如果未找到，则广播 A 的一个 ARP 请求数据（携带计算机 A 的 IP 地址 Ia——物理地址 Ma），请求 IP 地址为 Ib 的计算机 B 回答物理地址 Pb，局域网中所有计算机（包括计算机 B）都收到 ARP 请求数据，但只有计算机 B 能识别自己的 IP 地址，于是向计算机 A 发回一个 ARP 响应数据，其中包含有计算机 B 的 MAC 地址。计算机 A 接收到计算机 B 的应答后更新本地 ARP 缓存表，然后使用这个 MAC 地址向计算机 B 发送数据。工作过程如下图所示。

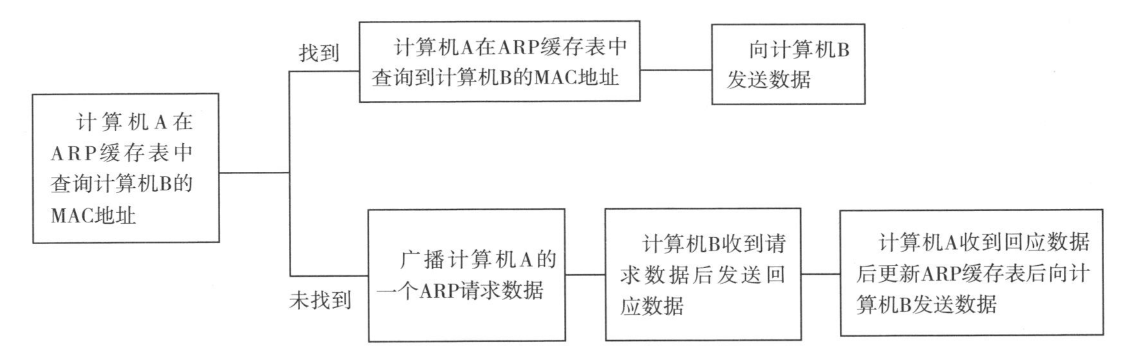

2. ARP欺骗攻击的工作原理

ARP 协议并不只在发送了 ARP 请求才接收 ARP 应答。当计算机接收到 ARP 应答数据时就会对本地 ARP 缓存表进行更新，存储应答中的 IP 和 MAC 地址。因此，当局域网中的某台计算机 C 向计算机 A 发送一个自己伪造的 ARP 应答数据时，而如果这个应答是计算机 C 冒充计算机 B 伪造的（IP 地址为计算机 B 的 IP 地址，而 MAC 地址是伪造的 MAC 地址），则当计算机 A 接收到计算机 C 伪造的 ARP 应答数据后，就会更新本地的 ARP 缓存。这样在计算机 A 看来计算机 B 的 IP 地址没有变，但计算机 B 的 MAC 地址已经不是原来那个。由于局域网的网络流通不是根据 IP 地址进行，而是按照 MAC 地址进行传输的，所以，那个伪造出来的 MAC 地址在计算机 A 上被改变成一个不存在的 MAC 地址，这样就会造成网络不通，导致计算机 A 不能 Ping 通计算机 B！这就是一个简单的 ARP 欺骗。过程如下图所示。

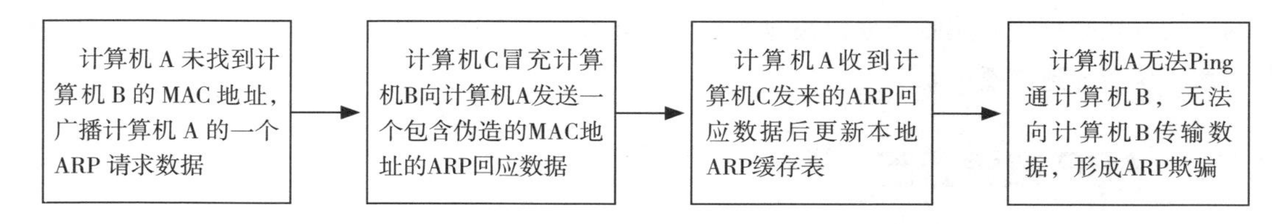
计算机A未找到计算机B的MAC地址，广播计算机A的一个ARP请求数据
计算机C冒充计算机B向计算机A发送一个包含伪造的MAC地址的ARP回应数据
计算机A收到计算机C发来的ARP回应数据后更新本地ARP缓存表
计算机A无法Ping通计算机B，无法向计算机B传输数据，形成ARP欺骗

3. ARP欺骗攻击的两种类别

ARP 欺骗攻击是黑客常用的攻击手段之一。常见的 ARP 欺骗攻击分为两种，一种是对路由器 ARP 表的欺骗攻击；另一种是对内网计算机网关的欺骗攻击。

（1）对路由器 ARP 表的欺骗攻击：该种 ARP 欺骗攻击的原理是截获网关数据。它发给路由器一系列错误的内网 MAC 地址，并按照一定的频率不断进行，使真实的地址信息无法通过更新保存在路由器中。结果路由器的所有数据只能发送给错误的 MAC 地址，造成正常的计算机无法收到信息。

（2）对内网计算机网关的欺骗攻击 ：该种 ARP 欺骗攻击的原理是伪造网关，即建立假网关，让被它欺骗的计算机向假网关发送数据，而不是通过正常的路由器途径上网，使得网内的计算机无法正常上网。

9.1.3 IP 冲突攻击

IP 地址冲突是指在同一个局域网中，如果有两台计算机同时使用了相同的 IP 地址，或者其中一台计算机已经通过 DHCP 获取一个 IP 地址，同时又有其他计算机被手动分配了与此相同的 IP 地址的现象。一旦出现 IP 地址冲突，则其中一台计算机将无法正常上网，如右图所示。

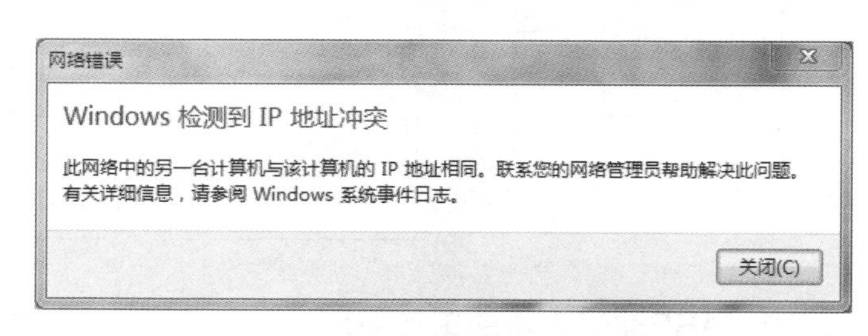
网络错误
Windows 检测到 IP 地址冲突
此网络中的另一台计算机与该计算机的 IP 地址相同。联系您的网络管理员帮助解决此问题。
有关详细信息，请参阅 Windows 系统事件日志。
关闭(C)

IP 冲突攻击只是 ARP 攻击的一部分，该种攻击方式能够在局域网中产生大量的 ARP 通信，造成局域网阻塞。黑客只要持续不断地发出伪造的 ARP 响应数据，就能更改目标计算机 ARP 缓存中的 IP/MAC 地址信息，造成目标计算机上不断显示 IP 地址冲突，使得目标计算机无法上网。

9.2 防御广播风暴

广播风暴会造成局域网中的网络设备和计算机无法正常工作，因此用户需要掌握防御广播风暴的常用措施，掌握一定计算机知识的用户可以采用 VLAN 技术来防御广播风暴。

9.2.1　防御广播风暴的常用措施

防御广播风暴的常用措施有：使用高质量的网线和网络设备、避免局域网中出现环路以及安装杀毒软件。

1. 使用高质量的网线和网络设备

由于网线短路会引发广播风暴，因此用户可以在资金允许的情况下使用高质量的网线，既能保证网络通信质量，又能在一定程度上避免广播风暴。另外，局域网中的交换机一旦出现故障也会引起广播风暴，因此用户同样需要选择使用高质量的交换机，降低发生广播风暴的概率。

2. 避免局域网中出现环路

由于局域网中一旦出现环路就可能会引发广播风暴，因此用户在连接一些比较复杂的局域网时，一定要为备用线路（如当网线从交换机接入工作一室，再接入工作二室时，则备用线路就是从交换机直接接入工作二室的网线）做好标记，以免形成环路。

3. 安装杀毒软件

为了防止蠕虫病毒引发的广播风暴，用户需要安装杀毒软件并及时更新。同时每台计算机也要及时安装系统补丁程序，并禁用不必要的服务，以提高系统的安全性和可靠性。

9.2.2　使用 VLAN 技术防御广播风暴

VLAN 技术是一种从逻辑上将局域网交换机划分成一个个小网段，从而实现虚拟工作组的新兴数据交换技术。该技术能够解决局域网中的广播问题，并提高安全性。VLAN 技术在局域网的数据帧中增加了 VLAN ID 字段，通过 VLAN ID 可以把物理交换机划分成若干不同的 VLAN。VLAN 在交换机上的实现方法大致可以分为基于交换机端口和基于 MAC 地址两类。

1. 基于交换机端口划分VLAN

基于交换机端口划分 VLAN 是最常用的一种 VLAN 划分方法，其应用也最为广泛、最有效。基于交换机端口划分 VLAN 是将交换机上的物理端口分成若干个组，每个组构成一个虚拟网络，

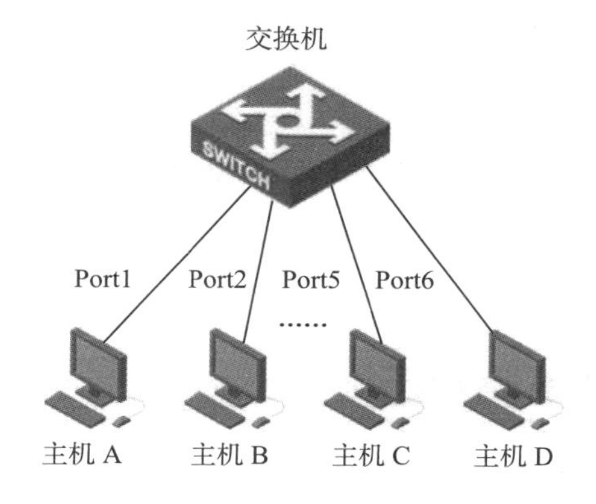

表 5-1　端口与 VLAN 对照表

端口	所属 VLAN
Port1	VLAN1
Port2	VLAN2
…	…
Port5	VLAN5
Port6	VLAN6

每个虚拟网络都相当于一个独立的交换机，如下图所示。端口与 VLAN 对照表如表 5-1 所示。

基于交换机端口划分 VLAN 的方既可以适用于一个交换机，又可以适用于通过堆叠或级联方式连接在一起的多个交换机。该种划分方法的优点是简单、容易实现，从一个端口发出的广播，直接发送到 VLAN 内的其他端口，也便于直接监控。它的缺点是自动化程度低、灵活性差，如一个端口只能位于一个 VLAN 中。

2. 基于MAC地址划分VLAN

基于 MAC 地址划分 VLAN 的方法是根据每个接入局域网的计算机的 MAC 地址来划分 VLAN 的。这种 VLAN 划分方法的最大优点就是当计算机的物理位置移动时，即从当前交换机换到其他交换机时，VLAN 不用重新配置，如下图所示。MAC 地址与 VLAN 对照表如表 5-2 所示。

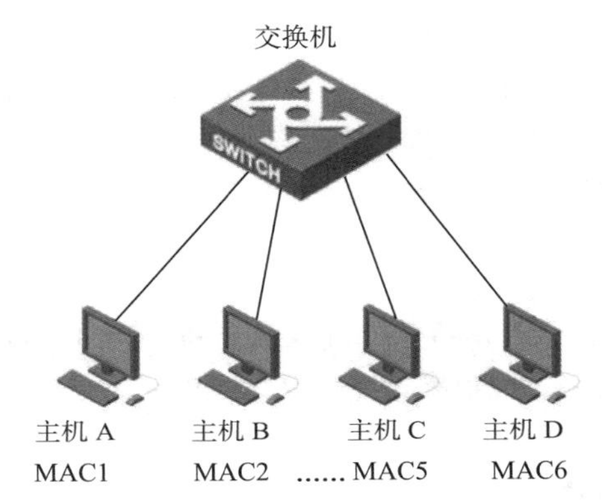

表 5-2　MAC 地址与 VLAN 对照表

MAC 地址	所属 VLAN
MAC1	VLAN1
MAC2	VLAN2
…	…
MAC5	VLAN1
MAC6	VLAN2

基于 MAC 地址划分 VLAN 的缺点是，初始化时，必须登记和配置所有计算机的 MAC 地址，如果有几百个甚至上千台计算机，配置则会非常麻烦。另外，若用户更换了计算机的网卡，网络管理员必须重新配置 VLAN。因此基于 MAC 地址划分 VLAN 的方法通常用于小型局域网。

提示：路由器无法防御广播风暴

目前局域网中使用的网络设备大多数是路由器，而路由器没有防御广播风暴的功能，一旦在路由器中存在环路或者局域网中有计算机感染蠕虫病毒，则还是会产生广播风暴。

9.3 防御 ARP 欺骗攻击

由于 ARP 欺骗攻击主要是因为局域网中伪造的 MAC 地址（并且该 MAC 地址不存在）引起的，因此用户可以采用绑定 IP/MAC 地址列表的方法来进行防御，还可以使用 360 木马防火墙来防御 ARP 欺骗攻击。

9.3.1 使用静态 ARP 列表防御 ARP 欺骗攻击

在局域网中，如果用户使用的是路由器，可以通过手动添加 IP/MAC 地址到静态 ARP 列表中来绑定 IP/MAC 地址，这样一来，计算机就无法更改本地 ARP 列表，即使局域网中存在伪造的 MAC 地址，也无法产生 ARP 欺骗攻击。

STEP01：输入路由器主页网址

启动 IE 浏览器，在地址栏中输入路由器主页网址，例如输入 192.168.1.1，然后按【Enter】键。

STEP02：输入账户名和密码

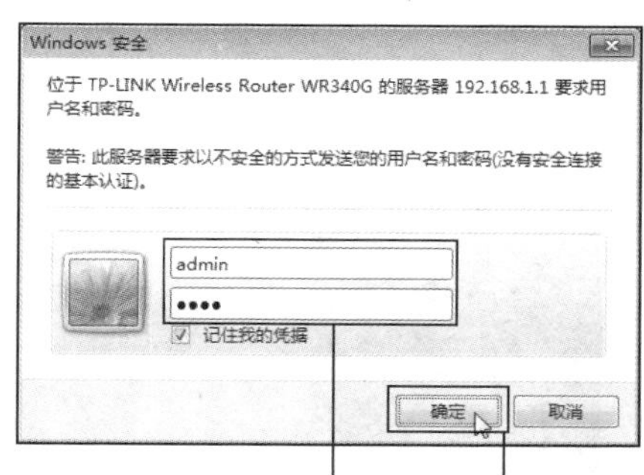

01 弹出登录对话框，输入账户名和密码，默认的账户名与密码均为 admin。

02 输完后单击“确定”按钮。

STEP03：选择静态 ARP 绑定设置

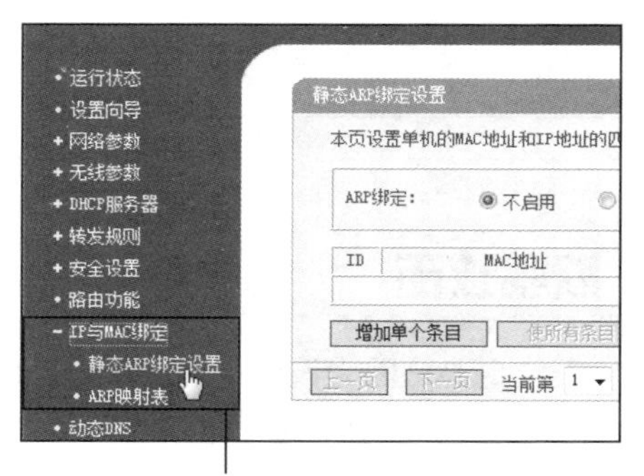

打开路由器主页，在左侧依次单击“IP 与 MAC 绑定”>“静态 ARP 绑定设置”选项。

STEP04：启用 ARP 绑定

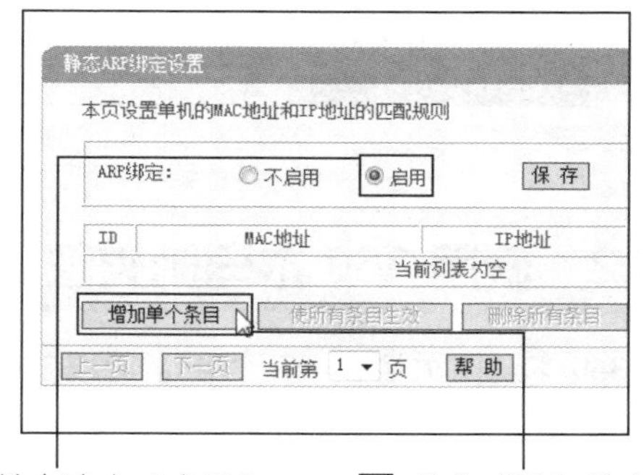

01 单击选中“启用”单选按钮。

02 单击“增加单个条目”按钮。

STEP05：绑定 MAC 地址与 IP 地址

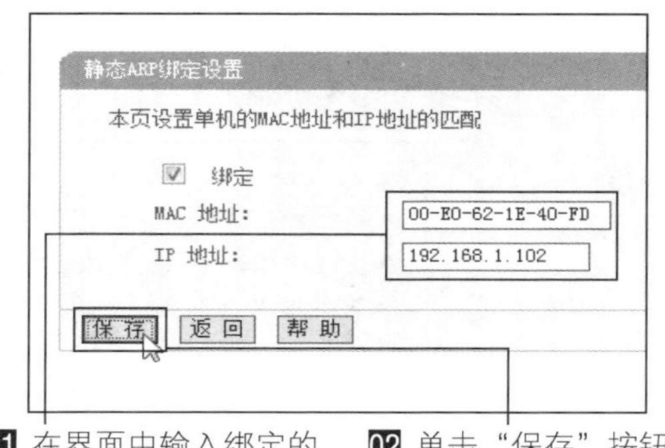

01 在界面中输入绑定的 MAC 地址与 IP 地址。

02 单击“保存”按钮。

STEP06：绑定其他 IP 地址与 MAC 地址

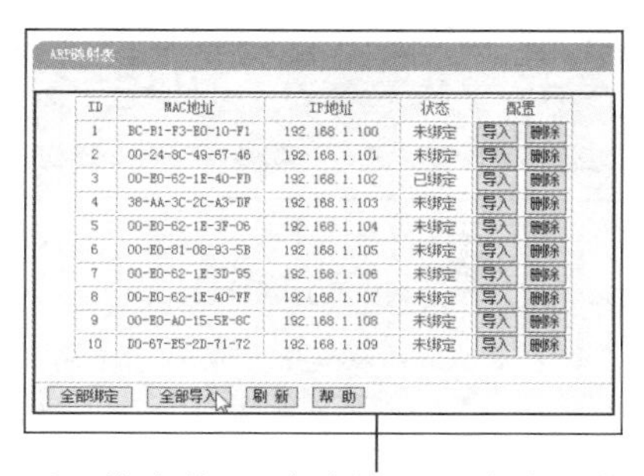

ARP映射表

ID	MAC地址	IP地址	状态	配置
1	BC-B1-F3-E0-10-F1	192.168.1.100	未绑定	导入 删除
2	00-24-8C-49-67-46	192.168.1.101	未绑定	导入 删除
3	00-E0-62-1E-40-FD	192.168.1.102	已绑定	导入 删除
4	38-AA-3C-2C-A3-DF	192.168.1.103	未绑定	导入 删除
5	00-E0-62-1E-3F-06	192.168.1.104	未绑定	导入 删除
6	00-E0-81-08-93-5B	192.168.1.105	未绑定	导入 删除
7	00-E0-62-1E-3D-95	192.168.1.106	未绑定	导入 删除
8	00-E0-62-1E-40-FF	192.168.1.107	未绑定	导入 删除
9	00-E0-A0-15-5E-8C	192.168.1.108	未绑定	导入 删除
10	D0-67-E5-2D-71-72	192.168.1.109	未绑定	导入 删除

全部绑定 全部导入 刷新 帮助

此时可看见绑定的 IP 地址与 MAC 地址。使用相同方法绑定局域网中其他 IP 与 MAC 地址，单击“保存”按钮保存退出。

提示：将局域网中的所有IP/MAC地址快速添加到静态ARP缓存列表中

将局域网中的IP/MAC地址添加到静态ARP缓存列表中的方法除了9.3.1节介绍的方法之外，还可以直接将ARP映像表中的IP/MAC地址一次性添加到静态ARP缓存列表中。具体操作为：打开路由器主页，在左侧依次单击“IP与MAC绑定”>“ARP映射表”选项，然后在右侧单击“全部导入”按钮便可将局域网中的所有IP/MAC地址快速添加到静态ARP缓存列表中。

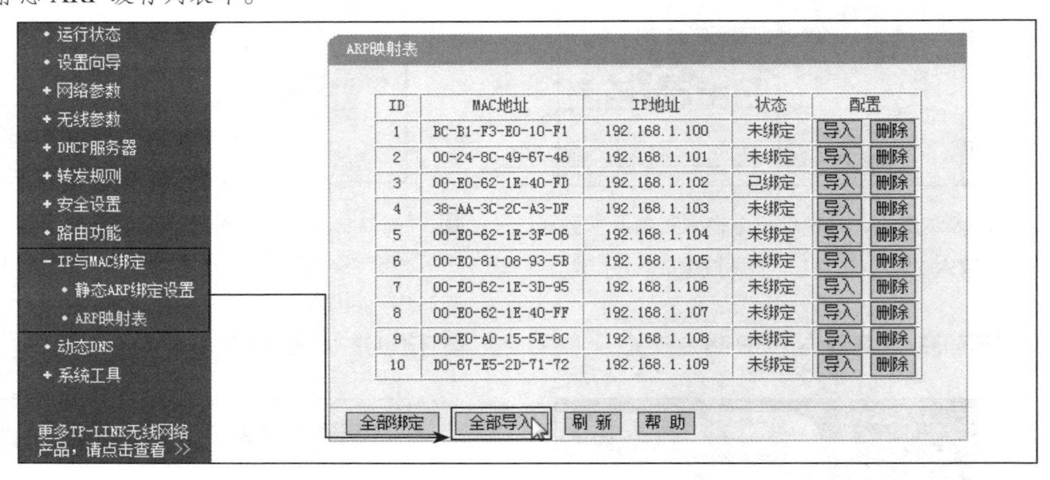

9.3.2 使用360木马防火墙防御ARP欺骗攻击

360木马防火墙在一定程度上能够防御ARP欺骗攻击，主要是因为该防火墙能够自动绑定IP/MAC地址。在设置的过程中，如果自动配置的IP/MAC地址有误，则用户可以手动配置。

STEP01：进入木马防火墙

打开360安全卫士主界面，在右侧单击“木马防火墙”右侧的“进入”按钮。

STEP02：单击“设置”按钮

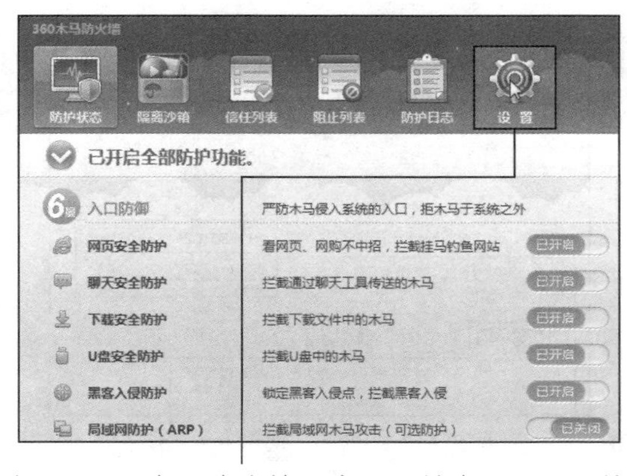

打开“360木马防火墙”窗口，单击“设置”按钮。

STEP03：选择局域网防护

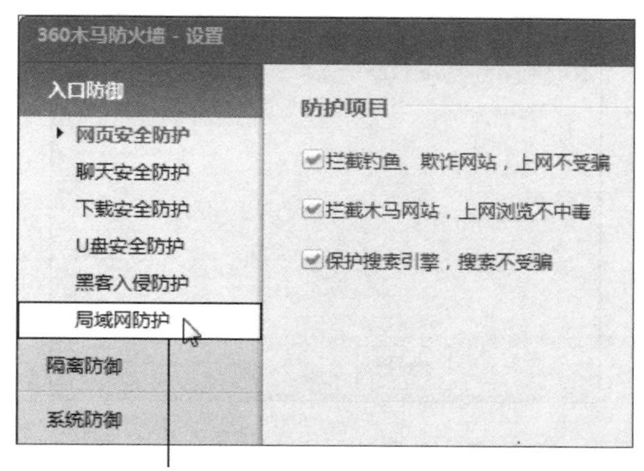

弹出“360木马防火墙 - 设置”对话框，在左侧依次单击“网页安全防护”>“局域网防护”选项。

STEP04：立即开启360局域网防护

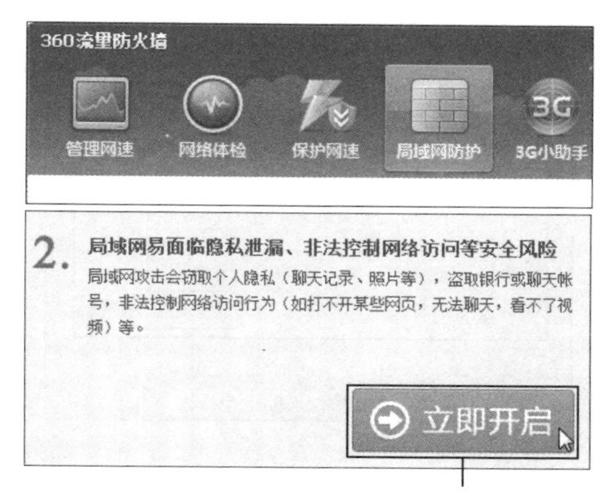

弹出“360流量防火墙”对话框，直接单击“立即开启”按钮。

STEP05：选择立即重启计算机

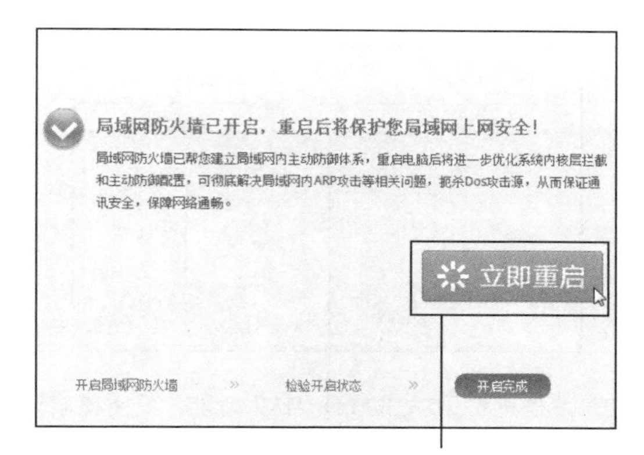

耐心等待局域网防火墙开启后单击“立即重启”按钮，选择立即重启计算机。

STEP06：单击“详情”链接

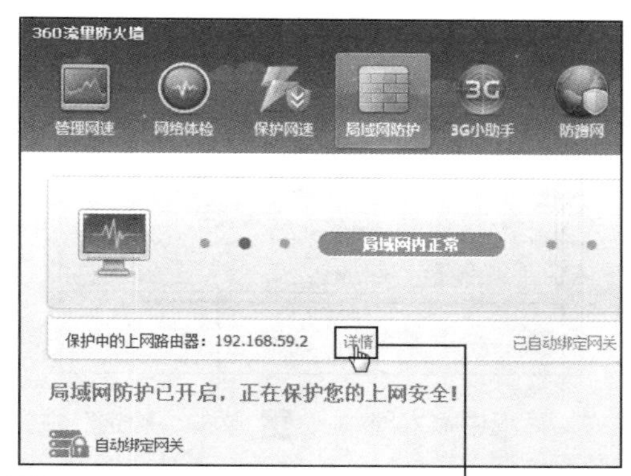

计算机重启后按照STEP01 ~ STEP04介绍的方法打开“360流量防火墙”对话框，单击“详情”链接。

STEP07：查看本地IP地址绑定状态

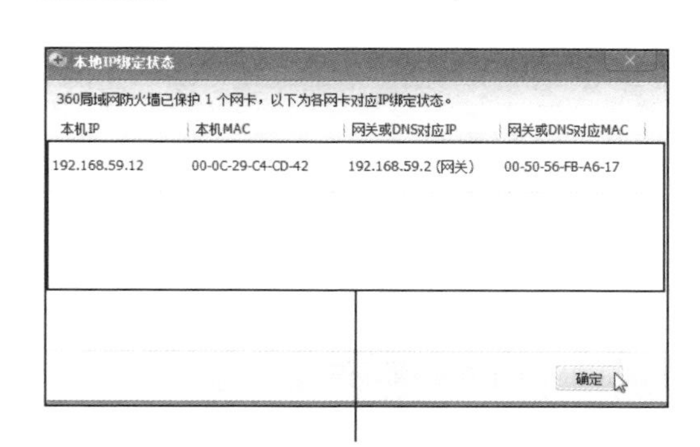

弹出“本地IP绑定状态”对话框，查看IP绑定信息后单击“确定”按钮。

STEP08：切换到手动绑定

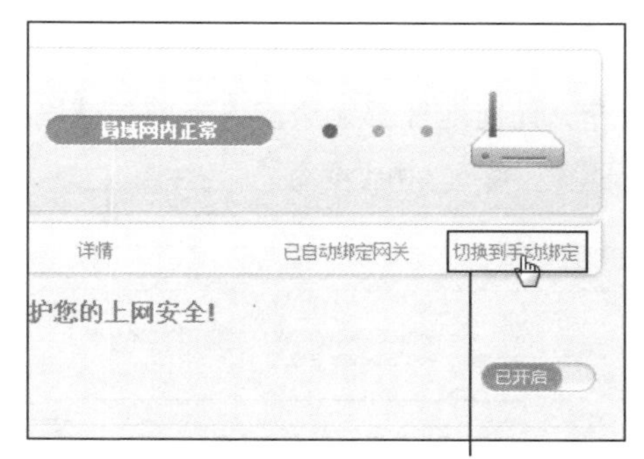

返回“360流量防火墙”对话框，在右侧单击“切换到手动绑定”选项。

STEP09：选择以手动方式绑定网关

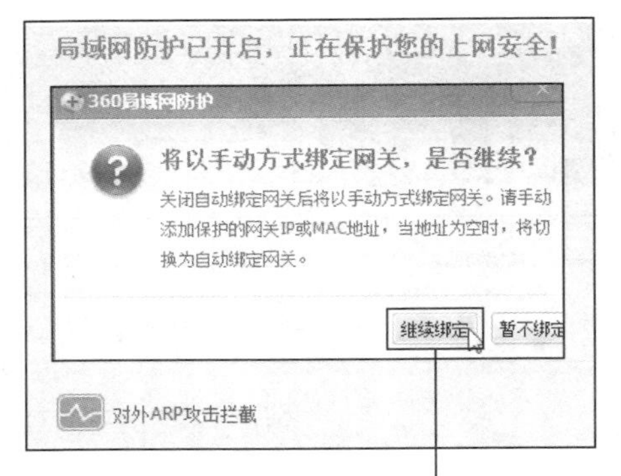

弹出“360 局域网防护”对话框，单击“继续绑定”按钮，确认手动绑定。

STEP10：选择添加网管

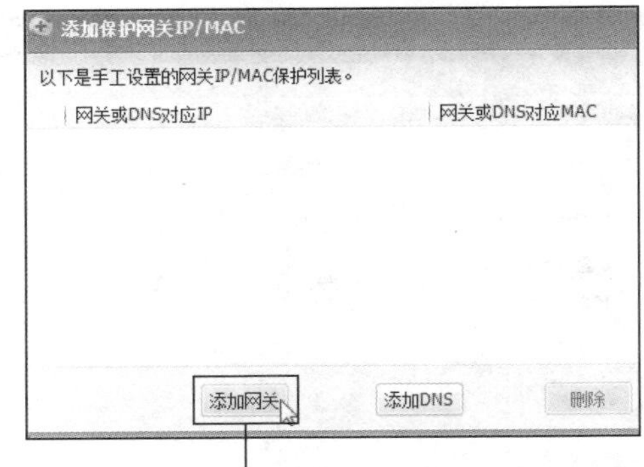

弹出“添加保护网管 IP/MAC”对话框，在底部单击“添加网关”按钮。

STEP11：输入网关 IP 和 MAC 地址

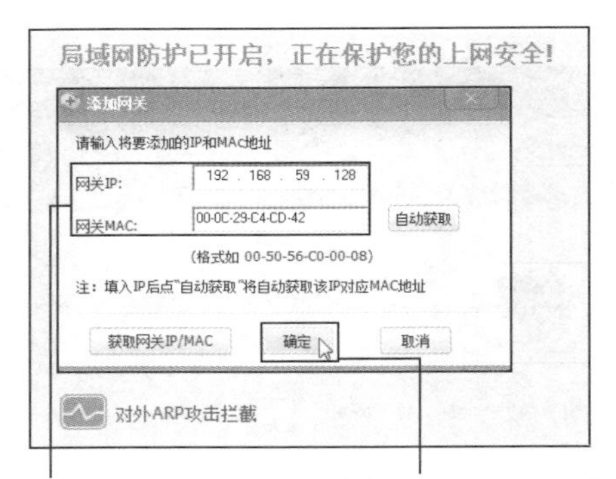

01 在对话框中输入网关 IP 和网关 MAC 地址。

02 单击“确定”按钮。

STEP12：添加成功

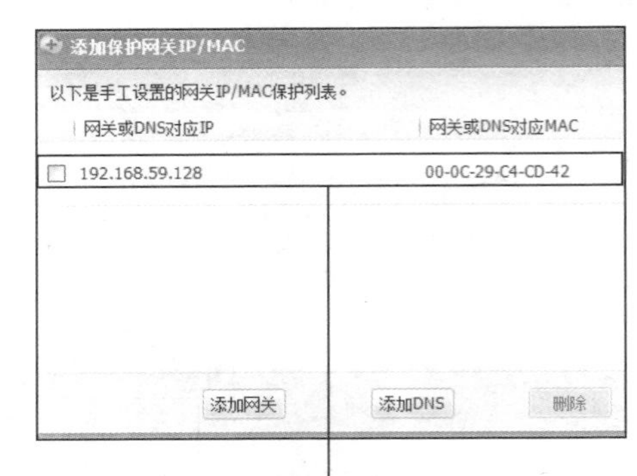

在对话框可看见添加的 IP/MAC 地址，关闭该对话框即可。

9.4 绑定 MAC 防御 IP 冲突攻击

为了防止 IP 冲突攻击，用户可以在路由器中绑定 IP 地址与 MAC 地址，使得除绑定的 IP 地址外，任何地址都无法接入当前局域网，从而防御 IP 冲突攻击。

STEP01：输入 cmd 命令

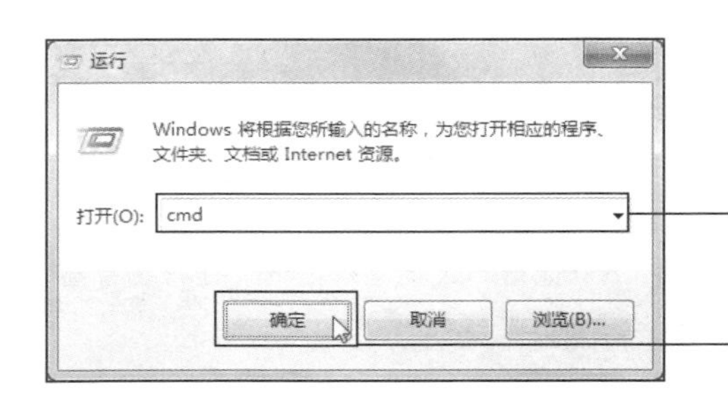

01 按【WIN+R】组合键，弹出“运行”对话框，在“打开”右侧的文本框中输入 cmd 命令。

02 输入完毕后单击“确定”按钮。

STEP02：记录 IP 地址和 MAC 地址

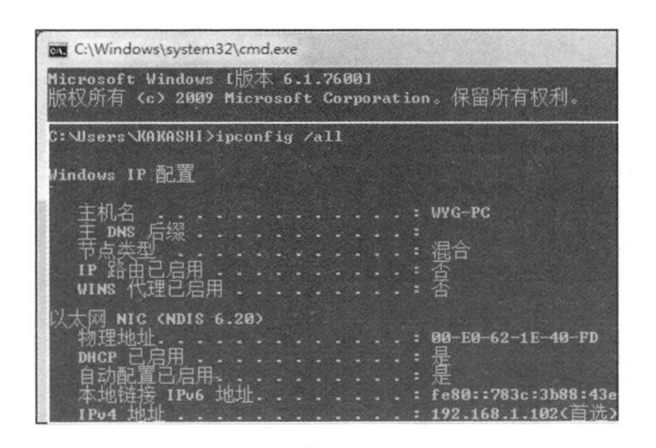

输入“ipconfig /all”后按【Enter】键，记录本地计算机的 IP 地址和 MAC 地址。

STEP03：选择添加静态地址

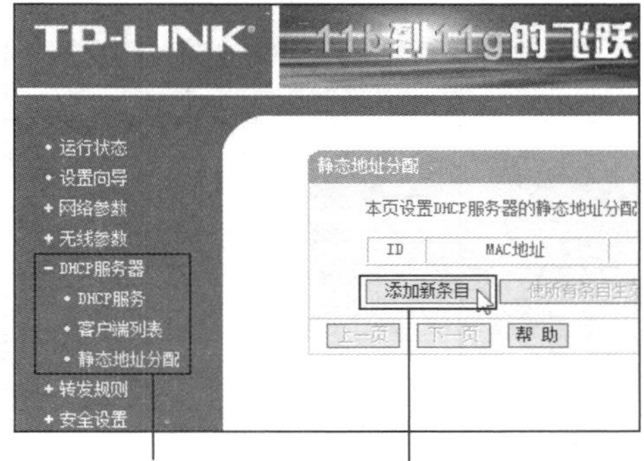

01 打开路由器主界面，依次单击“DHCP 服务器”>“静态地址分配”选项。

02 单击“添加新条目”按钮。

STEP04：输入 IP 地址与 MAC 地址

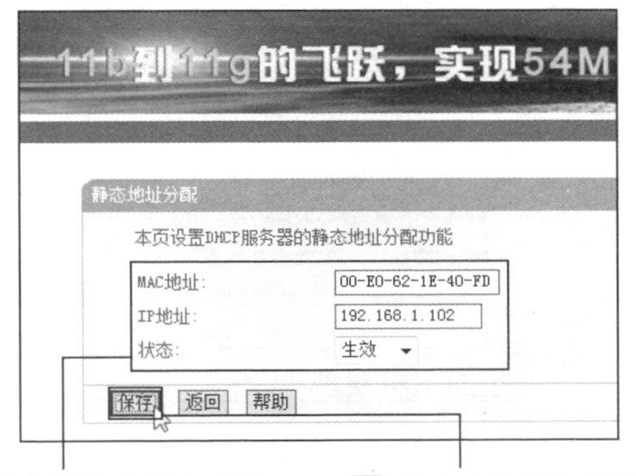

01 在界面中输入 MAC 地址与 IP 地址。

02 单击“保存”按钮。

STEP05：查看添加的静态地址

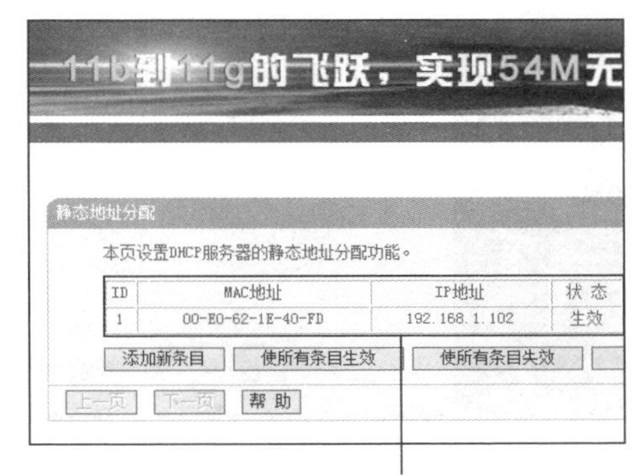

此时可在界面中看见添加的静态地址（IP 地址与 MAC 地址）。

STEP06：防火墙设置

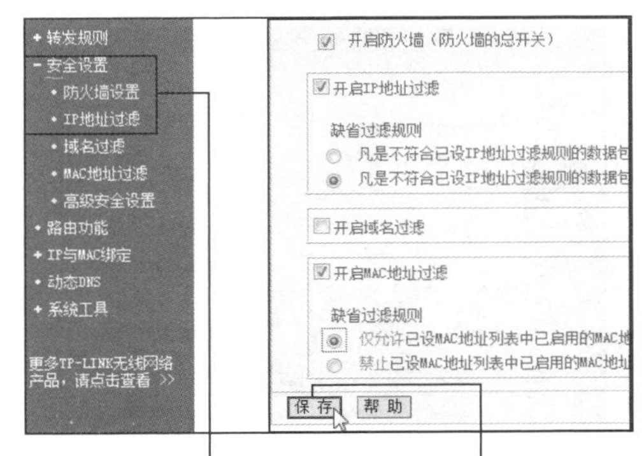

01 依次单击“安全设置”>“防火墙设置”选项。

02 开启防火墙、IP/MAC 地址过滤功能，单击“保存”按钮。

STEP07：添加 IP 地址过滤条目

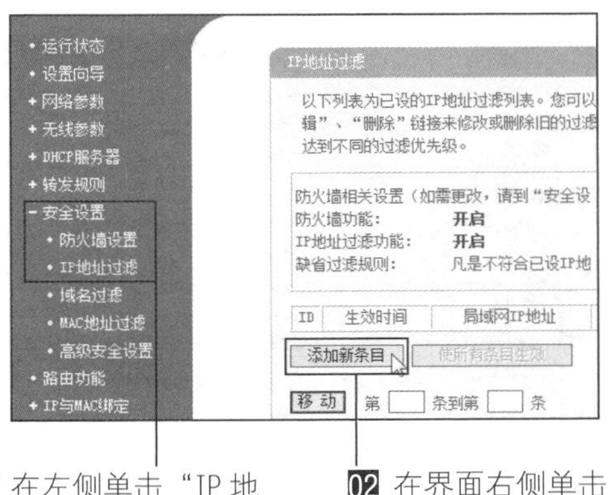

01 在左侧单击“IP 地址过滤”选项。

02 在界面右侧单击“添加新条目”按钮。

STEP08：设置 IP 地址过滤条件

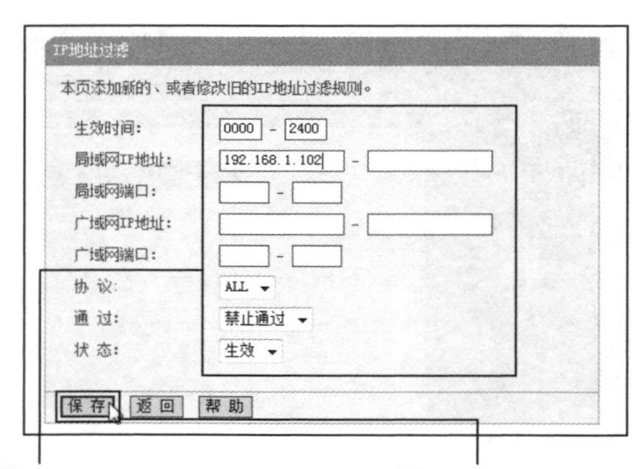

01 在界面中输入局域网 IP 地址，其他保持默认设置。

02 输入完毕后单击“保存”按钮。

STEP09：查看添加的 IP 地址过滤条目

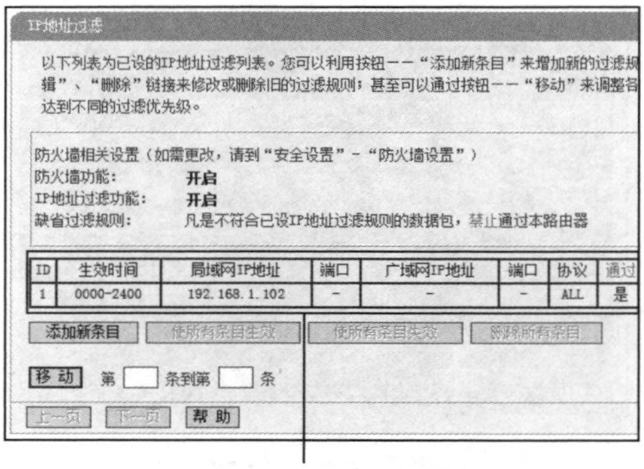

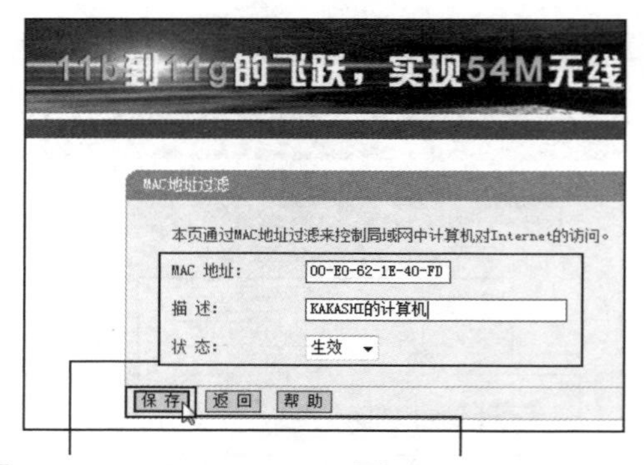

此时可在界面中看见添加的 IP 地址过滤条目。

STEP10：添加 MAC 地址过滤新条目

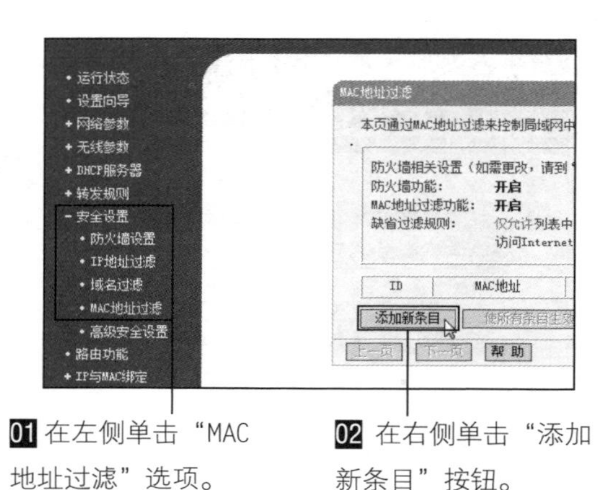

01 在左侧单击“MAC 地址过滤”选项。

02 在右侧单击“添加新条目”按钮。

STEP11：输入 MAC 地址与描述信息

01 在界面中输入正确的 MAC 地址和描述信息。

02 输入完毕后单击“保存”按钮。

STEP12：查看添加的 MAC 地址

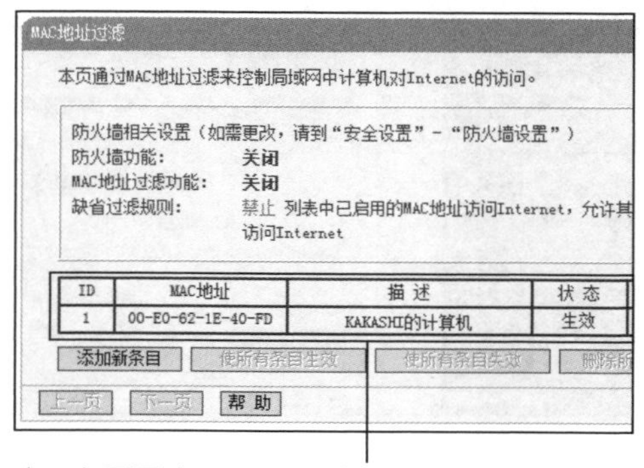

此时可在界面中看见添加的 MAC 地址过滤条目。

STEP13：单击“属性”命令

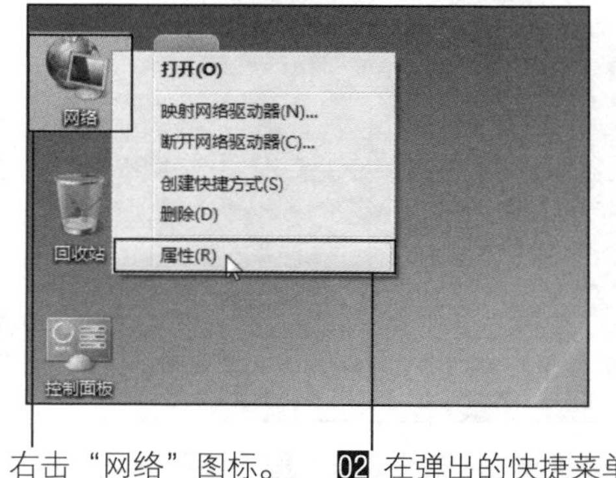

01 右击“网络”图标。

02 在弹出的快捷菜单中单击“属性”命令。

提示：绑定 MAC 地址与 IP 地址后重启路由器

在路由器中设置绑定 MAC 地址与 IP 地址后，该设置并不会立即生效，需要手动重启路由器，方可让设置生效。

STEP14：选择更改适配器设置

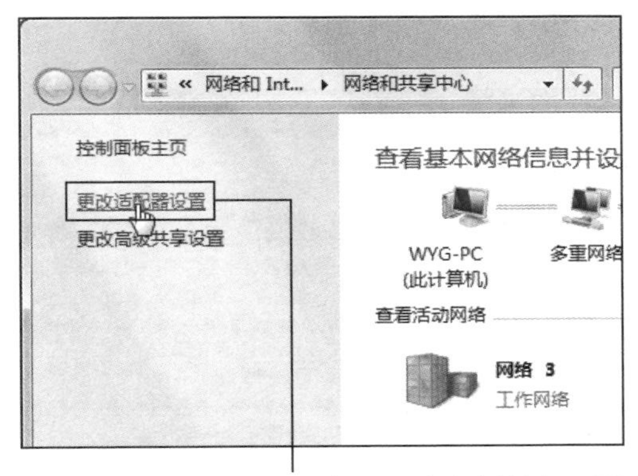

打开“网络和共享中心”窗口，在左侧单击“更改适配器设置”链接。

STEP15：单击“属性”命令

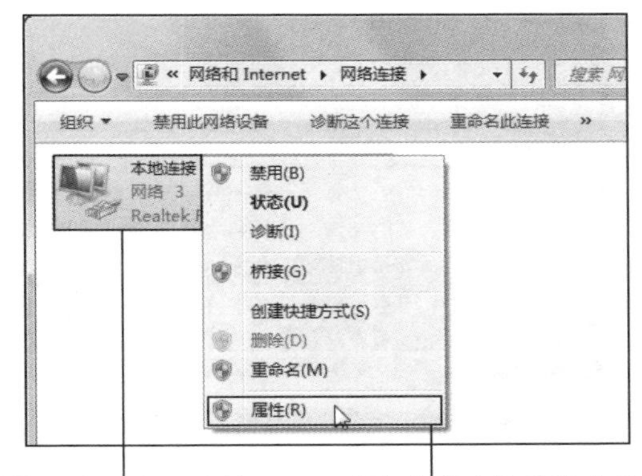

01 右击“本地连接”图标。

02 在弹出的快捷菜单中单击“属性”命令。

STEP16：单击“属性”按钮

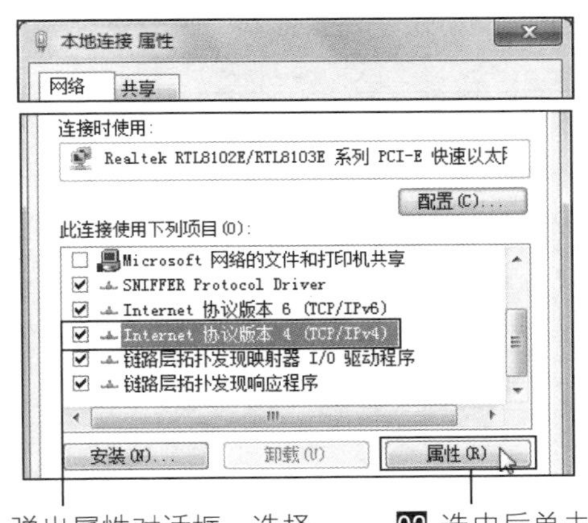

01 弹出属性对话框，选择“Internet 协议版本 4”选项。

02 选中后单击“属性”命令。

STEP17：手动配置 IP 地址

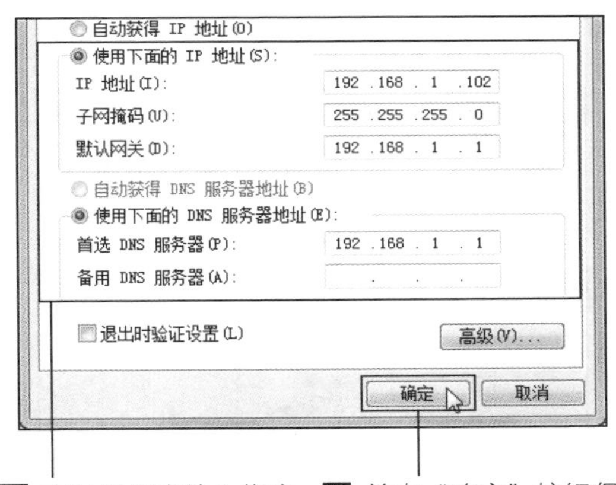

01 在对话框中输入指定的 IP 地址与 DNS 服务器。

02 单击“确定”按钮保存退出即可。

9.5 提高无线局域网的安全系数

随着无线网络技术的发展，无线局域网被越来越多的用户所使用，但是在使用的同时需要注意其安全性。如果用户使用的路由器是无线路由器，可以通过修改路由器登录口令、隐藏或定期修改 SSID 标识以及设置 WPA2—PSK 密码来提高其安全系数。

9.5.1 修改路由器登录口令

路由器的登录口令是指打开路由器主页后需要输入的口令，该口令默认为 admin。如果不修改该口令，该局域网内的任何用户都可以进入路由器并修改设置，当然黑客也不可以进入。为了防止他人随意进入路由器主页，用户需要修改路由器的登录口令。

STEP01：打开路由器主页

启动IE浏览器，输入路由器主页网址后按【Enter】键，打开路由器主页。

STEP02：选择修改登录口令

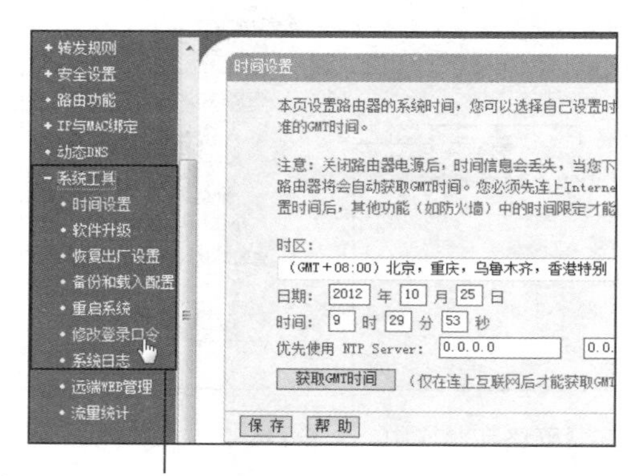

在页面左侧依次单击“系统工具”>“修改登录口令”选项。

STEP03：修改用户名和登录口令

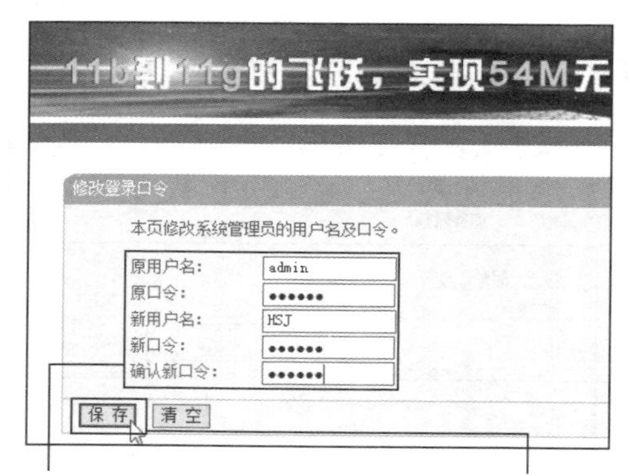

01 输入原用户名\口令和新用户名\口令。

02 单击“保存”按钮。

STEP04：输入新用户名和登录口令

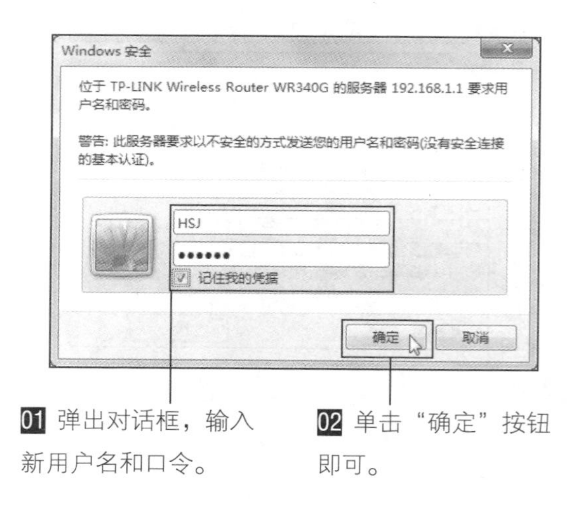

01 弹出对话框，输入新用户名和口令。

02 单击“确定”按钮即可。

9.5.2 隐藏或修改 SSID

在局域网中，SSID 是 Service Set Identifier 的缩写，中文意思是服务集标识。SSID 技术可以将一个无线局域网划分成几个需要不同身份验证的子网络，每一个子网络都需要独立的身份验证，只有通过身份验证的用户才可以进入相应的子网络，这种方法可以防止未被授权的用户进入本网络。

为了防止陌生人随意接入自己的无线局域网，用户可以隐藏或者修改SSID。隐藏SSID可以防止陌生人探测到自己所在的无线局域网并破解进入，而定期修改SSID则是一种“障眼法”，让陌生人无法确认待破解的无线局域网。隐藏或修改SSID操作都是在路由器主页中进行的，下面介绍具体的操作方法。

STEP01：选择基本设置

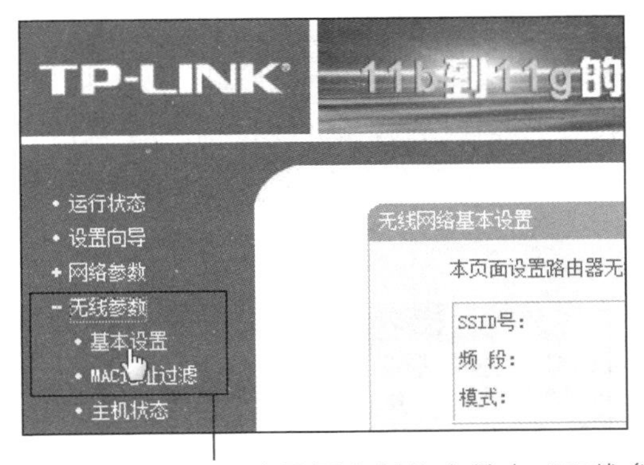

打开路由器主页，在界面左侧依次单击“无线参数”>“基本设置”选项。

STEP02：修改和隐藏SSID

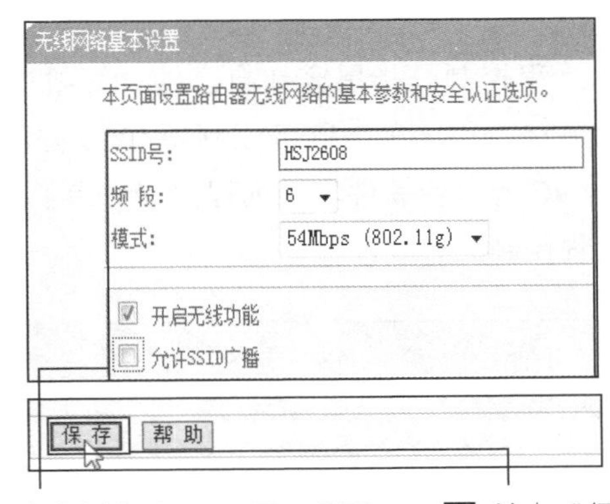

01 在右侧修改SSID号，若要隐藏SSID，则取消勾选“允许SSID广播”复选框。

02 单击“保存”按钮。

9.5.3 设置WPA2—PSK密码

无线路由器提供了设置无线局域网登录密码的功能，如果不知道该登录密码，即使探测到该无线网络，用户仍然无法接入该局域网。在设置无线局域网登录密码时，用户需要选择安全系数更高的WPA2-PSK加密类型，提高密码被破译的难度。

STEP01：选择基本设置

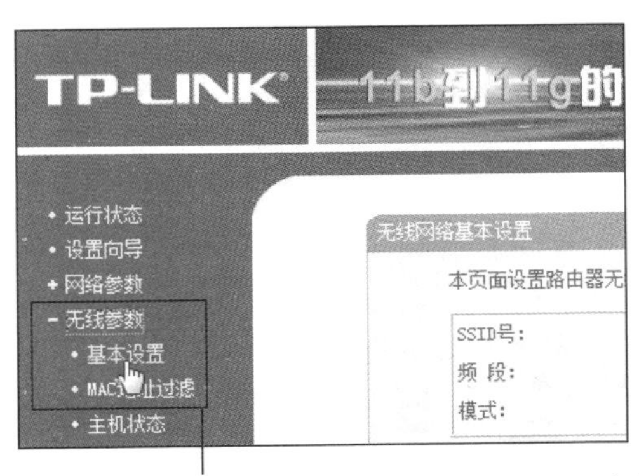

打开路由器主页，在界面左侧依次单击“无线参数”>“基本设置”选项。

STEP02：设置无线局域网登录密码

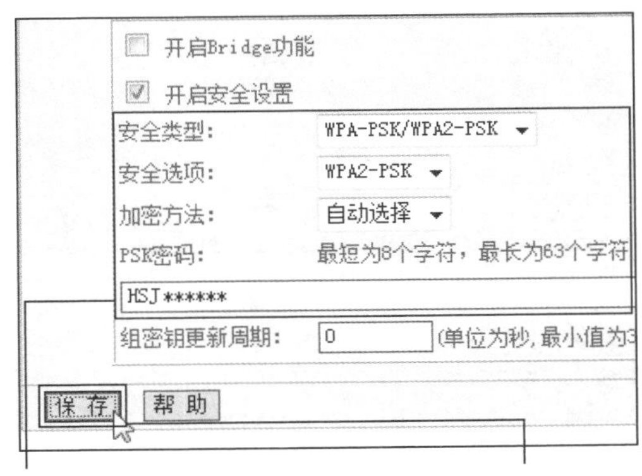

01 设置“安全类型”为WAP-PSK/WAP2-PSK，“安全选项”为WAP2-PSK。

02 设置后单击“保存”按钮。

第10章

远程控制攻防

远程控制是指黑客在自己的计算机中通过 Interent 来远程控制目标计算机。实现远程控制的方法有很多种，既可以利用 IPC$ 漏洞和注册表实现远程控制，又可以利用网络执法官、WinVNC 等专业软件实现远程控制。为了防范黑客对自己计算机的远程控制，用户需要掌握防范远程控制的有效措施。

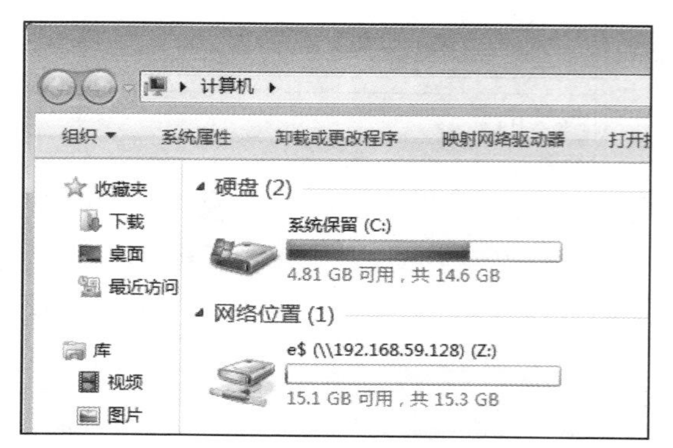

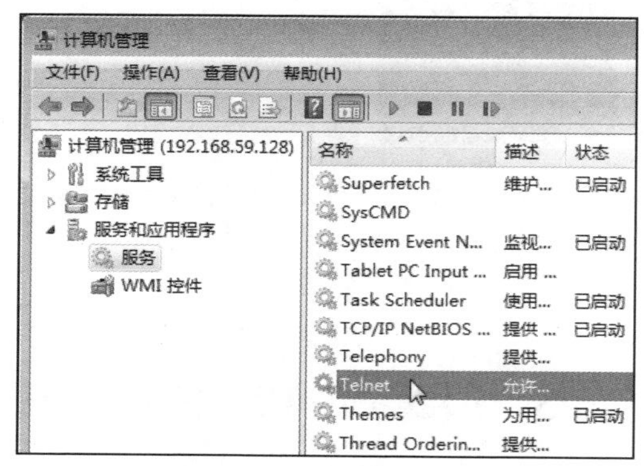

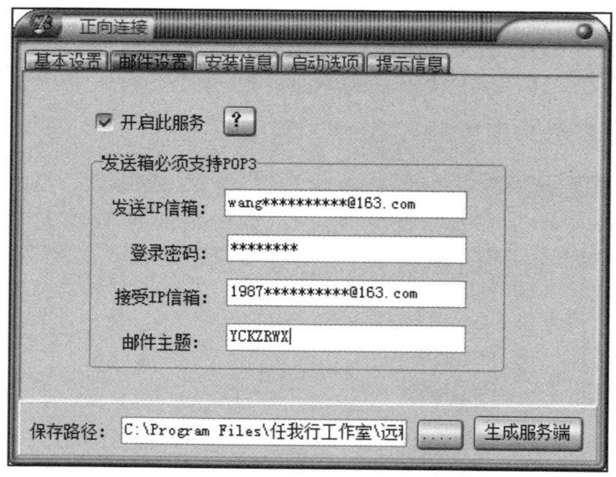

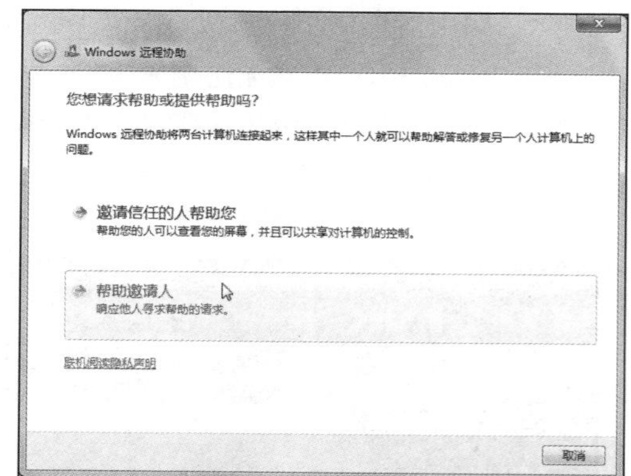

知识要点

- 远程控制概述
- 基于认证入侵
- 基于注册表入侵
- 使用专业软件实现远程控制
- 有效防范远程入侵和远程监控
- 其他常见的远程控制方式

10.1 远程控制概述

在 Internet 中，远程控制是指利用某一台计算机（主控端）远距离地去控制另外一台计算机（被控端）的技术。这里的远距离不是指现实生活中两个地方之间的距离，而是指 Internet 中两台计算机之间的距离。当黑客利用主控端计算机去控制被控端计算机时，就如同坐在被控端计算机面前一样，同样可以实现应用程序的启动、文件的复制粘贴等操作。

10.1.1 认识远程控制的原理

远程控制的原理是：当用户操控的计算机成功接入 Internet 后，通过远程访问的客户端程序发送自己的身份验证信息和要与目标计算机连接的要求，目标计算机的服务端程序验证客户身份，如果验证通过，用户便可以与目标计算机建立远程连接，则该用户实现远程控制，如右图所示。此时用户便可以通过自己的计算机监控目标计算机或向目标计算机发送要执行的指令，而目标计算机则执行这些指令，并把键盘、鼠标和屏幕刷新数据传送到自己的计算机中，使得用户就像亲自在目标计算机上进行操作一样。

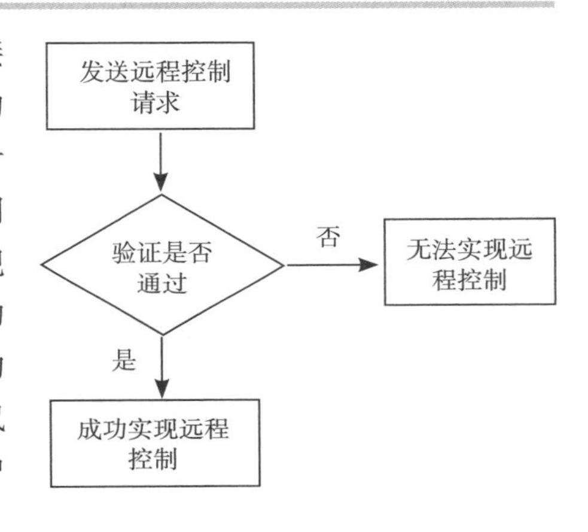

如果验证未通过，则用户无法与目标计算机建立连接，也就是说用户无法远程控制目标计算机。

10.1.2 常见远程控制的类别

在 Internet 中，常见的远程控制类别主要有两种：第一种是一对一的远程控制，第二种是一对多的远程控制。

1. 一对一的远程控制

一对一的远程控制是指一台计算机在同一时间只能远程控制一台计算机。一对一的远程控制的程序设计主要是客户机 / 服务器模式，该模式是远程访问控制中最普遍运用的方式。一对一的远程访问控制主要应用在要对远程主机进行具体的控制和监控的需求中。

2. 一对多的远程控制

一对多的远程控制是指在同一时间可以远程控制多台计算机。一对多的远程控制并不比一对一远程访问的功能强大。一对多的访问控制主要应用是对大面积的计算机进行的，如：简单控制、定时、收费、监督等。

10.2 基于认证入侵

当前的网络设备基本上都是基于“认证”来进行身份识别和安全防范的，其中基于“账户 / 密码”的认证方式最为常用。对于黑客来说，他们会通过 Windows 系统中存在的一些缺陷来借用“账户 / 密码”的认证方式实现入侵，例如本节将要介绍的 IPC$ 和 Telnet 入侵。

10.2.1 IPC$ 入侵

IPC$ 入侵，即通过使用 Windows 系统中默认启动的 IPC$ 共享来达到入侵目标计算机的目的，从而获取目标计算机的控制权。此类入侵主要是利用计算机用户缺乏对计算机安全的知识，通常不会给计算机设置密码或者所设密码过于简单，所以导致被黑客有机可乘。实现 IPC$ 入侵需要满足一个条件，即已经知晓目标计算机的管理员账户和密码信息。

STEP01：单击“运行”命令

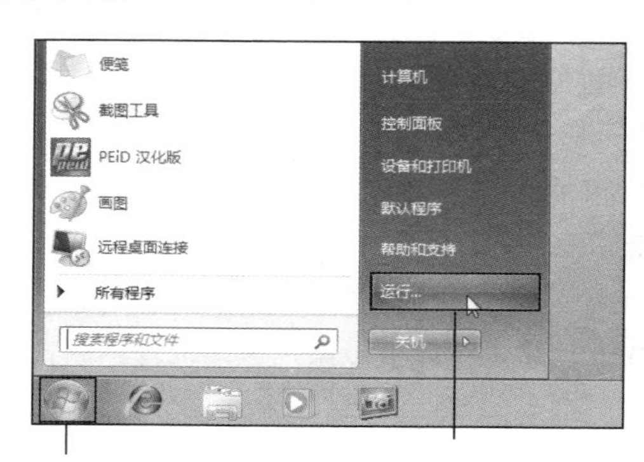

01 单击“开始”按钮。

02 在弹出的“开始”菜单中单击“运行”命令。

STEP02：输入 cmd 命令

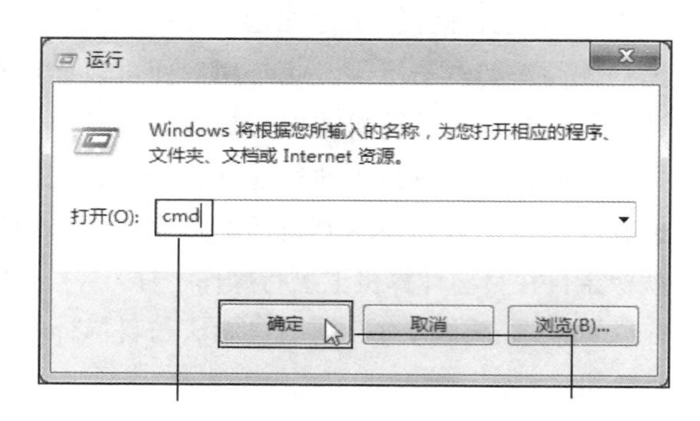

01 弹出“运行”对话框，输入 cmd 命令。

02 单击“确定”按钮。

STEP03：建立 IPC$ 连接

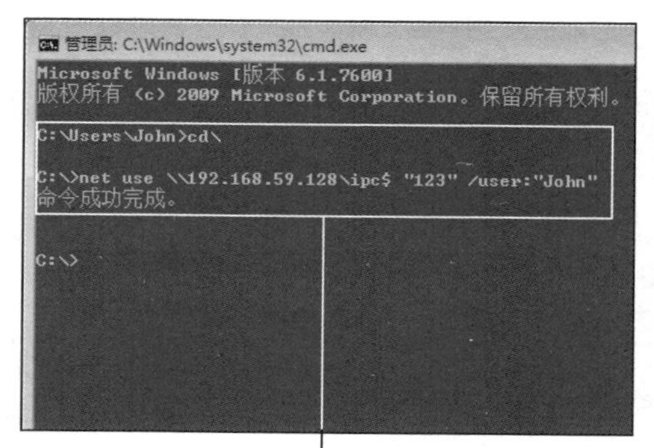

在“命令提示符”窗口中输入建立 IPC$ 连接的命令，然后按【Enter】键。

STEP04：建立磁盘分区映射

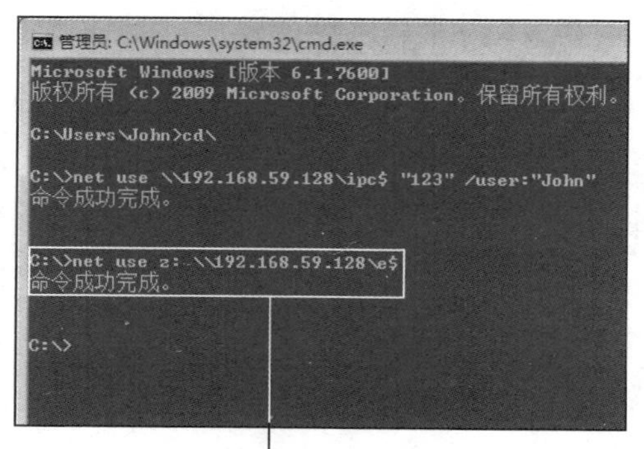

在“命令提示符”窗口中输入建立磁盘分区映射的命令，然后按【Enter】键。

提示：认识建立磁盘分区映射的命令

建立IPC$连接后，用户可以通过使用 net use z: \\IP\x$ 命令建立磁盘分区映射，其中，\\IP\x$ 表示目标计算机中的X盘（$表示隐藏的共享），z: 表示将目标计算机中的X盘映射为本地磁盘的z盘。

STEP05：查看建立的磁盘映射

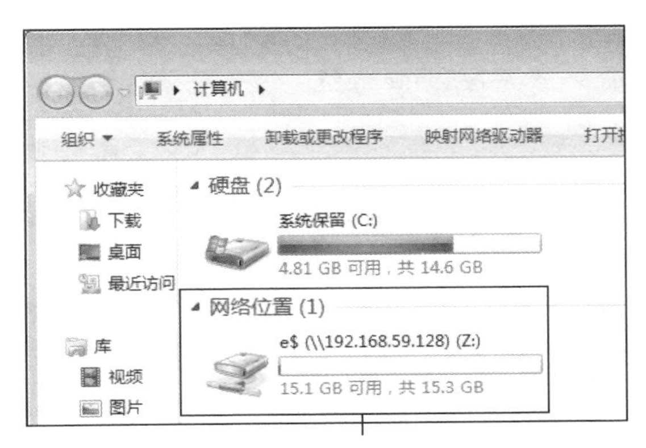

打开目标计算机的"计算机"界面，在"网络位置"下方可看见建立的映射磁盘分区。

STEP06：断开远程链接

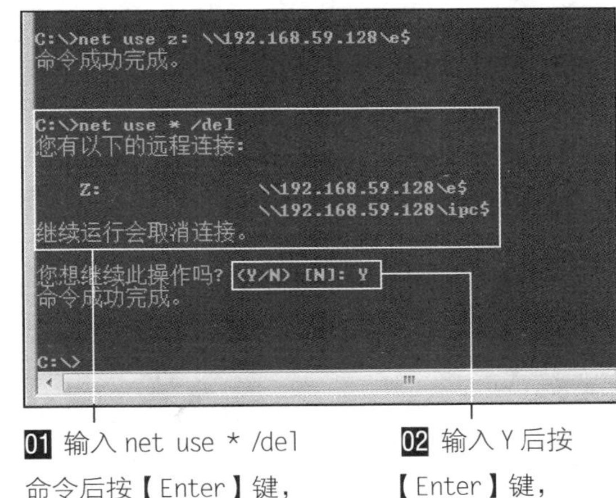

01 输入 net use * /del 命令后按【Enter】键，查看远程连接。

02 输入Y后按【Enter】键，断开连接。

提示：认识IPC$空连接漏洞

IPC$连接本来要求本地计算机需要有足够的权限才能连接到目标计算机，但是IPC$连接漏洞却允许本地计算机只使用空用户名和空密码（net use \\192.168.59.128\ipc$ " " /user: " "）就可以与目标计算机成功建立连接。虽然黑客利用这个漏洞可以与目标计算机建立连接，但是却无法执行管理类操作，既不能映射网络驱动器，又不能上传文件、执行脚本等命令，只能探测目标计算机中的一些文件信息。

10.2.2 Telnet入侵

IPC$入侵虽然可以与目标计算机建立连接，但是该种入侵方法并不能夺取目标计算机的控制权。若要夺取目标计算机的控制权，则需要采用另外一种入侵方法，即Telnet入侵，利用该种入侵方法可以直接夺取目标计算机的控制权。

STEP01：建立 IPC$ 连接

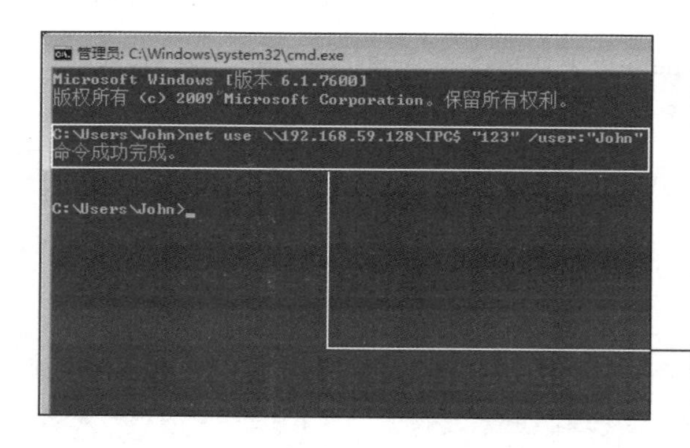

打开“命令提示符”窗口，输入建立 IPC$ 连接的命令，然后按【Enter】键。

提示：认识 Telnet

Telnet 最初是由 ARPANET 开发的，但是现在主要用于 Internet 会话。它的基本功能是允许用户登录远程计算机。

STEP02：单击“管理”命令

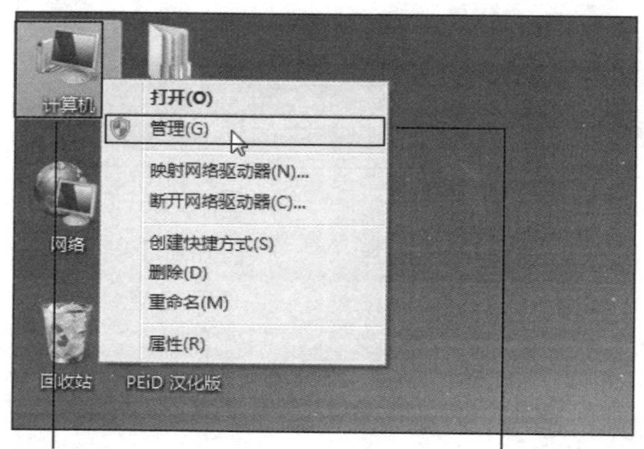

01 右击桌面上的“计算机”快捷图标。

02 在弹出的快捷菜单中单击“管理”命令。

STEP03：选择连接到另一台计算机

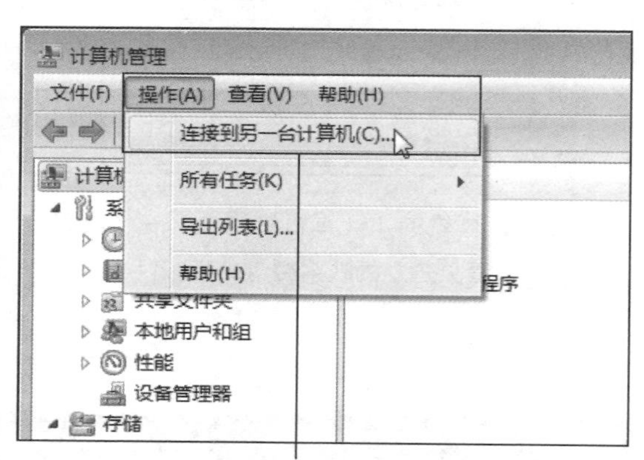

打开“计算机管理”窗口，在顶部菜单栏中依次单击“操作”>“连接到另一台计算机”命令。

STEP04：连接目标计算机

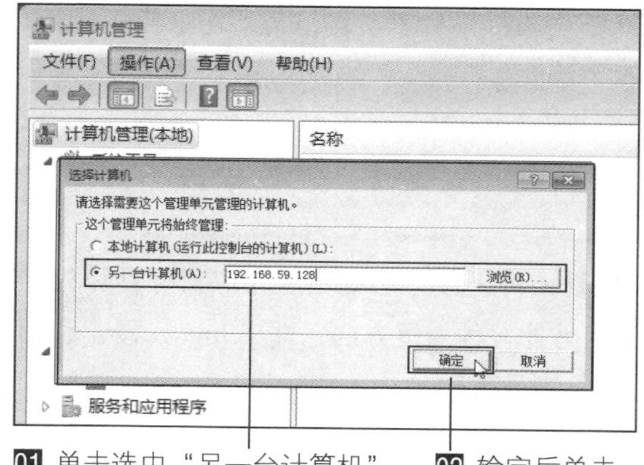

01 单击选中“另一台计算机”单选按钮，然后输入 IP 地址。

02 输完后单击“确定”按钮。

STEP05：连接成功

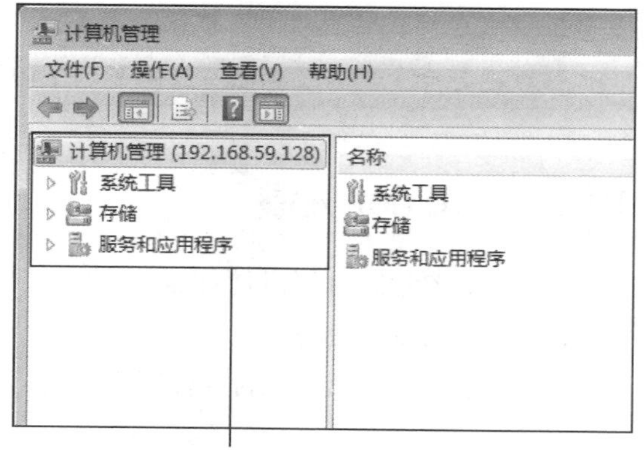

当在“计算机管理”右侧看见目标计算机的 IP 地址时，即连接成功。

STEP06：选择 Telnet 服务

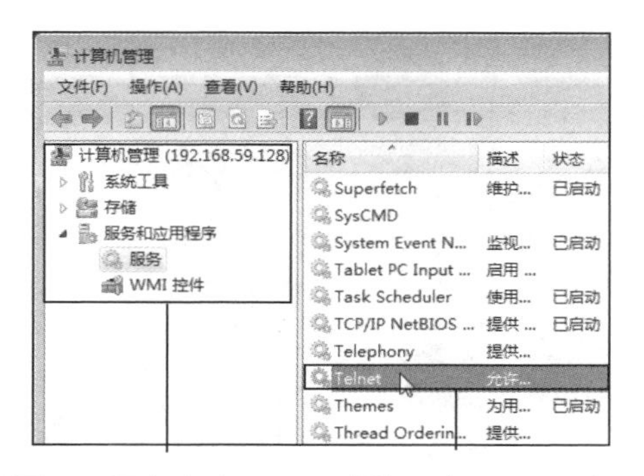

01 展开“服务和应用程序”>“服务”选项。

02 双击 Telnet 选项。

STEP07：修改启动类型

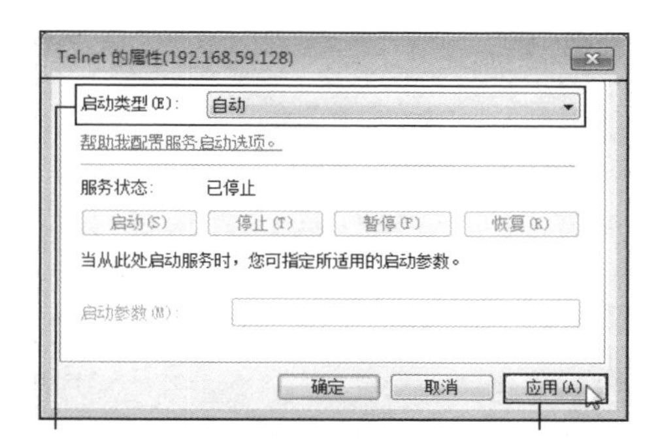

01 弹出对话框，设置启动类型为“自动”。

02 单击“应用”按钮。

提示：在 Windows 7 系统中添加 Telnet 服务

一般情况下，Windows 7 中并未安装 Telnet 服务，若要实现 Telnet 入侵则必须在目标计算机中安装并开启 Telnet 服务。安装 Telnet 服务的具体操作为：打开“控制面板”窗口，❶ 单击“卸载程序”链接，❷ 单击“打开或关闭 Windows 功能”链接，❸ 在对话框中选中 Telnet 服务器和 Telnet 客户端，❹ 单击“确定”按钮便可开始安装，耐心等待即可。

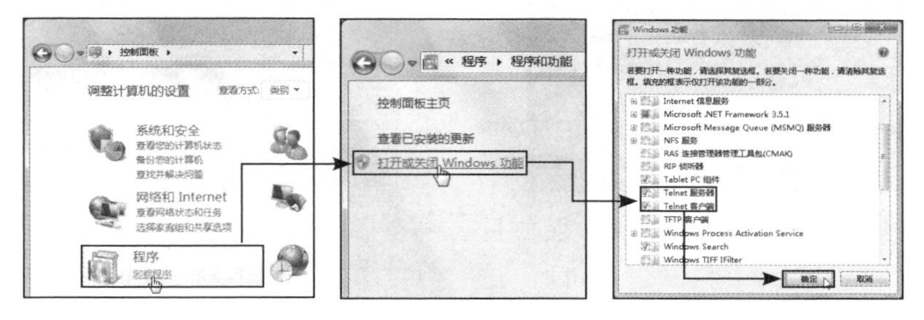

STEP08：启用 Telnet 服务

在“服务状态”下方单击“启动”按钮，启用该服务。

STEP09：正在启动该服务

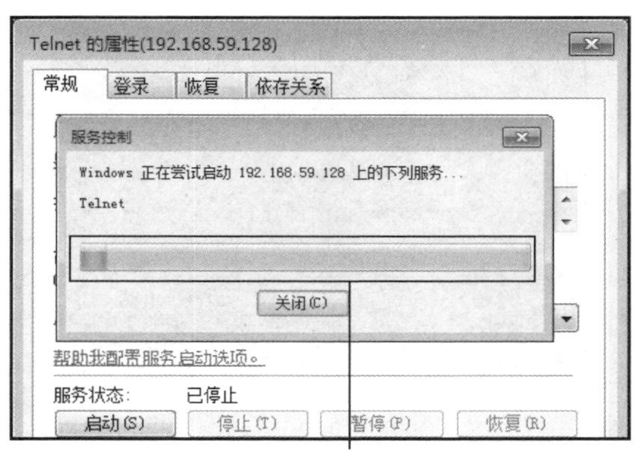

弹出“服务控制”对话框，此时正在启动 Telnet 服务。

STEP10：单击“确定”按钮

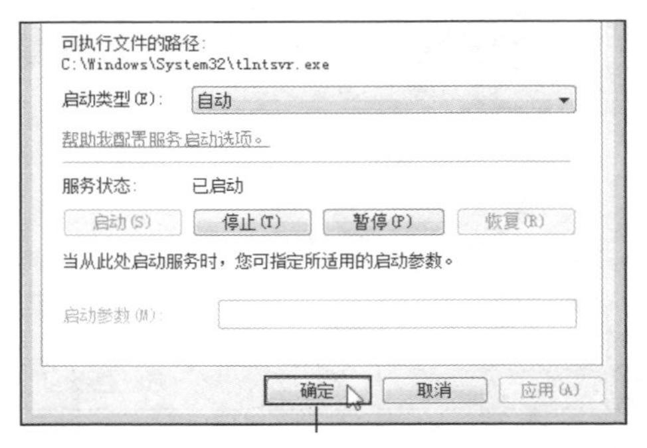

待Telnet服务成功启动后单击“确定”按钮保存退出。

STEP11：断开IPC$连接

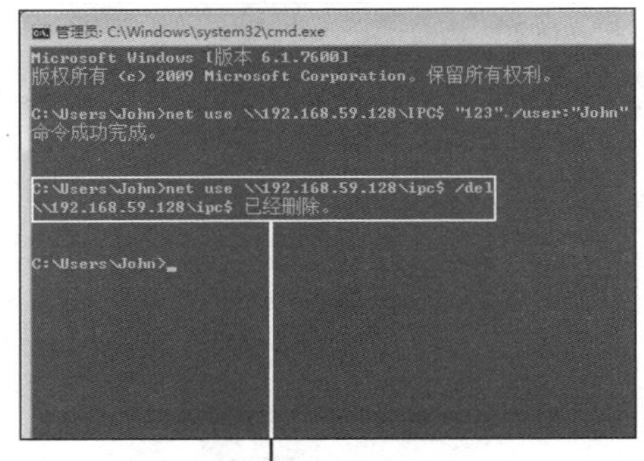

打开“命令提示符”窗口，输入断开IPC$连接的命令，然后按【Enter】键。

STEP12：取消NTLM验证

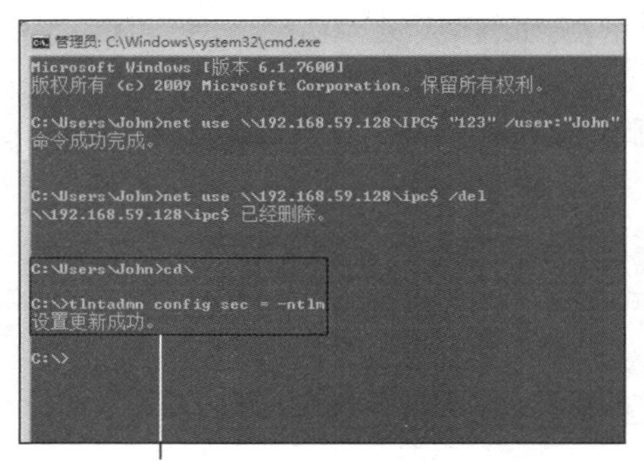

输入cd\后按【Enter】键，切换至C盘根目录，然后输入tlntadmn config sec = -ntlm，按【Enter】键。

STEP13：添加用户账户

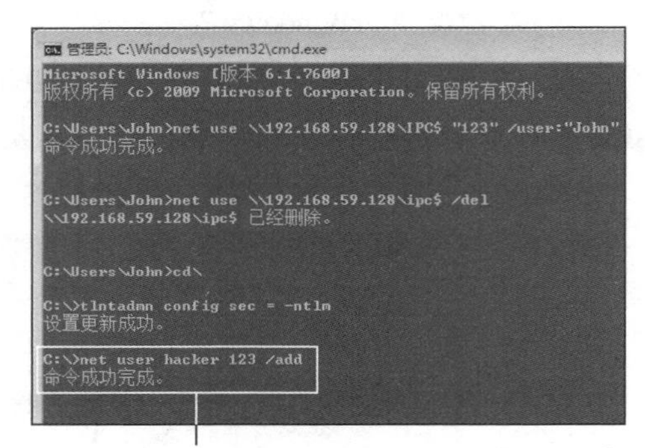

输入net user hacker 123 /add后按【Enter】键，在目标计算机中创建名为hacker（密码为123）的用户账户。

STEP14：将新用户账户添加到管理员组

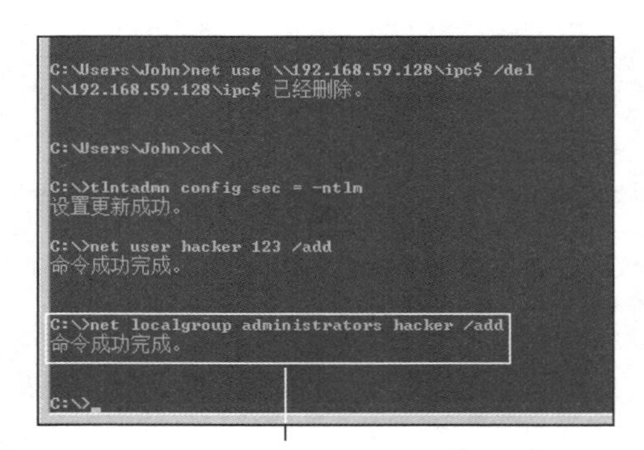

输入net localgroup administrators hacker /add后按【Enter】键，将hacker添加到管理员组（administrators）中。

STEP15：远程连接目标计算机

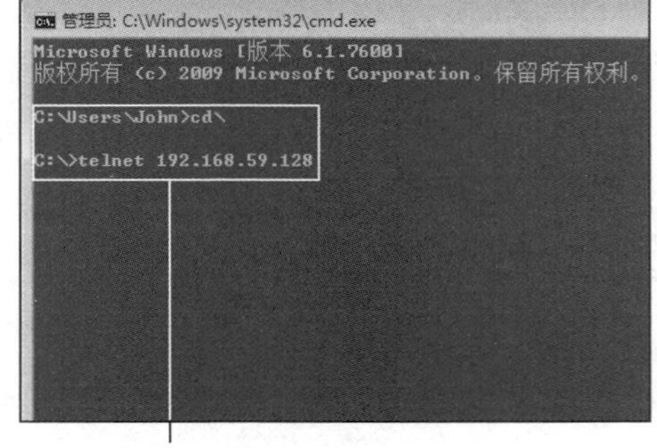

重新打开“命令提示符”窗口，输入cd\后按【Enter】键，然后输入telnet+目标计算机IP，远程连接目标计算机。

STEP16：输入账户和密码

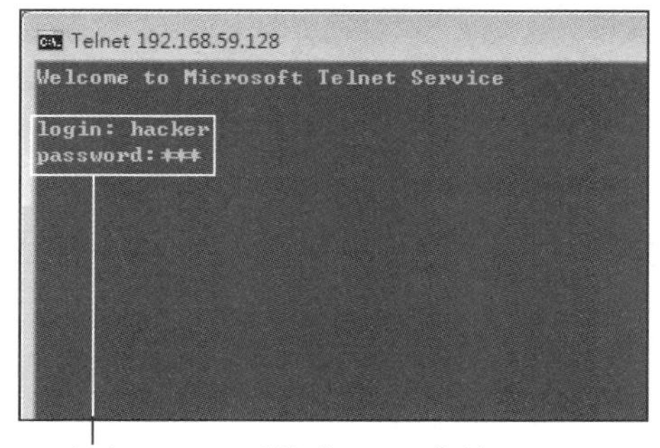

输入用户名 hacker 后按【Enter】键，接着输入该账户对应的密码，然后按【Enter】键。

STEP17：成功登录远程计算机

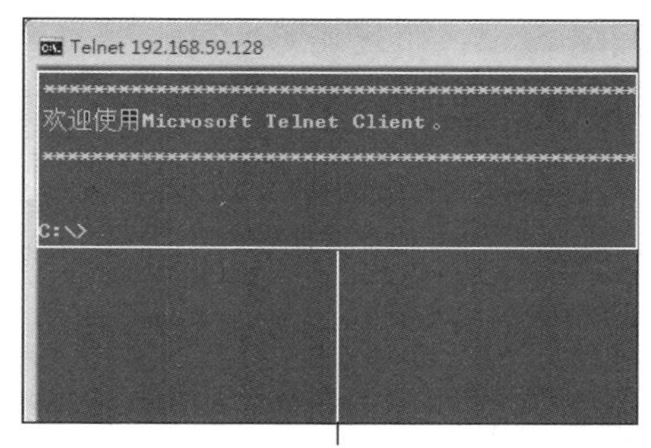

看到的界面就是远程主机为 Telnet 终端用户打开的命令提示符窗口，在该窗口中输入的命令将会直接在远程计算机上执行。

10.3 基于注册表入侵

在 Windows 系统中，注册表是帮助 Windows 系统控制硬件、软件、用户环境和 Windows 界面的一个数据库。虽然注册表功能强大，但是黑客仍然可以注册表为基础实现远程入侵。基于注册表入侵主要包括两个阶段：修改注册表实现远程监控和开启远程注册表服务。

10.3.1 修改注册表实现远程监控

Microsoft 公司为了方便网络管理员对网络中的计算机进行远程管理，在 Windows 系统注册表中提供了“连接网络注册表”的功能，该功能使得管理人员和其他用户可以通过注册表实现远程管理（包括检查系统配置和设置）。

虽然该功能为网络管理员提供了方便，但是却也为黑客对他人计算机的注册表进行远程操作提供了方便。下面介绍具体的操作。

STEP01：输入 regedit 命令

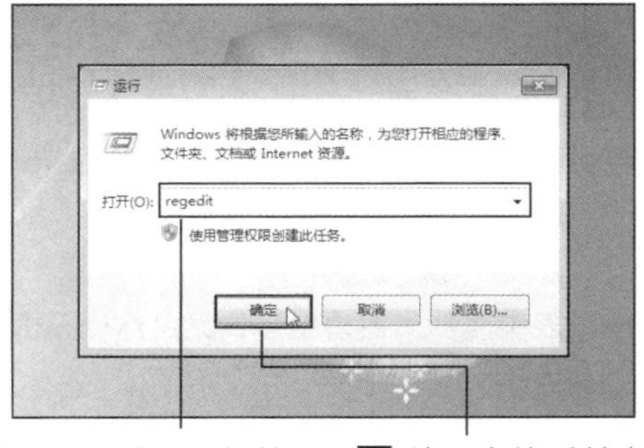

01 打开“运行”对话框，输入 regedit 命令。

02 输入完毕后单击“确定”按钮。

STEP02：选择连接网络注册表

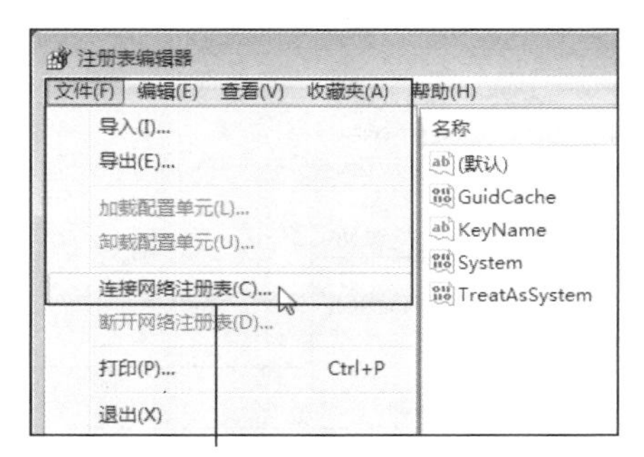

打开“注册表编辑器”窗口，在顶部的菜单栏中依次单击“文件”>“连接网络注册表”命令。

STEP03：单击“高级”按钮

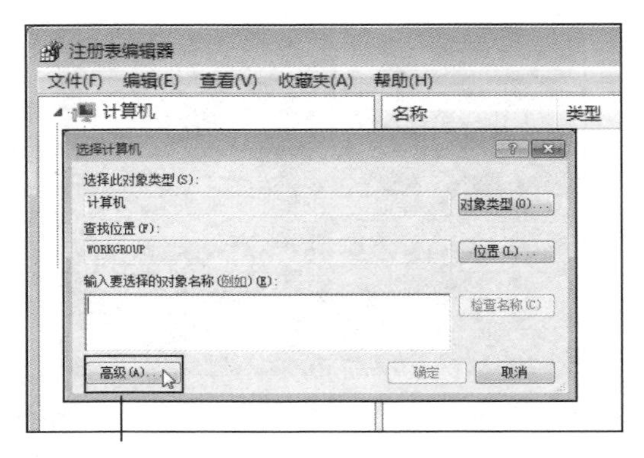

弹出“选择计算机”对话框，在底部单击“高级”按钮。

STEP04：选择立即查找

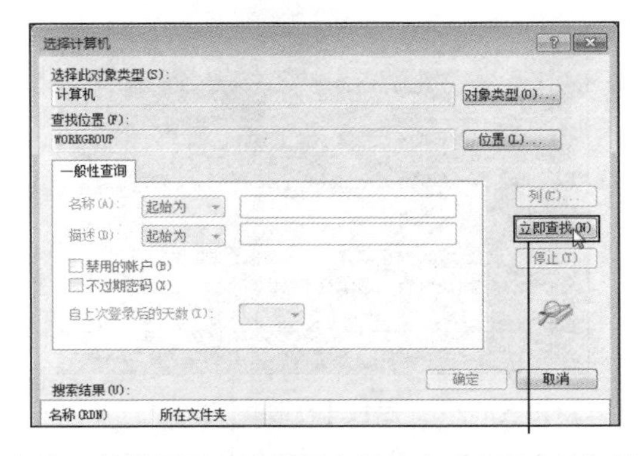

切换至新的界面，在界面右侧单击“立即查找”按钮。

STEP05：选择目标计算机

01 在底部选择目标计算机。

02 单击“确定”按钮。

STEP06：确认所选的目标计算机

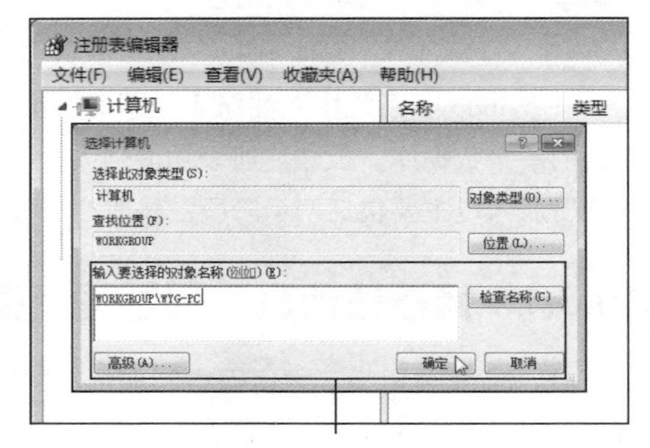

在“选择计算机”对话框中确认所选目标计算机无误后单击“确定”按钮。

STEP07：查看目标计算机的注册表

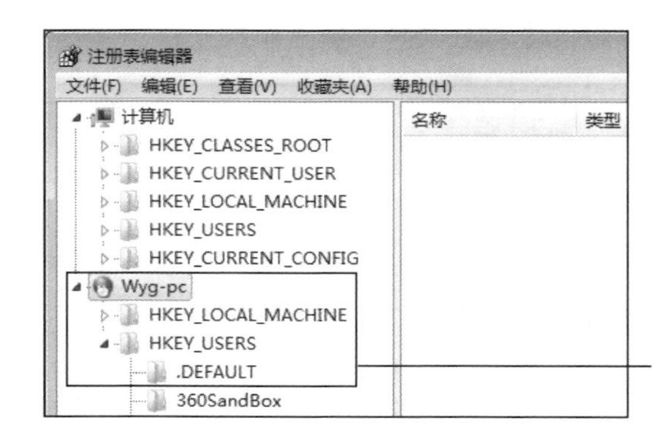

在“注册表编辑器”窗口中可看见目标计算机所包含的注册表信息。

提示：查找不同工作组中的目标计算机

当目标计算机与自己所在计算机不在同一个工作组时，则首先在“选择计算机”对话框中单击“位置”按钮更改工作组，然后再选择目标计算机。

10.3.2 开启远程注册表服务

当黑客成功地查看到目标计算机中的注册表信息后，如果不开启目标计算机中的远程注册表服务，就无法远程编辑目标计算机的注册表信息。因此黑客会再次与目标计算机建立IPC$ 连接，然后开启远程注册表服务。

STEP01：建立 IPC$ 连接

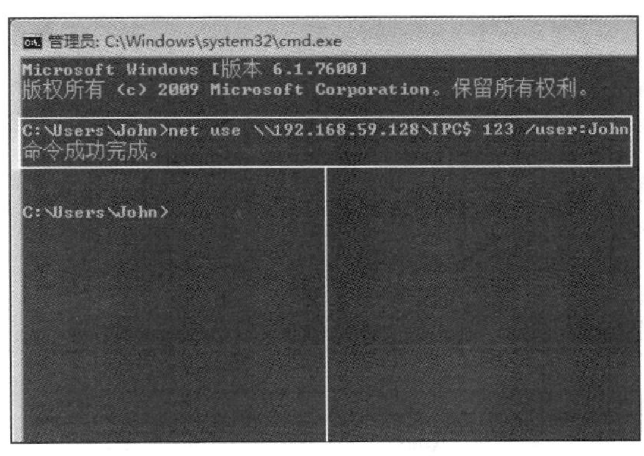

在“命令提示符”窗口中输入与目标计算机建立IPC$ 连接的命令，按【Enter】键。

STEP02：单击“管理”命令

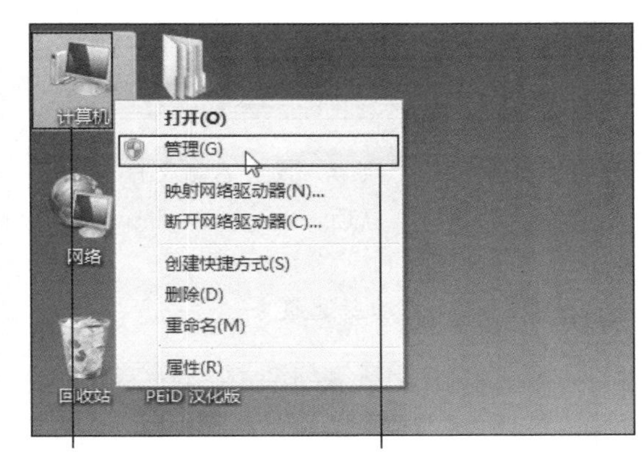

01 右击“计算机”图标。

02 在弹出的快捷菜单中单击“管理”命令。

STEP03：选择连接到另一台计算机

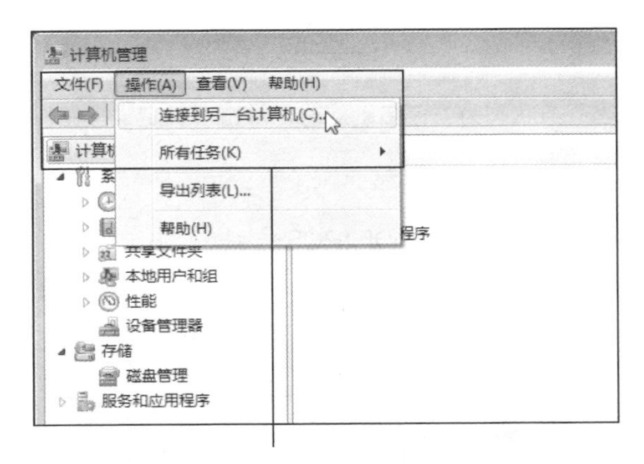

打开“计算机管理”窗口，在菜单栏中依次单击“操作”>“连接到另一台计算机”命令。

STEP04：连接到目标计算机

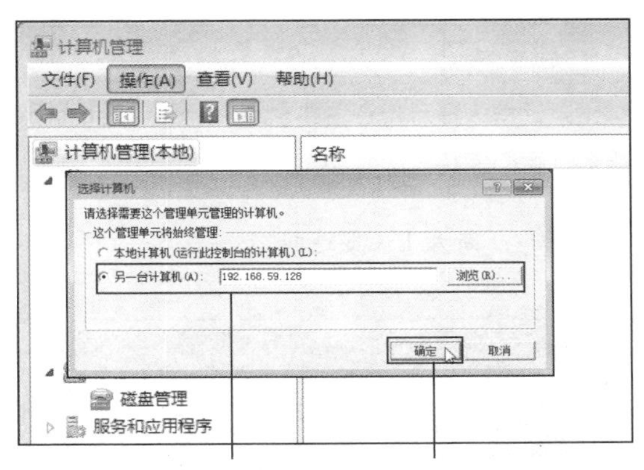

01 单击选中“另一台计算机”单选按钮，然后输入 IP 地址。

02 输入完毕后单击“确定”按钮。

STEP05：选择 Remote Registry 服务

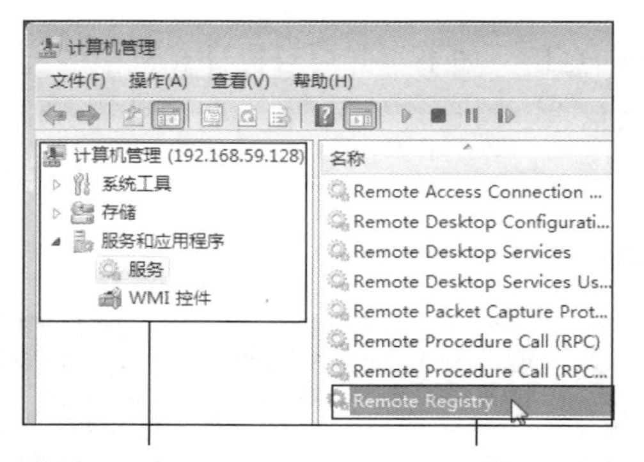

01 在左侧依次展开“服务和应用程序”>“服务”选项。02 在右侧双击 Remote Registry 选项。

STEP06：启动 Remote Registry 服务

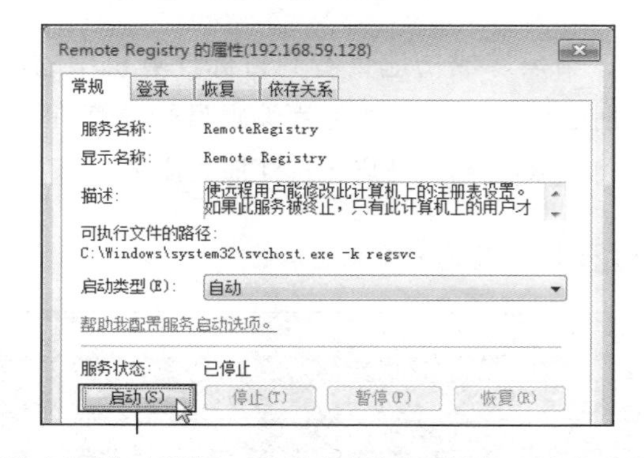

弹出属性对话框，在“常规”选项卡下单击“启动”按钮，启动 Remote Registry 服务。

STEP07：正在启动所选服务

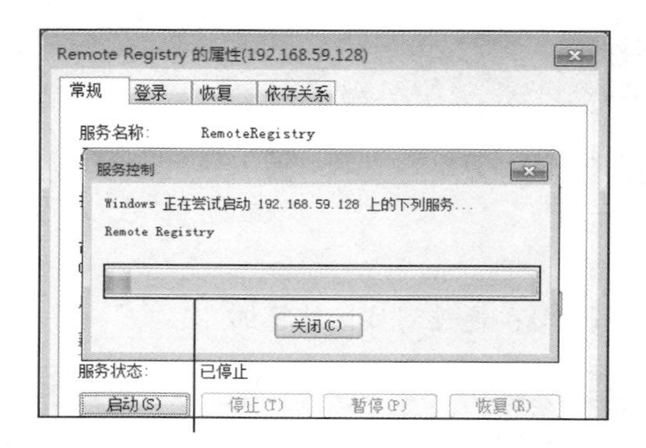

弹出对话框，提示用户正在启动 Remote Registry 服务，耐心等待。

STEP08：单击“确定”按钮

当服务状态为“已启动”时，单击“确定”按钮保存并退出。

STEP09：断开 IPC$ 连接

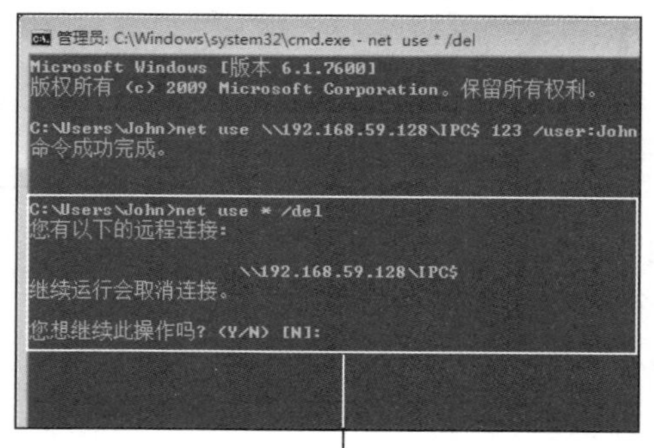

在“命令提示符”窗口中输入 net use * /del 后按【Enter】键，断开 IPC$ 连接。

STEP10：确认断开 IPC$ 连接

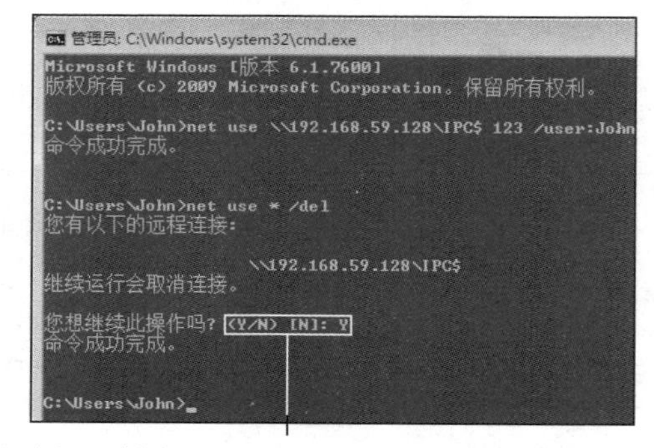

在光标闪烁的地方输入 Y 后按【Enter】键，确认断开 IPC$ 连接。

10.4 使用专业软件实现远程控制

实现远程控制除了利用 Windows 操作系统的 IPC$ 连接和 Telnet 服务之外，用户还可以使用专业的远程控制软件，例如本节将要介绍的“网络执法官”和“远程控制任我行”。

10.4.1 网络执法官

“网络执法官”是一款局域网管理软件，采用网络底层协议，只需在局域网中的任一台普通计算机上运行即可穿透每台计算机的防火墙，对网络中的每一台计算机进行监控，实现远程控制。

STEP01：以管理员身份运行程序

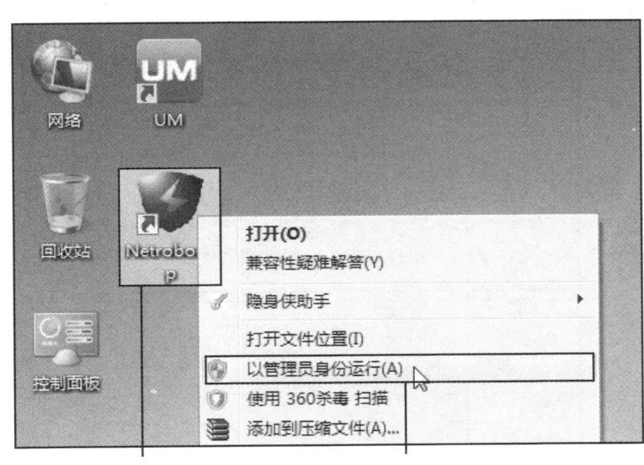

01 右击桌面上的“网络执法官”快捷图标。

02 在弹出的快捷菜单中单击“以管理员身份运行”命令。

STEP02：设置监控范围

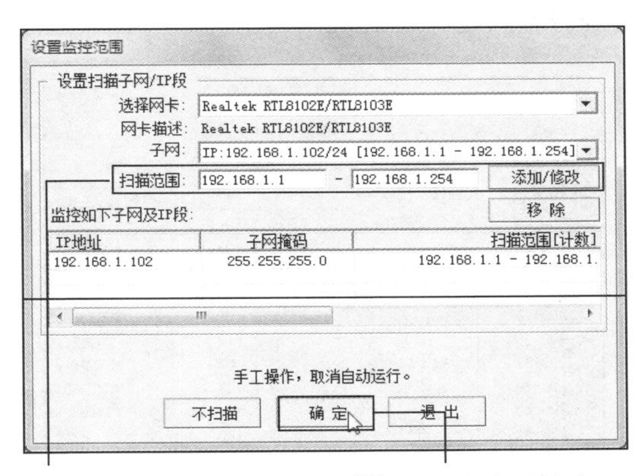

01 在对话框中设置扫描范围，单击“添加 / 修改”按钮。

02 设置完毕后单击“确定”按钮。

STEP03：选择报警设置

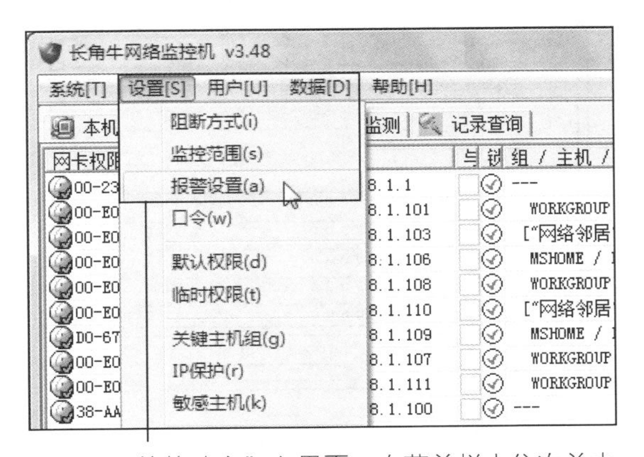

打开“网络执法官”主界面，在菜单栏中依次单击“设置”>“报警设置”命令。

STEP04：报警设置

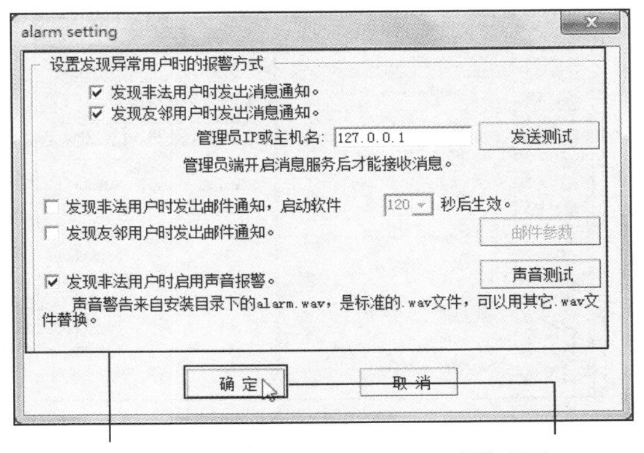

01 在 alarm setting 对话框中设置发现异常用户时的报警方式。

02 单击“确定”按钮。

STEP05：选择口令设置

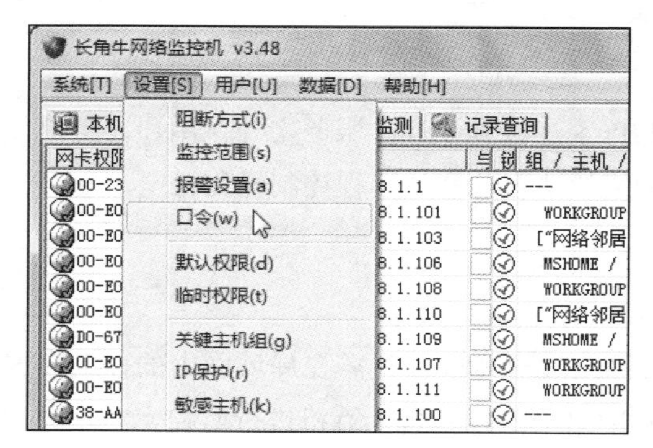

返回“网络执法官”主界面，在菜单栏中依次单击“设置”>“口令”命令。

STEP06：设置口令

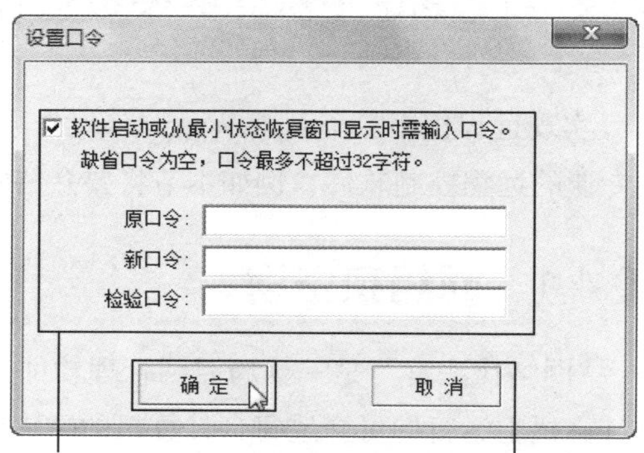

01 在“设置口令”对话框中设置恢复窗口的口令。

02 设置后单击“确定”按钮。

STEP07：选择默认权限

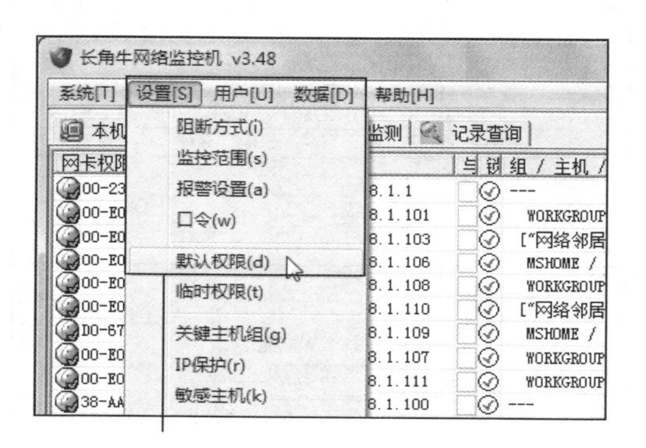

返回“网络执法官”主界面，在菜单栏中依次单击“设置”>“默认权限”命令。

STEP08：用户权限设置

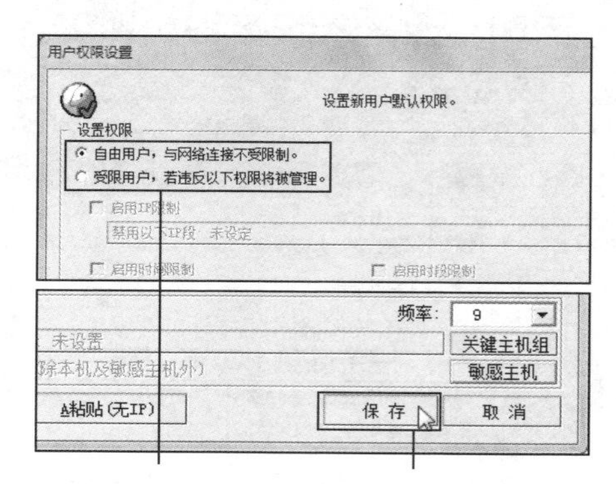

01 在对话框中设置用户的默认权限。

02 单击“保存”按钮。

STEP09：选择关键主机组

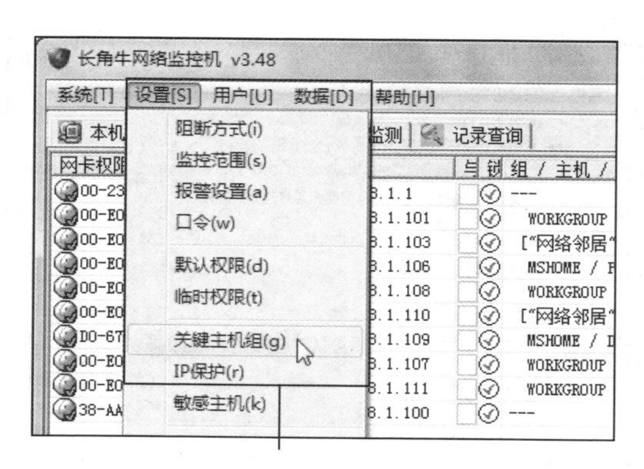

返回“网络执法官”主界面，在菜单栏中依次单击“设置”>“关键主机组”命令。

STEP10：关键主机组设置

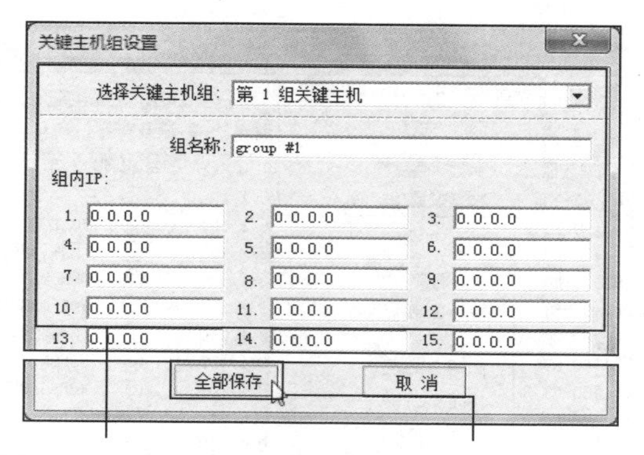

01 选择主机组，设置名称和组内 IP 地址。

02 单击“全部保存”按钮。

STEP11：选择 IP 保护

返回“网络执法官”主界面，在菜单栏中依次单击“设置”>“IP 保护”命令。

STEP12：IP 保护设置

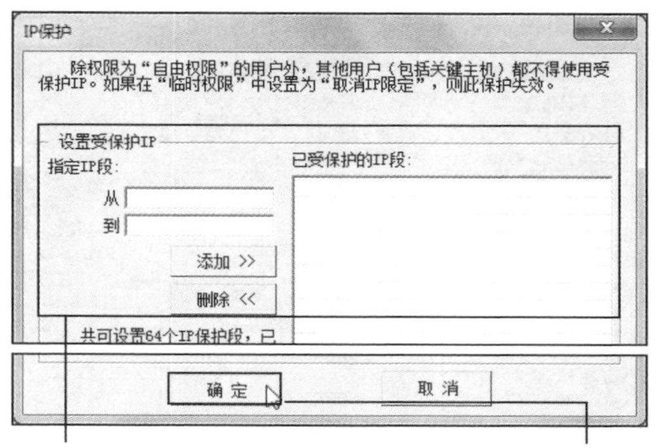

01 设置受保护 IP 段（旨在保护指定 IP 地址不被普通权限的用户使用）。

02 单击“确定”按钮。

STEP13：选择其他设定

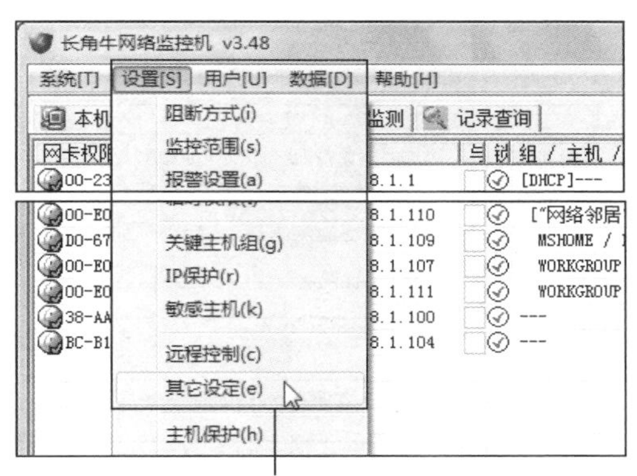

返回“网络执法官”主界面，在菜单栏中依次单击“设置”>“其他设定”命令。

STEP14：设置检测灵敏度和断开方式

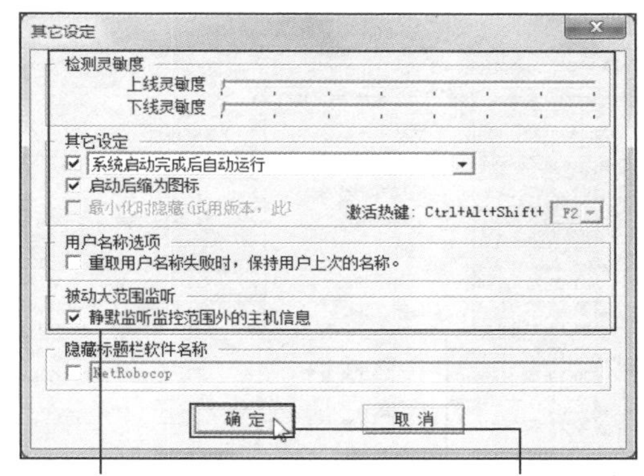

01 设置检测的灵敏度、断开方式以及其他的一些设定。

02 设置完毕后单击“确定”按钮。

STEP15：选择主机保护

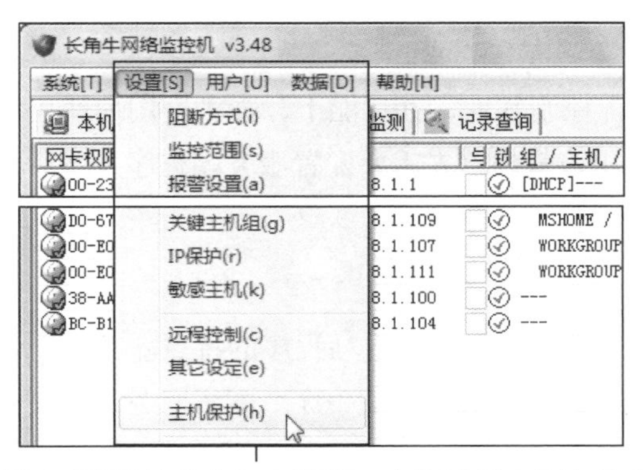

返回“网络执法官”主界面，在菜单栏中依次单击“设置”>“主机保护”命令。

STEP16：主机保护设置

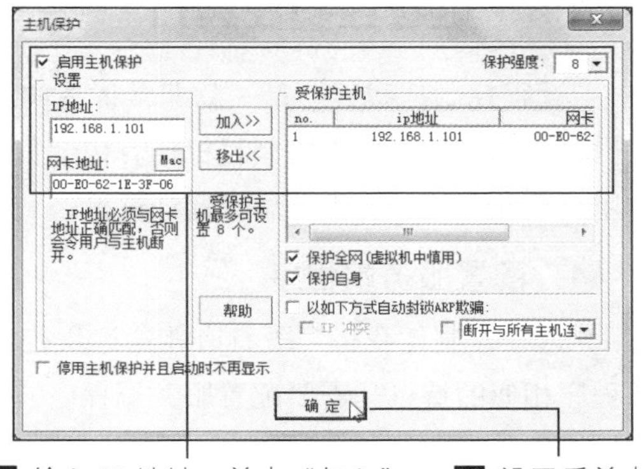

01 输入 IP 地址，单击“加入”按钮，将其添加为受保护主机。

02 设置后单击“确定”按钮。

STEP17：绑定 MAC 与 IP/ 机器名称

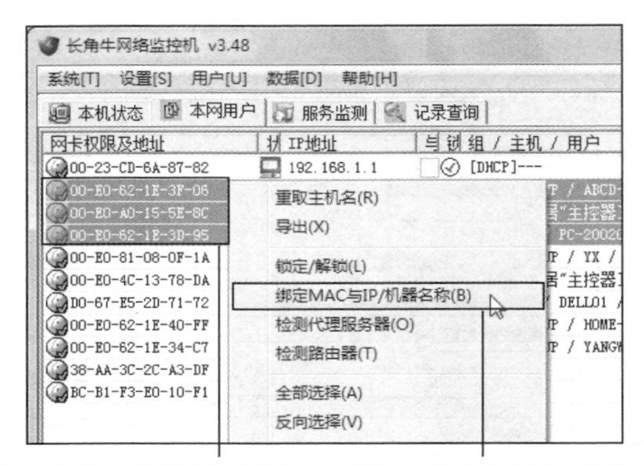

01 选中要绑定的计算机后右击。

02 在弹出的快捷菜单中单击“绑定 MAC 与 IP/ 机器名称”命令。

STEP18：MAC/IP 绑定设置

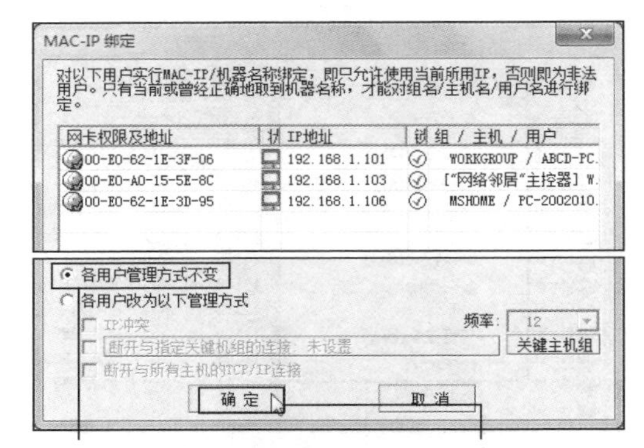

01 单击选中“各用户管理方式不变”单选按钮。

02 设置完毕后单击“确定”按钮。

STEP19：选择添加用户

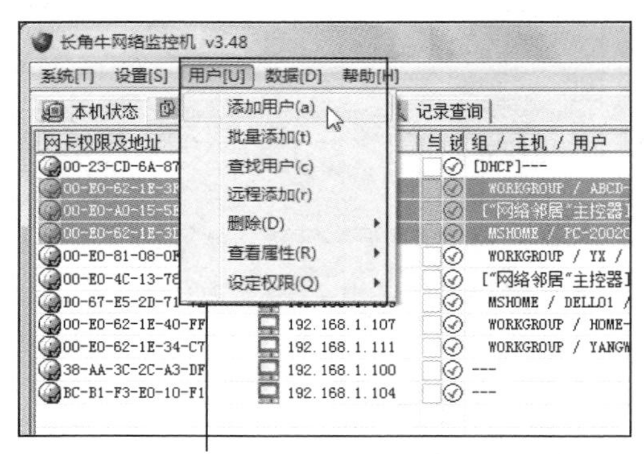

返回“网络执法官”主界面，在菜单栏中依次单击“用户”>“添加用户”命令。

STEP20：输入新用户的 MAC 地址

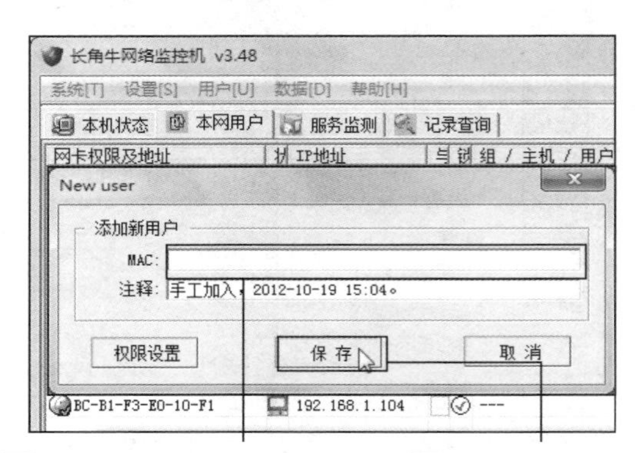

01 在弹出的对话框中输入 MAC 地址。

02 单击“保存”按钮即可。

10.4.2 远程控制任我行

“远程控制任我行”是一款非常优秀的专业远程控制软件，其功能十分强大，用户使用该软件可以达到随心所欲控制目标计算机的目的。使用该软件首先需要配置服务端程序，然后再使用该软件监视并远程控制目标计算机。

1. 配置服务端程序

“远程控制任我行”既具有普通远程控制软件的特点，又具有木马程序的特点。其中与木马程序相似的特点是需要配置服务端程序，并且使目标计算机运行该程序。配置服务端程序的具体操作如下。

STEP01：启动“远程控制任我行”

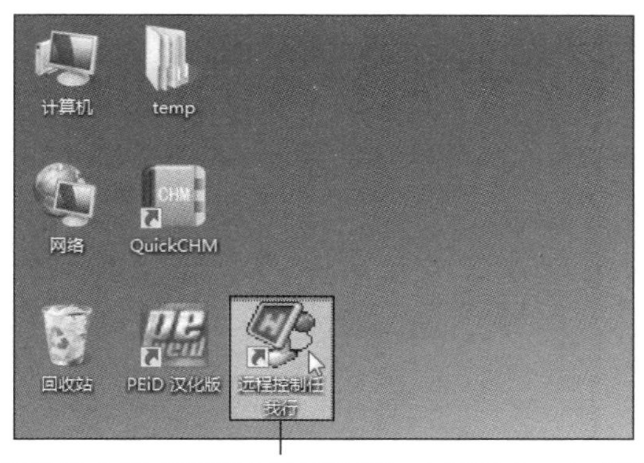

下载并安装“远程控制任我行”应用程序，在桌面上双击对应的快捷图标。

STEP02：选择配置服务端

打开“远程控制任我行”主界面，在工具栏中单击“配置服务端”按钮。

STEP03：选择配置类型

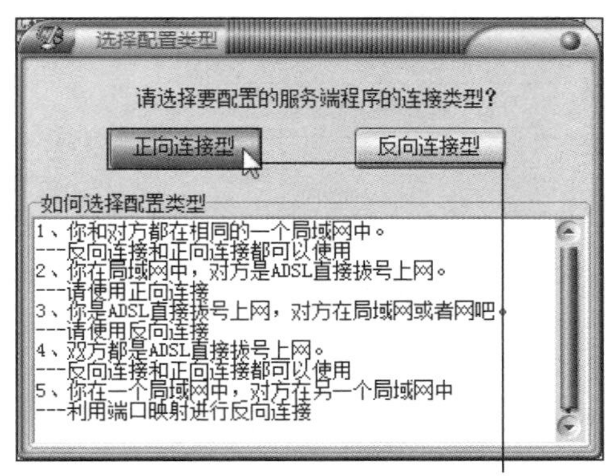

弹出“选择配置类型”对话框，选择正向连接型，可单击对应的按钮。

STEP04：选择更换图标

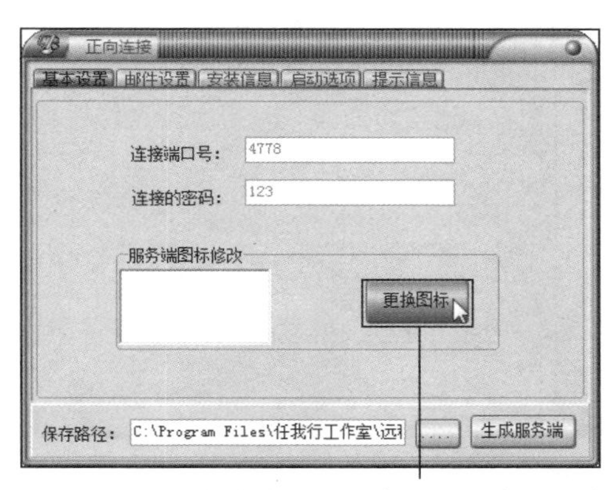

在对话框中保持默认端口号和密码，单击“更换图标”按钮。

STEP05：选择字符图标

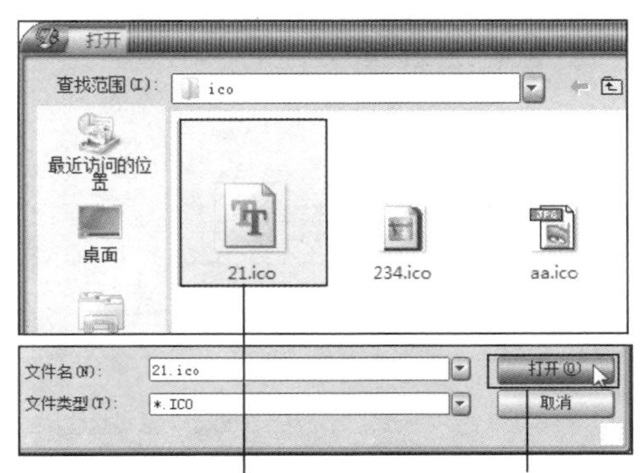

01 在列表框中选择合适的图标，例如选择字符。

02 单击“下一步”按钮。

STEP06：放大显示所选的图标

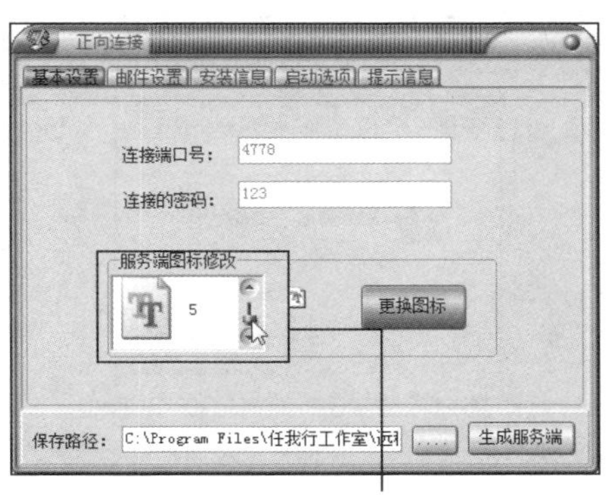

在“服务端图标修改”下方拖动滑块，放大显示所选的图标。

STEP07：设置邮件

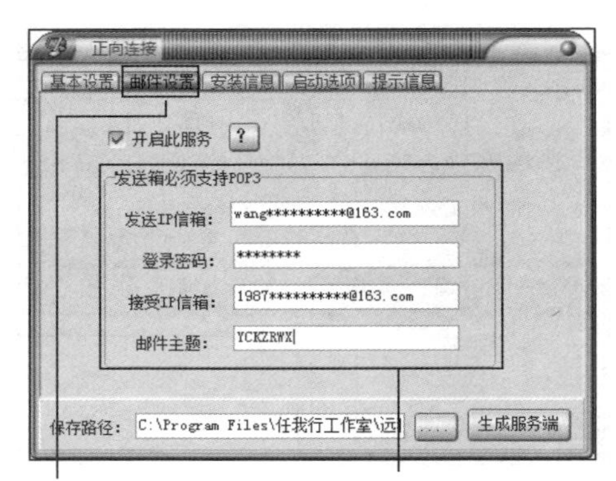

01 切换至“邮件设置”选项卡。

02 设置邮箱地址、密码和邮件主题。

STEP08：设置安装信息

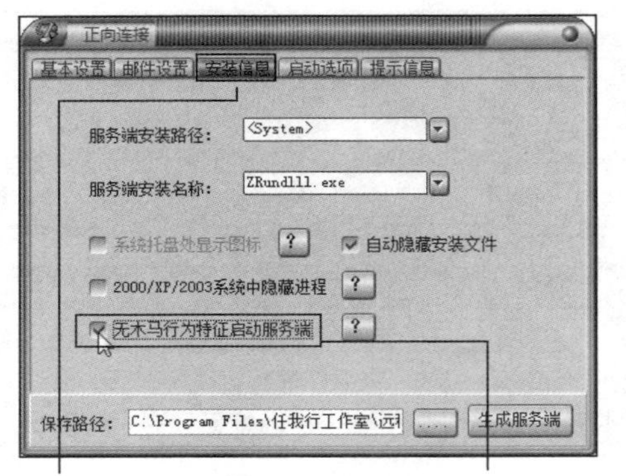

01 切换至“安装信息”选项卡。

02 勾选“无木马行为特征启动服务端”。

STEP09：设置启动选项

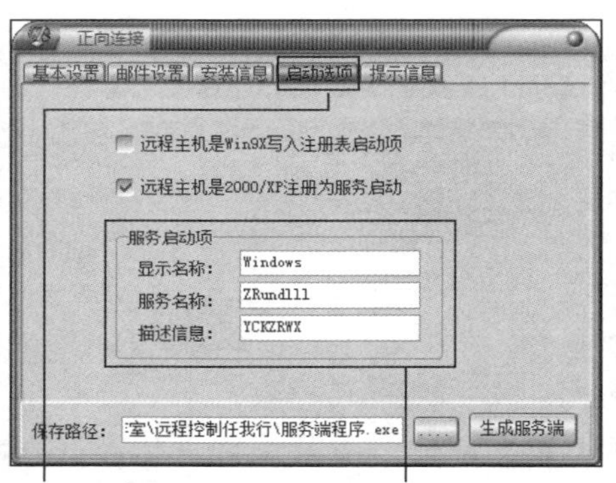

01 切换至“启动选项”选项卡。

02 设置“服务启动项”的相关信息。

STEP10：设置提示信息

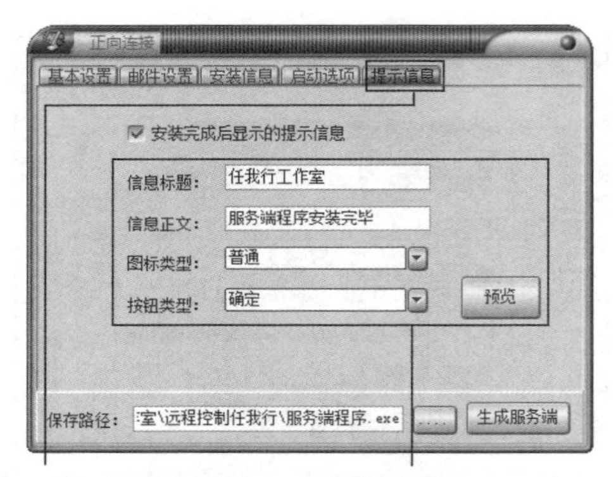

01 切换至“提示信息”选项卡。

02 设置信息属性后单击“预览”按钮。

STEP11：预览提示信息

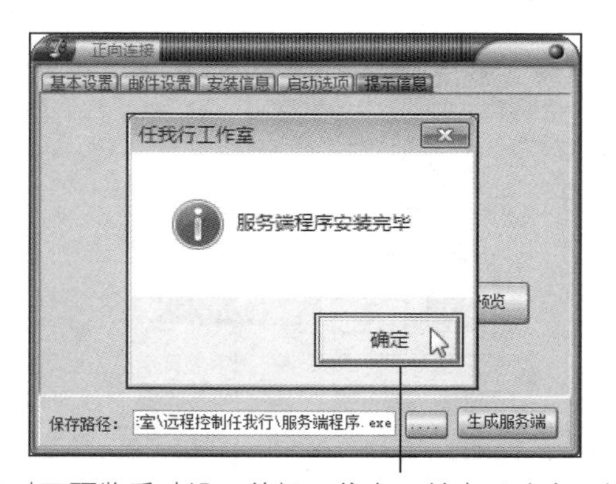

此时可预览手动设置的提示信息，单击“确定”按钮，关闭对话框。

STEP12：单击“浏览”按钮

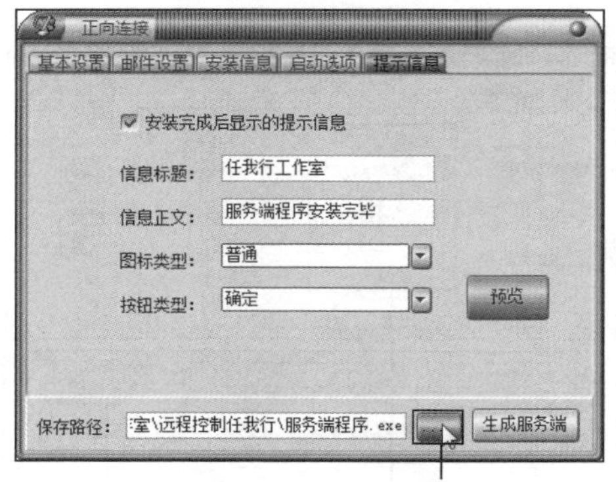

在对话框底部“保存路径”右侧单击“浏览”按钮，重新设置保存路径。

STEP13：选择保存路径

01 在顶部重新选择保存路径。

02 输入文件名称，单击“保存”按钮。

STEP14：确认所设的保存路径

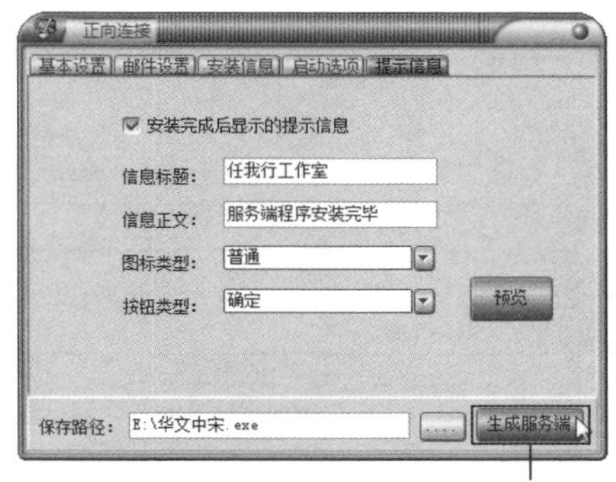

在对话框底部确认所设的保存路径，无误后单击“生成服务端”按钮。

STEP15：确认生成服务端

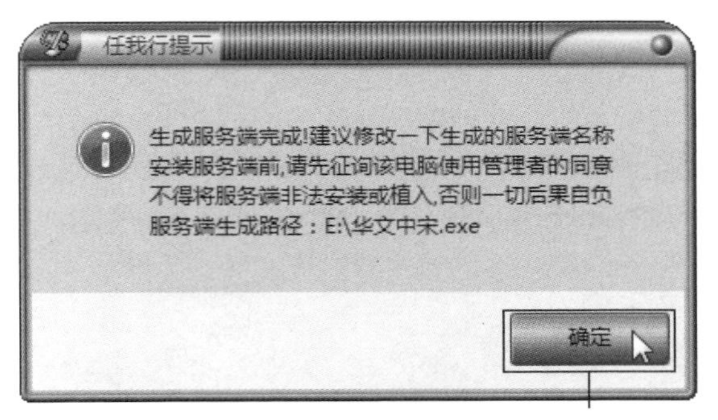

弹出对话框，确认所设的服务端程序名称无误后单击“确定”按钮。

STEP16：查看生成的服务端程序

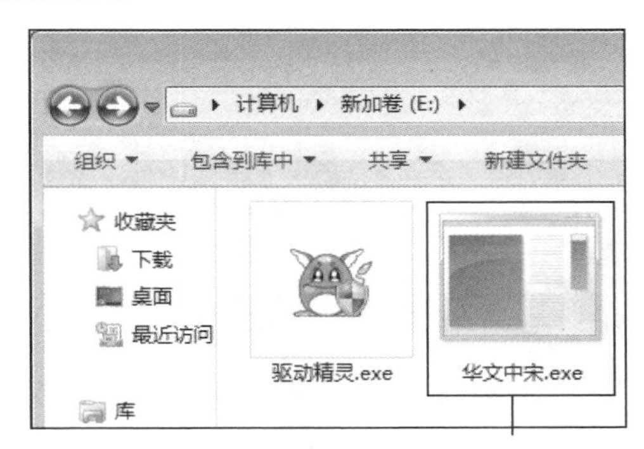

打开 STEP13 所设的保存位置，便可看见手动配置的服务端程序。

2. 监视并远程控制目标计算机

当目标计算机运行了自己所配置的服务端程序之后，用户便可在自己的计算机中连接并远程控制目标计算机。

STEP01：选择打开 IP 列表

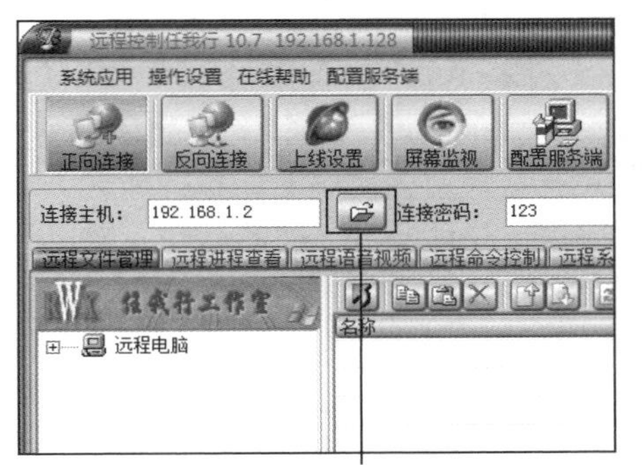

打开“远程控制任我行”主界面，单击“打开 IP 列表”按钮。

STEP02：选择增加 IP 地址

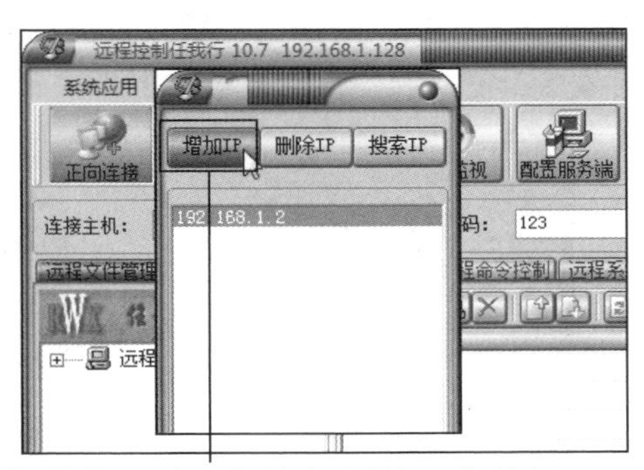

弹出对话框，在顶部单击“增加 IP”按钮。

STEP03：输入目标计算机 IP 地址

01 弹出“输入远程主机 IP”对话框，输入 IP 地址。

02 单击 OK 按钮。

STEP04：选择添加的 IP 地址

在对话框中可看见手动添加的 IP 地址，双击该 IP 地址选项。

STEP05：开始连接目标计算机

01 返回“远程控制任我行”主界面，确认默认显示的目标计算机 IP 地址，输入连接密码。

02 确认显示的连接端口无误后单击“连接”按钮。

提示：搜索 IP 地址

当用户不知道目标计算机的 IP 地址时，可以选择搜索其 IP 地址，按照 10.4.2 节第 1 点中 STEP01~STEP02 介绍的方法打开 IP 地址对话框，❶ 单击“搜索 IP”按钮，弹出“扫描远程主机”对话框，❷ 设置 IP 地址范围，❸ 单击“扫描”按钮，待其扫描完毕后可在右侧看见扫描出的目标计算机 IP 地址。

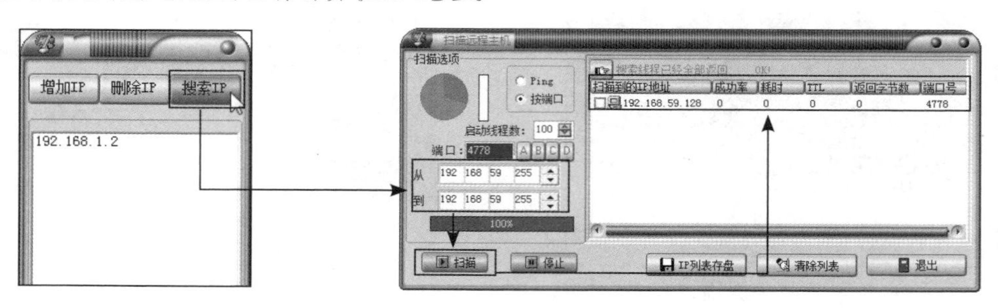

STEP06：查看目标计算机的磁盘分区

连接后单击“远程电脑”选项，在下方查看磁盘分区，例如查看E盘。

STEP07：下载指定文件

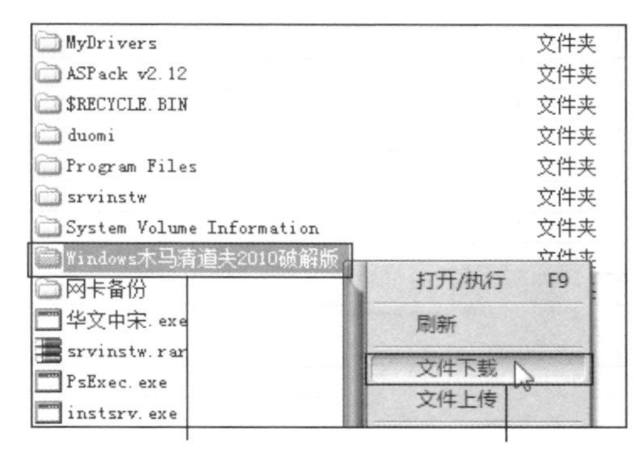

01 右击指定文件。

02 在弹出的快捷菜单中单击“文件下载”命令。

STEP08：选择保存位置

01 在对话框中选择保存位置。

02 选中后单击“确定”按钮。

STEP09：开始下载

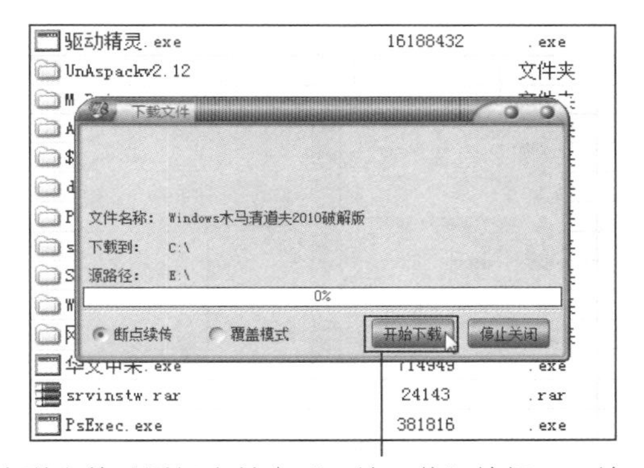

在弹出的对话框中单击“开始下载”按钮，开始下载所选的文件。

STEP10：查看目标计算机中的进程

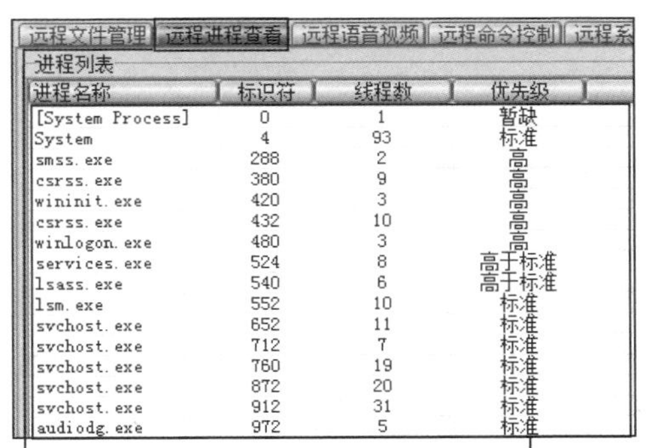

01 切换至“远程进程查看”选项卡。

02 可以在进程列表中查看目标计算机中的所有进程。

STEP11：编辑提示信息

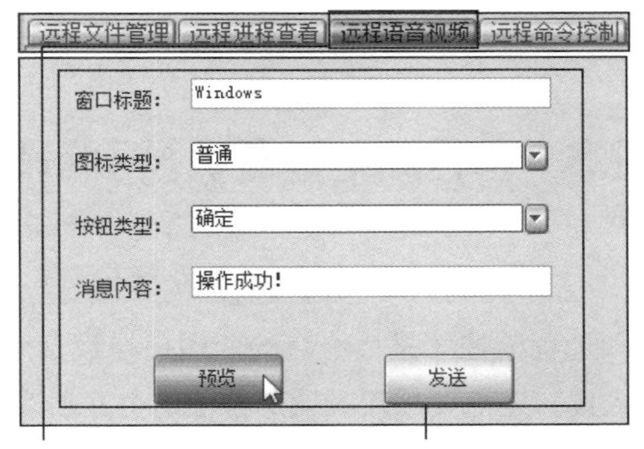

01 切换至“远程语音视频”选项卡。

02 编辑窗口标题、类型等信息，然后单击“预览”按钮。

STEP12：查看编辑的提示信息

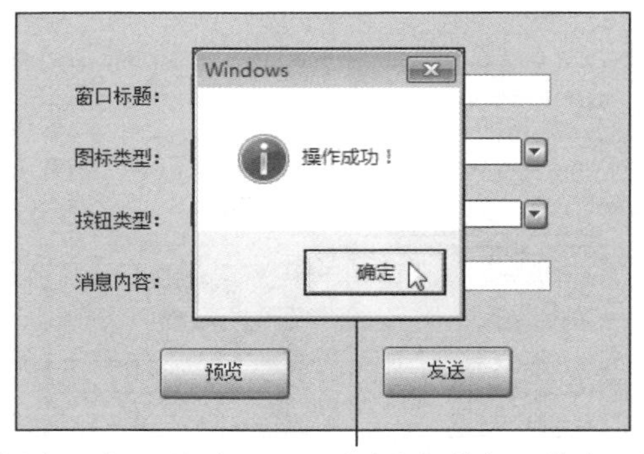

弹出提示框，此时可看见手动编辑的提示信息，单击“确定”按钮。

STEP13：查看远程命令控制

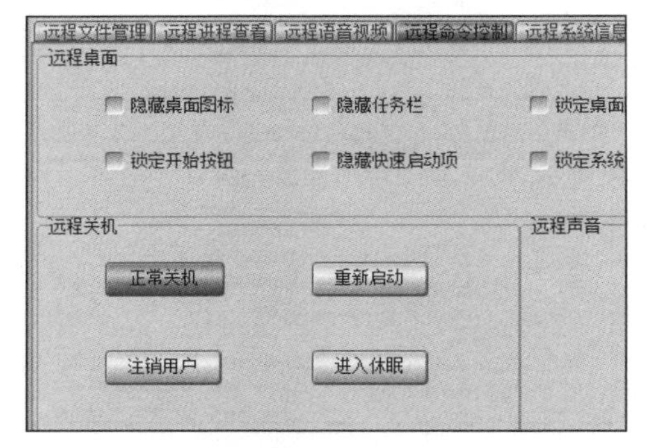

切换至“远程命令控制”选项卡，可对目标计算机进行正常关机、重新启动等操作。

STEP14：查看远程系统配置信息

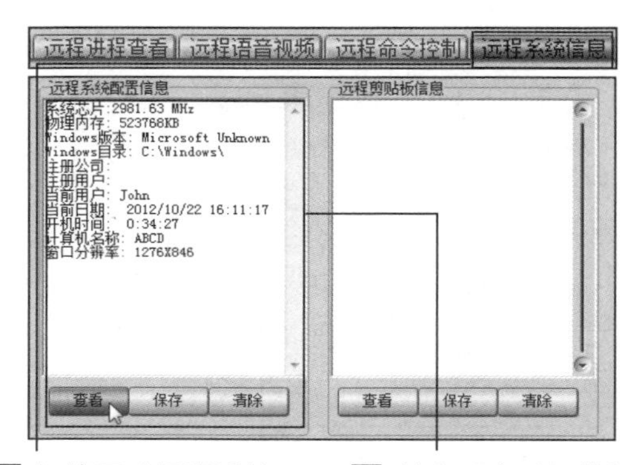

01 切换至“远程系统信息”选项卡。

02 单击“查看”按钮，查看目标计算机的系统配置信息。

STEP15：查看剪贴板和运行窗体信息

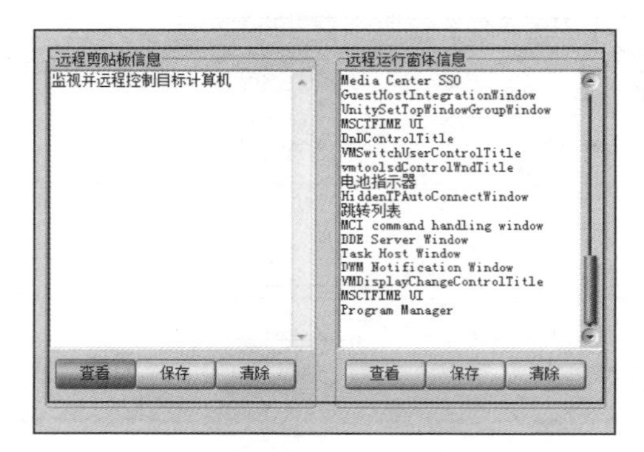

单击“远程剪贴板信息”和“远程运行窗体信息”底部的“查看”按钮，可查看剪贴板信息和运行窗体信息。

10.5 有效防范远程入侵和远程监控

了解远程入侵和远程监控的原理与操作方法并非是最终目的，学会如何有效防范远程入侵和远程监控才是最终目的。用户在设置防范措施时，不仅需要采用有效的方式防范 IPC$ 远程入侵，还需要采用有效的方法防范注册表和 Telnet 远程入侵。

10.5.1 防范 IPC$ 远程入侵

防范 IPC$ 远程入侵常见的方法有 3 种：第一种是禁用共享和 NetBIOS；第二种是设置本

地安全策略；第三种是修改注册表禁止共享。

1. 禁用共享和NetBIOS

当自己的计算机中存在共享时，则计算机可能已经遭受了IPC$的攻击。当出现这种情况时，用户可以通过禁用共享和NetBIOS来防范IPC$入侵。

STEP01：单击“属性”命令

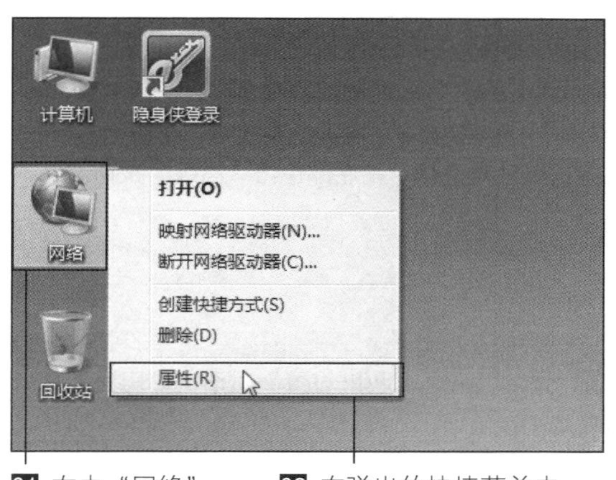

01 右击“网络”图标。

02 在弹出的快捷菜单中单击“属性”命令。

STEP02：选择更改适配器设置

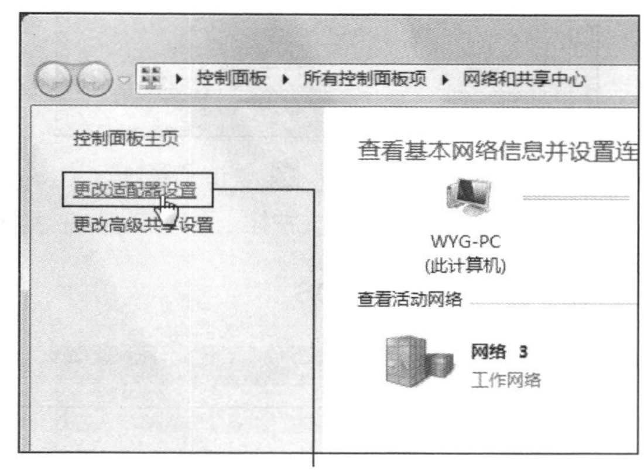

打开“网络和共享中心”窗口，在左侧单击“更改适配器设置”链接。

STEP03：单击“属性”命令

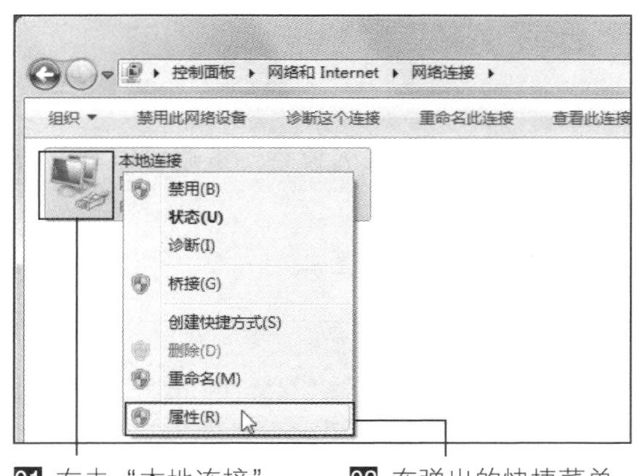

01 右击“本地连接”图标。

02 在弹出的快捷菜单中单击“属性”命令。

STEP04：关闭打印机共享

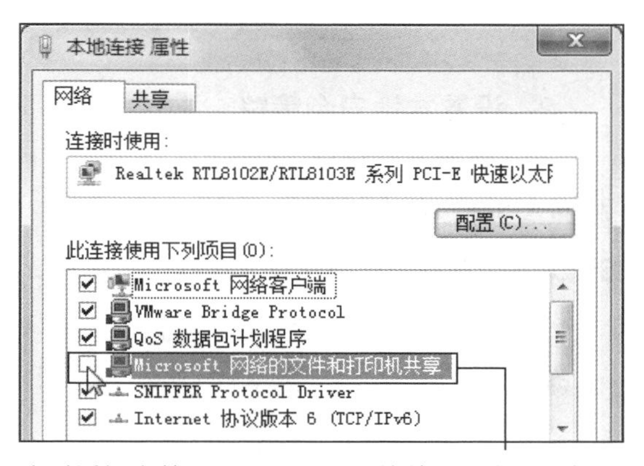

在对话框中禁用Microsoft网络的文件和打印机共享功能。

STEP05：单击“属性”按钮

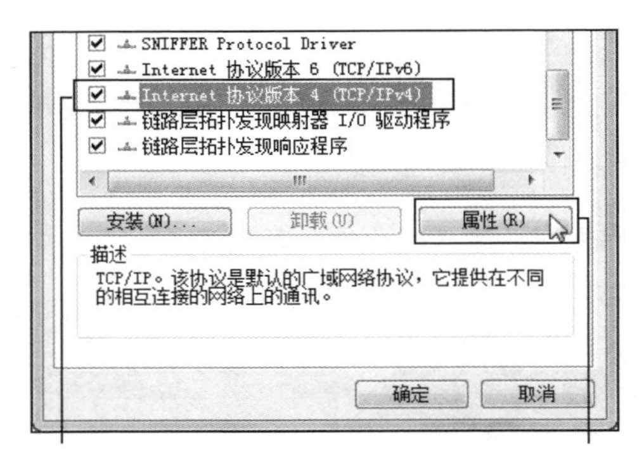

01 选中 Internet 协议版本 4。

02 单击“属性”按钮。

STEP06：单击“高级”按钮

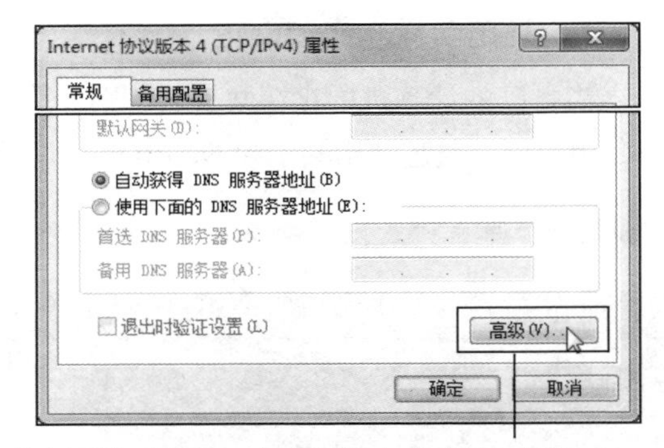

弹出属性对话框，在底部单击“高级”按钮。

STEP07：禁用 NetBIOS

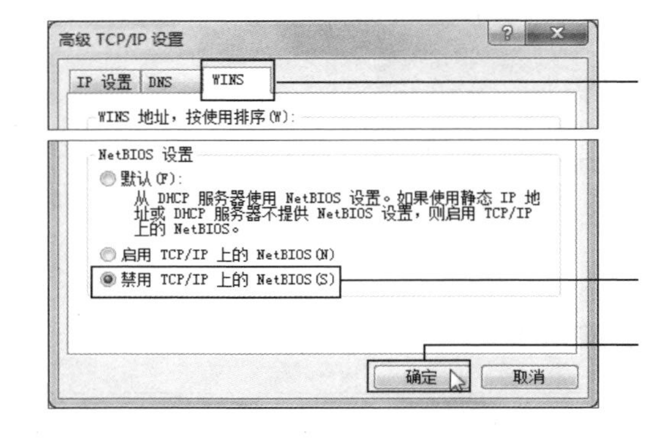

01 弹出“高级 TCP/IP 设置”对话框，切换至 WINS 选项卡。

02 在“NetBIOS 设置”组中单击选中“禁用 TCP/IP 上的 NetBIOS”单选按钮。

03 单击“确定”按钮保存并退出。

2. 设置本地安全策略

在本地安全策略中，“网络访问：不允许 SAM 账户和共享的匿名枚举”策略可以有效防范 IPC$ 远程入侵，因此用户需要在本地安全策略中启动该功能。

STEP01：单击“控制面板”选项

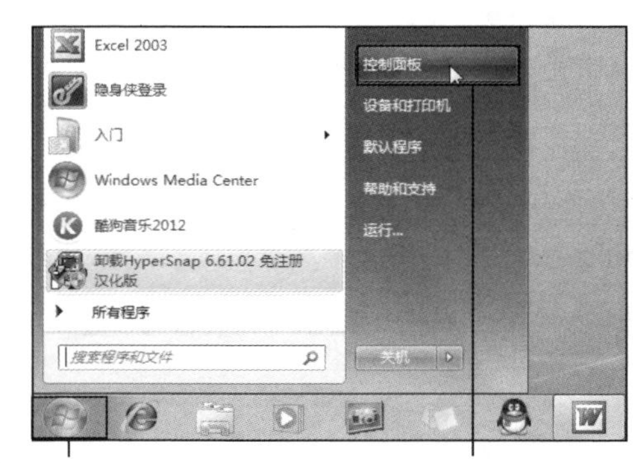

01 单击“开始”按钮。

02 在弹出的“开始”菜单中单击“控制面板”选项。

STEP02：选择管理工具

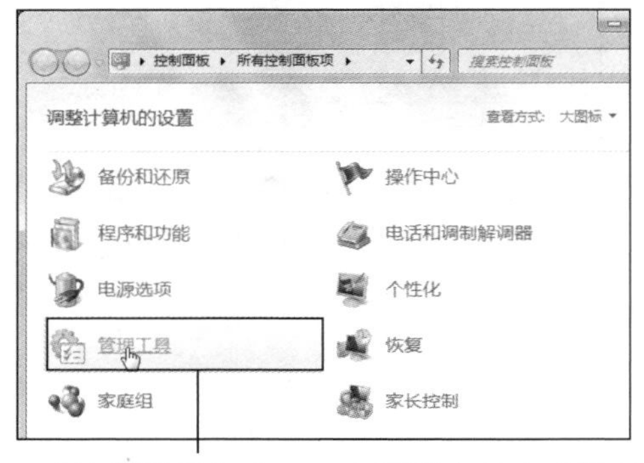

打开“控制面板”窗口，在界面中单击“管理工具”链接。

STEP03：选择本地安全策略

打开“管理工具”窗口，双击“本地安全策略”选项。

STEP04：不允许 SAM 账户的匿名枚举

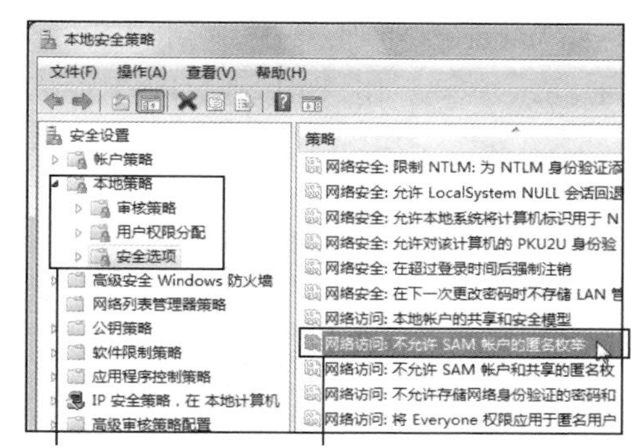

01 依次展开“本地策略”>“安全选项”选项。

02 双击“网络访问：不允许 SAM 账户的匿名枚举”选项。

STEP05：启用所选策略功能

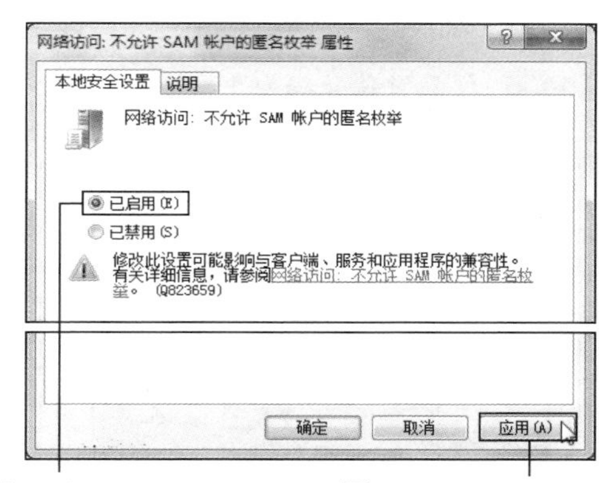

01 单击选中“已启用”单选按钮。

02 单击“应用”按钮。

STEP06：确认设置更改

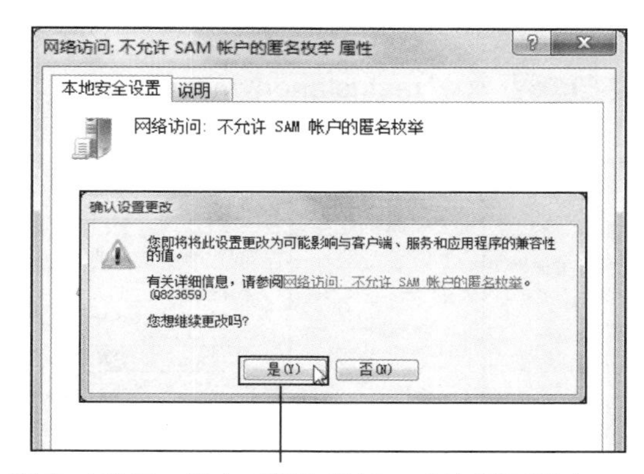

弹出对话框，单击“是”按钮，确认设置更改。

STEP07：单击“确定”按钮

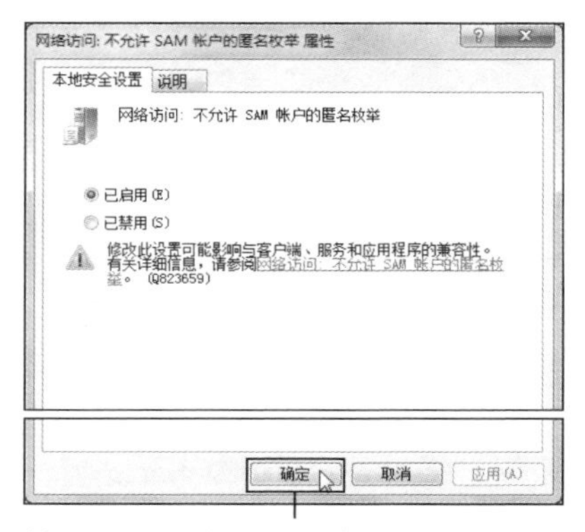

返回属性对话框，在底部单击“确定”按钮。

STEP08：成功启用所选策略

策略	安全设置
网络安全: 限制 NTLM: 为 NTLM 身份验证添加远程服务器...	没有定义
网络安全: 允许 LocalSystem NULL 会话回退	没有定义
网络安全: 允许本地系统将计算机标识用于 NTLM	没有定义
网络安全: 允许对该计算机的 PKU2U 身份验证请求使用联...	没有定义
网络安全: 在超过登录时间后强制注销	已禁用
网络安全: 在下一次更改密码时不存储 LAN 管理器哈希值	已启用
网络访问: 本地帐户的共享和安全模型	经典 - 对本
网络访问: 不允许 SAM 帐户的匿名枚举	已启用
网络访问: 不允许 SAM 帐户和共享的匿名枚举	已禁用
网络访问: 不允许存储网络身份验证的密码和凭据	已禁用
网络访问: 将 Everyone 权限应用于匿名用户	已禁用
网络访问: 可匿名访问的共享	没有定义
网络访问: 可匿名访问的命名管道	

返回“本地安全策略”窗口，可看见“网络访问：不允许 SAM 账户的匿名枚举”策略已经成功启用。

3. 修改注册表禁止共享

在 Windows 注册表中，与 IPC$ 相关的键值项有 restrictanonymous 和 AutoshareServer（AutoShareWks），用户可以通过调整这些键值项的值来禁止 IPC$ 共享。

STEP01：单击“运行”命令

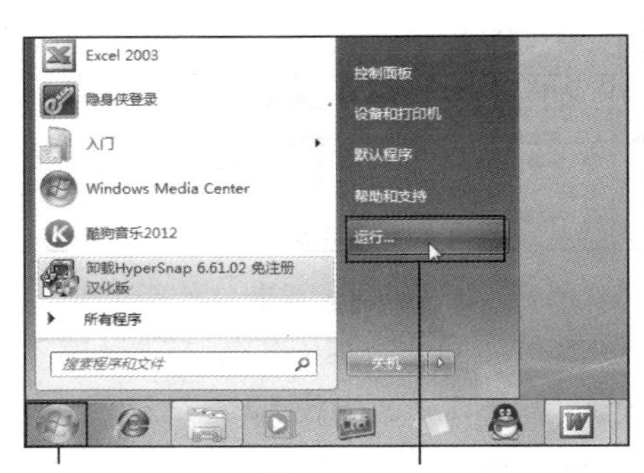

01 单击“开始”按钮。

02 在弹出的“开始”菜单中单击“运行”命令。

STEP02：输入 regedit 命令

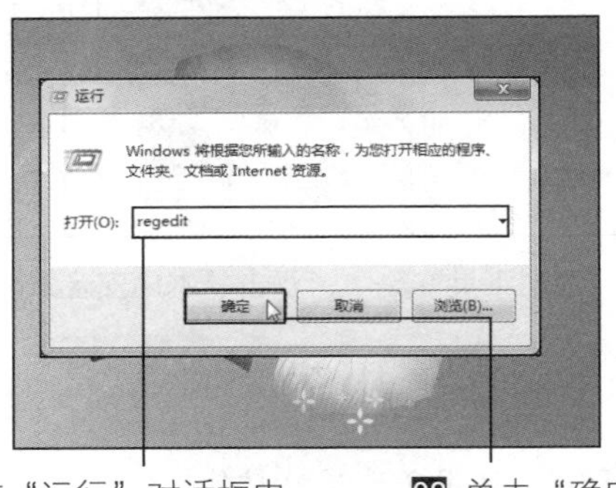

01 在“运行”对话框中输入 regedit 命令。

02 单击“确定”按钮。

STEP03：双击 restrictanonymous 选项

01 展开 HKLM\SYSTEM\CurrentControlSet\Control\Lsa 选项。

02 双击 restrictanonymous 选项。

STEP04：设置数值数据为 1

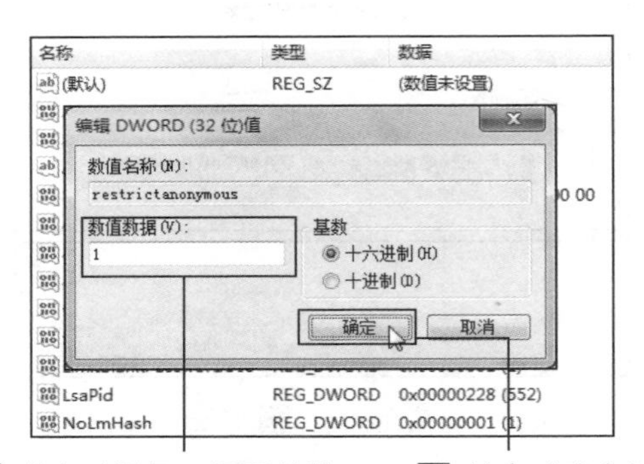

01 弹出对话框，设置其数值数据为 1。

02 单击“确定”按钮。

STEP05：双击 AutoshareServer 选项

01 展开 HKLM\\SYSTEM\CurrentControlSet\Services\LanmanServer\Parameter 选项。

02 在窗口右侧双击 AutoshareServer 选项。

STEP06：设置数值数据为 0

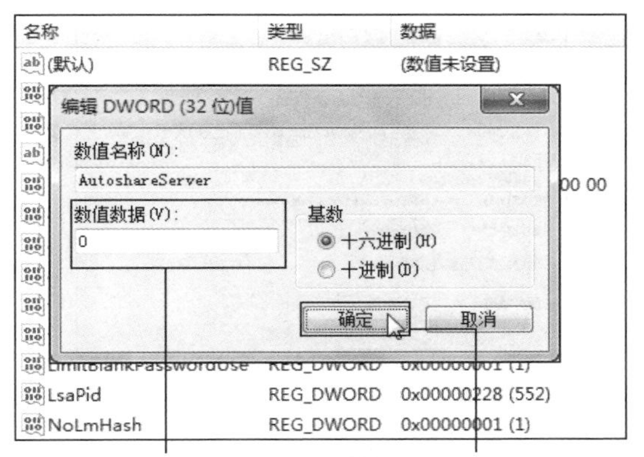

01 弹出对话框，设置其数值数据为 0。

02 单击“确定”按钮。

STEP07：设置 AutoshareWks 数值数据

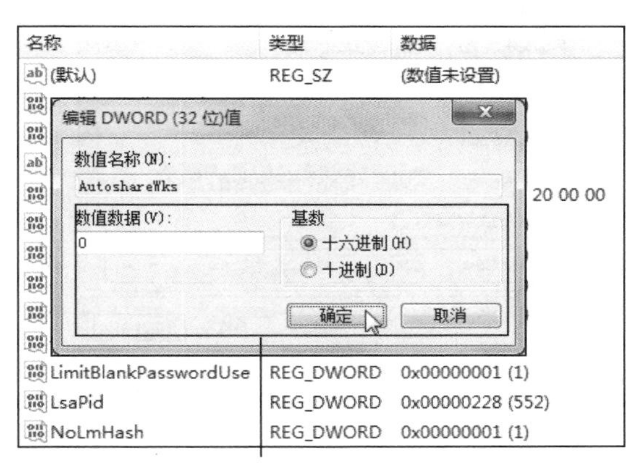

如果是客户机则双击 AutoShareWks 键值项，设置其数值数据为 0，单击“确定”按钮保存并退出。

10.5.2 防范注册表和 Telnet 远程入侵

在 Windows 系统中，为了防范注册表和 Telnet 远程入侵，用户需要关闭远程注册表编辑服务以及 Telnet 服务端和客户端，这样才能避免自己的计算机被他人实现远程入侵或者远程监控。

1. 防范注册表入侵

基于注册表入侵是黑客通过开启目标计算机中的远程注册表服务（Remote Registry）来实现的，该服务能够让黑客远程查看和编辑目标计算机中的注册表信息。因此为了防范注册表入侵，用户需要将该服务禁用。

STEP01：双击“服务”选项

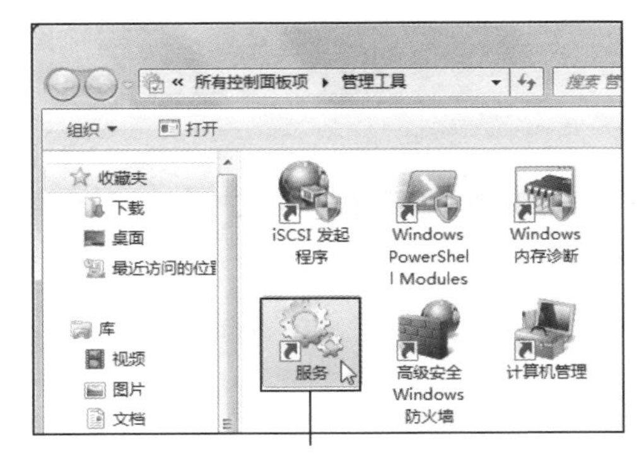

按照 10.5.1 节第 2 点介绍的方法打开“管理工具”窗口，在窗口中双击“服务”选项。

STEP02：双击 Remote Registry 选项

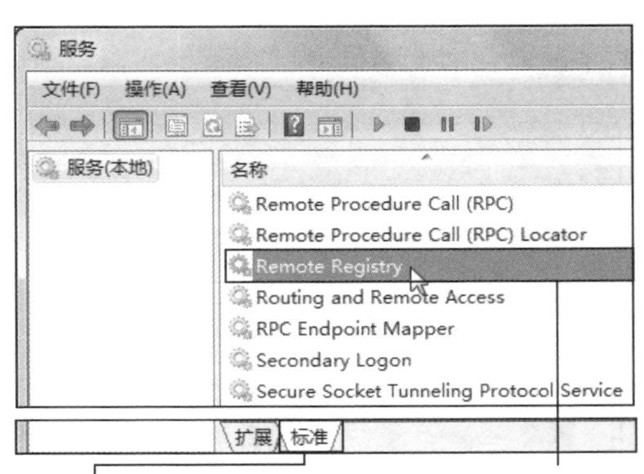

01 打开“服务”窗口，在底部单击“标准”选项。

02 在右侧双击 Remote Registry 选项。

STEP03：设置启动类型为禁用

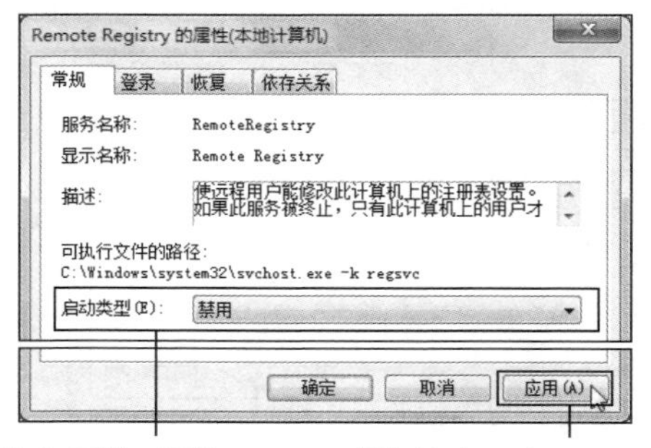

01 弹出属性对话框，设置启动类型为禁用。

02 单击“应用”按钮。

STEP04：停止 Remote Registry 服务

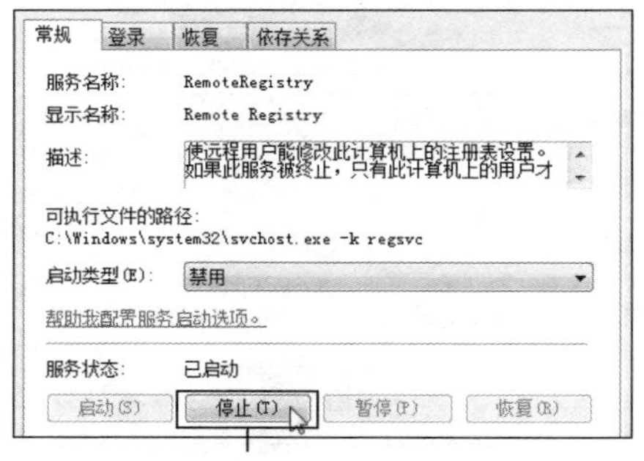

在“服务状态”下方单击“停止”按钮，停止 Remote Registry 服务。

STEP05：正在停止所选服务

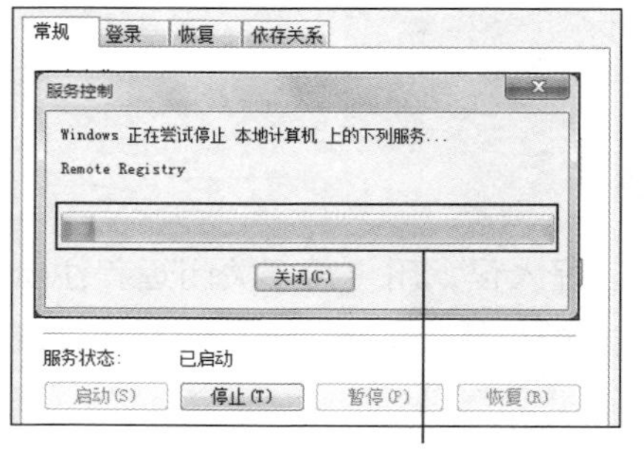

弹出对话框，提示用户正在停止 Remote Registry 服务，耐心等待。

STEP06：保存退出

返回属性对话框，单击“确定”按钮，保存并退出。

2. 防范Telnet入侵

基于 Telnet 入侵是通过启用 Telnet 服务来实现的，为了防范 Telnet 入侵，用户可以选择关闭 Telnet 功能。

STEP01：选择卸载程序

01 打开“控制面板”窗口，在右上角设置查看方式为“类别”。

02 设置后在界面底部单击“卸载程序”链接。

STEP02：选择打开或关闭 Windows 功能

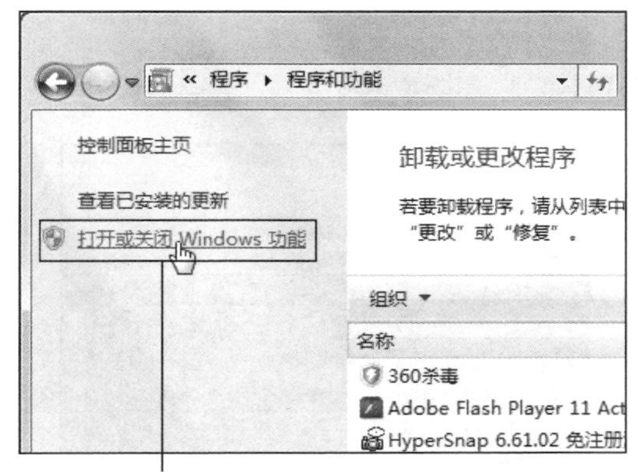

打开"程序和功能"窗口，在左侧单击"打开或关闭 Windows 功能"链接。

STEP03：关闭 Telnet 服务器和客户端

01 取消勾选"Telnet 服务器"和"Telnet 客户端"复选框。

02 单击"确定"按钮。

STEP04：正在更改功能

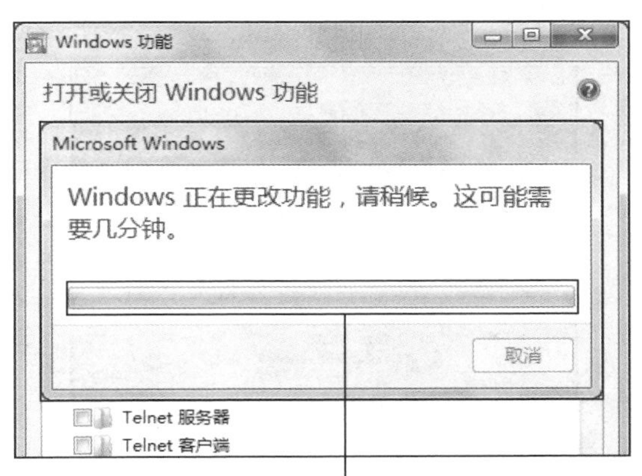

弹出对话框，提示用户 Windows 正在更改功能，耐心等待。

STEP05：成功关闭 Telnet 功能

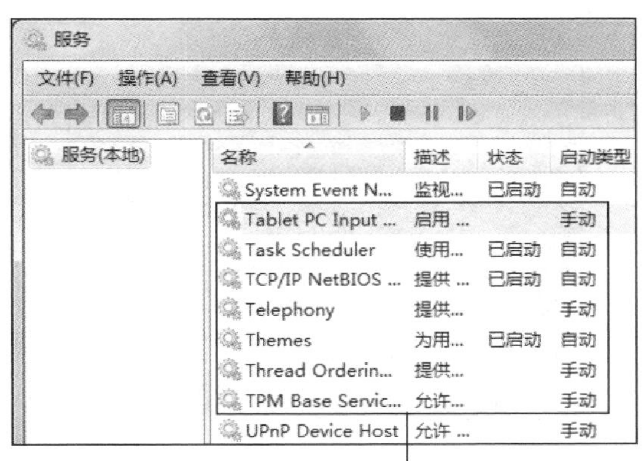

打开"服务"窗口，可发现并未显示 Telnet 选项，即成功关闭 Telnet 功能。

10.6 其他常见的远程控制方式

远程控制并不全是远程入侵和远程监控，它也包括 QQ 远程协助、Windows 远程协助之类的远程控制，这类远程控制是在控制双方同意的情况下实现的远程控制，它并不属于远程入侵或者远程监控。

10.6.1 QQ 远程协助

QQ 远程协助是腾讯 QQ 推出的一项便于用户远程协助，以帮助好友处理计算机问题的功能。该功能既可以让QQ好友查看自己的计算机桌面，又可以让QQ好友远程控制自己的计算机桌面，一切都由自己决定。

STEP01：选择接收远程协助邀请

当QQ好友发送远程协助邀请后，在桌面右下角单击“接受”选项。

STEP02：选择显示质量

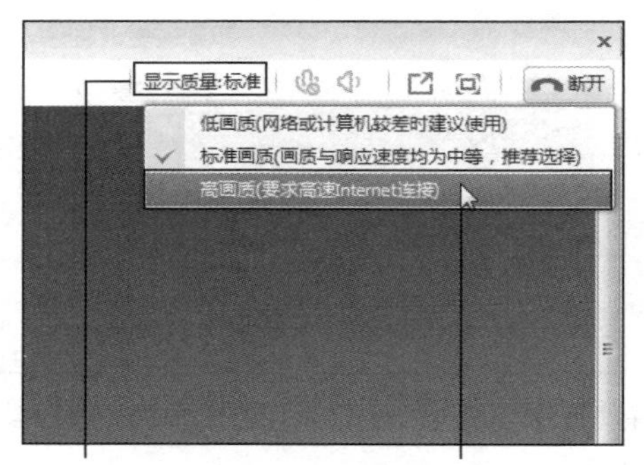

01 单击“显示质量”选项。

02 在展开的下拉列表中选择“高画质”。

STEP03：设置远程控制窗口浮动

在窗口右上角单击“窗口浮动”按钮，设置远程控制窗口呈浮动状态。

STEP04：远程控制目标计算机

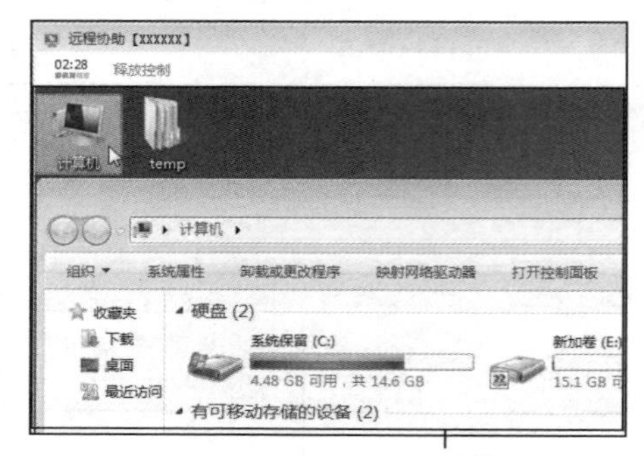

在窗口中双击“计算机”图标，便可打开目标计算机中的“计算机”窗口。

STEP05：选择释放控制

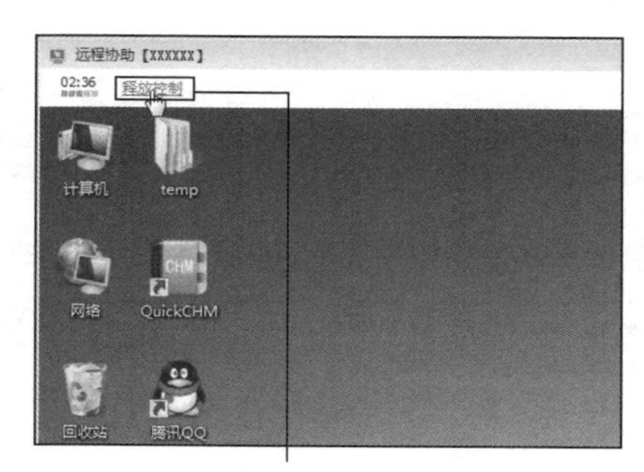

若要取消对目标计算机的远程控制，则在左上角单击“释放控制”链接。

STEP06：查看目标计算机的桌面

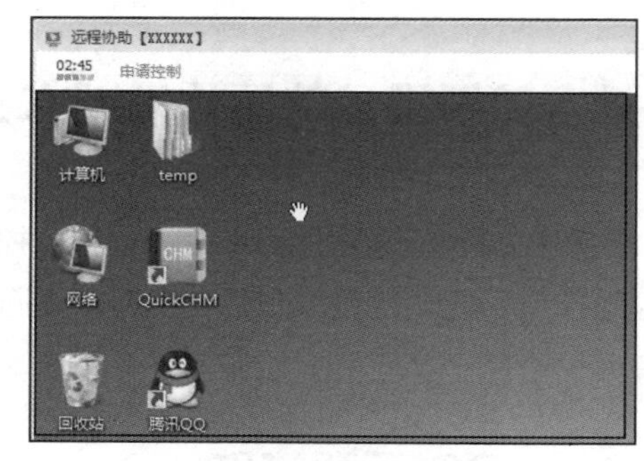

此时用户只能查看目标计算机的桌面内容，无法实现远程控制。

提示：用户利用组合键取消远程控制

除了按照STEP05介绍的方法释放对目标计算机的控制之外，发送远程协助请求的用户也可以主动释放，一旦发送邀请的用户按【Shift+Esc】组合键，则会释放QQ好友对自己计算机的远程控制。

STEP07：断开与目标计算机的远程连接

若要断开与目标计算机的远程连接，则在窗口右上角单击“断开”按钮。

STEP08：成功断开远程链接

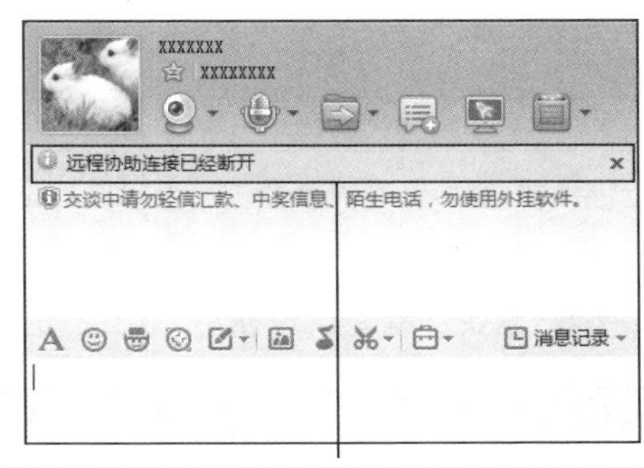

断开后在聊天窗口中可看见“远程协助连接已经断开”的提示信息。

10.6.2 Windows远程协助

Windows远程协助是一种能够连接到远程计算机或者接受远程计算机的协助邀请，从而实现远程控制的方法。若要使用Windows远程协助，则首先需要在自己的计算机中启用Windows远程协助功能，然后再通过Windows远程协助帮助对方或者接受对方的帮助。

1. 启用Windows远程协助

默认情况下，Windows 7系统关闭了Windows远程协助功能，即不允许其他计算机连接此计算机。若要使用Windows远程协助，则必须开启该功能，设置允许其他计算机连接此计算机，设置的具体操作如下。

STEP01：单击“属性”命令

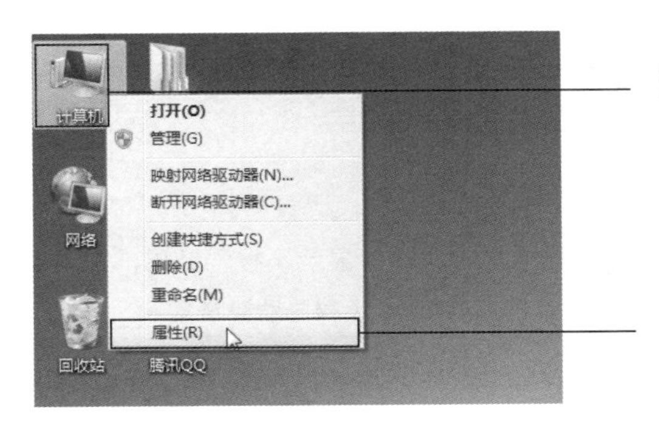

01 右击桌面上的“计算机”图标。

02 在弹出的快捷菜单中单击“属性”命令。

STEP02：单击“远程设置”链接

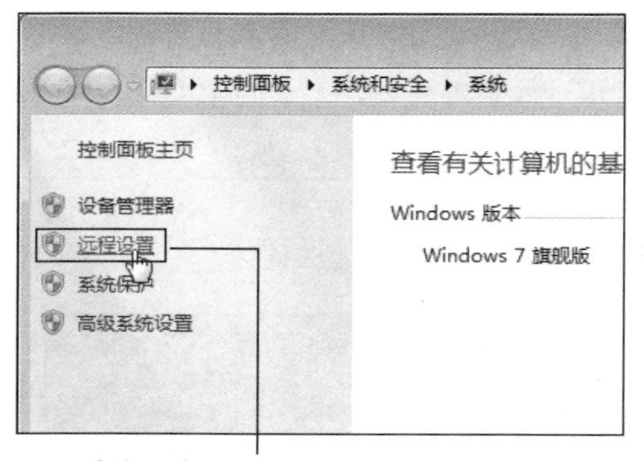

打开“系统”窗口，在界面左侧单击“远程设置”链接。

STEP03：选择允许特定的计算机连接

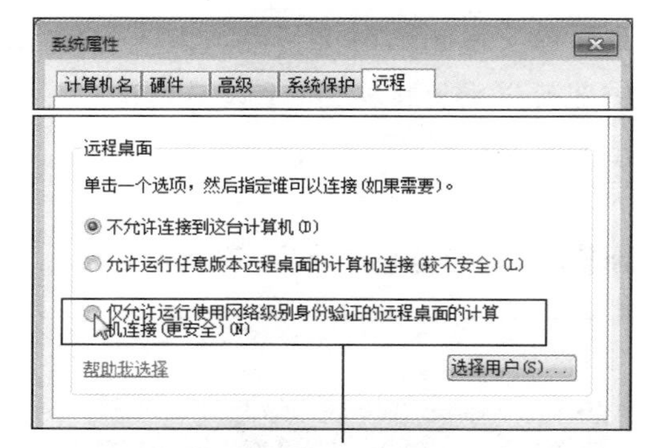

弹出对话框，单击选中“仅允许运行使用网络级别……”单选按钮。

STEP04：单击“确定”按钮

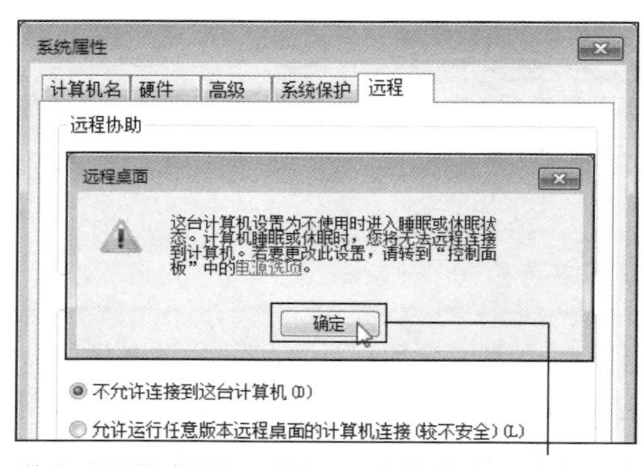

弹出“远程桌面”对话框，直接单击“确定”按钮。

STEP05：保存退出

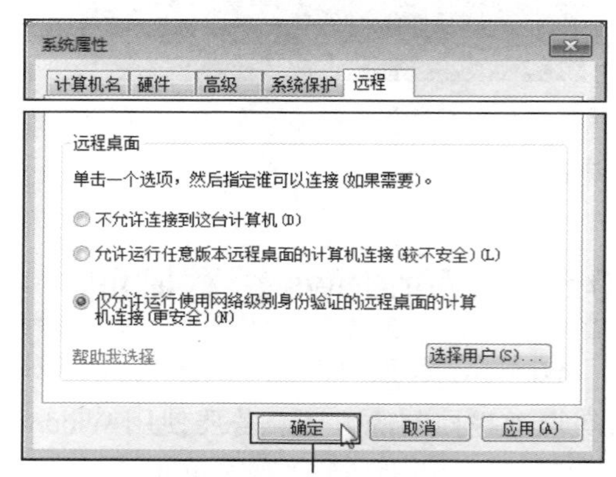

返回“系统属性”对话框，单击“确定”按钮保存并退出。

2. 使用Windows远程协助实现远程控制

开启 Windows 远程协助功能后，用户便可以接受利用 Windows 远程协助实现对目标计算机的远程控制。

STEP01：选择 Windows 远程协助

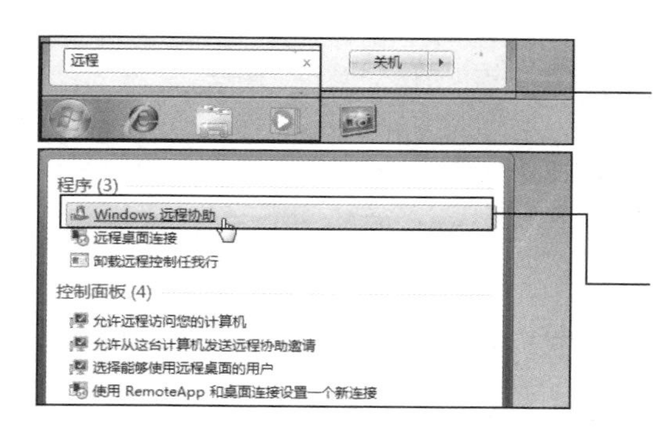

01 单击“开始”按钮，在弹出的“开始”菜单底部搜索栏中输入关键字，例如输入“远程”。

02 输完后在菜单中显示了搜索结果，在“程序”下方单击“Windows 远程协助”链接。

STEP02：选择帮助邀请人

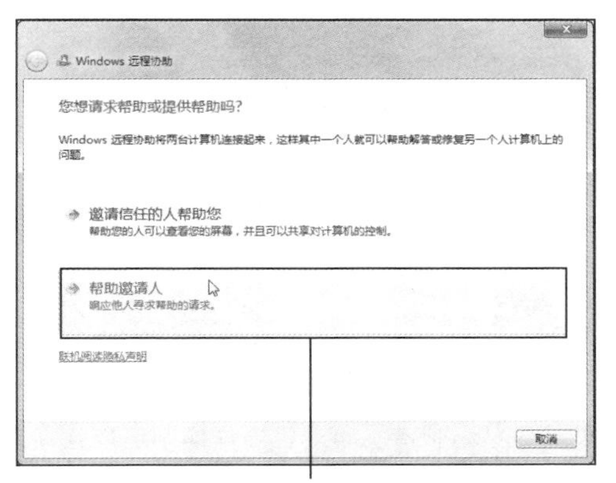

弹出“Windows远程协助”对话框，单击“帮助邀请人”按钮。

STEP03：选择使用轻松连接

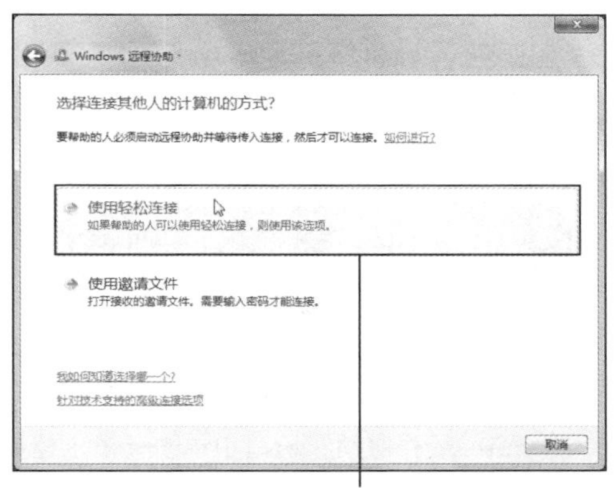

切换至新的界面，在界面中单击“使用轻松连接”按钮。

STEP04：输入轻松连接密码

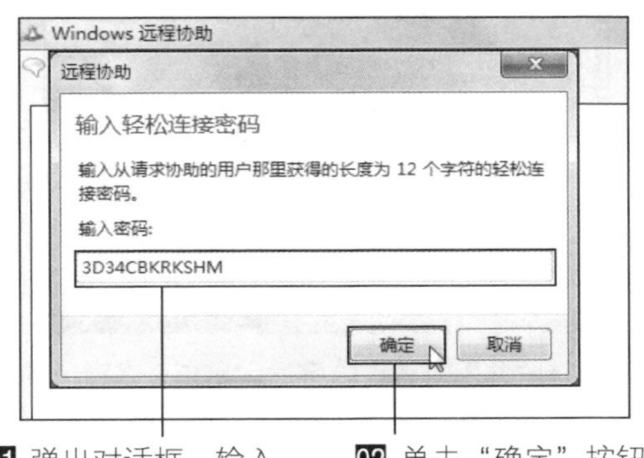

01 弹出对话框，输入轻松连接密码。

02 单击“确定”按钮。

STEP05：查看实际大小的桌面

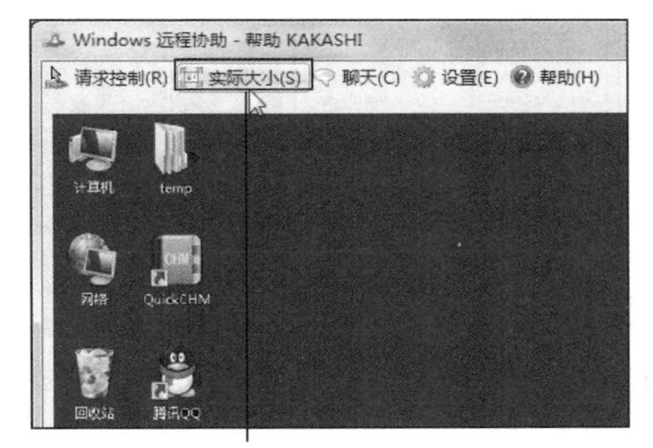

此时可看见目标计算机的桌面，在顶部单击“实际大小”按钮。

提示：获取轻松连接密码

如果用户是Windows远程协助的主控端，则需要被控端设置轻松连接密码。其具体操作为：打开“Windows远程协助”窗口，❶在界面中单击“邀请信任的人帮助您”按钮，切换至新的界面，❷单击“使用轻松连接”按钮，便可获取轻松连接密码。

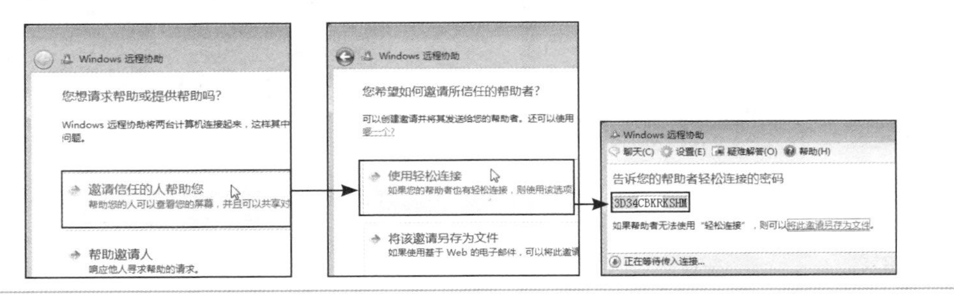

STEP06：选择发送请求控制

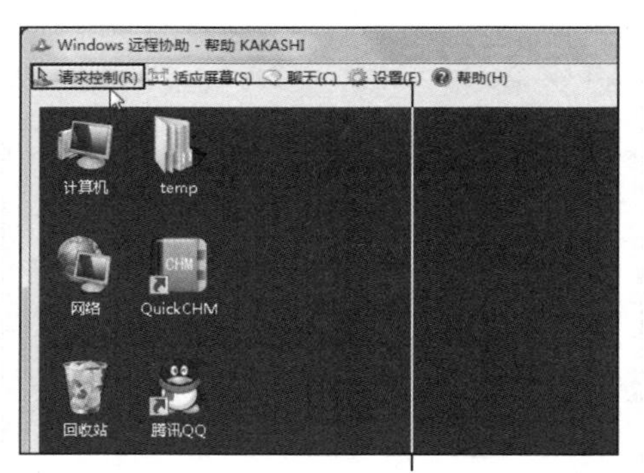

在“Windows远程协助”窗口中单击“请求控制”按钮。

STEP07：远程控制目标计算机

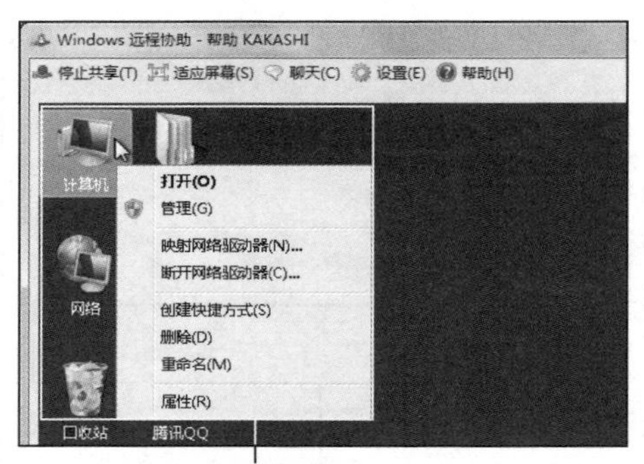

待对方同意控制请求后便可远程控制目标计算机，例如右击“计算机”图标，便可弹出对应的快捷菜单。

STEP08：向好友发送聊天内容

01 单击“聊天”按钮，在左侧输入聊天内容。

02 单击“发送”按钮。

STEP09：查看好友回复的内容

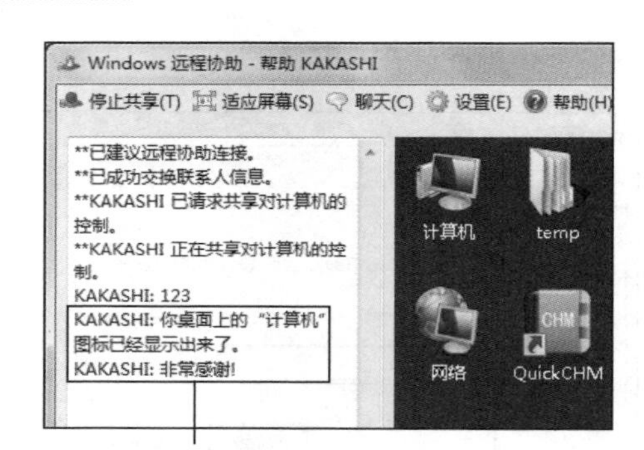

待对方接收并回复聊天内容后，用户可在窗口左侧看见回复的聊天内容。

STEP10：Windows 远程协助设置

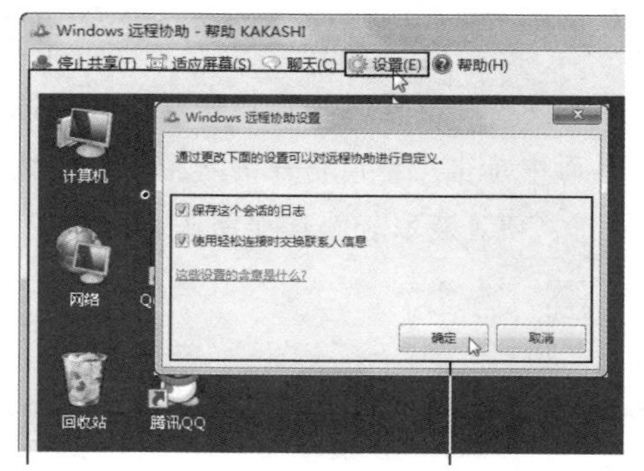

01 在“Windows远程协助”窗口顶部单击“设置”按钮。

02 选择保存会话日志，然后单击“确定”按钮。

STEP11：断开 Windows 远程协助

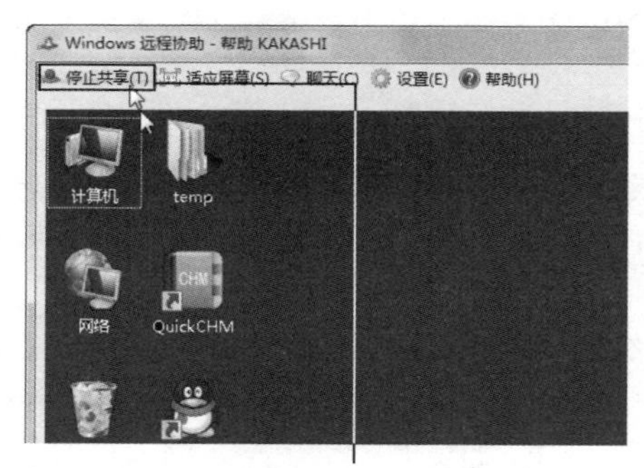

若要断开Windows远程协助，单击“停止共享”按钮，然后关闭“Windows远程协助”窗口即可。

第11章 QQ攻防

腾讯QQ是国内使用最广泛的即时通信软件之一，随着使用的人越来越多，太阳级别、6位数的QQ越来越多，这些QQ的特殊性引起了黑客的兴趣，他们分别采用不同的方法来盗取这些特殊的QQ号码或者向其发送炸弹，从而达到盗取QQ密码的目的。因此用户需要了解黑客盗取QQ密码的常用方法和提高QQ安全系数的方法。

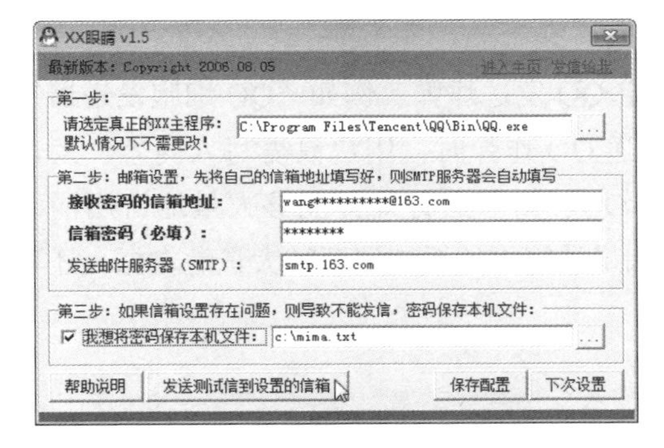

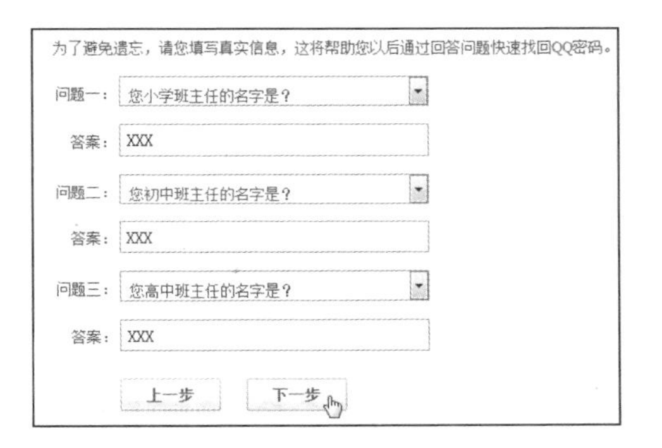

知识要点

- 向指定QQ发送炸弹
- 盗取指定QQ的密码
- 利用“QQ简单盗”盗取QQ密码
- 利用“风云QQ尾巴生成器”发送炸弹
- 定期修改QQ密码
- 申请QQ密保

11.1 攻击 QQ 常用的方式

在 Internet 中，攻击 QQ 的常用方式主要有两种：第一种是向指定 QQ 发送炸弹，从而导致目标 QQ 直接掉线；第二种是盗取指定 QQ 的密码，从而获取该 QQ 账号。

11.1.1 向指定 QQ 发送炸弹

向指定 QQ 发送炸弹是指向指定 QQ 发送大量的垃圾信息，突破对方 QQ 的信息接收能力。向指定 QQ 发送炸弹的方法主要有两种 ：第一种是在新建文本文档中随便输入一些文本内容，然后将其保存在空文件夹中，不断地进行全选、复制、粘贴操作，当复制的文件成百上千时，将其一次性发送给指定 QQ，一旦对方接收后，指定 QQ 便会因为接收的文件过多而掉线。

第二种是利用专业的 QQ 炸弹发送软件向指定 QQ 发送炸弹。例如"QQ 细胞发送器"就是一款专业的 QQ 炸弹发送软件。使用该软件发送 QQ 炸弹时，用户只需写入内容、发送数目，发送后 QQ 炸弹就会连绵不绝地发送到指定 QQ。由于这种炸弹能够大量地占用网络带宽，阻塞网络，从而导致用户的上网速度变慢。如果计算机的系统资源被大量地占据，还可能会导致计算机死机。

11.1.2 盗取指定 QQ 的密码

向指定 QQ 发送炸弹可以说是一种恶作剧，而盗取指定 QQ 的密码则是有心而为之。盗取指定 QQ 的密码后，黑客就能够登录该 QQ 号码，并修改登录密码（如果未申请 QQ 密保，黑客可以直接修改 QQ 密码），从而拥有该 QQ 号码。盗取指定 QQ 密码的常用方法有 3 种 ：第一种是暴力破解；第二种是专业的破解工具；第三种是木马程序。

1. 暴力破解

暴力破解是指对已知的 QQ 账号密码进行大范围的测试，通过猜测其 QQ 密码的组成元素（字母、数字或下划线）以及位数来破解目标 QQ 的密码。该种破解方式适合密码设置较为简单（密码位数小于 4 位，且密码的组成元素单一）的 QQ 账户。

2. 专业的盗取工具

Internet 中提供了"QQ 简单盗"、"QQ 眼睛"等大量盗取 QQ 密码的工具（11.2 节将对这些软件的使用进行详细介绍），这些工具分别提供了各种不同的盗号方法。例如"QQ 眼睛"就是一种通过替换目标计算机中 QQ 快捷图标来实现盗取 QQ 密码的软件。

3. 木马程序

使用木马程序是指想尽一切办法让目标 QQ 用户运行自己制作的木马程序，通过木马程序来获取目标计算机中的 QQ 密码，从而达到盗取 QQ 密码的目的。一旦木马程序在目标计算机中搜索到 QQ 密码，便可将其发送到指定的电子邮箱中。

11.2 黑客盗取 QQ 密码的常用工具

在 Internet 中，黑客提供了不少的专业盗号工具，这些工具虽然功能比较单一，但是一些计算机新手却常常会掉入这些盗号工具制作的陷阱中，从而丢失 QQ 账号。本节就来介绍常用盗号工具的使用方法。

11.2.1 QQ 简单盗

“QQ 简单盗”是一款十分容易使用的盗号工具，它采用了进程插入技术，使得软件本身不会在系统中产生进程，并且也无注册表启动项，从而增加了软件的自我保护功能。下面介绍“QQ 简单盗”的使用方法。

STEP01：以管理员身份运行“QQ 简单盗”

01 右击“QQ 简单盗”快捷图标。

02 在弹出的快捷菜单中单击“以管理员身份运行”命令。

STEP02：设置收 / 发信邮箱

01 在程序主界面中设置收 / 发信邮箱和发信箱密码。

02 设置后单击“测试发信”按钮。

STEP03：查看是否收到测试信件

弹出对话框，提示用户查看邮箱是否收到测试信件。单击 OK 按钮，打开收信邮箱，然后查看是否接收到测试信件。

提示：准确设置 SMTP 服务器

在 STEP02 操作中，设置的 SMTP 服务器必须与发信邮箱相对应。

STEP04：单击“选择木马图标”按钮

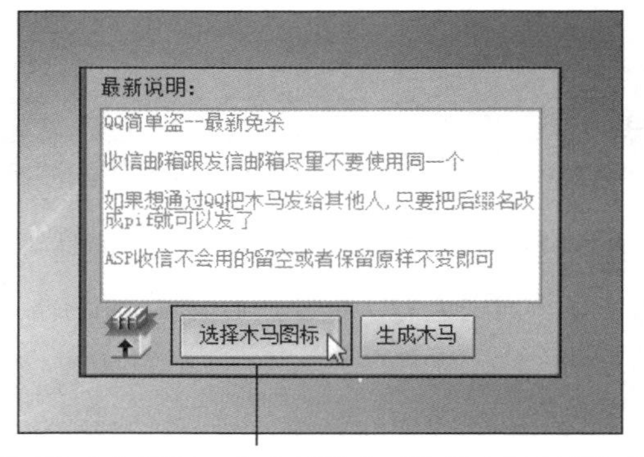

返回程序主界面，在底部单击“选择木马图标”按钮。

STEP05：选择木马程序图标

01 在“打开”对话框中选择合适的木马程序图标。

02 选中后单击“打开”按钮。

STEP06：单击“生成木马”按钮

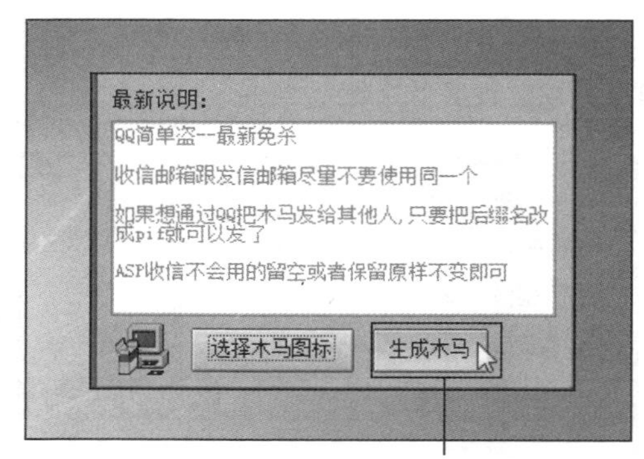

返回程序主界面，在底部单击“生成木马”按钮。

STEP07：设置保存位置和文件名

01 在“另存为”对话框中设置服务端程序的保存位置。

02 设置服务端的文件名，单击“保存”按钮。

STEP08：成功生成服务端程序

弹出对话框，提示用户木马文件生成到指定的位置，单击“确定”按钮。只要在目标计算机中运行该服务端程序，黑客就能够获取目标计算机中的QQ密码。

11.2.2 “QQ 眼睛”

“QQ 眼睛”是一种安装在本地计算机的盗号软件，当其他用户在安装有“QQ 眼睛”的计算机中登录 QQ 后，“QQ 眼睛”就会记录输入的 QQ 账号和密码，并将其发送到指定的电子邮箱中。下面介绍“QQ 眼睛”的使用方法。

STEP01：启动“QQ 眼睛”程序

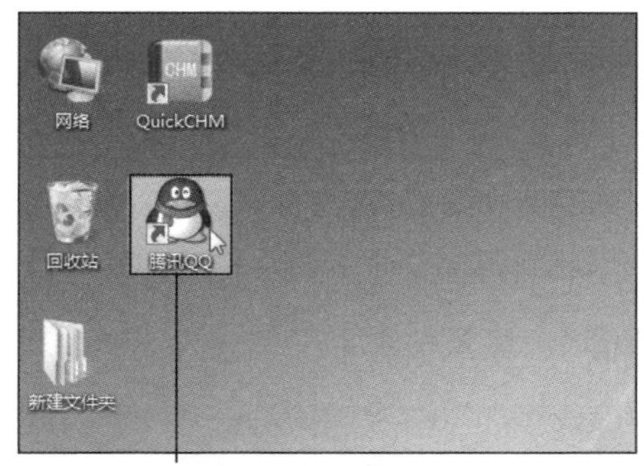

双击桌面上的“腾讯 QQ”快捷图标，启动“QQ 眼睛”程序。

STEP02：单击“确定”按钮

弹出提示框，提示用户 XX 代表 QQ，单击“确定”按钮。

STEP03：关闭打开着的 QQ 程序

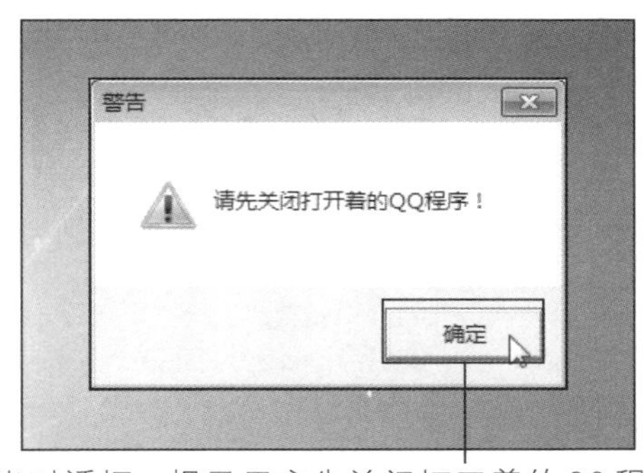

弹出对话框，提示用户先关闭打开着的 QQ 程序，单击“确定”按钮。

STEP04：单击“浏览”按钮

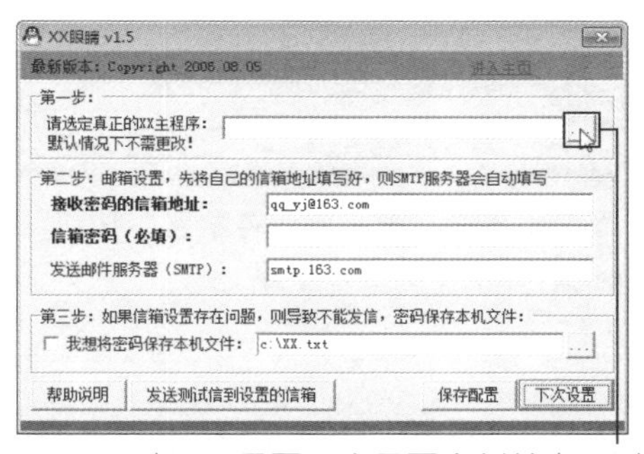

打开“QQ 眼睛”主界面，在界面右侧单击“浏览”按钮。

STEP05：选择腾讯 QQ 的安装路径

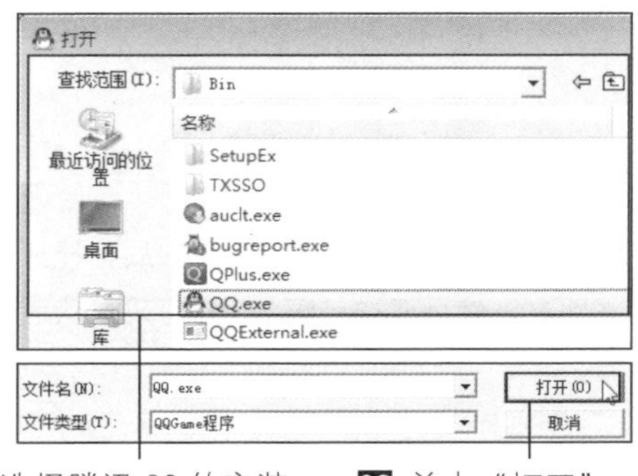

01 选择腾讯 QQ 的安装路径，选中 QQ 快捷图标。

02 单击“打开”按钮。

STEP06：设置邮箱

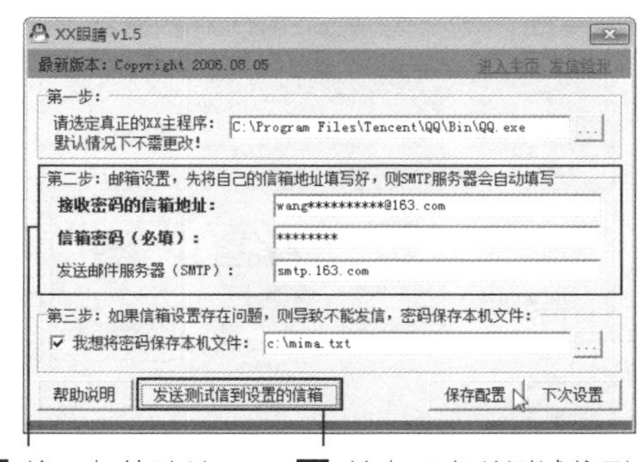

01 输入邮箱地址和密码。

02 单击“发送测试信到设置的信箱”按钮。

STEP07：提示测试信发送成功

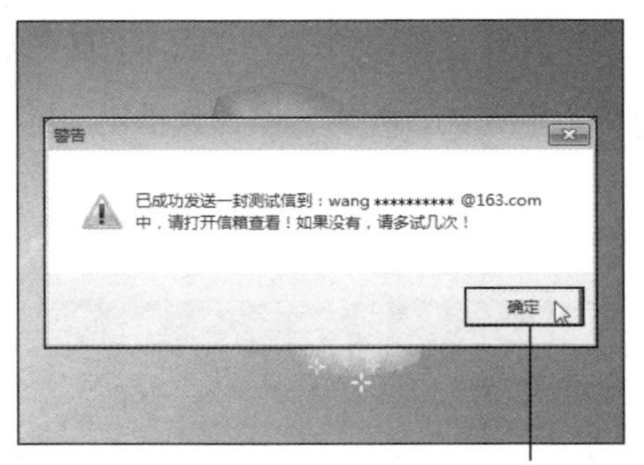

弹出对话框，提示用户测试信发送成功，单击“确定”按钮。

STEP08：查看发送的测试信

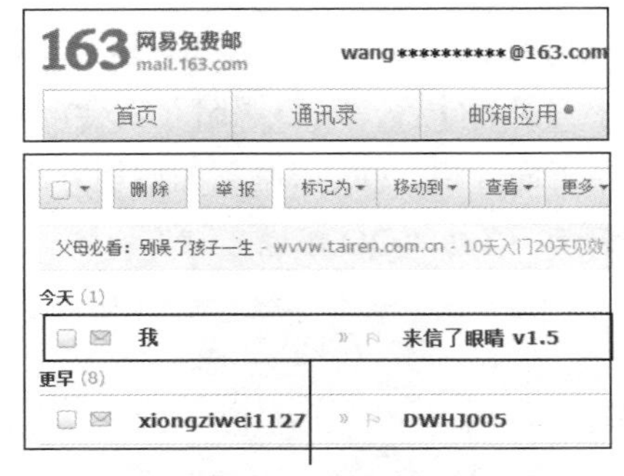

打开STEP06中输入的电子邮箱，便可查看“QQ眼睛”发送的测试信。

STEP09：单击“保存配置”按钮

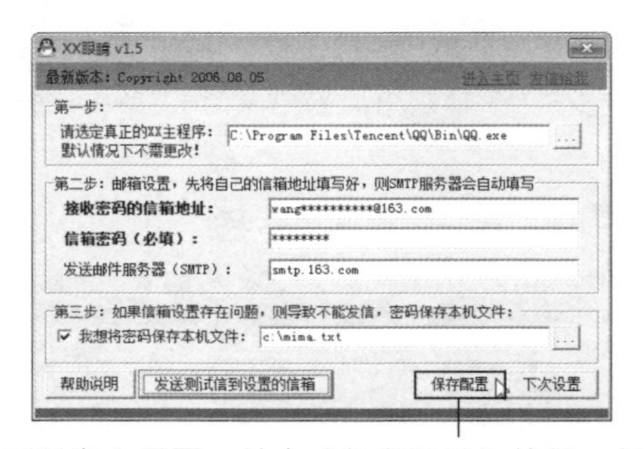

返回程序主界面，单击“保存配置”按钮，保存STEP01 ~ STEP08的所有配置。

STEP10：配置成功

弹出对话框，提示用户配置成功，单击“确定”按钮即可。

11.2.3 阿拉QQ密码潜伏者

“阿拉QQ密码潜伏者”是一款QQ盗密码软件，该软件可以生成服务端程序，目标计算机用户一旦运行服务端程序，它便会将密码发送到指定的邮箱，实现QQ密码的盗取。

STEP01：双击“阿拉QQ密码潜伏者”图标

下载并解压“阿拉QQ密码潜伏者”后，打开解压后的文件夹，然后双击“阿拉QQ密码潜伏者”快捷图标。

STEP02：输入收信邮箱地址

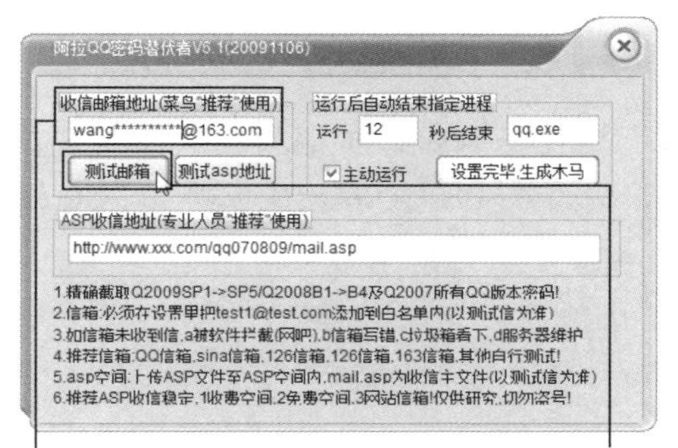

01 打开其主界面，输入收信邮箱地址。

02 单击“测试邮箱”按钮。

STEP03：成功发送测试邮件

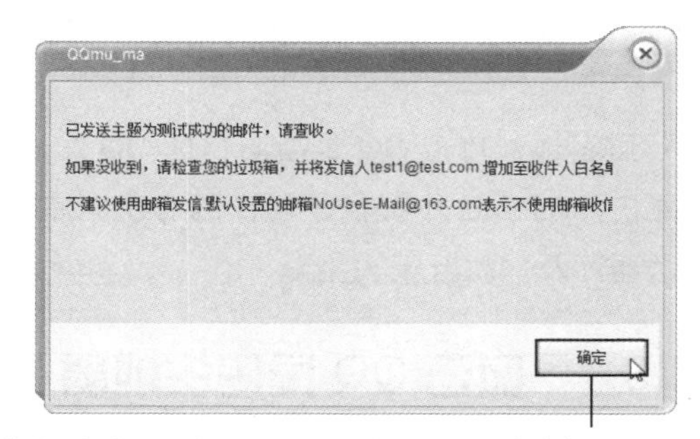

弹出对话框，提示用户已成功发送测试邮件，单击“确定”按钮。

STEP04：查看测试邮件

打开STEP02中设定的电子邮箱，便可查看“阿拉QQ密码潜伏者”发送的测试信。

STEP05：设置QQ程序的运行时间

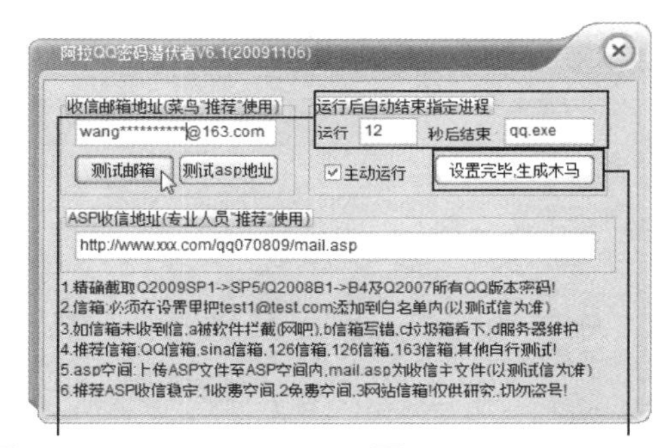

01 在主界面中设置QQ程序的运行时间。

02 设置完毕后单击“设置完毕，生成木马”按钮。

STEP06：成功生成服务端程序

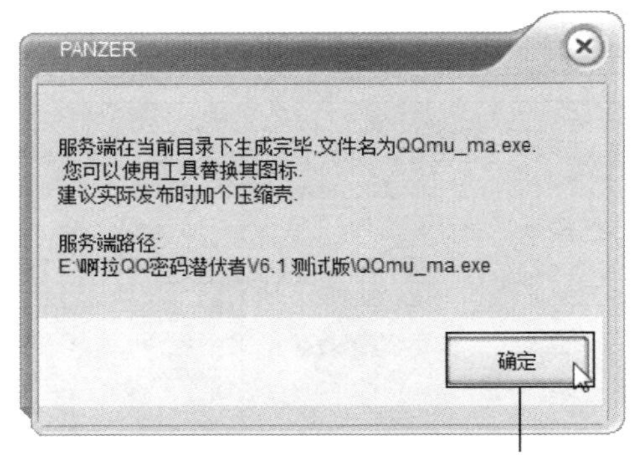

弹出对话框，提示用户服务端程序成功生成，单击“确定”按钮。

STEP07：查看生成的服务端程序

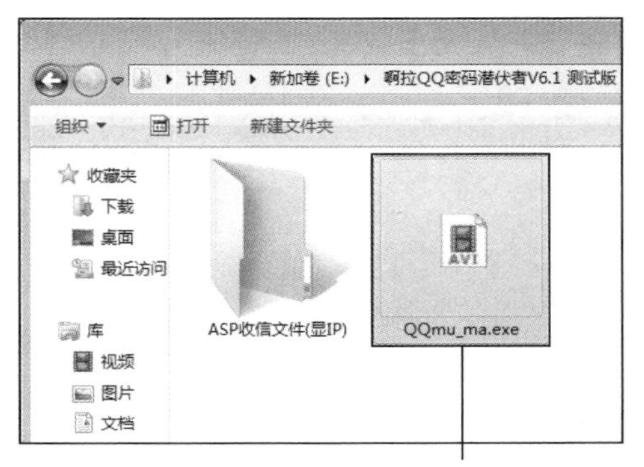

打开解压后的文件夹，便可查看生成的服务端程序。

11.3 黑客远程攻击 QQ 的常用工具

黑客远程攻击 QQ 是指向目标 QQ 发送大量的信息炸弹，使得目标 QQ 掉线或者所在计算机死机。Internet 中提供了不少的 QQ 炸弹发送工具，例如“风云 QQ 尾巴生成器”、“QQ 细胞发送器”及“飘叶千夫指”。

11.3.1 风云 QQ 尾巴生成器

“风云 QQ 尾巴生成器”能够在识别对方的 QQ 昵称后发送 QQ 尾巴，并且每个 QQ 只发送一次，这样既不会打扰对方聊天，同时又使对方信以为真，打开带有病毒木马的网页。同时该软件的进度无法利用关联启动技术杀死，即便结束掉了，它又能自动启动并恢复。下面介绍“风云 QQ 尾巴生成器”的使用方法。

STEP01：启动“风云 QQ 尾巴生成器”

下载“风云 QQ 尾巴生成器”后解压到本地计算机中，在解压后的文件夹中双击 QQwbMake 快捷图标。

STEP02：编辑尾巴内容

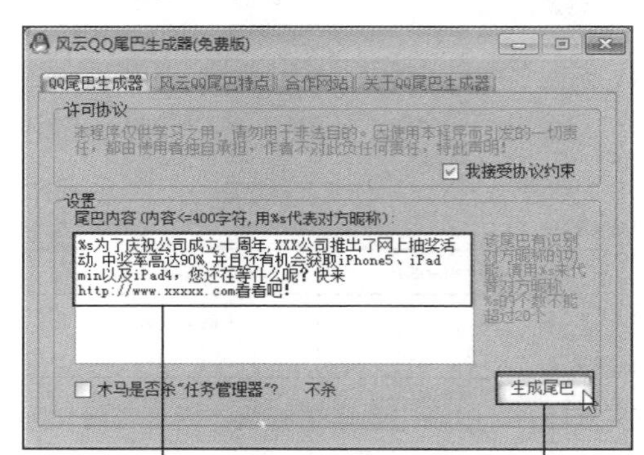

01 打开程序主界面，在“设置”组中编写尾巴内容。

02 编辑完毕后在底部单击“生成尾巴”按钮。

STEP03：成功生成尾巴

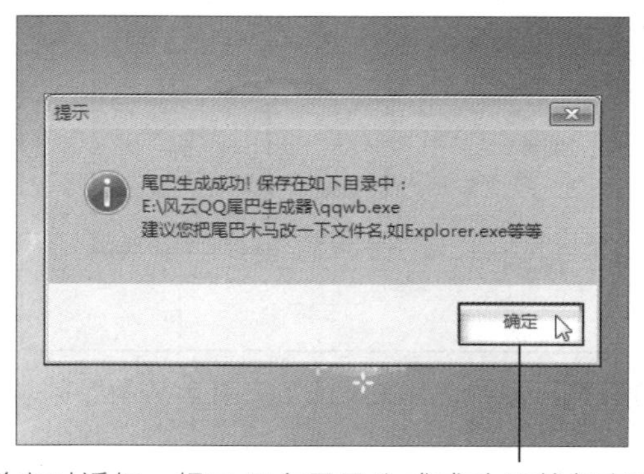

弹出对话框，提示用户尾巴生成成功及其保存路径，单击“确定”按钮。

STEP04：查看生成的尾巴

打开解压后的文件夹所在窗口，此时便可看见生成的 QQ 尾巴。将该尾巴的名称更改为 setup。

11.3.2 QQ 细胞发送器

“QQ 细胞发送器”是一款能够向目标 QQ 发送大量相同信息的软件。这些大量相同的信息就是 QQ 炸弹，它能够让被攻击者应接不暇，但前提是攻击者正在与对方进行聊天。“QQ 细胞发送器”的操作方法如下。

STEP01：启动“QQ 细胞发送器”

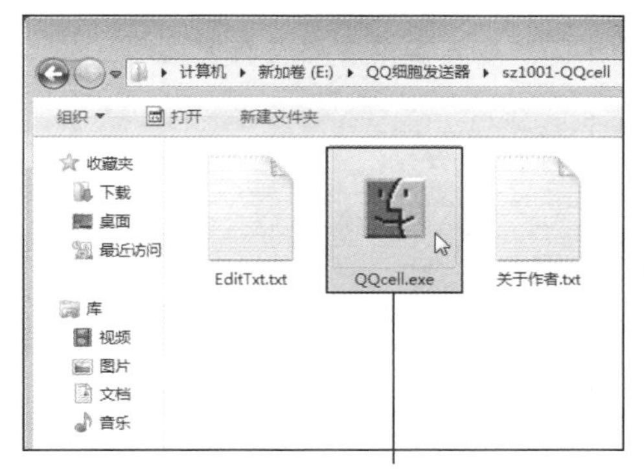

下载并解压“QQ 细胞发送器”，在解压后的文件夹中双击 QQcell 快捷图标。

STEP02：输入要发送的信息

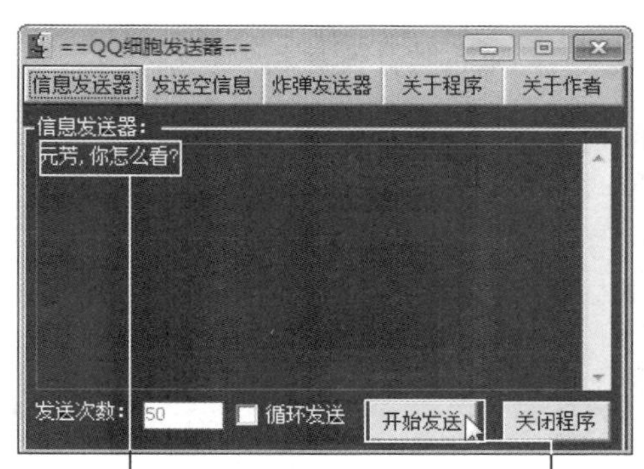

01 打开“QQ 细胞发送器”主界面，输入要发送的信息。

02 输入完毕后单击“开始发送”按钮。

STEP03：选择发送空信息

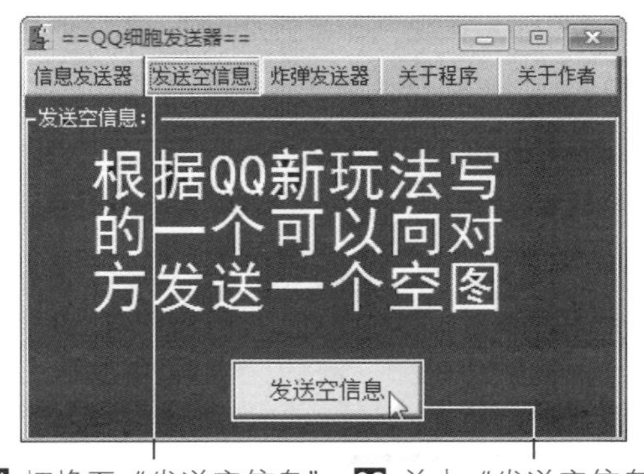

01 切换至“发送空信息”选项卡。

02 单击“发送空信息”按钮，向目标 QQ 发送空信息。

STEP04：选择发送炸弹

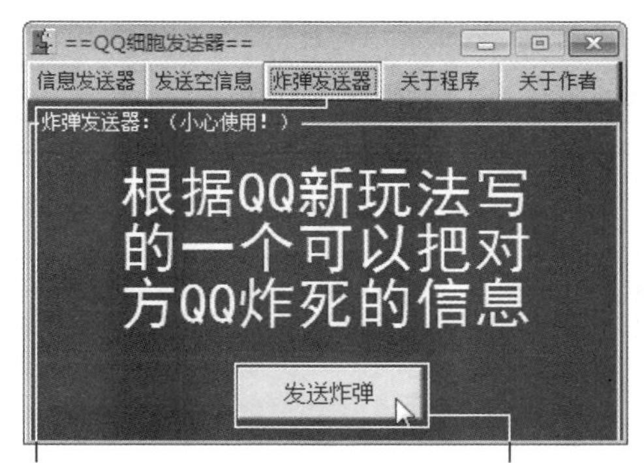

01 切换至“炸弹发送器”选项卡。

02 单击“发送炸弹”按钮，向目标 QQ 发送炸弹。

11.4 保护 QQ 密码和聊天记录

对于使用 QQ 的用户来说，QQ 密码和聊天记录是最重要的，一旦 QQ 密码丢失就可能导致失去 QQ 账号，而泄露聊天记录则可能导致一些重要的隐私信息（如银行账号、密码）被他人知道，进而造成经济损失。基于此，用户可以采用有效的措施来保护自己的 QQ 密码和聊天记录。

11.4.1 定期修改 QQ 密码

长时间使用相同的 QQ 密码很容易被他人破译，因此用户需要定期修改 QQ 密码，以免 QQ 密码被他人破译。

STEP01：单击“修改密码”命令

01 登录 QQ，在 QQ 主界面左下角单击“主菜单”按钮。

02 在弹出的菜单中单击“修改密码”命令。

STEP02：输入当前密码与新密码

01 打开密码修改界面，输入当前密码、新密码和验证码。

02 输入完毕后单击“确定”按钮。

STEP03：QQ 密码修改成功

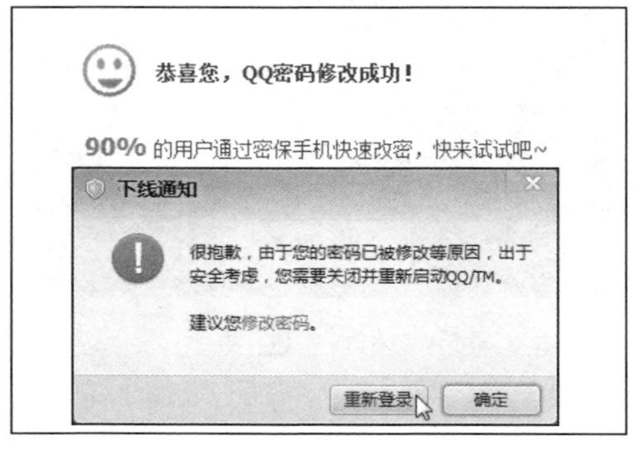

切换至新的界面，提示 QQ 密码修改成功，弹出对话框，提示用户需要重新登录 QQ。单击“重新登录”按钮。

STEP04：重新输入新密码

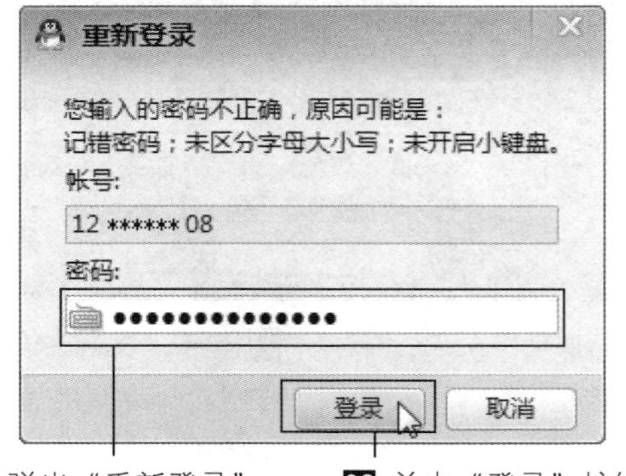

01 弹出“重新登录”对话框，输入新密码。

02 单击“登录”按钮便可重新登录当前 QQ。

11.4.2 加密聊天记录

当 QQ 聊天记录中涉及个人隐私信息（如信用卡账号、密码等）时，就需要为 QQ 聊天记录进行加密，如果没有启用加密功能，则这些隐私消息很有可能外泄，从而造成无法弥补的损失。

STEP01：选择安全设置

01 在QQ主界面左下角单击“主菜单”按钮。

02 在弹出的菜单中依次单击“系统设置”>“安全设置”命令。

STEP02：设置消息记录加密口令

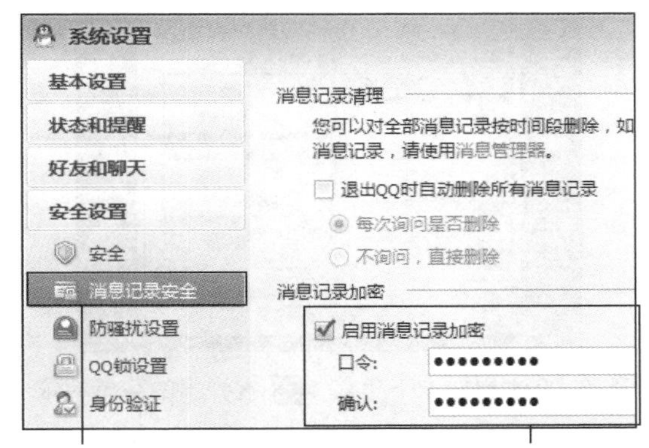

01 弹出“系统设置”对话框，单击“消息记录安全”选项。

02 启用消息记录加密并输入加密口令。

STEP03：启用加密口令

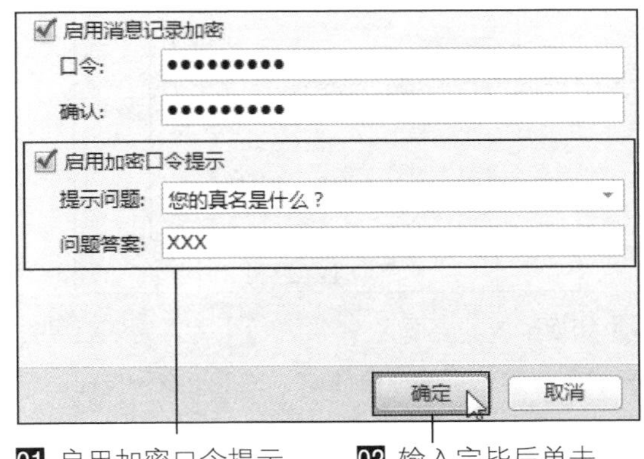

01 启用加密口令提示，选择提示问题后并输入准确的答案。

02 输入完毕后单击“确定”按钮。

STEP04：输入消息加密密码

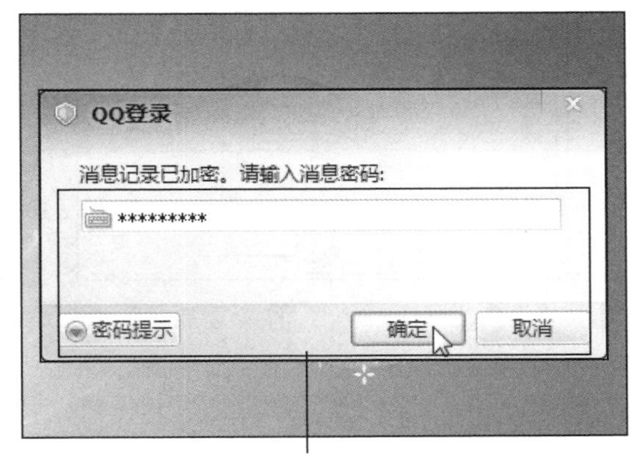

设置后QQ会自动加密消息记录，并且在以后登录QQ时要求输入消息密码。输入密码后，单击“确定”按钮即可。

11.4.3 申请QQ密保

QQ密保是腾讯公司为QQ推出的一项QQ保护功能，它包括密码保护问题、绑定手机等功能。如果用户设置了QQ密保，则当QQ被他人盗取后，用户可以利用密码保护修改登录密码，从而找回被盗的QQ账号。

STEP01：单击“申请密码保护”命令

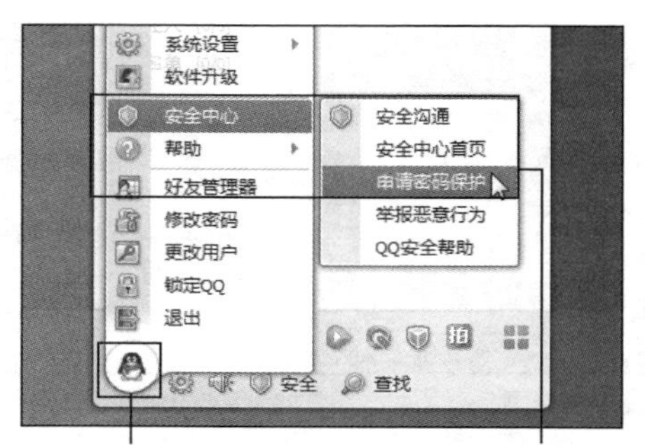

01 在QQ主界面左下角单击“主菜单”按钮。

02 在弹出的菜单中依次单击“安全中心”>“申请密码保护”命令。

STEP02：选择设置密保问题

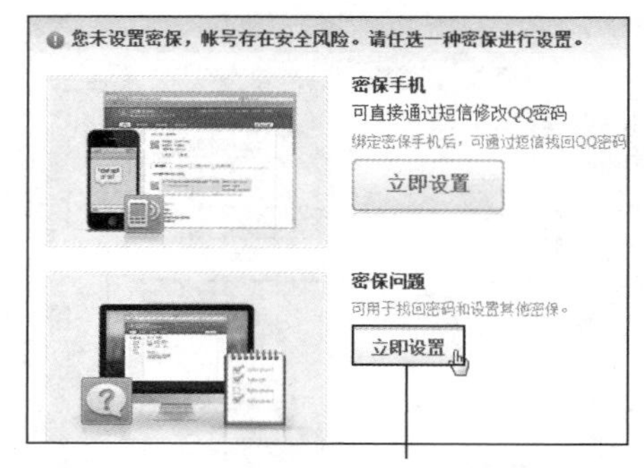

打开密码保护设置页面，在页面中选择设置的密保类型，例如，选择“密保问题”，单击“立即设置”按钮。

STEP03：设置密码保护问题

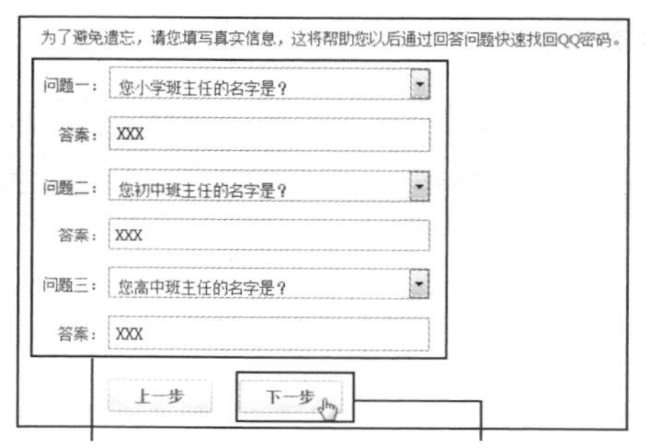

01 切换至新的界面，在界面中设置密码保护问题和答案。

02 设置完毕后单击“下一步”按钮。

STEP04：输入密码保护问题答案

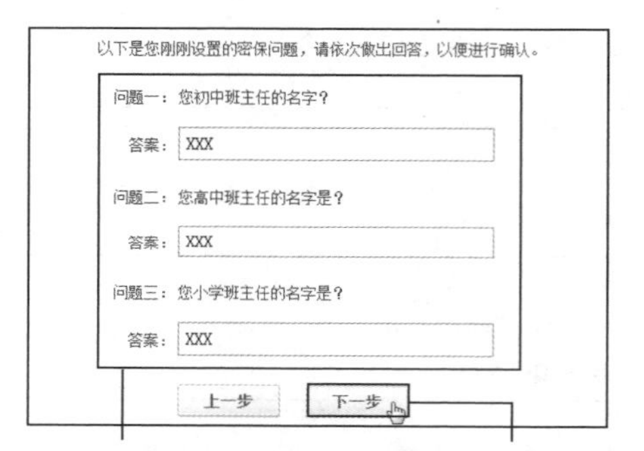

01 切换至新的界面，在界面中输入正确的密保保护问题答案。

02 输入完毕后单击“下一步”按钮。

STEP05：输入手机号码

01 切换至新的界面，在界面中输入绑定QQ号码的手机号码。

02 输入完毕后单击“下一步”按钮。

STEP06：密码保护设置成功

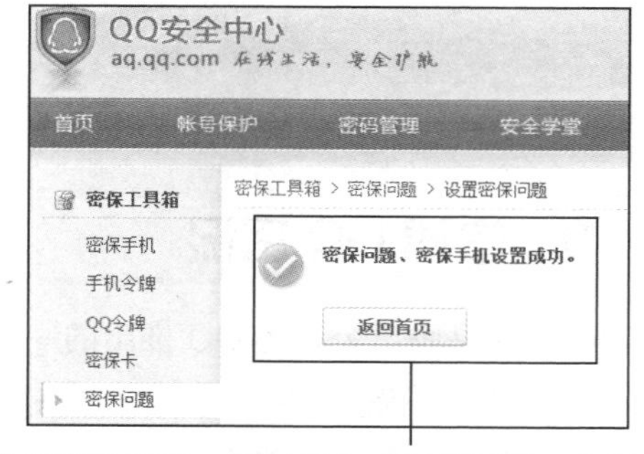

切换至新的界面，提示用户“密保问题、密保手机设置成功”。

11.4.4 利用 QQ 电脑管家保障 QQ 安全

QQ 电脑管家是由腾讯公司推出的安全类软件，该软件可以确保 QQ 账户处于一个安全系数较高的系统环境中。该软件推出了实时防护的功能，可以防御计算机病毒或木马的入侵，从而确保 QQ 账户的安全。

STEP01：启动 QQ 电脑管家

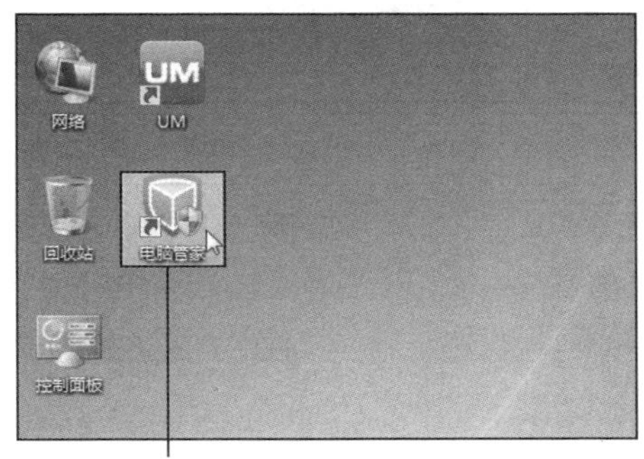

下载并安装 QQ 电脑管家软件后在桌面上双击对应的快捷图标，启动该程序。

STEP02：立即升级 QQ 电脑管家

若安装的不是最新版，会弹出提示升级对话框，单击“立即升级”按钮。

STEP03：单击“实时防护”按钮

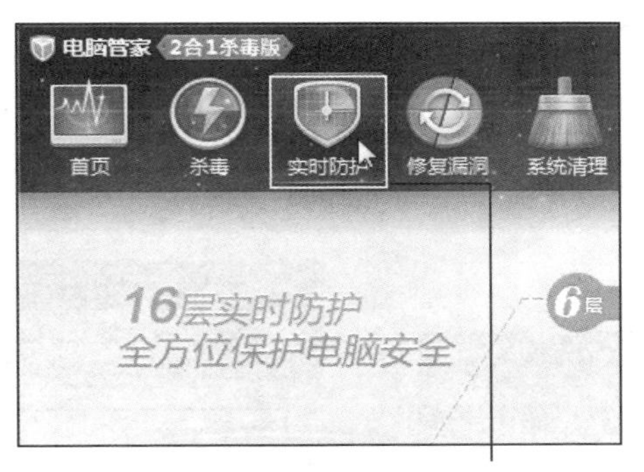

耐心等待其升级，升级完毕后在顶部单击“实时防护”按钮。

STEP04：开启实时防护

在“实时防护”界面中开启除 ARP 防护外的所有保护功能。

STEP05：单击“设置”按钮

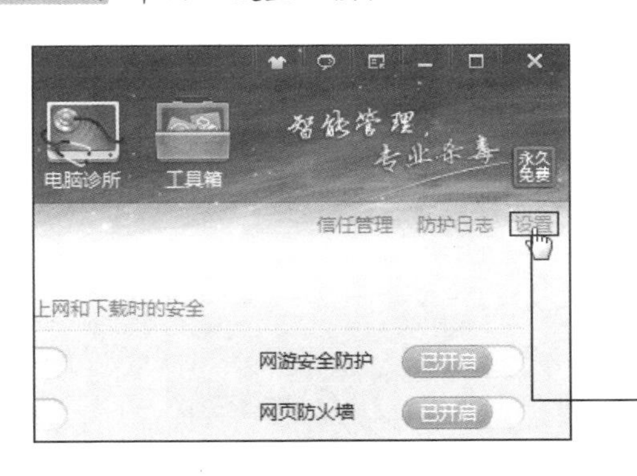

开启指定的防护功能后在界面右上角单击“设置”按钮。

提示：家用计算机无需开启 ARP 防护

ARP 防护可用来防止局域网内的恶意扫描和攻击。如果用户使用的是家用计算机，则无需开启 ARP 防护；若计算机处于局域网中，则可选择开启 ARP 防护。

STEP06：设置文件系统防护等级

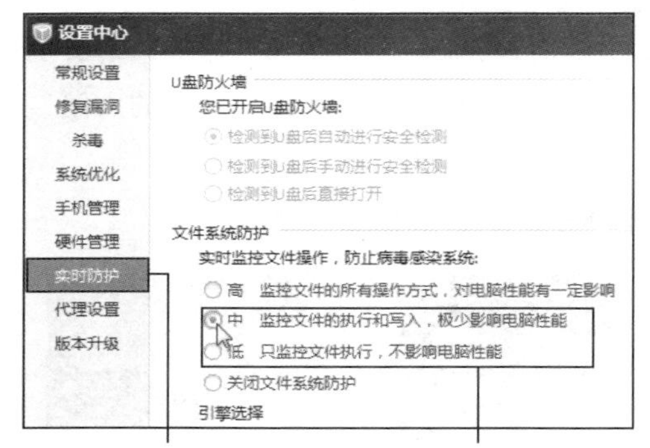

01 弹出“设置中心”对话框，在左侧单击“实时防护”选项。

02 设置文件系统防护的等级为“中”。

STEP07：设置自动更新软件版本

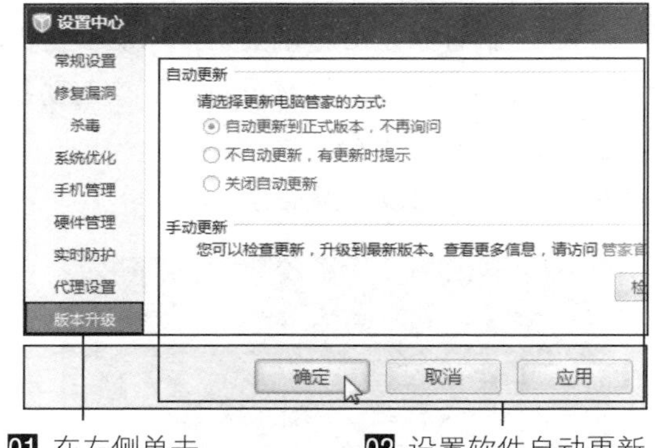

01 在左侧单击“版本升级”选项。

02 设置软件自动更新，然后单击“确定”按钮，保存并退出。

提示：利用QQ电脑管家加速QQ等级的速度

QQ电脑管家的功能与360安全卫士相差无几，但是它之所以能够受到越来越多用户的喜爱，是因为它具有加快QQ升级的速度，只要用户利用自己的QQ账户登录了QQ电脑管家，则当前QQ的升级速度将会加快。登录QQ电脑管家的具体操作为：打开QQ电脑管家主界面，在右上角单击“登录管家享特权”按钮，弹出“登录电脑管家”对话框，输入QQ账号和密码，单击“登录”按钮，登录后返回QQ电脑管家主界面，此时可看见界面显示“QQ等级加速中”提示信息。

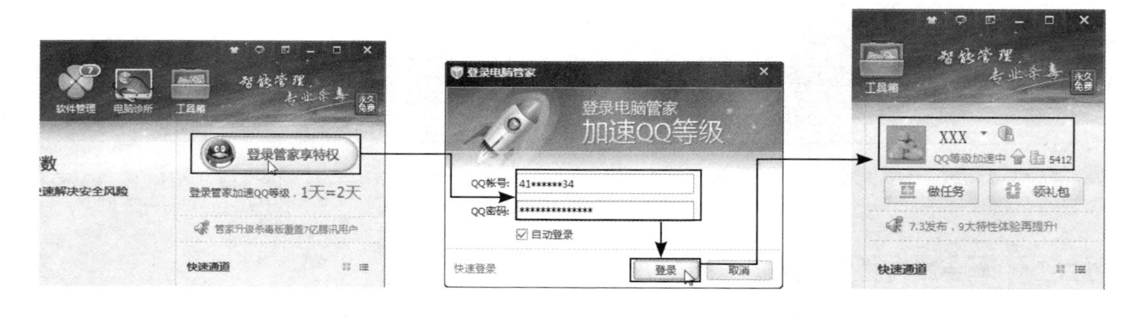

第12章 E-Mail 与 IE 浏览器攻防

在计算机中，E-Mail 是使用较为广泛的通信方式之一，而 IE 则是 Windows 操作系统自带的浏览器软件。用户使用 E-mail 可能会发送包含个人隐私信息的邮件，而使用 IE 浏览器登录网页时也可能会输入一些个人隐私信息，而这些隐私信息恰恰是黑客们的最爱，稍不小心就会被黑客知晓。本章将介绍黑客是如何攻击 E-Mail 和 IE 浏览器的，用户又该如何防御这些攻击的相关内容。

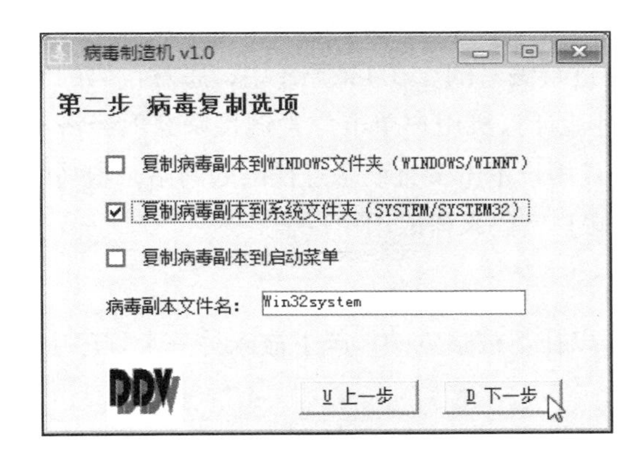

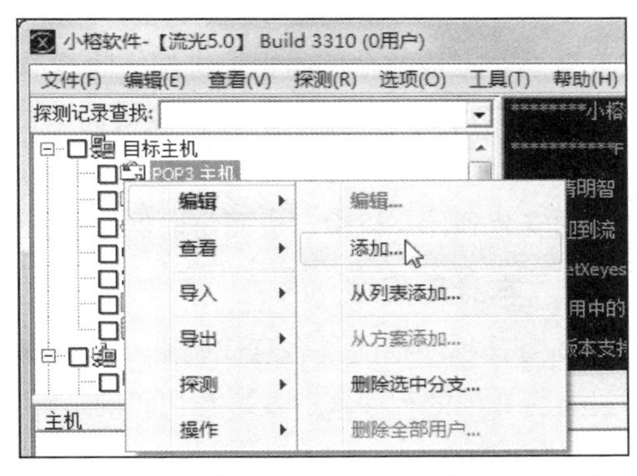

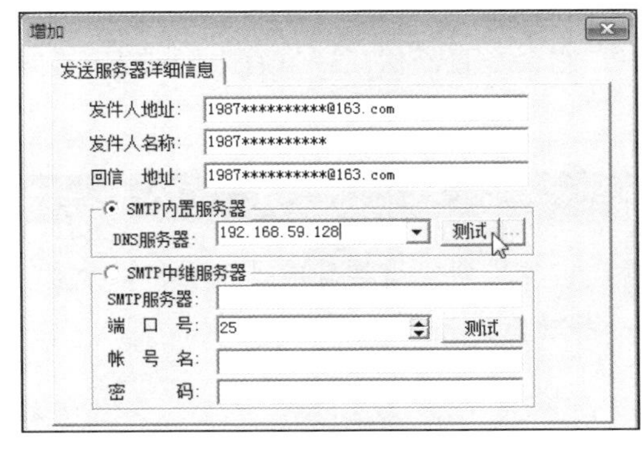

知识要点

- 认识网页恶意代码
- 使用 VBS 脚本病毒攻击 IE 浏览器
- 利用 E-Mail 邮件群发大师发送邮箱炸弹
- 使用 IE 炸弹攻击 IE 浏览器
- 使用“流光”盗取邮箱密码
- IE 浏览器与 E-mail 的防护

12.1 认识网页恶意代码

网页恶意代码又称网页病毒、网页恶意软件，它们通常隐藏在网页中。一旦用户打开含有恶意代码的网页，则该代码就会感染 IE 浏览器，导致出现浏览器地址栏文字被篡改、定时弹出 IE 窗口以及自动安装木马程序等现象。

12.1.1 网页恶意代码的特征

网页恶意代码的特征主要包括 3 个：恶意的目的，本身是程序，通过执行发生作用。下面就详细介绍网页恶意代码的这 3 个特征。

1. 恶意的目的

恶意的目的是指黑客在编写网页恶意代码时是带着恶意的目的（破坏目标计算机系统后的成就感、宣传某个产品、提供网络收费服务等）进行编写的。在 Internet 中，恶意代码的编写目的更多的是为了经济利益。较为简单的是通过让计算机用户单击广告链接来获取经济利益，较为复杂的是在恶意代码中植入木马程序，一旦用户单击带有该恶意代码的网站，木马就会自动安装到计算机中，进而窃取信用卡和网银的账户密码来盗取用户资金。

2. 本身是程序

本身是程序指的是恶意代码是一种程序，它可以在不被察觉的情况下嵌入另一个程序中，通过运行其他的程序来引发恶意代码的运行。

3. 通过执行发生作用

恶意代码与“地雷”比较相似，没有人碰它时，它会一直潜伏。一旦有人触碰它，它就会自动运行。

提示：认识非过滤性病毒

在恶意代码中，有一类被称为非过滤性病毒，这类恶意代码具有破译密码、记录私人通信、暗地接收和传递远程计算机的非授权命令等功能，其危害性不容小觑。

12.1.2 认识网页恶意代码的传播方式

网页恶意代码的传播方式主要有两种：利用软件漏洞传播和利用电子邮件传播。下面就详细介绍网页恶意代码的两种传播方式。

1. 利用软件漏洞传播

利用软件漏洞传播网页恶意代码最常见的是利用商业软件漏洞进行传播。它们完全依赖商业软件产品的缺陷和弱点，例如溢出漏洞、在不适当的环境中执行任意代码等。例如没有安装补丁的 IIS 软件就有输入缓冲区溢出方面的缺陷。利用 Web 服务缺陷的攻击代码有 Code Red、Nimda 等代码。

2. 利用电子邮件传播

利用电子邮件传播恶意代码最常见的手法是，把含有恶意代码的邮件伪装成其他恶意代码受害者的感染报警邮件，恶意代码受害者往往是 OutLook 地址簿中的用户或者缓冲区中 Web 页的用户，这样做可以最大可能地吸引受害者的注意力。一些黑客还表现出高超的心理操纵能力，LoveLetter 就是一个很好的例子。一般用户对来自陌生人的邮件附件越来越警惕，所以黑客就设计一些诱饵吸引用户的兴趣。附件的使用受到网关过滤程序的限制和阻断，所以黑客也会设法绕过网关过滤程序的检查。使用的手法包括采用模糊的文件类型、将公共的执行文件类型压缩成 zip 文件等。

12.2 黑客攻击 IE 浏览器的常用方式

IE 浏览器是 Windows 操作系统自带的浏览器，虽然 Internet 中出现了遨游、FireFox 等第三方浏览器，但是 IE 浏览器仍然被大量计算机用户所使用。因此它也成为黑客攻击的目标，其常用的攻击方式主要包括使用 IE 炸弹以及使用 VBS 脚本病毒。

12.2.1 使用 IE 炸弹攻击 IE 浏览器

IE 炸弹通常埋伏在网页中，当用户使用 IE 浏览器浏览这些网页时，就会导致 IE 浏览器自动运行隐藏的 IE 炸弹，轻则不断弹出窗口，造成 Windows 系统资源耗尽，重则自动格式化硬盘，造成重要数据的丢失。IE 炸弹的主要形式有 3 种：打开窗口死循环、超大图片以及格式化硬盘。

1. 打开窗口死循环

如果在网页代码中添加“<html><body><img src=**** n=1 "do{windows.open('')

}while(n==1)" width="1"></body></html>”代码，则一旦执行该网页，IE 浏览器就会不停地打开新的窗口，直至耗尽系统资源，导致计算机死机。

2. 超大图片

如果在网页代码中添加“<html><body> <img src=**** width="2" height="*****(很大的数字，至少 10000000)" </body></html>”代码，则由于设置出的图片高度超出了 CPU 的负荷，当 IE 浏览器打开含有该代码的网页时，就会不断地解析试图打开设置的图片，但由于图片的高度预设值实在是太大了，超出了其处理能力，最终导致计算机死机。

3. 格式化硬盘

由于该种 IE 炸弹的危害实在太大了，仅写出关键代码。首先在网页中加入“src. Path="C:\\WINDOWS\\StartMenu\\Programs\\启动\\hack.hta"”代码，其意思是当 IE 浏览器打开该网页时，网页会自动写入操作系统的启动目录下，并将其命名为 hack.hta；接着在网页代码中添加“wsh.Run('start.exe/m format c:/q/autotest/u')”代码，其意思是自动格式化 C 盘。在 Windows 系统中，格式化硬盘都会先询问是否要执行，但其中“/autotest”项是 Microsoft 未公开的功能，输入 format 后的动作会被强制执行。“/q……/u”代码是一种让操作系统不需要检查硬盘便会立即执行的指令。最后，start.exe/m 选项可使正在格式化磁盘分区的命令提示符窗口在运行时处于最小化状态。

12.2.2 使用 VBS 脚本病毒攻击 IE 浏览器

VBS 脚本病毒是使用 VBScript 编写的病毒程序，这类病毒能够对 IE 浏览器造成极大的危害，如锁定 IE 浏览器主页、禁用“运行”菜单等。虽然 VBS 脚本病毒的编写方式比较简单，但是有不少的黑客习惯使用 VBS 脚本病毒生成器来制作 VBS 脚本病毒。下面介绍使用 VBS 脚本病毒生成器来制作 VBS 脚本病毒的操作方法。

STEP01：启动 VBS 脚本病毒生成器

下载并解压 VBS 脚本病毒生成器，在解压后的文件夹中双击 EXE 文件图标。

STEP02：单击“下一步”按钮

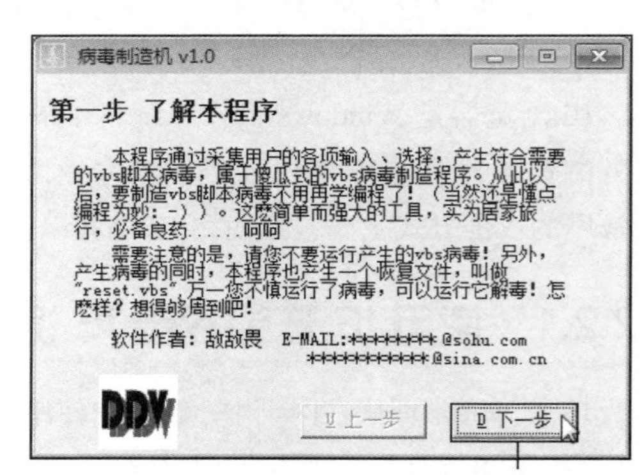

打开程序主界面，在“了解本程序”界面中单击“下一步”按钮。

STEP03：复制病毒副本到系统文件夹

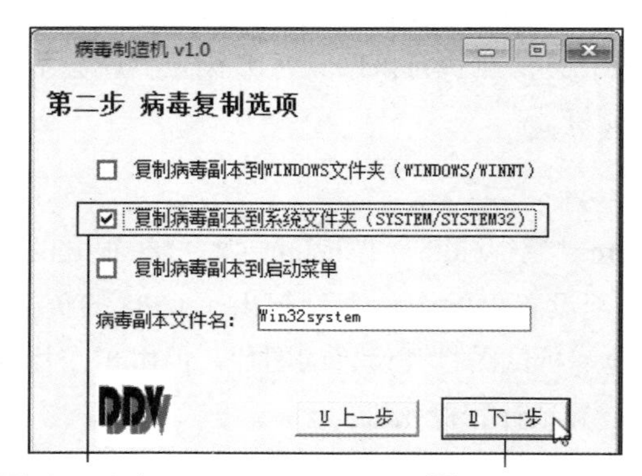

01 在“病毒复制选项”界面中选择复制病毒副本到系统文件夹。

02 单击“下一步”按钮。

STEP04：禁止指定功能选项

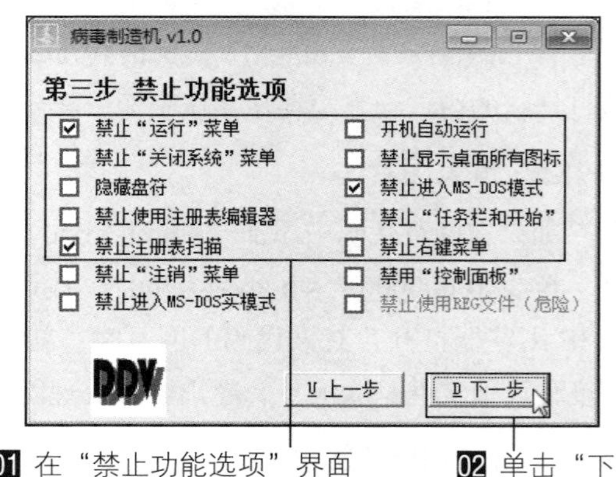

01 在“禁止功能选项”界面中禁止“运行”菜单、注册表扫描和进入 MS-DOS 模式。

02 单击“下一步”按钮。

STEP05：设置开机提示对话框

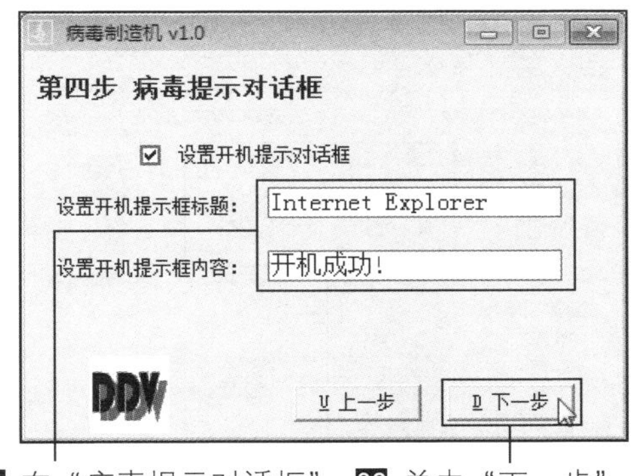

01 在“病毒提示对话框”界面中设置开机提示框的标题和内容。

02 单击“下一步”按钮。

STEP06：设置病毒传播选项

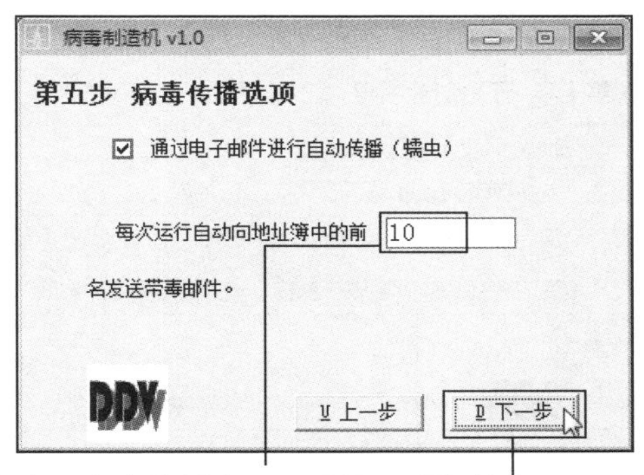

01 在“病毒传播选项”界面中设置自动发送带病毒邮件的邮件数量。

02 单击“下一步”按钮。

STEP07：设置 IE 修改选项

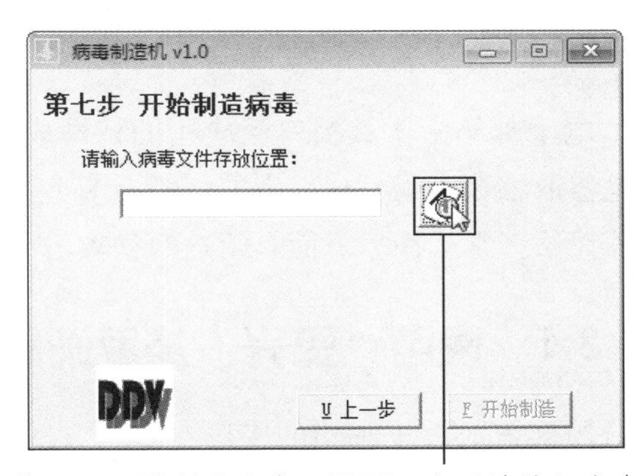

01 在“IE 修改选项”界面中启用“禁止更改主页”、“设置默认主页”功能。

02 单击“下一步”按钮。

STEP08：单击“浏览”按钮

切换至“开始制造病毒”界面，在“请输入病毒文件存放位置”下方单击“浏览”按钮。

STEP09：设置病毒文件保存位置

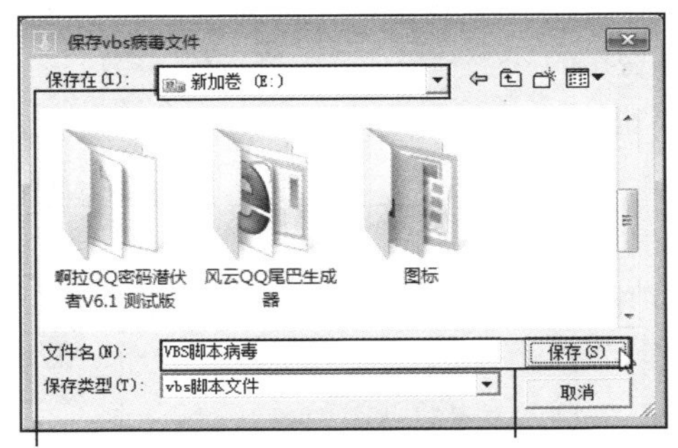

01 在“保存在”下拉列表中选择脚本病毒的保存位置。

02 在底部输入文件名后单击“保存”按钮。

STEP10：确认设置的保存位置

返回“开始制造病毒”界面，确认设置的保存位置无误后单击“开始制造”按钮。

STEP11：完成 VBS 脚本病毒的制作

当界面中“完成”下方的进度填满后，即完成 VBS 脚本病毒的制作，关闭当前对话框即可。

STEP12：查看制作的 VBS 脚本病毒

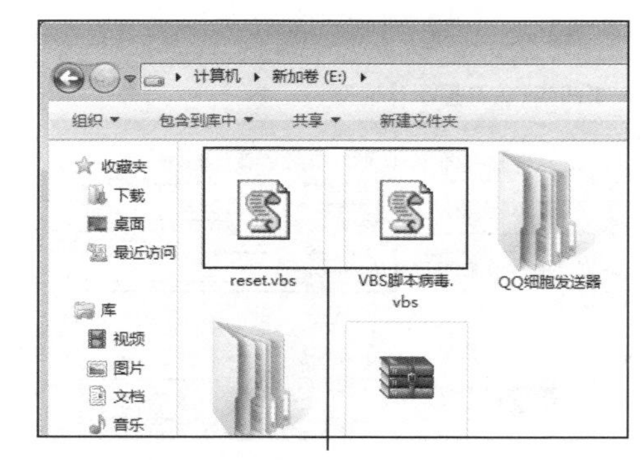

打开 STEP09 中设置的保存位置所对应的窗口，即可看见制作的 VBS 脚本病毒。一旦运行该文件即可让计算机中毒。

12.3 黑客攻击电子邮箱的常用工具

电子邮箱由于其被广泛应用的特性成为了黑客攻击的目标。有些黑客攻击电子邮箱的目的是盗取邮箱密码，从而盗取邮箱；有些黑客则是向目标电子邮箱发送邮箱炸弹，导致邮箱服务器无法正常工作。下面介绍这两种攻击方式的详细操作方法。

12.3.1 使用“流光”盗取邮箱密码

黑客盗取电子邮箱的密码有多种方法，暴力破解是其中一种，但是由于其局限性（只能破解位数较少且组成元素单一的密码）并不受黑客的欢迎。比较受黑客欢迎的盗取方式则是使用专业的软件实现密码的盗取，“流光”就是一种可以用来实现盗取邮箱密码的软件。下面介绍利用“流光”盗取邮箱密码的操作方法。

STEP01：启动“流光”软件

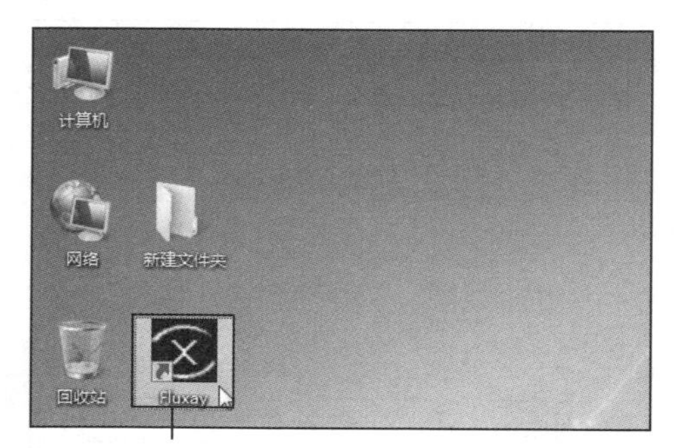

下载并安装“流光”软件，在桌面上双击对应的快捷图标，启动“流光”软件。

STEP02：添加 POP3 主机

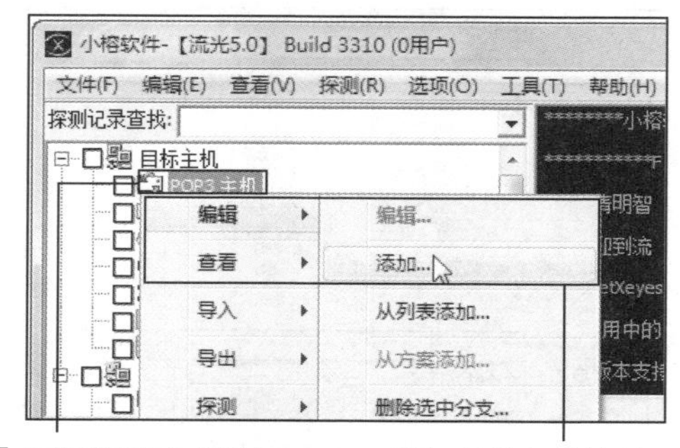

01 打开程序主界面，在左侧右击 POP3 主机选项。

02 在弹出的快捷菜单中依次单击“编辑”>“添加”命令。

STEP03：输入 POP3 服务器名

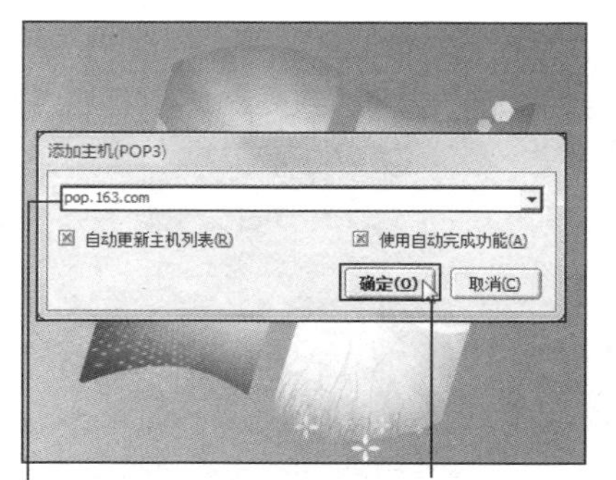

01 弹出“添加主机”对话框，在顶部输入 POP3 服务器名称。

02 输入完毕后单击“确定”按钮。

STEP04：单击“从列表添加”命令

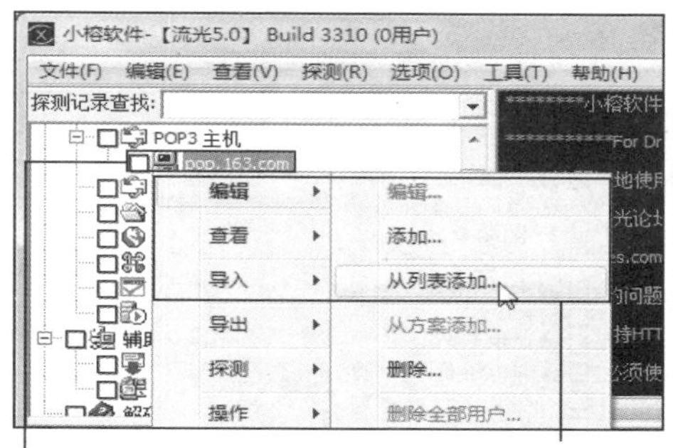

01 右击添加的 POP3 服务器选项。

02 在弹出的快捷菜单中依次单击“编辑”>“从列表添加”命令。

STEP05：打开邮箱用户名所在文件

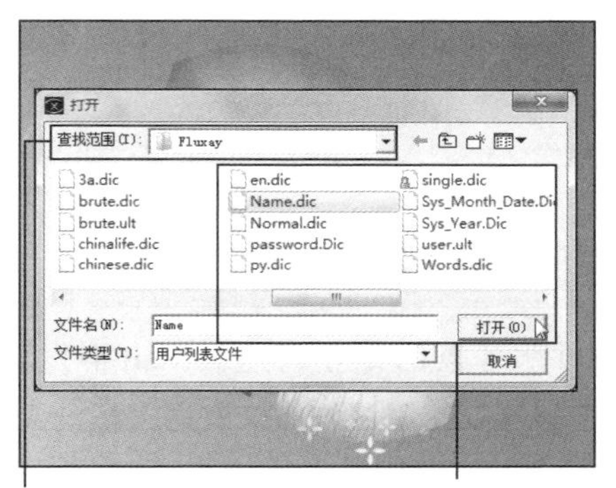

01 弹出“打开”对话框，在顶部选择邮箱用户名文件的保存位置。

02 选中文件后单击“打开”按钮。

STEP06：选择添加解码字典或方案

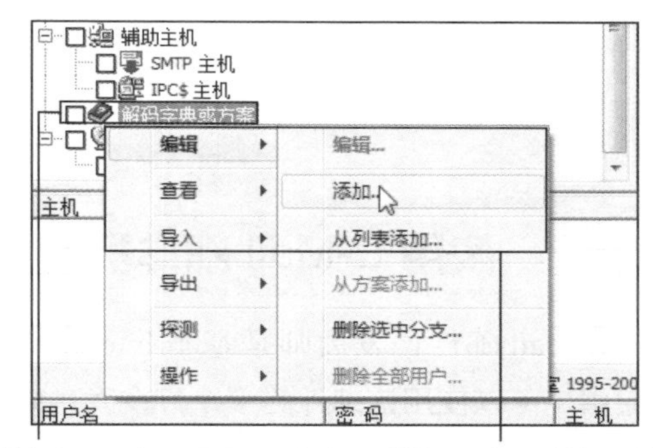

01 返回程序主界面，右击“解码字典或方案”选项。

02 在弹出的快捷菜单中依次单击“编辑”>“添加”命令。

STEP07：选择解码字典或方案所在文件

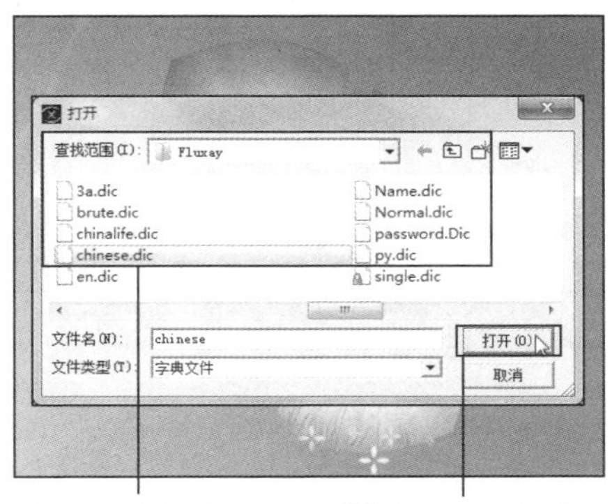

01 选择解码字典或方案所在文件。

02 单击“打开”按钮。

STEP08：选择用户名字典和密码文件

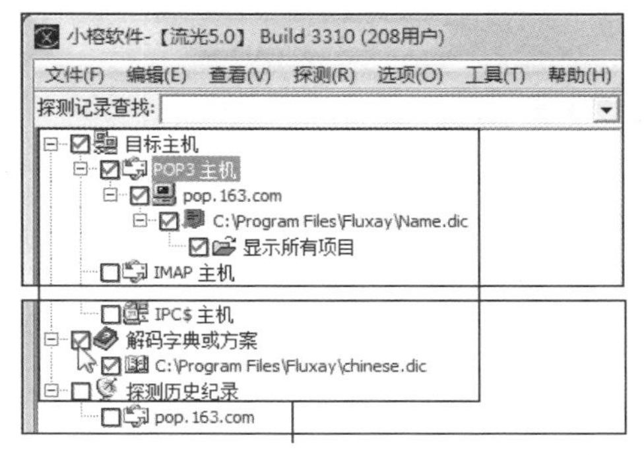

返回程序主界面，在左侧选择所添加的用户名字典和密码字典。

STEP09： 选择简单模式探测

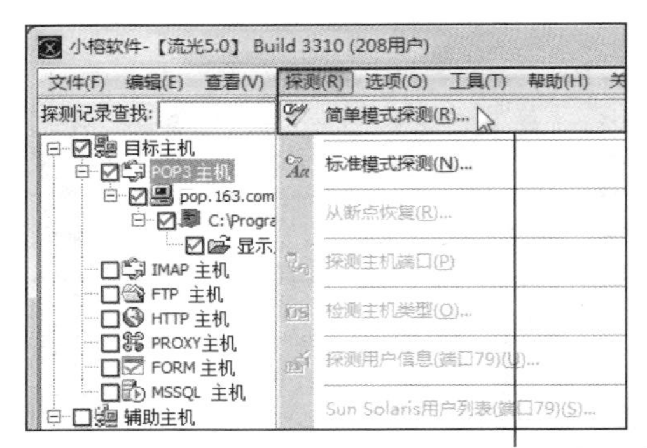

在菜单栏中依次单击“探测”>“简单模式探测”命令。

STEP10： 正在探测邮箱账户和密码

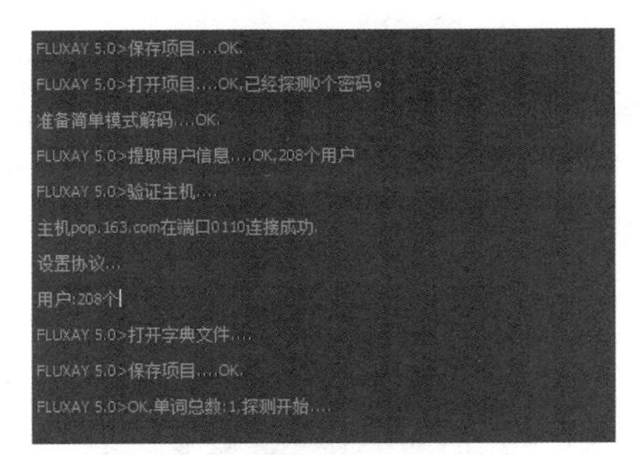

程序正在根据添加的字典来探测邮箱账户和密码。探测结束后会弹出对话框，显示探测到的账户和密码。

提示：认识盗取邮箱密码的其他软件

在 Internet 中，盗取电子邮箱密码的软件不止“流光”软件一种，除此之外还有“黑雨”、WebCracker 等软件。

12.3.2 使用 E-Mail 邮件群发大师发送邮箱炸弹

E-Mail 邮件群发大师是基于 Internet 上的标准邮件服务器的专业高速 E-Mail 群发软件。普通用户可以使用该邮件为多个好友发送邮件，而黑客却可以使用该软件来发送大量的无用邮件，造成目标邮箱服务器无法正常运行，从而实现炸弹攻击。

STEP01： 启动“亿虎 Email 群发大师”程序

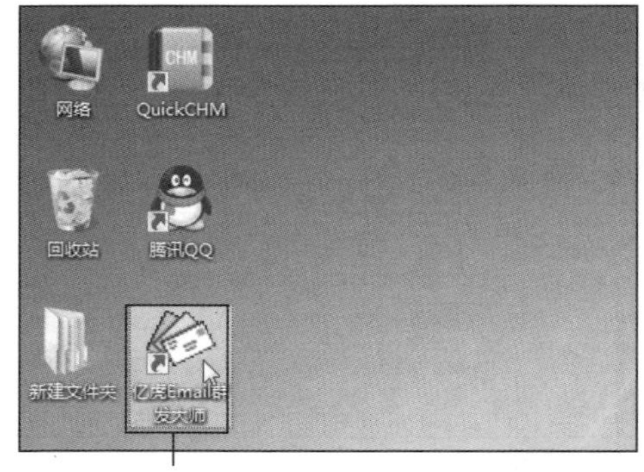

下载并安装“亿虎 Email群发大师”程序后，在桌面上双击对应的快捷图标。

STEP02： 选择增加邮箱地址

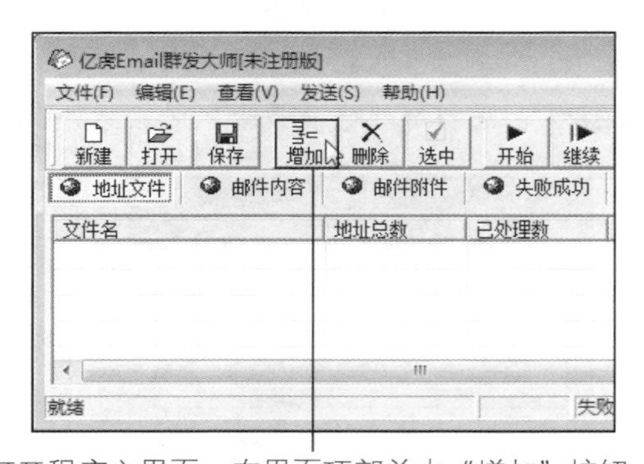

打开程序主界面，在界面顶部单击“增加”按钮。

提示：导入多个相同地址实现炸弹攻击

在添加邮箱地址时（STEP03），如果用户导入了多个相同的邮箱地址，则程序就会向同一个邮箱中发送大量的邮件，从而实现炸弹攻击。

STEP03：选择邮箱地址所在文件

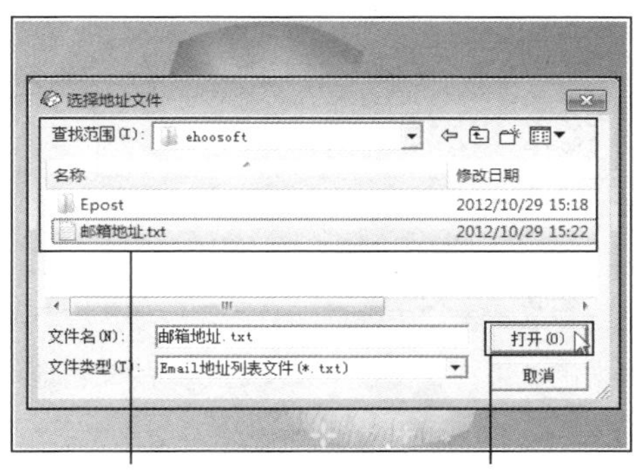

01 弹出对话框，选择邮箱地址所在的文件。

02 单击“打开”按钮。

STEP04：输入邮件主题和内容

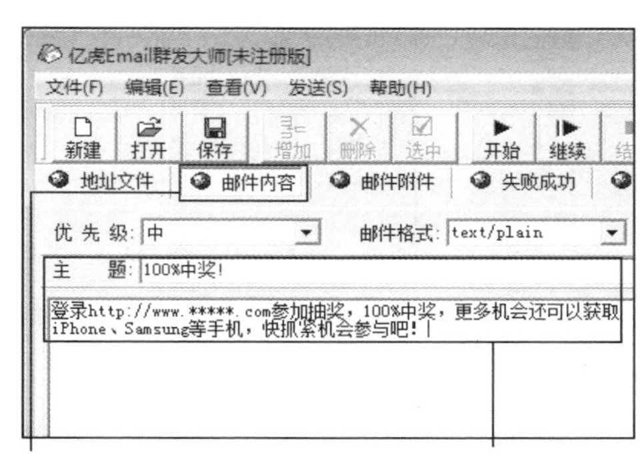

01 单击“邮件内容”按钮。

02 在下方输入邮件主题和邮件内容。

STEP05：单击“服务器”按钮

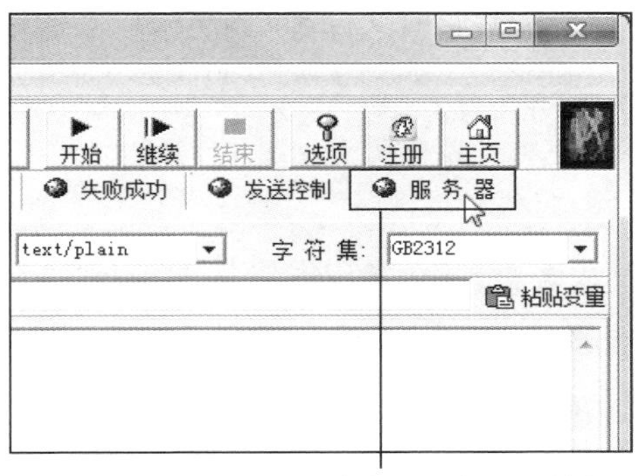

输入完毕后在工具栏下方单击“服务器”按钮。

STEP06：选择增加服务器

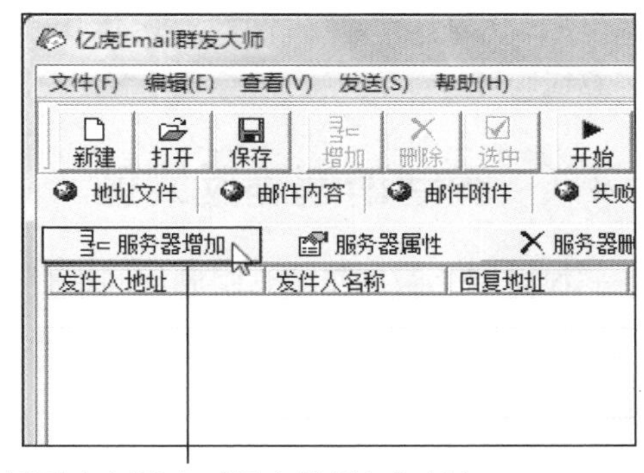

在界面左侧单击“服务器增加”按钮。

STEP07：输入发送服务器详细信息

01 弹出“增加”对话框，输入发件人地址、名称等信息。

02 输入DNS服务器，然后单击“测试”按钮。

STEP08：DNS服务器有效

弹出对话框，提示用户所输入的DNS服务器有效，单击“确定”按钮。

STEP09：单击“开始”按钮

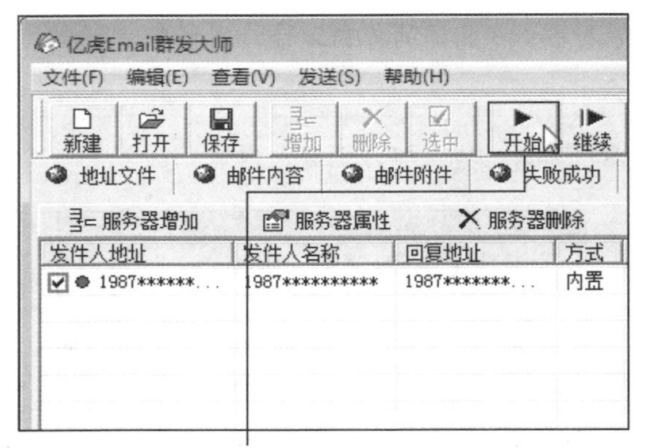

返回程序主界面，在工具栏中单击“开始”按钮，向指定邮箱地址发送邮件。

STEP10：查看发送的结果

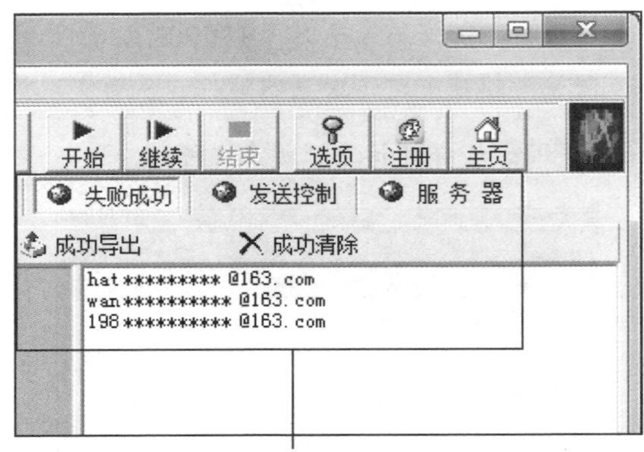

发送完毕后单击“失败成功”按钮，便可在下方看见发送的结果，右侧显示为发送成功的邮箱地址。

12.4 IE 浏览器的防护

知晓了黑客攻击 IE 浏览器的一些常用方法后，用户便可有针对性地做好 IE 浏览器的保护措施，例如限制访问危险网站、提高 IE 安全防护等级、清除临时文件和 Cookies 以及清除网页恶意代码等。

12.4.1 限制访问危险网站

限制访问危险网站是指限制访问带有病毒、木马或者恶意代码的网站，一旦发现该网站，便可将其添加到受限站点中，使得 IE 浏览器在以后能够自动阻止访问该网站。

STEP01：单击“Internet 选项”选项

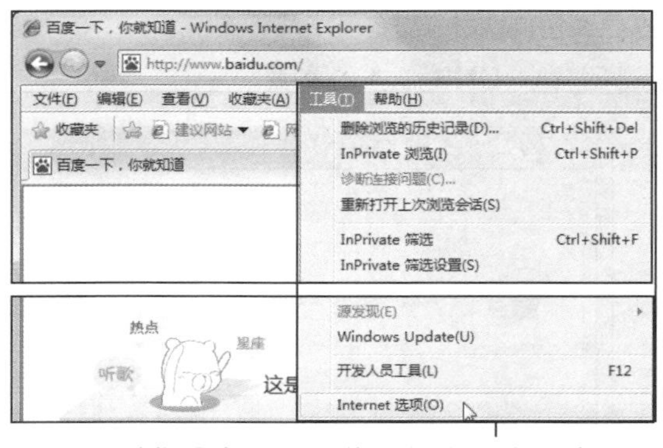

打开 IE 浏览器窗口，在菜单栏中依次单击“工具”>“Internet 选项”选项。

STEP02：选择受限站点

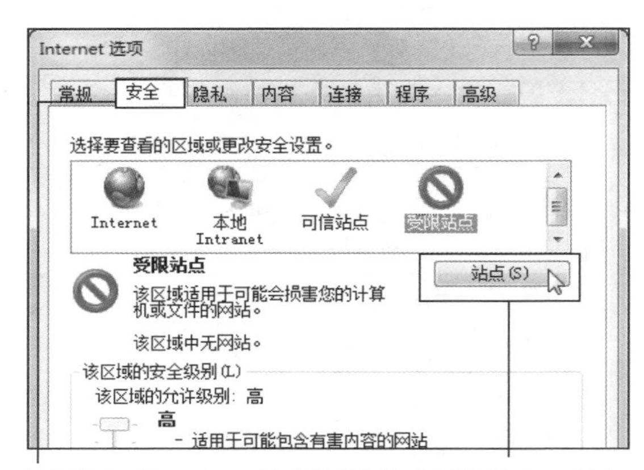

01 弹出“Internet 选项”对话框，切换至“安全”选项卡。

02 选中受限站点，单击“站点”按钮。

STEP03：添加危险网站

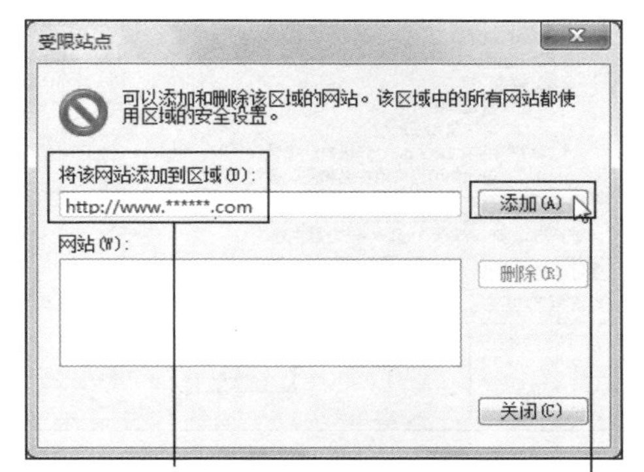

01 弹出“受限站点”对话框，在文本框中输入危险网站的网址。

02 输完后单击“添加”按钮。

STEP04：添加其他危险网站

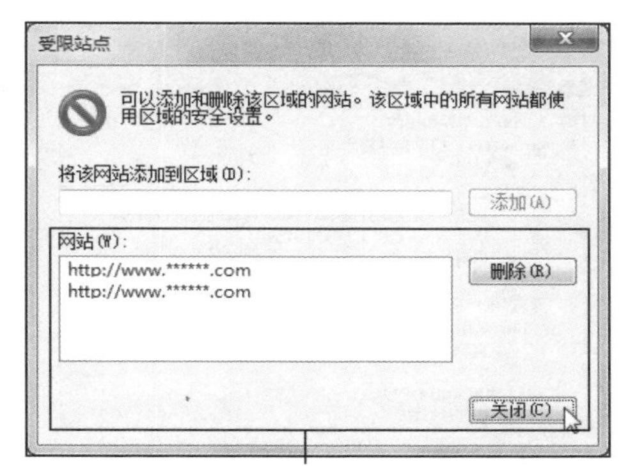

可在“网站”列表框中看见添加的危险网站。使用相同方法添加其他站点，添加后单击“关闭”按钮保存并退出。

提示：安装上网安全类软件以提前知晓危险网站

Internet中存在着数不胜数的危险网站，但是对于计算机初学者来说，无法预先知晓哪些是危险网站，因此用户可以在系统中安装QQ电脑管家、360安全卫士等上网安全类软件。这类软件能够在用户打开网页前检测网页是否安全，若不安全则会提示用户。一旦用户收到提示信息，便可将这些网站添加到受限网站中。

12.4.2 提高IE安全防护等级

在IE浏览器中，Internet默认的安全防护级别为“中-高”，但是对于计算机初学者来说，可能该等级的安全防护仍然无法保证用户使用IE浏览器时的安全性，因此用户可以提高Internet的安全防护级别，将其调整至最高级别。

STEP01：调整Internet的安全级别

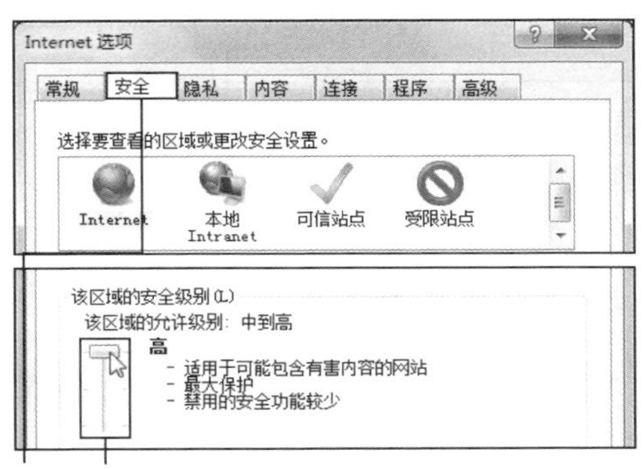

01 打开“Internet选项”对话框，切换至“安全”选项卡。

02 选Internet，调整安全级别为“高”。

STEP02：单击“自定义级别”按钮

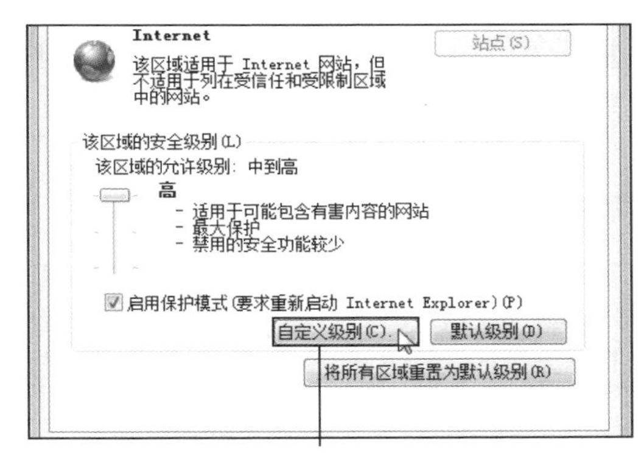

调整后在“该区域的安全级别”选项组底部单击“自定义级别”按钮。

STEP03：设置 Active X 控件和插件

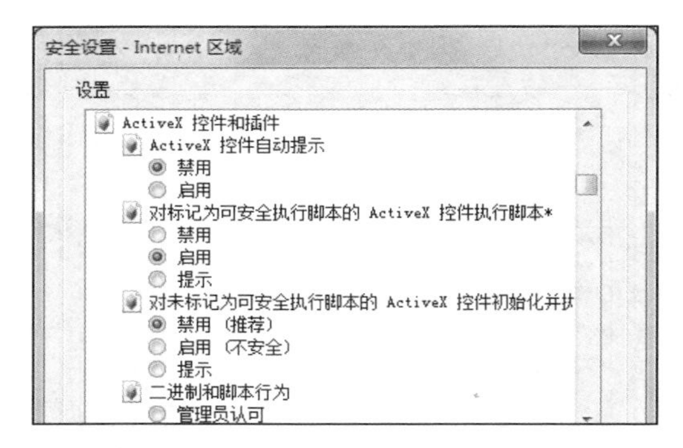

弹出“安全设置 -Internet 区域”对话框，在“设置”列表框中禁用“ActiveX 控件自动提示”功能。

STEP04：重置自定义设置

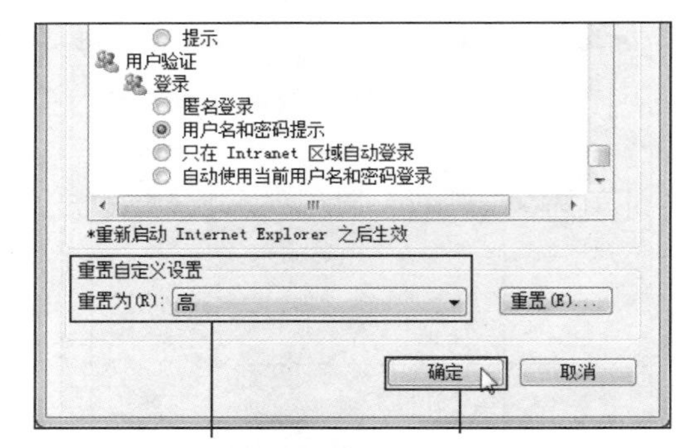

01 在底部设置“重置自定义设置”级别为“高”。

02 设置完毕后单击“确定”按钮保存并退出。

12.4.3 清除临时文件和 Cookie

使用 IE 浏览器一段时间后，IE 浏览器会自动记录用户曾经在网页中输入信用卡、银行以及游戏的账号和密码等信息，而这些信息就保存在临时文件和 Cookies 中，一旦计算机遭受木马或恶意代码入侵，则这些隐私信息就会泄露，从而造成无法弥补的损失。为了避免此种情况发生，用户需要定期清理临时文件和 Cookie。

STEP01：单击“删除”按钮

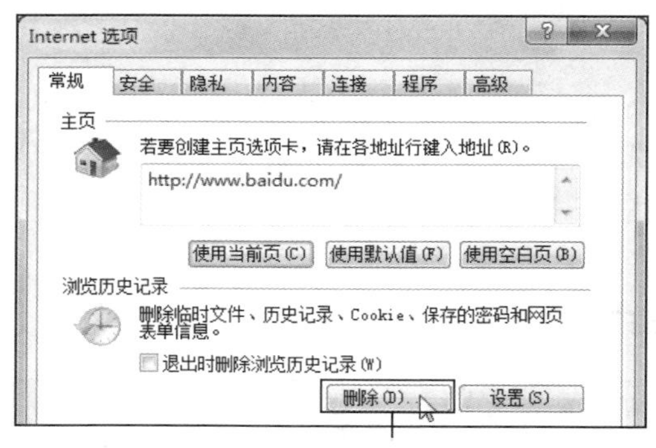

打开“Internet 选项”对话框，在“浏览历史记录”选项组中单击“删除”按钮。

STEP02：选择要删除的内容

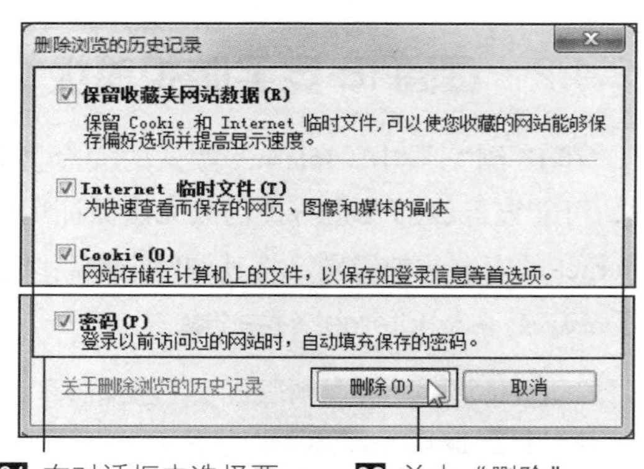

01 在对话框中选择要删除的数据和 Cookie。

02 单击“删除”按钮。

STEP03：正在删除数据

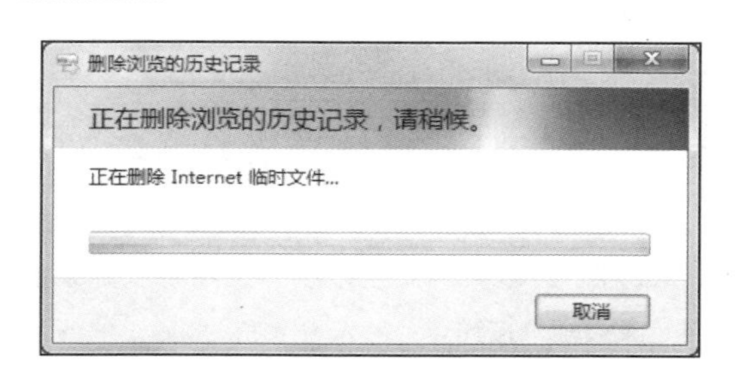

弹出对话框，提示正在删除历史记录。

提示：认识 Cookie

Cookie 是一种能够让网站服务器把少量数据储存到客户端的硬盘或内存的技术，它包含账户、密码和历史记录等信息。

STEP04：选择退出时删除历史记录

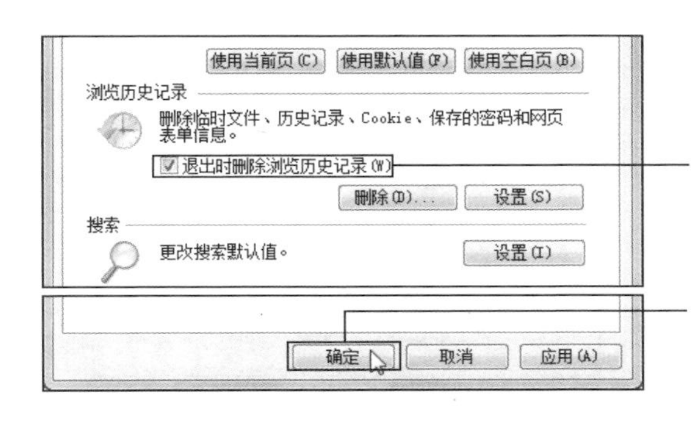

01 返回“Internet选项”对话框，在“浏览历史记录”选项组中勾选“退出时删除浏览历史记录”复选框。

02 选中后在底部单击“确定”按钮，保存退出。

提示：设置保存临时文件的空间大小

IE浏览器默认保存Internet临时文件的空间为50MB，如果觉得该容量较小，则可以手动调整。具体操作为：打开“Internet选项”对话框，❶在“浏览历史记录”选项组中单击“设置”按钮，弹出“Interent临时文件和历史记录设置”对话框，❷更改保存Internet临时文件的空间大小，如设置为100MB，❸然后单击“确定”按钮。

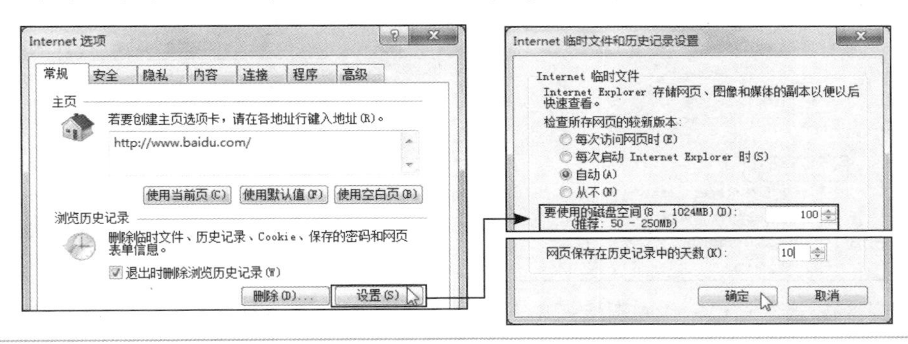

12.4.4 清除网页恶意代码

网页恶意代码能够使操作系统中的IE浏览器无法正常使用，这是通过修改Windows注册表中的某些键值来实现的。由网页恶意代码引发的IE故障主要有IE主页被篡改、IE默认连接首页被篡改两种。下面介绍这两种故障对应的解决办法。

1. IE主页被篡改

IE主页被篡改是指IE浏览器的默认主页并非用户手动设置的网页，而是网页恶意代码所预设的网页，即使用户在“Internet选项”对话框中修改IE主页仍然无效。造成该故障产生的原因是Windows注册表中HKEY_LOCAL_MACHINE\Software\Microsoft\Internet Explorer\Main\子键下的Default_Page_URL键值被修改。解决办法很简单：只需在“注册表编辑器”窗口中将Default_Page_URL键值修改为常用的网页网址（如http://www.baidu.com）即可。

STEP01：单击“运行”命令

01 单击“开始”按钮。 02 在弹出的“开始”菜单中单击“运行”命令。

STEP02：输入 regedit 命令

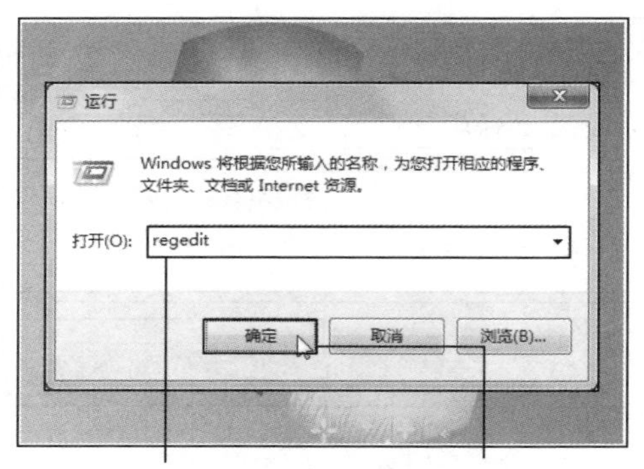

01 弹出“运行”对话框，输入 regedit 命令。 02 单击“确定”按钮。

STEP03：展开 MAIN 子键

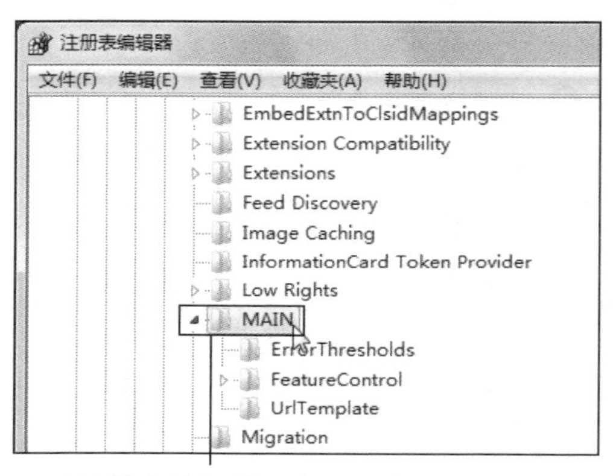

打开“注册表编辑器”窗口，在左侧展开 HKEY_LOCAL_MACHINE\Software\Microsoft\Internet Explorer\Main\ 子键。

STEP04：双击 Default_Page_URL 项

名称	类型	数据
(默认)	REG_SZ	(数值未设置)
Anchor_Visitation_Hori...	REG_BINARY	01 00 00 00
AutoHide	REG_SZ	yes
Cache_Percent_of_Disk	REG_BINARY	0a 00 00 00
Default_Page_URL	REG_SZ	http://go.microsoft.com
Default_Search_URL	REG_SZ	http://go.microsoft.com
Default_Secondary_Pa...	REG_MULTI...	
Delete_Temp_Files_On_...	REG_SZ	yes
Enable_Disk_Cache	REG_SZ	yes
Extensions Off Page	REG_SZ	about:NoAdd-ons
Local Page	REG_SZ	C:\Windows\System32\b
Placeholder_Height	REG_BINARY	1a 00 00 00

在右侧双击 Default_Page_URL 键值项，选择修改该键值项的值。

STEP05：修改 Default_Page_URL 键值

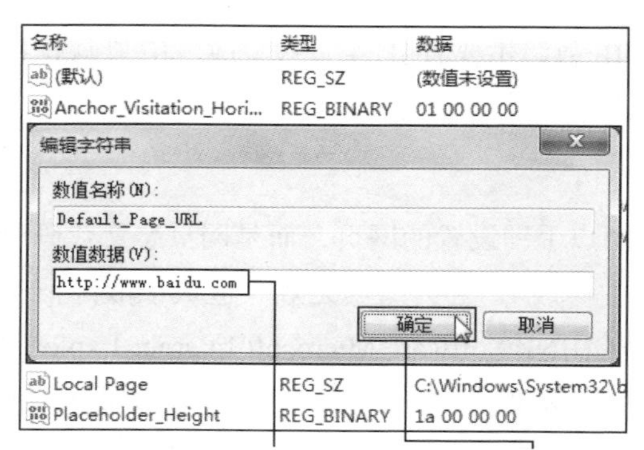

01 弹出“编辑字符串”对话框，输入数值数据 http://www.baidu.com。 02 输入后单击“确定”按钮。

STEP06：查看已修改的键值项

名称	类型	数据
(默认)	REG_SZ	(数值未设置)
Anchor_Visitation_Hori...	REG_BINARY	01 00 00 00
AutoHide	REG_SZ	yes
Cache_Percent_of_Disk	REG_BINARY	0a 00 00 00
Default_Page_URL	REG_SZ	http://www.baidu.com
Default_Search_URL	REG_SZ	http://go.microsoft.com
Default_Secondary_Pa...	REG_MULTI...	
Delete_Temp_Files_On_...	REG_SZ	yes
Enable_Disk_Cache	REG_SZ	yes
Extensions Off Page	REG_SZ	about:NoAdd-ons
Local Page	REG_SZ	C:\Windows\System32\
Placeholder_Height	REG_BINARY	1a 00 00 00

返回“注册表编辑区”窗口，此时可见 Default_Page_URL 的键值已被修改为指定网页网址。

2. IE默认连接首页被篡改

IE默认的连接首页是与Microsoft相关的网页，它在Windows注册表中对应的选项为HKEY_LOCAL_MACHINE\SOFTWARE\Microsoft\Internet Explorer\MAIN\和HKEY_CURRENT_USER\Software\Microsoft\Internet Explorer\Main\子键下的Start Page键值项，用户只需重新修改Start Page的值即可。

STEP01：展开 MAIN 子键

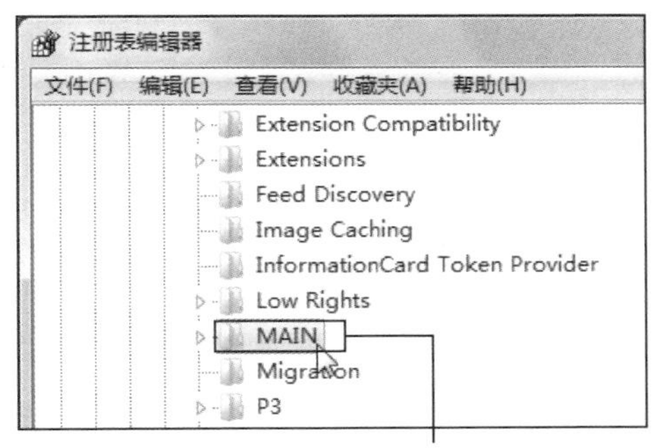

打开“注册表编辑器”窗口，在左侧展开HKEY_LOCAL_MACHINE\SOFTWARE\Microsoft\Internet Explorer\MAIN\子键。

STEP02：双击 Start Page 键值项

Default_Secondary_Pa...	REG_MULTI...	
Delete_Temp_Files_On_...	REG_SZ	yes
Enable_Disk_Cache	REG_SZ	yes
Extensions Off Page	REG_SZ	about:NoAdd-ons
Local Page	REG_SZ	C:\Windows\System
Placeholder_Height	REG_BINARY	1a 00 00 00
Placeholder_Width	REG_BINARY	1a 00 00 00
Search Page	REG_SZ	http://go.microsoft
Security Risk Page	REG_SZ	about:SecurityRisk
Start Page	REG_SZ	http://go.microsoft
Use_Async_DNS	REG_SZ	yes

展开后在右侧双击Start Page键值项，选择修改该键值项的值。

STEP03：修改 Start Page 键值项

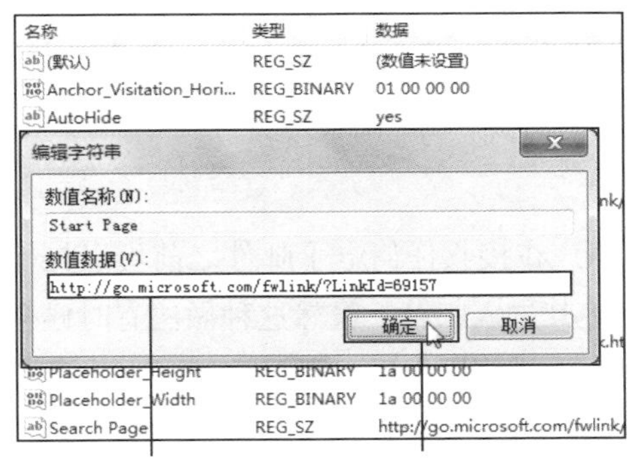

01 弹出“编辑字符串”对话框，修改其数值数据。

02 修改完毕后单击“确定”按钮。

STEP04：展开 Main 子键

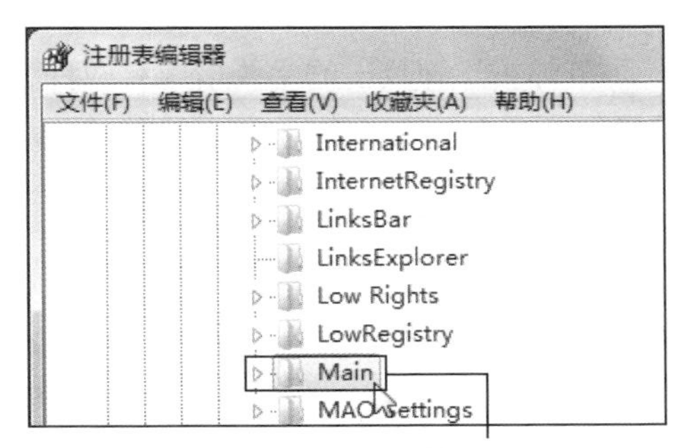

在“注册表编辑器”窗口左侧展开HKEY_CURRENT_USER\Software\Microsoft\Internet Explorer\Main\子键。

STEP05：双击 Start Page 键值项

SessionMerging	REG_DWORD	0x00000001 (1)
Show image placehold...	REG_DWORD	0x00000000 (0)
Show_FullURL	REG_SZ	no
Show_StatusBar	REG_SZ	yes
Show_ToolBar	REG_SZ	yes
Show_URLinStatusBar	REG_SZ	yes
Show_URLToolBar	REG_SZ	yes
SmoothScroll	REG_DWORD	0x00000001 (1)
Start Page	REG_SZ	http://www.baidu.com/
Start Page Redirect Ca...	REG_SZ	http://cn.msn.com/?oc
Start Page Redirect Ca...	REG_SZ	zh-cn
StatusBarWeb	REG_DWORD	0x00000001 (1)
SuppressScriptDebug...	REG_DWORD	0x00000000 (0)

展开后在右侧双击Start Page键值项，选择修改该键值项的值。

提示：认识默认的LinkId值

在STEP03中，如果默认LinkId值不是69157而是其他数字，则可能默认网页已被修改，可直接将其修改为69157即可。

STEP06：修改 Start Page 键值项

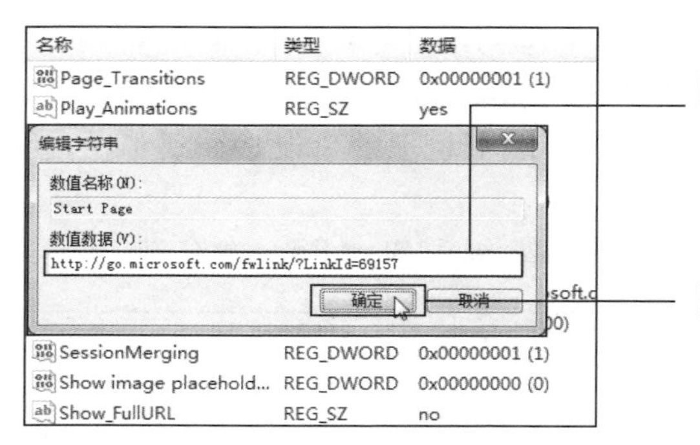

01 弹出“编辑字符串”对话框，输入与 STEP03 中一样的网址作为数值数据。

02 输入完毕后单击“确定”按钮，保存并退出。

12.5 电子邮箱的防护

虽然黑客攻击电子邮箱的方法有很多种，但是主要包括两种：发送邮箱炸弹和盗取邮箱密码。用户只要针对这两种攻击方法采取对应的防护措施，就能够保证自己的邮箱能够正常工作和密码不被盗取。

12.5.1 防范邮箱炸弹的攻击

防范邮箱炸弹攻击的主要措施有两种：使用邮箱的来信分类功能，求援 ISP。下面对这两种防范措施进行详细介绍。

1. 使用邮箱的来信分类功能

Internet 中的大部分邮箱都带有来信分类功能，用户在接收任何电子邮件之前可以先检查发件人的资料，如果有可疑之处，可以将其删除，拒绝其进入邮箱。虽然这种做法有时候会删除一些有用的邮件，但是为了防止邮箱遭受炸弹的攻击，建议用户设置来信分类。

STEP01：登录网易 163 邮箱

01 在地址栏中输入 email.163.com 后按【Enter】键。

02 输入邮箱账号和密码，单击“登录”按钮。

STEP02：选择邮箱设置

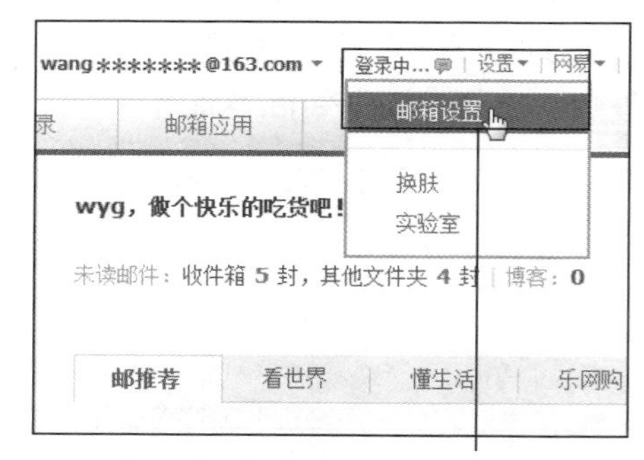

打开网易个人邮箱首页，在顶部依次单击“设置”>“邮箱设置”选项。

STEP03：新建来信分类

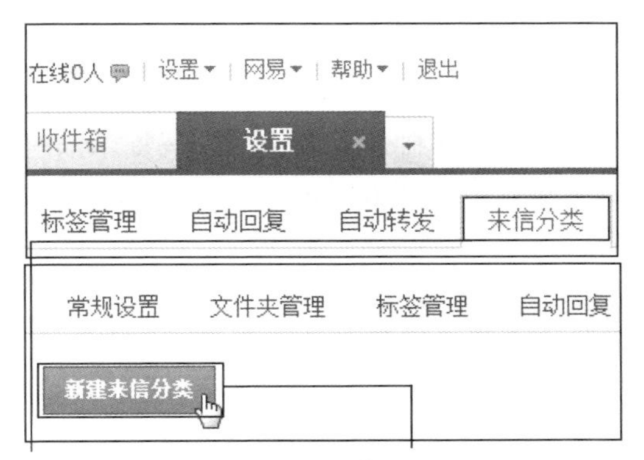

01 在页面顶部单击“来信分类”选项卡。

02 在下方单击“新建来信分类”按钮。

STEP04：输入名称和设置条件

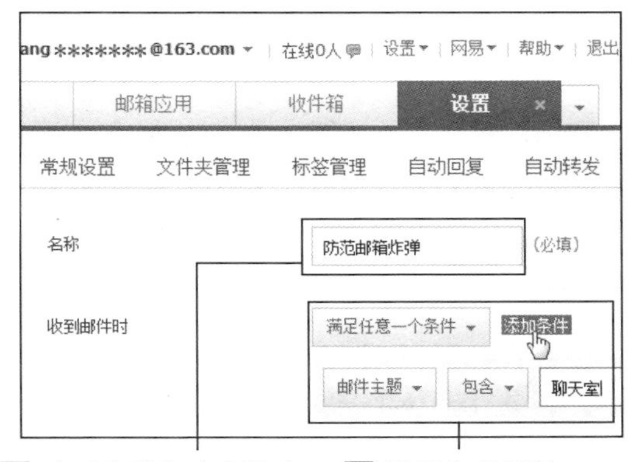

01 在“名称”右侧输入来信分类的名称。

02 设置条件属性，若要继续添加则单击“添加条件”选项。

STEP05：保存设置的来信分类

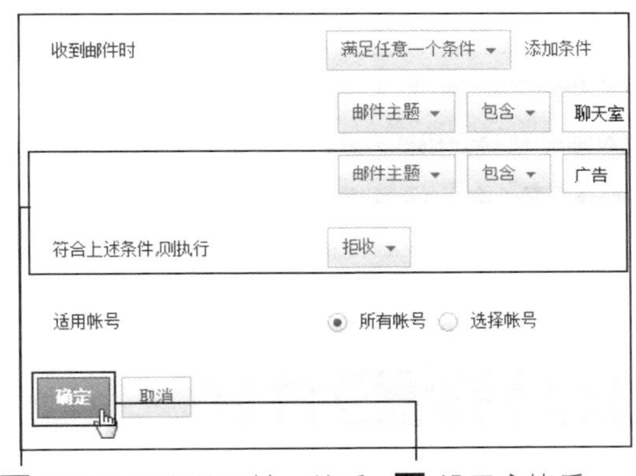

01 继续设置条件属性，然后设置符合条件则拒收邮件。

02 设置完毕后单击“确定”按钮。

STEP06：查看创建的来信分类

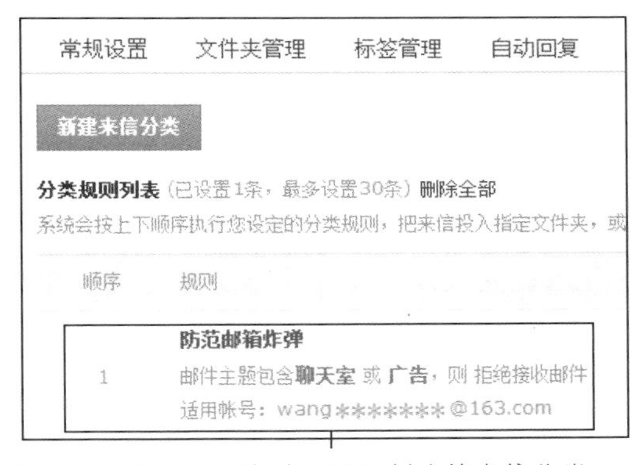

返回上一级页面，此时可看见创建的来信分类。

提示：谨慎使用邮箱的自动回复功能

Internet 中的大部分邮箱都具有自动回复的功能，该功能是指当对方向自己的邮箱发送了一封邮件而自己还未来得及接收时，邮箱会自动将已经预设好的回复邮件发送给对方。该功能虽然为用户提供了方便，但是却存在着炸弹攻击的危险，一旦对方也预设了自动回复功能，则双方会不停地发送回复邮件，从而造成双方的邮箱均无法正常使用。

2. 求援ISP

当自己的电子邮箱遭受炸弹攻击后，如果已经造成了无法正常使用电子邮箱的情况，则可以向为自己提供上网服务的 ISP（Internet Service Provider，互联网服务提供商）求援，ISP 会采取办法清除邮箱炸弹并使邮箱恢复正常工作。在平时上网时，用户不要轻易留下自己的电子邮箱地址，以免遭受不必要的炸弹攻击。

12.5.2 找回失窃的电子邮箱

当用户的电子邮箱被他人盗取后，用户可以通过申请电子邮箱时预设的密码提示问题、保密邮箱等密保方式找回丢失的电子邮箱。如果用户在申请电子邮箱时并未设置密保方式，则将可能无法找回被盗的电子邮箱。

STEP01：单击“忘记密码”链接

打开网易邮箱登录界面，在界面右侧单击“忘记密码”链接。

STEP02：输入邮箱账号

01 切换至新的界面，输入账号和验证码。

02 单击“下一步”按钮。

STEP03：选择密码提示问题

切换至新的界面，选择找回密码的方式，如选择通过密码提示问题找回密码。

STEP04：输入问题答案和新密码

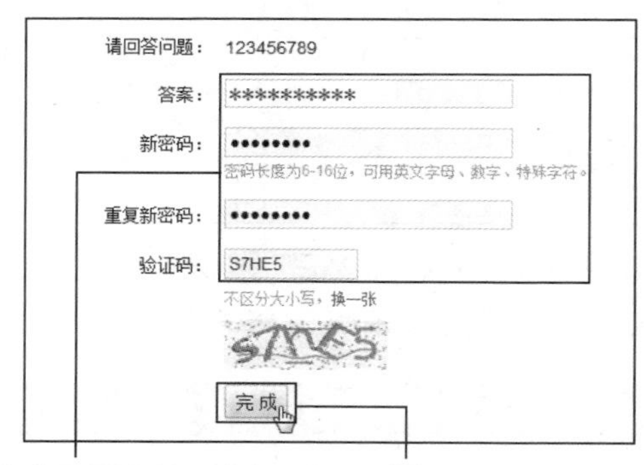

01 在界面中输入密保问题答案和新密码。

02 单击“完成”按钮。

STEP05：修改 Start Page 键值项

切换至新的界面，提示用户“通过密码提示问题找回密码操作成功”，即成功修改邮箱的登录密码，用户若要马上登录则单击“马上登录”按钮。

第13章 网站攻防

Internet中存在着大量的网站，这些网站由于是向全部的网络用户开放的，因此一定会引起黑客的关注。为了获取网站的相关信息或者攻击指定网站，黑客通常会采取诸如DDoS、SQL注入等手段来攻击网站。为了确保网站的安全，用户有必要了解这些攻击手段和防范这些攻击手段的有效措施。

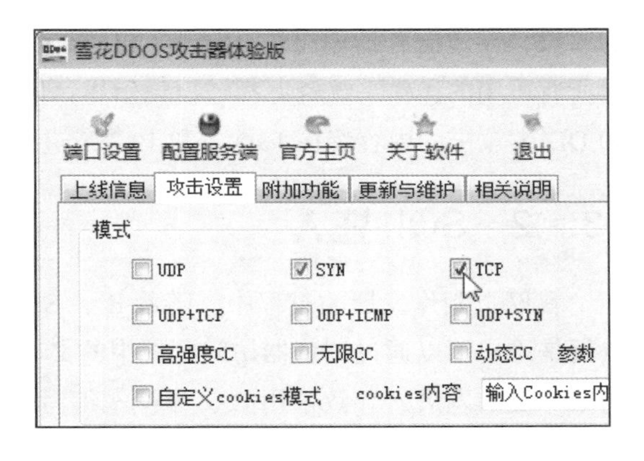

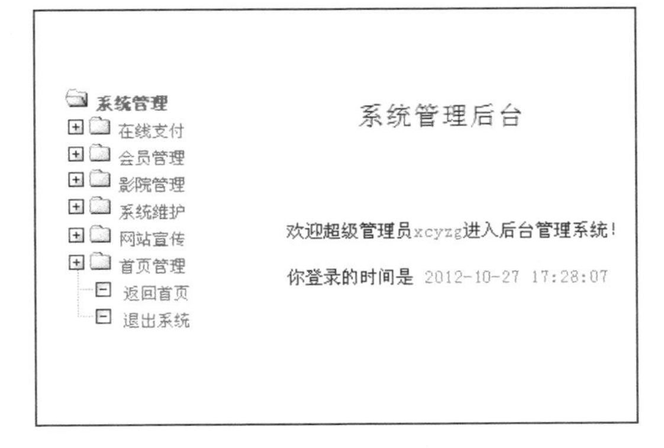

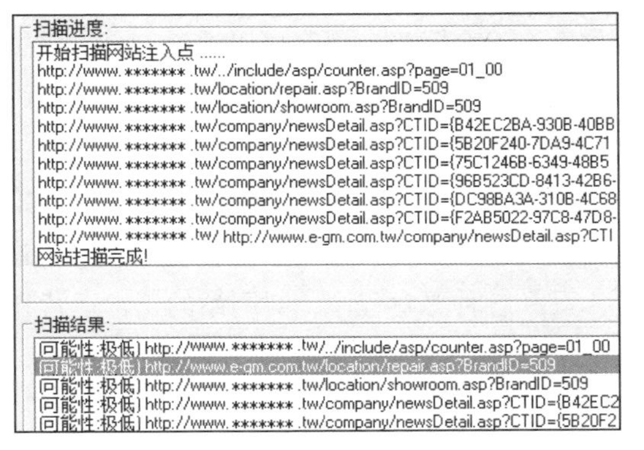

知识要点

- 认识网站攻击
- DoS攻防
- DDoS攻防
- SQL注入攻击

13.1 认识网站攻击

网站攻击是指以网站为对象的攻击方式。Internet 中有数不胜数的网站，而其中某些网站由于其独特性（提供了后台管理员权限、存在漏洞）成为了黑客攻击的对象。黑客攻击网站的主要方式包括 4 种：即拒绝服务攻击、SQL 注入、网络钓鱼和社会工程学。

13.1.1 拒绝服务攻击

在网络安全中，拒绝服务攻击（DoS）以其危害巨大、难以防御等特点成为黑客经常采用的攻击手段。DoS 是 Denial of Service 的缩写，即拒绝服务。造成 DoS 的攻击行为被称为 DoS 攻击。后来又出现了分布式拒绝服务攻击（DDoS），它们通过发送大量攻击包到网站服务器中的手段，导致服务器内存被耗尽或 CPU 被内核及应用程序被占完，而无法提供网络服务，使得所有可用的操作系统资源都被消耗殆尽，最终服务器无法再处理合法用户的请求。关于 Dos 和 DDoS 攻击的内容将在 13.2 节和 13.3 节进行详细介绍，这里就不进行详细介绍了。

13.1.2 SQL 注入

在网页制作发展的过程中，随着 B / S 模式（即浏览器 / 服务器结构，该模式最大的特点就是用户可以通过浏览器访问网页中的文本、数据、图像、动画、视频点播和声音信息等）应用开发的发展，导致采用 B / S 模式编写程序的编程人员越来越多。由于编程人员的水平及经验参差不齐，大部分人员在编写代码时没有对用户输入数据的合法性进行判断，使得应用程序存在安全隐患。黑客可以通过 Interent 的输入区域，利用某些特殊构造的 SQL 语句提交数据库查询代码（一般是在浏览器地址栏进行，通过正常的 www 端口访问），进而获取网站后台隐私信息数据，即 SQL 注入。

SQL 注入通过网页修改网站数据库，它能够直接在数据库中添加具有管理员权限的用户，最终获得系统管理员权限。黑客利用获得的管理员权限任意获得网站上的文件或者在网页上加挂木马和各种恶意程序，对网站的正常运营和访问该网页的用户都带来巨大危害。

13.1.3 网络钓鱼

网络钓鱼是指黑客利用欺骗性的电子邮件和伪造的 Web 站点来进行诈骗活动，引诱访问该网站的用户提供一些个人隐私信息，如信用卡、银行卡以及游戏的账户密码等内容，一旦用户输入这些数据，这些数据就会被黑客知晓，从而使用户受到的损失。

黑客通常会将自己伪装成知名银行、在线零售商和信用卡公司等可信的品牌，因此，网络钓鱼的受害者往往也都是那些和电子商务有关的服务商和使用者。

13.1.4 社会工程学

社会工程学是一种基于非计算机的欺骗技术。在社会工程学中，黑客通过抓住受害者的心理弱点、本能反应、好奇心、信任、贪婪等心理陷阱来进行欺骗，引诱受害者泄密私人信息。社会工程学并不能等同于一般的欺骗手法，社会工程学尤其复杂，即使自认为最警惕、最小心的人，一样会被高明的社会工程学手段的欺骗造成利益损害。

13.2 DoS 攻防

Dos 意为拒绝服务攻击。这种攻击方式可以导致网站服务器充满着大量要求回复的信息，而这些信息又消耗网络带宽或服务器资源，从而导致网络或服务器超出负荷而瘫痪，进而停止提供正常的网络服务。

13.2.1 认识 DoS 的攻击原理

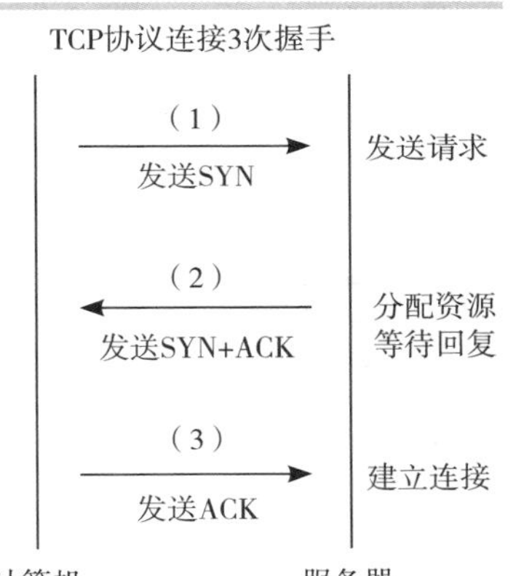

DoS 攻击是一种基于 TCP 协议连接 3 次握手的攻击方式。TCP 协议连接 3 次握手是指在 TCP / IP 协议中，TCP 协议提供可靠的连接服务，需要经过 3 次握手才会开始传送数据，如右图所示。第 1 次握手：计算机与服务器建立连接时，计算机发送 SYN 数据包（SYN=J）到网站服务器，计算机进入 SYN_SEND 状态，等待服务器确认；第 2 次握手：服务器接收到 SYN 数据包，必须确认计算机的 SYN 数据包（ACK=J+1），同时服务器也需要发送一个自己的 SYN 数据包（SYN=K），因此服务器将向计算机发送（SYN+ACK）数据包，此时服务器进入 SYN_RECV 状态；第 3 次握手：计算机收到服务器的（SYN + ACK）数据包，向服务器发送确认包 ACK（ACK=K+1），该数据包发送后，计算机和服务器进入 ESTABLISHED 状态，完成 3 次握手。开始传送数据。

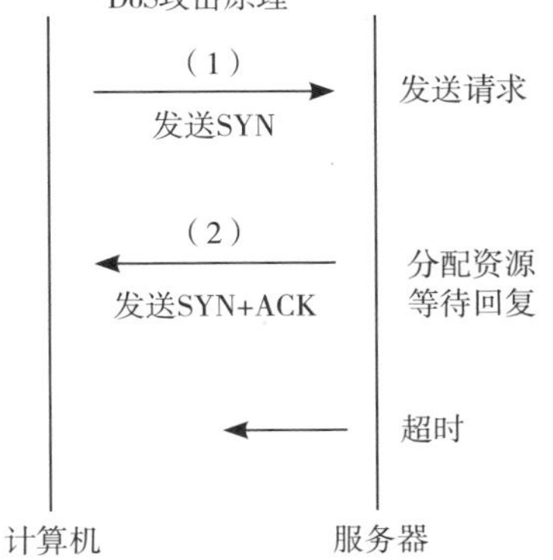

由于 TCP 协议连接 3 三次握手的需要，在每个 TCP 建立连接时，计算机都要发送一个带 SYN 标记的数据包。如果在服务器端发送（SYN+ACK）应答数据包后，计算机不发出确认，服务器会等待到数据超时。如果大量的带 SYN 标记的数据包发到服务器端后都没有应答，会使服务器端的 TCP 资源迅速枯竭，导致正常的连接不能进入，甚至会导致服务器的系统崩溃。这就是 TCP SYN Flooding 攻击的过程，如下图所示。

13.2.2 利用路由器防范 DoS 攻击

DoS 攻击的对象不仅仅只是网站，还可能是个人计算机。为了避免 DoS 攻击造成的损失，用户需要采取防范 DoS 的有效措施，其中路由器就是一种很好的防范措施，无论是服务器还是个人计算机，都可以通过路由器来防范 DoS 攻击。下面以 TP-LINK 路由器为例，介绍防范 DoS 攻击的操作方法。

STEP01：输入路由器主页网址

在 IE 地址栏中输入路由器主页网址，如输入 192.168.1.1 后按【Enter】键。

STEP02：输入用户名和密码

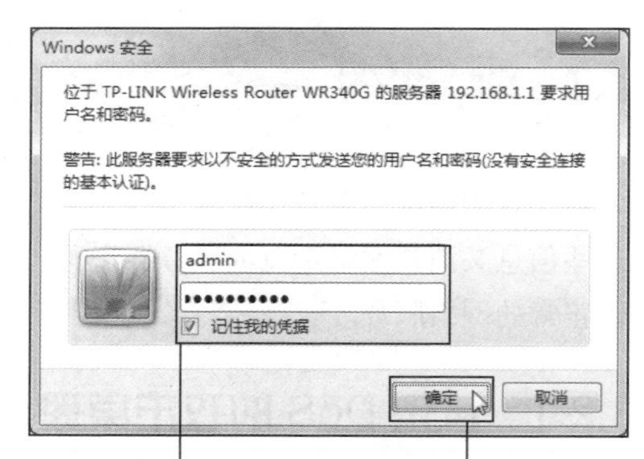

01 在对话框中输入用户名和密码。

02 单击“确定”按钮。

STEP03：选择高级安全设置

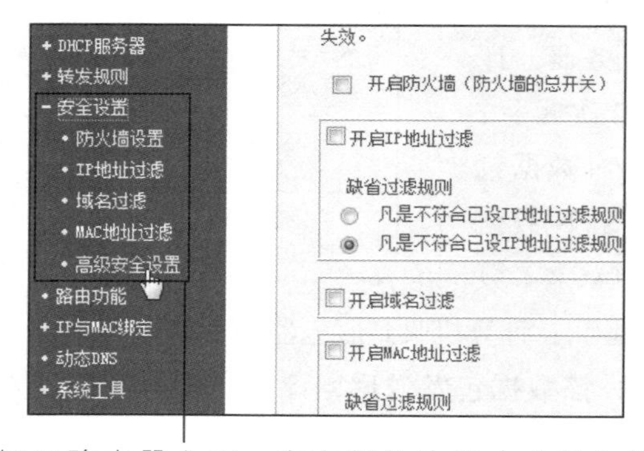

打开路由器主页，在左侧依次单击“安全设置”>“高级安全设置”选项。

STEP04：启用 DoS 攻击防范功能

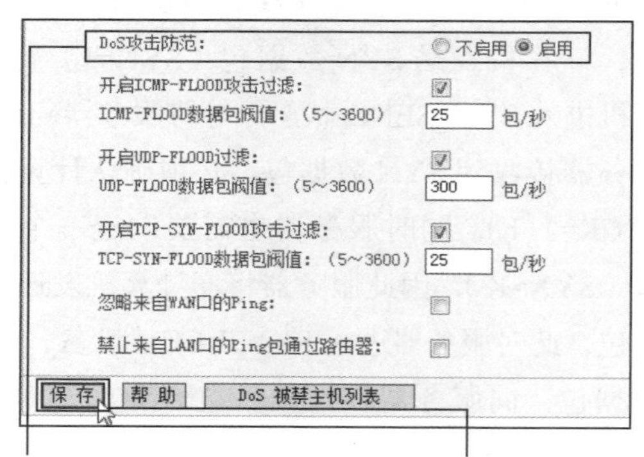

01 在右侧启用“DoS 攻击防范”功能。

02 启用后单击“保存”按钮。

13.3 DDoS 攻防

由于大多数的 DoS 攻击需要相当大的带宽，但是以个人为单位的黑客很难使用高带宽的资源。为了克服这个缺点，黑客开发了分布式拒绝服务攻击（Distributed Denial of Service），即 DDoS 攻击。

DDoS 攻击是黑客利用在已经侵入并已控制的不同的高带宽计算机（几百台、几千台甚至几万台）上安装大量的 DoS 服务程序，这些程序等待攻击命令，一旦收到命令，这些计算机上的程序便会对特定的网站服务器发送大量的网络访问请求，形成 DoS 洪流，猛烈地攻击同一个网站。一旦遭受这种攻击后，网站服务器就无法及时处理正常的访问请求，从而导致系统瘫痪或崩溃。

13.3.1 利用“雪花 DDoS 攻击器”实现 DDoS 攻击

“雪花 DDoS 攻击器”是一款比较出名的 DDoS 攻击器，它的功能十分强大。与所有 DDoS 攻击器一样，黑客首先会利用“雪花 DDoS 攻击器”生成服务端程序，让大量的计算机运行该服务端程序，从而让这些计算机被黑客所控制。然后再利用“雪花 DDoS 攻击器”发起 DoS 攻击，即可实现 DDoS 攻击。

STEP01：启动“雪花 DDoS 攻击器”

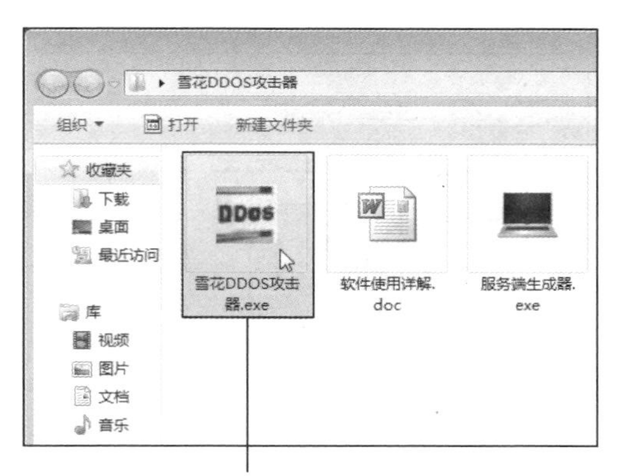

下载并解压“雪花 DDoS 攻击器”，在解压后的文件夹中双击攻击器快捷图标。

STEP02：单击“端口设置”按钮

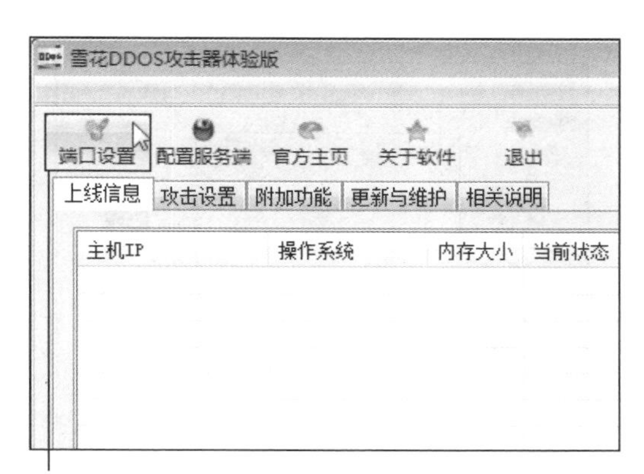

打开程序主界面，在顶部工具栏中单击“端口设置”按钮。

STEP03：设置端口

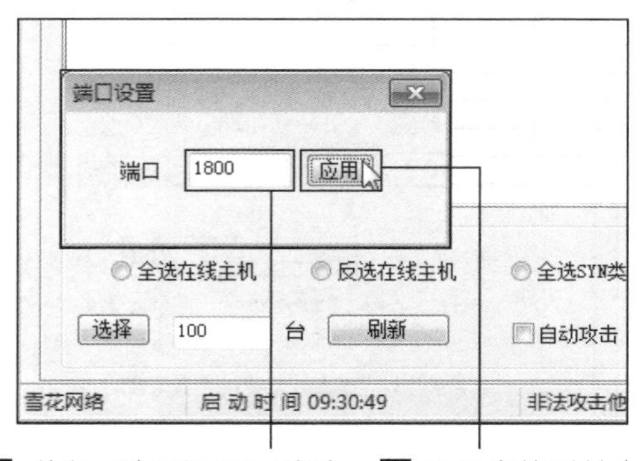

01 弹出“端口设置”对话框，设置端口号为 1800。

02 设置完毕后单击“应用”按钮。

STEP04：记录本地计算机的 IP 地址

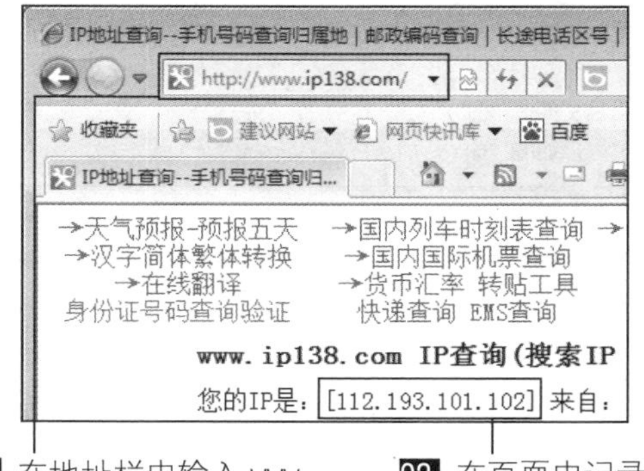

01 在地址栏中输入 www.ip138.com 后按【Enter】键。

02 在页面中记录本地计算机的 IP 地址。

STEP05：启动服务端生成器

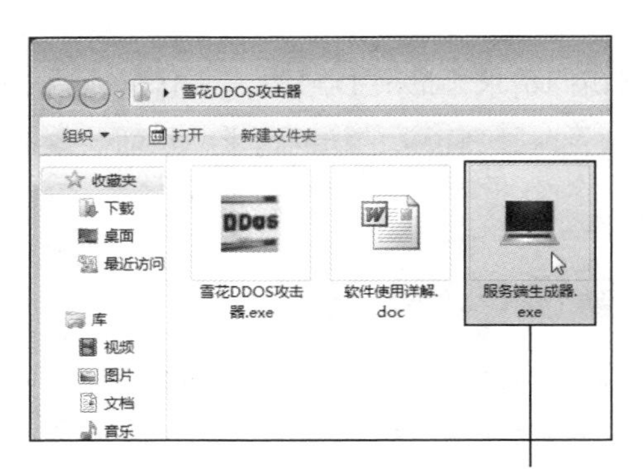

打开解压后的文件夹，双击“服务端生成器”快捷图标。

STEP06：配置服务端程序

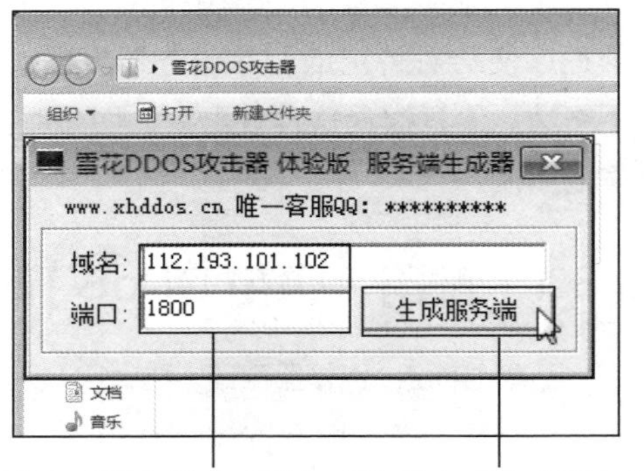

01 弹出“服务端生成器”对话框，输入本地计算机的 IP 地址和端口号。

02 单击“生成服务端”按钮。

STEP07：成功生成服务端

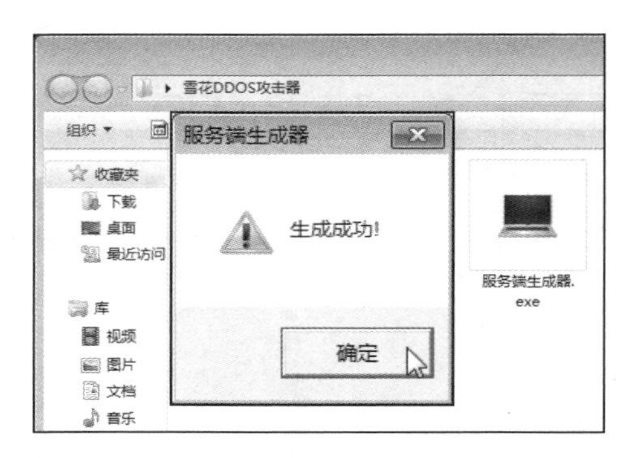

弹出对话框，提示用户服务端程序生成成功，单击“确定”按钮。

STEP08：查看生成的服务端程序

此时可在解压后的文件夹中看见生成的服务端程序。

STEP09：查看运行服务端程序的计算机

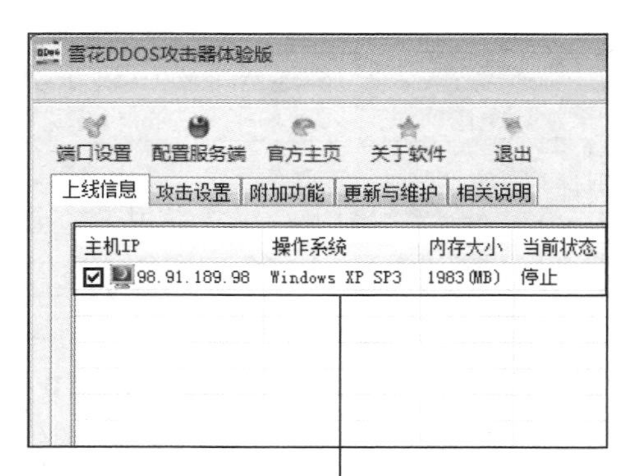

一旦其他计算机运行配置的服务端程序，则在本地计算机中可看见目标计算机的 IP 地址、系统和内存等信息。

STEP10：DDoS 攻击设置

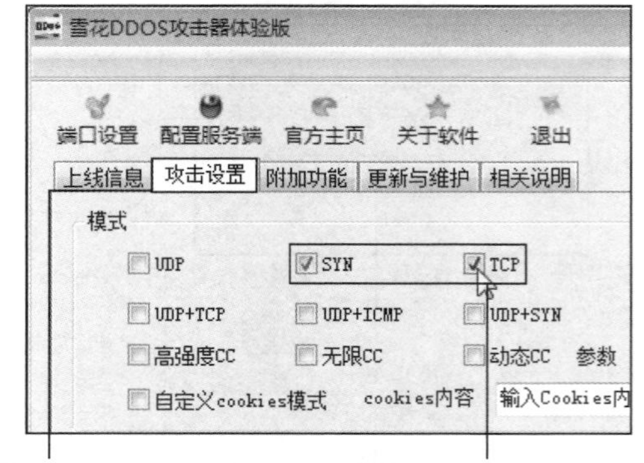

01 切换至“攻击设置”选项卡。

02 选择攻击模式，如选择 SYN 和 TCP 攻击。

STEP11：设置目标网址

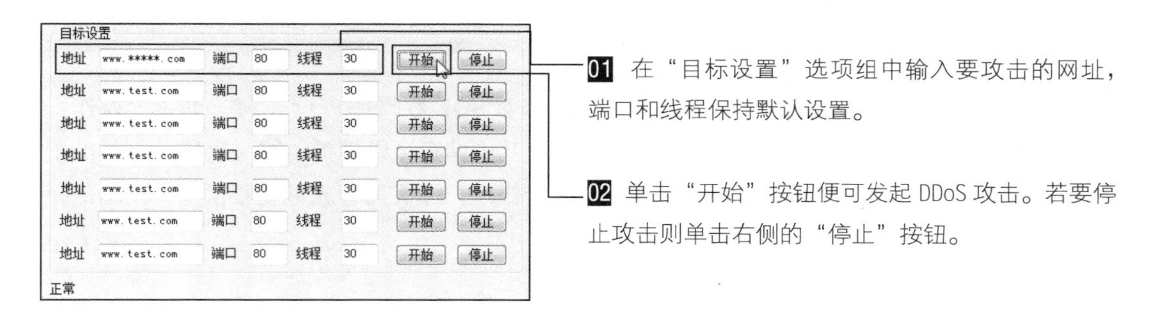

13.3.2 防范 DDoS 攻击的常用措施

防范 DDoS 攻击的常用措施主要有 4 种：定期扫描漏洞，配置防火墙，利用足够的计算机承受黑客攻击和充分利用网络设备保护网络资源。

1. 定期扫描漏洞

定期扫描是指定期扫描现有的网络主节点以及服务器，清查可能存在的漏洞并及时处理新出现的漏洞。网络主节点的计算机具有较高的带宽，因此它将会是黑客最可能利用的位置。因此需要加强对这些计算机进行扫描操作。

2. 配置防火墙

防火墙本身具有抵御 DDoS 攻击的能力，在发现受到攻击的时候，可以将攻击引导至一些无用的主机，以达到保护真正主机不被攻击的目的。当然，这些无用的主机可以选择安装有 Linux 或 UNIX 等系统（Linux 和 UNIX 系统具有漏洞少和天生防范攻击能力强的特点）的计算机。

3. 利用足够的计算机承受黑客攻击

利用足够的计算机承受黑客攻击是一种较为理想的应对策略。如果拥有足够的容量和足够的资源应对黑客攻击，在它不断访问用户、夺取用户资源之时，它自己的能量也在逐渐耗尽，或许还没等服务器被攻破，黑客已无力支撑而失败了。不过此方法需要投入的资金比较多，平时大多数设备处于空闲状态，不符合目前中小企业网络实际运行情况。

4. 充分利用网络设备保护网络资源

网络设备通常是指路由器、防火墙等负载均衡设备，它们可以有效地保护局域网。当网络被攻击时最先死机的是路由器，但其他服务器不会死机。已经死机的路由器经重启后就会恢复正常，而且它启动速度较快且没有什么损失。但若其他服务器死机，则会导致其中的数据丢失，并且重启服务器需要花费较长的时间。若一个公司使用了负载均衡设备，那么当一台路由器被攻击而导致死机时，另一台路由器将会继续工作，从而在最大程度上削弱了 DDoS 攻击的能量。

13.4 SQL注入攻击

SQL 注入简单来说就是利用 SQL 语句在外部对 SQL 数据库进行查询、更新等操作。首先，数据库作为一个网站最重要的组成部分之一，其中储存了管理员的账号密码、网站的配备内容等重要信息，一旦里面的数据被黑客获得或者修改，那么黑客就可能获得整个网站的控制权。黑客常用的注入工具有“啊 D”、NBSI 等。

13.4.1 使用“啊 D”实现 SQL 注入攻击

“啊 D”是常用的注入工具之一，黑客利用该工具可获取某些网站的管理员账户和密码，从而以管理员的身份对网站进行注意的操作。

STEP01：启动“啊 D 注入工具”程序

下载后解压“啊 D 注入工具”，在解压后的文件夹中双击对应的快捷图标。

STEP02：打开要检测的页面

01 打开程序主界面，在顶部输入要扫描的网址。

02 输入完毕后单击“打开网页”按钮。

STEP03：注入检测可用注入点

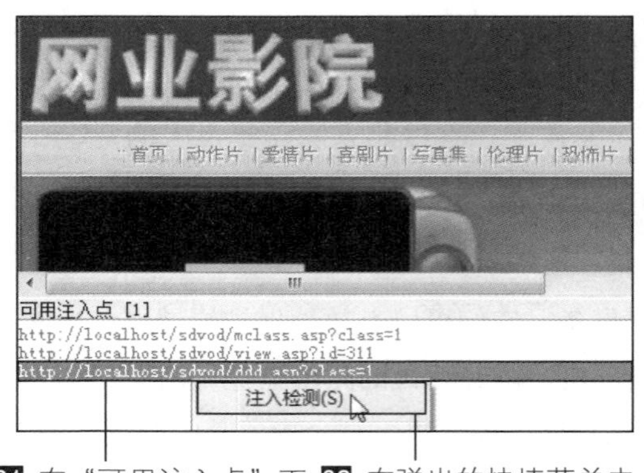

01 在“可用注入点”下方右击可用的注入点。

02 在弹出的快捷菜单中单击“注入检测”命令。

STEP04：单击“检测”按钮

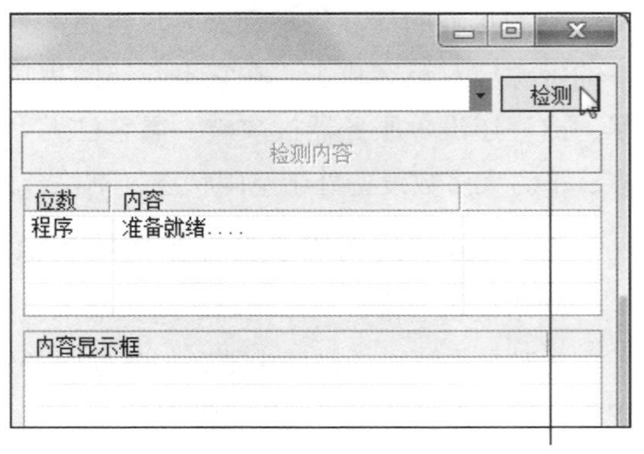

切换至新的界面，在右上角单击“检测”按钮。

STEP05：检测选中的字段

01 单击“检测表段”按钮，检测可用字段，然后选中ADMIN字段。

02 在右侧单击“检测字段”按钮。

STEP06：检测选中字段的内容

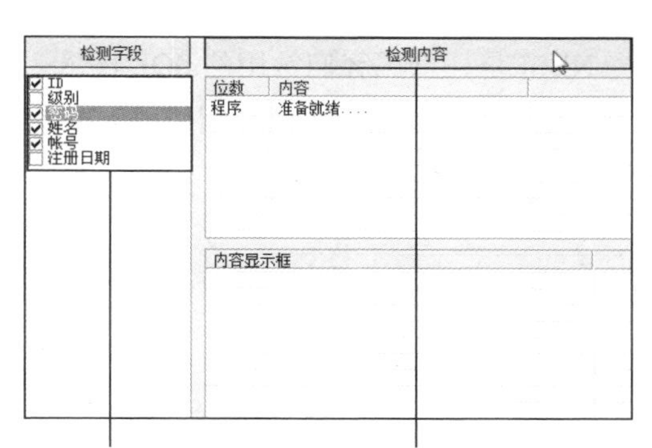

01 选中要检测的字段，如选择ID、密码、姓名、账号等。

02 选中后单击“检测内容”按钮。

STEP07：查看检测的内容

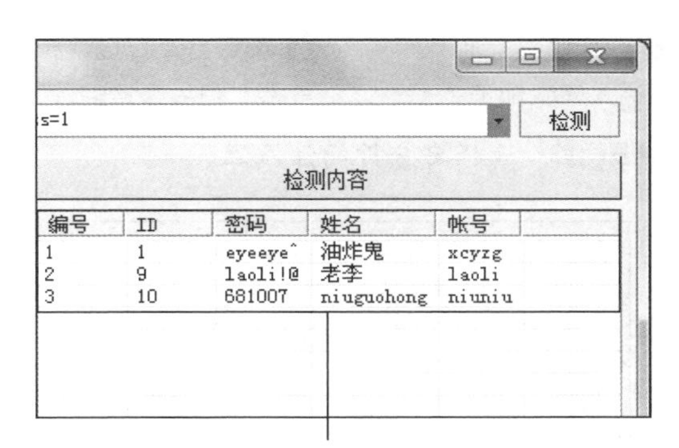

编号	ID	密码	姓名	帐号
1	1	eyeeye^	油炸鬼	xcyzg
2	9	laoli!@	老李	laoli
3	10	681007	niuguohong	niuniu

耐心等待一段时间后可看见检测出的ID、密码、姓名和账号信息。

STEP08：用IE打开连接

01 单击“检测管理入口”按钮。

02 右击要打开的链接，在弹出的快捷菜单中单击“用IE打开连接”命令。

STEP09：输入账号和密码

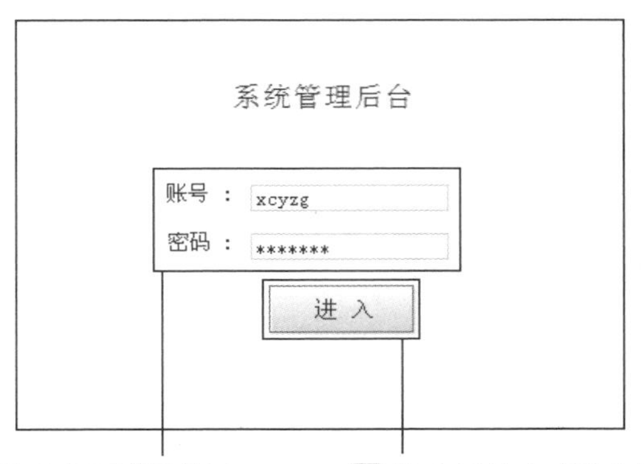

01 在打开的页面中输入账号和密码。

02 输入后单击“进入”按钮。

STEP10：登录成功

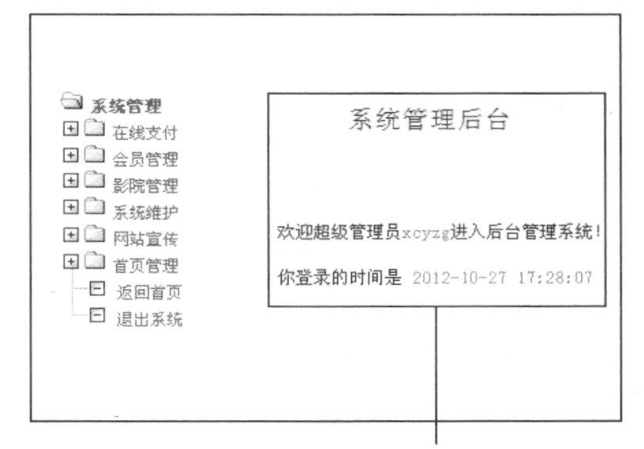

可看见登录成功的页面，此时便可在后台对该网站进行管理，即成功入侵。

13.4.2 使用 NBSI 实现 SQL 注入攻击

NBSI 是一款黑客们常用的 SQL 注入工具，它不仅能够实现 SQL 注入攻击，而且还能检测网站中存在的漏洞。下面介绍使用 NBSI 实现 SQL 注入攻击的操作方法。

STEP01：运行 NBSI 程序

下载并解压 NBSI 后，在解压后的文件夹中双击 NBSI 快捷图标。

STEP02：全面扫描指定网站

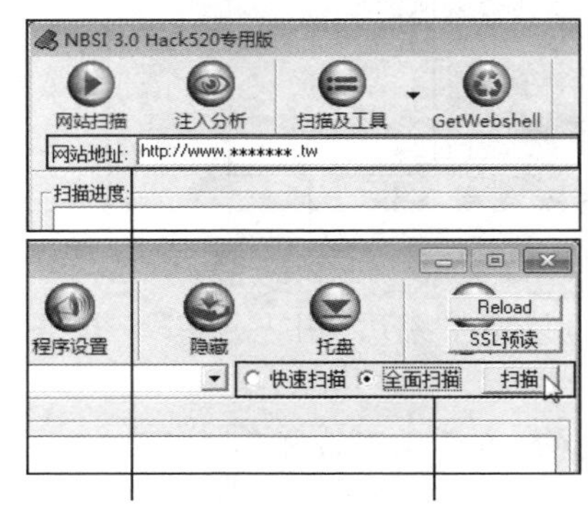

01 在程序主界面中输入网站地址。

02 设置全面扫描，单击“扫描”按钮。

STEP03：查看网页中存在的注入点

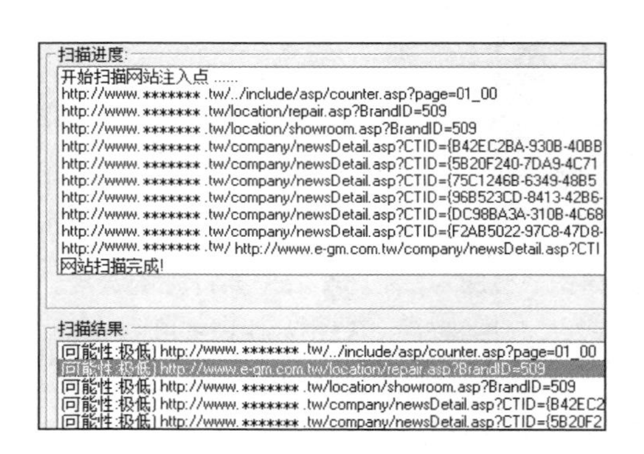

当界面显示“网站扫描完成”信息时，即可看见该网站中存在的注入点。

STEP04：选择要分析的注入点

01 在“扫描结果”中选择注入点。

02 单击“注入分析”按钮。

STEP05：检测注入点

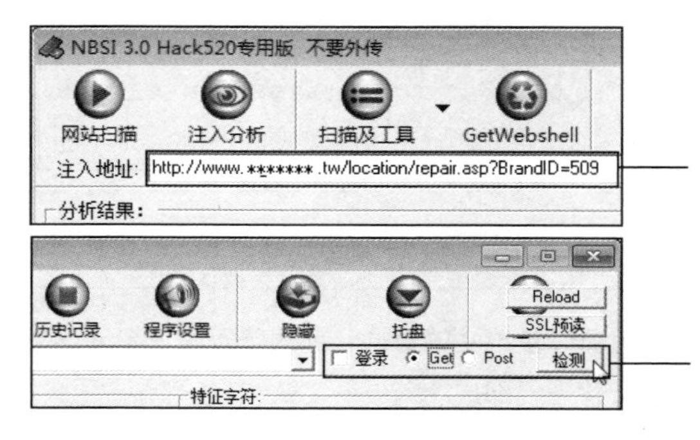

01 切换至“注入分析”界面，确认所选的网站注入点。

02 无误后在右侧单击“检测”按钮，开始检测所选的注入点。

STEP06：选择猜解表名

检测完毕后在“已猜解表名”下方单击“猜解表名”按钮。

STEP07：单击“确定”按钮

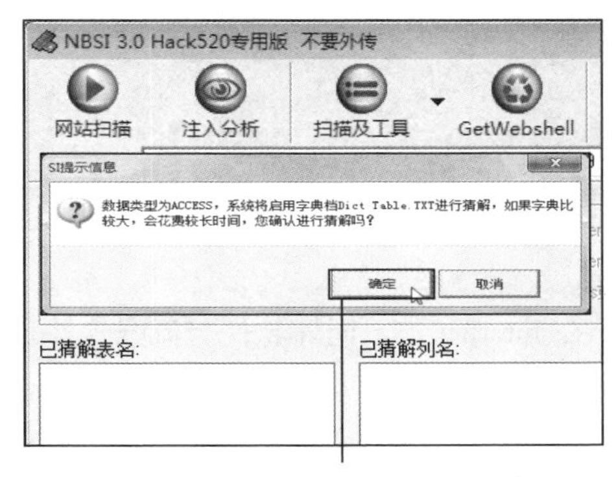

弹出对话框，询问用户是否确认进行猜解，单击“确定”按钮。

STEP08：获取网站的用户名和密码

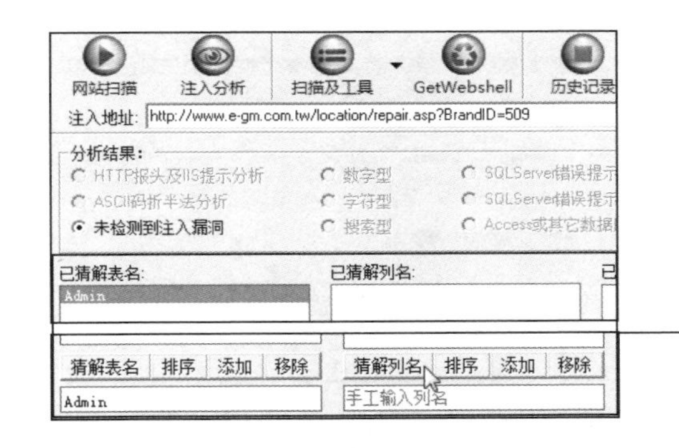

单击“猜解列名”按钮，在“已猜解列名”列表框中显示猜解出的列名。找出与用户信息相近的列表继续猜解，猜解完毕后选中任一猜解出的用户名和密码在网页中登录即可。

提示：防范SQL注入攻击

由于SQL注入攻击是因网站中存在可注入站点而造成的，而这些可注入站点可以说是网站服务器中潜在的漏洞，若要防范SQL注入攻击，不仅要安装防火墙以防范黑客发起SQL注入攻击，而且还要及时修补服务器中存在的漏洞。

第14章 防范流氓与间谍软件

在 Internet 中，间谍软件与流氓软件是一类危及计算机安全的软件。这类软件的破坏性虽然没有病毒那么大，但是这类软件是被强制安装到操作系统中，并且随时检测系统中的个人隐私信息，因此用户需要学会防范这两类软件，确保计算机的绝对安全。

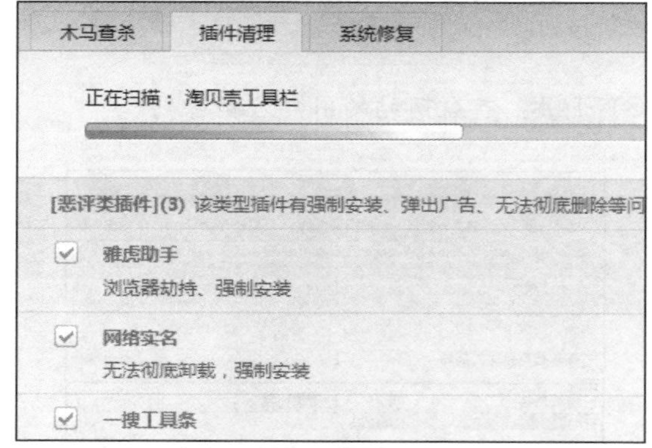

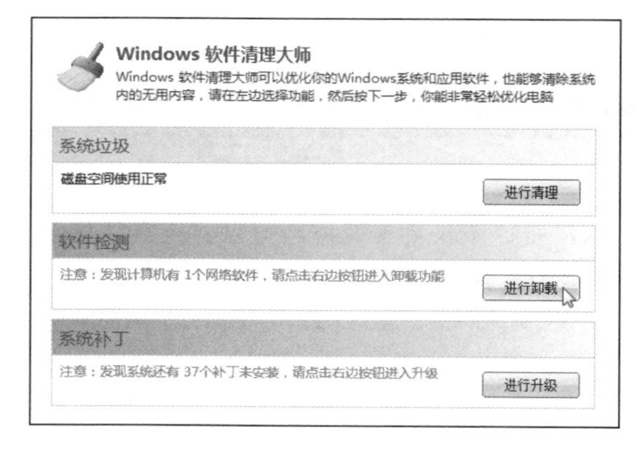

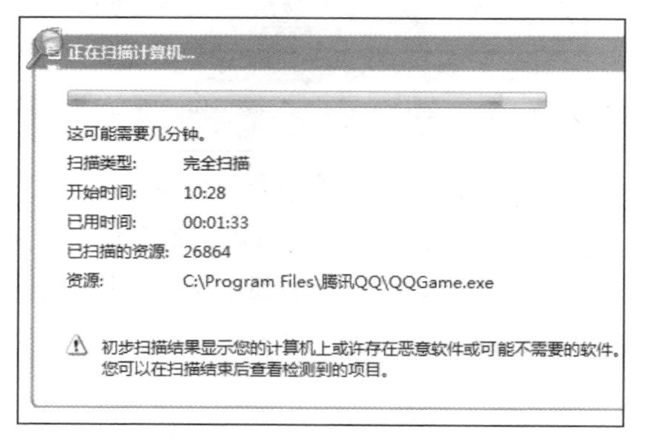

知识要点

- 认识流氓软件
- 认识间谍软件
- 使用“瑞星安全助手”清理流氓软件
- 使用“金山卫士”清理流氓软件
- 使用 Windows Defender 清除间谍软件

14.1 认识流氓软件与间谍软件

流氓软件与间谍软件是两类对计算机有着重大威胁的软件，它们都会在用户不察觉的情况下被安装到系统中，然后在系统中搜集用户的隐私信息，并将它们传送出去。本节将为用户详细介绍这两类软件的相关内容。

14.1.1 认识流氓软件

流氓软件是一类介于病毒和正常应用程序之间的软件，这类软件机既会导致用户在上网时不断地打开大量网页，又会在浏览器中添加许多工具条。当计算机出现这些症状时，则很有可能是系统中被安装了流氓软件。流氓软件不会影响计算机的正常使用，它只是在用户启动IE浏览器时弹出网页，达到广告宣传的目的。

常见的流氓软件具有以下4种特征：强行或秘密入侵用户计算机，强行弹出含有广告的网页以此获取商业利益，偷偷监视用户计算机（记录用户上网习惯和窃取账户密码），强行劫持浏览器或搜索引擎，导致用户无法正常浏览网页。

14.1.2 认识间谍软件

间谍软件是一类能够在用户不知情的情况下，在系统中安装后门、收集用户个人信息的软件。“间谍软件”可以说是一个灰色区域，它没有一个明确的定义，只要是从计算机中收集信息，并在未得到计算机用户许可下传递所收集信息的第三方软件都可被称为间谍软件，主要包括监视击键，搜集个人信息，获取电子邮件地址，跟踪浏览习惯等软件。

大多数间谍软件不仅包括广告软件、色情软件和风险软件，而且还包括许多木马程序，如Backdoor Trojans、Trojan Proxies和PSW Trojans等。这些程序早在许多年前第一个AOL密码盗取程序出现时就已经存在，只是当时还没有“间谍软件”的说法。

14.2 清除与防范流氓软件

流氓软件由于是在用户不知情的情况下被安装到系统中的，因此普通的计算机用户可能无法用肉眼观察到系统中是否存在流氓软件，此时就需要使用专业的查杀软件进行扫描并清除。本节将介绍使用“瑞星安全助手”、“金山卫士”以及“Windows流氓软件清理大师”3款软件清理流氓软件的操作方法。

14.2.1 使用“瑞星安全助手”清理流氓软件

“瑞星安全助手”是一款功能十分强大的上网类辅助软件，由瑞星公司研发。它不仅具有漏洞修复、数据加密以及系统垃圾清理等功能，而且还能清除系统中的流氓软件。下面介绍使用“瑞星安全助手”清理流氓软件的操作方法。

STEP01：双击“瑞星安全助手”

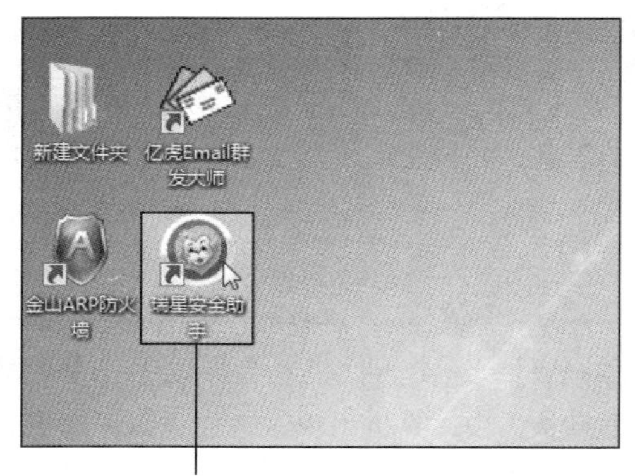

下载并安装“瑞星安全助手”后，在桌面上双击“瑞星安全助手”快捷图标。

STEP02：检查更新软件版本

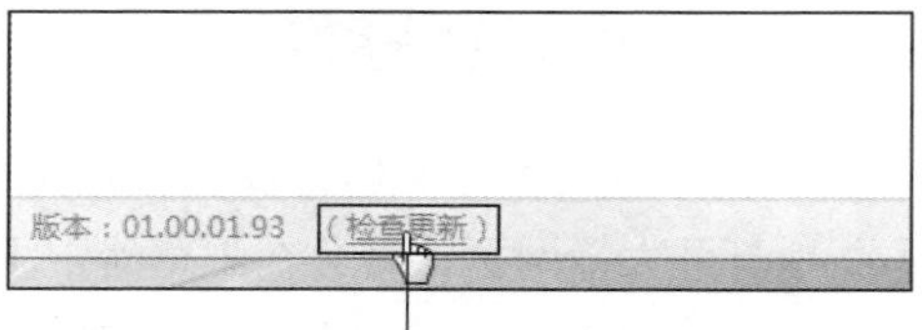

打开程序主界面，在底部单击“检查更新”链接。

STEP03：正在下载升级文件

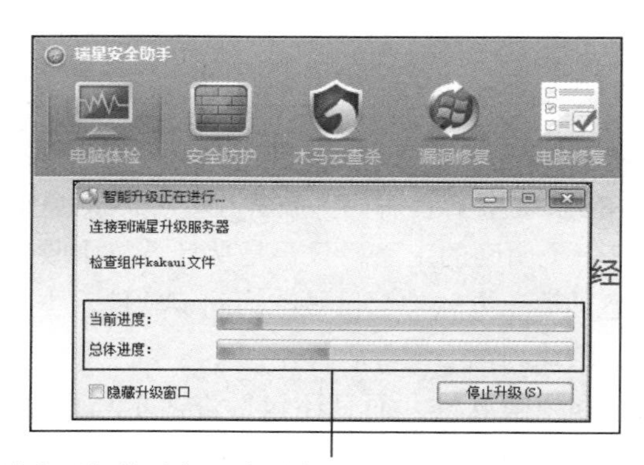

弹出“智能升级正在进行…”对话框，此时可看见下载升级文件的当前进度和总体进度。

STEP04：安装升级文件

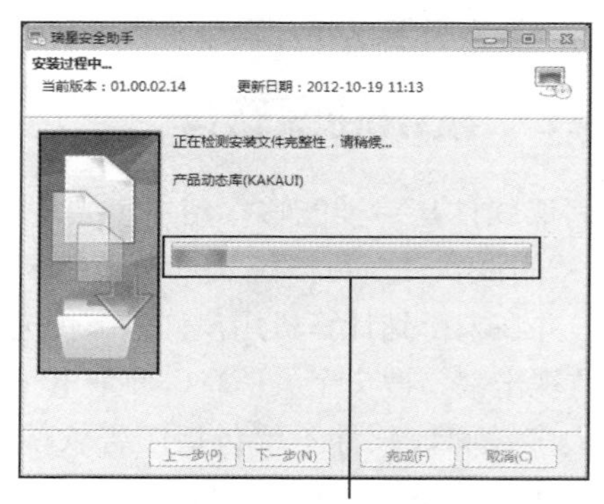

弹出“瑞星安全助手”对话框，界面正在显示安装升级文件的进度，耐心等待。

STEP05：完成升级

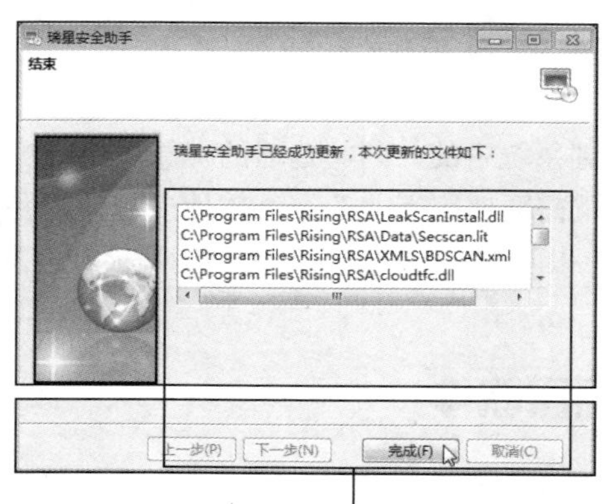

切换至新的界面，此时可看见本次更新的文件。单击“完成”按钮，完成软件的升级。

STEP06：单击“电脑修复”按钮

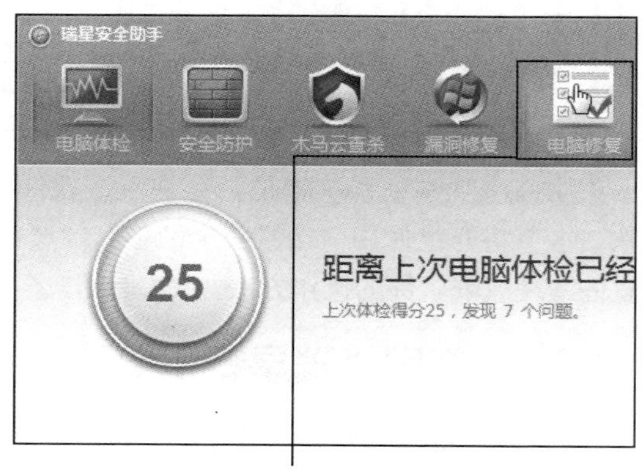

返回“瑞星安全助手”主界面，在顶部单击“电脑修复”按钮。

STEP07：查看扫描出的插件

检测项目	
修复IE扩展按钮 （扫描完成，发现 1 处异常项）	清除IE工具栏中的扩展按钮，
IE浏览器上的额外按钮 [雅虎助手]	详情
文件关联修复 （扫描完成，发现 1 处异常项）	修复文件关联，确保EXE等常
TXT文件关联	详情
系统相关项 （扫描完成，发现 1 处异常项）	修复系统的安全隐患
windows文件保护功能	详情
桌面图标 （扫描完成，未发现异常项）	修复与"我的电脑""网上邻居"
修复桌面NameSpace （扫描完成，未发现异常项）	修复桌面NameSpace，删除
修复IE图标 （扫描完成，未发现异常项）	清除修复IE图标，确保IE的相
清除桌面恶意快捷方式 （扫描完成，未发现异常项）	清除指向网址的快捷方式图标
扫描快速启动栏中的恶意网址 （扫描完成，未发现异常项）	清除快速启动栏中的恶意网址

程序自动扫描系统，扫描完毕后可看见系统中的所有插件。

STEP08：选择立即修复

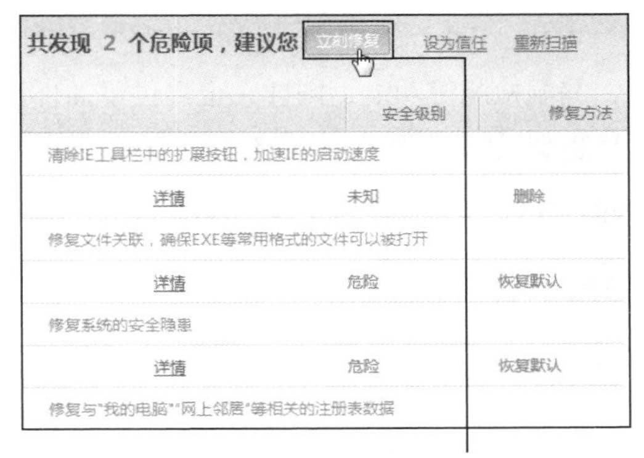

程序自动选择对系统有威胁的插件，单击"立即修复"按钮。

STEP09：选择重新扫描

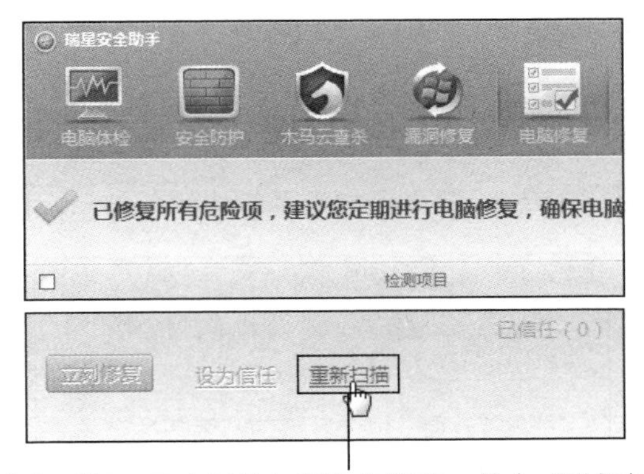

修复后提示用户已修复所有危险项，单击"重新扫描"链接。

STEP10：查看扫描的结果

系统扫描完成！共扫描了 364 个系统位置，没有发现危险项。

检测项目	
桌面图标 （扫描完成，未发现异常项）	修复与"我的电脑"
修复桌面NameSpace （扫描完成，未发现异常项）	修复桌面NameS
修复IE图标 （扫描完成，未发现异常项）	清除修复IE图标
清除桌面恶意快捷方式 （扫描完成，未发现异常项）	清除指向网址的快
扫描快速启动栏中的恶意网址 （扫描完成，未发现异常项）	清除快速启动栏中
扫描开始菜单中的恶意网址 （扫描完成，未发现异常项）	清除开始菜单中的
修复IE扩展按钮 （扫描完成，未发现异常项）	清除IE工具栏中的

扫描完毕后提示用户未发现危险项，即成功清理流氓软件。

提示：开启"瑞星安全助手"的安全防护

"瑞星安全助手"提供了安全防护的功能，该功能可以实时监控系统，保证系统处于相对安全的环境。具体操作为：在"安全防护"选项下开启"系统安全体系监控"和"系统漏洞监控"功能，若要开启"恶意网站访问监控"功能，则系统中必须安装瑞星个人防火墙；若要开启"恶意文件实时监控"功能，则系统中必须安装瑞星杀毒软件。

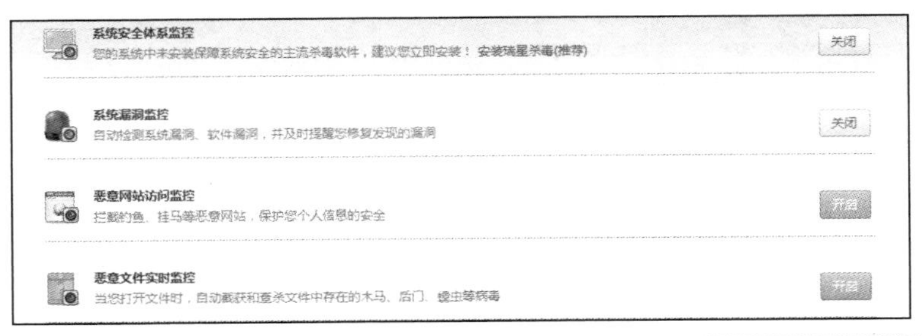

14.2.2 使用“金山卫士”清理流氓软件

“金山卫士”是一款由金山网络技术有限公司推出的安全类软件，该软件提供了木马查杀、漏洞检测等功能，同样它也提供了插件清理的功能，只要清理了这些插件，系统中的流氓软件也就被清理了。

STEP01：启动“金山卫士”程序

下载并安装“金山卫士”后，在桌面上双击“金山卫士”快捷图标。

STEP02：选择开始扫描

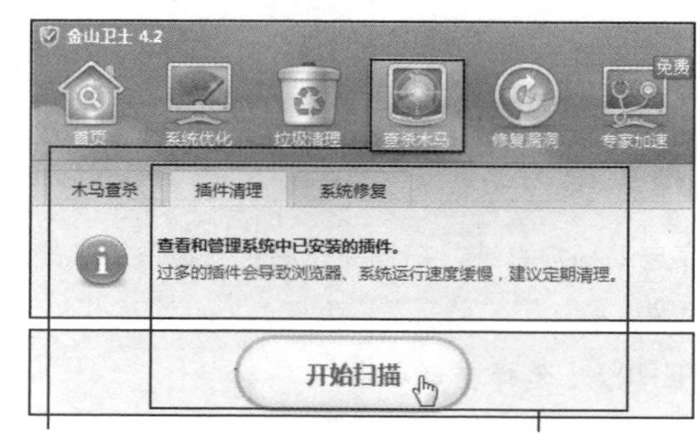

01 打开程序主界面，单击“查杀木马”按钮。

02 在“插件清理”选项卡中单击“开始扫描”按钮。

STEP03：正在扫描插件

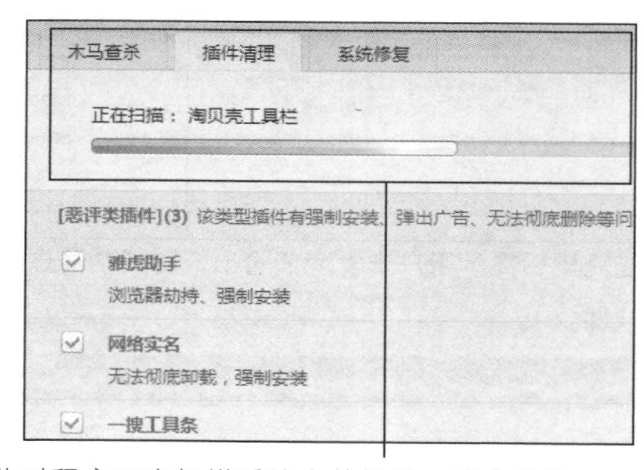

此时程序正在扫描系统中的插件，耐心等待。

STEP04：立即清理扫描出的插件

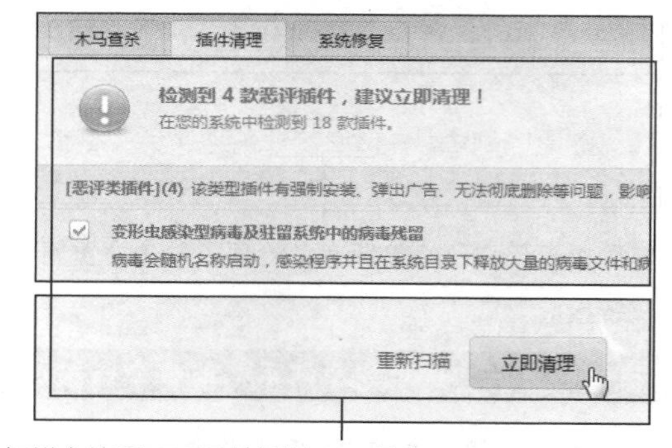

扫描完毕后可看见检测结果，单击“立即清理”按钮。

STEP05：确定关闭 Explorer

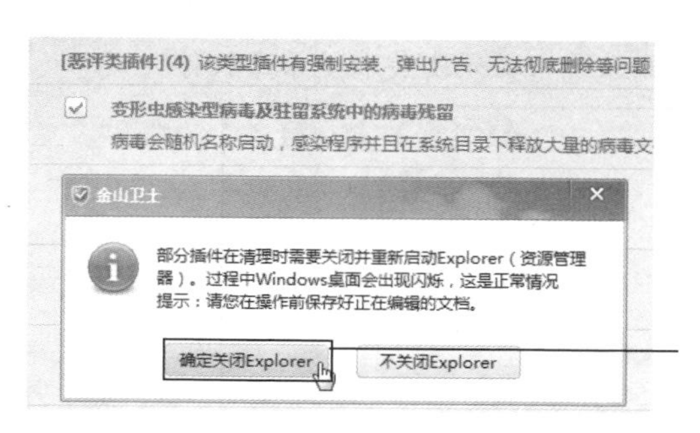

在清理的过程中弹出“金山卫士”对话框，提示用户部分插件需要关闭Explorer进程后方可成功清理。单击“确定关闭Explorer”按钮。

STEP06：选择立即重启

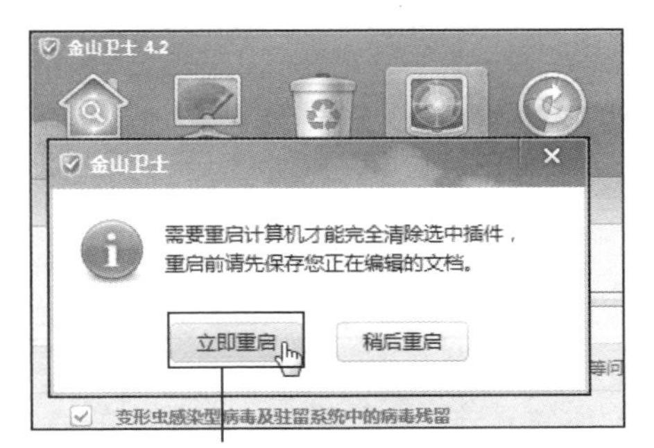

清理完毕后弹出“金山卫士”对话框，提示用户需要重启计算机才能完全清除选中插件。单击“立即重启”按钮。

STEP07：成功清理插件

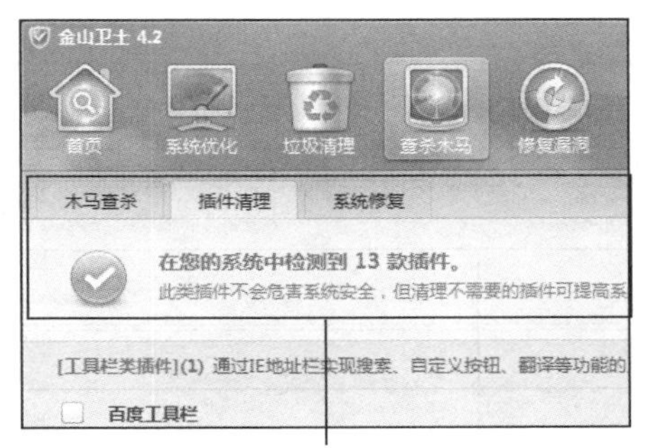

重启计算机后重新启动金山卫士，再次检测插件后可看见界面提示并未在系统中检测到恶评插件。

14.2.3 使用“Windows流氓软件清理大师”清理流氓软件

“Windows 流氓软件清理大师”是一款完全免费的系统维护工具，它能够检测、清理已知的大多数广告软件、工具条和流氓软件。使用“Windows 流氓软件清理大师”清理流氓软件比较简单，启动该软件后，软件会自动检测系统中的流氓软件，用户只需确认清理即可。

STEP01：启动流氓软件清理大师程序

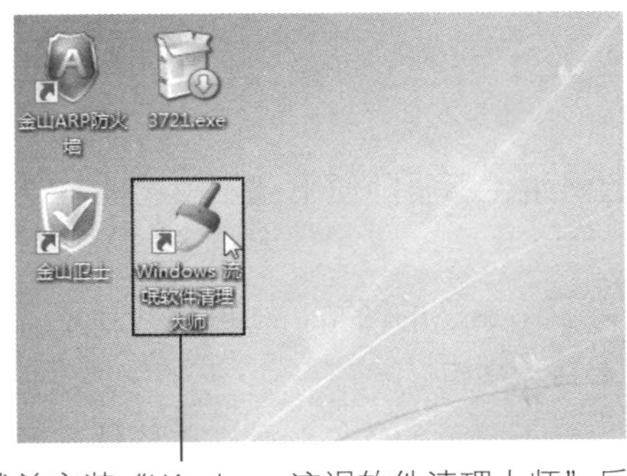

下载并安装“Windows流氓软件清理大师”后，在桌面上双击对应的快捷图标。

STEP02：选择进行卸载

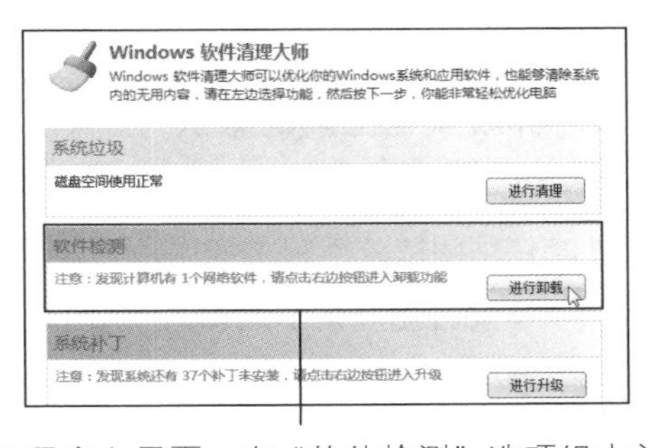

打开程序主界面，在“软件检测”选项组中单击“进行卸载”按钮。

STEP03：选择卸载IE插件

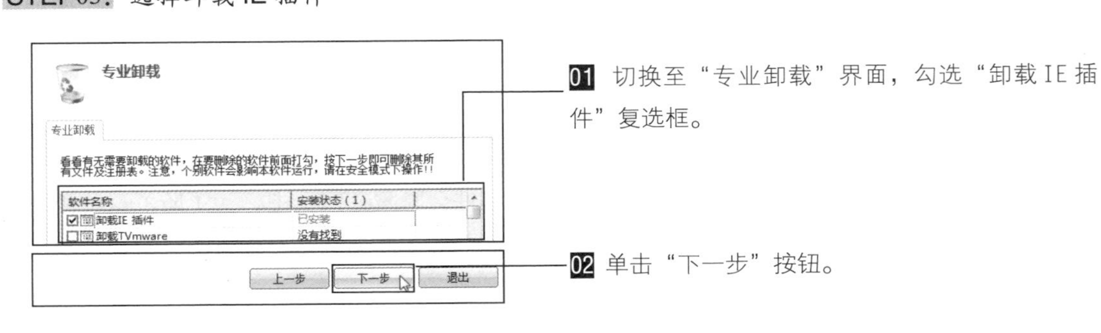

01 切换至“专业卸载”界面，勾选“卸载IE插件”复选框。

02 单击“下一步”按钮。

STEP04：选择要删除的 IE 插件

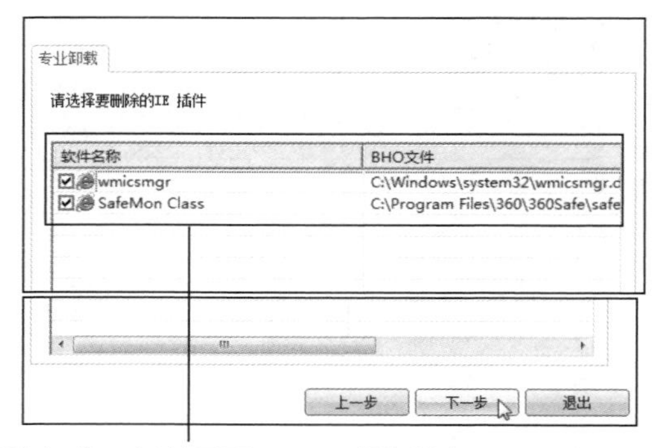

01 切换至新的界面，选择删除所有 IE 插件。

02 单击“下一步”按钮。

STEP05：清除完毕

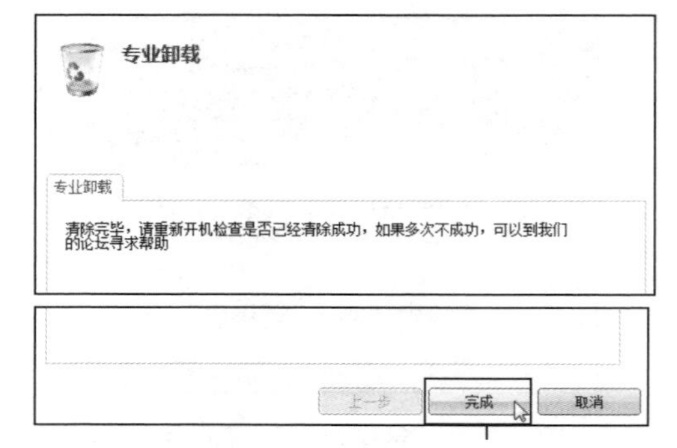

切换至新的界面，提示用户清除完毕。单击“完成”按钮退出。

14.2.4 防范流氓软件的常用措施

由于存在着巨大的利益价值，因此大多数流氓软件都会想尽一切办法来隐藏自己不被发现，并且不断地推陈出新，这就使得专业的查杀软件并不能彻底清除系统中存在的所有流氓软件。因此用户必须掌握防范流氓软件的常用措施，才能使自己的计算机尽量不遭受流氓软件的入侵。防范流氓软件的常见措施有：养成安全上网的意识，及时安装系统补丁和定期检查 Windows 注册表信息。

1. 养成安全上网的意识

养成安全上网的意识是指不要轻易登录不熟悉的网站，不要随便下载不熟悉的软件，安装软件时仔细阅读软件附带的用户协议及使用说明。

（1）不要轻易登录不熟悉的网站：若用户轻易登录了不熟悉的网站，很可能会导致系统遭受网页中脚本病毒、木马的入侵，从而在系统中隐藏木马和病毒。

（2）不要随便下载不熟悉的软件：如果下载一些自己不熟悉的软件，则这些软件有可能捆绑了流氓软件，捆绑了流氓软件的正常软件是很难用肉眼察觉的。

（3）安装软件时仔细阅读软件附带的用户协议及使用说明：有些软件在安装的过程中会询问用户是否要安装流氓软件（如某网站下的 3721 网络实名）并且默认处于选中状态。如果用户不认真看提示信息，就会在无意中安装了流氓软件。

2. 及时安装系统补丁

在计算机中安装操作系统后，用户应及时为系统安装漏洞补丁，以避免被某些流氓软件利用已知的漏洞入侵自己的计算机。由于某些流氓软件会隐藏在网页中，为了防范这些流氓软件，用户可以选择使用安全系数较高的第三方浏览器，如 360 浏览器、火狐浏览器、遨游浏览器等，这些浏览器都能够自动识别含有流氓软件的网页。

3. 定期检查Windows注册表信息

流氓软件一旦被成功地安装在系统中，就会将一些信息写入 Windows 注册表，具体的位置是 HKEY_LOCAL_MACHINE\SOFTWARE\Microsoft\Windows\CurrentVersion\Run 子键。如果查看 Run 子键中存在一些陌生的程序键值，则很可能是流氓软件创建的，就需要删除该键值，并用专业的查杀软件扫描系统。

14.3 使用 Windows Defender 清除间谍软件

间谍软件最大的特点就是在用户不知情的情况下安装到系统中，即使掌握一定计算机技术的用户都可能会被间谍软件所欺骗。基于如此，用户需要使用专业的查杀软件来清除系统中的间谍软件，以确保系统和用户个人信息的安全。本节将介绍使用 Windows Defender 清除间谍软件的操作方法。

STEP01：单击“控制面板”命令

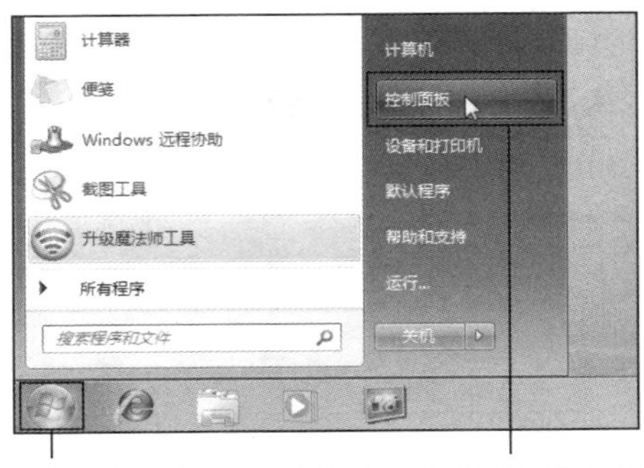

01 在桌面左下角单击“开始”按钮。

02 在弹出的“开始”菜单中单击“控制面板”命令。

STEP02：选择 Windows Defender

01 打开“控制面板”窗口，设置查看方式为“大图标”。

02 单击 Windows Defender 链接。

STEP03：选择完全扫描

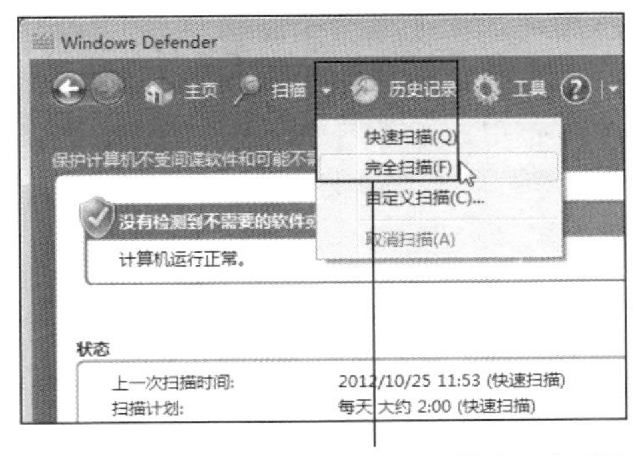

打开 Windows Defender 主界面，单击“扫描”右侧下三角按钮，在展开的下拉列表中单击“完全扫描”选项。

STEP04：正在扫描计算机

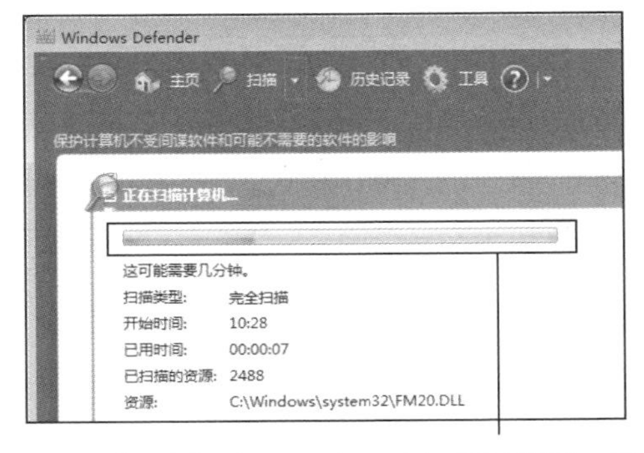

切换至新的界面，提示用户正在扫描计算机，用户可在界面中看见扫描的进度，耐心等待。

STEP05：提示存在间谍软件

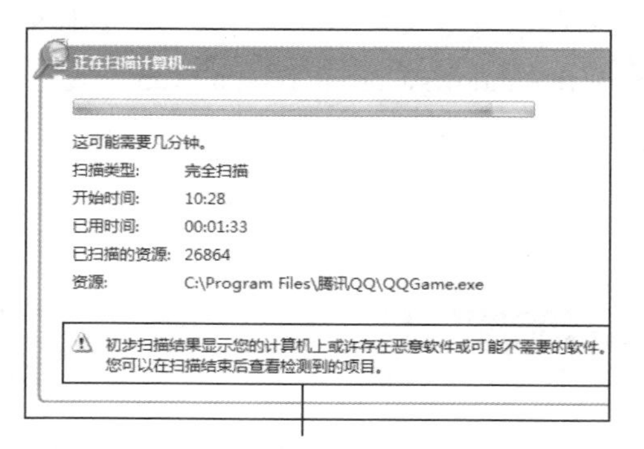

在扫描的过程中，如果系统中存在间谍软件，则会在界面中显示提示信息。

STEP06：复查检测到的项目

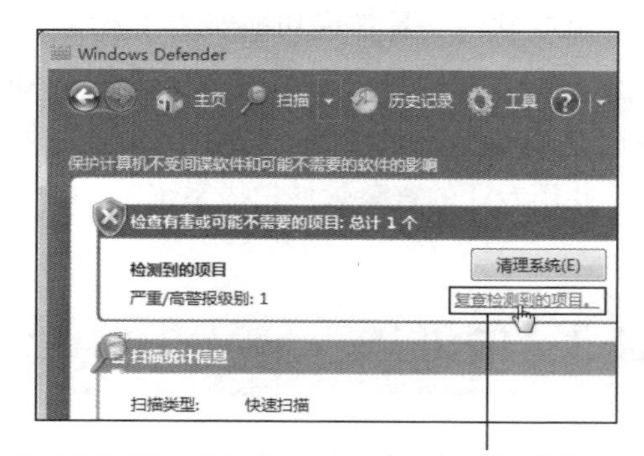

扫描完毕后返回Windows Defender主界面，提示用户检测到有害的软件，单击“复查检测到的项目”链接。

STEP07：选择删除检测到的项目

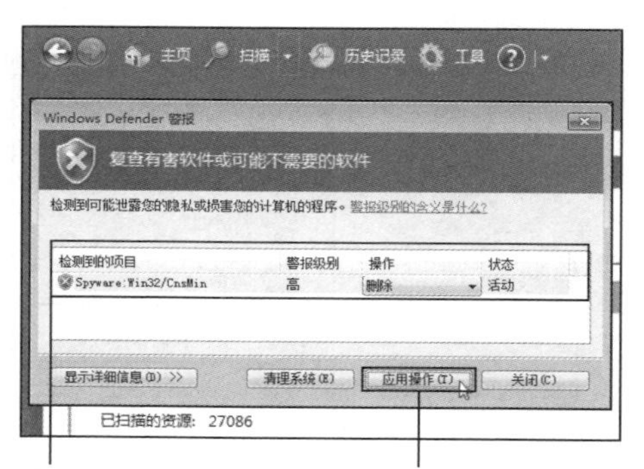

01 弹出对话框，设置操作为“删除”。

02 单击“应用操作”按钮。

STEP08：删除成功

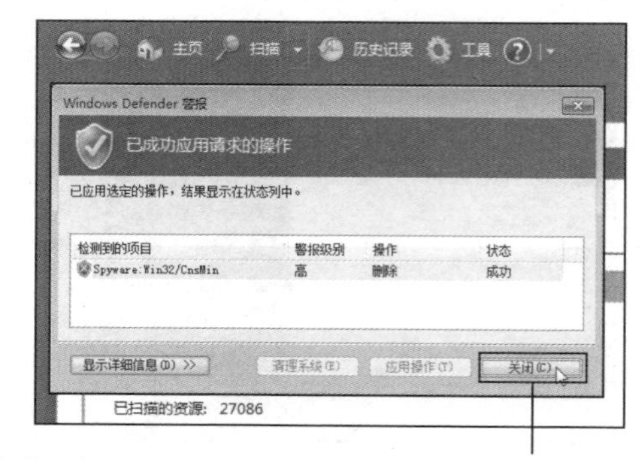

清除后提示用户“已成功应用请求的操作”，单击“关闭”按钮关闭对话框即可。

提示：防范间谍软件

清除间谍软件可以通过Windows Defender实现，而防范间谍软件则需要用户掌握常用的措施，由于间谍软件可以说是流氓软件中的一种，因此防范间谍软件的常用措施可以采用防范流氓软件的常用措施，即养成安全上网的意识，并及时安装系统补丁。

第15章 计算机安全防护设置

计算机的安全直接影响着个人信息的安全，因此若要保证个人信息处于一个安全性较高的环境中，则需要提高计算机的安全，即进行计算机安全防护设置。该设置可以从3方面进行设置，即系统安全设置，注册表设置及组策略安全设置。

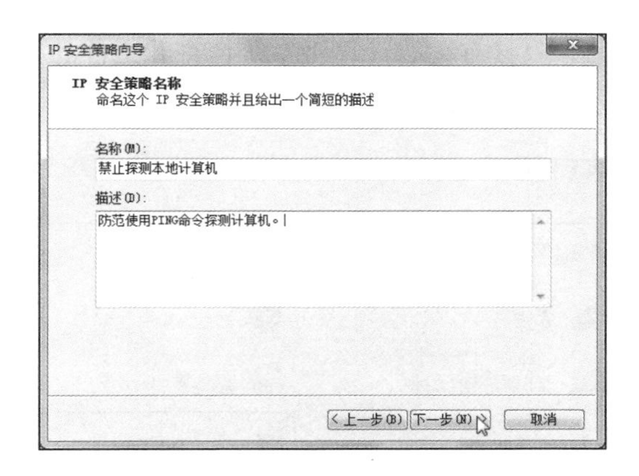

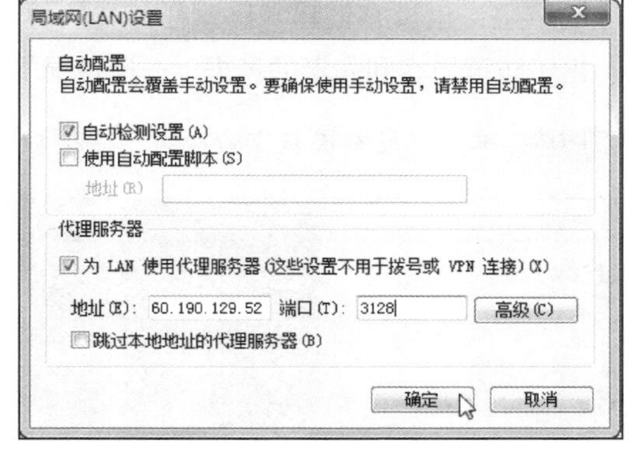

名称	描述	状态	启动类型
Remote Access Auto Connect...	无论什么时候，当某个...		手动
Remote Access Connection ...	管理从这台计算机到 I...		手动
Remote Desktop Configurati...	远程桌面配置服务(RD...		手动
Remote Desktop Services	允许用户以交互方式连...		手动
Remote Desktop Services Us...	允许为 RDP 连接重定...		手动
Remote Packet Capture Prot...	Allows to capture tr...		手动
Remote Procedure Call (RPC)	RPCSS 服务是 COM ...	已启动	自动
Remote Procedure Call (RPC)...	在 Windows 2003 和...		手动
Remote Registry	使远程用户能修改此计...		禁用
Routing and Remote Access	在局域网以及广域网环...		禁用
RPC Endpoint Mapper	解析 RPC 接口标识符...	已启动	自动
Secondary Logon	在不同凭据下启用启动...		手动
Secure Socket Tunneling Prot...	提供使用 VPN 连接到...		手动

名称	类型	数据
(默认)	REG_SZ	(数值未设置)
ComponentizedBuild	REG_DWORD	0x00000001 (1)
CSDBuildNumber	REG_DWORD	0x00004001 (16385)
CSDReleaseType	REG_DWORD	0x00000000 (0)
CSDVersion	REG_DWORD	0x00000000 (0)
Directory	REG_EXPAN...	%SystemRoot%
ErrorMode	REG_DWORD	0x00000001 (1)
NoInteractiveServices	REG_DWORD	0x00000000 (0)
ShellErrorMode	REG_DWORD	0x00000001 (1)
ShutdownTime	REG_BINARY	58 be 44 9e be a5 cd 01
SystemDirectory	REG_EXPAN...	%SystemRoot%\system32

知识要点

- 禁用来宾账户
- 禁止程序在桌面上添加快捷方式
- 设置账户锁定策略
- 利用代理服务器隐藏IP地址
- 关闭默认共享
- 设置用户权限

15.1 系统安全设置

系统安全设置虽然不能保证当前操作系统处于绝对的安全状态，但是它能够在一定程度上防范黑客扫描或者入侵自己的计算机。常见的系统安全设置主要由禁用来宾账户、防止使用Ping 命令探测计算机、利用代理服务器隐藏 IP 地址、设置离开时快速锁定桌面以及配置防火墙。

15.1.1 禁用来宾账户

在 Windows 操作系统中，来宾账户是指让其他人访问计算机系统的特殊账户，该账户的名称为 Guest。Guest 与管理员账户和标准账户不同，该账户既没有修改系统设置和安装应用程序的权限，也没有创建、修改任何文档的权限，它只具有读取计算机系统信息和文件的权限。出于防范黑客和病毒的考虑，一般情况下不推荐使用此账户，即禁用来宾账户。

STEP01：单击“控制面板”命令

01 在桌面左下角单击“开始”按钮。

02 在弹出的“开始”菜单中单击“控制面板”命令。

STEP02：选择用户账户

在“控制面板”窗口中单击“用户账户”链接。

STEP03：管理其他账户

在“更改用户账户”界面中单击“管理其他账户”链接。

STEP04：选择 Guest 账户

在“选择希望更改的账户”界面中选择 Guest 账户，即来宾账户。

STEP05：关闭来宾账户

在“您想更改来宾账户的什么？”界面中单击“关闭来宾账户”链接。

STEP06：成功关闭来宾账户

返回“选择希望更改的账户”界面，可看见“来宾账户没有启用”提示，即禁用它。

15.1.2 防范使用 Ping 命令探测计算机

黑客在攻击目标计算机之前，都会使用 Ping 命令检测目标计算机是否开机，一旦黑客检测到目标计算机已开启，他就会发起入侵攻击。为了防范黑客使用 Ping 命令探测到自己的计算机，用户可以采用两种有效的方法。第一种是创建 IP 安全策略来防范使用 Ping 命令探测计算机；第二种就是通过修改 TTL 值来防范使用 Ping 命令探测计算机。

1. 创建IP安全策略

在 Windows 操作系统中，Ping 命令是通过 ICMP 协议传输来实现的。因此若要防范黑客使用 Ping 命令来探测本地计算机，则可以通过禁用 ICMP 协议来实现。在 Windows 7 系统中，用户可以通过创建 IP 安全策略的方法来禁用 ICMP 协议。

STEP01：单击“运行”命令

01 单击“开始”按钮。

02 在弹出的“开始”菜单中单击“运行”命令。

STEP02：输入 mmc 命令

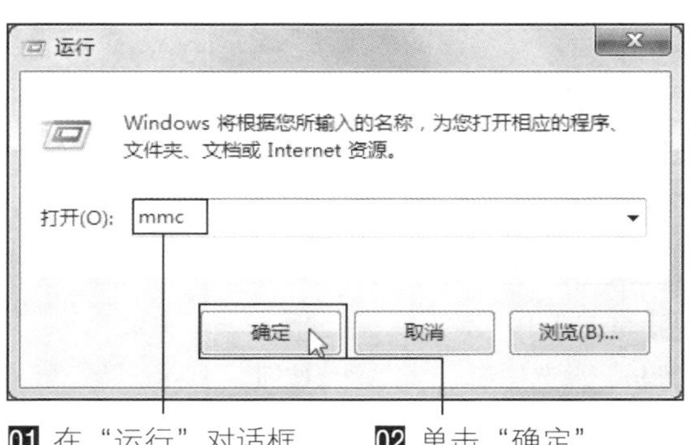

01 在“运行”对话框中输入 mmc 命令。

02 单击“确定”按钮。

提示：MMC 命令

在 Windows 操作系统中，MMC 命令能够打开“控制台”窗口，该窗口用于管理 Windows 的硬件、软件和网络组件。MMC 本身不执行管理功能，但它具有添加各种系统工具的功能，可以添加管理工具、ActiveX 控制、文件夹控制台任务板和 IP 安全策略管理等工具。

STEP03：添加 / 删除管理单元

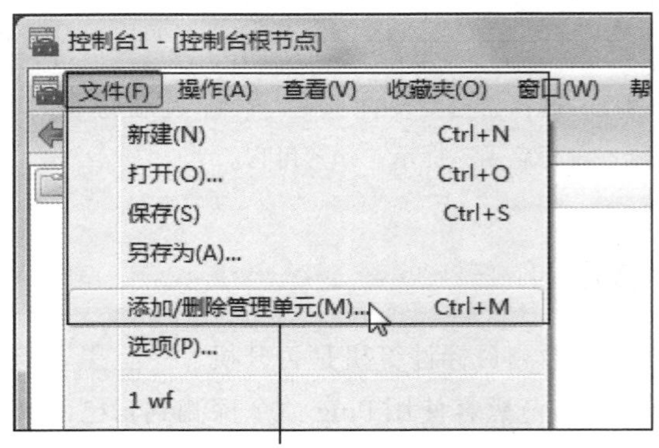

在“控制台”窗口中依次单击“文件”>“添加/删除管理单元”命令。

STEP04：添加 IP 安全策略管理

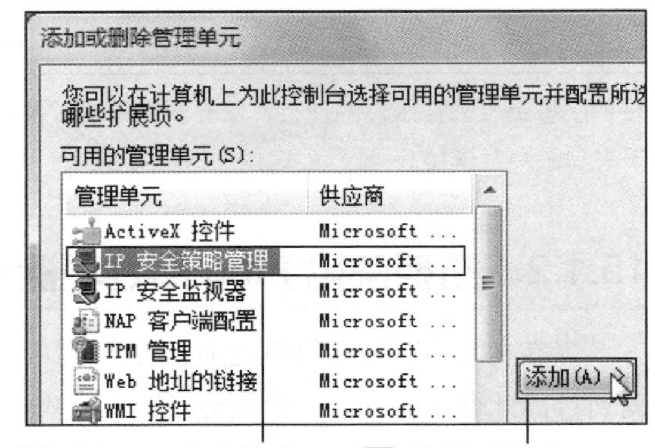

01 选择“IP 安全策略管理“选项。

02 单击“添加”按钮。

STEP05：设置管理单元要管理的位置

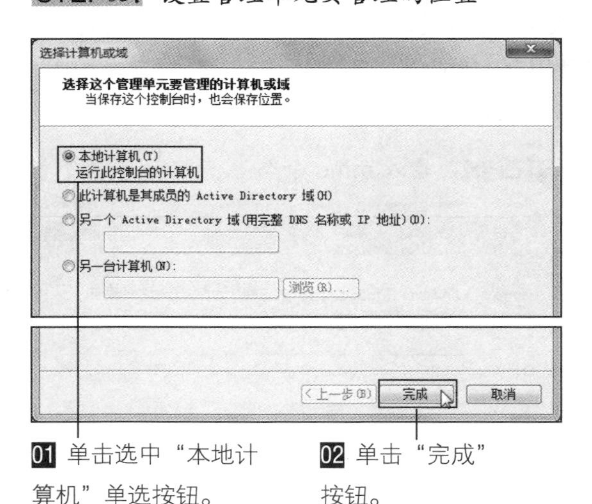

01 单击选中“本地计算机”单选按钮。

02 单击“完成”按钮。

STEP06：单击“确定”按钮

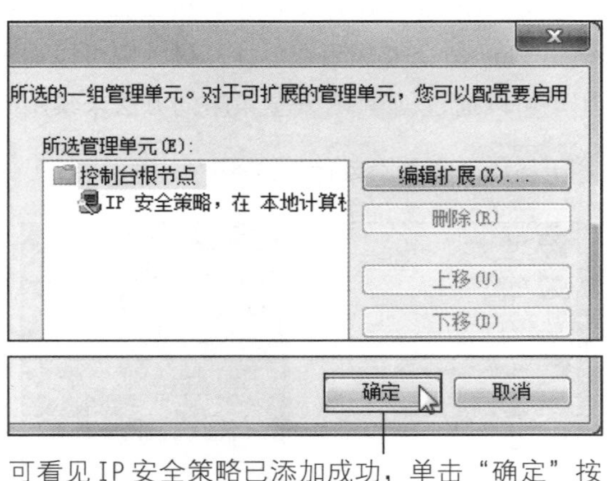

可看见 IP 安全策略已添加成功，单击“确定”按钮。

STEP07：创建 IP 安全策略

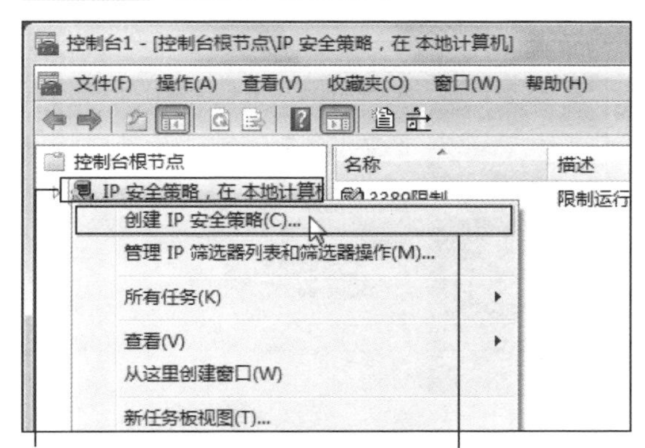

01 右击“IP 安全策略”选项。

02 在弹出的快捷菜单中单击“创建 IP 安全策略”命令。

STEP08：单击“下一步”按钮

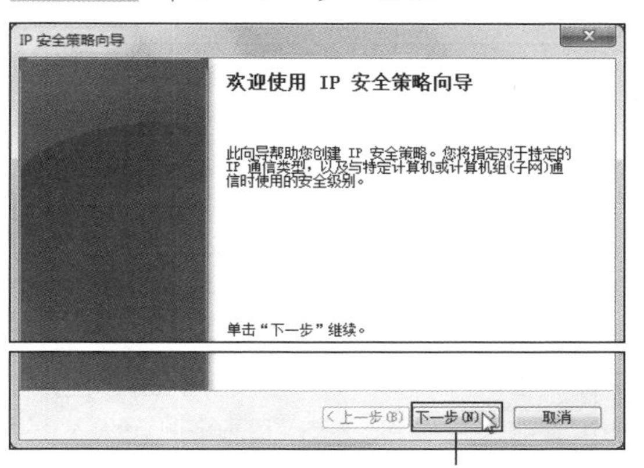

在“IP 安全策略向导”对话框中单击“下一步”按钮。

STEP09：输入名称和描述

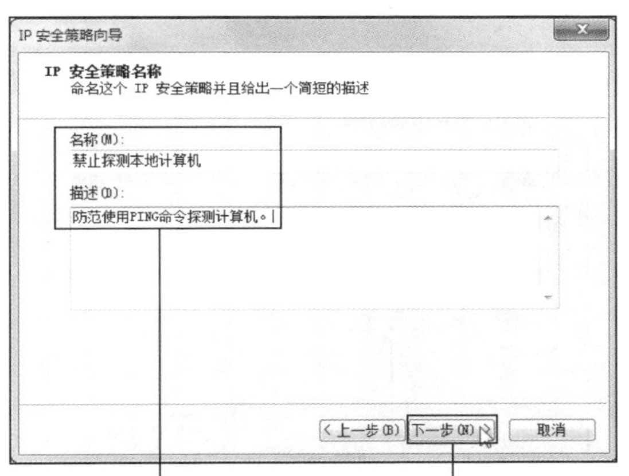

01 输入 IP 安全策略的名称和描述信息。

02 单击“下一步”按钮。

STEP10：激活默认响应规则

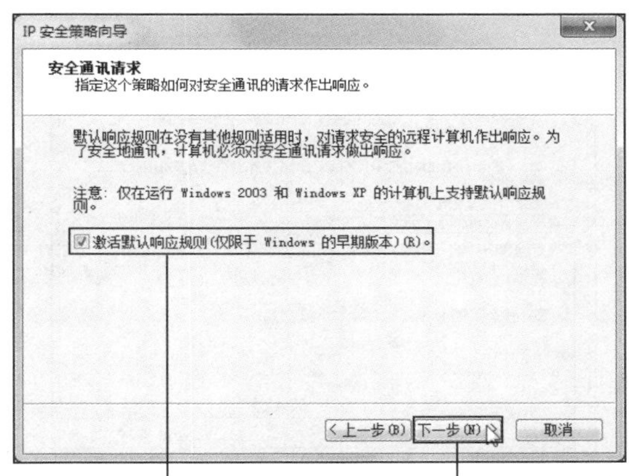

01 勾选“激活默认响应规则”复选框。

02 单击“下一步”按钮。

STEP11：设置身份验证方法

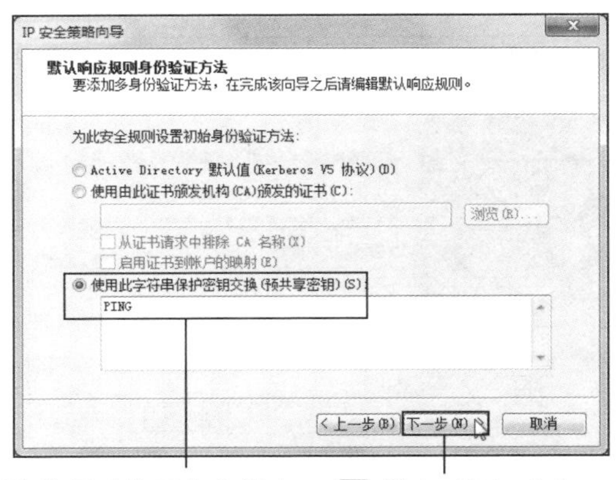

01 选择“使用此字符串保护密钥交换”选项。

02 单击“下一步”按钮。

STEP12：单击“完成”按钮

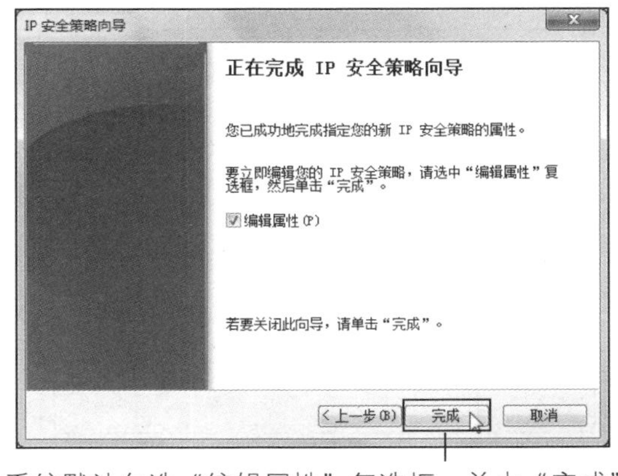

系统默认勾选“编辑属性”复选框，单击“完成”按钮。

STEP13：添加 IP 安全规则

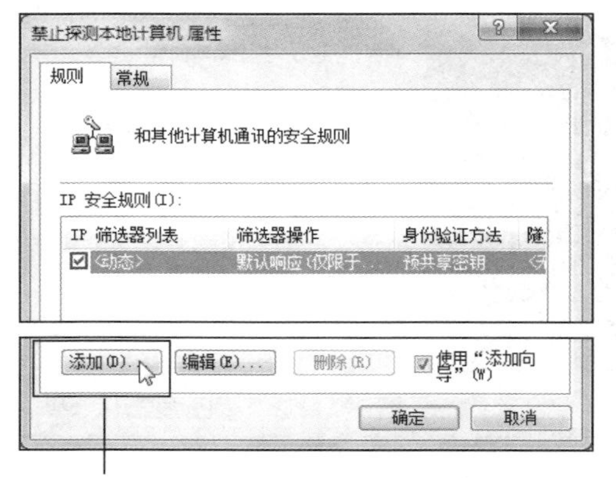

在“禁止探测本地计算机 属性”对话框中单击“添加”按钮。

STEP14：单击“下一步”按钮

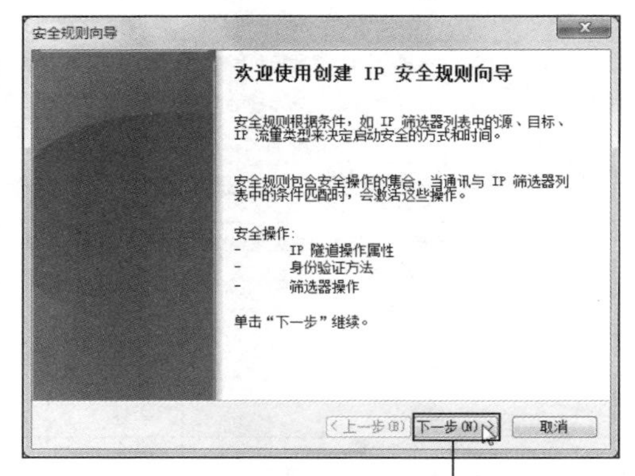

在“安全规则向导”对话框中单击“下一步”按钮。

STEP15：设置此规则不指定隧道

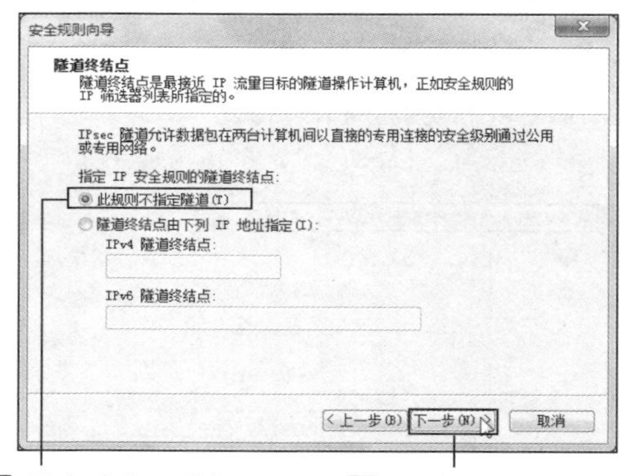

01 单击选中“此规则不指定隧道”单选按钮。 02 单击“下一步”按钮。

STEP16：设置安全规则应用所有网络

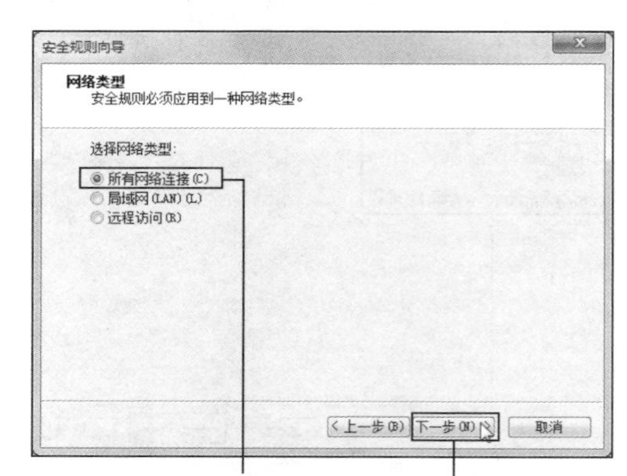

01 单击选中“所有网络连接”单选按钮。 02 单击“下一步”按钮。

STEP17：添加 IP 筛选器

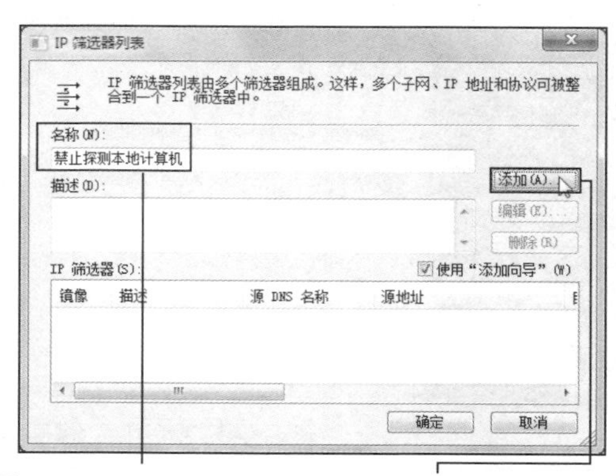

01 设置筛选器名称为“禁止探测本地计算机”。 02 单击“添加”按钮。

STEP18：单击“下一步”按钮

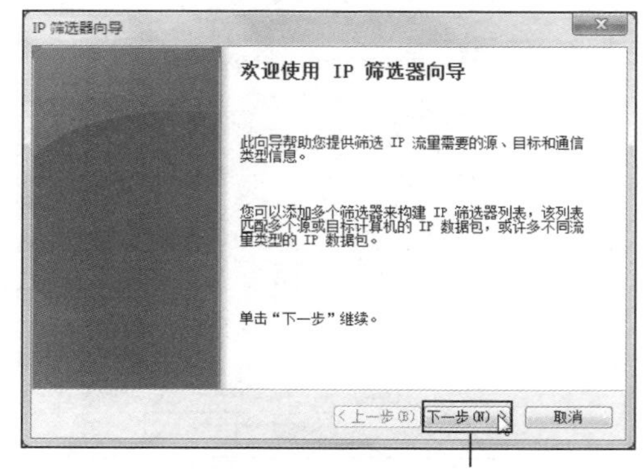

在“IP 筛选器向导”对话框中单击“下一步”按钮。

STEP19：设置筛选器描述信息

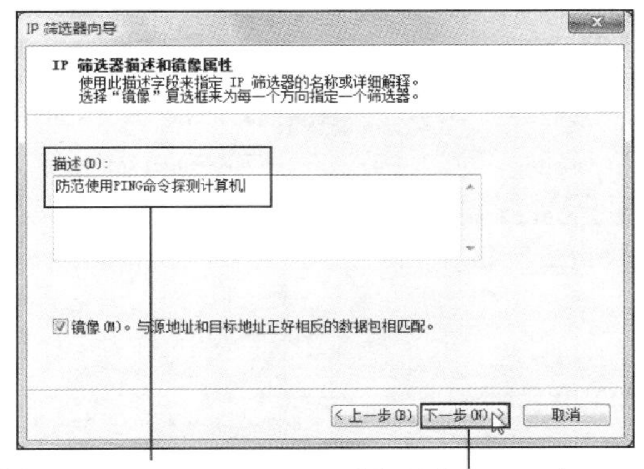

01 在"描述"文本框中输入描述信息。

02 单击"下一步"按钮。

STEP20：设置 IP 源地址

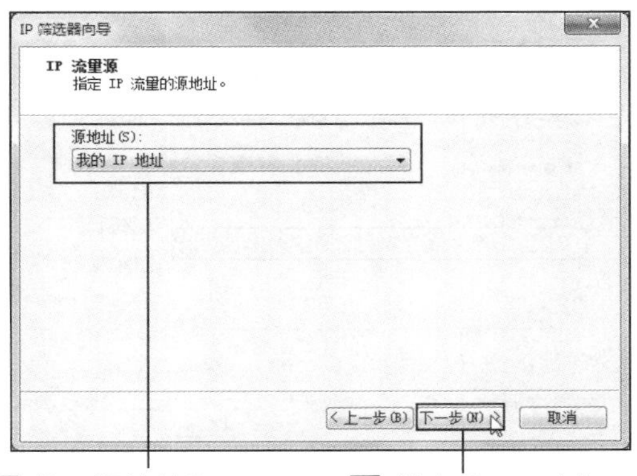

01 设置源地址为"我的 IP 地址"。

02 单击"下一步"按钮。

STEP21：设置 IP 目标地址

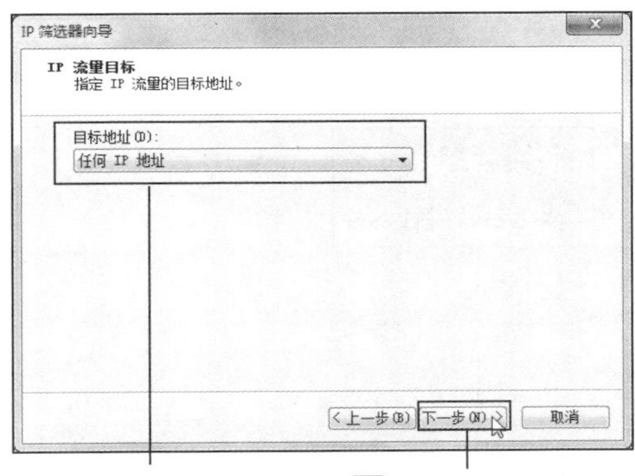

01 设置目标地址为"任何 IP 地址"。

02 单击"下一步"按钮。

STEP22：设置 IP 协议类型

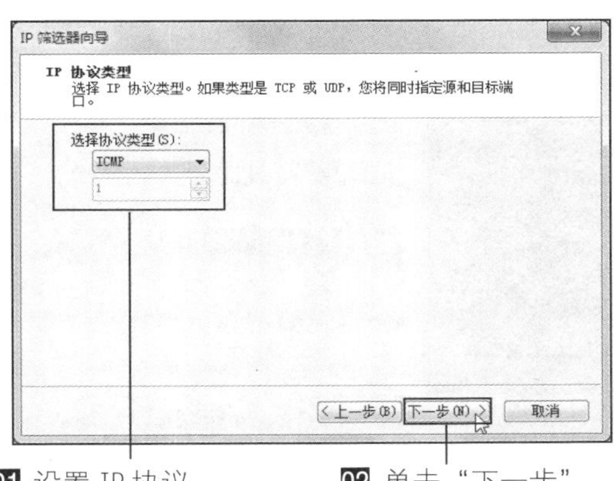

01 设置 IP 协议类型为 ICMP。

02 单击"下一步"按钮。

STEP23：单击"完成"按钮

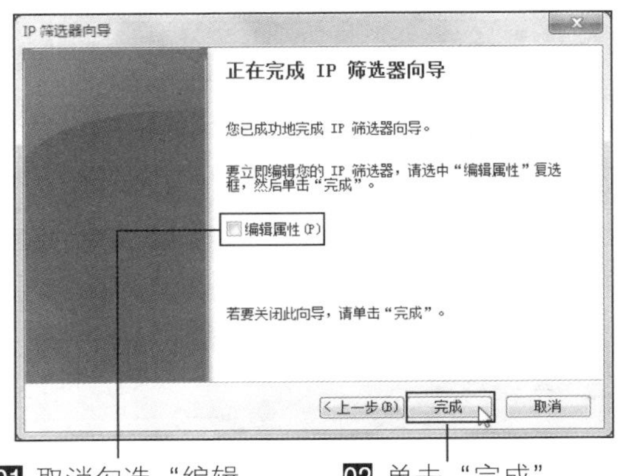

01 取消勾选"编辑属性"复选框。

02 单击"完成"按钮。

STEP24：查看添加的 IP 筛选器

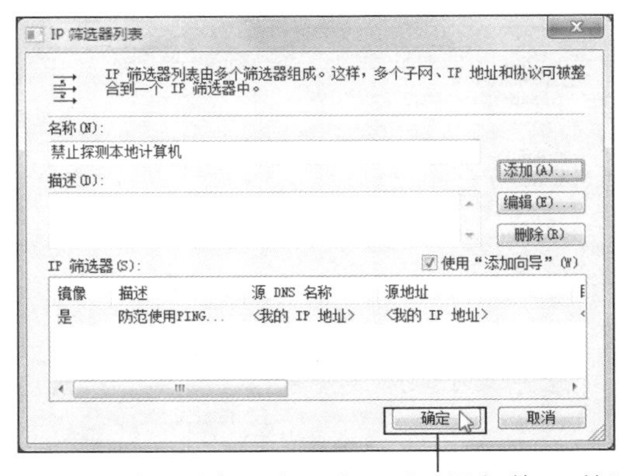

在"IP 筛选器列表"窗口中可看见添加的 IP 筛选器，单击"确定"按钮。

STEP25：选择 IP 筛选器

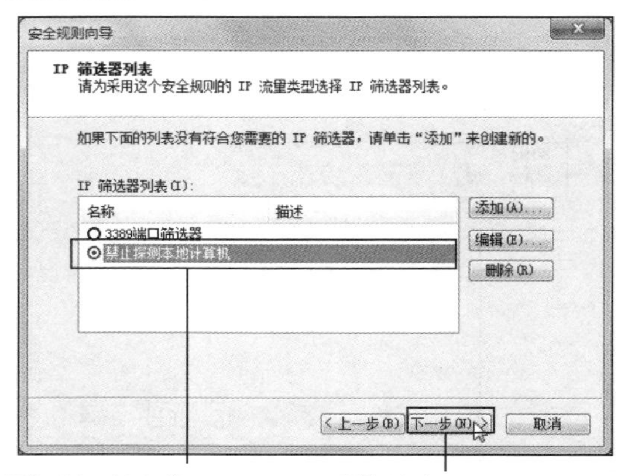

01 选择创建的 IP 筛选器。

02 单击“下一步”按钮。

STEP26：选择添加筛选器操作

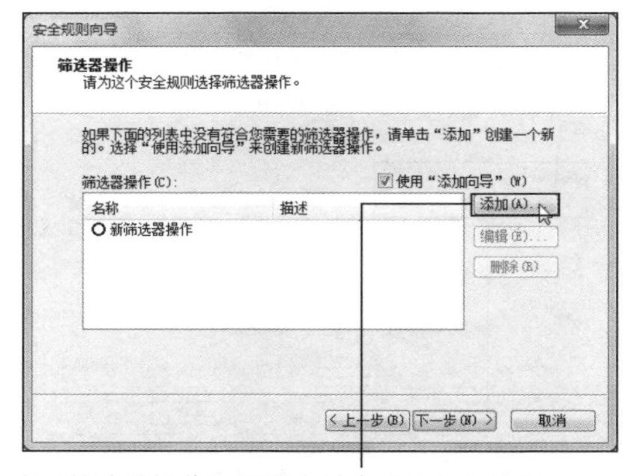

在“筛选器操作”界面中单击“添加”按钮。

STEP27：单击“下一步”按钮

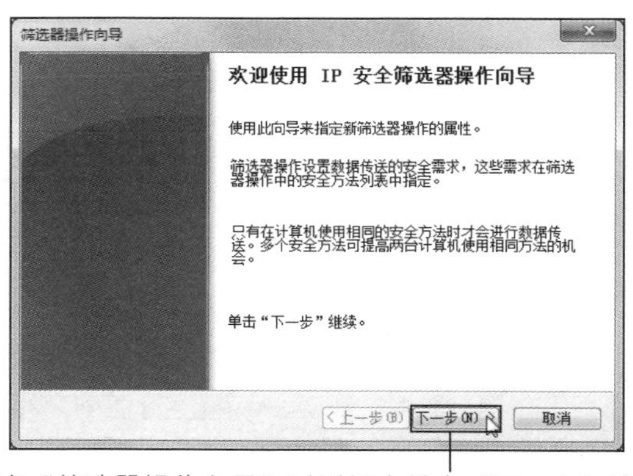

在“筛选器操作向导”对话框中单击“下一步”按钮。

STEP28：设置名称和描述信息

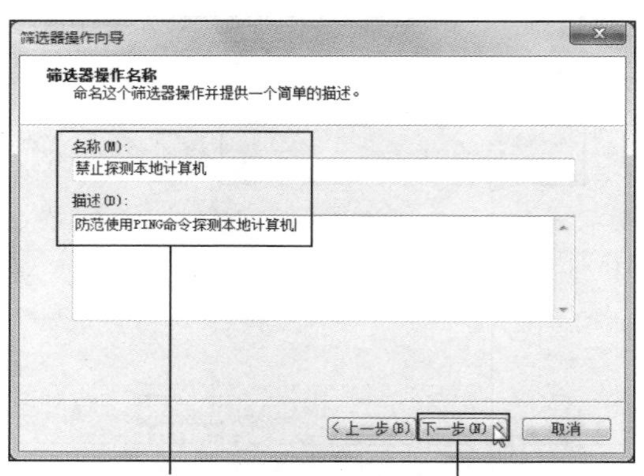

01 输入筛选器操作的名称和描述信息。

02 单击“下一步”按钮。

STEP29：设置筛选器操作的行为

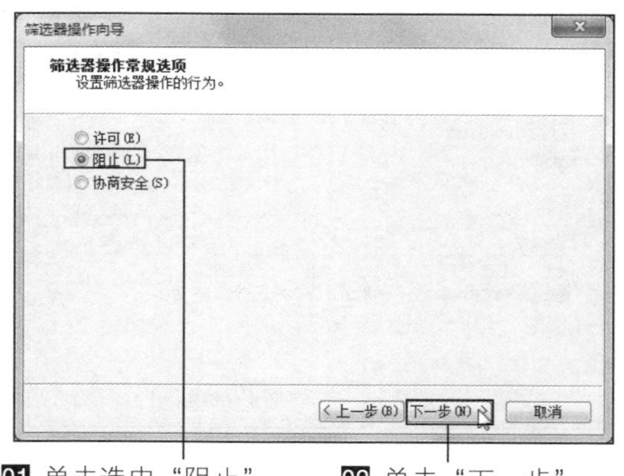

01 单击选中“阻止”单选按钮。

02 单击“下一步”按钮。

STEP30：单击“完成”按钮

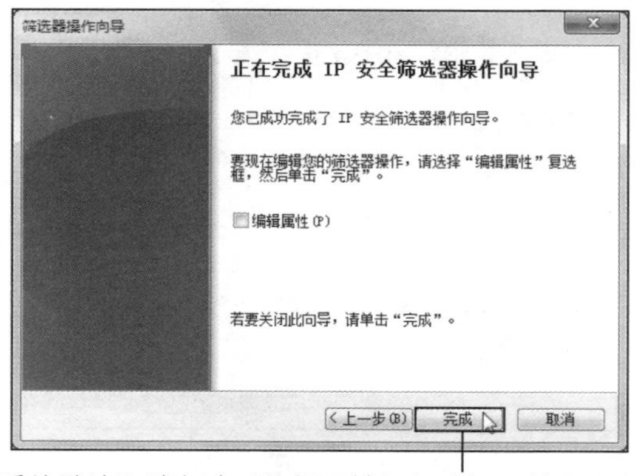

系统默认取消勾选“编辑属性”复选框，单击“完成”按钮。

STEP31：选择筛选器操作

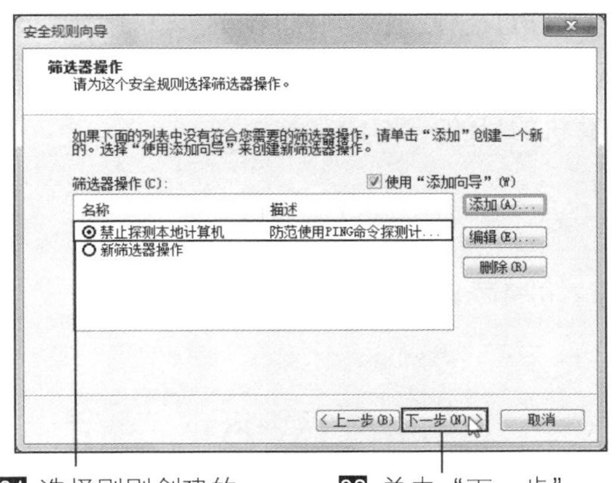

01 选择刚刚创建的筛选器操作。

02 单击“下一步”按钮。

STEP32：单击“完成”按钮

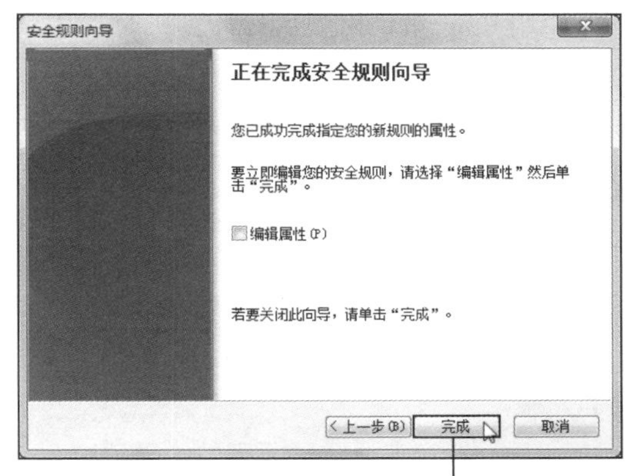

系统默认取消勾选“编辑属性”复选框，单击“完成”按钮。

STEP33：分配创建的IP安全策略

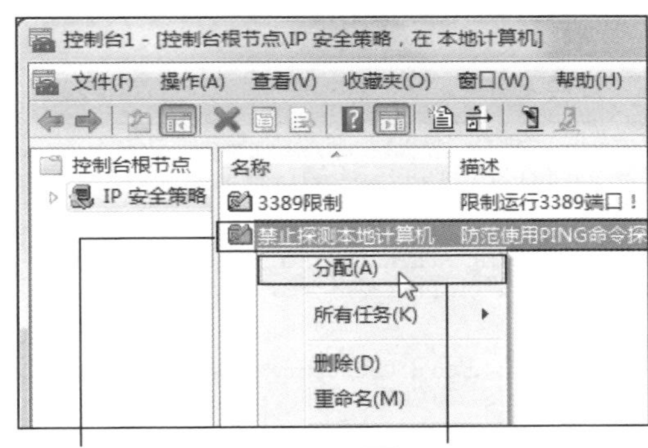

01 右击创建的IP安全策略选项。

02 在弹出的快捷菜单中单击“分配”命令。

STEP34：查看设置成功后的显示效果

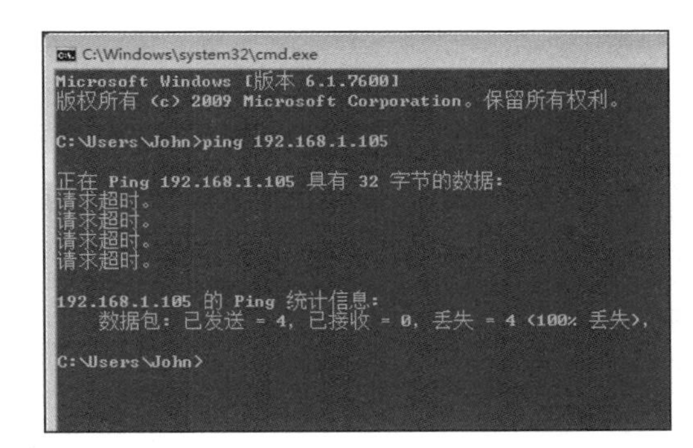

在局域网中其他电脑上利用Ping命令检测已创建IP安全策略的计算机，可看见“请求超时”提示，即防范成功。

提示：取消分配所创建的IP安全策略

对于创建的IP安全策略来说，分配操作就是启动该策略包含的功能，而取消分配则是关闭该策略包含的功能。取消分配所创建IP安全策略的操作比较简单：右击已分配的IP安全策略，然后在弹出的快捷菜单中单击“未分配”命令即可。

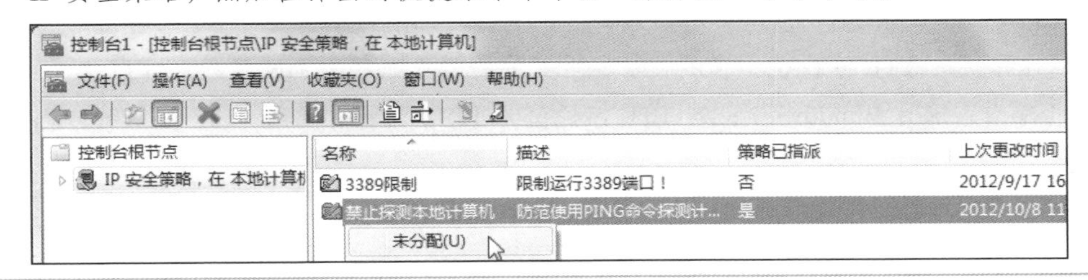

2. 修改TTL值

使用 Ping 命令检测目标计算机时，用户可以通过 TTL 字段值来判断目标计算机中所安装的操作系统，因此用户可以通过批处理命令来修改 TTL 字段值，让黑客无法准确判断当前计算机的操作系统，从而达到防范黑客攻击自己的计算机的目的。

STEP01：新建文本文档

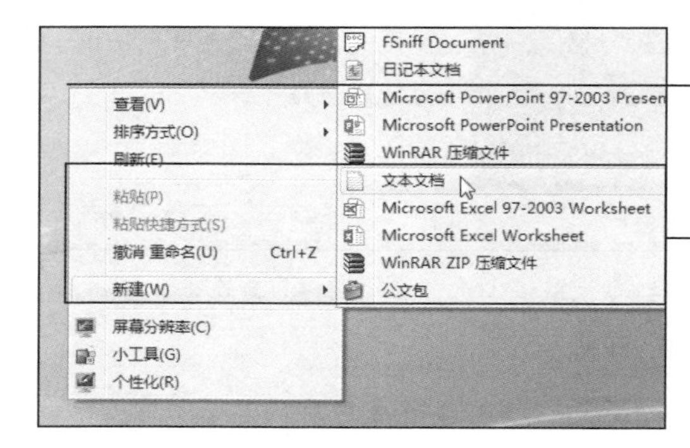

01 右击桌面上任意空白处。

02 在弹出的快捷菜单中依次单击“新建”>“文本文档”命令。

STEP02：双击新建文本文档图标

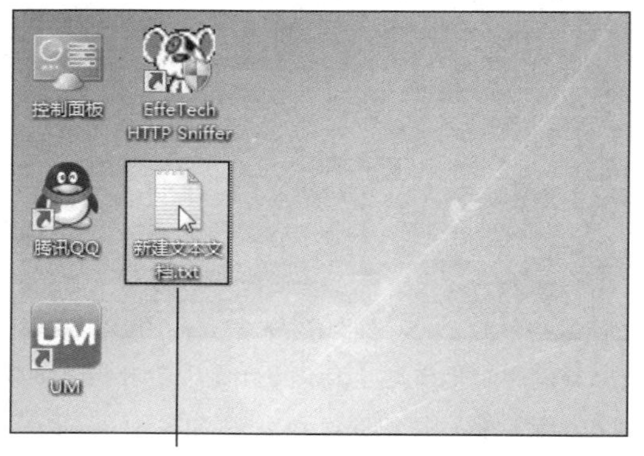

在桌面上可见新建的文本文档图标，双击该图标。

STEP03：输入批处理命令

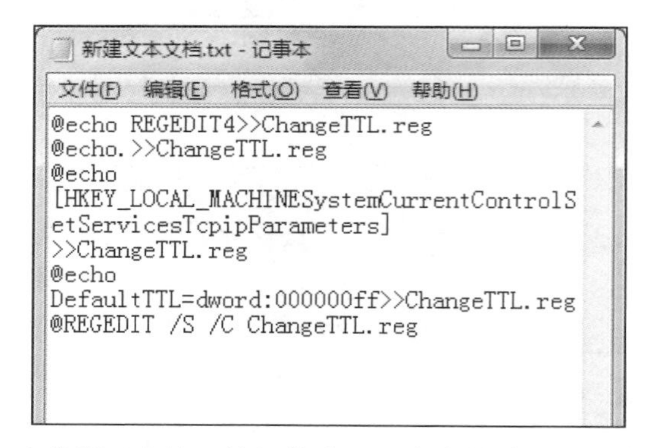

在编辑区中输入关于修改 TTL 字段值的批处理命令。

提示：DefaultTTL=dword:000000ff 命令

在 STEP03 中编辑的批处理命令中，DefaultTTL=dword:000000ff 是用来设置系统缺省 TTL 字段值的，如果用户想将本地计算机操作系统所对应的 TTL 值改为其他操作系统的 ICMP 回显应答值，请修改 DefaultTTL 的键值，要注意它的键值类型为 16 进制。

若目标计算机的 TTL 字段值为 255，则其所安装的操作系统为 UNIX；若 TTL 字段值为 64，则操作系统为 Windows 7；若 TTL 字段值为 128，则操作系统为 32 位 Windows XP。

STEP04：保存编辑的批处理命令

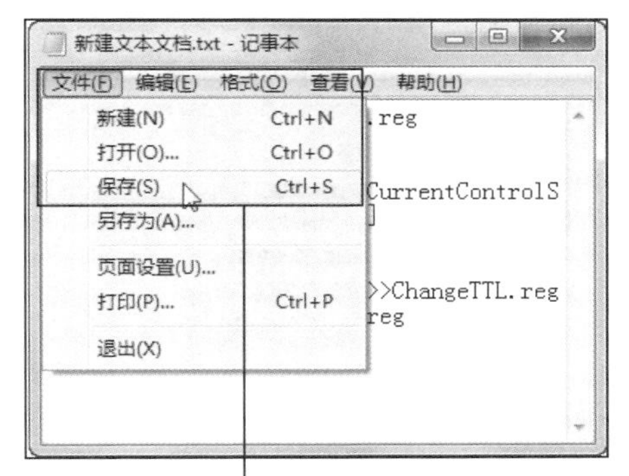

在菜单栏中依次单击“文件”>“保存”命令，保存编辑的批处理命令。

STEP05：重命名文本文档

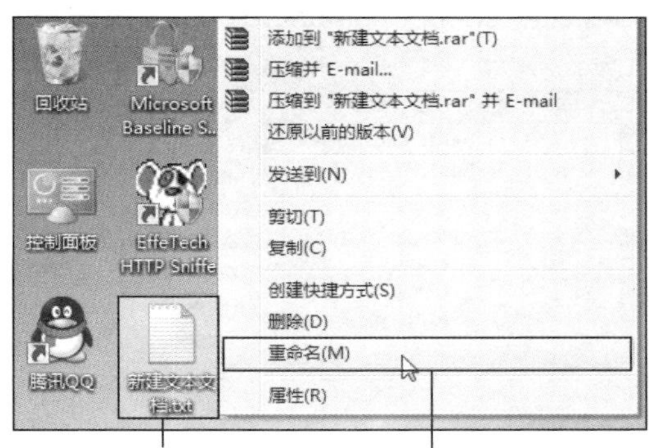

01 右击文本文档图标。

02 在弹出的快捷菜单中单击“重命名”命令。

STEP06：修改文件名与扩展名

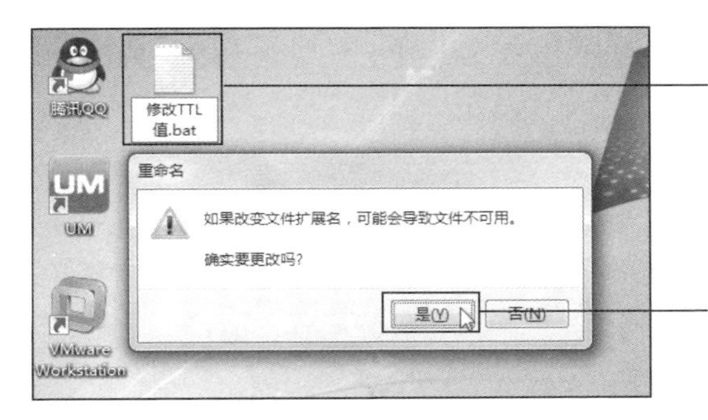

01 将文本文档的名称和扩展名修改为“修改TTL值.bat”，按【Enter】键。

02 弹出对话框，提示用户改变扩展名会导致文件不可用。单击“是”按钮，确认改变文件扩展名。

STEP07：运行BAT文件

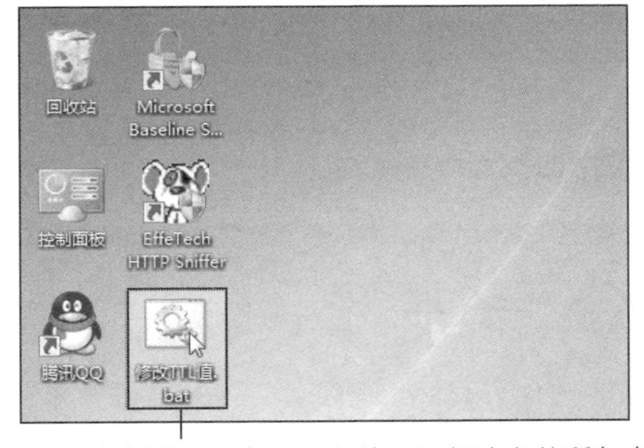

修改后在桌面上双击BAT文件，运行该文件所包含的批处理命令。

STEP08：查看修改TTL值后的效果

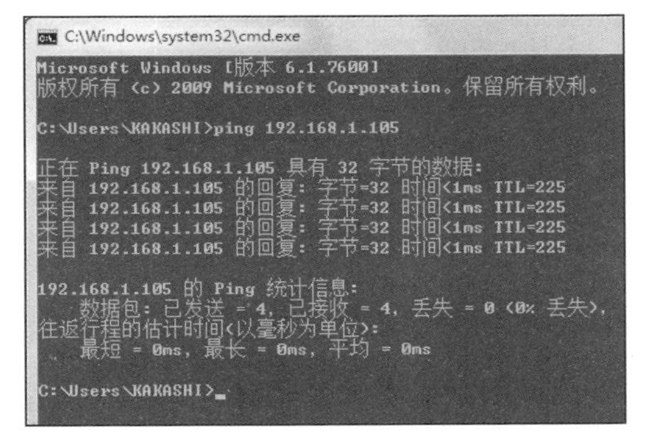

在局域网中其他计算机上利用Ping命令检测已创建IP安全策略的计算机，可看见TTL值为255，即修改成功。

提示：利用注册表修改TTL字段值

修改TTL字段值除了利用批处理命令实现之外，还可以通过修改注册表来实现。利用 regedit 命令打开“注册表编辑器”窗口，在左侧展开 HKEY_LOCAL_MACHINE\System\Current ControlSet\Services\Tcpip\Parameters，在右侧修改 DefaultTTL 的键值即可。

注册表编辑器

文件(F) 编辑(E) 查看(V) 收藏夹(A) 帮助(H)

TabletInputService
TapiSrv
TBS
Tcpip
Enum
Linkage
Parameters

名称	类型	数据
(默认)	REG_SZ	(数值未设置)
DataBasePath	REG_EXPAND_SZ	%SystemRoot%\System32\drivers\etc
DeadGWDetectDefault	REG_DWORD	0x00000001 (1)
DefaultTTL	REG_DWORD	0x000000ff (255)
DhcpNameServer	REG_SZ	119.6.6.6 221.10.251.52
Domain	REG_SZ	

15.1.3 利用代理服务器隐藏 IP 地址

用户在使用 IE 浏览器上网或者使用 QQ 聊天时，可能会在不经意间暴露自己的 IP 地址，暴露 IP 地址就意味着暴露自己的计算机，因此用户需要使用代理服务器达到隐藏计算机 IP 地址的目的。使用代理服务器后，黑客只能扫描到代理服务器的 IP 地址，而无法知晓计算机真正的 IP 地址。

STEP01：打开含有代理服务器的网页

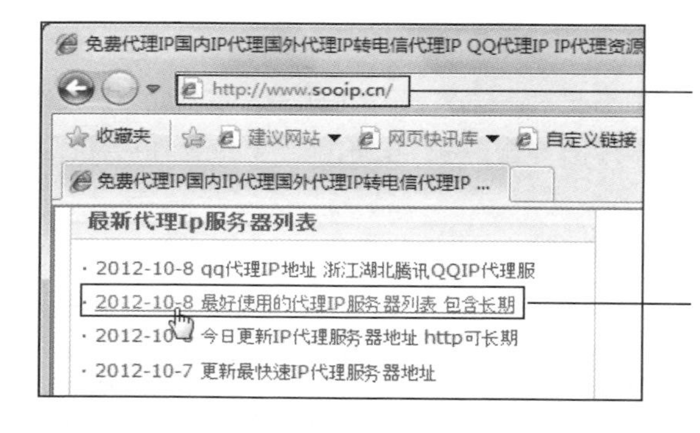

01 启动 IE 浏览器，在地址栏中输入 http://www.sooip.cn/ 后按【Enter】键，打开含有代理服务器的网页。

02 在页面中选择包含最新代理服务器信息的网页，单击对应的链接。

STEP02：记录代理服务器

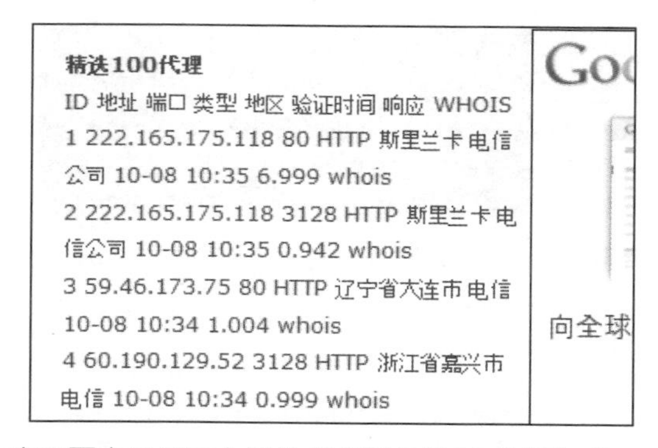
精选100代理

ID 地址 端口 类型 地区 验证时间 响应 WHOIS

1 222.165.175.118 80 HTTP 斯里兰卡电信公司 10-08 10:35 6.999 whois

2 222.165.175.118 3128 HTTP 斯里兰卡电信公司 10-08 10:35 0.942 whois

3 59.46.173.75 80 HTTP 辽宁省大连市电信 10-08 10:34 1.004 whois

4 60.190.129.52 3128 HTTP 浙江省嘉兴市电信 10-08 10:34 0.999 whois

在页面中显示了大量的代理服务器 IP 地址和端口，记录这些信息。

STEP03：启动腾讯 QQ

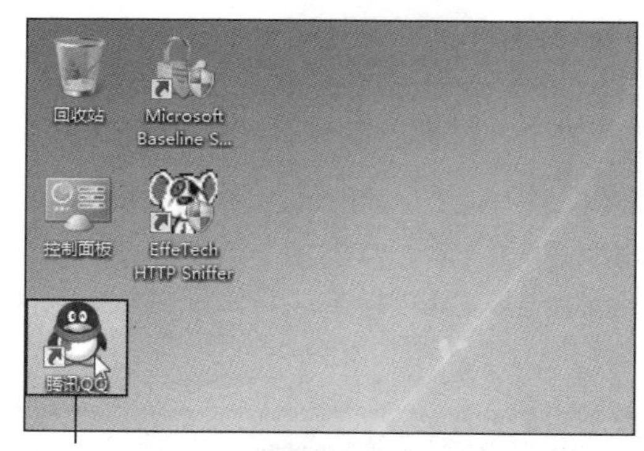

双击桌面上的“腾讯 QQ”快捷图标，启动腾讯 QQ 应用程序。

STEP04：单击“设置”按钮

打开 QQ 登录对话框，在底部单击“设置”按钮。

STEP05：测试设置的代理服务器

01 设置代理服务器类型、地址和端口信息。

02 单击“测试”按钮。

STEP06：成功连接到代理服务器

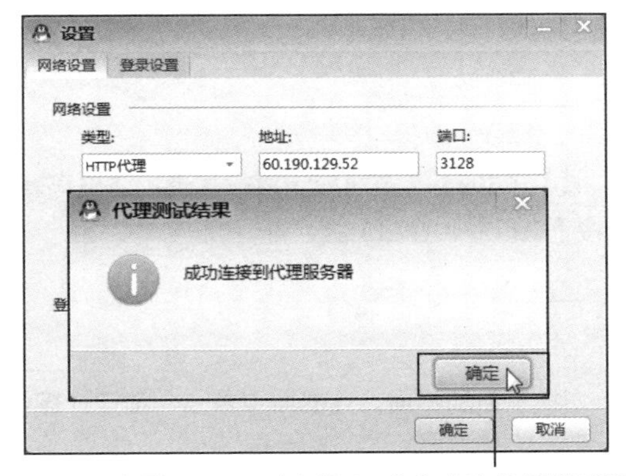

若代理服务器可用，则会提示“成功连接到代理服务器”，单击“确定”按钮。

STEP07：单击“确定”按钮

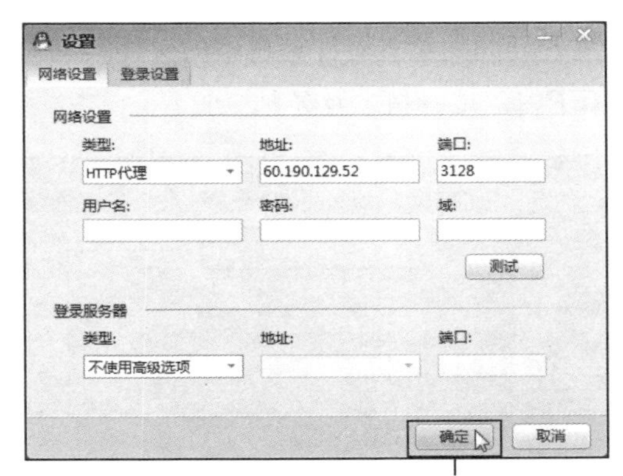

返回“设置”对话框，单击“确定”按钮，保存添加的代理服务器。

STEP08：选择 Internet 选项

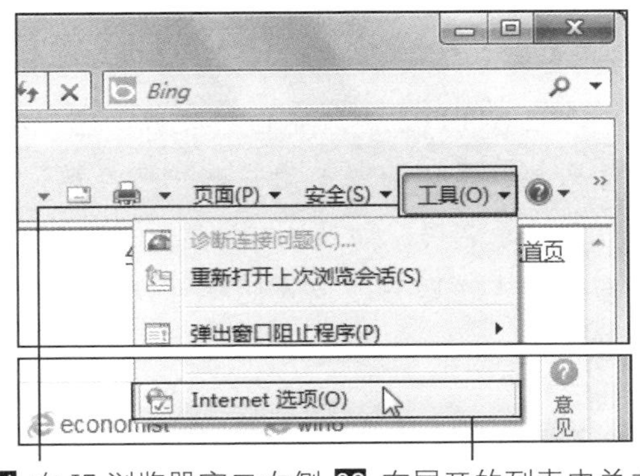

01 在 IE 浏览器窗口右侧单击“工具”按钮。

02 在展开的列表中单击“Internet 选项”选项。

STEP09：单击“局域网设置”按钮

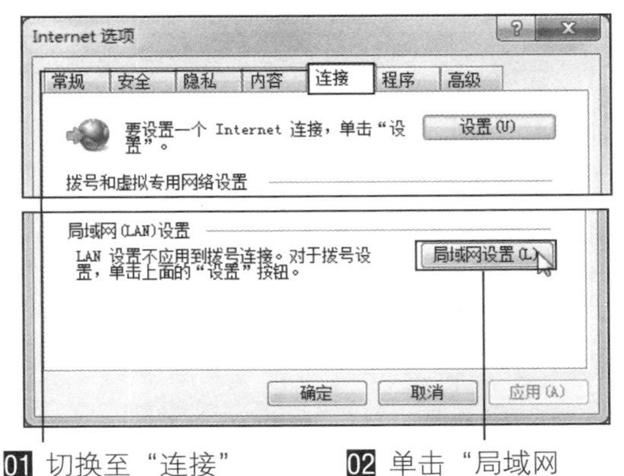

01 切换至“连接”选项卡。

02 单击“局域网设置”按钮。

STEP10：添加代理服务器

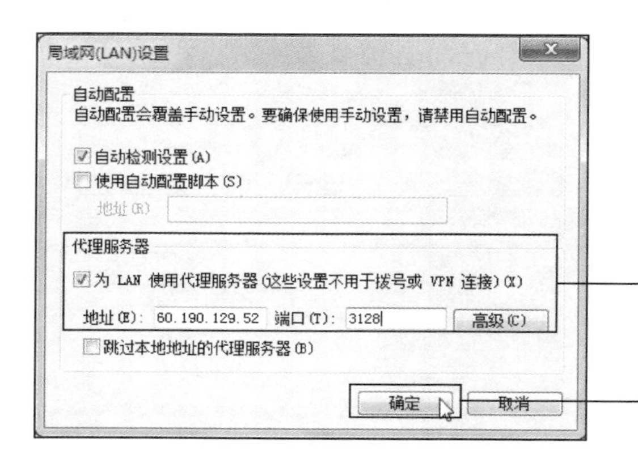

01 在“局域网（LAN）设置”对话框中勾选“为LAN使用代理服务器”复选框，然后设置代理服务器的地址和端口。

02 单击“确定”按钮保存并退出。

15.1.4 设置离开时快速锁定桌面

当用户需要离开计算机一段时间时，则可以选择在离开时快速锁定桌面，防止他人在自己离开期间随意查看计算机中的文件。

STEP01：选择锁定计算机

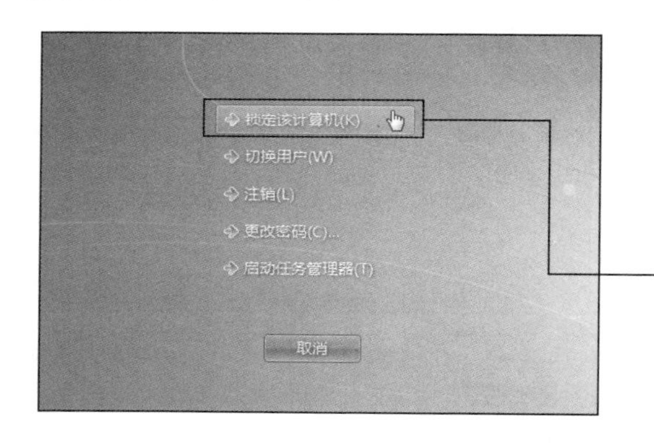

01 让Windows 7系统处于运行状态，然后在键盘上按【Ctrl+Alt+Del】组合键。

02 切换至新的界面，在界面中单击“锁定计算机”选项。

STEP02：锁定成功

提示：已锁定的账户需输入密码的原因

在STEP02中，界面中之所以显示输入栏，是因为当前用户账户已经被设置了登录密码，如果没有设置登录密码，即使锁定该账户，他人同样可以查看该计算机。

界面切换至登录界面，即表示锁定成功，只有输入正确的密码方可进入桌面。

提示：利用快捷键快速锁定当前计算机

除了利用“锁定当前计算机”选项来实现计算机的锁定之外，用户还可以利用快捷键来快速锁定计算机。直接在键盘上按【WIN+L】组合键，便可快速锁定当前计算机。

15.1.5　配置防火墙

所谓防火墙是指一种将内部网和公众访问网（如 Internet）分开的隔离技术。防火墙是在两个网络通信时执行的一种访问控制尺度，它能允许自己“同意”的人和数据进入自己的网络，同时将自己“不同意”的人和数据拒之门外，最大限度地阻止网络中的黑客来访问自己的网络。目前常见的防火墙主要有两种，分别是 Windows 防火墙和第三方防火墙。

1. Windows防火墙

Windows 防火墙是 Windows 操作系统自带的一款防火墙，它同样存在于 Windows 7 系统中。用户需要学会配置 Windows 7 防火墙，从而保障系统的安全。

STEP01：选择 Windows 防火墙

打开“控制面板”窗口，单击“Windows防火墙”链接。

STEP02：打开或关闭 Windows 防火墙

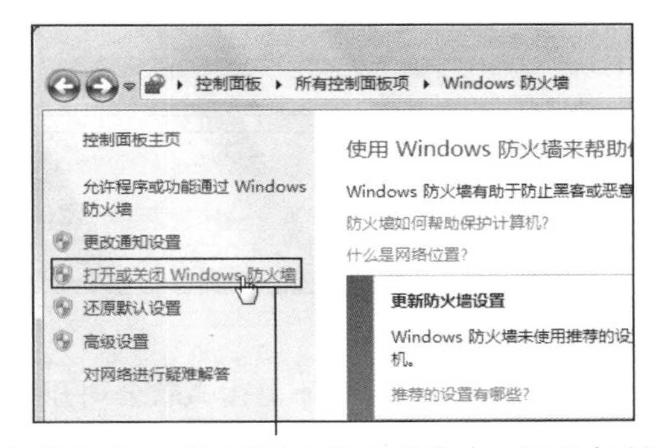

在“Windows防火墙”界面左侧单击“打开或关闭Windows防火墙”链接。

STEP03：启用 Windows 防火墙

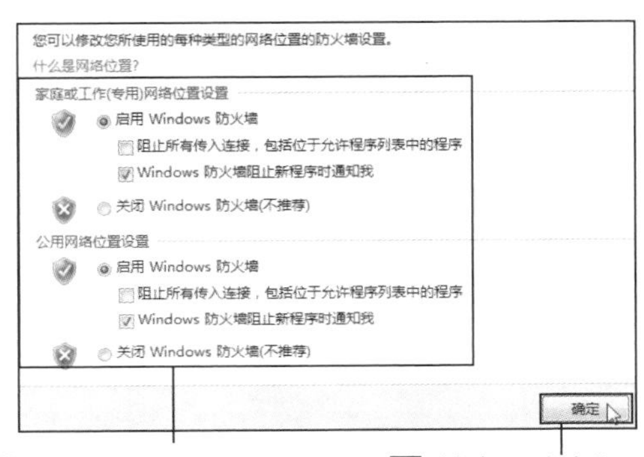

01 启用专用和公用网络中的Windows防火墙。

02 单击“确定”按钮。

STEP04：允许程序通过 Windows 防火墙

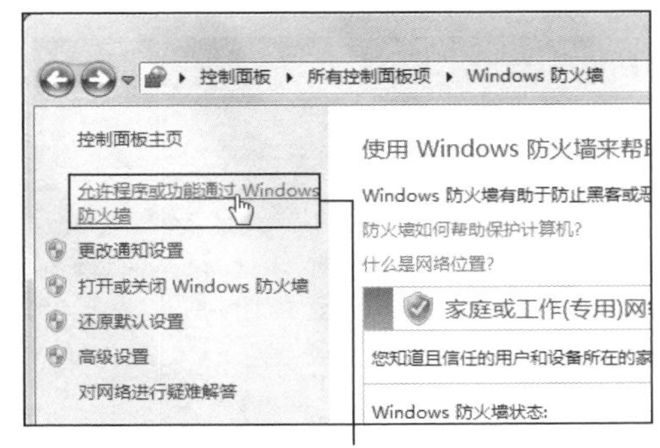

返回防火墙主界面，单击“允许程序或功能通过Windows防火墙”链接。

STEP05：选择允许运行另一程序

在"允许程序通过Windows防火墙通信"界面中单击"允许运行另一程序"按钮。

STEP06：添加指定的应用程序

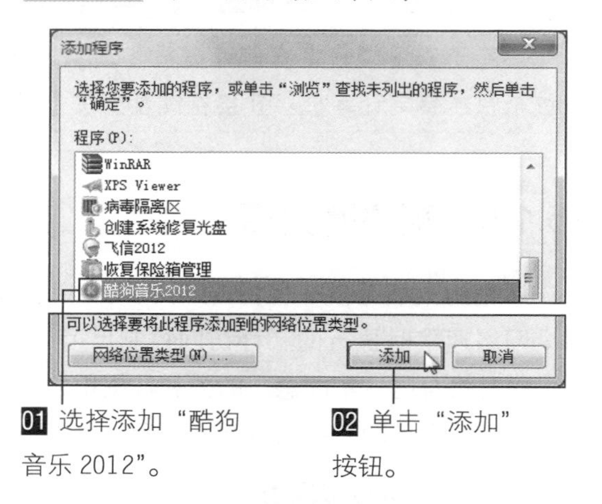

01 选择添加"酷狗音乐 2012"。

02 单击"添加"按钮。

STEP07：成功添加指定程序

此时可看见"酷狗 2012"已添加到防火墙中，单击"确定"按钮保存退出。

提示：禁止运行指定程序

若要在防火墙中禁止运行指定程序，则首先在STEP07的界面中选中要禁止的程序对应选项，然后单击"删除"按钮。

2. 第三方防火墙

所谓第三方就是指不是由微软公司开发的防火墙。Internet中常见的第三方防火墙主要有金山、瑞星、卡巴斯基防火墙等，它们的功能丝毫不逊色于Windows防火墙，用户可以选择一款防火墙将其安装到Windows操作系统中，然后进行手动配置。下面以瑞星个人防火墙为例介绍第三方防火墙的配置方法。

STEP01：启动瑞星个人防火墙

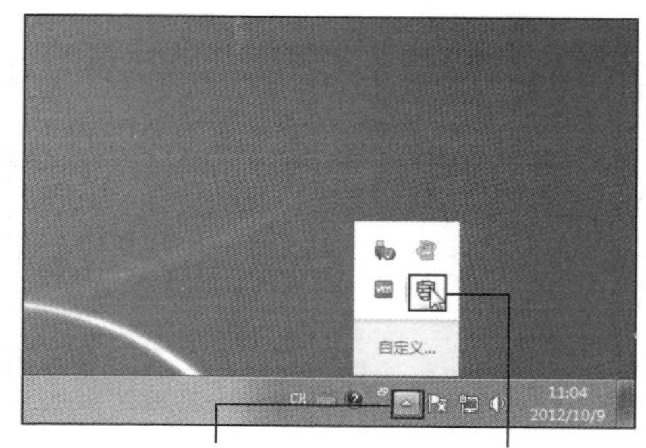

01 在通知区域中单击上三角按钮。

02 单击"瑞星个人防火墙"图标。

STEP02：单击"设置"链接

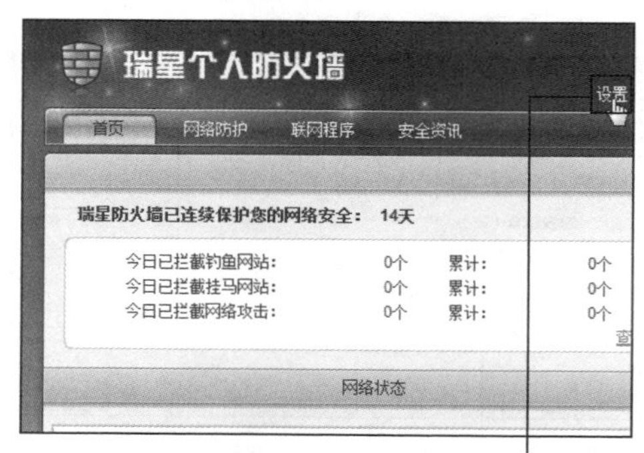

打开"瑞星个人防火墙"主界面，单击"设置"链接。

STEP03：对外攻击拦截设置

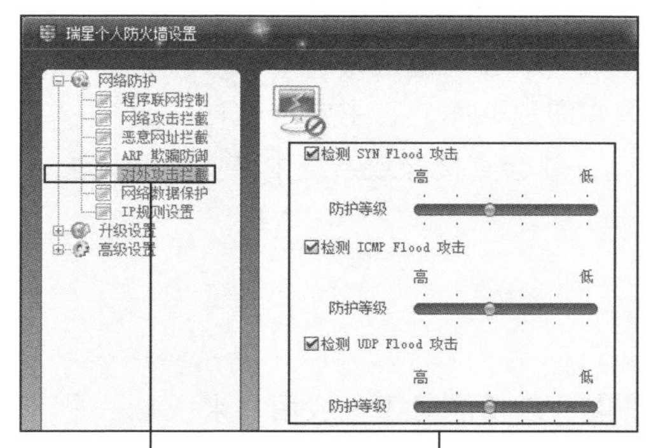

01 单击“对外攻击拦截”选项。

02 设置检测各种攻击的防护等级。

STEP04：网络数据保护设置

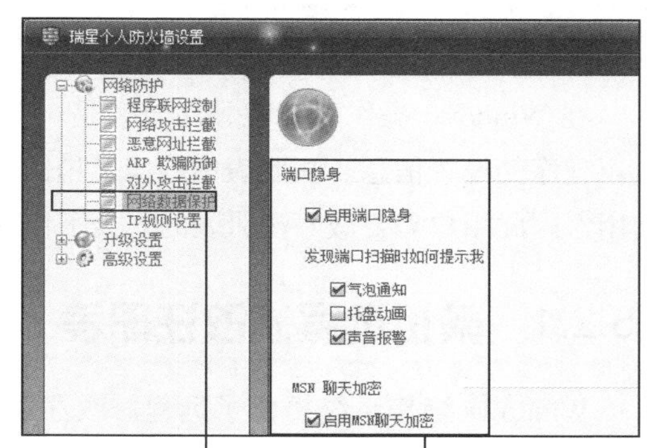

01 单击“网络数据保护”选项。

02 设置端口隐身和 MSN 聊天加密。

STEP05：网络设置

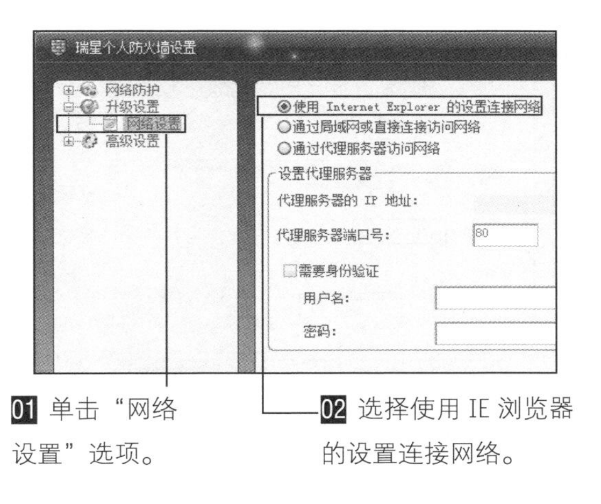

01 单击“网络设置”选项。

02 选择使用 IE 浏览器的设置连接网络。

STEP06：软件安全设置

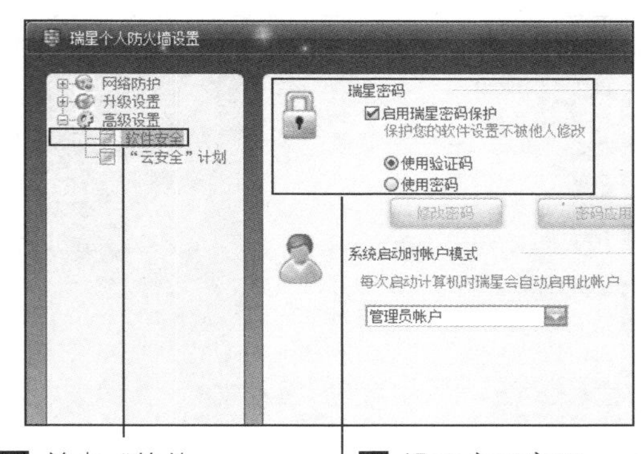

01 单击“软件安全”选项。

02 设置启用密码保护并使用验证码。

STEP07：输入验证码

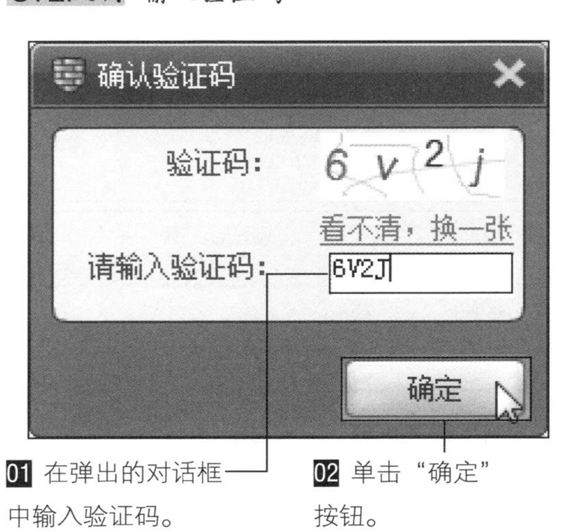

01 在弹出的对话框中输入验证码。

02 单击“确定”按钮。

STEP08：设置网络防护

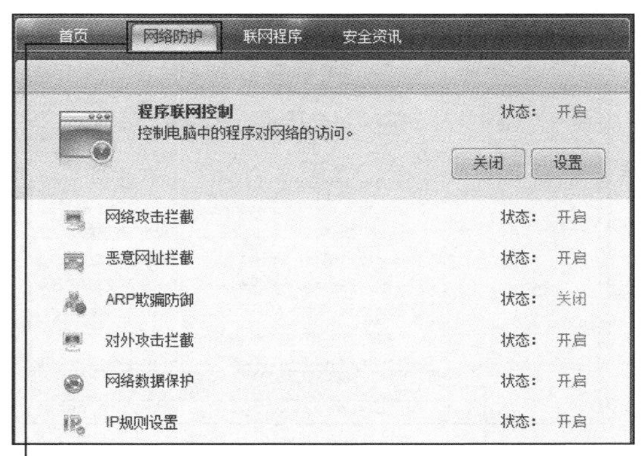

01 单击“网络防护”按钮。

02 开启除 ARP 欺骗防御外的所有功能。

15.2 注册表安全设置

在 Windows 操作系统中，注册表是一个十分重要的数据库，它主要用来存储操作系统和应用程序的设置信息。注册表中的信息稍微有些改动，就会直接导致系统中某些功能无法正常使用，因此用户需要做好注册表的安全工作。

15.2.1 禁止远程修改注册表

Windows 操作系统提供了远程修改注册表的功能，该功能对于一般用户来说是一个潜在的威胁，一旦该功能开启，黑客就可以利用该功能来远程修改计算机中的注册表信息，因此建议用户将该功能关闭，即禁止远程修改注册表。

STEP01： 单击“运行”命令

01 单击“开始”按钮。

02 在弹出的“开始”菜单中单击“运行”命令。

STEP02： 输入 services.msc 命令

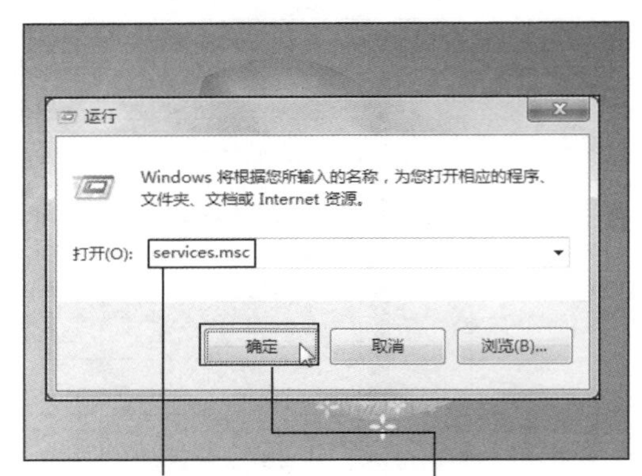

01 在“运行”对话框中输入 services.msc 命令。

02 单击“确定”按钮。

STEP03： 双击 Remote Registry 选项

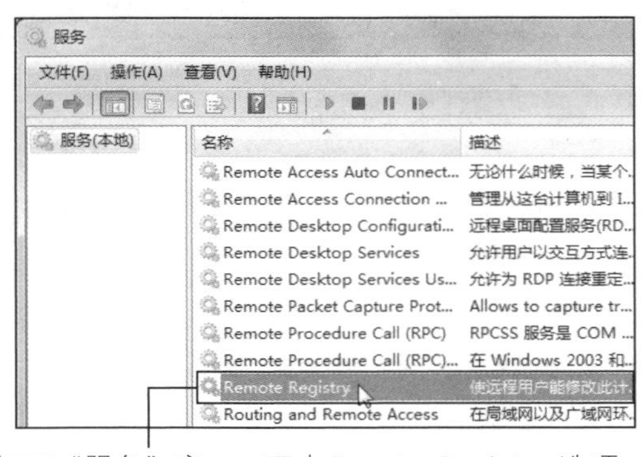

打开“服务”窗口，双击 Remote Registry 选项。

STEP04： 修改启动类型和服务状态

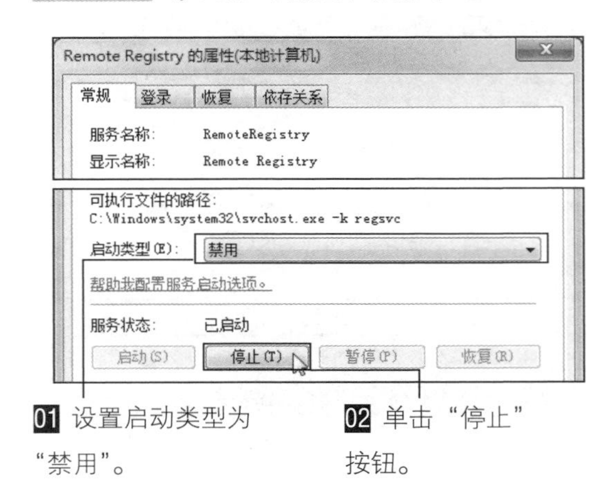

01 设置启动类型为“禁用”。

02 单击“停止”按钮。

STEP05：停止 Remote Registry 服务

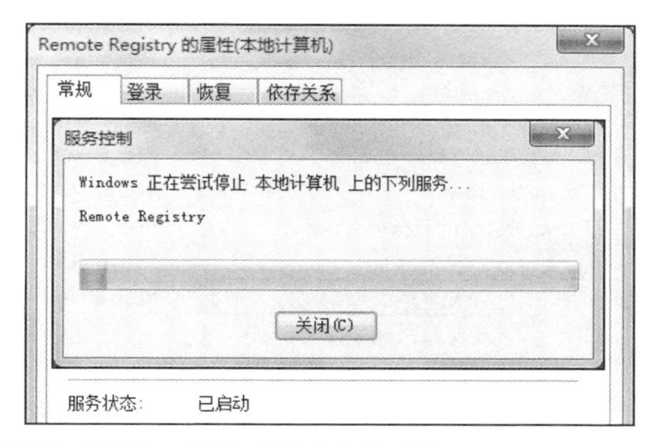

弹出对话框，提示用户正在停止 Remote Registry 服务。

STEP06：保存退出

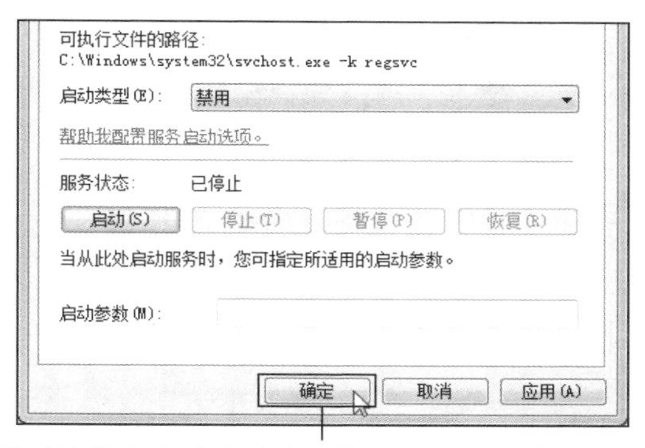

此时该服务启动类型为“禁用”，服务状态为“已停止”，单击“确定”按钮。

STEP07：查看 Remote Registry 服务

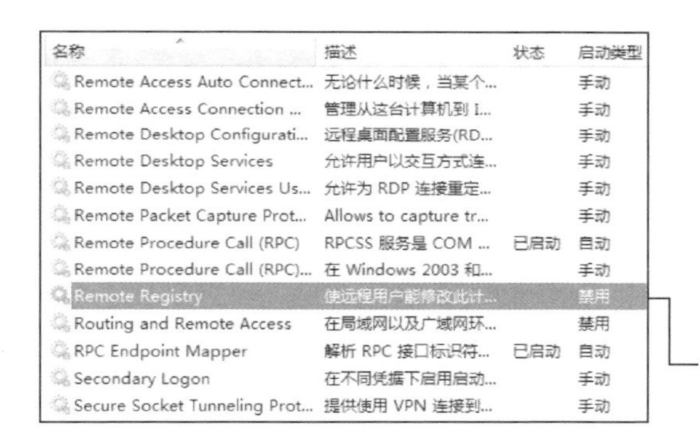

返回“服务”窗口，可看见设置后的 Remote Registry 服务状态和启动类型。

提示：快速选中 Remote Registry

若要在“服务”窗口中快速选中 Remote Registry，则首先选中任意选项，然后逐次按【R】键，直至选中 Remote Registry。

15.2.2 禁止程序在桌面上添加快捷方式

用户在 Windows 系统中安装应用程序时，某些程序会自动在桌面上添加对应的快捷方式。若想禁止程序在桌面上添加快捷方式，则可以通过修改注册表来实现。

STEP01：单击“运行”命令

01 单击“开始”按钮。

02 在弹出的“开始”菜单中单击“运行”命令。

STEP02：输入 regedit 命令

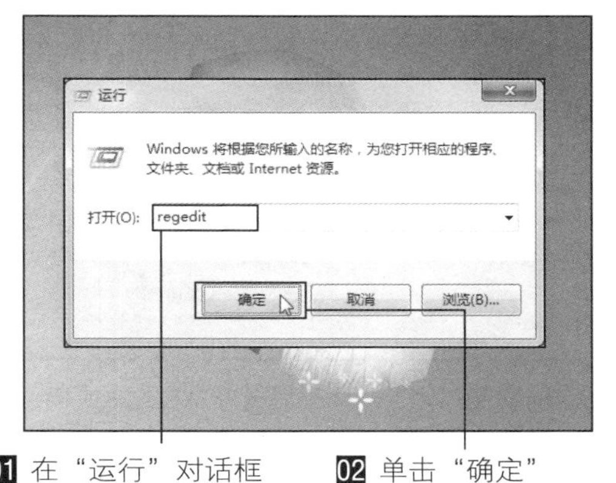

01 在“运行”对话框中输入 regedit 命令。

02 单击“确定”按钮。

STEP03：单击 Explorer 选项

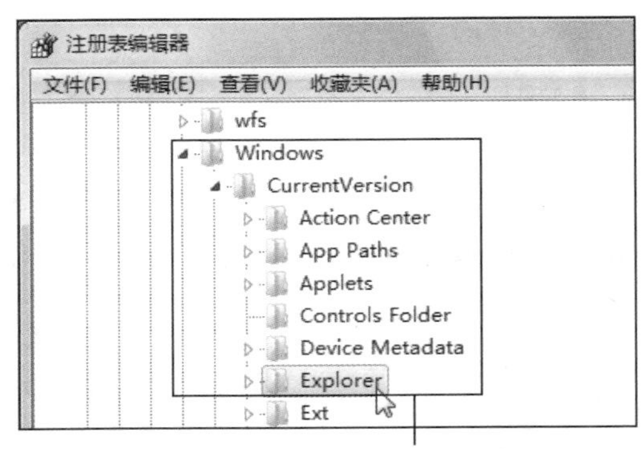

展开 HKEY_CURRENT_USER>Software>Microsoft>Windows>CurrentVersion>Explorer 选项。

STEP04：修改 link 键值

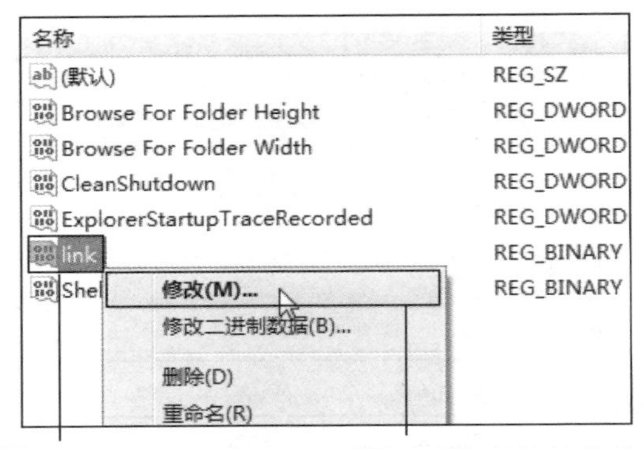

01 右击 link 键值选项。

02 在弹出的快捷菜单中单击“修改”命令。

STEP05：设置数值数据为 0

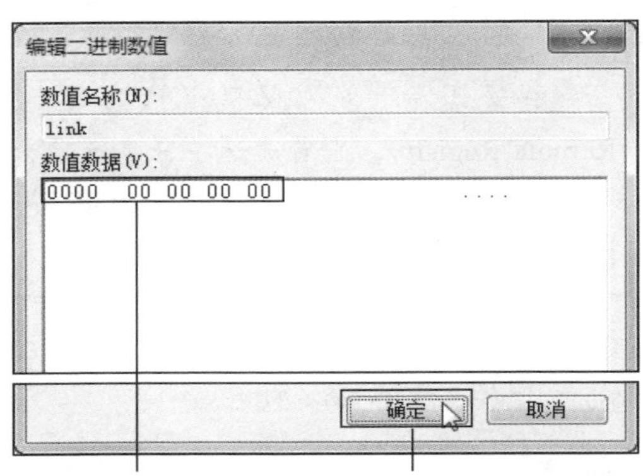

01 设置该键值的数值数据为 0。

02 单击“确定”按钮。

STEP06：单击 Explorer 选项

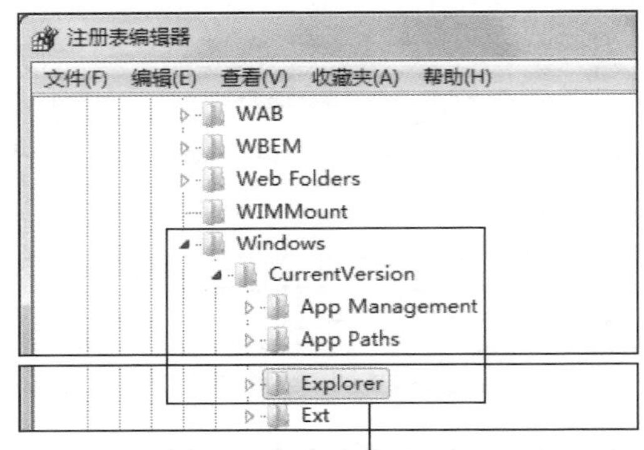

展开 HKEY_LOCAL_MACHINE>Software>Microsoft>Windows>CurrentVersion>Explorer 选项。

STEP07：新建二进制值

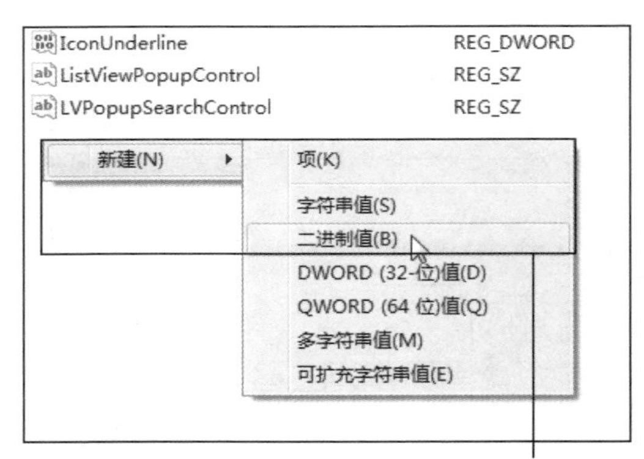

01 右击右侧任意空白处。

02 在弹出的快捷菜单中依次单击“新建”>“二进制值”命令。

STEP08：双击 link 键值选项

名称	类型
(默认)	REG_SZ
BrowserCFCreator	REG_SZ
FileOpenDialog	REG_SZ
GlobalAssocChangedCounter	REG_DWORD
GlobalFolderSettings	REG_SZ
IconUnderline	REG_DWORD
ListViewPopupControl	REG_SZ
LVPopupSearchControl	REG_SZ
link	REG_BINARY

将新建的二进制值命名为 link，然后双击该键值选项。

STEP09：设置其数值数据为 0

01 设置该键值的数值数据为 0。

02 单击“确定”按钮。

STEP10：查看新增的键值项

名称	类型	数据
(默认)	REG_SZ	(数值未设置)
BrowserCFCreator	REG_SZ	{57f8510b-a
FileOpenDialog	REG_SZ	{DC1C5A9C-
GlobalAssocChangedCounter	REG_DWORD	0x00000016
GlobalFolderSettings	REG_SZ	{EF8AD2D1-
IconUnderline	REG_DWORD	0x00000002
ListViewPopupControl	REG_SZ	{8be9f5ea-e
LVPopupSearchControl	REG_SZ	{fccf70c8-f4
link	REG_BINARY	00 00 00 00

可看见新增的 link 键值。至此禁止程序在桌面上添加快捷方式的操作完成。

15.2.3 禁止危险启动项

在 Windows 系统中，启动项是指随着操作系统的启动而自动运行的一些程序。这些程序既可以是操作系统自带的程序，又可以是用户手动安装的第三方应用程序。为了保障操作系统的安全，用户需要利用注册表来禁止一些危险的启动项，即不常见的启动项。

STEP01：单击 Run 选项

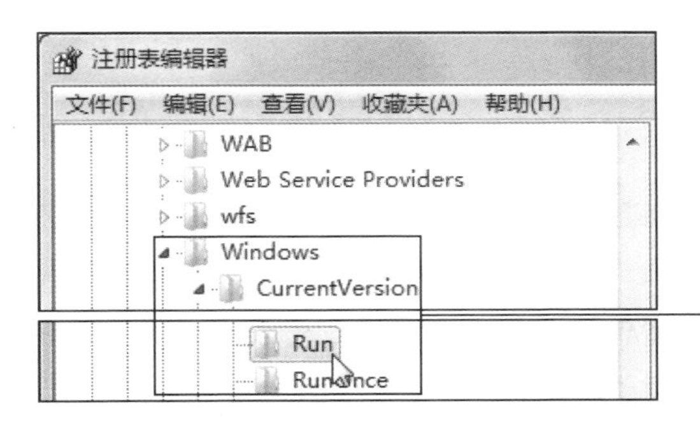

打开“注册表编辑器”窗口，在左侧依次展开 HKEY_CURRENT_USER\Software\Microsoft\Windows\CurrentVersion\Run 子键。

STEP02：删除指定键值项

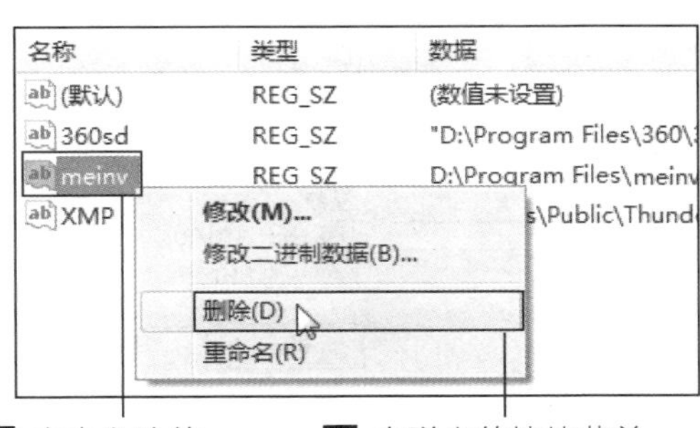

01 右击危险的键值项。

02 在弹出的快捷菜单中单击“删除”命令。

STEP03：确认删除所选键值项

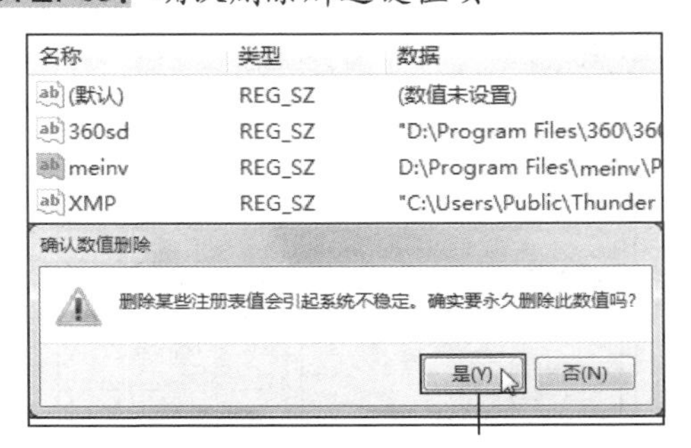

弹出对话框，单击“是”按钮，确认删除所选键值项。

提示：利用 msconfig 命令禁止危险启动项

禁止危险启动项的方法主要有两种：第一种是 15.2.3 节中介绍的利用注册表来实现，第二种则是利用 msconfig 命令来实现。具体操作为：打开“运行”对话框，❶ 输入 msconfig 后按【Enter】键，打开“系统配置”窗口，❷ 切换至“启动”选项卡下，❸ 取消勾选要禁止启动的启动项，❹ 然后单击“确定”按钮后重启计算机即可。

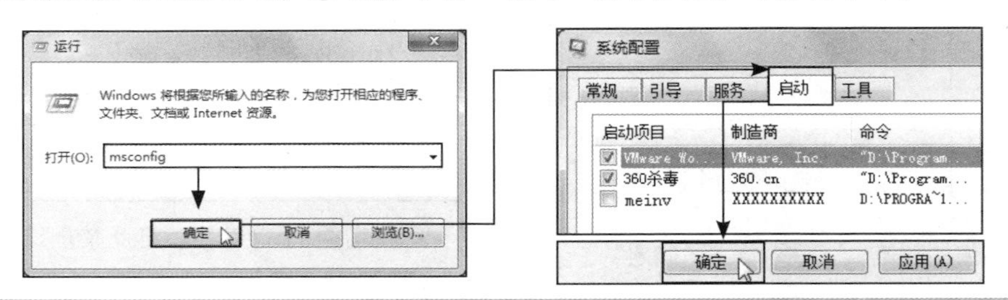

15.2.4 关闭默认共享

在 Windows 操作系统中，所有磁盘分区都是默认共享的，其目的是为了管理方便，将系统分区自动进行共享，这样可以在网络中访问本地计算机的资源。不过这些默认共享的磁盘分区只有系统管理员才能查看，这是因为在共享名后边加上了美元号 $，除非别人知道这个共享，否则他是找不着的。该默认共享对于任何计算机来说都是一个潜在的安全隐患，很容易让黑客乘虚而入，因此用户可以通过注册表来关闭该默认共享。

STEP01：单击 Lsa 选项

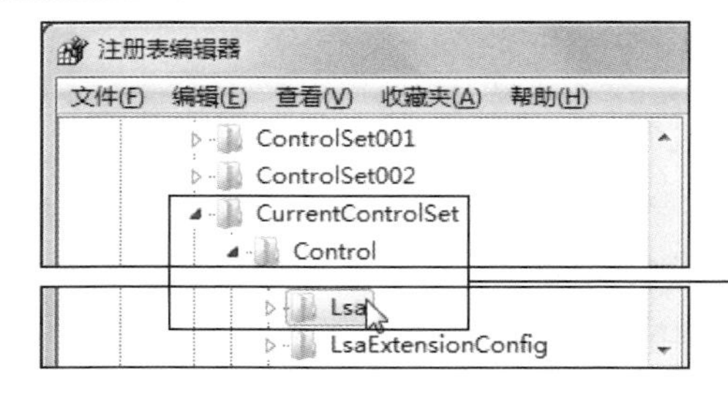

打开“注册表编辑器”窗口，在左侧展开 HKEY_LOCAL_MACHINE\SYSTEM\CurrentControlSet\Control\Lsa 子键。

STEP02：修改 RestrictAnonymous 选项

01 右击 Restrict Anonymous 选项。

02 在弹出的快捷菜单中单击“修改”命令。

STEP03：修改数值数据

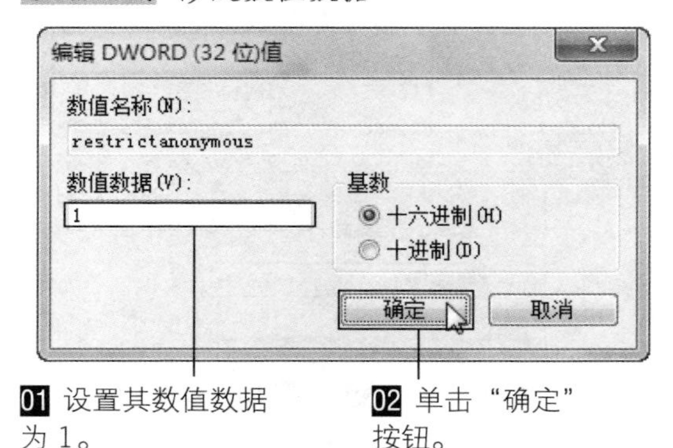

01 设置其数值数据为 1。

02 单击“确定”按钮。

STEP04：单击 Parameters 选项

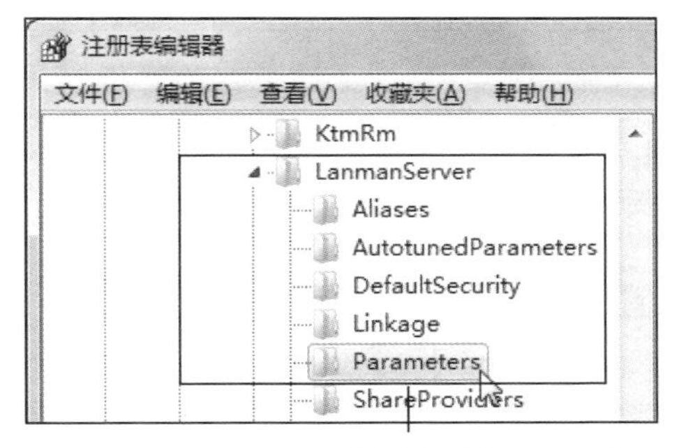

展开 HKEY_LOCAL_MACHINE\SYSTEM\CurrentControlSet\Services\LanmanServer\Parameters 选项。

STEP05：新建 DWORD 值

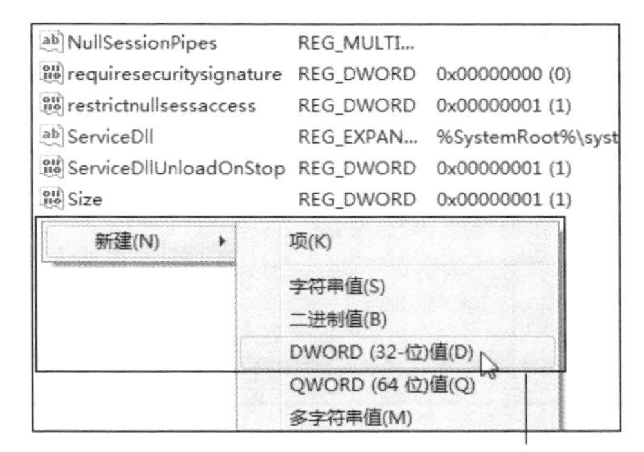

01 右击右侧任意空白处。

02 在弹出的快捷菜单中依次单击“新建”>“DWORD（32-位）值”命令。

STEP06：双击 AutoShareServer 键值项

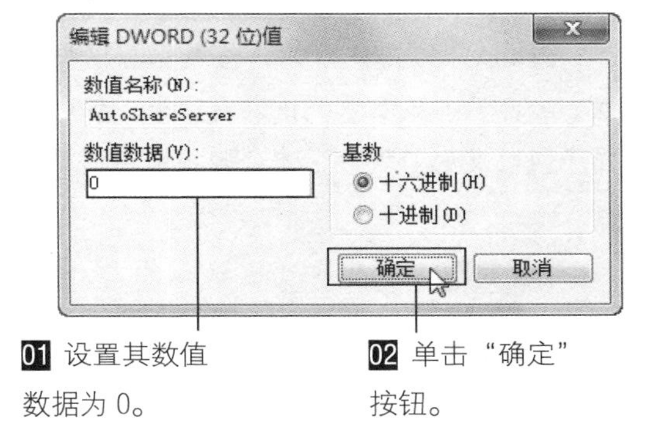

将新建的 DWORD 值重命名为 AutoShareServer，然后双击该键值项。

STEP07：修改其数值数据

01 设置其数值数据为 0。

02 单击“确定”按钮。

15.2.5 设置发生错误时不弹出警告对话框

在 Windows 操作系统中，当用户出现操作错误时，可能会弹出警告对话框，大多数情况下对于用户来说这种对话框并没有选择的余地，只有选择同意。因此用户可以在注册表中设置发生错误时不弹出警告对话框。

STEP01：单击 Windows 选项

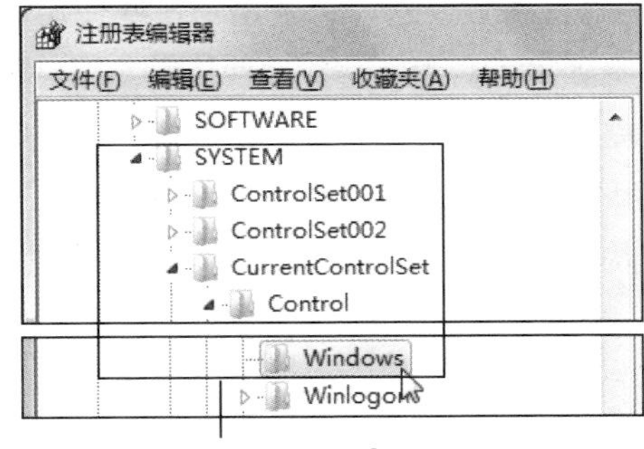

展开 HKEY_LOCAL_MACHINE>System>CurrentControlSet>Control>Windows 选项。

STEP02：选择修改 ErrorMode

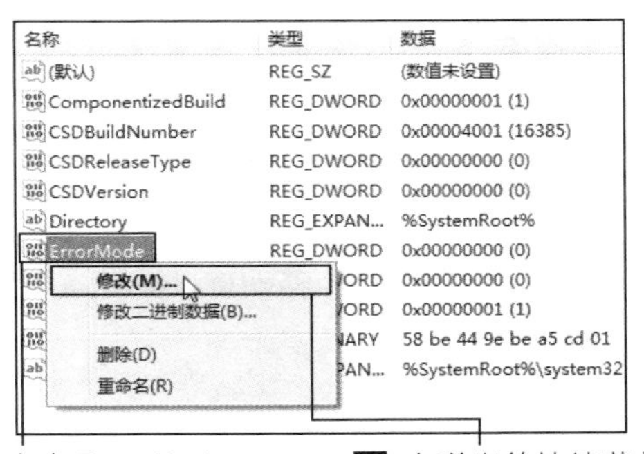

01 右击 ErrorMode 选项。

02 在弹出的快捷菜单中单击“修改”命令。

STEP03：修改数值数据

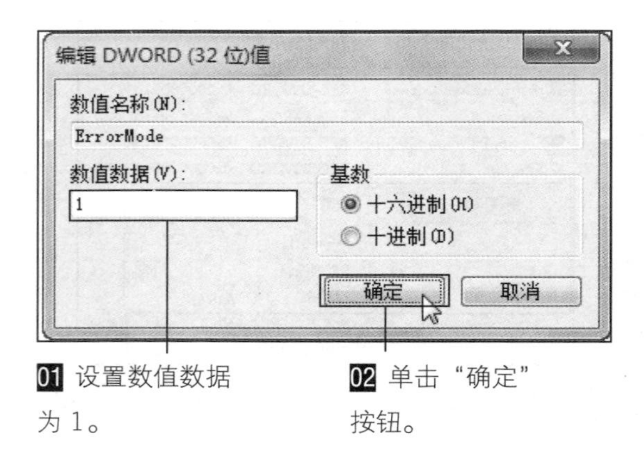

01 设置数值数据为 1。

02 单击“确定”按钮。

STEP04：查看修改后的 ErrorMode

名称	类型	数据
(默认)	REG_SZ	(数值未设置)
ComponentizedBuild	REG_DWORD	0x00000001 (1)
CSDBuildNumber	REG_DWORD	0x00004001 (16385)
CSDReleaseType	REG_DWORD	0x00000000 (0)
CSDVersion	REG_DWORD	0x00000000 (0)
Directory	REG_EXPAN...	%SystemRoot%
ErrorMode	REG_DWORD	0x00000001 (1)
NoInteractiveServices	REG_DWORD	0x00000000 (0)
ShellErrorMode	REG_DWORD	0x00000001 (1)
ShutdownTime	REG_BINARY	58 be 44 9e be a5 cd 01
SystemDirectory	REG_EXPAN...	%SystemRoot%\system32

此时可看见更改数值数据后的 ErrorMode 键值项。

提示：ErrorMode 键值项不同数值数据所对应的含义

ErrorMode 键值项的数值数据可以设置为 0、1、2，其中 0 表示弹出所有的错误对话框；1 表示不显示系统错误对话框，但会显示应用程序错误对话框；2 表示当系统和应用程序同时发生错误时，才会弹出警告对话框。

15.3 组策略安全设置

组策略是管理员账户为用户和计算机定义并控制程序、网络资源及操作系统行为的主要工具，可以帮助系统管理员针对整个计算机或用户来设置多种配置，包括桌面配置和安全配置，例如可以设置账户锁定策略、禁止更改桌面设置、禁用“开始”菜单中的命令等。

15.3.1 设置账户锁定策略

默认情况下，用户在账户登录界面中拥有大量的输入次数，这种设置也为一些使用字典攻击的黑客提供了快速破解密码的机会，从而使用户受到损害。为了避免这种情况，用户可以在组策略中设置账户锁定策略。所谓账户锁定策略，就是指当用户忘记或不知道当前用户账户密码的情况下，如果输入了 N 次（其中 N 代表用户预先在组策略中设置的无效登录次数）错误的密码后，Windows 系统会自动将登录设置为锁定状态。

STEP01：输入 gpedit.msc 命令

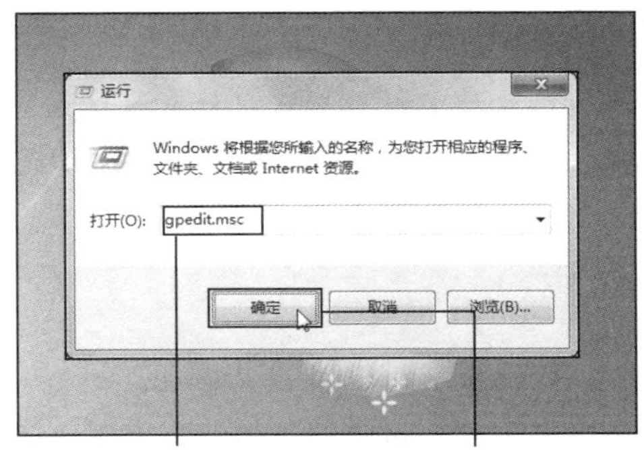

01 在“运行”对话框中输入 gpedit.msc 命令。

02 单击“确定”按钮。

STEP02：选择账户锁定策略

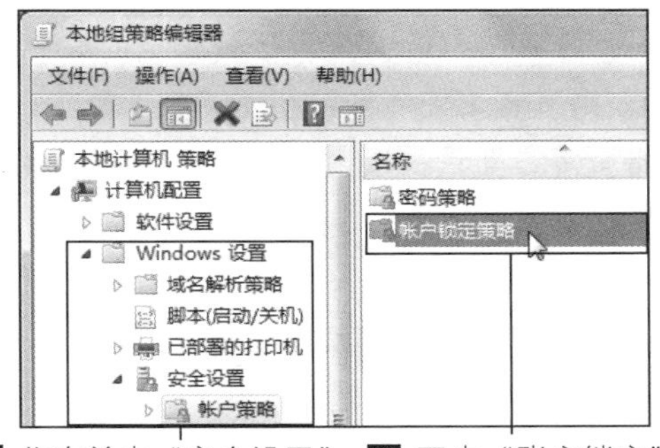

01 依次单击“安全设置”>“账户策略”选项。

02 双击“账户锁定”策略”选项。

STEP03：选择账户锁定阈值

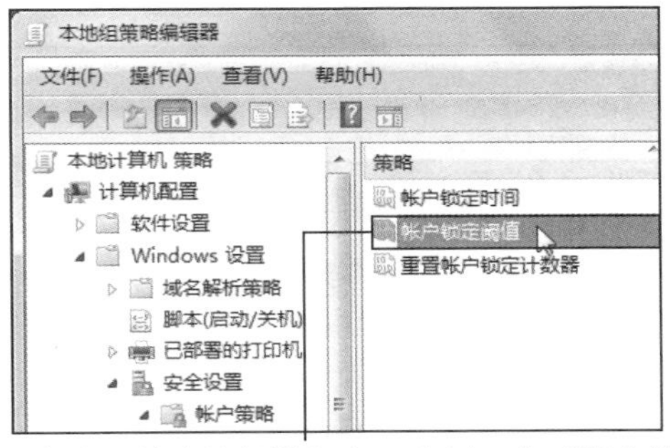

在“本地组策略编辑器”窗口右侧双击“账户锁定阈值”选项。

STEP04：设置无效登录次数

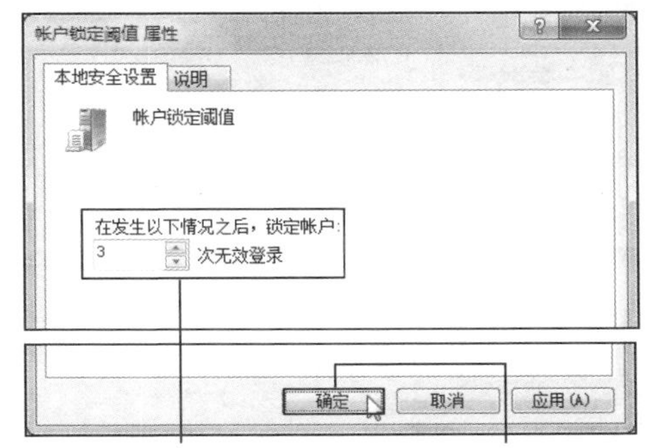

01 设置无效登录的次数，如设为“3”次。

02 单击“确定”按钮。

提示：无效登录的次数设置范围

在设置账户锁定阈值属性时，无效登录的次数并非可以无限制地设置，Windows 操作系统默认设置无效登录的次数设置范围为 0 ~ 999（其中包括 0）。当设置无效登录次数为 0 时，表示不锁定账户。

STEP05：查看其他项目的默认设置

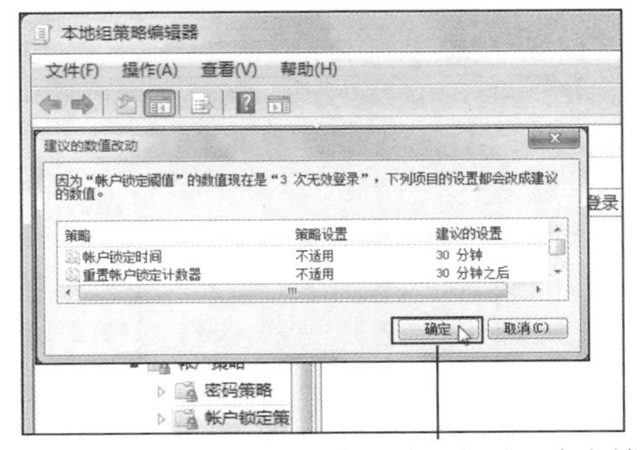

弹出对话框，显示了账户锁定时间和重置账户锁定计数器的默认修改，单击“确定”按钮。

STEP06：查看设置后的显示效果

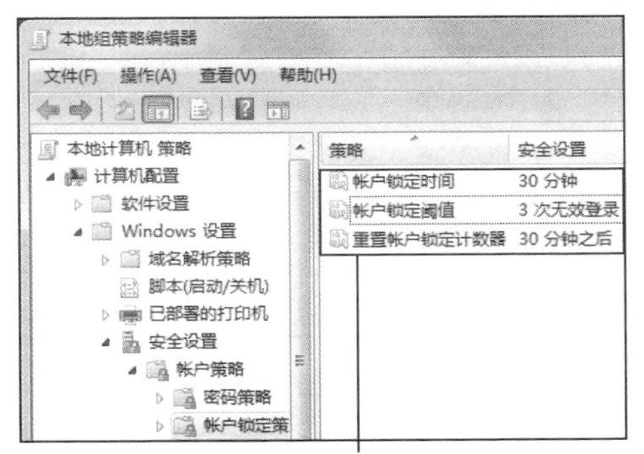

返回“本地组策略编辑器”窗口，此时可看见设置后的账户锁定策略属性。

提示：账户锁定时间和重置账户锁定计数器

账户锁定时间是指已被锁定的账户在自动解锁之前保持锁定状态的时间，若设置为0，则表示该账户将一直被锁定，直至管理员对其进行解除锁定；重置账户锁定计数器是指当用户登录失败之后，将无效登录次数计数器重置为0之前所需要等待的时间，如果定义了账户锁定阈值，则该时间必须小于或等于账户锁定时间。

15.3.2 设置用户权限

当多人共用一台计算机时，用户可以使用管理员账户为计算机中的其他账户设置不同的权限级别，这样一来，其他用户在使用各自的用户账户时就不会对主要使用者保存的文件进行操作，因此用户可以在组策略中设置用户权限。

STEP01：单击用户权限分配选项

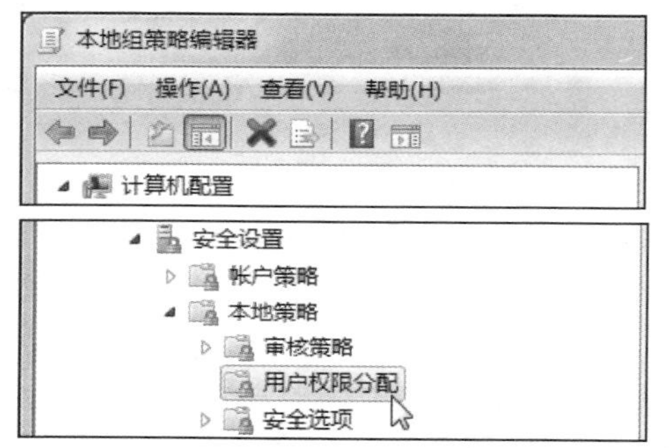

打开“本地组策略编辑器”窗口，在左侧依次展开“安全设置”>“用户权限分配”选项。

STEP02：查看创建全局对象的属性

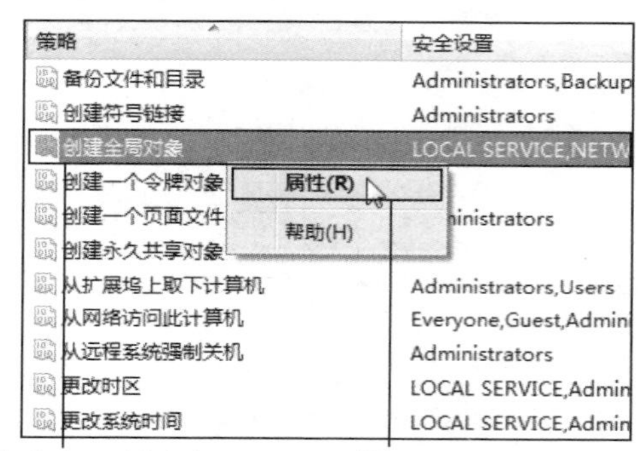

01 右击“创建全局对象”选项。

02 在弹出的快捷菜单中单击“属性”命令。

提示：创建全局对象

在组策略中，创建全局对象是指为指定用户或组赋予与Administrator一样的权限，只要在创建全局对象中添加指定用户或组，则它就会具有与Administrator一样的权限。

STEP03：选择添加用户或组

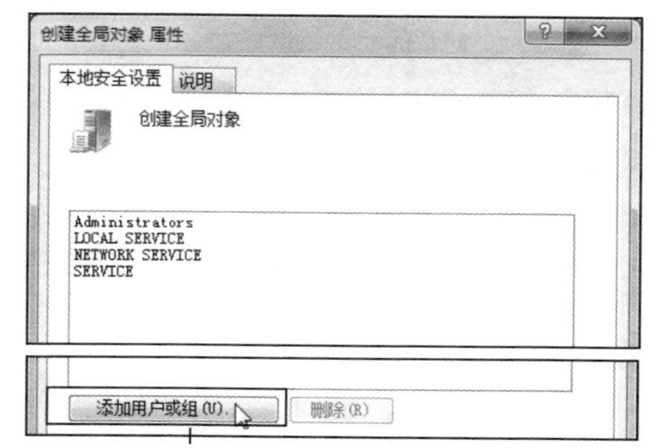

弹出“创建全局对象 属性”对话框，单击“添加用户或组”按钮。

STEP04：输入对象名称

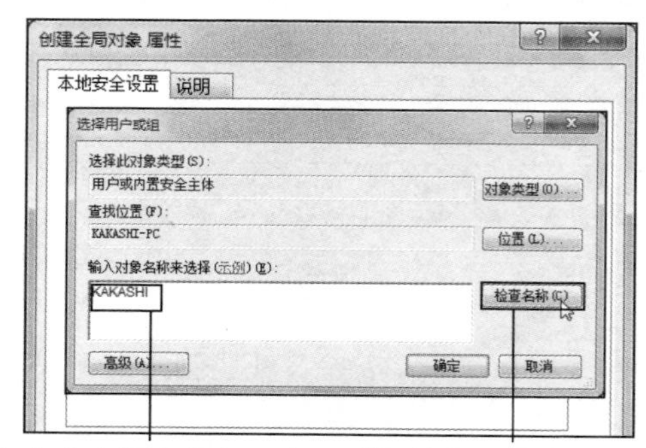

01 在文本框中输入用户或组的名称。

02 单击“检查名称”按钮。

STEP05：查看添加的用户或组

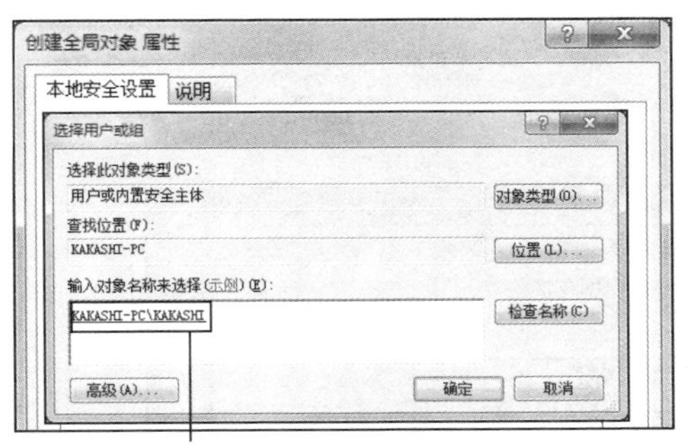

如果输入的用户或组的名称存在，则会自动检查并纠正。

STEP06：单击“高级”按钮

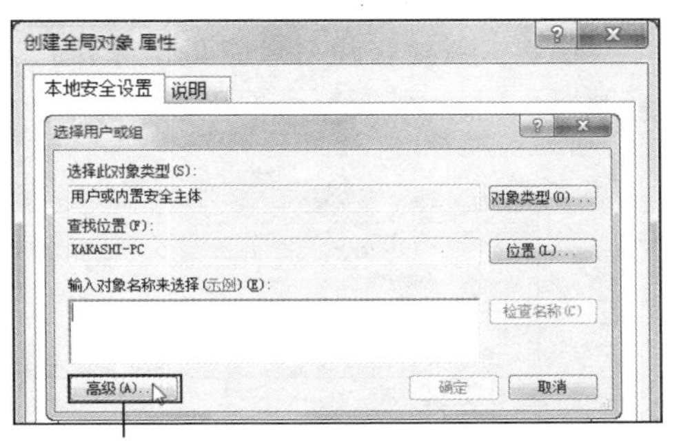

如果用户不知道需要设置权限的用户或组的名称，则单击“高级”按钮。

STEP07：单击“立即查找”按钮

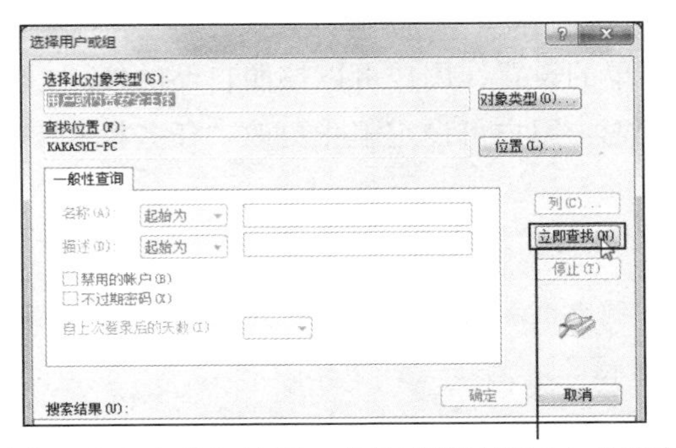

单击“立即查找”按钮，查找当前计算机中的所有用户和组。

STEP08：选择要设置权限的用户或组

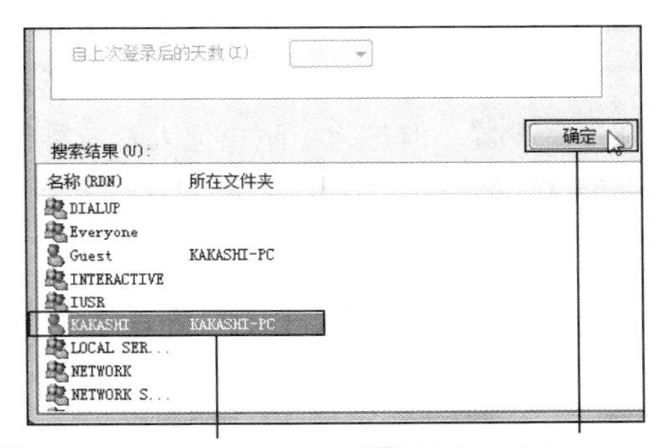

01 在底部选择要设置权限的用户或组。

02 单击“确定”按钮。

STEP09：单击“确定”按钮

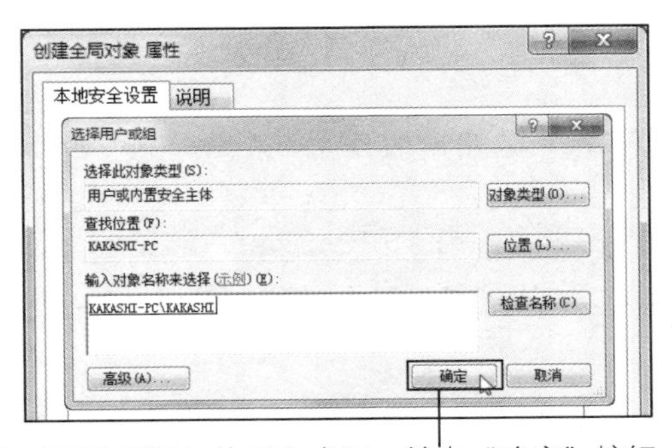

此时可看见添加的用户或组。单击“确定”按钮。

STEP10：查看添加的用户或组

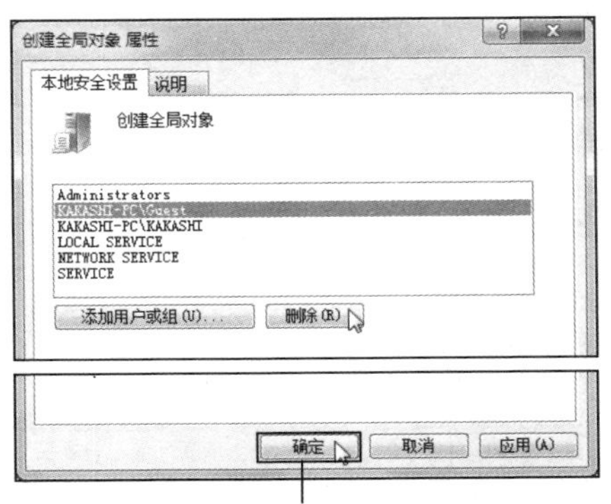

可看见添加的所有用户或组，单击“确定”按钮保存并退出。

提示：取消指定用户账户的管理员权限

若要在创建全局对象中取消指定用户账户的管理员权限，则首先打开“创建全局对象 属性”对话框，❶ 选中待删除的用户账户或组，❷ 然后单击“删除”按钮即可。

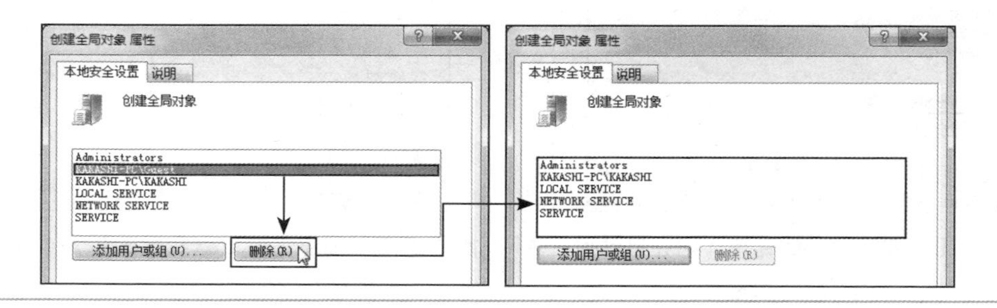

15.3.3 阻止更改“任务栏和「开始」菜单”设置

Windows 操作系统提供了任务栏和“开始”菜单的设置，用户可以按照自己的使用习惯对其进行设置。但是为了防止他人随意篡改这些设置，用户可设定阻止更改“任务栏和「开始」菜单”设置。

STEP01：选择“开始”菜单和任务栏

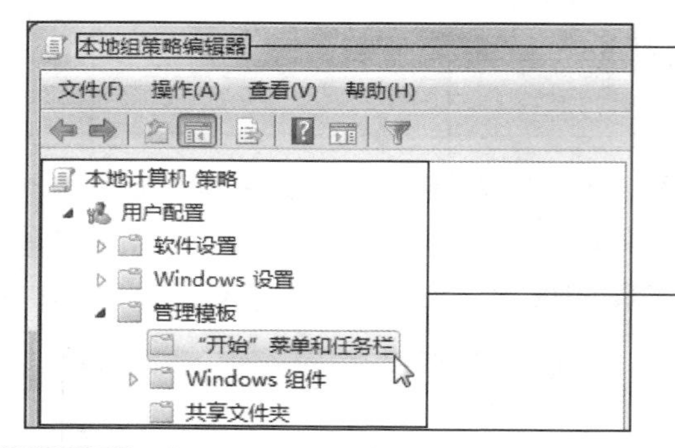

01 利用 gpedit.msc 命令打开“本地组策略编辑器”窗口。

02 在左侧依次展开“用户配置”>“管理模板”>“‘开始’菜单和任务栏”选项。

STEP02：单击“编辑”命令

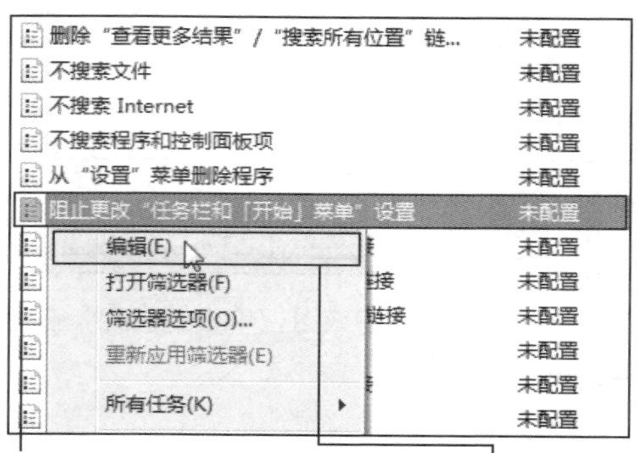

01 右击“阻止更改‘任务栏和「开始」菜单’设置”选项。

02 在弹出的快捷菜单中单击“编辑”命令。

STEP03：启用所选设置

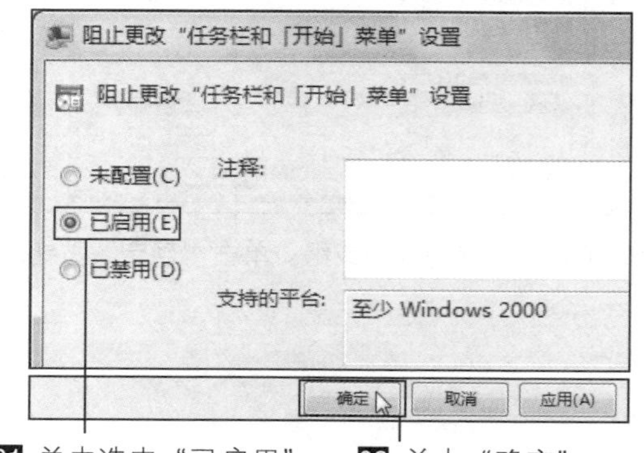

01 单击选中“已启用”单选按钮。

02 单击“确定”按钮保存并退出。

15.3.4 禁止访问控制面板

控制面板为用户提供了查看并操作基本系统设置和控制的功能，包括添加硬件、添加 / 删除软件、控制用户账户、更改辅助功能选项等。为了防止他人随意修改系统属性，用户可以设置禁止访问控制面板。

STEP01：选择控制面板

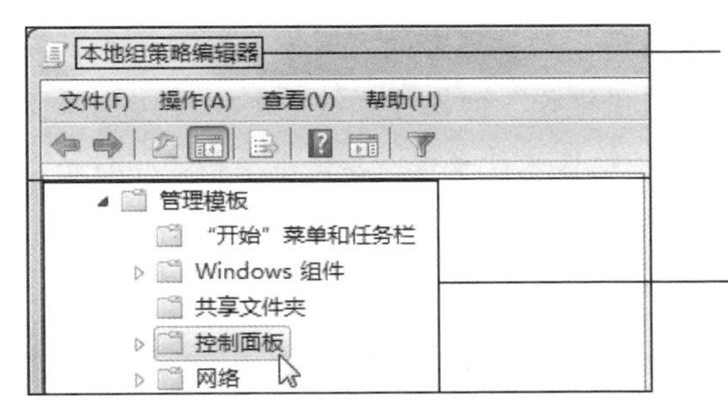

01 利用 gpedit.msc 命令打开"本地组策略编辑器"窗口。

02 在左侧依次展开"管理模板">"控制面板"选项。

STEP02：单击"编辑"命令

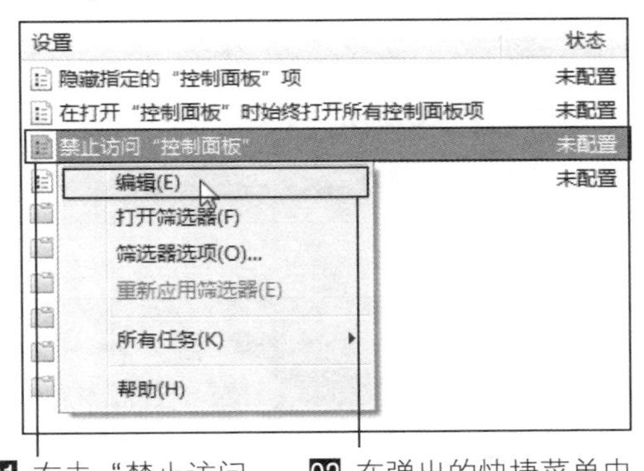

01 右击"禁止访问'控制面板'"选项。

02 在弹出的快捷菜单中单击"编辑"命令。

STEP03：启用所选设置

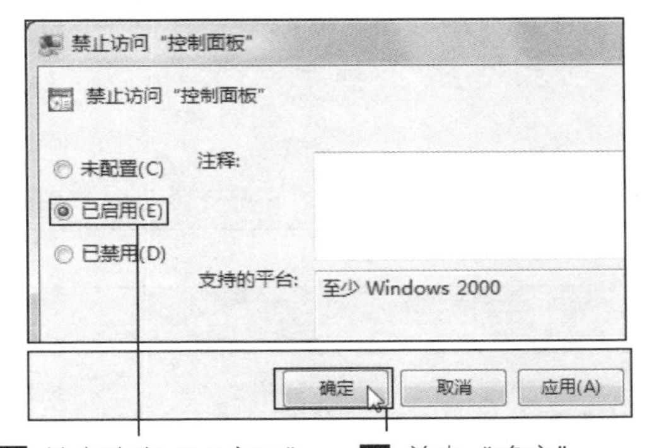

01 单击选中"已启用"单选按钮。

02 单击"确定"按钮保存并退出。

第16章 系统与数据的备份与恢复

一款操作系统无论设计了多少安全措施，也难免会遭到黑客的入侵攻击，因此为了确保系统中的数据不丢失，可以选择对这些数据进行备份操作。而操作系统的备份操作也需要做好，一旦系统出现崩溃或者无法运行，可以通过还原操作来让系统恢复正常运转。同时还需要掌握一定的数据恢复技术，便于在误删除数据后能够及时将这些数据恢复到硬盘中。

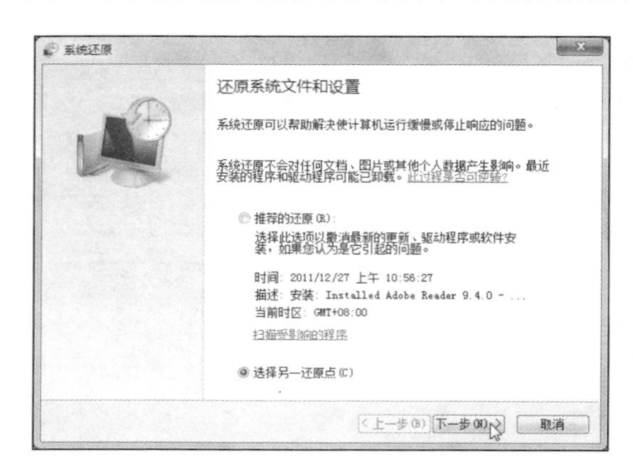

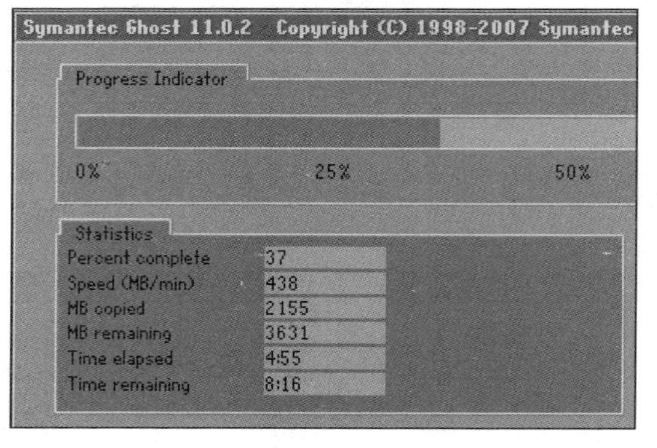

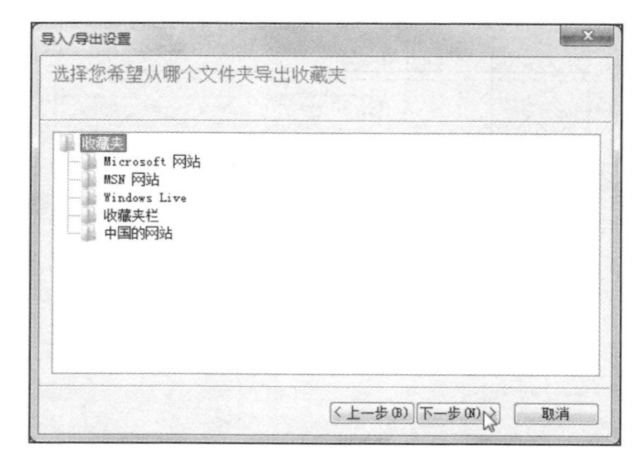

知识要点

- 利用还原点备份与还原系统
- 利用 GHOST 备份与还原系统
- 备份与还原驱动程序
- 备份与还原 IE 收藏夹信息
- 备份与还原 QQ 数据
- 恢复被误删除的数据

16.1 备份与还原系统

备份与还原系统包括备份系统和还原系统两个操作，当用户在计算机中安装了操作系统后可以选择备份系统，一旦日后系统崩溃或者无法运行，便可将备份文件快速还原到计算机中，让计算机恢复至备份时的状态。常见的备份与还原操作系统的方法主要有两种：第一种是利用 Windows 7 系统自带的还原点进行备份与还原；第二种方法是利用 GHOST 进行备份与还原操作。

16.1.1 利用还原点备份与还原系统

利用还原点备份与还原操作包括创建还原点和将系统还原至指定还原点两个操作，其中创建还原点是指备份操作系统，而将系统还原至指定还原点则是指还原操作系统。

1. 创建还原点

创建还原点必须确保 Windows 操作系统所在分区的系统还原功能处于打开状态，否则将无法完成创建操作。创建还原点的操作十分简单，这是因为创建过程都是由操作系统自动完成。

STEP01：单击“控制面板”命令

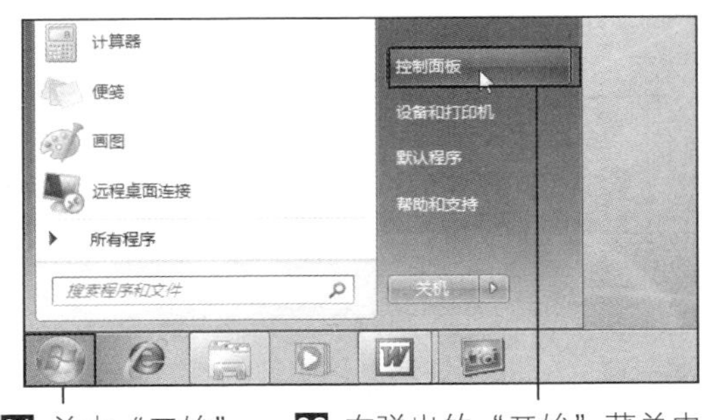

01 单击“开始”按钮。 02 在弹出的“开始”菜单中单击“控制面板”命令。

STEP02：单击“系统和安全”链接

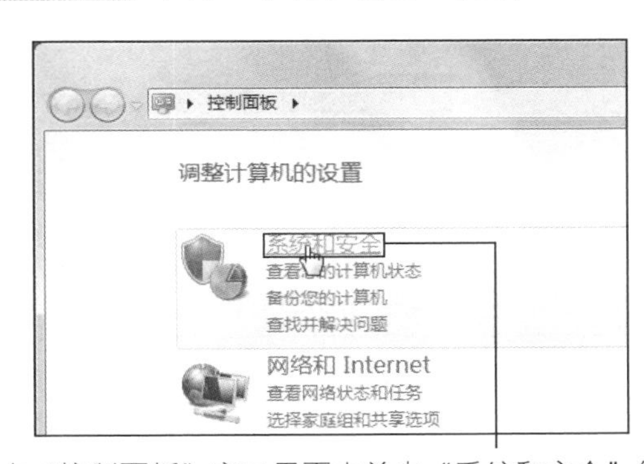

在“控制面板”窗口界面中单击“系统和安全”链接。

STEP03：单击“系统”链接

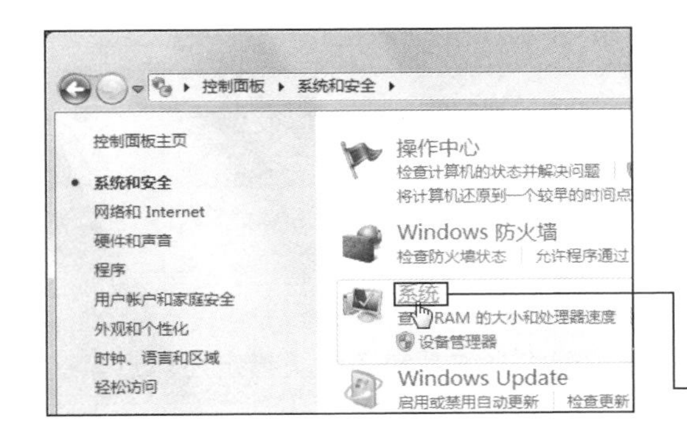

在窗口界面中单击“系统”链接。

提示：利用 Control 命令打开控制面板

除了利用“开始”菜单打开控制面板窗口外，还可以利用 Control 命令打开，打开“运行”对话框，输入 Control 后按【Enter】键即可。

STEP04：选择高级系统设置

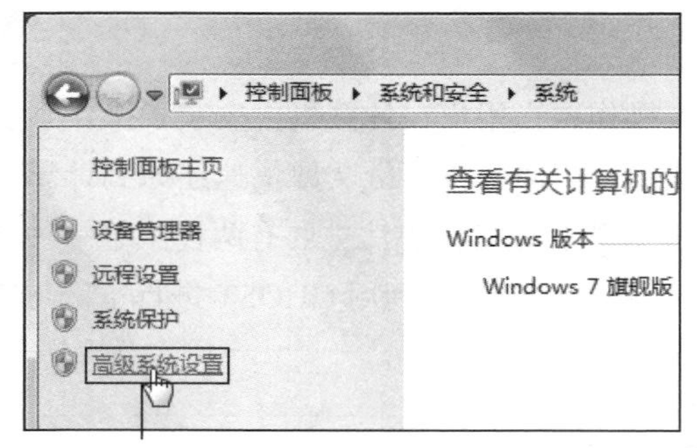

在“系统”窗口界面的左侧单击“高级系统设置”链接。

STEP05：选择创建还原点

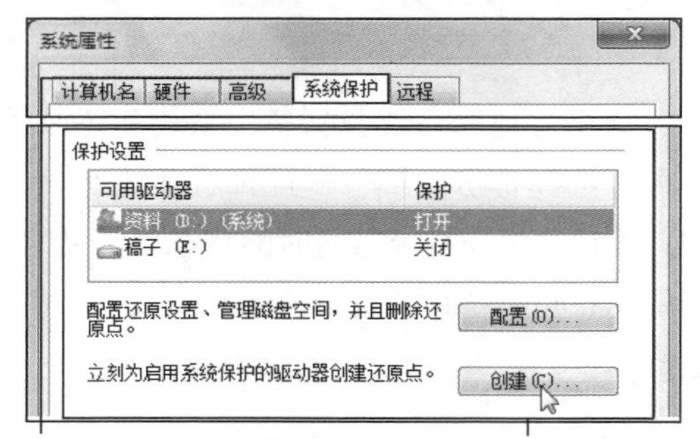

01 切换至“系统保护”选项卡。

02 选中系统所在分区，然后单击“创建”按钮。

提示：启用系统分区的系统还原功能

若要启动操作系统所在分区的系统还原功能，则按照16.1.1节第1点中STEP01 ~ STEP05介绍的方法打开“系统属性”对话框，❶在“系统保护”选项卡下选择系统所在的分区，❷单击“配置”按钮，❸然后在弹出的对话框中单击选中“还原系统设置和以前版本的文件”单选按钮，❹最后单击“确定”按钮保存并退出。

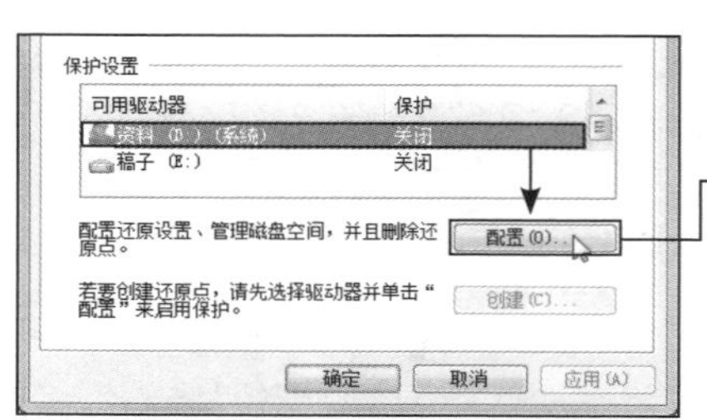

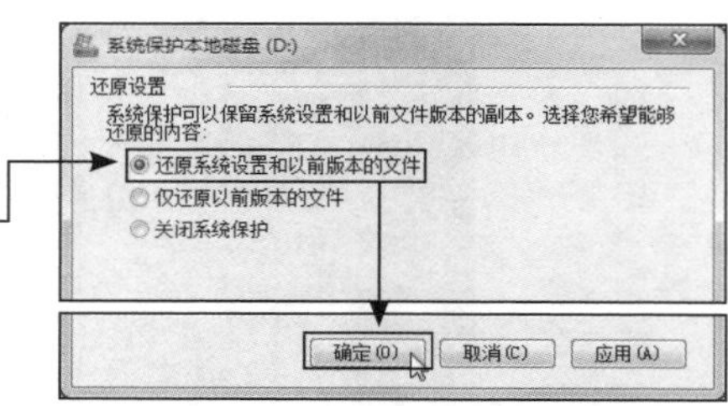

STEP06：输入还原点名称

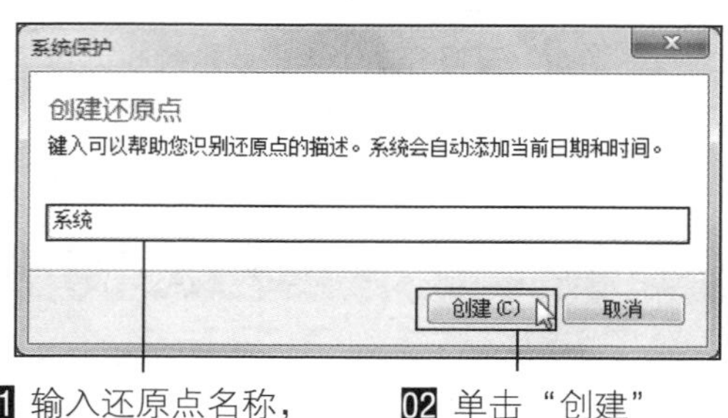

01 输入还原点名称，如输入“系统”。

02 单击“创建”按钮。

STEP07：成功创建还原点

提示用户“已成功创建还原点”，单击“关闭”按钮。

2. 将系统还原至指定还原点

当系统无法正常运行时，则可以利用系统还原功能将当前系统还原至指定还原点。这样一来，系统不仅能恢复正常，而且还能保持所选还原点时的状态。

STEP01：单击“属性”命令

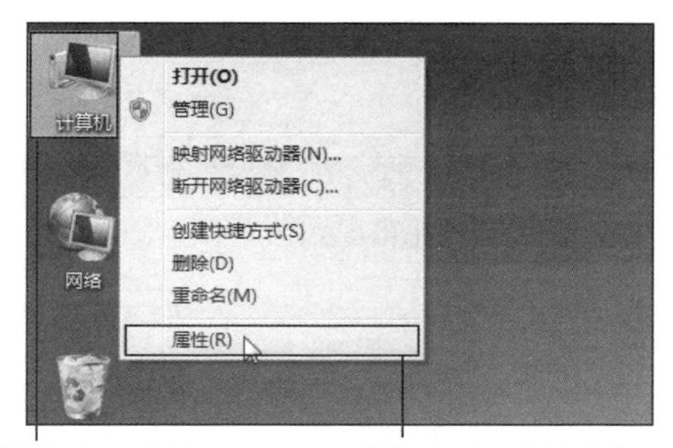

01 右击“计算机”图标。

02 在弹出的快捷菜单中单击“属性”命令。

STEP02：选择高级系统设置

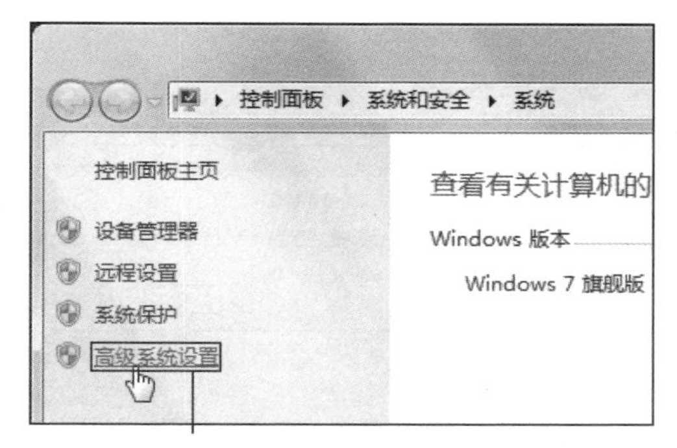

在“系统”窗口界面中单击“高级系统设置”链接。

STEP03：选择系统还原

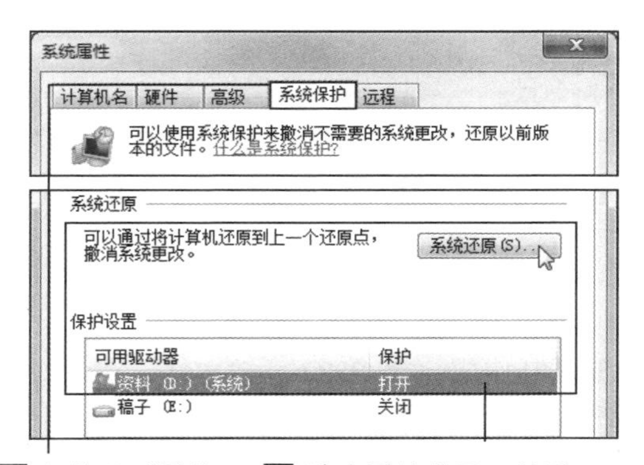

01 切换至“系统保护”选项卡。

02 选中系统分区，然后单击“系统还原”按钮。

STEP04：设置选择另一还原点

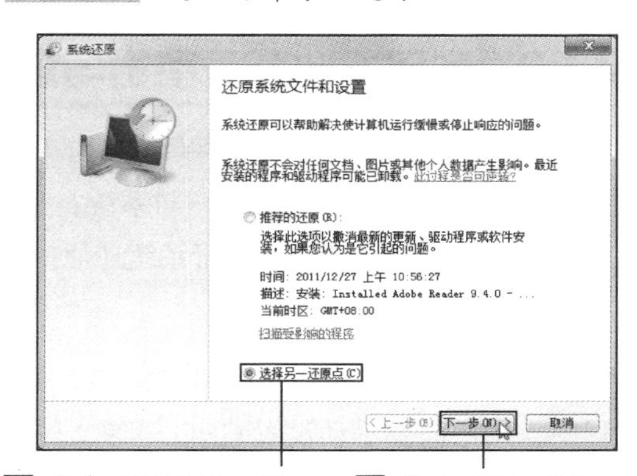

01 单击“选择另一还原点”单选按钮。

02 单击“下一步”按钮。

STEP05：选择还原点

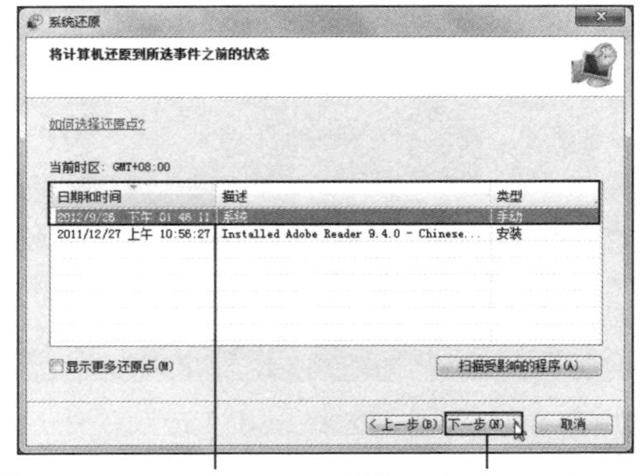

01 选择要还原的还原点。

02 单击“下一步”按钮。

STEP06：确认还原点

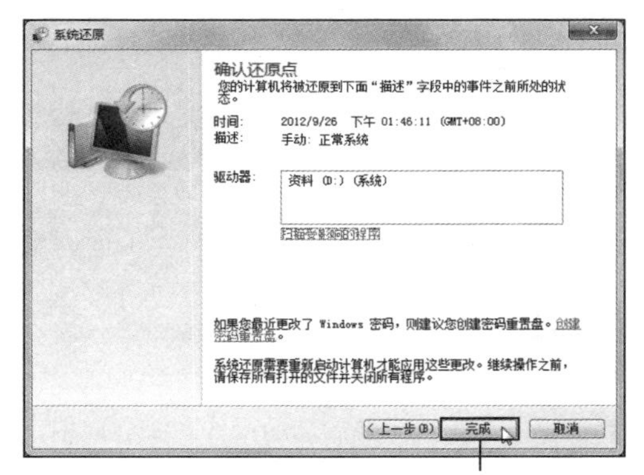

确认界面中显示的还原点无误后单击“完成”按钮。

STEP07：选择继续还原

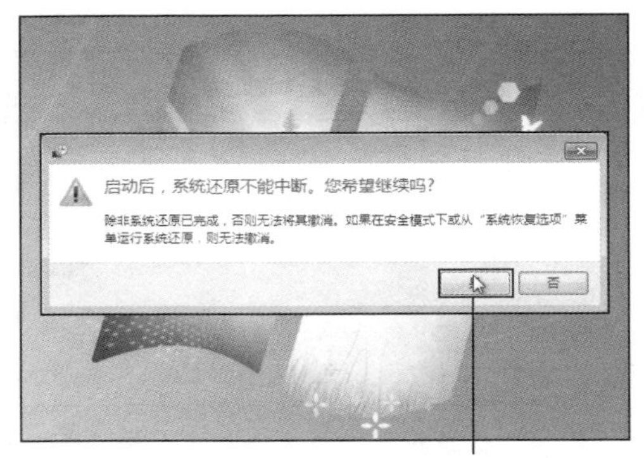

提示用户启动系统还原后将不能中断，单击“是”按钮，选择继续还原。

STEP08：还原成功

还原完毕后在桌面上弹出对话框，提示还原成功，单击“关闭”按钮即可。

16.1.2 利用 GHOST 备份与还原系统

GHOST 是一款十分出名的系统备份 / 还原软件，该软件属于第三方软件，需要用户将其安装到计算机中方可正常使用。与系统自带的还原工具相比，GHOST 的优势在于即使无法进入系统桌面也可以对计算机进行系统还原操作。

1. 备份系统

使用 GHOST 备份系统是指将操作系统所在的分区制作成一个 GHO 镜像文件，在备份的过程中，用户需要手动设置 GHO 镜像文件的保存位置，建议将其放在除系统分区外的其他分区中。

STEP01：选择“一键 GHOST”

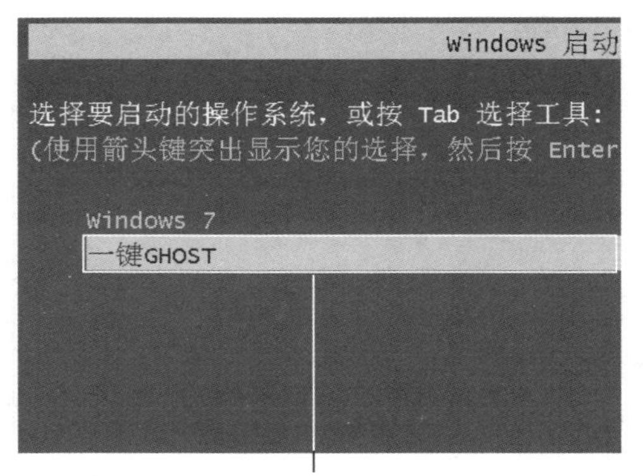

重启计算机，在选择要启动的操作系统界面中，利用方向键选择“一键 GHOST”，然后按【Enter】键。

STEP02：选择 GHOST

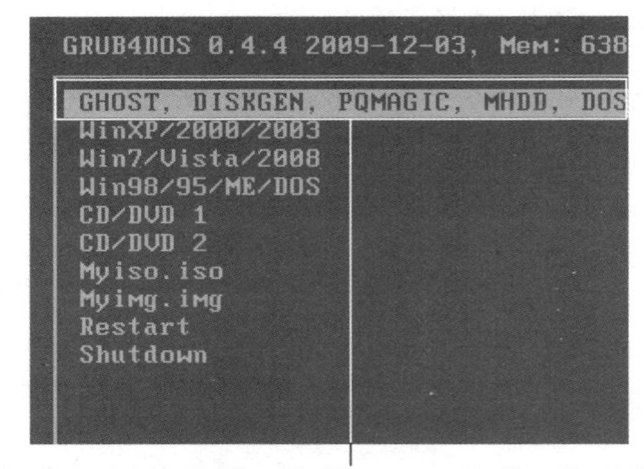

切换至新的界面，选择 GHOST 选项，然后按【Enter】键。

提示：重启与关闭计算机

在 STEP02 所示的界面中，如果通过方向键选中 Restart 选项后按【Enter】键，则表示重新启动计算机；若选中 Shutdown 后按【Enter】键，则表示关闭计算机。

STEP03：选择 GHOST11.2

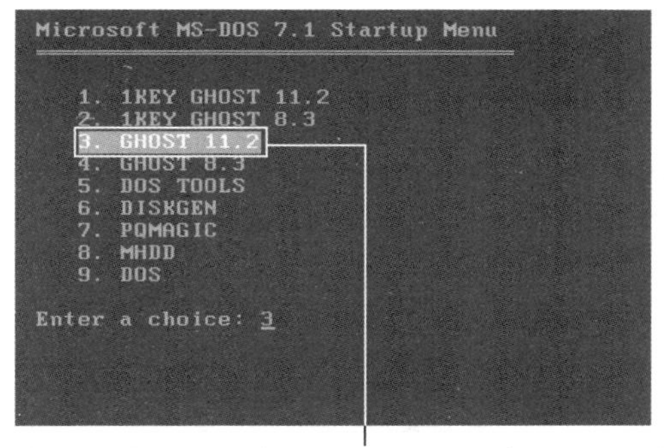

切换至新的界面，选择 GHOST11.2 选项，然后按【Enter】键。

STEP04：单击 OK 按钮

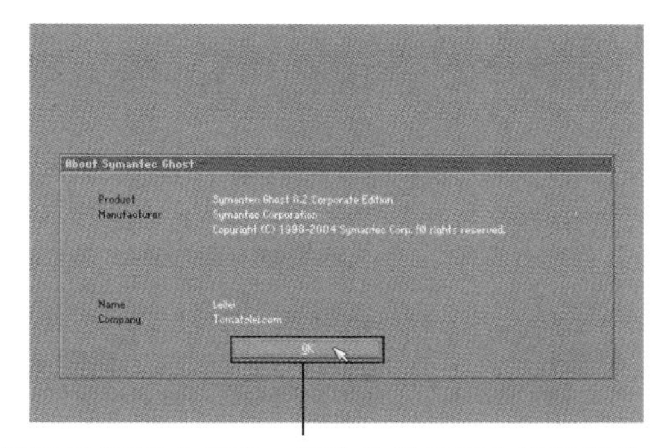

打开 GHOST 主界面，在软件信息简介界面中单击 OK 按钮。

STEP05：选择 To Partition

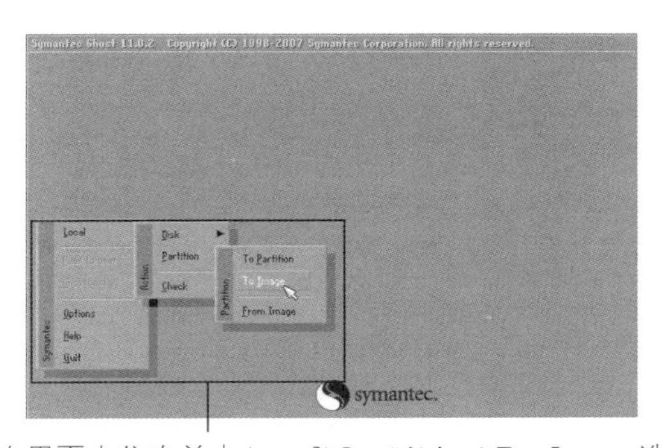

在界面中依次单击 Local>Partition>To Image 选项。

STEP06：确认所选的硬盘

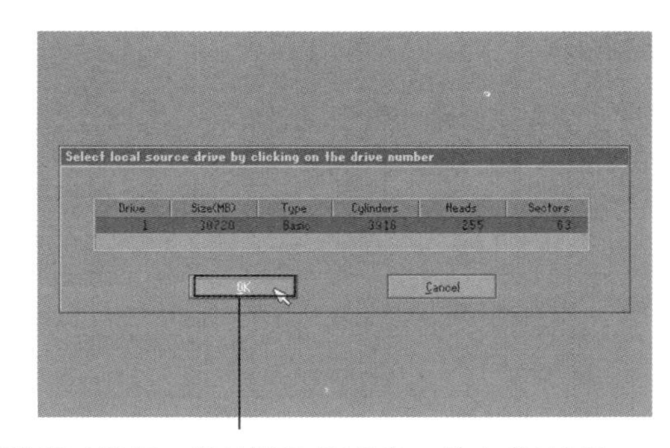

弹出对话框，保持默认的硬盘，单击 OK 按钮。

STEP07：选择要备份的分区

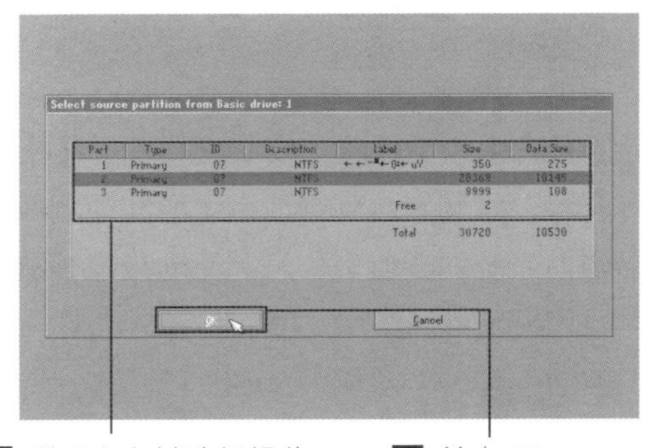

01 利用方向键选择操作系统所在的分区。

02 单击 OK 按钮。

STEP08：设置文件名与保存位置

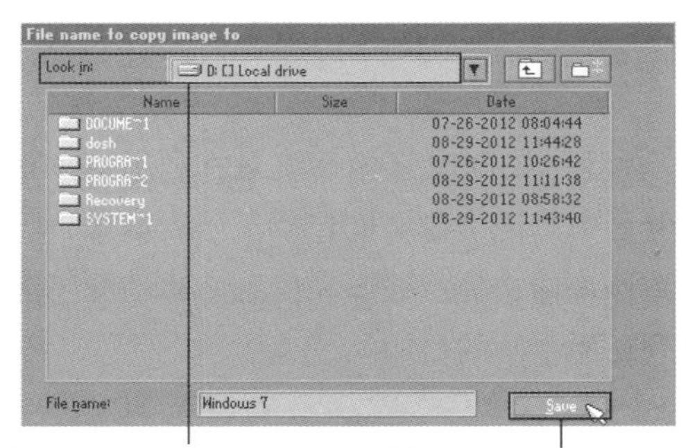

01 设置镜像文件的保存位置。

02 输入文件名后单击 Save 按钮。

提示：GHOST 无法识别中文名称的镜像文件

由于 GHOST 是一款国外研发的软件，因此该软件无法识别文件名为中文的镜像文件，而且在设置镜像文件的名称时，也只能设置为英文、数字或英文和数字的组合。

STEP09：选择备份方式

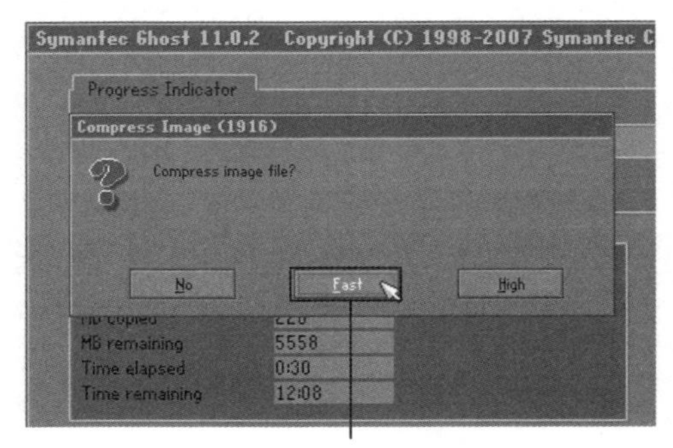

弹出对话框，选择备份方式，例如选择快速备份，单击 Fast 按钮。

STEP10：开始备份

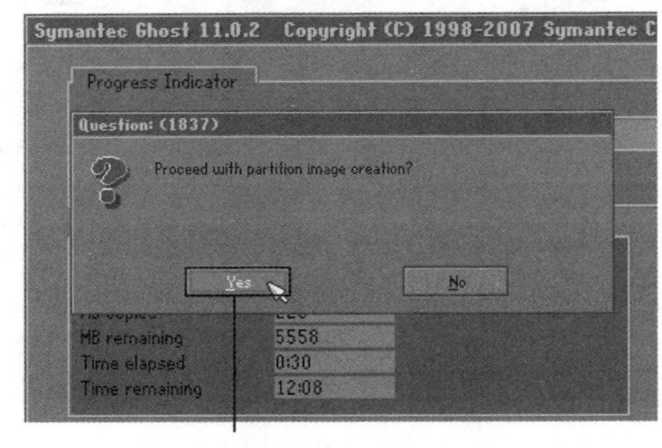

弹出对话框，询问用户是否开始备份，单击 Yes 按钮。

STEP11：正在备份

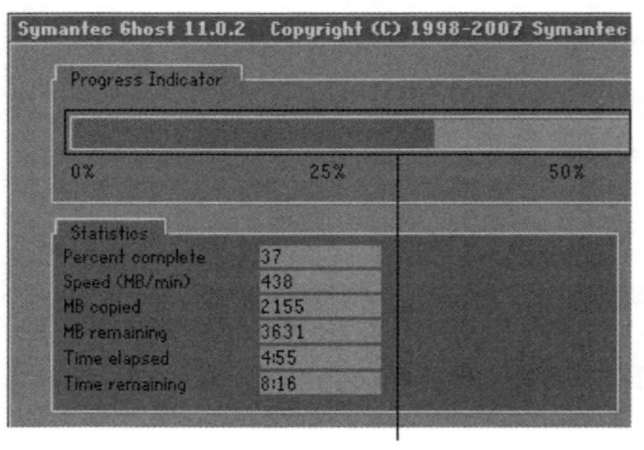

此时正在备份操作系统，可看见备份的进度，耐心等待。

STEP12：成功完成备份操作

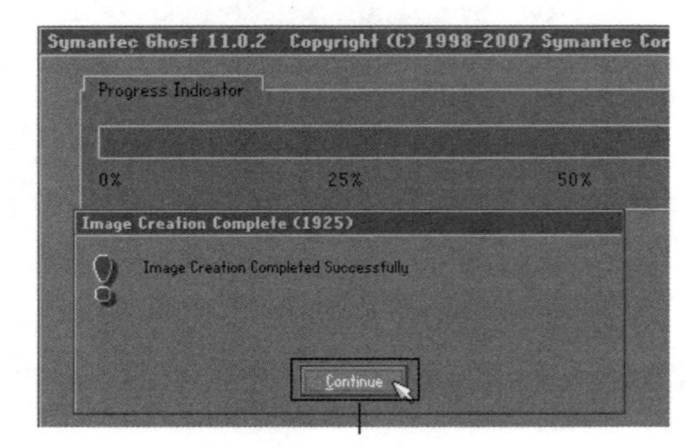

当进度条走到 100% 后弹出对话框，单击 Continue 按钮后重启计算机即可。

2. 还原系统

使用 GHOST 还原系统是指利用 GHOST 将创建的系统镜像文件覆盖安装到当前系统所在的分区中。该镜像文件包括注册表信息、驱动程序等资料，将其安装到当前系统所在的分区会导致该镜像文件中注册表信息、驱动程序等资料覆盖当前系统的注册表信息和驱动程序，从而达到还原系统的目的。

STEP01：选择 From Image

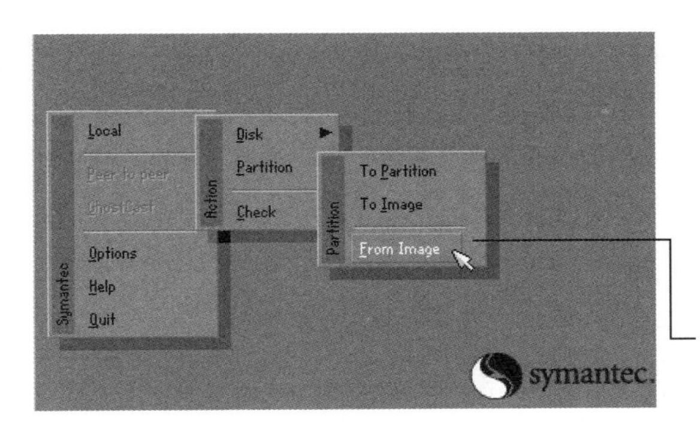

打开 GHOST 主界面，依次单击 Local>Partition>From Image 选项。

提示：GHOST 只能识别 GHO 镜像文件

GHOST 软件只能识别后缀名为 GHO 的镜像文件，无法识别其他文件类型的镜像文件（如 ISO 镜像文件）。

STEP02：选择镜像文件

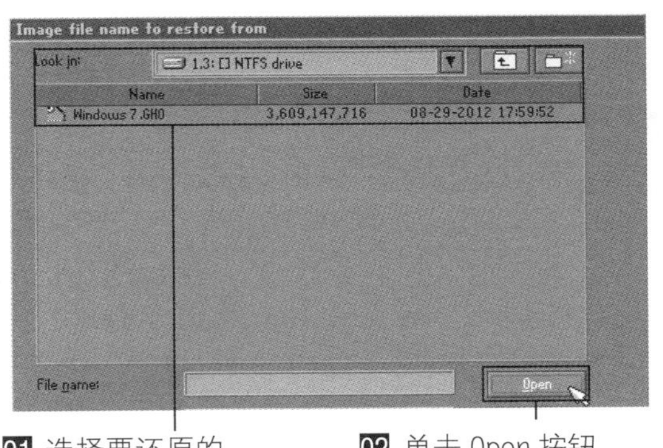

01 选择要还原的 GHO 镜像文件。

02 单击 Open 按钮。

STEP03：确认备份文件中的分区信息

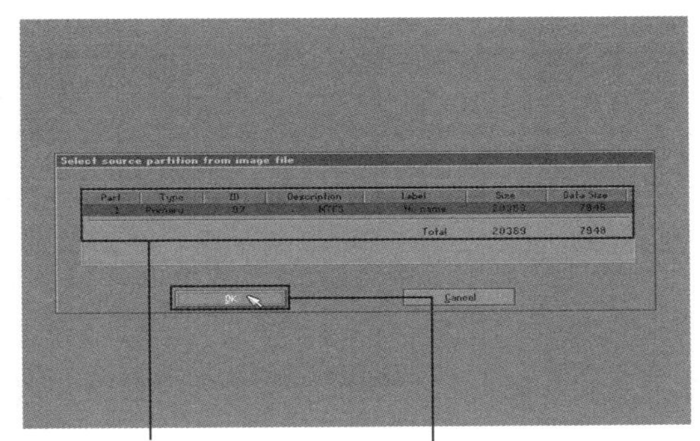

01 确认备份文件中的分区信息。

02 单击 OK 按钮。

STEP04：选择硬盘

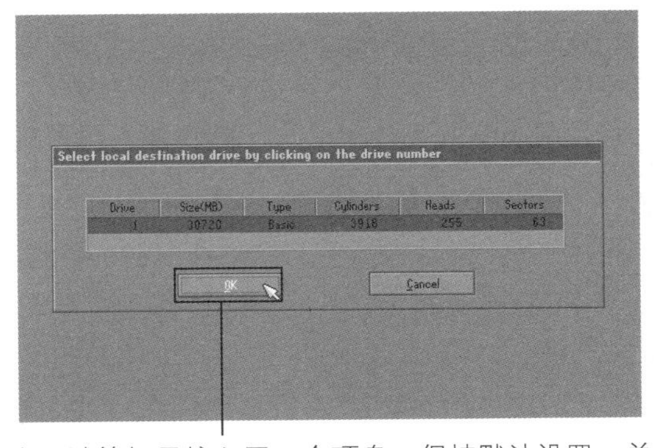

由于计算机只接入了一个硬盘，保持默认设置，单击 OK 按钮。

STEP05：选择要还原的分区

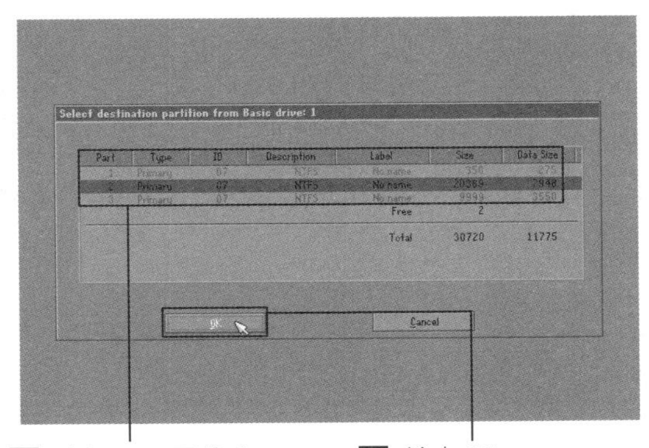

01 选择要还原的分区，如选择系统分区。

02 单击 OK 按钮。

STEP06：确认开始还原

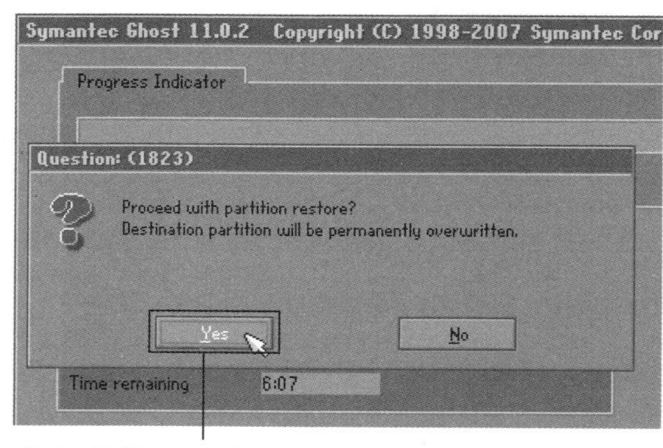

弹出对话框，单击 Yes 按钮，确认开始还原操作。

STEP07：完成还原操作

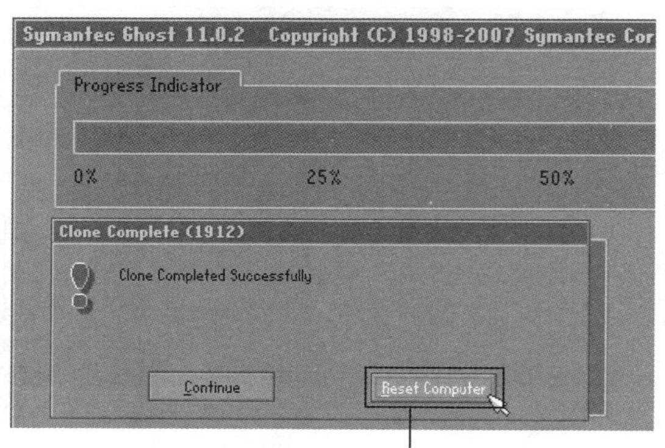

还原完毕后弹出对话框，单击 Reset Computer 按钮重新启动计算机即可。

16.2 备份与还原数据

在计算机中，除了操作系统可以支持备份与还原操作外，还有一些比较重要的数据也支持备份与还原操作，如驱动程序、注册表信息、IE 收藏夹信息等。这些信息对用户来说十分重要，备份这些信息的目的就是为了在这些数据丢失之后进行弥补，将损失降到最低。

16.2.1 备份与还原驱动程序

驱动程序是一种可以使计算机和硬件设备进行通信的特殊应用程序，可以说它是硬件设备的接口。操作系统只有通过这个接口，才能控制硬件设备的工作，因此当计算机安装完所有的驱动程序后，便可利用驱动精灵来备份与还原系统中的驱动程序。

1. 备份驱动程序

备份驱动程序时，用户并不需要备份所有的驱动程序，可以选择只备份部分的驱动程序，如选择只备份网卡驱动程序。因为“驱动精灵”具有自动检测并下载驱动程序的功能，只要确保计算机能接入 Internet，用户便能利用“驱动精灵”安装所有的驱动程序。

STEP01：选择要备份的驱动程序

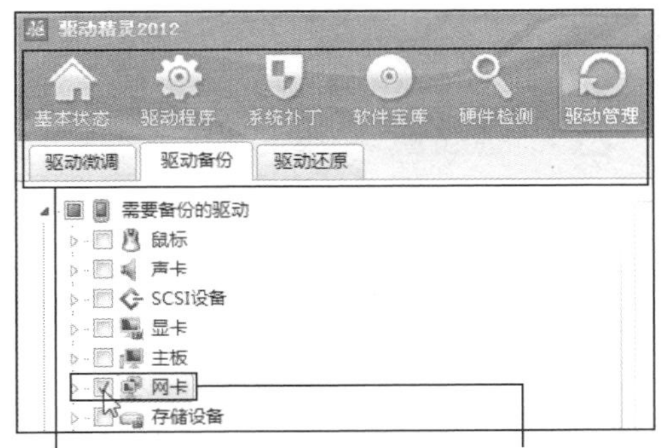

01 启动“驱动精灵”，单击“驱动管理”按钮，切换至“驱动备份”选项卡。

02 选择备份网卡驱动程序。

STEP02：选择改变备份位置

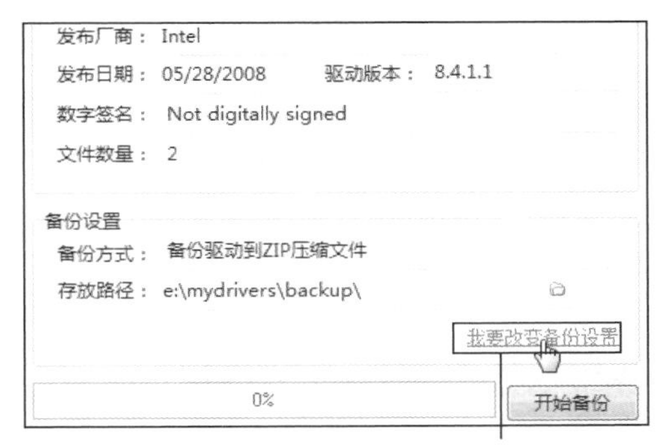

在“备份设置”选项组中单击“我要改变备份设置”链接。

STEP03：单击“选择目录”按钮

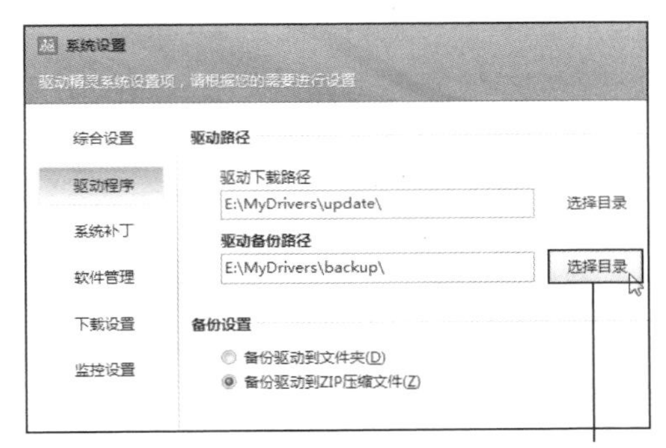

弹出“系统设置”对话框，在“驱动备份路径”下方单击“选择目录”按钮。

STEP04：选择备份位置

01 在对话框中选择保存备份文件的位置。

02 单击“确定”按钮。

STEP05：确认设置的备份路径

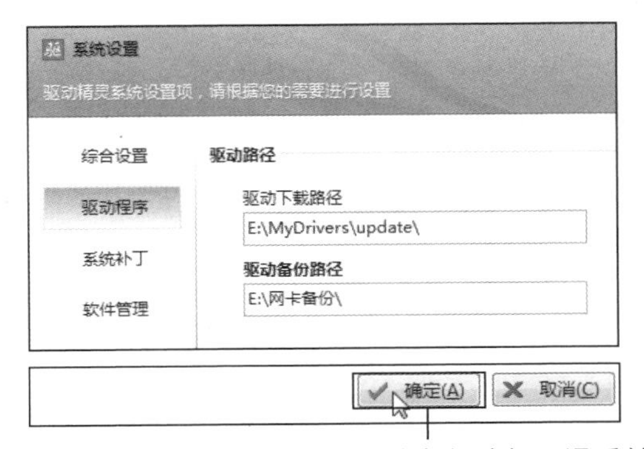

返回“系统设置”对话框，确认备份路径无误后单击“确定”按钮。

STEP06：开始备份

返回“驱动精灵”程序主界面，单击“开始备份”按钮，备份网卡驱动程序。

STEP07：完成网卡驱动程序的备份

当界面显示“备份完成”信息时，即完成网卡驱动程序的备份。

STEP08：查看备份的网卡驱动程序

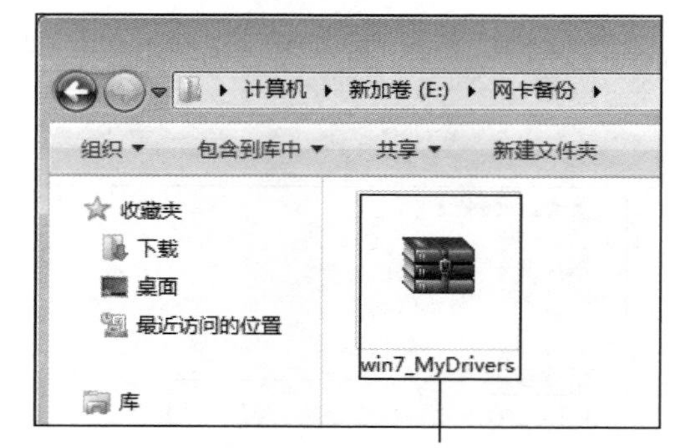

打开STEP04所设置的保存位置对应的窗口，可看见备份的驱动程序。

2. 还原驱动程序

当系统的网卡驱动程序无法正常运行时，此时可以使用“驱动精灵”直接将备份的网卡驱动程序还原到当前系统中，使网卡恢复正常工作。

STEP01：选择还原网卡驱动程序

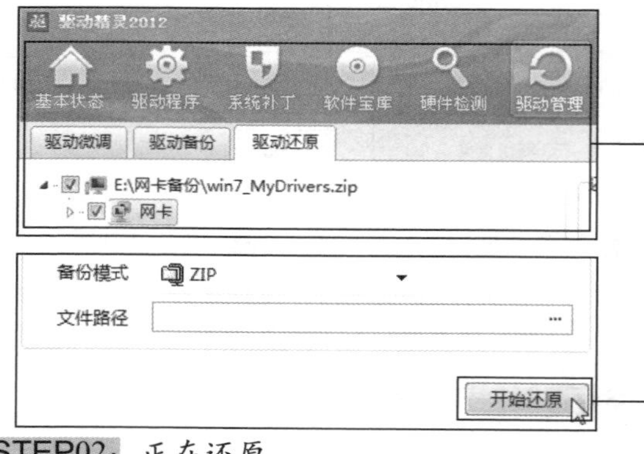

01 启动“驱动精灵”，单击“驱动管理”按钮，切换至“驱动还原”选项卡，然后选择还原网卡驱动程序。

02 单击“开始还原”按钮。

STEP02：正在还原

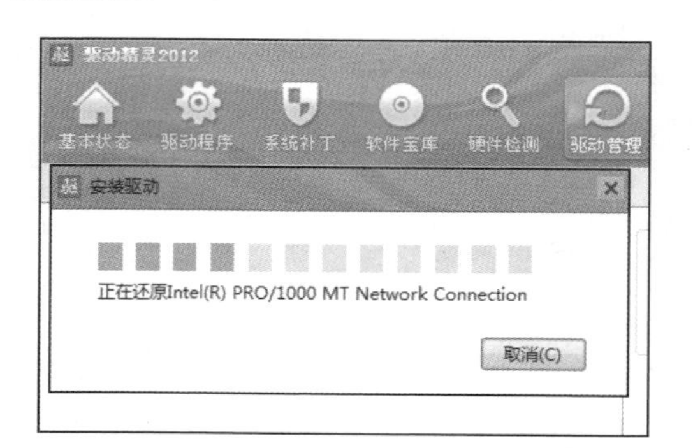

弹出“安装驱动”界面，提示用户正在还原驱动程序，耐心等待。

STEP03：完成驱动程序的还原

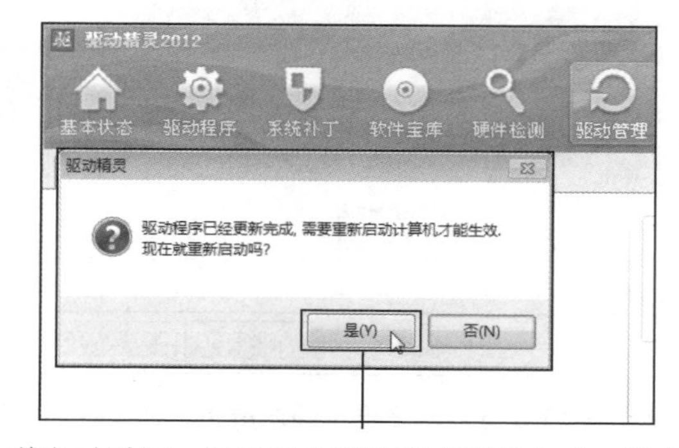

弹出对话框，提示用户驱动程序更新完成，单击“是”按钮重启计算机即可。

16.2.2　备份与还原注册表信息

注册表是 Windows 操作系统的核心，它存储和管理整个操作系统和所安装应用程序的关键数据，一旦注册表遭受破坏，则操作系统将无法正常运行。为了能够以最快的速度解决注册表破坏造成的问题，可以选择对注册表信息进行备份操作。

1. 备份注册表信息

备份注册表信息可以利用注册表编辑器来实现，只需将注册表信息导出并保存为 REG 文件即可完成备份操作。

STEP01：单击“运行”命令

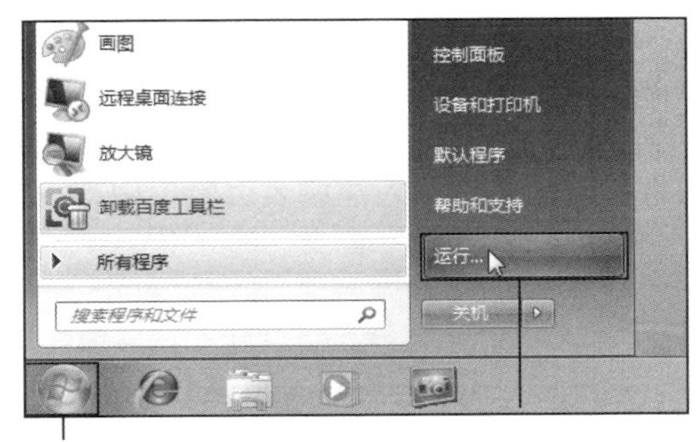

01 单击“开始”按钮。　02 在弹出的“开始”菜单中单击“运行”命令。

STEP02：输入 regedit 命令

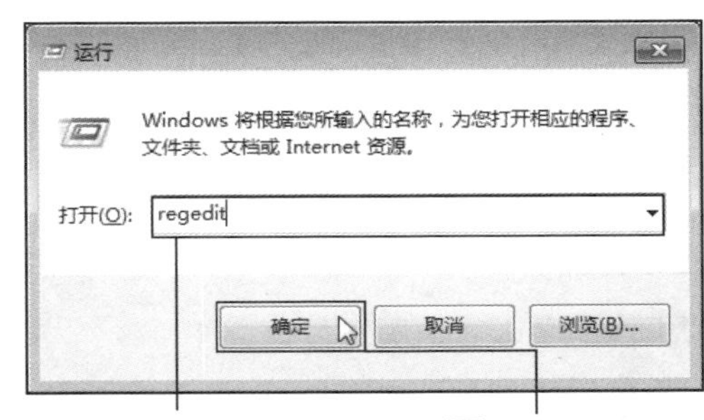

01 在弹出的“运行”对话框中输入 regedit 命令。　02 输完后单击“确定”按钮。

提示：利用 regedit 应用程序打开“注册表编辑器”窗口

除了通过输入 regedit 命令打开“注册表编辑器”窗口外，还可以直接在 X:\WINDOWS\（X 为操作系统所在分区的盘符）窗口中双击 regedit 快捷图标，同样可以打开“注册表编辑器”窗口。

STEP03：单击“导出”命令

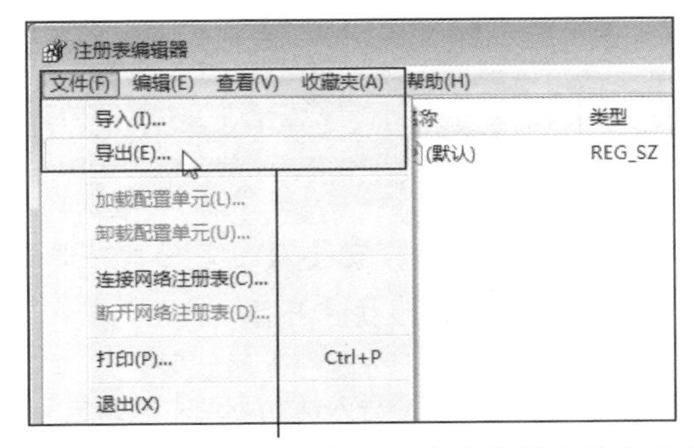

打开“注册表编辑器”窗口，在菜单栏中依次单击“文件”>“导出”命令。

STEP04：设置保存位置

弹出“导出注册表文件”对话框，在“保存在”下拉列表中选择保存位置。

STEP05：设置备份范围和文件名

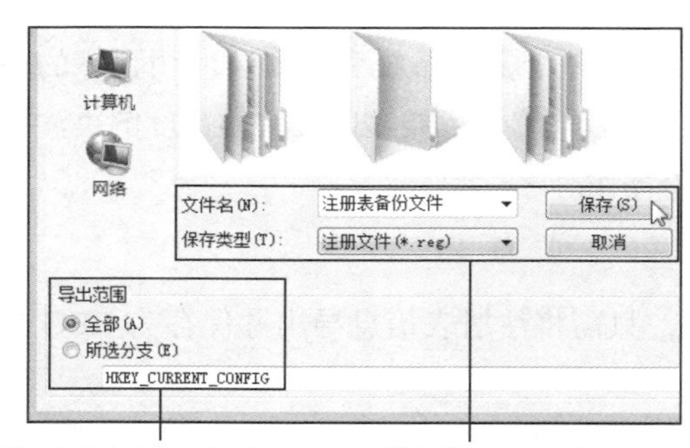

01 在底部设置导出范围。

02 输入文件名称后单击“保存”按钮。

STEP06：查看备份的注册表文件

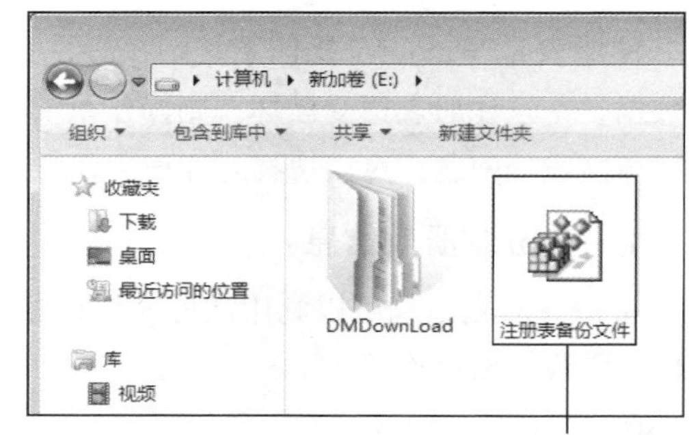

打开STEP04所设的保存位置对应窗口，可看见备份的注册表文件。

2. 还原注册表信息

还原注册表同样在注册表编辑器中操作，只需将备份的文件导入注册表编辑器中即可完成还原操作。

STEP01：单击“导入”按钮

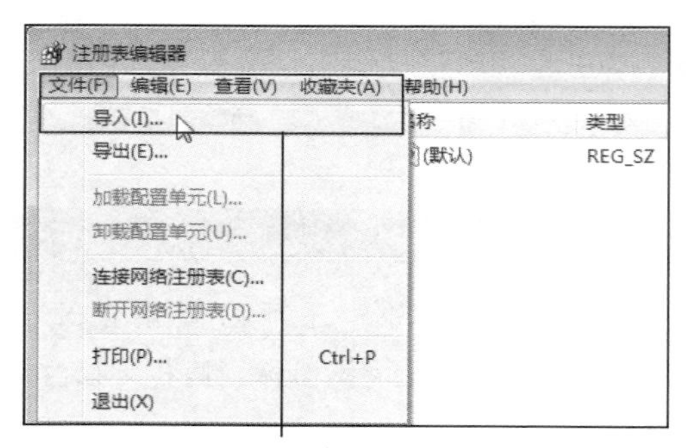

打开“注册表编辑器”窗口，在菜单栏中依次单击“文件”>“导入”命令。

STEP02：选择注册表备份文件

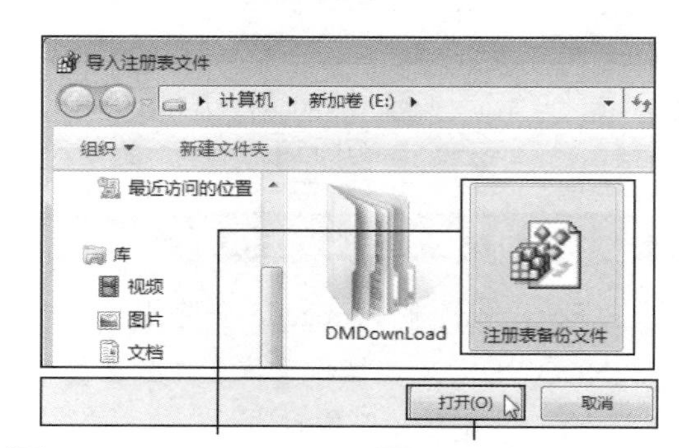

01 在对话框中选中注册表备份文件。

02 单击“打开”按钮。

STEP03：还原成功

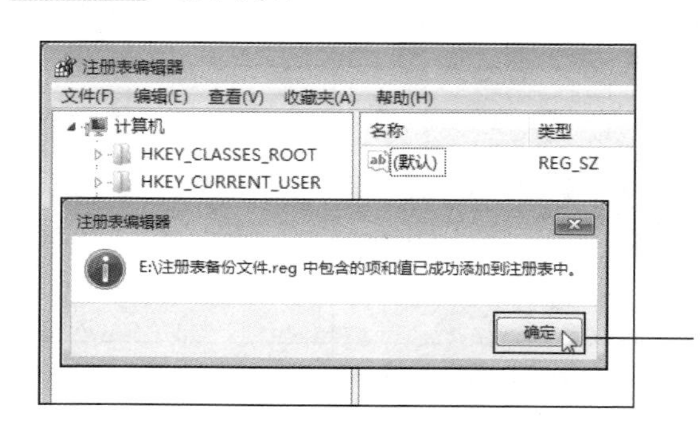

弹出对话框，提示用户导入成功，单击“确定”按钮关闭对话框即可。

提示：还原注册表信息的其他方法

除了利用“导入”命令实现注册表信息的还原之外，直接双击备份的注册表备份文件可实现快速还原。

16.2.3 备份与还原 IE 收藏夹信息

IE 收藏夹具有保存 Web 网页链接的功能，直接在 IE 收藏夹中单击任一网页链接就能打开对应的网页，而无需手动输入网址。由于 IE 浏览器是 Windows 操作系统自带的一款浏览器，一旦重装操作系统，IE 浏览器也会重装，而重装之前 IE 收藏夹中的网页也会被清除。因此用户需要对 IE 收藏夹进行备份操作，以便必要时可将其还原到系统中。

1. 备份IE收藏夹信息

备份 IE 收藏夹信息是指将 IE 收藏夹中的网页链接全部保存在一个 HTM 文件中，在备份过程中，用户需要手动设置备份文件的保存位置和文件名。

STEP01：启动 IE 浏览器

在任务栏中单击 IE 浏览器图标，启动该程序。

STEP02：单击“导入导出”命令

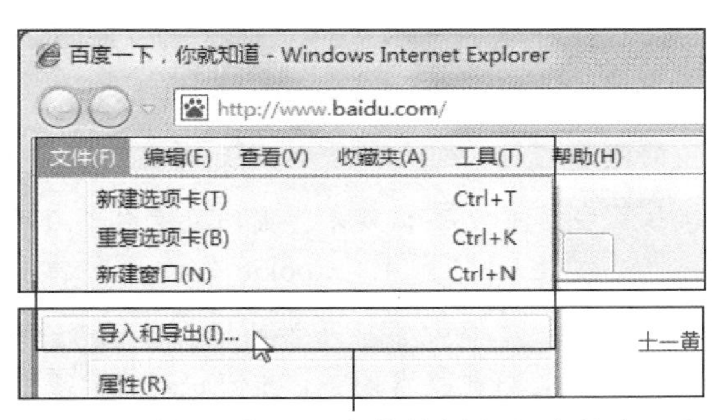

打开 IE 浏览器窗口，在菜单栏中依次单击“文件”>“导入和导出”命令。

STEP03：选择导出文件

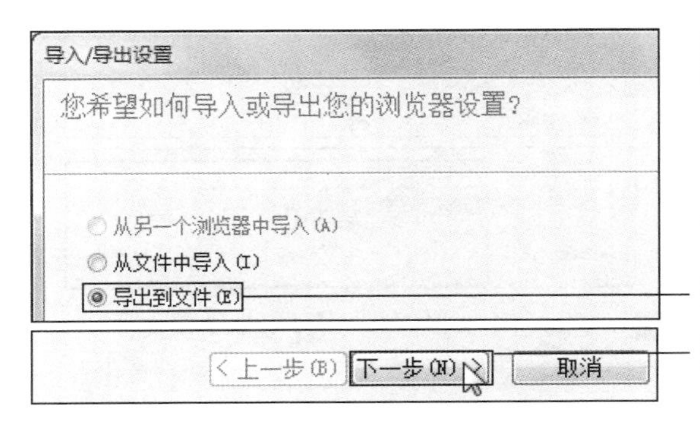

01 单击选中“导出到文件”单选按钮。

02 单击“下一步”按钮。

提示：利用快捷键显示菜单栏

IE 浏览器默认不显示菜单栏，用户在键盘上按【Alt】键即可显示菜单栏。

STEP04：选择导出收藏夹

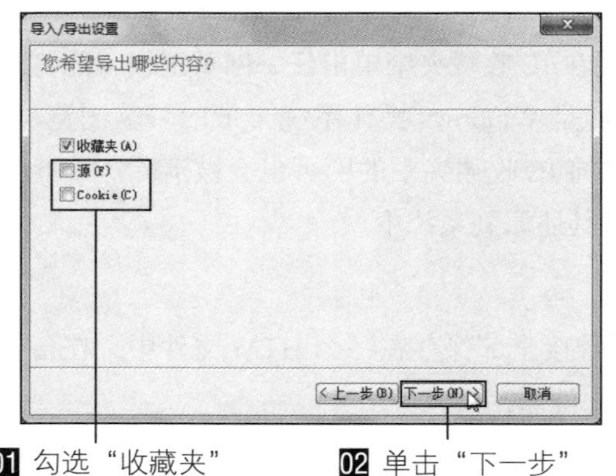

01 勾选"收藏夹"复选框。

02 单击"下一步"按钮。

STEP05：选择备份整个收藏夹

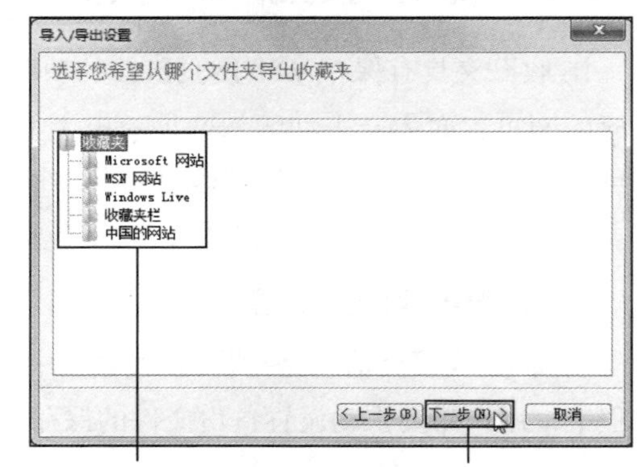

01 单击"收藏夹"选项，备份整个收藏夹。

02 单击"下一步"按钮。

提示：认识源与 Cookie

在 IE 浏览器中，源又称为"RSS 源"、"XML 源"或"Web 源"，它包含由网站发布的更新内容。打开网页时，IE 浏览器将自动搜索源。如果当前网页有可用源，则"源"按钮会显示为 ；如果当前网页没有可用源，则"源"按钮会显示为 。

在 IE 浏览器中，Cookie 是指是一种能够让网站服务器把少量数据储存到计算机硬盘中，并能够从计算机的硬盘中读取存储的数据的一种技术。有时也用其复数形式 Cookies。该种技术能够让用户快速打开曾经浏览过的网页。

STEP06：单击"浏览"按钮

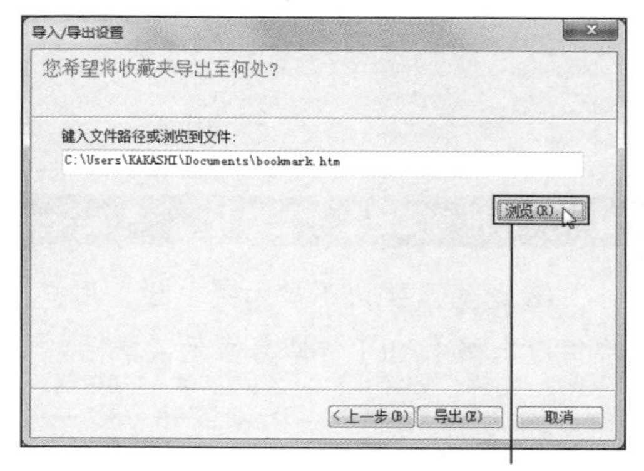

若不使用系统默认设置的保存位置，则单击"浏览"按钮。

STEP07：设置保存位置和文件名

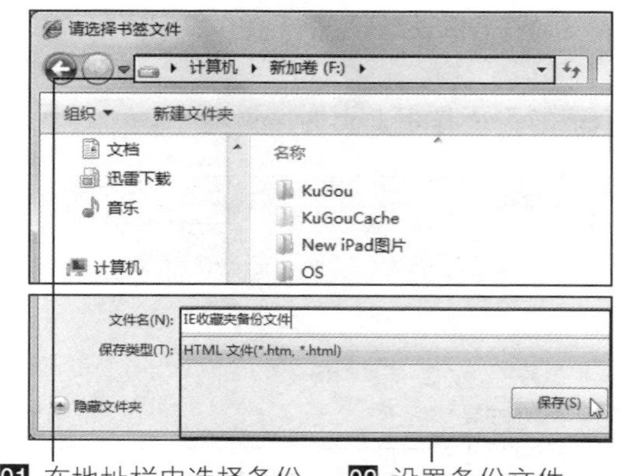

01 在地址栏中选择备份文件的保存位置。

02 设置备份文件的文件名称，单击"保存"按钮。

提示：将 IE 收藏夹信息备份文件保存在除系统分区以外的其他分区中

在设置 IE 收藏夹信息备份文件的保存位置时，建议将其保存在除系统分区外的其他分区中，这是因为一旦重装操作系统，系统分区中的所有文件都可能被清除，同样包括备份的 IE 收藏夹信息。

STEP08：导出 IE 收藏夹信息

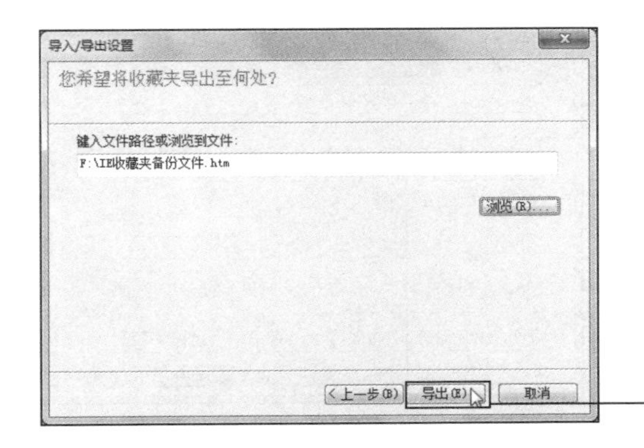

提示：手动输入保存地址路径

除了利用“浏览”按钮设置保存位置之外，用户还可以直接在文本框中输入保存地址对应的路径。

确认设置的保存位置无误后单击“导出”按钮，开始导出 IE 收藏夹信息。

STEP09：导出成功

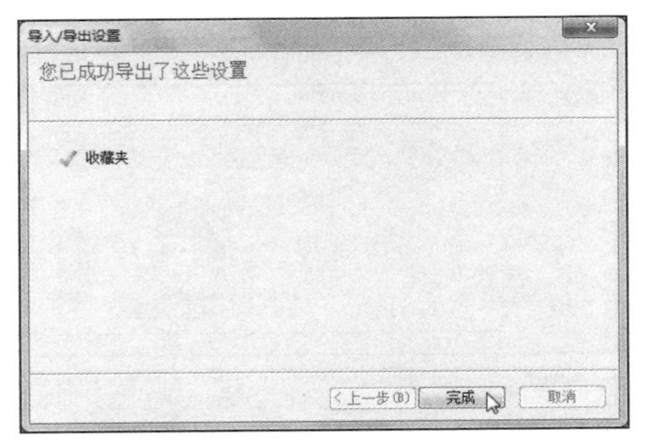

当界面显示“您已成功导出了这些设置”信息时，单击“完成”按钮。

STEP10：查看 IE 收藏夹信息备份文件

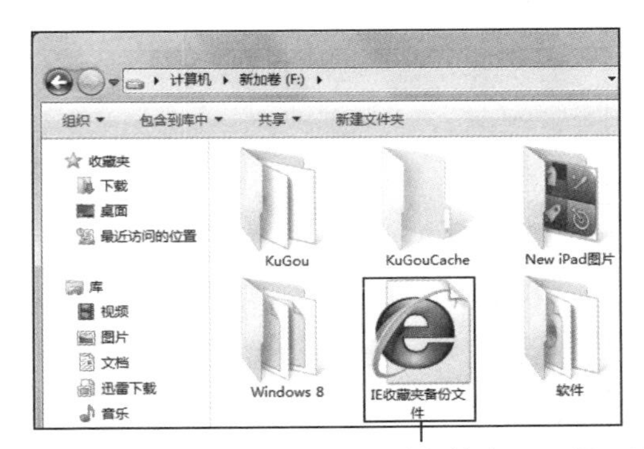

打开 STEP07 中所设保存位置对应的窗口，便可看见对应的备份文件。

提示：查看 IE 收藏夹信息备份文件

IE 收藏夹信息备份文件是一个 HTM 文件，可以说是一个网页文件。双击该文件可以直接查看其中的信息。双击“IE 收藏夹备份文件”快捷图标，便可在打开的网页中看见收藏内的详细信息以及所有的网页链接，单击任一链接便可打开对应的网页。

2. 还原IE收藏夹信息

当IE收藏夹中的信息出现缺失时，为了将损失降到最低，可以直接将备份的收藏夹文件还原到IE浏览器中。

STEP01：单击“导入和导出”命令

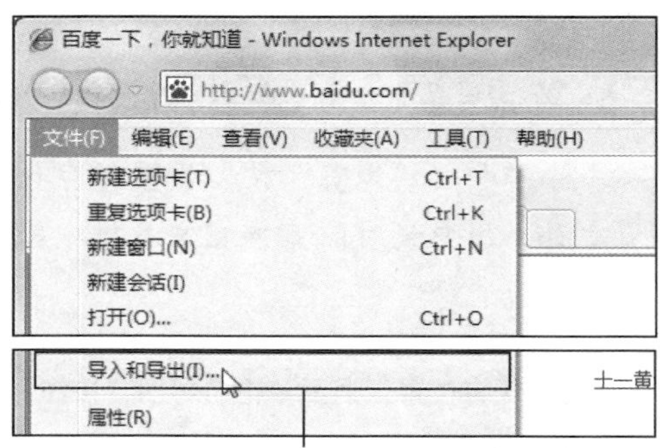

打开IE浏览器主界面，在“文件”菜单栏中单击“导入和导出”命令。

STEP02：选择从文件中导入

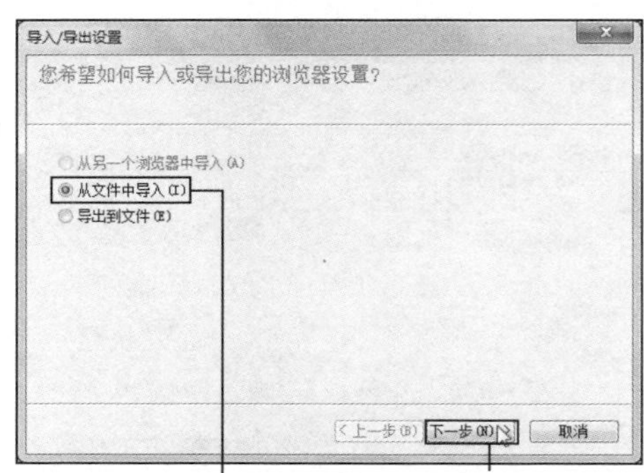

01 单击选中“从文件中导入”单选按钮。 02 单击“下一步”按钮。

STEP03：选择导入收藏夹

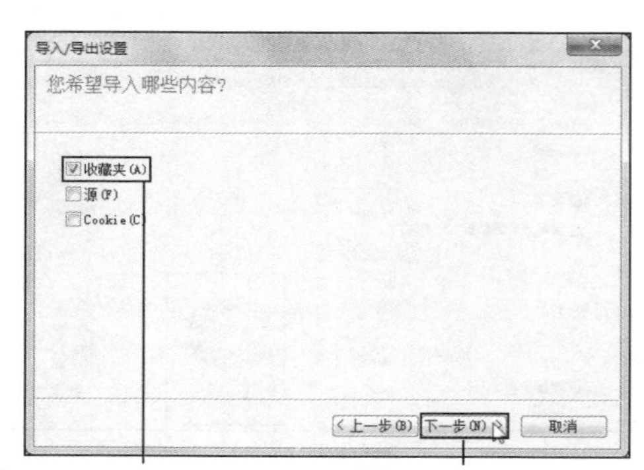

01 勾选“收藏夹”复选框，导入收藏夹。 02 单击“下一步”按钮。

STEP04：选择收藏夹备份文件

01 在对话框中选中要还原的备份文件。 02 单击“打开”按钮。

STEP05：确认所选的备份文件

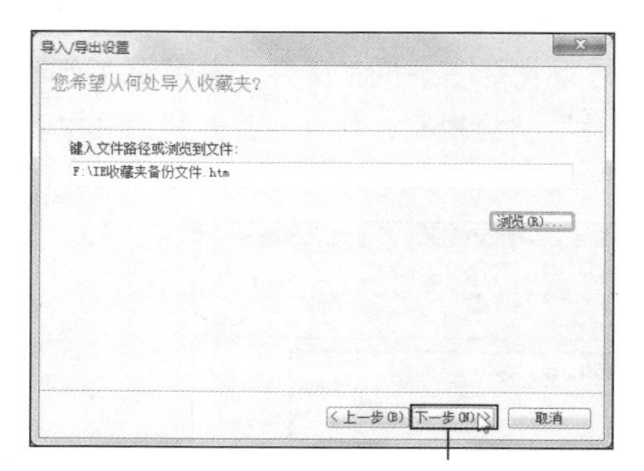

确认所选的IE收藏夹备份文件无误后单击“下一步”按钮。

STEP06：选择还原整个收藏夹

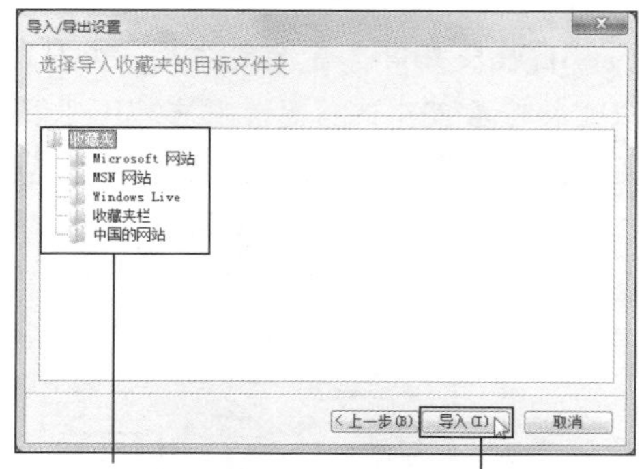

01 单击“收藏夹”选项，选择整个收藏夹。 02 单击“导入”按钮。

STEP07：完成还原

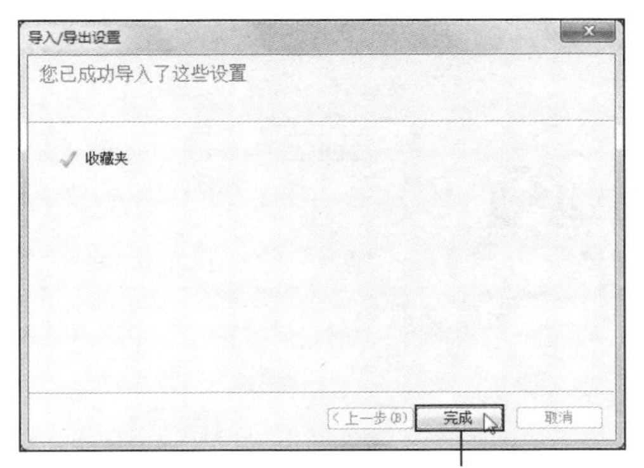

当界面提示“您已成功导入了这些设置”时，单击“完成”按钮。

STEP08：查看导入的收藏夹信息

在菜单栏中单击“收藏夹”选项，便可查看导入的收藏夹信息。

16.2.4 备份与还原 QQ 聊天记录

腾讯 QQ 是一款国内使用频率较高的即时通信软件，因此 QQ 聊天记录中可能会包含不少重要信息。为了保存这些信息，用户需要手动备份 QQ 聊天记录，一旦 QQ 聊天记录丢失，便可将备份文件还原到 QQ 中。

1. 备份QQ聊天记录

在最新版的腾讯 QQ 中，所有的聊天记录都保存在 Msg2.0 文件中，因此备份 QQ 聊天记录只需将该文件保存在除系统分区外的其他分区中即可。Msg2.0 文件位于 X:\Users\XXX\Documents\Tencent Files\41*****34 中，其中 X 表示操作系统所在分区的盘符，XXX 表示使用腾讯 QQ 对应的用户账户名称，41*****34 表示要备份聊天记录对应的 QQ 号码。

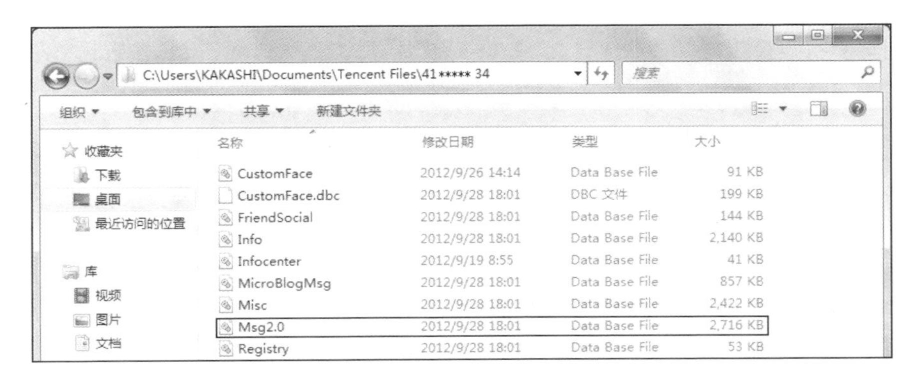

2. 还原QQ聊天记录

还原 QQ 聊天记录的操作比较简单，只需将保存的 Msg2.0 文件导入腾讯 QQ 中即可还原所有的聊天记录。

STEP01：选择数据导入工具

01 登录QQ后单击主菜单按钮。

02 在弹出的菜单中依次单击“工具”>“数据导入工具”命令。

STEP02：选择导入消息记录

01 勾选“消息记录”复选框，导入消息记录。

02 单击“下一步”按钮。

STEP03：从指定文件导入

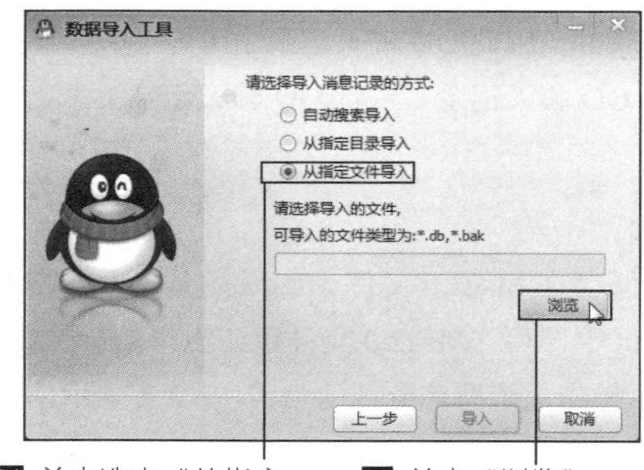

01 单击选中“从指定文件导入”单选按钮。

02 单击“浏览”按钮。

STEP04：选择Msg文件

01 选中备份的Msg2.0文件。

02 单击“打开”按钮。

STEP05：确定导入

确定所选的文件无误后单击“导入”按钮，开始导入聊天记录。

STEP06：导入成功

当界面提示“导入成功”信息时，单击“完成”按钮即可。

16.2.5 备份与还原 QQ 自定义表情

有时候一张图片可能会比文字更具有表达力，因此不少用户在使用 QQ 聊天时，喜欢发表情。QQ 自定义表情是指除 QQ 程序自带表情外的其他表情图片，用户可以手动将搞笑、精美的图片添加到个人 QQ 账户中。为了保证自己保存的自定义表情不丢失，则需要将其进行备份，以便在必要时进行还原。

1. 备份QQ自定义表情

在最新版的腾讯 QQ 中，所有的自定义表情都保存在 X:\Users\XXX\Documents\Tencent Files\41*****34 \Image 中，备份 QQ 自定义表情就是将 Image 文件夹复制并粘贴到除系统分区之外的其他分区中，然后可以为其重命名，如重命名为“自定义表情备份”，这样 QQ 自定义表情就备份完成了。

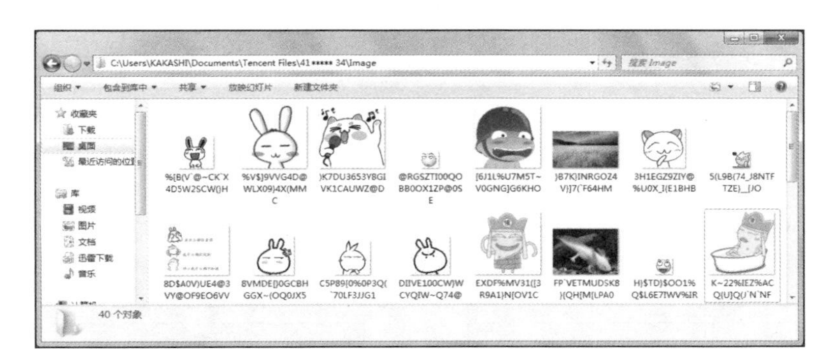

2. 还原QQ自定义表情

还原 QQ 自定义表情是指将备份的自定义表情添加到 QQ 表情中。在还原的过程中，用户可以通过新建分组来单独放置还原的自定义表情。

STEP01：选择好友

登录 QQ，在主界面中选择任一好友，双击对应的头像图标。

STEP02：选择添加表情

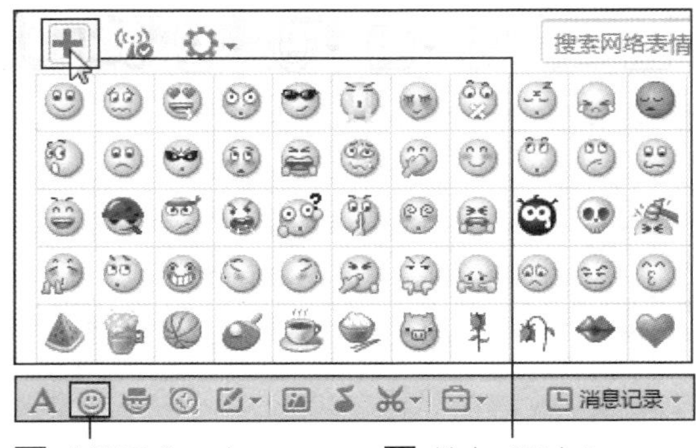

01 在聊天窗口中单击“表情”图标。

02 单击“添加”按钮。

STEP03：选择要导入的表情

01 在对话框中选中备份的所有自定义表情。

02 单击“打开”按钮。

STEP04：选择新建分组

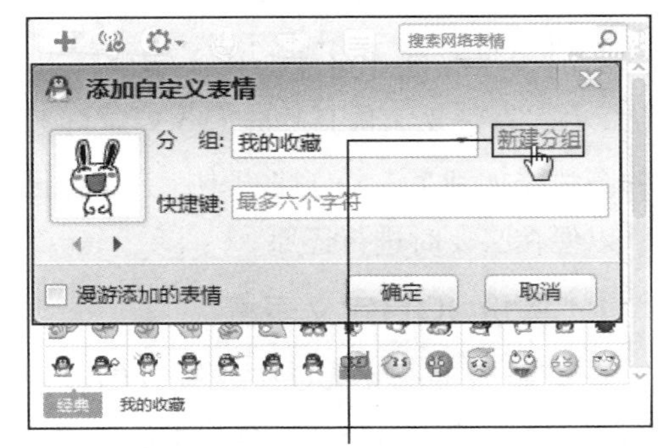

若要将自定义表情单独放置在指定位置，则单击“新建分组”链接。

提示：利用快捷键选择所有的自定义表情

在STEP03中，若要选择所有的自定义表情，则可以通过快捷键实现。在“打开”对话框中选中任一表情缩略图，然后按【Alt+A】组合键便可选中对话框中显示的所有自定义表情。

STEP05：设置分组的名称

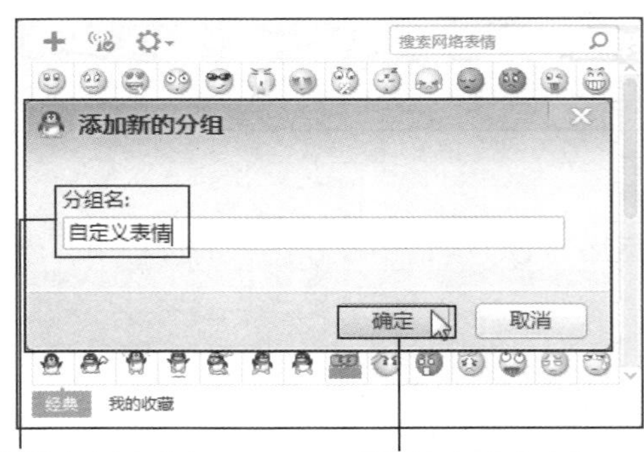

01 输入新建分组的名称。

02 单击“确定”按钮。

STEP06：单击“确定”按钮

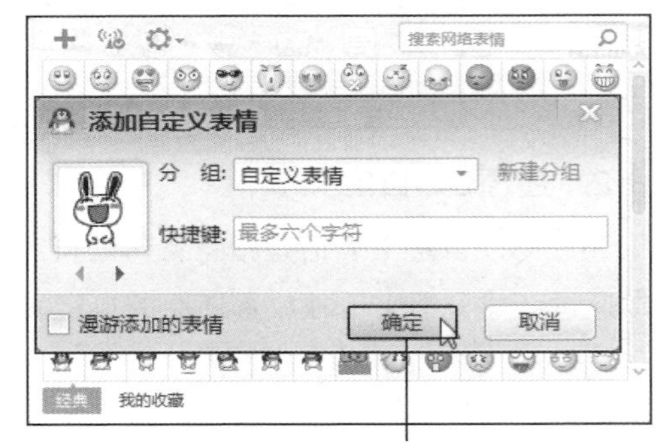

确认所添加的自定义表情已在新建分组中后单击“确定”按钮。

STEP07：查看导入的自定义表情

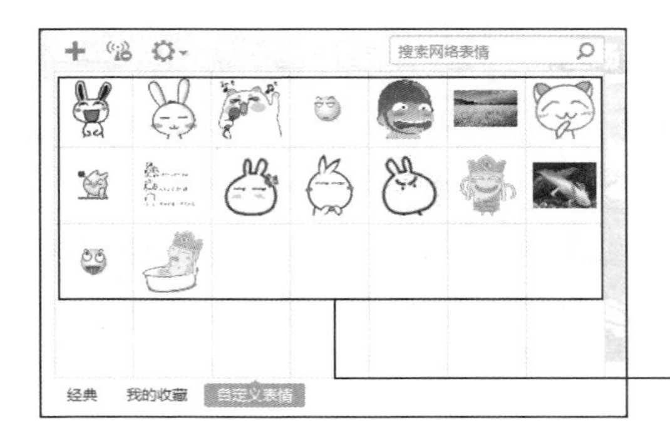

此时可在表情库中看见还原的所有自定义表情。

提示：在Internet中下载自定义表情

用户可以在Internet上的某些网站中下载自定义表情，如http://im.qq.com/cgi-bin/face/face/。

16.3 恢复被误删除的数据

在 Windows 操作系统中，由于种种原因可能会导致一些重要的数据丢失，可能是由于中毒而造成数据的丢失，也可能是由于误删除而造成数据的丢失。当重要数据丢失后，用户可以使用一些常见的数据恢复软件来恢复这些数据。

16.3.1 利用 FinalRecovery 恢复误删除的数据

FinalRecovery 是一款第三方软件，它是一个功能强大而且非常容易使用的数据恢复工具，支持 FAT32 和 NTFS 文件系统格式，可以快速找回被误删除的数据。该软件提供了两种恢复数据的模式，即标准恢复和高级恢复。不同的恢复模式能够恢复用不同方式删除的数据。

1. 标准恢复

在“标准恢复”模式下，FinalRecovery 将会执行一个快速扫描，并且可以恢复大多数被删除的数据。

STEP01：启动 FinalRecovery

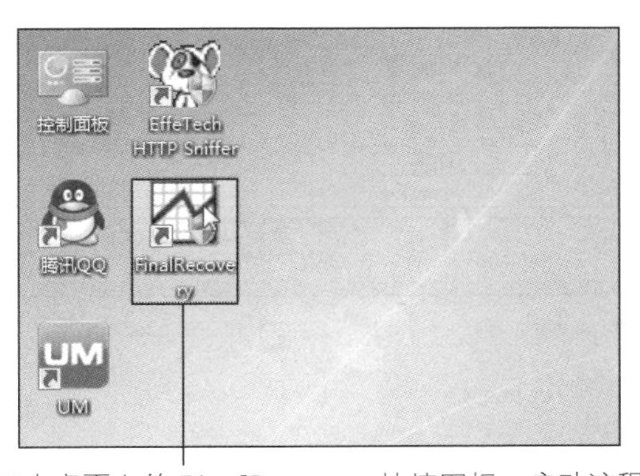

双击桌面上的 FinalRecovery 快捷图标，启动该程序。

STEP02：选择标准恢复

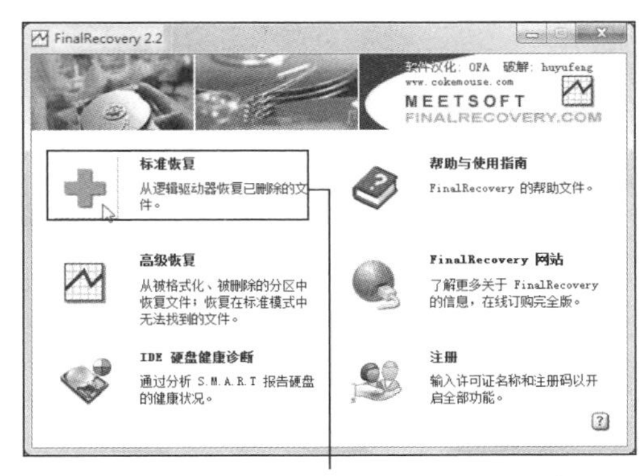

打开 FinalRecovery 主界面，单击“标准恢复”按钮。

STEP03：选择要扫描的磁盘分区

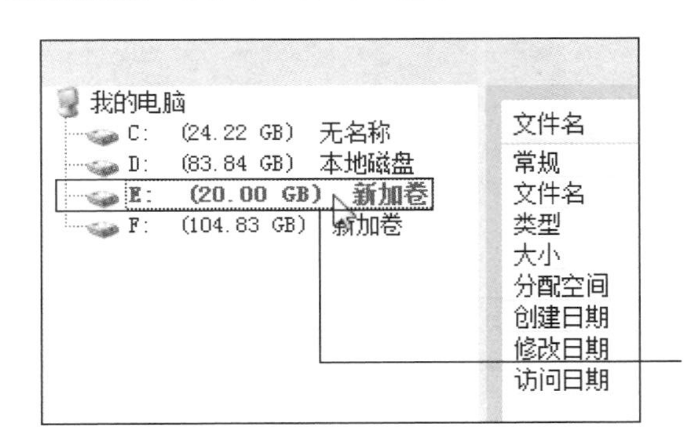

提示：容量越大扫描时间越长

用户在选择待扫描的磁盘分区时要注意，所选磁盘的分区容量越大，则扫描的时间就越长。

在界面中选择要扫描的磁盘分区，如选择 E 盘，单击对应的选项。

STEP04：开始扫描

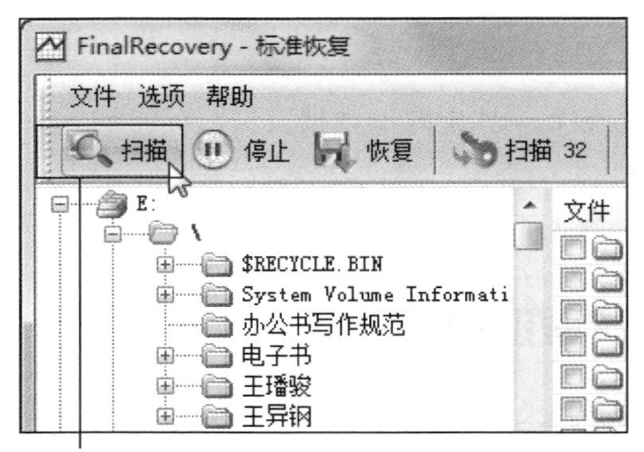

在工具栏中单击“扫描”按钮，开始扫描所选的磁盘分区。

STEP05：恢复所选的文件

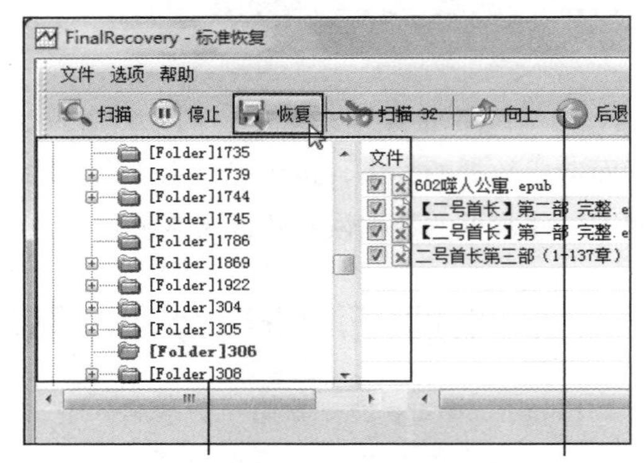

01 选中指定文件夹，在右侧选中待恢复的文件。

02 单击“恢复”按钮。

STEP06：单击“浏览”按钮

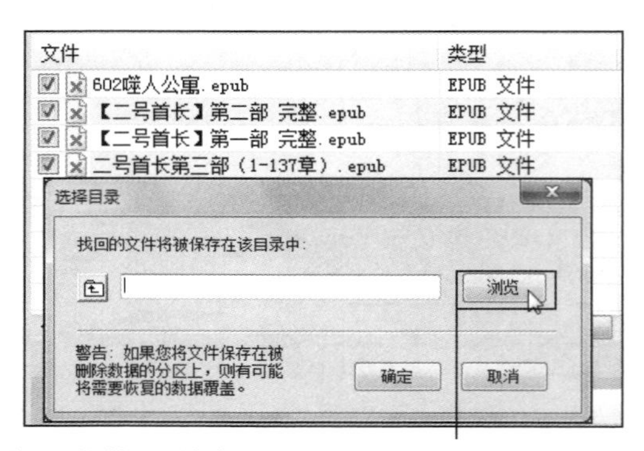

弹出对话框，单击“浏览”按钮，设置保存恢复文件的位置。

STEP07：选择保存位置

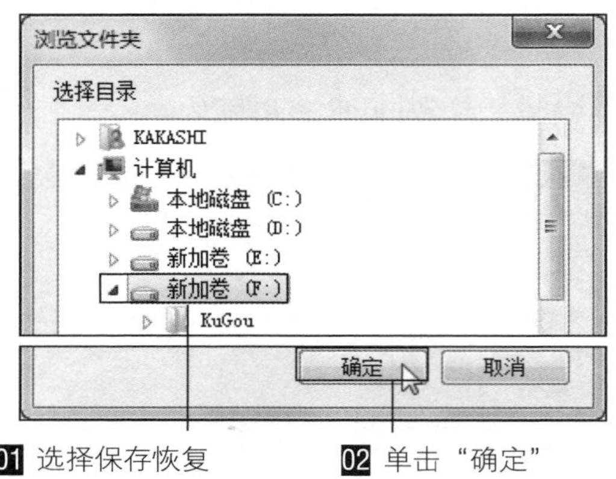

01 选择保存恢复文件的位置。

02 单击“确定”按钮。

STEP08：单击“确定”按钮

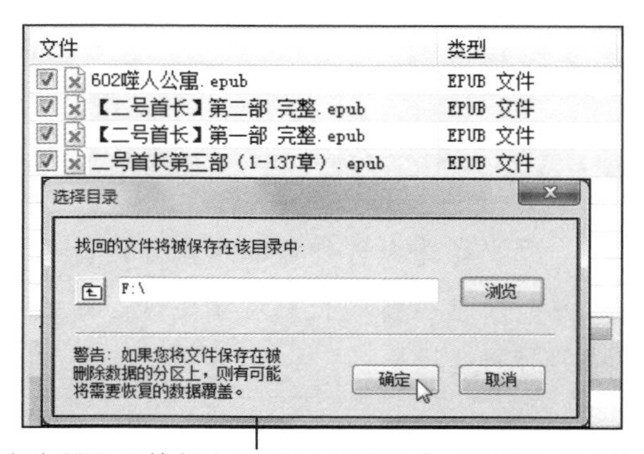

确认所设置的保存位置无误后单击“确定”按钮开始恢复。

STEP09：查看恢复的文件

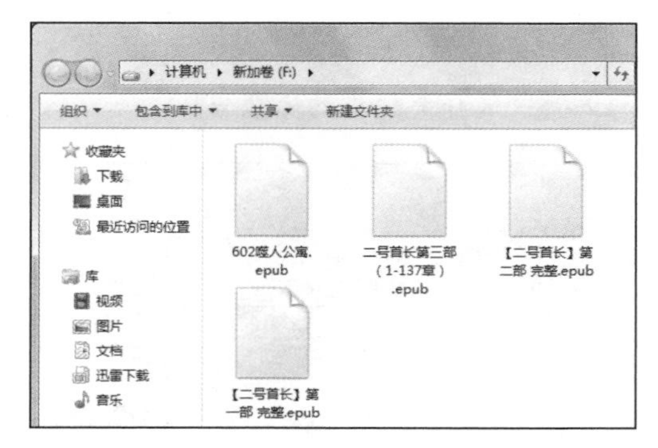

打开STEP07中所设保存位置对应的窗口，可看见恢复的文件。

2. 高级恢复

FinalRecovery 的高级恢复可以从格式化的磁盘分区、被删除的磁盘分区中恢复文件，在该模式下扫描磁盘分区所花费的时间要比“标准恢复”模式长得多，但是采用“高级恢复”却可以恢复在“标准恢复”模式下无法扫描出的数据。

STEP01：选择高级恢复

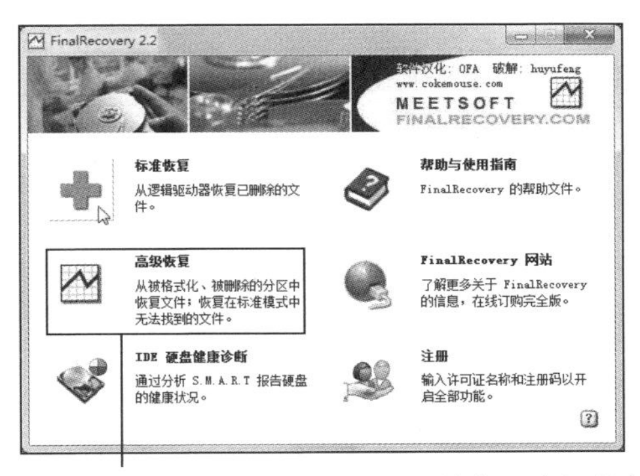

打开 FinalRecovery 主程序界面，单击“高级恢复”按钮。

STEP02：选择要扫描的磁盘分区

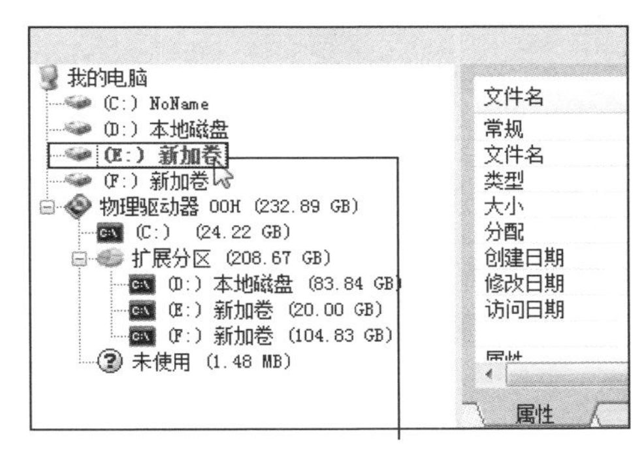

选择要扫描的磁盘分区，如选择 E 盘分区。

STEP03：选择扫描方式

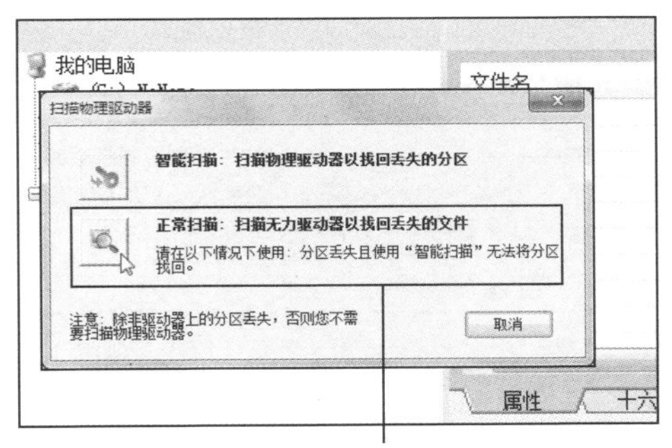

弹出对话框，选择扫描方式，如选择“正常扫描”，单击对应的按钮。

STEP04：正在扫描磁盘分区

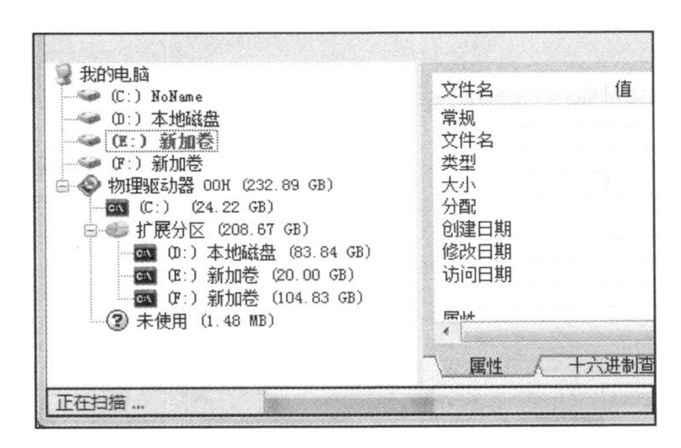

程序自动扫描所选磁盘分区，在底部可见扫描的进度，耐心等待。

STEP05：选择 NTFS 条目

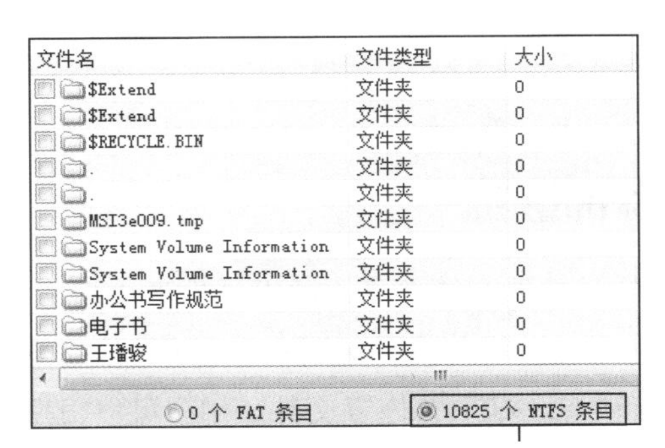

在界面右侧单击选中“10825 个 NTFS 条目”单选按钮。

STEP06：恢复指定的文件

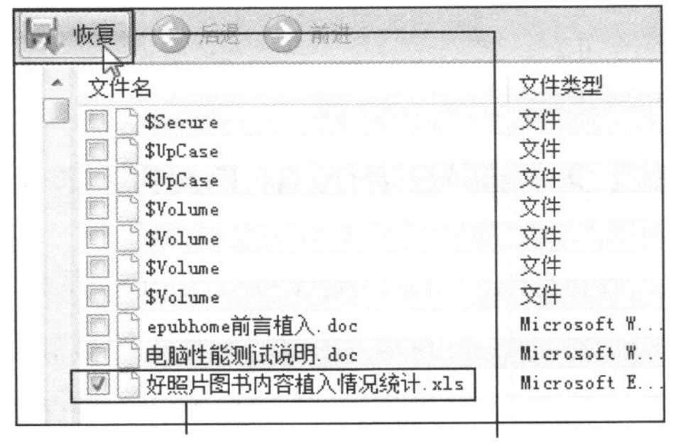

01 选择要恢复的文件，勾选其复选框。

02 单击“恢复”按钮。

提示：切勿一次性恢复大于512MB的文件

在FinalRecovery中，如果想要恢复大量的文件，切勿一次性恢复，最佳的情况是每次选择不大于512M的内容进行恢复，否则，FinalRecovery可能会自动退出，也可能会提示内存出错。用户只能采取多次恢复的方式，一般情况下，恢复一个60G的硬盘得花3～4天的时间。

STEP07： 单击“浏览”按钮

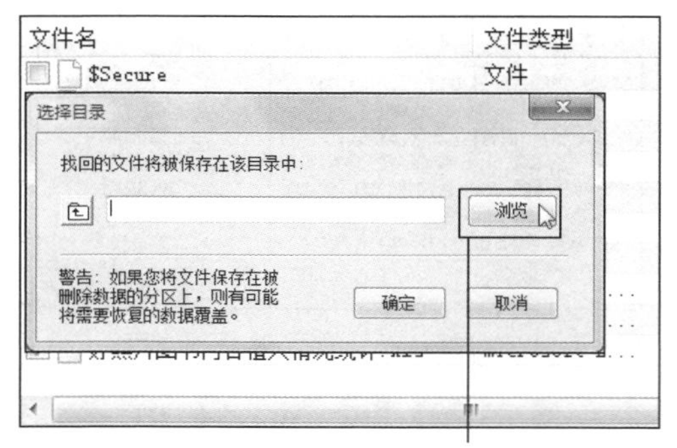

弹出对话框，单击“浏览”按钮，手动设置恢复文件的保存位置。

STEP08： 设置恢复文件的保存位置

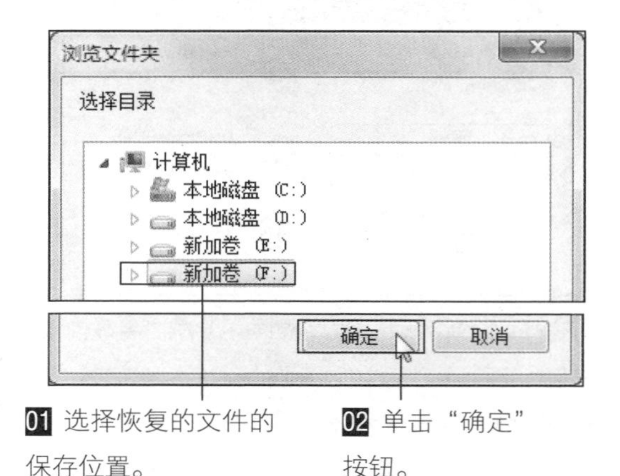

01 选择恢复的文件的保存位置。

02 单击“确定”按钮。

STEP09： 确认所选择的保存位置

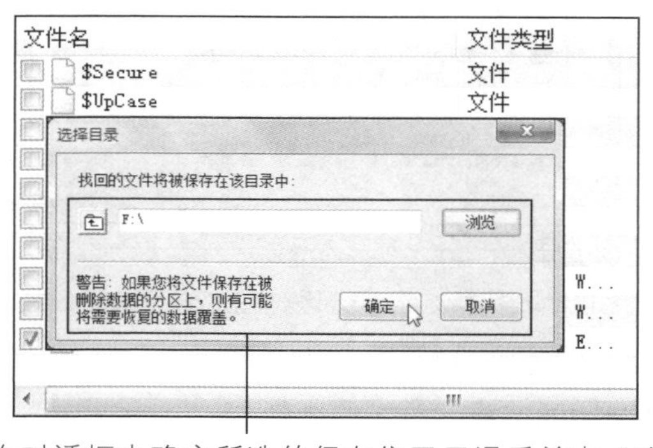

在对话框中确定所选的保存位置无误后单击“确定”按钮。

STEP10： 查看恢复的文件

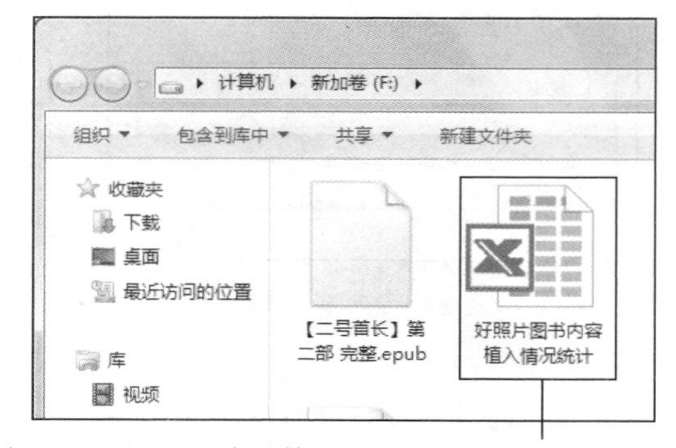

打开STEP08所选择的保存位置对应的窗口，便可看见被恢复的文件。

16.3.2 利用FINALDATA恢复误删除的数据

数据恢复工具FINALDATA以其强大、快速的恢复功能和简便易用的操作界面成为IT专业人士恢复数据的常用工具，当文件被删除、FAT表或磁盘根区被病毒侵蚀造成文件信息全部丢失的情况出现时，FINALDATA能够直接扫描目标磁盘，抽取并恢复文件。用户可以根据这些信息方便地查找和恢复自己需要的数据，甚至数据文件已经被部分覆盖后，FINALDATA仍然可以将其部分数据恢复到硬盘中。

STEP01：启动 FINALDATA

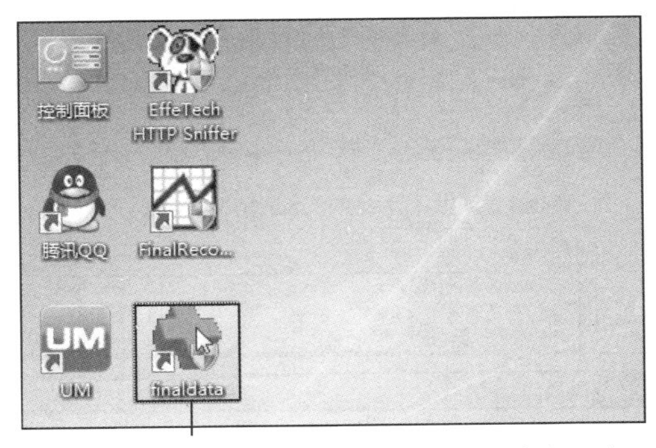

双击桌面上的 finaldata 快捷图标，启动该程序。

STEP02：恢复删除 / 丢失的文件

打开 FINALDATA 程序主界面，单击“恢复删除 / 丢失文件”按钮。

STEP03：恢复已删除的文件

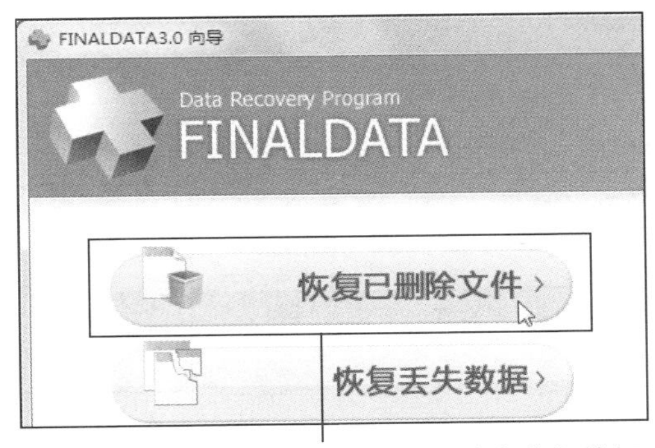

切换至新的界面，单击“恢复已删除文件”按钮。

STEP04：扫描指定的磁盘分区

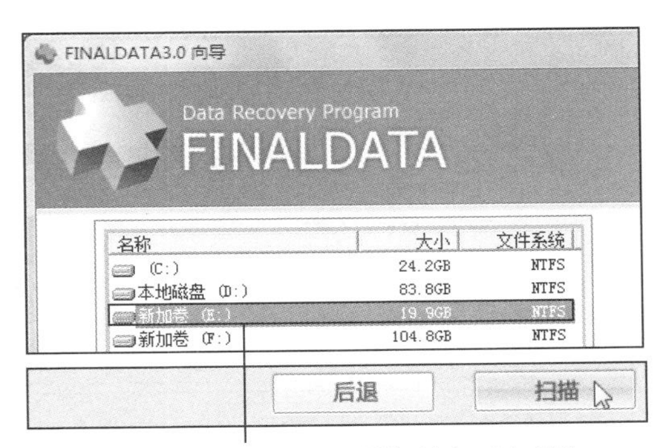

01 选择要扫描的磁盘分区，如选择 E 盘。

02 单击“扫描”按钮。

STEP05：正在扫描磁盘分区

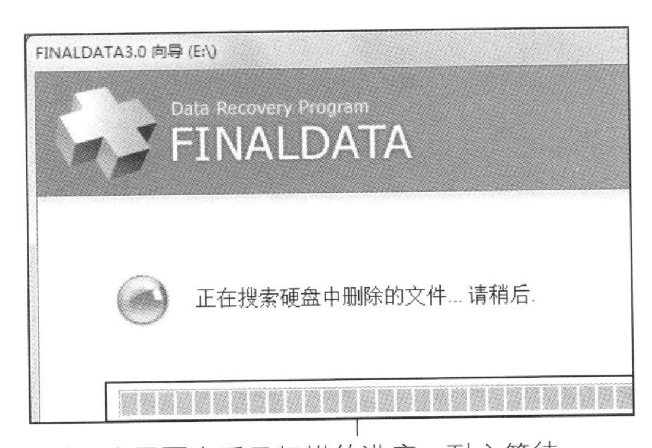

此时可在界面中看见扫描的进度，耐心等待。

STEP06：单击“搜索 / 筛选”按钮

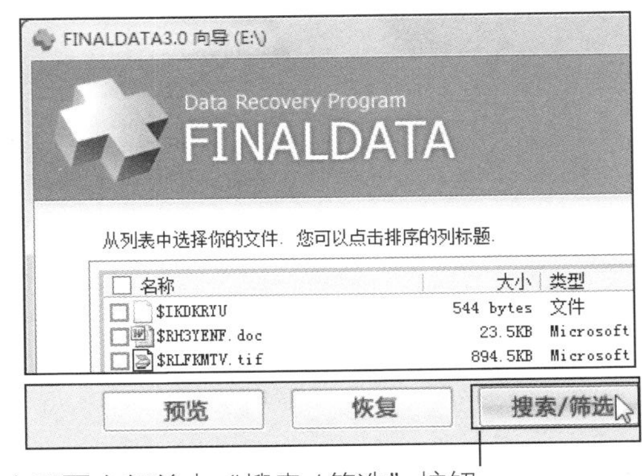

在界面底部单击“搜索 / 筛选”按钮。

STEP07：设置文件类型和日期

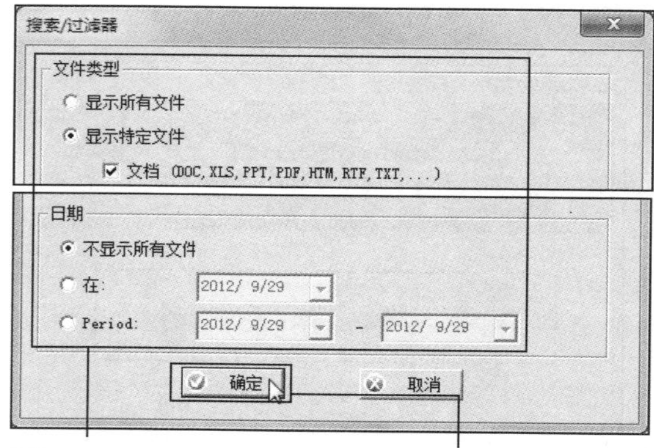

01 设置搜索文档类型，保持默认日期设置。 02 单击“确定”按钮。

STEP08：恢复指定的文件

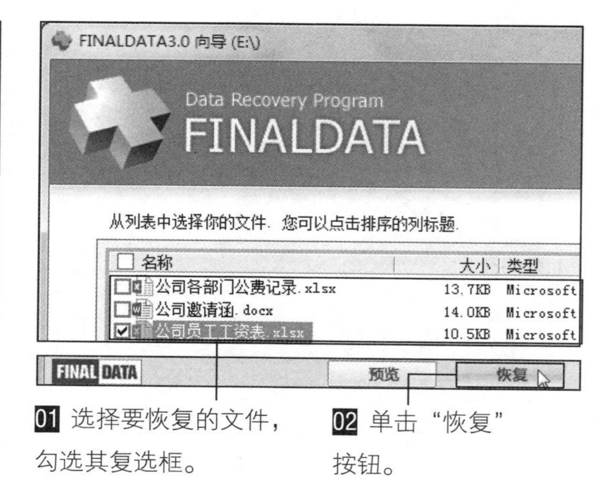

01 选择要恢复的文件，勾选其复选框。 02 单击“恢复”按钮。

STEP09：选择保存位置

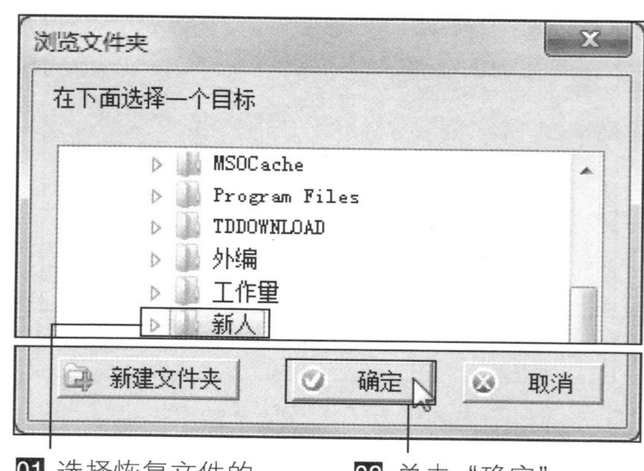

01 选择恢复文件的保存位置。 02 单击“确定”按钮。

STEP10：查看恢复的文件

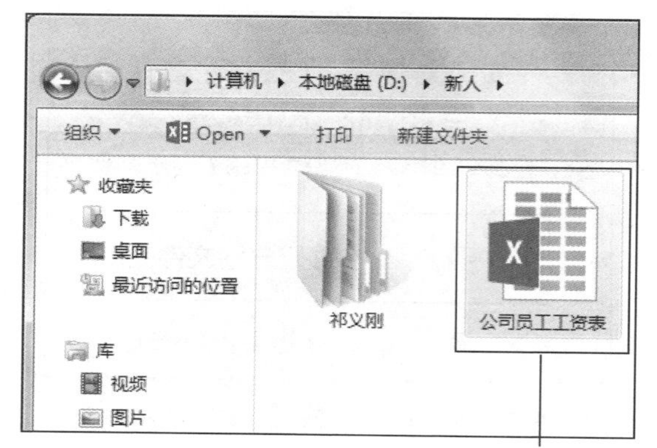

打开STEP09所设保存位置对应的窗口，便可看见被恢复的文件。

第17章 加强网络支付工具的安全

随着网络技术的发展，在网上购物已经成为新型的购物方式。而与之对应的支付方式则需要采用专业的支付工具，如在淘宝网中购物就需要使用支付宝，在拍拍网中购物就需要使用财付通。除此之外，用户还可以使用网上银行直接进行支付。为了确保这些支付工具的安全，用户需要采取有效的措施，提高这些支付工具的安全系数。

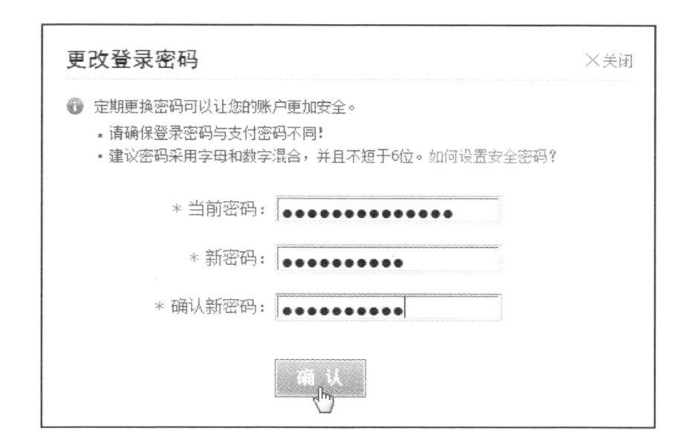

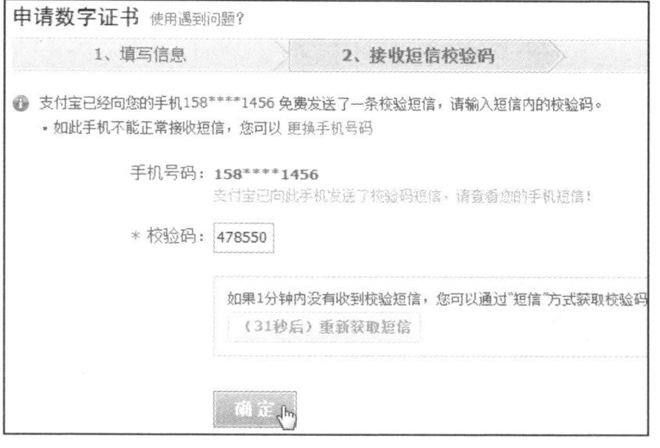

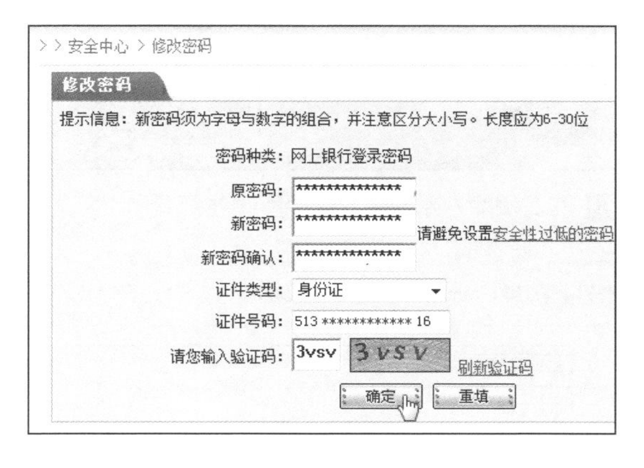

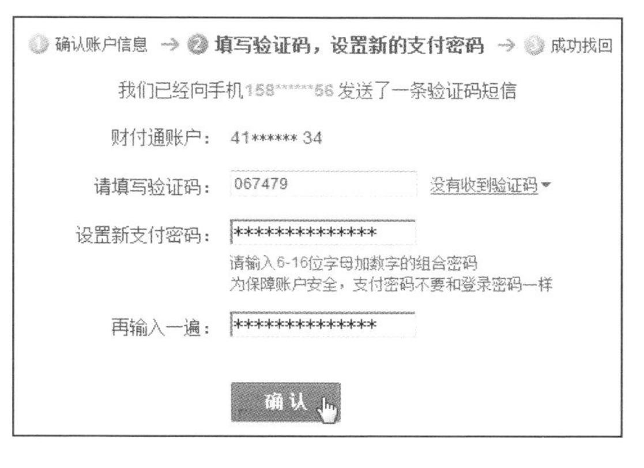

知识要点

- 保障支付宝账户的安全
- 保障支付宝内资金的安全
- 使用电子口令卡保障账户安全
- 使用 U 盾保障账户安全
- 保障财付通账户的安全
- 保障财付通资金的安全

17.1 防御黑客入侵支付宝账户

支付宝是淘宝网上的商家为解决网络交易安全所设的一种支付工具，在淘宝网中购买商品时用户可以选择使用支付宝支付贷款。保障支付宝安全的问题主要包括保障支付宝账户安全和支付宝内资金的安全两个方面。

17.1.1 保障支付宝账户的安全

保障支付宝账户安全的常见措施主要有 3 种：定期修改登录密码，绑定手机和设置安全保护问题。用户可以选择任何一种方式来保障支付宝的安全。

1. 定期修改登录密码

登录密码对于支付宝来说十分重要，只有准确地输入了登录密码，用户才能使用和设置支付宝账户。长时间使用单一的登录密码很可能会导致该密码被黑客破译，因此用户需要定期修改登录密码，防止密码被破译。

STEP01：打开支付宝首页

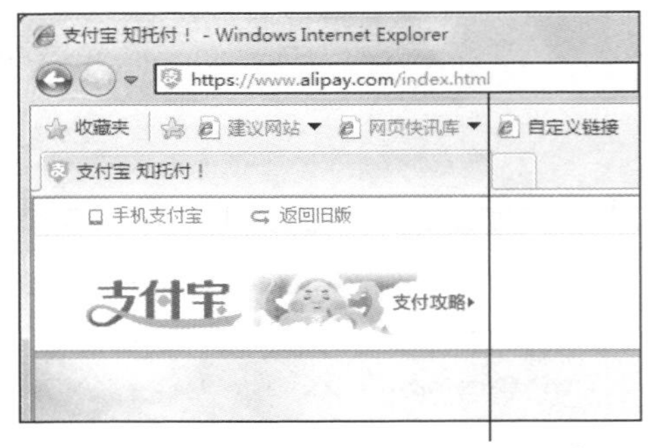

在 IE 地址栏中输入 www.alipay.com 后按【Enter】键，打开支付宝首页。

STEP02：输入账户名和密码

01 在右侧输入账户名、密码和验证码。

02 单击“登录”按钮。

STEP03：单击“安全中心”链接

登录成功后在新的界面中单击“安全中心”链接。

STEP04：选择修改登录密码

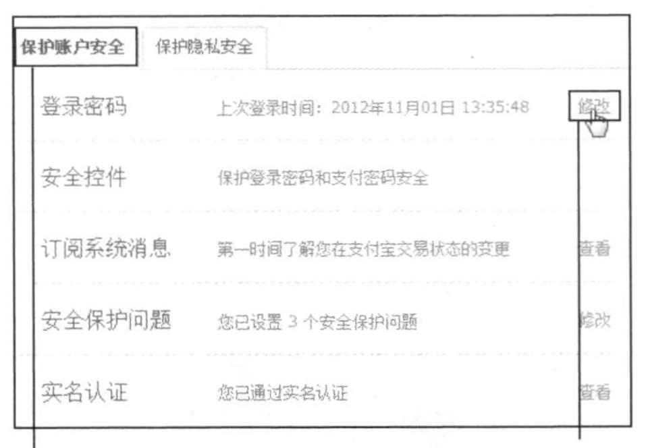

01 单击“保护账户安全”选项。

02 选择修改登录密码。

STEP05：输入当前密码和新密码

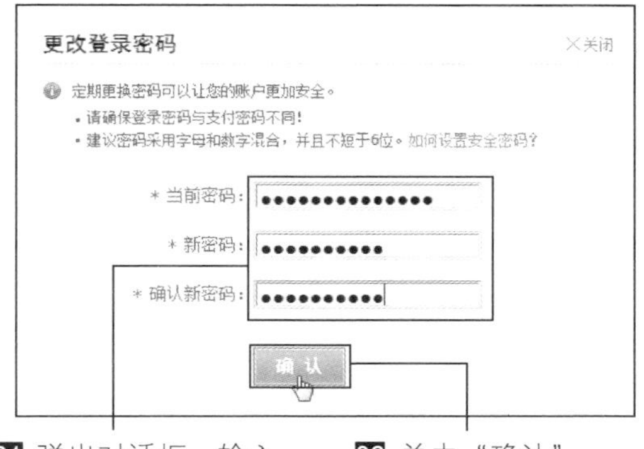

01 弹出对话框，输入当前密码和新密码。

02 单击“确认”按钮。

STEP06：密码修改成功

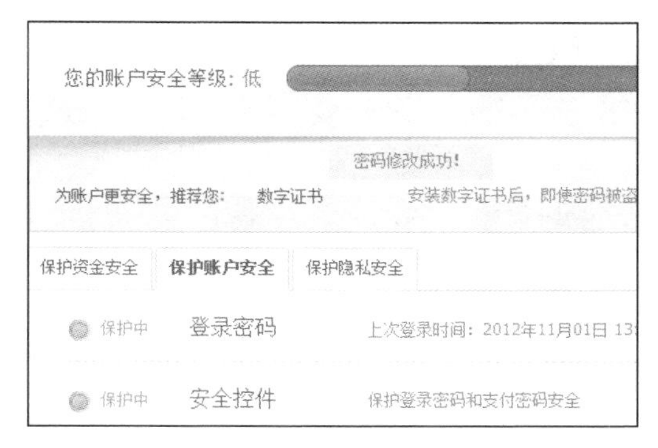

返回支付宝页面中，界面显示“密码修改成功！”信息，即成功修改登录密码。

2. 绑定手机

支付宝提供了绑定手机的功能，用户可以将自己的支付宝账户绑定到手机上。只要将自己的支付宝账户与手机绑定，用户就可以使用手机随时随地修改密码。

STEP01：选择绑定手机

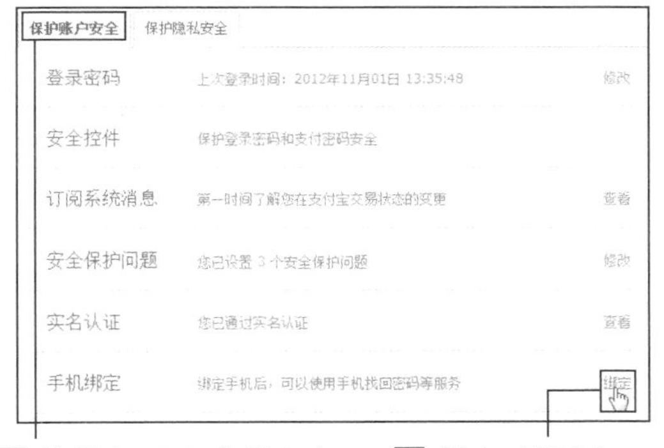

01 按照17.1.1节第1点打开安全页面，切换至“保护账户安全”选项卡。

02 单击“绑定”按钮。

STEP02：输入手机号码

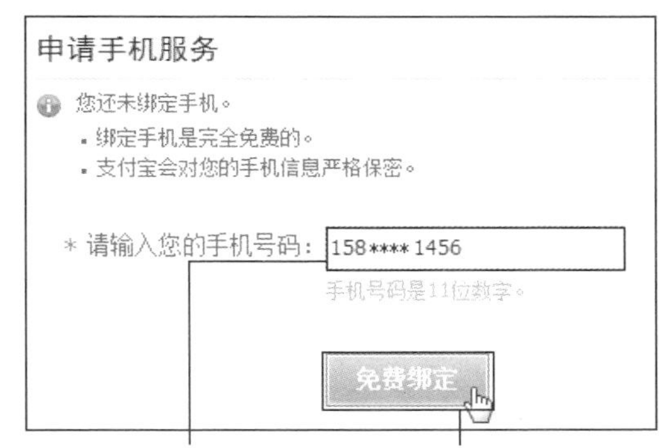

01 切换至“申请手机服务”界面，输入手机号码。

02 输入完毕后单击“免费绑定”按钮。

STEP03：输入支付密码和校验码

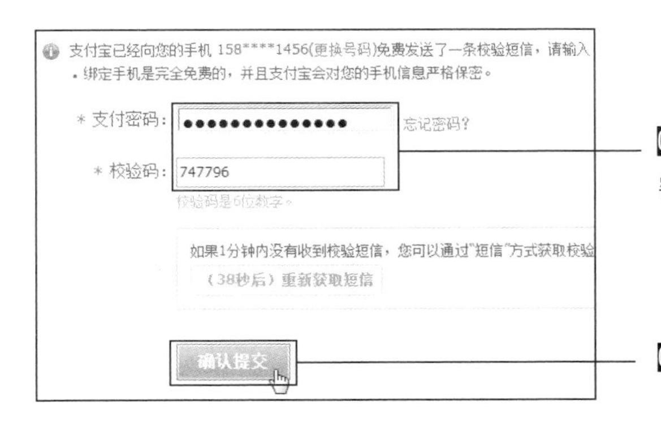

01 切换至新的界面，输入当前支付宝账户的支付密码以及手机接收到的校验码。

02 输入完毕后单击“确认提交”按钮。

STEP04：手机绑定成功

切换至新的界面，提示手机绑定成功。

> **提示：认识手机宝令**
>
> 手机宝令是由支付宝推出的一款安装到手机客户端的安全认证产品，它提供了余额、快捷支付、确认收货等操作，在输入支付密码的同时输入动态口令进行验证，可确保您的账户资金更加安全。

3. 重设安全保护问题

用户在申请支付宝账户时，可能会设置安全保护问题。这些安全保护问题虽然不常使用，但是仍然存在泄漏的危险。为了保护支付宝账户的安全，用户可以定期重设安全保护问题，建议每 3 个月重设一次安全保护问题。

STEP01：选择修改安全保护问题

01 按照 17.1.1 节第 1 点打开安全页面，切换至“保护账户安全”选项卡。

02 选择修改安全保护问题。

STEP02：输入已设安全问题的答案

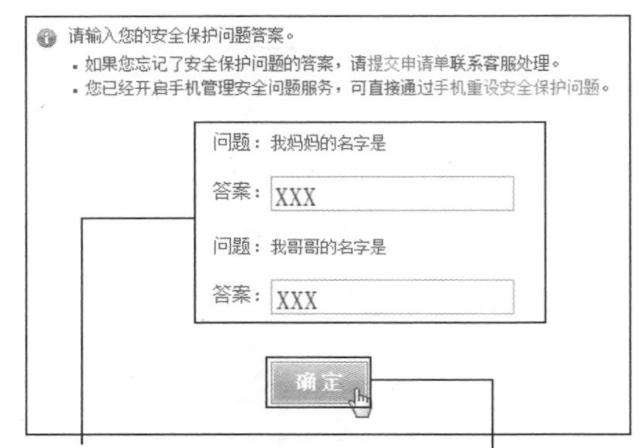

01 跳转至新的页面，输入已设安全问题的答案。

02 输入完毕后单击“确定”按钮。

STEP03：重新设置安全问题和答案

安全保护问题将作为您唯一的、通用的身份校验，请认真设置！
- 安全保护问题可用于找回登录密码、找回支付密码、申请证书等。
- 本次设置的安全保护问题将会覆盖原有的安全保护问题。

问题一：我 妻子 的 名字 是
答案：XXX
问题二：我 爸爸 的 名字 是
答案：XXX
问题三：我 姐姐 的 名字 是
答案：XXX
确定

01 跳转至新的页面，在页面中设置 3 个问题的名称，然后分别输入每个问题的答案。

02 输入完毕后单击“确定”按钮。

STEP04：确认设置的安全保护问题

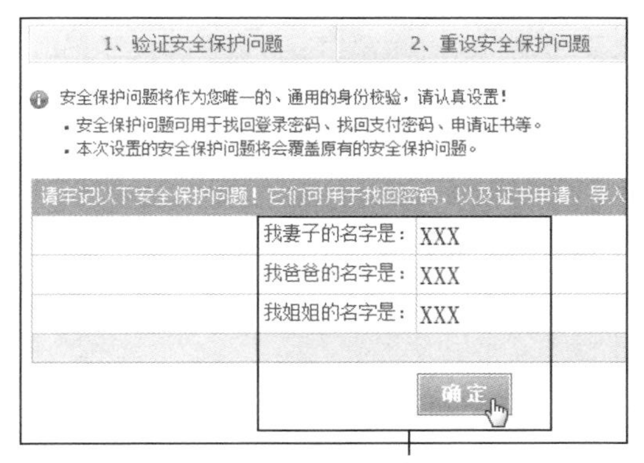

跳转至新的页面，此时可看见手动设置的安全保护问题和答案，单击“确定”按钮。

STEP05：成功设置安全保护问题

此时可在新的页面中看见“恭喜，您已成功设置安全保护问题”提示信息。

17.1.2 保障支付宝内资金的安全

一般情况下，使用支付宝支付资金时，首先需要使用网上银行将资金存入支付宝账户中，然后才能使用支付宝支付。当支付宝账户中存有一定量的资金时，用户就要确保支付宝内资金的安全，以防资金被他人窃取。

1. 定期修改支付密码

支付宝的支付密码与登录密码不同，登录密码是登录支付宝账户所输入的密码，而支付密码则是当用户支付账户内资金时需要输入的密码。一旦该密码被他人所知晓，则账户内的资金将会被他人转移。

STEP01：单击“安全中心”链接

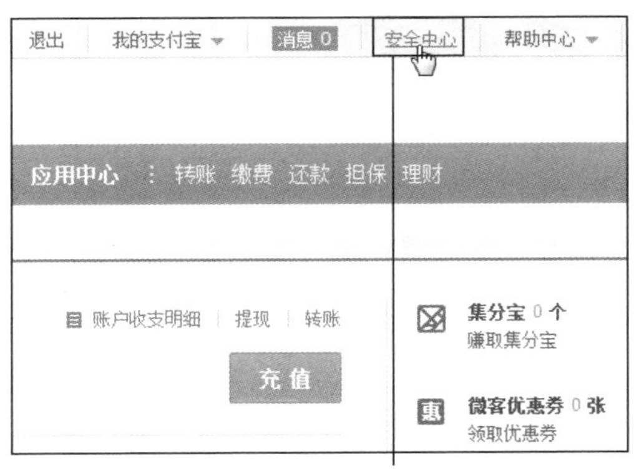

登录支付宝账户，在支付宝首页的右上角单击“安全中心”链接。

STEP02：选择修改支付密码

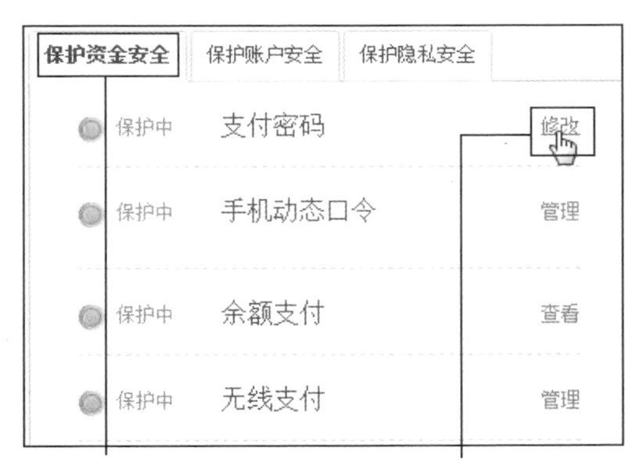

01 跳转至新的页面，切换至“保护资金安全”选项卡。

02 在“支付密码”右侧单击“修改”按钮。

STEP03：输入当前密码和新密码

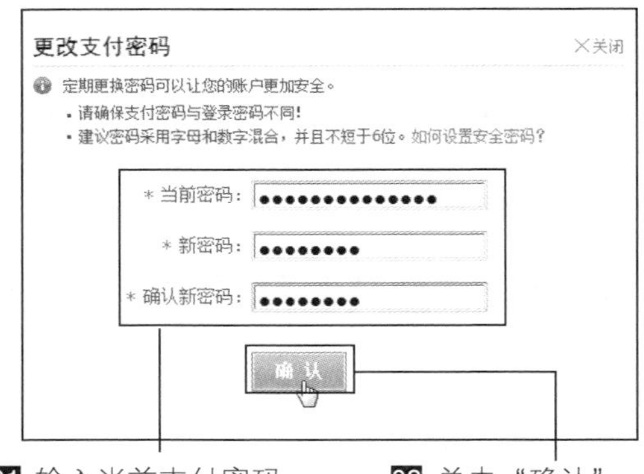

01 输入当前支付密码与新的支付密码。

02 单击“确认”按钮。

STEP04：密码修改成功

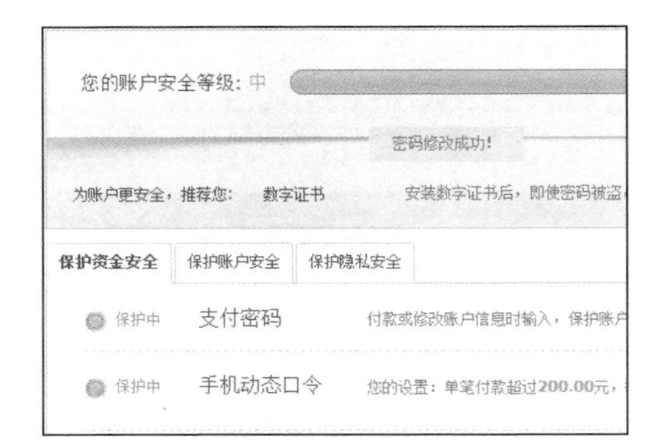

跳转至新的页面，提示用户“密码修改成功”，即成功修改了支付密码。

2. 开通手机动态口令

手机动态口令是支付宝推出的密码安全防护工具。用户在使用支付宝时，首先需要输入由手机动态口令在手机上的生成或者接收到的不停变化的随机密码。手机动态口令具有限制支付宝支付额度的功能，一旦超过该额度就要向手机发送校验码，并要求在付款时输入验证码，下面介绍开通手机动态口令的操作方法。

STEP01：选择开通手机动态口令

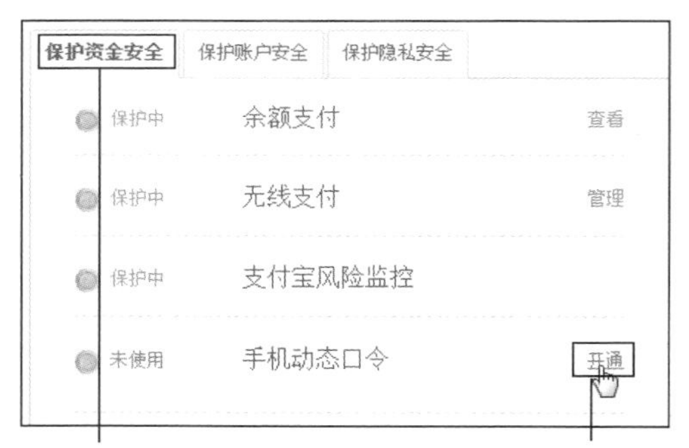

01 在安全页面中切换至“保护资金安全”选项卡。

02 单击“开通”链接。

STEP02：开通手机动态口令

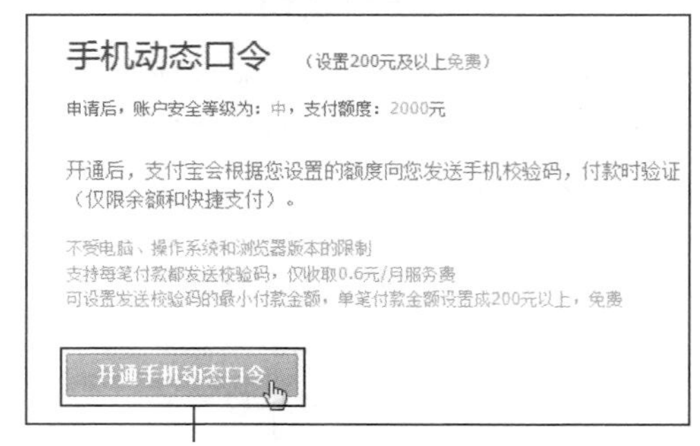

跳转至“手机动态口令”页面，单击“开通手机动态口令”按钮。

STEP03：设置支付宝支付密码

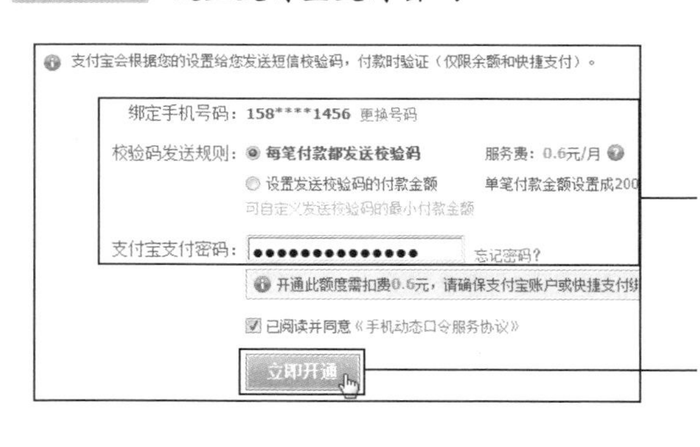

01 跳转至新的页面，单击选中“每笔付款都发送校验码”单选按钮，接着输入支付宝支付密码。

02 输入完毕后单击“立即开通”按钮。

STEP04：确认开通

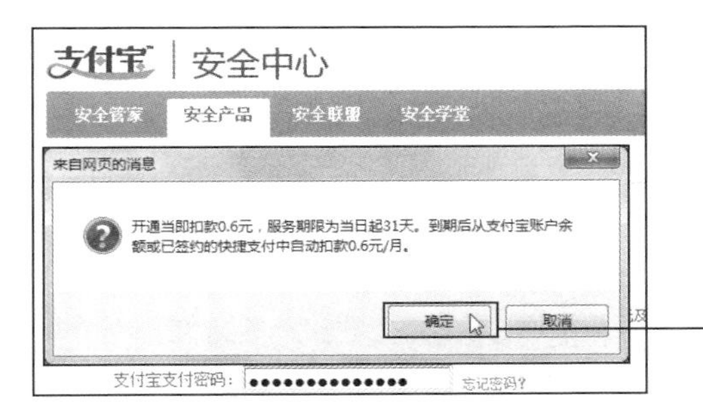

弹出“来自网页的消息”窗口，提示用户开通手机动态口令需扣款。单击“确定”按钮，确认扣款，最后只需等待网页开通手机动态口令即可。

3. 安装数字证书

数字证书是一种类似钥匙的软件，它主要用来增强账户的使用安全。它具有安全、保密和防篡改的特性。申请支付宝数字证书后，该证书将被安装在用户使用的计算机中，用户若要在其他计算机中使用支付宝，需要在所用计算机中再次安装数字证书。待使用完毕后需要在计算机中将本地证书的使用记录删除，以防别人盗用账号后使用资金。下面介绍安装数字证书的操作方法。

STEP01：选择申请数字证书

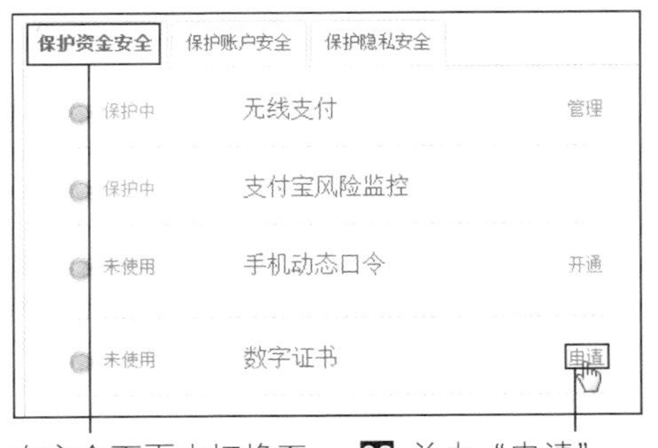

01 在安全页面中切换至“保护资金安全”选项卡。 02 单击“申请”链接。

STEP02：选择安装数字证书控件

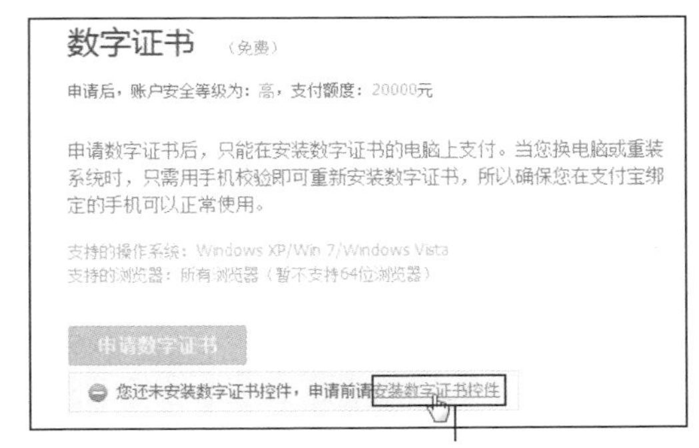

跳转至“数字证书”页面，在底部单击“安装数字证书控件”链接。

STEP03：选择运行数字证书控件

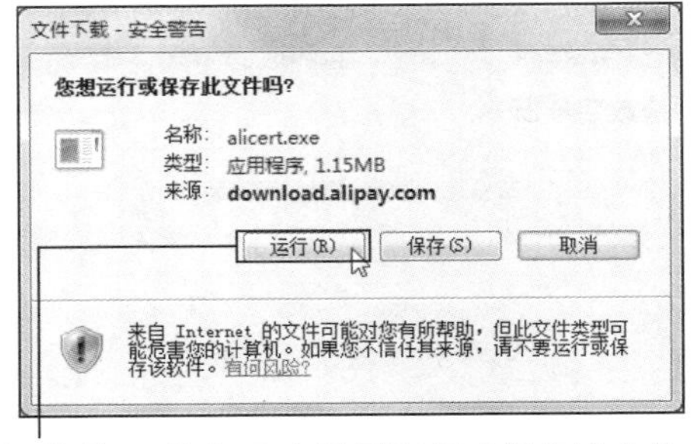

弹出对话框，询问用户是否运行或保存该文件，单击“运行”按钮。

STEP04：正在下载数字证书控件

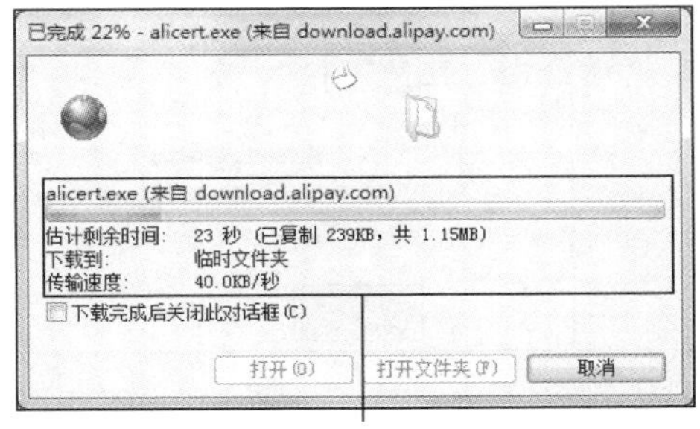

切换至新的界面，此时可见数字证书控件的下载进度，耐心等待。

STEP05：选择安装组件

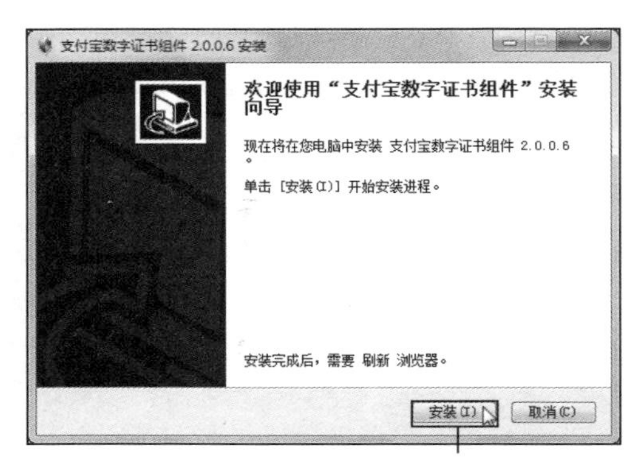

弹出“支付宝数字证书组件 2.0.0.6 安装”对话框，单击“安装”按钮。

STEP06：正在安装组件

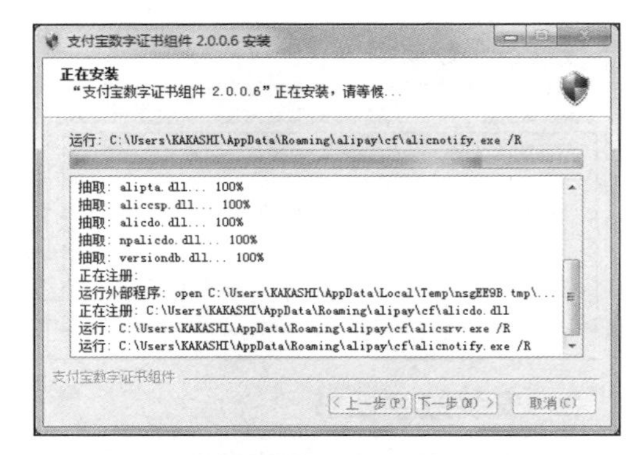

切换至新的界面，此时可看见安装组件的进度和详细信息，耐心等待。

STEP07：选择申请数字证书

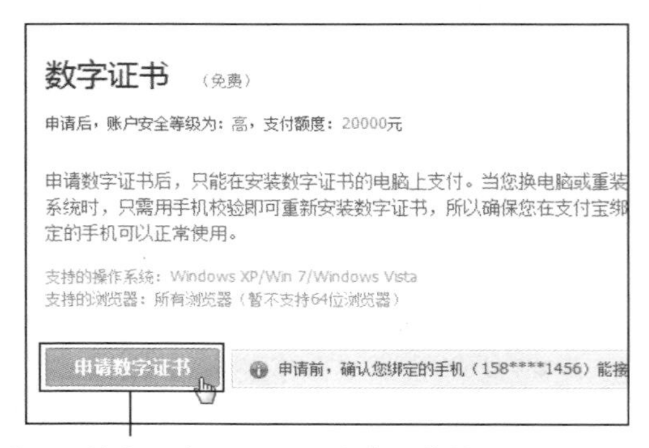

返回“数字证书”页面，按【F5】键刷新页面，然后在页面中单击“申请数字证书”按钮。

STEP08：输入身份证号码

01 跳转至新的页面，输入身份证号码和验证码，设置使用地点。

02 设置完毕后单击“提交”按钮。

STEP09：输入校验码

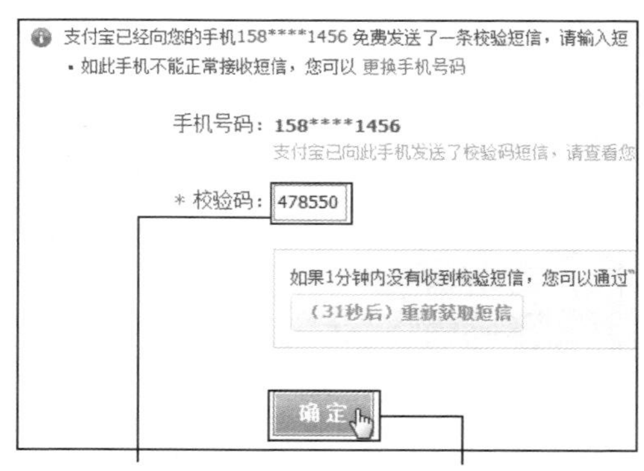

01 跳转至新的页面，在“校验码”文本框中输入手机接收到的校验码。

02 输入后单击“确定”按钮。

STEP10：成功安装数字证书

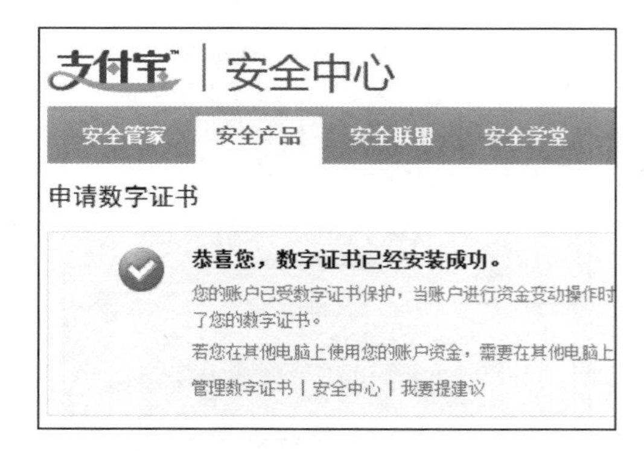

跳转至新的页面，页面显示“恭喜您，数字证书已经安装成功”的提示信息，即成功开通数字证书。

17.2 防御黑客入侵网上银行

网上银行是指银行通过 Internet 提供的一系列金融服务，有了它，用户在办理银行业务时，无须前往营业厅排队等候，只需登录网上银行即可立即办理。但是由于网络安全没有较为明确的法律规定，因此经常会有黑客盗取他人网上银行账号密码的情况发生。为了避免这种情况的发生，用户需要采取有效的措施，以防范黑客盗取个人网上银行的账户密码。

17.2.1 定期修改登录密码

登录个人网上银行需要输入登录密码，而该密码常常也备受黑客们的关注。黑客一旦破解该密码，就可能会盗取银行卡内的资金。因此用户需要定期修改登录密码，防范他人盗取。

STEP01：打开中国工商银行首页

在 IE 地址栏中输入 www.icbc.com.cn 后按【Enter】键，打开中国工商银行“中国网站”首页。

STEP02：选择登录个人网上银行

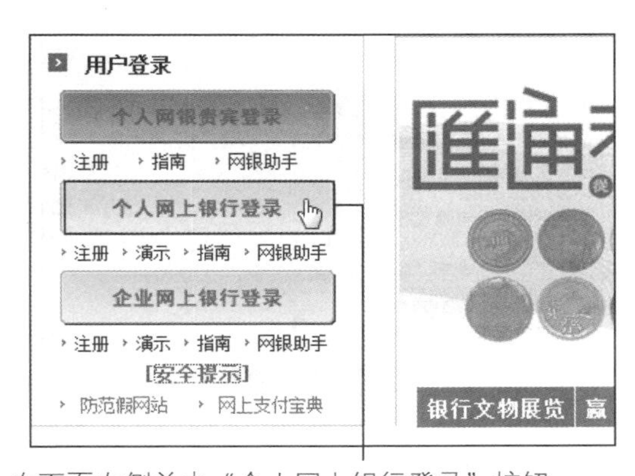

在页面左侧单击“个人网上银行登录”按钮。

STEP03：输入卡号和密码

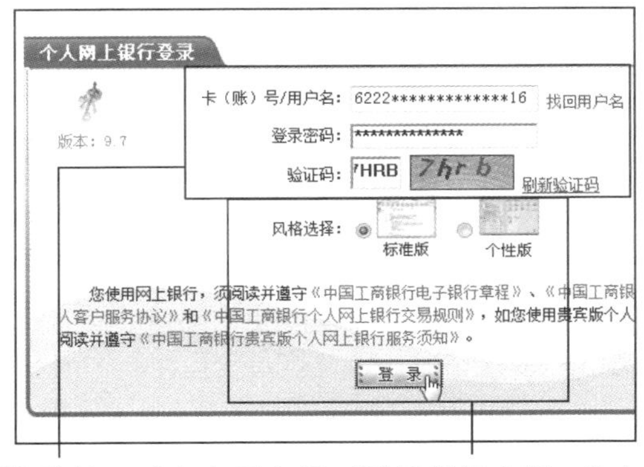

01 跳转至“个人网上银行登录”界面，输入银行账号、密码和验证码。

02 选择标准版，单击“登录”按钮。

STEP04：单击“确定”按钮

弹出“温馨提示”对话框，提示用户需要补充个人资料，单击“确定”按钮。

STEP05：完善个人信息

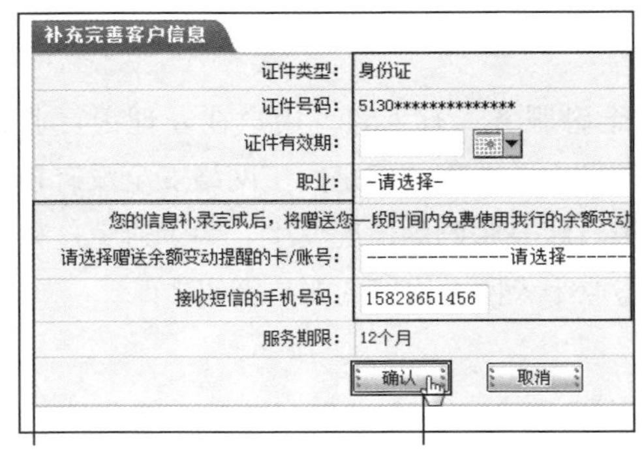

01 在界面中设置证件有效期、职业等信息。

02 单击“确认”按钮。

STEP06：单击“安全中心”选项

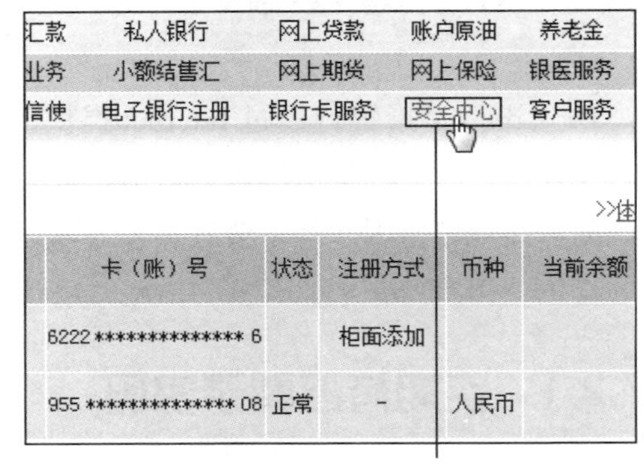

完善个人信息后在界面顶部单击“安全中心”选项。

STEP07：选择修改密码

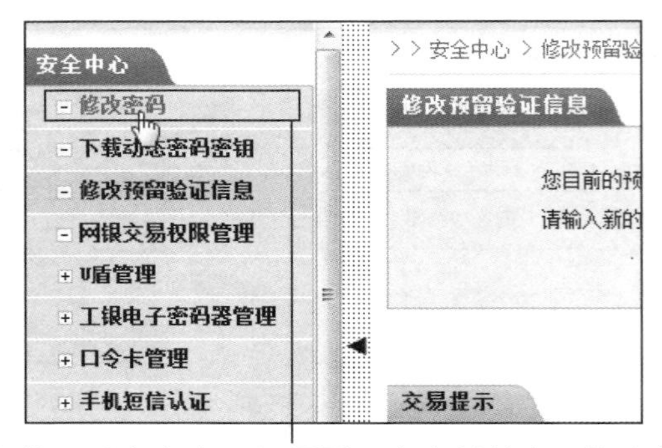

切换至“安全中心”界面，在左侧单击“修改密码”选项。

STEP08：修改密码

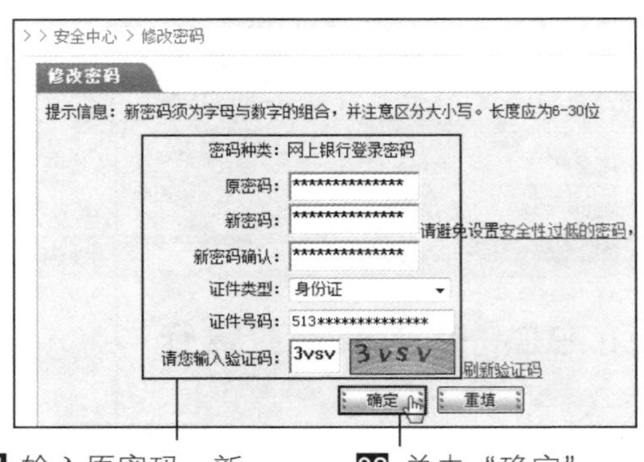

01 输入原密码、新密码和证件号码等。

02 单击“确定”按钮即可。

17.2.2 设置预留验证信息

预留验证信息是中国工商银行为帮助用户有效识别银行网站、防范黑客利用假银行网站进行网上诈骗的一项服务。当用户登录中国工商银行个人网上银行并在购物网站上支付时，网页上会自动显示预留的验证信息，以便验证当前网站是否为真实的工商银行网站。

STEP01：选择修改预留验证信息

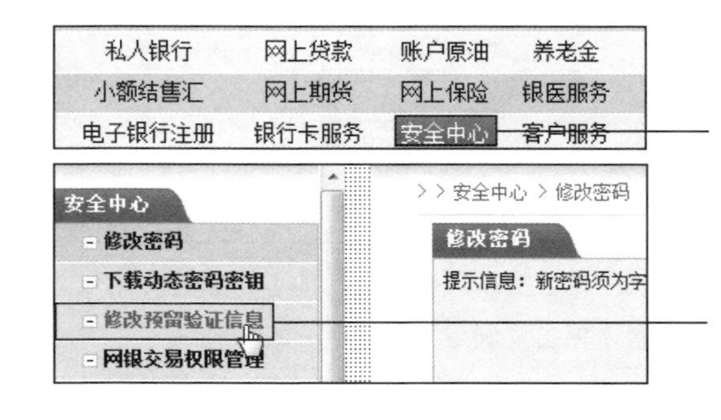

01 打开个人网上银行页面，在页面顶部单击“安全中心”选项。

02 切换至“安全中心”页面，在页面左侧单击“修改预留验证信息”选项。

STEP02：输入新的预留验证信息

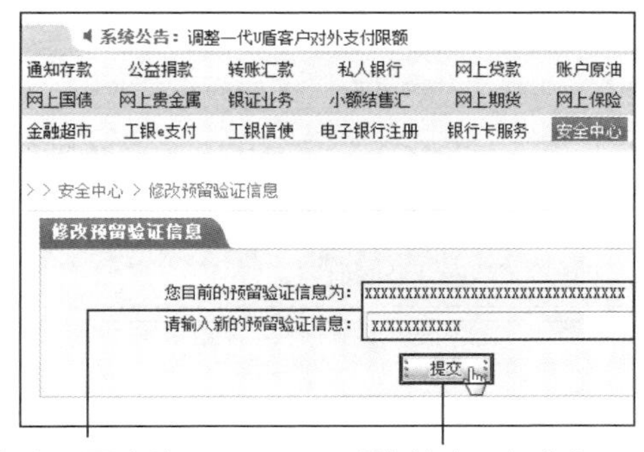

01 在页面中输入新的预留验证信息。

02 单击“提交”按钮。

STEP03：确认新的预留验证信息

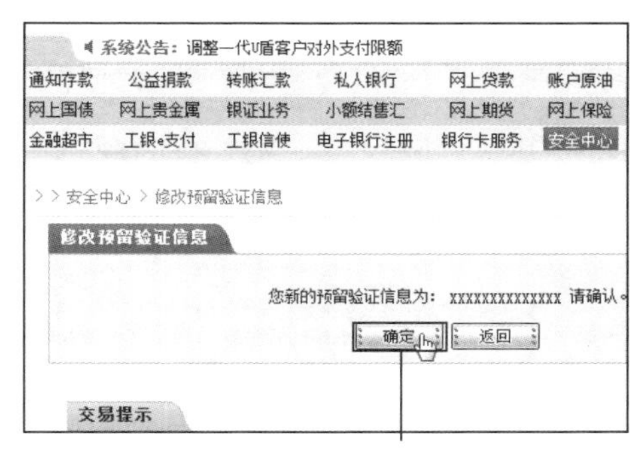

跳转至新的页面，提示用户确认新的预留验证信息，单击“确定”按钮。

STEP04：成功设置预留验证信息

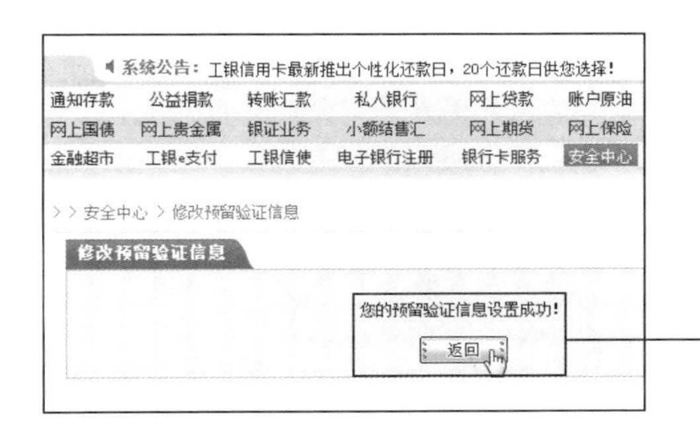

提示：设置预留验证信息需注意的事项

设置预留验证信息时，预留验证信息的内容可以是任意的汉字、英文字母或符号，长度不超过60个字符即可。

跳转至新的页面，提示“您的预留验证信息设置成功”，单击“返回”按钮。

17.2.3 使用“小e安全检测”系统

“小e安全检测”是中国工商银行为用户提供的安全工具，该软件可以协助用户在线查杀可能影响用户安全使用网上银行的计算机间谍软件，用户可自愿选择此项免费服务。

STEP01：单击“安全提示”链接

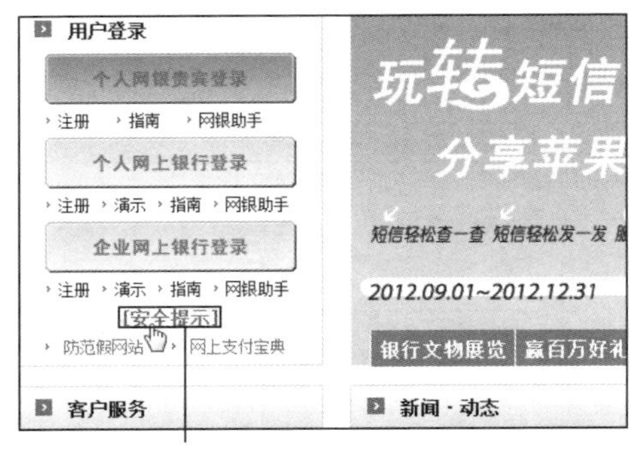

打开中国工商银行网站首页，单击“安全提示”链接。

STEP02：选择“小e安全检测”

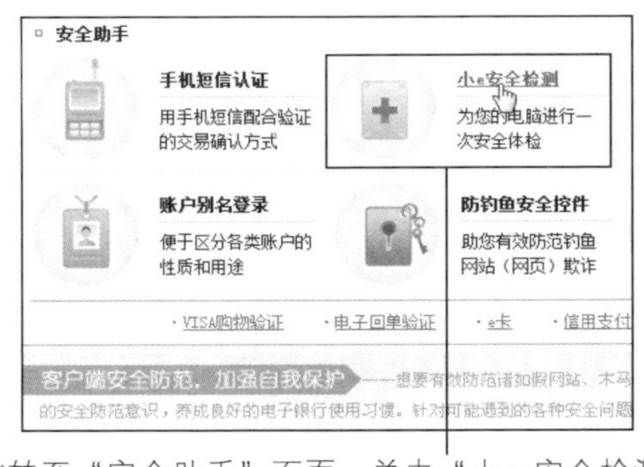

跳转至“安全助手”页面，单击“小e安全检测”链接。

STEP03：选择下载“小 e 安全检测”

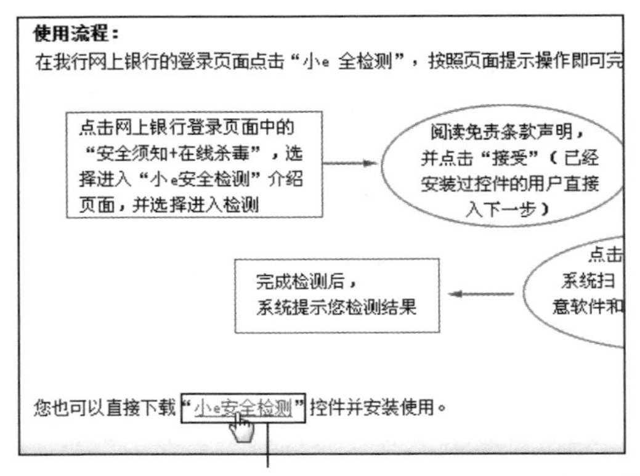

跳转至新的页面，在页面底部单击“小 e 安全检测”链接。

STEP04：选择接受“小 e 安全检测”

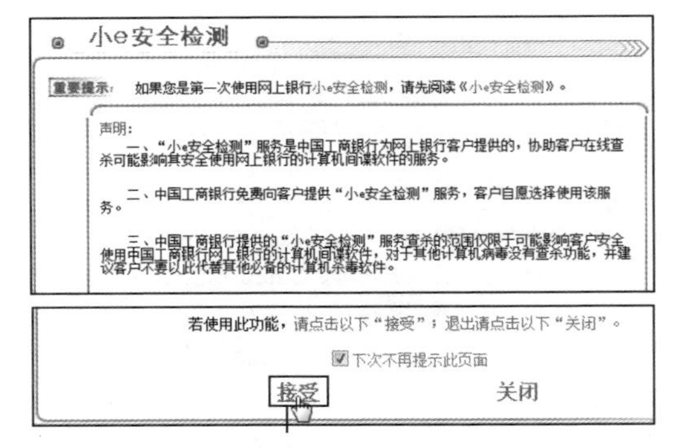

跳转至“小 e 安全检测”页面，在页面底部单击“接受”链接。

STEP05：选择安装加载项

01 右击弹出的提示条。

02 在弹出的快捷菜单中单击“为此计算机上的所有用户安装此加载项”选项。

STEP06：下载引擎和病毒码

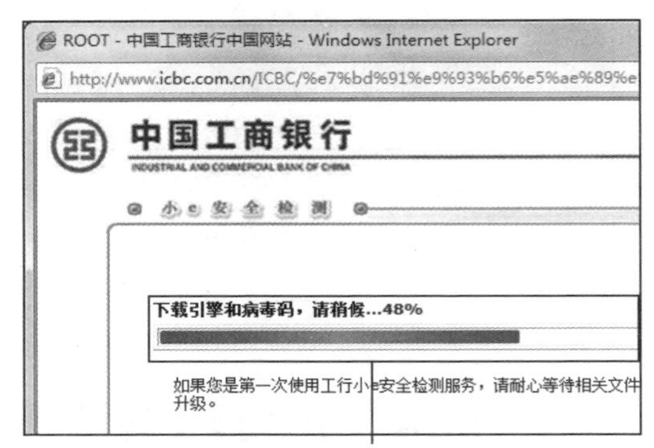

页面提示用户正在下载引擎和病毒码，可看见下载的进度，耐心等待。

STEP07：选择开始检测

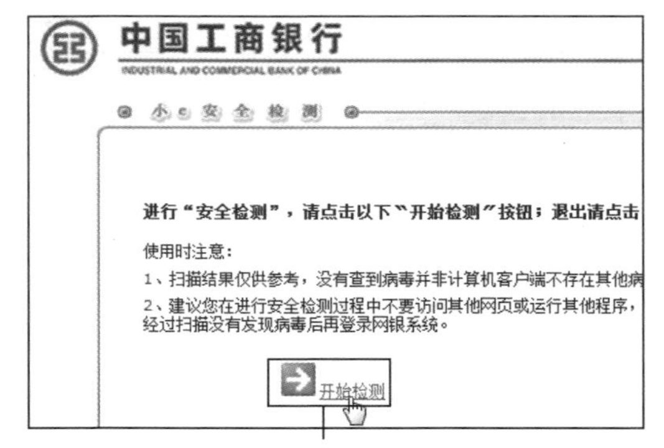

待其下载完毕后，在页面中单击“开始检测”链接，“小 e 安全检测”开始检测操作系统。

STEP08：正在扫描恶意软件

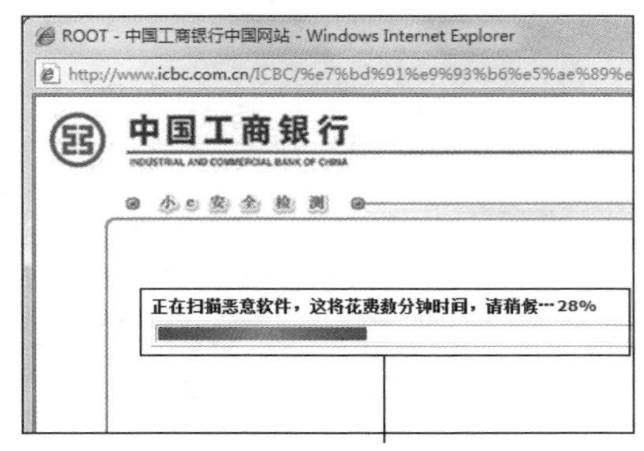

页面提示正在扫描恶意软件，可看见扫描的进度。

STEP09：完成检测

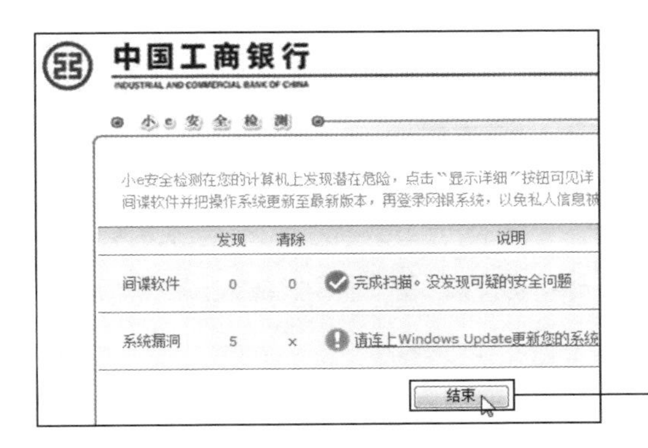

提示："小e安全检测"不能视为杀毒软件

"小e安全检测"虽然能够检测系统中的间谍软件和系统漏洞，但是它不是一款杀毒软件，用户不能将它作为杀毒软件来保护自己的系统。

扫描完毕后提示用户系统中未发现间谍软件，单击"结束"按钮即可。

17.2.4 安装防钓鱼安全控件

为了防止中国工商银行用户遭受钓鱼网站的欺骗，该银行提供了防钓鱼安全控件，安装了该控件便可帮助用户防范假冒的工商银行网站。下面介绍安装控件的操作方法。

STEP01：选择防钓鱼安全控件

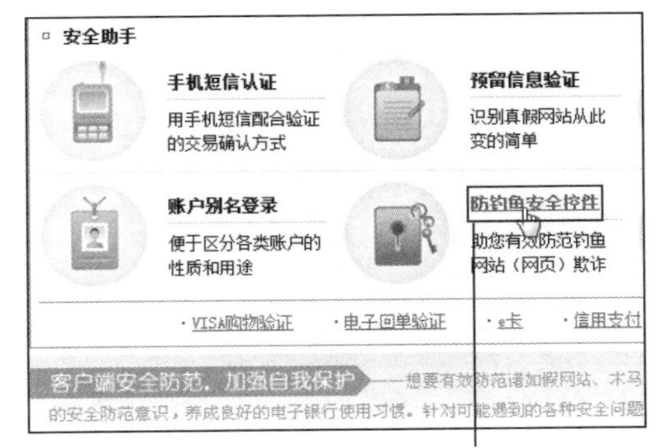

打开中国工商银行"安全助手"页面，单击"防钓鱼安全控件"链接。

STEP02：选择下载防钓鱼安全控件

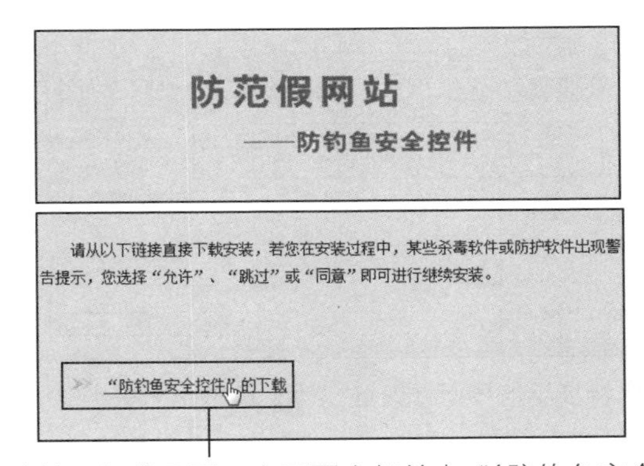

跳转至新的页面，在页面底部单击"'防钓鱼安全控件'的下载"链接。

STEP03：单击"运行"按钮

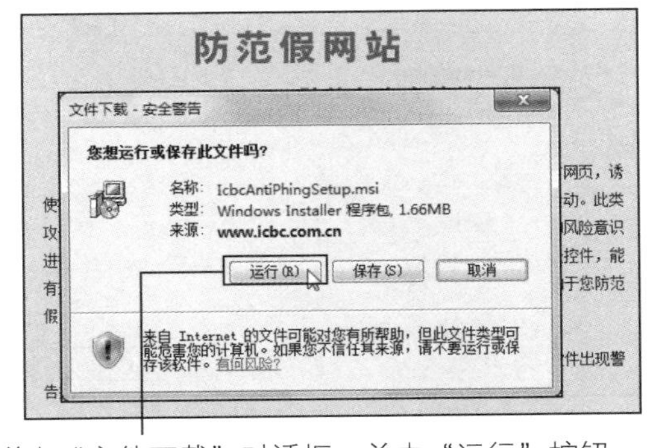

弹出"文件下载"对话框，单击"运行"按钮。

STEP04：正在下载控件

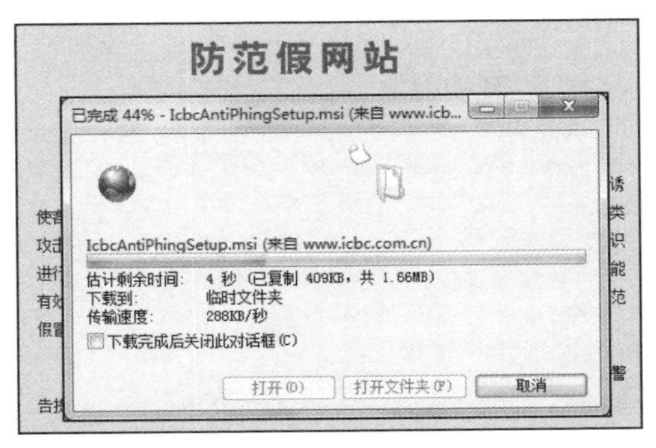

切换至新的界面，此时可看见控件下载的进度，耐心等待。

STEP05： 选择运行控件

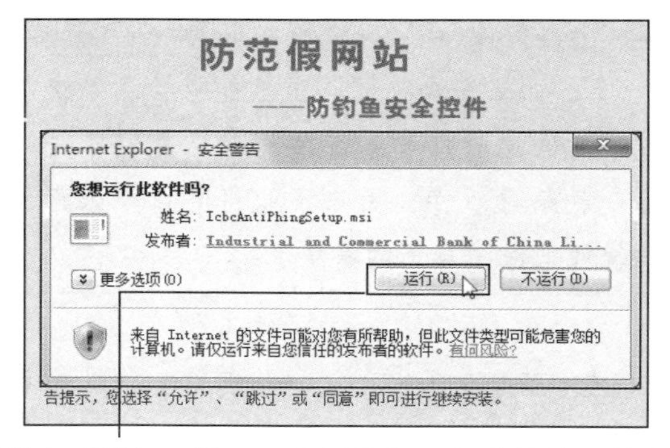

弹出对话框，提示用户是否想运行此软件，单击“运行”按钮。

STEP06： 单击“下一步”按钮

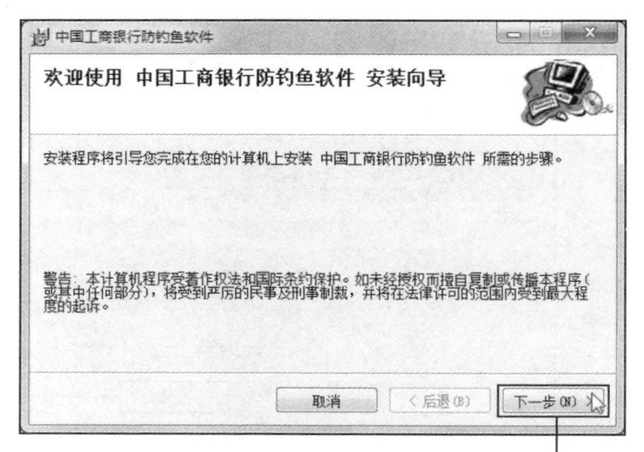

弹出安装对话框，在“安装向导”界面中单击“下一步”按钮。

STEP07： 选择安装文件夹

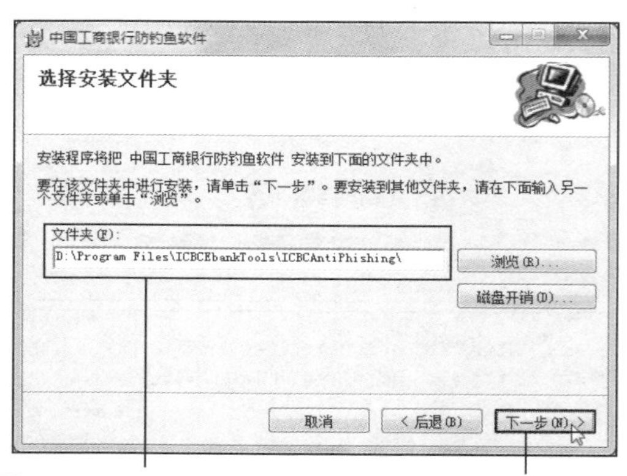

01 切换至新界面，设置安装的文件夹。

02 单击“下一步”按钮。

STEP08： 开始安装

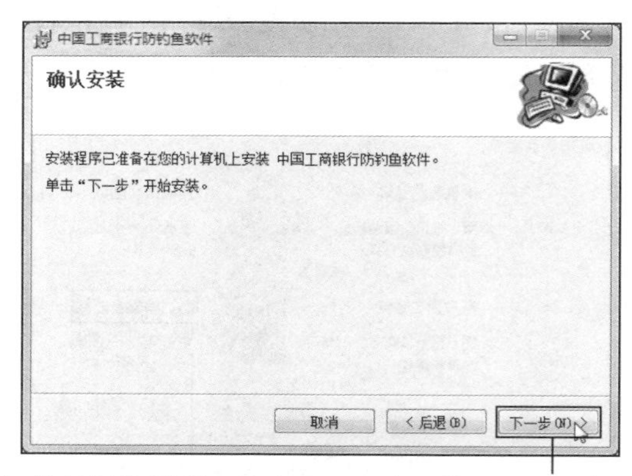

切换至新的界面，单击“下一步”按钮，开始安装该控件。

STEP09： 正在安装控件

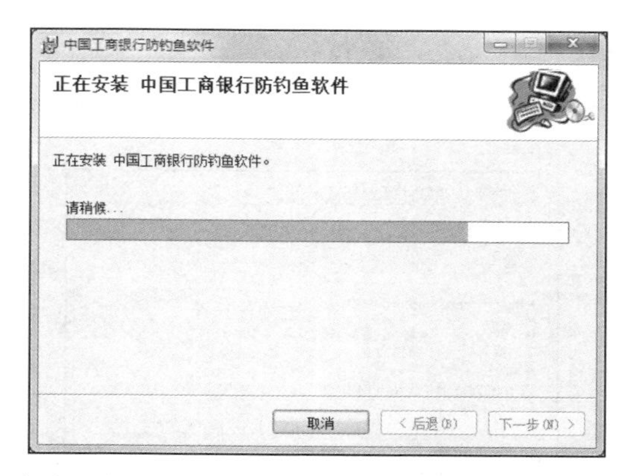

此时可在界面中看见防钓鱼软件控件的安装进度，耐心等待。

STEP10： 安装完毕

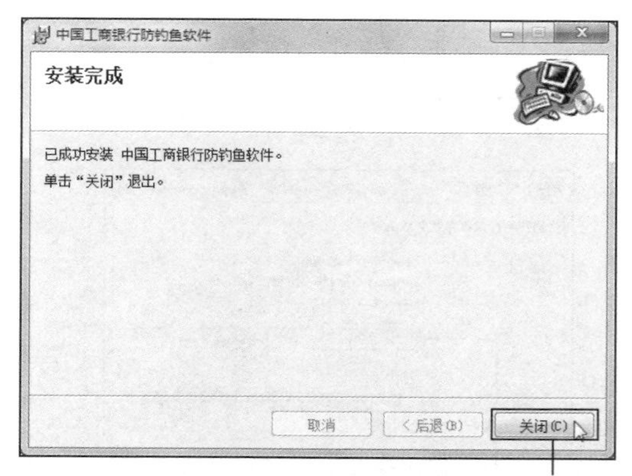

安装完毕后在界面中单击“关闭”按钮。该控件能够自动识别打开的网页是否为真正的中国工商银行网页。

17.2.5 使用电子口令卡保障账户安全

电子银行口令卡是中国工商银行推出的一款全新的电子银行安全工具，它是一种具有矩阵形式、印有若干字符串的卡片，每个字符串对应一个唯一的坐标。当用户在使用中国工商银行电子银行相关功能时，按照系统指定的坐标，将卡片上对应的字符串作为密码输入，系统将校验密码字符的正确性。该卡片能够保障用户在网上银行的资金安全。

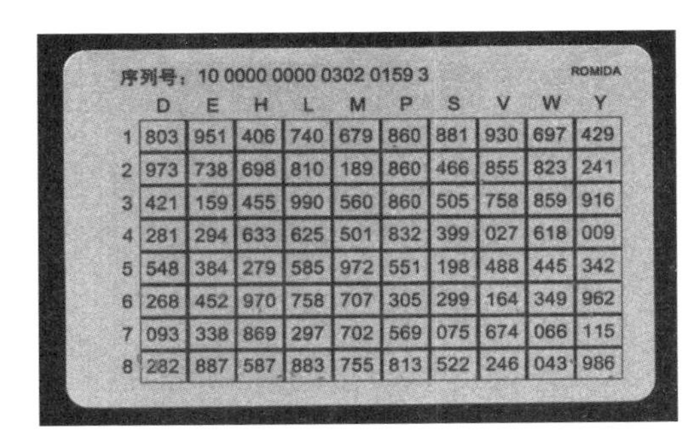

电子银行口令卡能够确保交易安全的功能，它可以有效地防止黑客通过虚假网站、木马、病毒等手段窃取密码，从而保障交易安全。另外，该口令卡一次一密，安全可靠。网页每次以随机方式指定若干坐标，使用户每次使用的密码都具有动态变化性和不可预知性。

17.2.6 使用工行 U 盾保障账户安全

工行 U 盾是中国工商银行为用户提供的办理网上银行业务的高级别安全工具，它是用于网上银行电子签名和数字认证的工具。U 盾内置了微型智能卡处理器，采用 1024 位非对称密钥算法对网上数据进行加密、解密和数字签名，确保网上交易的保密性、真实性、完整性和不可否认性。

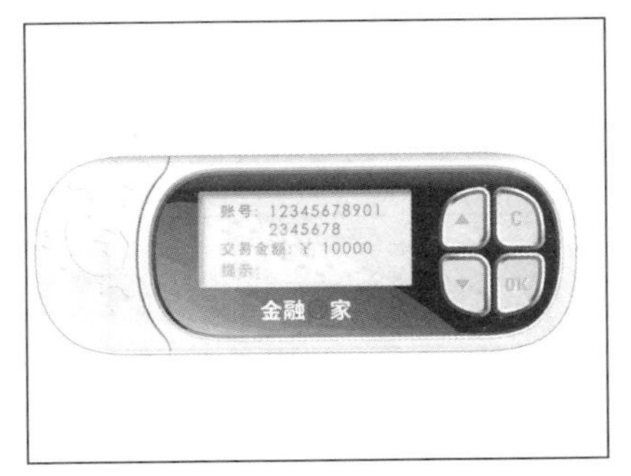

当用户在办理网上银行业务时，使用 U 盾既可以有效防范黑客、假网站、木马病毒等各种风险，保障交易安全，又可以轻松实现网上大额转账、汇款、缴费和购物等操作。除此之外，用户还可以将工行 U 盾与支付宝账号绑定，利用 U 盾对登录支付宝的操作进行身份认证，从而保障用户支付宝账户中的资金安全。

17.3 防御黑客入侵财付通

财付通是腾讯公司推出的在线支付工具，它与支付宝有着类似之处。淘宝网与支付宝相对应，而拍拍网与财付通相对应。由于在拍拍网中购买商品的人越来越多，因此在拍拍网中购买商品的人要保障财付通的安全，防止黑客入侵。

17.3.1 保障财付通账户的安全

为了保障财付通账户的安全，用户需要采取有效的措施。常用的保障措施主要包括绑定手机，设置二次登录密码和启用实名认证。

1. 绑定手机

财付通提供了绑定手机的功能，一旦将手机与财付通进行了绑定，便可在手机中随时随地修改密码。下面介绍绑定手机的具体操作。

STEP01：打开拍拍网首页

在 IE 地址栏中输入 www.paipai.com 后按【Enter】键，打开拍拍网首页。

STEP02：单击"我的拍拍"链接

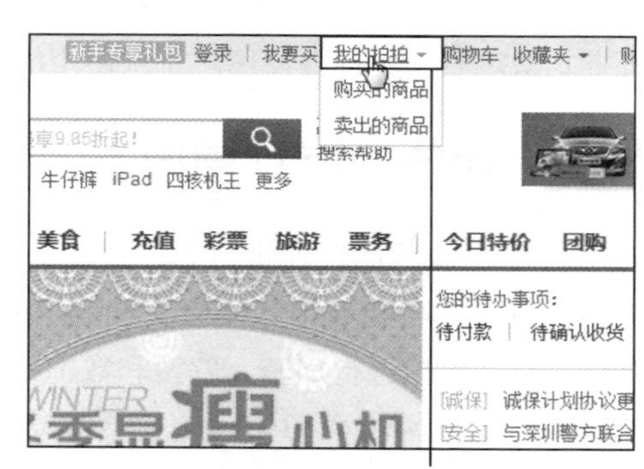

在拍拍网首页页面的顶部单击"我的拍拍"链接。

STEP03：输入 QQ 账号和密码

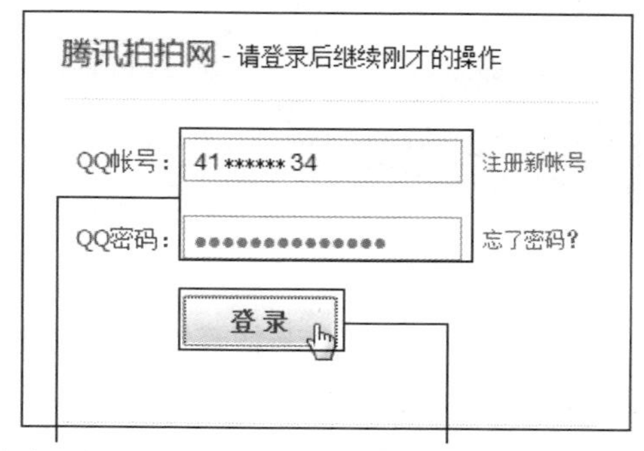

01 在页面中输入 QQ 账号和密码。

02 单击"登录"按钮。

STEP04：单击"我的财付通"链接

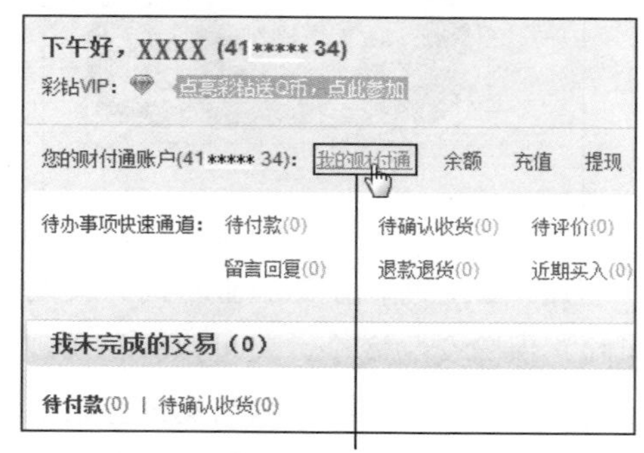

跳转至个人用户首页，在页面中单击"我的财付通"链接。

STEP05：选择"安全中心"选项

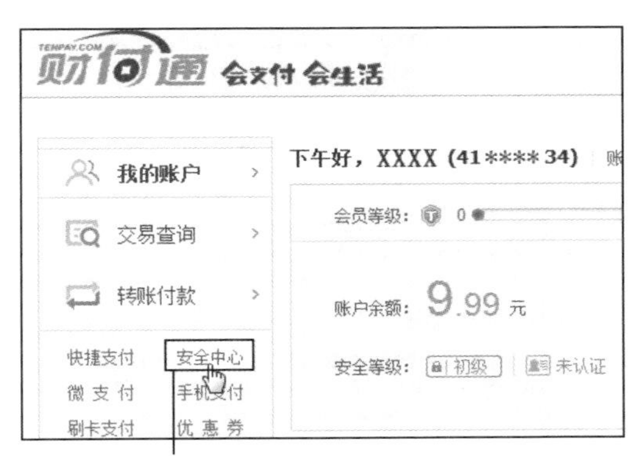

跳转至"我的账户"页面，在页面左侧单击"安全中心"选项。

STEP06：选择启用绑定手机

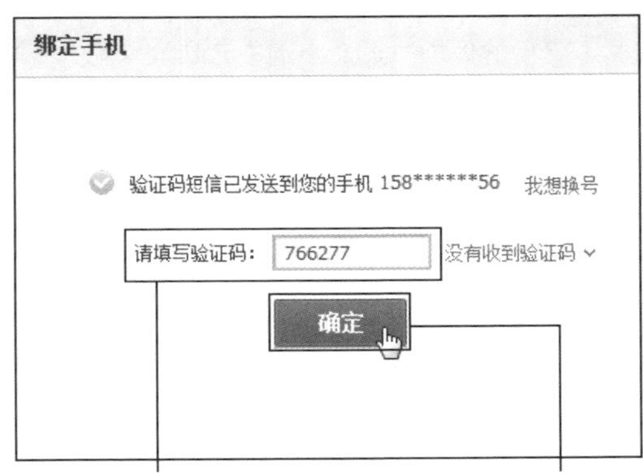

跳转至新的页面，在"未启用的保护"下方选择绑定手机，单击其右侧的"启用"按钮。

STEP07：输入手机号码和支付密码

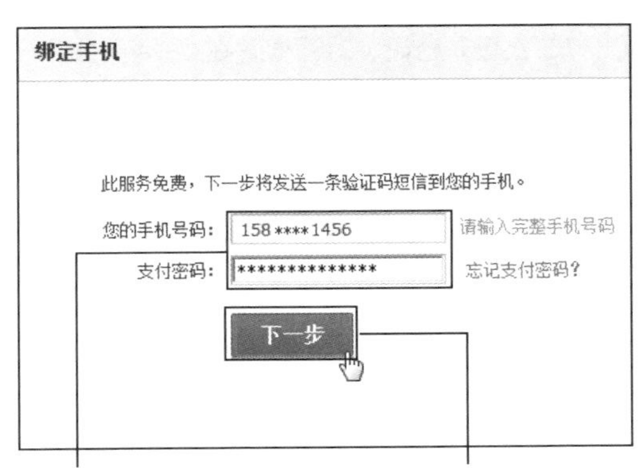

01 弹出"绑定手机"对话框，输入手机号码和支付密码。

02 输入完毕后单击"下一步"按钮。

STEP08：输入手机接收的验证码

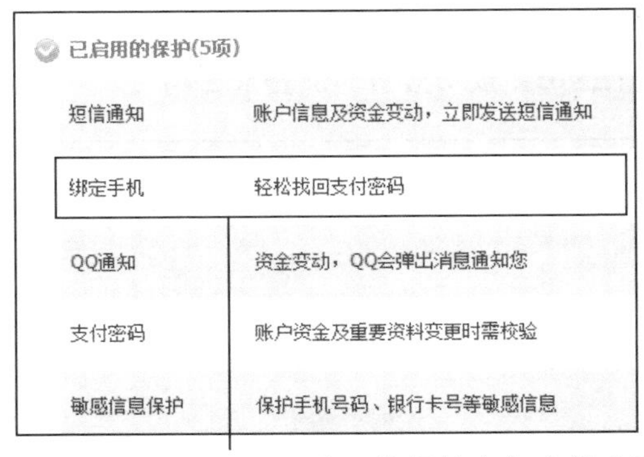

01 切换至新的页面，在"请填写验证码"文本框中输入手机接收的验证码。

02 单击"下一步"按钮。

STEP09：绑定成功

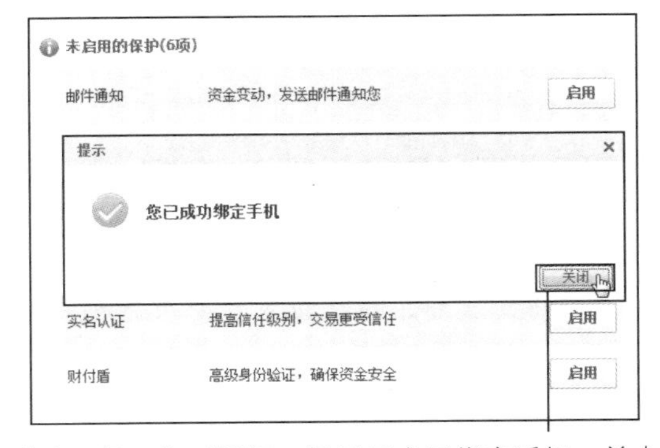

弹出"提示"对话框，提示用户已绑定手机，单击"关闭"按钮。

STEP10：查看已启用的保护

返回页面中，可看见已启用的保护中包含绑定手机。

2. 设置二次登录密码

在财付通中，二次登录密码是与登录密码相对应的，一旦设置了二次登录密码，用户在登录财付通时，就需要输入登录密码和二次登录密码，这种登录方式能够有效地保证账户的安全。

STEP01：选择启用二次登录密码

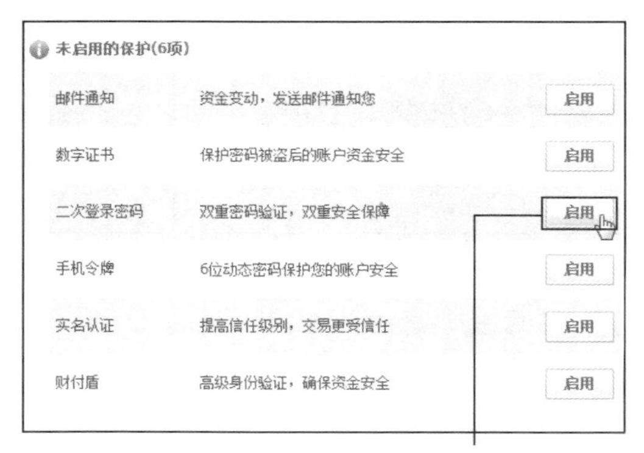

在“未启用的保护”页面中选中二次登录密码，单击右侧的“启用”按钮。

STEP02：选择立即启用二次登录密码

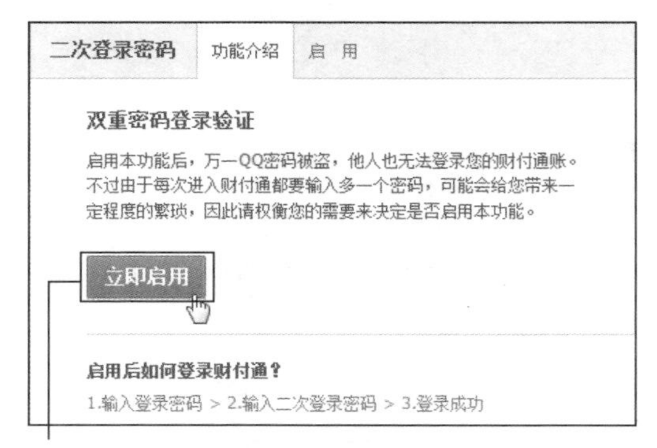

弹出“二次登录密码”对话框，在“功能介绍”选项卡单击“立即启用”按钮。

STEP03：输入手机号码和验证码

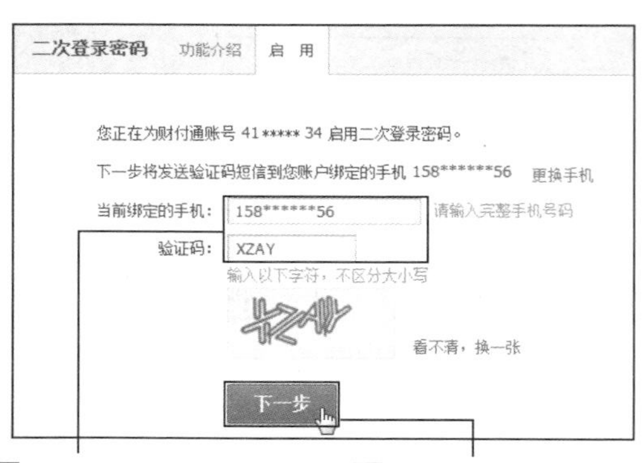

01 在界面中输入手机号码和验证码。

02 单击“下一步”按钮。

STEP04：设置二次登录密码

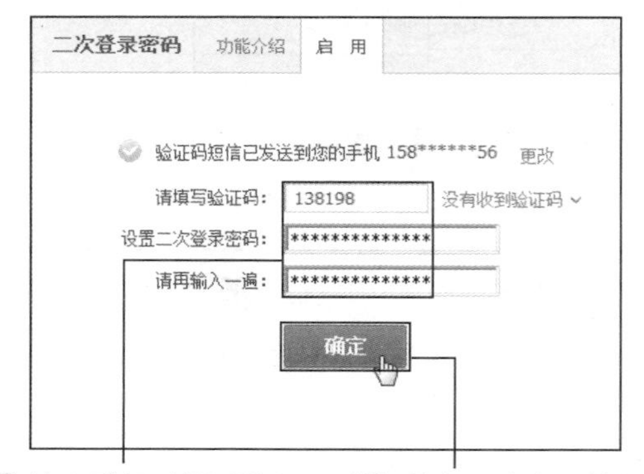

01 输入手机验证码和二次登录密码。

02 单击“确定”按钮。

STEP05：成功启用二次登录密码

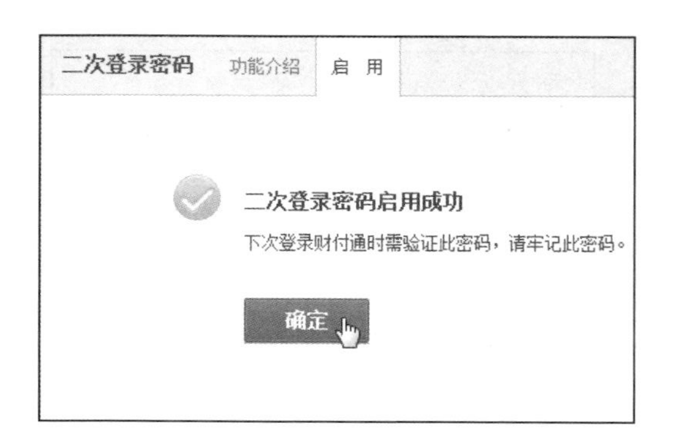

切换至新的界面，提示“二次登录密码启用成功”，单击“确定”按钮即可。

提示：设置二次登录密码的注意事项

设置二次登录密码时一定要注意，切勿将二次登录密码设置为登录密码相同，以防止黑客轻松破译财付通账户。

3. 定期修改登录密码

使用财付通时，若长时间使用同一个的登录密码，容易导致该账户被黑客破译。为了避免此种情况发生，用户需要定期修改登录密码，建议每 3 个月修改一次密码。

STEP01：单击“安全中心”选项

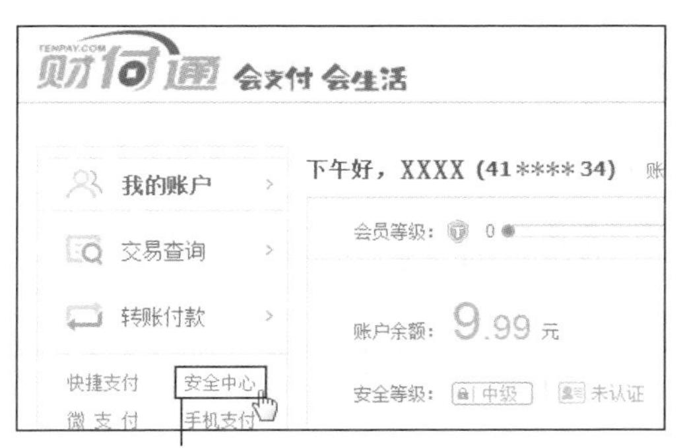

打开财付通账户首页，在页面中单击“安全中心”选项。

STEP02：单击“修改”按钮

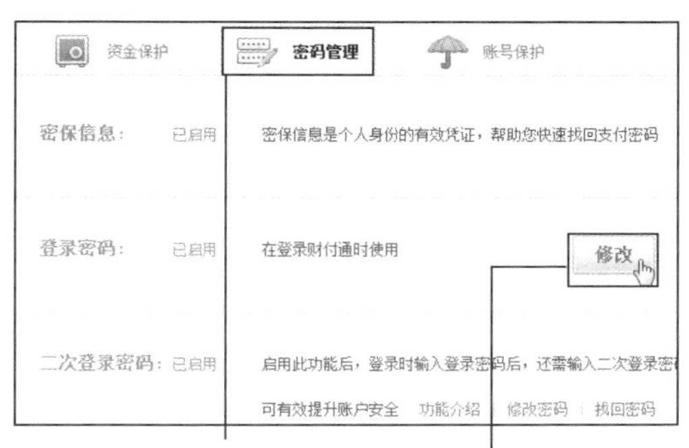

01 切换至“密码管理”选项卡。

02 单击“修改”按钮。

STEP03：选择使用密保工具修改密码

跳转至新的页面，在页面中单击“密保工具改密”选项。

STEP04：输入密保问题及答案

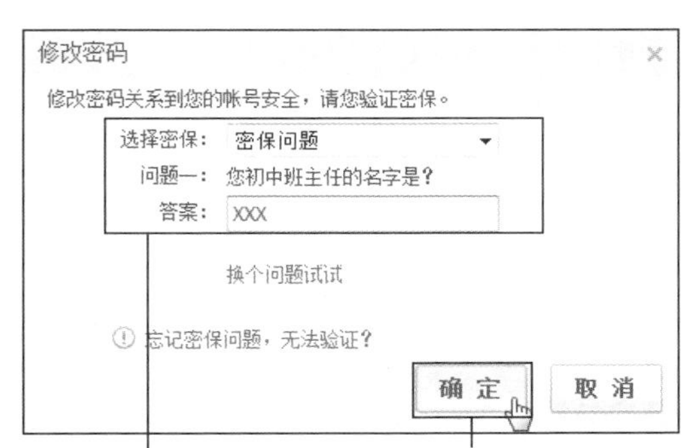

01 在弹出的对话框中输入密保问题及答案。

02 单击“确定”按钮。

STEP05：输入新密码和验证码

01 跳转至新的页面，输入新密码和验证码。

02 单击“确定”按钮。

STEP06：密码修改成功

跳转至新的页面，提示用户密码修改成功，即成功修改登录密码。

17.3.2 保障财付通资金的安全

当财付通账户内存有资金时，则用户需要采用有效的措施保障财付通资金的安全。常用的有效措施包括启用数字证书和定期修改支付密码。

1. 启用数字证书

在财付通中，数字证书是用于保护账户内资金的安全工具。只有在财付通账户中安装了数字证书，才能够保证账户内的资金安全。启用数字证书后，只有在安装了数字证书的计算机中才能使用财付通进行支付、充值或提现操作。

STEP01：选择启用数字证书

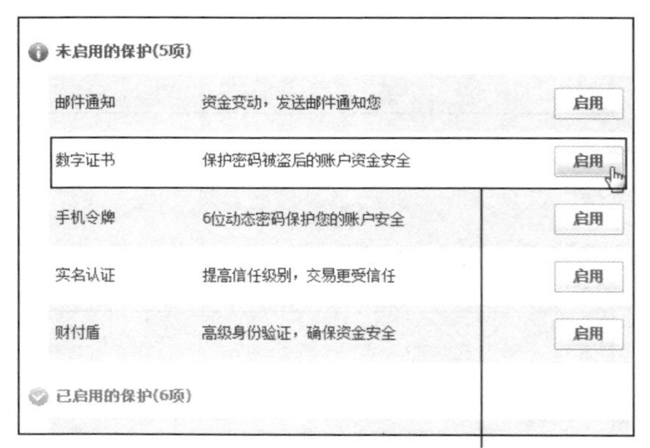

打开“未启用的保护”页面，在页面中选择数字证书，单击“启用”按钮。

STEP02：申请安装数字证书

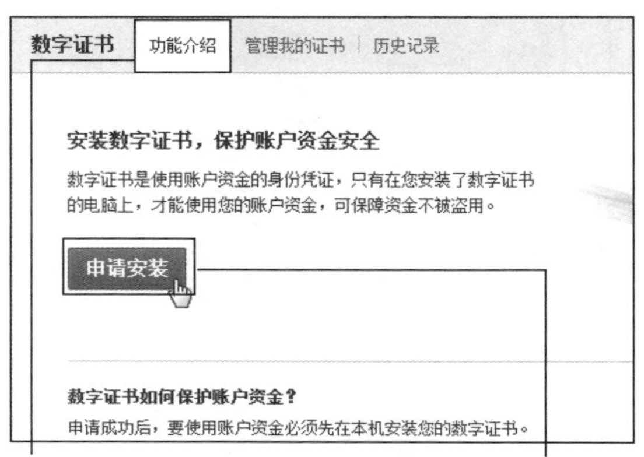

01 弹出“数字证书”对话框，切换至“功能介绍”界面。02 单击“申请安装”按钮。

STEP03：输入手机号码和设置地点

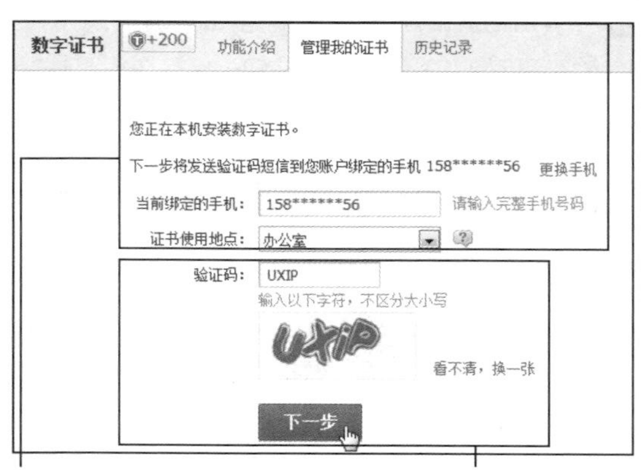

01 切换至“管理我的证书”界面，输入绑定的手机，设置使用地点。02 输入验证码后单击“下一步”按钮。

STEP04：输入验证码

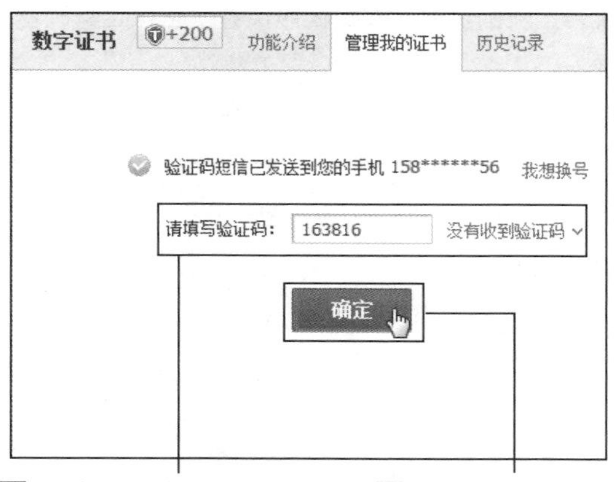

01 切换至新的界面，提示验证码短信已发送到指定的手机，输入验证码信息。02 单击“下一步”按钮。

STEP05：下载并安装数字证书

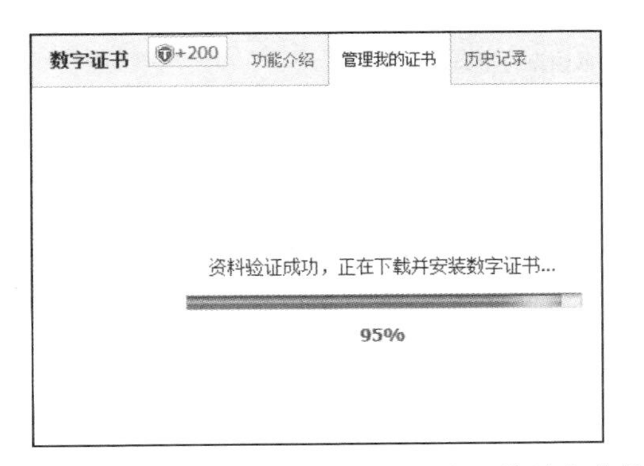

界面提示用户“资料验证成功，正在下载并安装数字证书”，耐心等待。

STEP06：安装成功

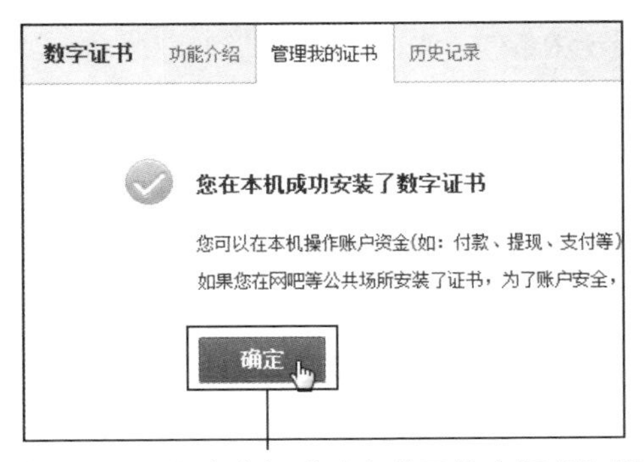

安装后显示“您在本机成功安装了数字证书”提示信息，单击“确定”按钮。

2. 定期修改支付密码

用户在使用财付通进行支付、充值和提现操作时，需要输入支付密码才能使操作成功。为了保障个人账户内的资金安全，用户需要定期修改支付密码。

STEP01：单击“安全中心”选项

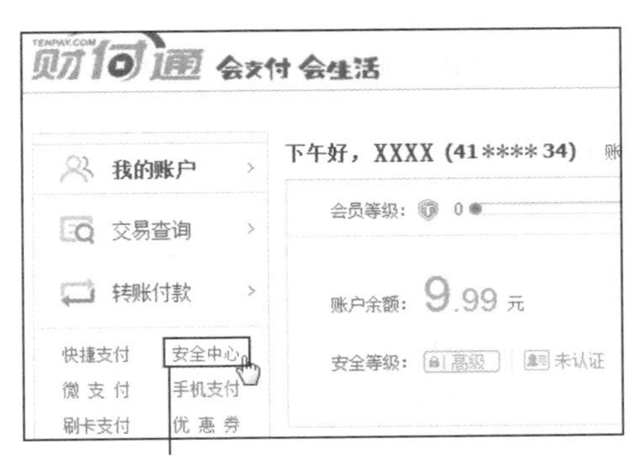

打开财付通个人首页，然后在页面左侧单击“安全中心”选项。

STEP02：选择支付密码

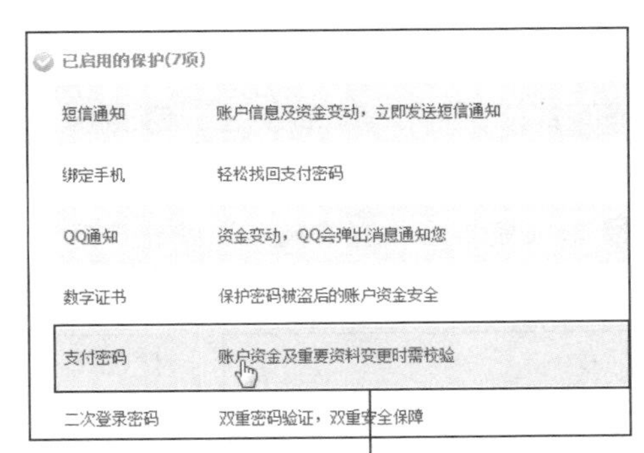

跳转至新的页面，在“已启用的保护”页面中单击“支付密码”选项。

STEP03：选择修改支付密码

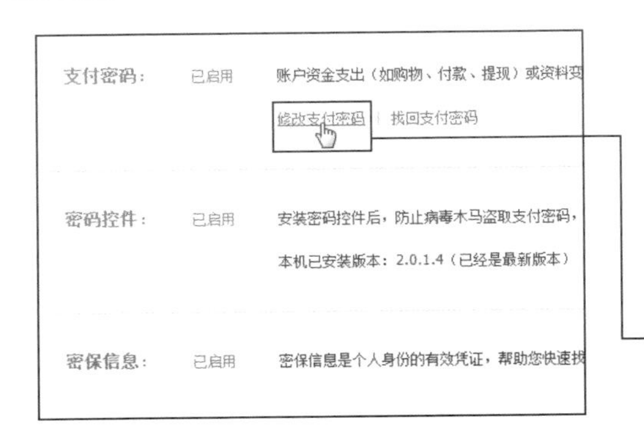

跳转至新的页面，在“支付密码”右侧下方单击“修改支付密码”链接。

提示：设置支付密码需要注意的事项

设置财付通支付密码时一定要注意，切勿将支付密码设置为与登录密码相同，以防止黑客轻松盗取账户内的资金。

STEP04：设置新的支付密码

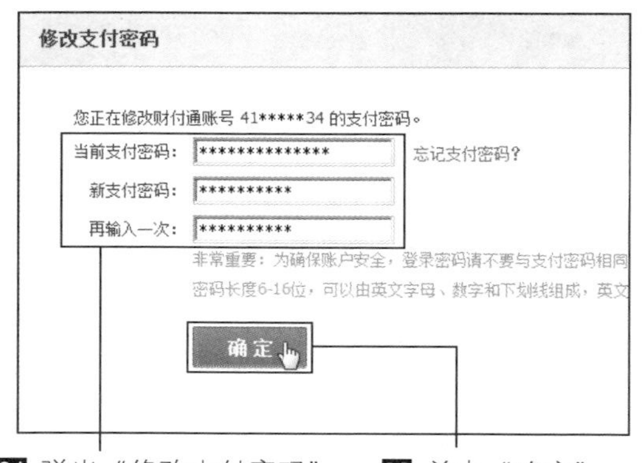

01 弹出“修改支付密码”对话框，输入当前支付密码和新的支付密码。

02 单击“确定”按钮。

STEP05：支付密码修改成功

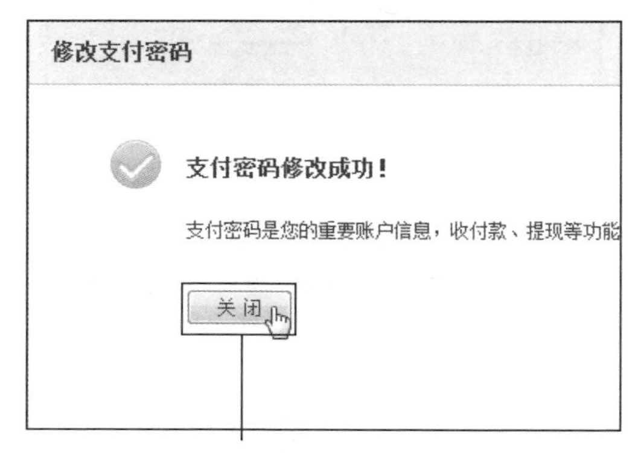

切换至新的页面，显示“支付密码修改成功”的提示信息，单击“关闭”按钮关闭对话框即可。

提示：找回财付通的支付密码

当财付通个人账户的支付密码被黑客盗取后，用户如果将该账户与手机进行了绑定，则可以选择利用手机号码找回支付密码。具体的操作为：按照17.3.2节第2点STEP01 ~ STEP03介绍的方法打开设置支付密码的页面，❶ 在页面中单击“找回支付密码”链接，跳转至新的页面，❷ 选择用手机找回支付密码，❸ 单击“下一步”按钮，跳转至新的页面，❹ 输入当前绑定的手机号码，❺ 然后输入验证码，并设置新支付密码，❻ 输入完毕后单击“确认”按钮即可完成支付密码的修改。

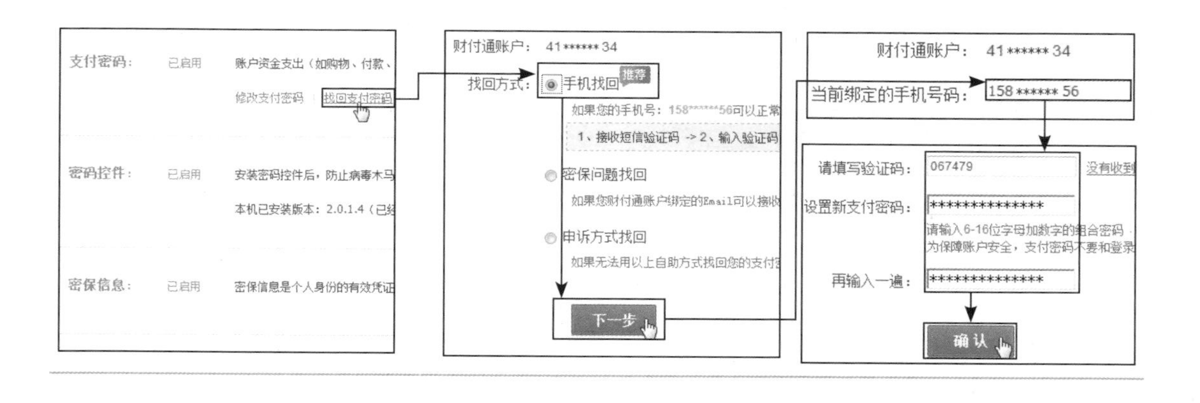

推荐阅读

玩转黑客，从黑客攻防从入门到精通系列开始！
本系列丛书已畅销20多万册！

黑客攻防从入门到精通（智能终端版）

作者：武新华 李书梅 编著 ISBN：978-7-111-51162-5 定价：49.00元

黑客攻防从入门到精通（攻防与脚本编程篇）

作者：天河文化 编著 ISBN：978-7-111-49193-4 定价：69.00元

黑客攻防从入门到精通（黑客与反黑工具篇）

作者：李书梅 等编著 ISBN：978-7-111-49738-7 定价：59.00元

黑客攻防大全

作者：王叶 编著 ISBN：978-7-111-51017-8 定价：79.00元